Django 3 Web 应用开发实战

黄永祥 / 著

清华大学出版社
北京

内 容 简 介

本书以 Django Web 项目开发为主线，深入系统地介绍了 Django 3 在 Web 开发中的应用。从网站开发入门开始，逐步深入讲述 Django 框架的各功能要点，每个功能要点从源码角度分析，并在源码的基础上实现自定义的功能开发。还介绍了 Django 的第三方功能应用，如 DRF 框架开发 API 接口、生成网站验证码、站内搜索引擎、第三方网站实现账号注册、异步任务和定时任务、即时通信实现在线聊天。本书提供了 4 个实战案例，包括信息反馈平台、博客系统、音乐网站平台、前后端分离与微服务架构，涵盖了网站的单体式开发、前后端分离和微服务开发，从单一的网站开发转变到网站架构设计开发。最后讲述 Django 的上线部署方案，分别讲述 Django 如何部署在 Windows 和 Linux 系统上。

本书内容丰富，技术新颖，注重实战，适合有一定 Python 基础的 Web 开发人员阅读，也可用作培训机构和大中专院校相关专业的教学参考书。

本书封面贴有清华大学出版社防伪标签，无标签者不得销售。
版权所有，侵权必究。举报：010-62782989，beiqinquan@tup.tsinghua.edu.cn。

图书在版编目（CIP）数据

Django 3 Web 应用开发实战 / 黄永祥著.—北京：清华大学出版社，2021.6（2023.4重印）
ISBN 978-7-302-58031-7

Ⅰ. ①D… Ⅱ. ①黄… Ⅲ. ①软件工具－程序设计 Ⅳ. ①TP311.561

中国版本图书馆 CIP 数据核字（2021）第 078617 号

责任编辑：王金柱
封面设计：王　翔
责任校对：闫秀华
责任印制：曹婉颖

出版发行：清华大学出版社
网　　址：http://www.tup.com.cn，http://www.wqbook.com
地　　址：北京清华大学学研大厦 A 座　　邮　　编：100084
社 总 机：010-83470000　　邮　　购：010-62786544
投稿与读者服务：010-62776969，c-service@tup.tsinghua.edu.cn
质 量 反 馈：010-62772015，zhiliang@tup.tsinghua.edu.cn

印 装 者：小森印刷霸州有限公司
经　　销：全国新华书店
开　　本：190mm×260mm　　印　张：40　　字　数：1056 千字
版　　次：2021 年 7 月第 1 版　　印　次：2023 年 4 月第 3 次印刷
定　　价：139.00 元

产品编号：092027-01

前　　言

Python 是当前热门的开发语言之一，它有着广泛的应用领域，在网络爬虫、Web 开发、数据分析和人工智能等领域都受到开发者的热爱和追捧。现在很多企业开始使用 Python 作为网站服务器的开发语言，因此掌握 Web 开发是 Python 开发者必不可少的技能之一。

Django 是 Python 开发网站的首选 Web 框架，这归功于 Django 较强的规范性，规范了开发人员的编码要求，以符合企业的规范化管理。正因如此，Django 成为开发人员必学的 Web 框架之一。

本书讲述的内容基于 Django 3.1 或以上版本，知识跨度从网站开发入门到网站架构设计，通过本书的学习，读者不仅可以精通 Django 框架的应用，还能一步一步走向架构师之路。

本书结构

本书共分 17 章，各章内容概述如下：

第 1 章介绍网站的基础知识和 Django 的环境搭建，分别讲述了网站的定义、分类、运行原理、Django 的安装、搭建开发环境、项目创建与调试和前端开发基础知识。

第 2 章介绍 Django 的项目配置，包括基本配置、静态资源文件、模板路径、数据库配置和中间件。

第 3 章讲述路由的编写规则，包括路由变量的设置、设置正则表达式、命名空间与路由命名、路由的反向解析和重定向。

第 4 章介绍视图函数的定义方法，在视图函数中讲述用户的响应方式、文件下载、HTTP 请求信息、文件上传、Cookie 反爬虫功能和请求头反爬虫功能。

第 5 章讲述视图类的定义与使用，视图类根据用途划分为三部分：数据显示视图、数据操作视图和日期筛选视图。

第 6 章讲解模板的编写方法，分别讲述 Django 模板引擎和 Jinja2 模板引擎的使用，包括模板的变量、标签、模板继承、标签和过滤器的定义与使用。

第 7 章讲述模型的定义与使用，比如模型的定义与数据迁移、数据表的数据关系和数据的读写操作，通过操作模型对象实现数据表的读写，并讲述数据表的动态创建和 MySQL 分表功能。

第 8 章介绍表单的定义与使用，主要讲述表单与模型的结合生成数据表单，并通过数据表单操作实现数据表的数据读写，如同一网页多个表单、一个表单多个按钮、表单批量处理和多文件批量上存等常见的 Web 应用。

第 9 章介绍 Django 内置的 Admin 后台系统，讲述 Admin 的基本设置以及一些常用功能的二次开发。

第 10 章介绍 Django 内置的 Auth 认证系统，讲述内置模型 User 的使用和扩展，实现用户注册和登录功能、用户权限的设置和用户组的设置。

第11章介绍Django常用的内置功能，包括会话Session、缓存机制、CSRF防护、消息框架、分页功能、国际化和本地化、单元测试、自定义中间件、异步编程（多线程的应用、ASGI服务、异步视图以及异步与同步的转换）、信号机制。

第12章介绍Django的第三方功能应用，如DRF框架开发API接口、生成网站验证码、站内搜索引擎、第三方网站实现账号注册、异步任务和定时任务、即时通信实现在线聊天。

第13章讲述信息反馈平台的开发，信息反馈平台的功能包括信息反馈页面、Admin后台系统、自定义异常机制和单元测试。

第14章讲述博客系统的开发，网站功能包括用户（博主）注册和登录、博主资料信息、图片墙功能、留言板功能、文章列表、文章正文内容和Admin后台系统。

第15章讲述音乐网站平台的开发，网站主要功能有首页、排行榜、歌曲播放、歌曲点评、歌曲搜索、用户注册和登录、用户中心、Admin后台管理和网站异常机制。

第16章分别讲述前后端分离的开发模式和微服务架构设计原理。Django只需编写API接口，网站的业务逻辑、数据渲染以及动态信息由前端完成；微服务是一种网站架构概念，包含了开发、测试、部署和运维等多方面因素，并讲述了微服务的JWT认证、服务发现与注册等功能。

第17章分别讲述Django如何部署在Windows和Linux系统。Windows系统采用IIS服务器+wfastcgi+Django实现部署过程；Linux系统采用Nginx+uWSGI+Django实现部署过程。

本书特色

循序渐进，知识全面：本书站在初学者的角度，围绕新版本Django 3框架展开讲解，从初学者必备的基础知识着手，循序渐进地介绍了Django 3的各种知识，包括基本概念、功能特性、工具使用、扩展知识等，内容几乎涵盖了Django 3的所有功能，是一本内容全面的实战技术指南。

注重实战，项目丰富：为提升读者的开发技能，本书精选了编者近年来参与开发的3个项目，这些项目各有不同功能，并全部给出了功能架构描述和代码实现，可以使读者真实地学到如何用Django开发一个项目，解决开发中可能遇到的各种问题，是提升读者实际开发能力的最佳实践。

技术先进，与时俱进：近年来全栈与微服务开发获得广泛应用，毫无疑问，Django框架同样可以实现微服务架构，因此本书专门有一章内容讲解了前后端分离开发模式以及微服务开发的相关知识，此外，Django 3新引入的异步编程也在本书中进行了详细讲解，读者从本书可以深切地感到编者在这方面的用心。

可以这样说，本书集新版本特性、开发心得与前沿技术为一体，任何使用Django开发Web项目的读者都可以从本书中获益。

源代码下载

本书所有程序代码均在Python 3.8和Django 3.1下调试通过，源码GitHub下载地址：
https://github.com/xyjw/Django-Web

或者扫描下面的二维码下载：

如果你在下载过程中遇到问题，可发送邮件至 booksaga@126.com 获得帮助，邮件标题为"Django3 Web 应用开发实战"。

读者对象

本书主要适合以下读者阅读：

- Django 初学者及在校学生
- Django 开发工程师
- 从事 Python 网站开发的技术人员
- 其他对 Django 感兴趣的人员

虽然笔者力求本书更臻完美，但由于水平所限，难免会出现错误，特别是 Django 版本更新可能导致源代码在运行过程中出现问题，欢迎广大读者和专家给予指正，笔者将十分感谢。

黄永祥
2021 年 5 月 1 日

目　　录

第 1 章　Django 建站基础 1
1.1　网站的定义及组成 1
1.2　网站的分类 2
1.3　网站运行原理及开发流程 4
1.3.1　常用术语 4
1.3.2　网站的运行原理 4
1.3.3　网站的开发流程 5
1.3.4　任务划分 5
1.4　走进 Django 6
1.5　安装 Django 6
1.6　创建项目 7
1.7　PyCharm 创建项目 9
1.8　开启 Django Hello World 11
1.8.1　Django 的操作指令 11
1.8.2　开启 Hello World 之旅 13
1.9　调试 Django 项目 15
1.9.1　PyCharm 断点调试 15
1.9.2　调试异常 17
1.10　HTML、CSS 和 JavaScript 19
1.10.1　HTML 19
1.10.2　CSS 21
1.10.3　JavaScript 24
1.11　本章小结 26

第 2 章　Django 配置信息 29
2.1　基本配置信息 29
2.2　资源文件配置 31
2.2.1　资源路由——STATIC_URL 31
2.2.2　资源集合——STATICFILES_DIRS 32
2.2.3　资源部署——STATIC_ROOT 33
2.2.4　媒体资源——MEDIA 34

- 2.3 模板配置 ... 35
- 2.4 数据库配置 ... 37
  - 2.4.1 mysqlclient 连接 MySQL ... 37
  - 2.4.2 pymysql 连接 MySQL ... 39
  - 2.4.3 多个数据库的连接方式 ... 40
  - 2.4.4 使用配置文件动态连接数据库 ... 41
  - 2.4.5 通过 SSH 隧道远程连接 MySQL ... 43
- 2.5 中间件 ... 45
- 2.6 本章小结 ... 46

第 3 章 初探路由 ... 48

- 3.1 路由定义规则 ... 48
  - 3.1.1 Django 2 以上版本路由定义 ... 48
  - 3.1.2 Django 1.X 路由定义 ... 51
  - 3.1.3 路由变量的设置 ... 52
  - 3.1.4 正则表达式的路由定义 ... 55
- 3.2 命名空间与路由命名 ... 56
  - 3.2.1 命名空间 namespace ... 56
  - 3.2.2 路由命名 name ... 57
- 3.3 路由的使用方式 ... 59
  - 3.3.1 在模板中使用路由 ... 59
  - 3.3.2 反向解析 reverse 与 resolve ... 62
  - 3.3.3 路由重定向 ... 65
- 3.4 本章小结 ... 67

第 4 章 探究 FBV 视图 ... 69

- 4.1 设置响应方式 ... 69
  - 4.1.1 返回响应内容 ... 69
  - 4.1.2 设置重定向 ... 73
  - 4.1.3 异常响应 ... 75
  - 4.1.4 文件下载功能 ... 77
- 4.2 HTTP 请求对象 ... 81
  - 4.2.1 获取请求信息 ... 82
  - 4.2.2 文件上传功能 ... 85
  - 4.2.3 Cookie 实现反爬虫 ... 90
  - 4.2.4 请求头实现反爬虫 ... 97
- 4.3 本章小结 ... 100

第 5 章 探究 CBV 视图 102

5.1 数据显示视图 102
5.1.1 重定向视图 RedirectView 102
5.1.2 基础视图 TemplateView 105
5.1.3 列表视图 ListView 107
5.1.4 详细视图 DetailView 112

5.2 数据操作视图 115
5.2.1 表单视图 FormView 115
5.2.2 新增视图 CreateView 118
5.2.3 修改视图 UpdateView 120
5.2.4 删除视图 DeleteView 122

5.3 日期筛选视图 124
5.3.1 月份视图 MonthArchiveView 126
5.3.2 周期视图 WeekArchiveView 131

5.4 本章小结 133

第 6 章 深入模板 135

6.1 Django 模板引擎 135
6.1.1 模板上下文 135
6.1.2 自定义标签 137
6.1.3 模板继承 141
6.1.4 自定义过滤器 143

6.2 Jinja2 模板引擎 147
6.2.1 安装与配置 148
6.2.2 模板语法 151
6.2.3 自定义过滤器 153

6.3 本章小结 154

第 7 章 模型与数据库 156

7.1 模型定义与数据迁移 156
7.1.1 定义模型 157
7.1.2 开发个人的 ORM 框架 160
7.1.3 数据迁移 163
7.1.4 数据导入与导出 167

7.2 数据表关系 168

7.3 数据表操作 172
7.3.1 数据新增 173
7.3.2 数据修改 175

7.3.3 数据删除 176
7.3.4 数据查询 177
7.3.5 多表查询 181
7.3.6 执行 SQL 语句 185
7.3.7 数据库事务 186
7.4 多数据库的连接与使用 189
7.4.1 多数据库的连接 189
7.4.2 多数据库的使用 191
7.5 动态创建模型与数据表 194
7.6 MySQL 分表功能 197
7.7 本章小结 201

第 8 章 表单与模型 203
8.1 初识表单 203
8.2 源码分析 Form 207
8.3 源码分析 ModelForm 213
8.4 视图里使用 Form 217
8.5 视图里使用 ModelForm 219
8.6 同一网页多个表单 222
8.7 一个表单多个按钮 225
8.8 表单的批量处理 227
8.9 多文件批量上存 231
8.10 本章小结 236

第 9 章 Admin 后台系统 238
9.1 走进 Admin 238
9.2 源码分析 ModelAdmin 242
9.3 Admin 首页设置 247
9.4 Admin 的二次开发 249
9.4.1 函数 get_readonly_fields() 250
9.4.2 设置字段样式 251
9.4.3 函数 get_queryset() 253
9.4.4 函数 formfield_for_foreignkey() 253
9.4.5 函数 formfield_for_choice_field() 254
9.4.6 函数 save_model() 255
9.4.7 数据批量操作 257
9.4.8 自定义 Admin 模板 258
9.4.9 自定义 Admin 后台系统 260
9.5 本章小结 266

第 10 章 Auth 认证系统 268

- 10.1 内置 User 实现用户管理 268
- 10.2 发送邮件实现密码找回 276
- 10.3 模型 User 的扩展与使用 283
- 10.4 权限的设置与使用 290
- 10.5 自定义用户权限 292
- 10.6 设置网页的访问权限 294
- 10.7 用户组的设置与使用 300
- 10.8 本章小结 302

第 11 章 常用的 Web 应用程序 305

- 11.1 会话控制 305
  - 11.1.1 会话的配置与操作 305
  - 11.1.2 使用会话实现商品抢购 309
- 11.2 缓存机制 315
  - 11.2.1 缓存的类型与配置 316
  - 11.2.2 缓存的使用 318
- 11.3 CSRF 防护 322
- 11.4 消息框架 324
  - 11.4.1 源码分析消息框架 324
  - 11.4.2 消息框架的使用 326
- 11.5 分页功能 330
  - 11.5.1 源码分析分页功能 330
  - 11.5.2 分页功能的使用 333
- 11.6 国际化和本地化 337
  - 11.6.1 环境搭建与配置 337
  - 11.6.2 设置国际化 338
  - 11.6.3 设置本地化 340
- 11.7 单元测试 341
  - 11.7.1 定义测试类 342
  - 11.7.2 运行测试用例 348
- 11.8 自定义中间件 349
  - 11.8.1 中间件的定义过程 349
  - 11.8.2 中间件实现 Cookie 反爬虫 352
- 11.9 异步编程 355
  - 11.9.1 使用多线程 355
  - 11.9.2 启用 ASGI 服务 358
  - 11.9.3 异步视图 359

11.9.4　异步与同步的转换 362
11.10　信号机制 363
　11.10.1　内置信号 363
　11.10.2　自定义信号 367
　11.10.3　订单创建与取消 369
11.11　本章小结 373

第 12 章　第三方功能应用 377

12.1　Django Rest Framework 框架 377
　12.1.1　DRF 的安装与配置 377
　12.1.2　序列化类 Serializer 379
　12.1.3　模型序列化类 ModelSerializer 383
　12.1.4　序列化的嵌套使用 386
12.2　验证码生成与使用 389
　12.2.1　Django Simple Captcha 的安装与配置 389
　12.2.2　使用验证码实现用户登录 392
12.3　站内搜索引擎 396
　12.3.1　Django Haystack 的安装与配置 396
　12.3.2　使用搜索引擎实现产品搜索 399
12.4　第三方网站实现用户注册 404
　12.4.1　Social-Auth-App-Django 的安装与配置 405
　12.4.2　微博账号实现用户注册 409
12.5　异步任务和定时任务 411
　12.5.1　Celery 的安装与配置 411
　12.5.2　异步任务 413
　12.5.3　定时任务 416
12.6　即时通信——在线聊天 417
　12.6.1　Channels 的安装与配置 418
　12.6.2　Web 在线聊天功能 421
12.7　本章小结 425

第 13 章　信息反馈平台的设计与实现 427

13.1　项目设计与配置 427
　13.1.1　项目架构设计 428
　13.1.2　MySQL 搭建与配置 429
　13.1.3　功能配置 431
　13.1.4　数据库架构设计 433
13.2　程序功能开发 434
　13.2.1　路由与视图函数 434

13.2.2　使用 Jinja2 编写模板文件 436
　　　13.2.3　Admin 后台系统 439
　13.3　测试与运行 440
　　　13.3.1　编写单元测试 440
　　　13.3.2　运行与上线 442
　13.4　本章小结 445

第 14 章　个人博客系统的设计与实现 447

　14.1　项目设计与配置 447
　　　14.1.1　项目架构设计 450
　　　14.1.2　功能配置 451
　　　14.1.3　数据表架构设计 453
　　　14.1.4　定义路由列表 456
　　　14.1.5　编写共用模板 457
　14.2　注册与登录 460
　14.3　博主资料信息 464
　14.4　图片墙功能 466
　14.5　留言板功能 468
　14.6　文章列表 472
　14.7　文章正文内容 475
　14.8　Admin 后台系统 479
　　　14.8.1　模型的数据管理 479
　　　14.8.2　自定义 Admin 的登录页面 483
　　　14.8.3　Django CKEditor 生成文章编辑器 485
　14.9　测试与部署 488
　　　14.9.1　测试业务逻辑 488
　　　14.9.2　上线部署 492
　14.10　本章小结 493

第 15 章　音乐网站平台的设计与实现 495

　15.1　项目设计与配置 495
　　　15.1.1　项目架构设计 499
　　　15.1.2　功能配置 500
　　　15.1.3　数据表架构设计 502
　　　15.1.4　定义路由列表 506
　　　15.1.5　编写共用模板 507
　15.2　网站首页 507
　15.3　歌曲排行榜 513
　15.4　歌曲搜索 517

15.5　歌曲播放与下载 521
15.6　歌曲点评 528
15.7　注册与登录 533
15.8　用户中心 537
15.9　Admin 后台系统 541
15.10　自定义异常页面 544
15.11　部署与运行 545
　　15.11.1　上线部署 546
　　15.11.2　网站试运行 547
15.12　本章小结 548

第 16 章　基于前后端分离与微服务架构的网站开发 550

16.1　Vue 框架 550
　　16.1.1　Vue 开发产品信息页 550
　　16.1.2　Vue 发送 AJAX 请求 554
16.2　Django 开发 API 接口 555
　　16.2.1　简化 Django 内置功能 555
　　16.2.2　设置跨域访问 557
　　16.2.3　使用路由视图开发 API 接口 558
　　16.2.4　DRF 框架开发 API 接口 561
16.3　微服务架构 562
　　16.3.1　微服务实现原理 562
　　16.3.2　功能拆分 565
　　16.3.3　设计 API 网关 569
　　16.3.4　调试与运行 572
16.4　JWT 认证 573
　　16.4.1　认识 JWT 573
　　16.4.2　DRF 的 JWT 574
16.5　微服务注册与发现 582
　　16.5.1　常用的服务注册与发现框架 582
　　16.5.2　Consul 的安装与接口 583
　　16.5.3　Django 与 Consul 的交互 587
　　16.5.4　服务的运行与部署 592
　　16.5.5　服务的负载均衡 596
16.6　本章小结 597

第 17 章　Django 项目上线部署 599

17.1　基于 Windows 部署 Django 599
　　17.1.1　安装 IIS 服务器 599

17.1.2　创建项目站点 601
　　　17.1.3　配置静态资源 604
　17.2　基于 Linux 部署 Django 605
　　　17.2.1　安装 Linux 虚拟机 605
　　　17.2.2　安装 Python 3 611
　　　17.2.3　部署 uWSGI 服务器 612
　　　17.2.4　安装 Nginx 部署项目 615
　17.3　本章小结 616
附录 A　Django 面试题 618
附录 B　Django 资源列表 622

第 1 章

Django 建站基础

学习开发网站必须了解网站的组成部分、网站类型、运行原理和开发流程。使用 Django 开发网站必须掌握 Django 的基本操作，比如创建项目、使用 Django 的操作指令以及开发过程中的调试方法。

1.1 网站的定义及组成

网站（Website）是指在因特网上根据一定的规则，使用 HTML（Hyper Text Markup Language，超文本标记语言）等工具制作并用于展示特定内容相关网页的集合。简单地说，网站是一种沟通工具，人们可以通过网站来发布自己想要公开的资讯，或者利用网站来提供相关的网络服务，也可以通过网页浏览器来访问网站，获取自己需要的资讯或者享受网络服务。

在早期，域名（Domain Name）、空间服务器与程序是网站的基本组成部分，随着科技的不断进步，网站的组成日趋复杂，目前多数网站由域名、空间服务器、DNS 域名解析、网站程序和数据库等组成。

域名由一串用点分隔的字母组成，代表互联网上某一台计算机或计算机组的名称，用于在数据传输时标识计算机的电子方位，已经成为互联网的品牌和网上商标保护必备的产品之一。通俗地说，域名就相当于一个家庭的门牌号码，别人通过这个号码可以很容易地找到你所在的位置。以百度的域名为例，百度的网址是由两部分组成的，标号"baidu"是这个域名的主域名体；前面的"www."是网络名；最后的标号"com"则是该域名的后缀，代表是一个国际域名，属于顶级域名之一。

常见的域名后缀有以下几种。

- .COM：商业性的机构或公司。
- .NET：从事 Internet 相关的网络服务的机构或公司。
- .ORG：非营利的组织、团体。
- .GOV：政府部门。
- .CN：中国国内域名。
- .COM.CN：中国商业域名。
- .NET.CN：中国从事 Internet 相关的网络服务的机构或公司。
- .ORG.CN：中国非营利的组织、团体。
- .GOV.CN：中国政府部门。

空间服务器主要有虚拟主机、独立服务器和 VPS（Virtual Private Server，虚拟专用服务器）。

虚拟主机是在网络服务器上划分出一定的磁盘空间供用户放置站点和应用组件等，提供必要的站点功能、数据存放和传输功能。所谓虚拟主机，也叫"网站空间"，就是把一台运行在互联网上的服务器划分成多个"虚拟"的服务器。每一个虚拟主机都具有独立的域名和完整的 Internet 服务器（支持 WWW、FTP、E-mail 等）。虚拟主机是网络发展的福音，极大地促进了网络技术的应用和普及。同时，虚拟主机的租用服务成了网络时代新的经济形式，虚拟主机的租用类似于房屋租用。

独立服务器是指性能更强大、整体硬件完全独立的服务器，其 CPU 都在 8 核以上。

VPS 即虚拟专用服务器，是将一个服务器分区成多个虚拟独立专享服务器的技术。每个使用 VPS 技术的虚拟独立服务器拥有各自独立的公网 IP 地址、操作系统、硬盘空间、内存空间和 CPU 资源等，还可以进行安装程序、重启服务器等操作，与一台独立服务器完全相同。

网站程序是建设与修改网站所使用的编程语言，源代码是由按一定格式书写的文字和符号编写的，可以是任何编程语言，常见的网站开发语言有 Java、PHP、ASP.NET 和 Python。而浏览器就如程序的编译器，它会将源代码翻译成图文内容呈现在网页上。

1.2 网站的分类

资讯门户类网站以提供信息资讯为主要目的，是目前普遍的网站形式之一，例如新浪、搜狐和新华网。这类网站虽然涵盖的信息类型多、信息量大、访问群体广，但包含的功能比较简单，网站基本功能包含检索、论坛、留言和用户中心等。

这类网站开发的技术含量主要涉及 4 个因素：

- 承载的信息类型，例如是否承载多媒体信息、是否承载结构化信息等。
- 信息发布的方式和流程。
- 信息量的数量级。
- 网站用户管理。

企业品牌类网站用于展示企业综合实力，体现企业文化和品牌理念。企业品牌网站非常强调创意，对于美工设计要求较高，精美的 FLASH 动画是常用的表现形式。网站内容组织策划和产品展示体验方面也有较高的要求。网站利用多媒体交互和动态网页技术，针对目标客户进行内容建设，达到品牌营销的目的。

企业品牌网站可细分为以下三类。

- 企业形象网站：塑造企业形象、传播企业文化、推介企业业务、报道企业活动和展示企业实力。
- 品牌形象网站：当企业拥有众多品牌且不同品牌之间的市场定位和营销策略各不相同时，企业可根据不同品牌建立其品牌网站，以针对不同的消费群体。
- 产品形象网站：针对某一产品的网站，重点在于产品的体验。

交易类网站以实现交易为目的，以订单为中心。交易的对象可以是企业和消费者。这类网站有 3 项基本内容：商品如何展示、订单如何生成和订单如何执行。

因此，这类网站一般需要有产品管理、订购管理、订单管理、产品推荐、支付管理、收费管理、送发货管理和会员管理等基本功能。功能复杂一点的可能还需要积分管理系统、VIP 管理系统、CRM 系统、MIS 系统、ERP 系统和商品销售分析系统等。交易类网站成功与否的关键在于业务模型的优劣。

交易类网站可细分为以下三大类型。

- B2C（Business To Consumer）网站：商家——消费者，主要是购物网站，用于商家和消费者之间的买卖，如传统的百货商店和购物广场等。
- B2B（Business To Business）网站：商家——商家，主要是商务网站，用于商家之间的买卖，如传统的原材料市场和大型批发市场等。
- C2C（Consumer To Consumer）网站：消费者——消费者，主要以拍卖网站为主，用于个人物品的买卖，如传统的旧货市场、跳蚤市场、废品收购站等。

办公及政府机构网站分为企业办公事务类网站和政府办公类网站。企业办公事务类网站主要包括企业办公事务管理系统、人力资源管理系统和办公成本管理系统。

政府办公类网站是利用政府专用网络和内部办公网络而建立的内部门户信息网，是为了方便办公区域以外的相关部门互通信息、统一处理数据和共享文件资料而建立的，其基本功能有：

（1）提供多数据源接口，实现业务系统的数据整合。

（2）统一用户管理，提供方便有效的访问权限和管理权限体系。

（3）灵活设立子网站，实现复杂的信息发布管理流程。

网站面向社会公众，既可提供办事指南、政策法规和动态信息等，又可提供网上行政业务申报、办理及相关数据查询等。

互动游戏网站是近年来国内逐渐风靡起来的一种网站。这类网站的投入是根据所承载游戏的复杂程度来定的，其发展趋势是向超巨型方向发展，有的已经形成了独立的网络世界。

功能性网站是一种新型网站，其中 Google 和百度是典型代表。这类网站的主要特征是将一个具有广泛需求的功能扩展开来，开发一套强大的功能体系，将功能的实现推向极致。功能在网页上看似简单，但实际投入成本相当惊人，而且效益非常巨大。

1.3 网站运行原理及开发流程

1.3.1 常用术语

如果刚接触网站开发，那么很有必要了解网站的运行原理。在了解网站的运行原理之前，首先需要理解网站中一些常用的术语。

- 客户端：在计算机上运行并连接到互联网的应用程序，简称浏览器，如 Chrome、Firefox 和 IE。用户通过操作客户端实现网站和用户之间的数据交互。
- 服务器：能连接到互联网且具有 IP 地址的计算机。服务器主要接收和处理用户的请求信息。当用户在客户端操作网页的时候，实质上是向网站发送一个 HTTP 请求，网站的服务器接收到请求后会执行相应的处理，最后将处理结果返回客户端并生成相应的网页信息。
- IP 地址：互联网协议地址，TCP/IP 网络设备（计算机、服务器、打印机、路由器等）的数字标识符。互联网上的每台计算机都有一个 IP 地址，用于识别和通信。IP 地址有 4 组数字，以小数点分隔（例如 244.155.65.2），这被称为逻辑地址。为了在网络中定位设备，通过 TCP/IP 协议将逻辑 IP 地址转换为物理地址（物理地址即计算机里面的 MAC 地址）。
- 域名：用于标识一个或多个 IP 地址。
- DNS：域名系统，用于跟踪计算机的域名及其在互联网上相应的 IP 地址。
- ISP：互联网服务提供商。主要工作是在 DNS（域名系统）中查找当前域名对应的 IP 地址。
- TCP/IP：传输控制协议/互联网协议，是广泛使用的通信协议。
- HTTP：超文本传输协议，是浏览器和服务器通过互联网进行通信的协议。

1.3.2 网站的运行原理

了解网站常用术语后，我们通过一个简单的例子来讲解网站运行的原理。

（1）在浏览器中输入网站地址，如 www.github.com。

（2）浏览器解析网站地址中包含的信息，如 HTTP 协议和域名（github.com）。

（3）浏览器与 ISP 通信，在 DNS 中查找 www.github.com 所对应的 IP 地址，然后将 IP 地址发送到浏览器的 DNS 服务，最后向 www.github.com 的 IP 地址发送请求。

（4）浏览器从网站地址中获取 IP 地址和端口（HTTP 协议默认为 80 端口，HTTPS 协议默认为 443 端口），并打开 TCP 套接字连接，实现浏览器和 Web 服务器的连接。

（5）浏览器根据用户操作向服务器发送相应的 HTTP 请求，如打开 www.github.com 的主页面。

（6）当 Web 服务器接收请求后，根据请求信息查找该 HTML 页面。若页面存在，则 Web 服务器将处理结果和页面返回浏览器。若服务器找不到页面，则发送一个 404 错误消息，代表找不到相关的页面。

1.3.3 网站的开发流程

很多人认为网站开发是一件很困难的事情，其实没有想象中那么困难。只要明白了网站的开发流程，就会觉得网站开发非常简单。但如果没有一个清晰的开发流程指导开发，会觉得整个开发过程难以实行。完整的开发流程如下：

（1）需求分析：当拿到一个项目时，必须进行需求分析，清楚知道网站的类型、具体功能、业务逻辑以及网站的风格，此外还要确定域名、网站空间或者服务器以及网站备案等。

（2）规划静态内容：重新确定需求分析，并根据用户需求规划出网站的内容板块草图。

（3）设计阶段：根据网站草图由美工制作成效果图。就好比建房子一样，首先画出效果图，然后才开始建房子，网站开发也是如此。

（4）程序开发阶段：根据草图划分页面结构和设计，前端和后台可以同时进行。前端根据美工效果负责制作静态页面；后台根据页面结构和设计，设计数据库数据结构和开发网站后台。

（5）测试和上线：在本地搭建服务器，测试网站是否存在 Bug。若无问题，则可以将网站打包，使用 FTP 上传至网站空间或者服务器。

（6）维护推广：在网站上线之后，根据实际情况完善网站的不足，定期修复和升级，保障网站运营顺畅，然后对网站进行推广宣传等。

1.3.4 任务划分

网站开发必须根据用户需求制定开发任务，不同职位的开发人员负责不同的功能设计与实现，各个职位的工作划分如下：

（1）网页设计由 UI 负责设计。UI 需要考虑用户体验、网站色调搭配和操作流程等。

（2）前端开发人员将网页设计图转化成 HTML 页面，主要编写 HTML 网页、CSS 样式和 JavaScript 脚本，如果采用前后端分离，整个网站的功能就皆由前端人员实现。

（3）后端开发人员负责实现网站功能和数据库设计。网站功能需要数据库提供数据支持，实质上是实现数据库的读写操作；数据库设计需要根据网站功能设计相应的数据表，并且还要考虑数据表之间的数据关联。如果采用前后端分离的开发方式，后端人员只需编写 API 接口，由前端人员调用 API 接口实现网站功能。

（4）测试人员负责测试网站功能是否符合用户需求。测试过程需要编写测试用例进行测试，如果发现功能存在 Bug，就需向开发人员提交 Bug 的重现方法。只要功能发生修改或变更，测试人员就要重新测试。

（5）运维人员负责网站的部署和上线。网站部署主要搭建在 Linux 系统，除了安装 Django 环境之外，还需要将 Django 搭建在 Nginx 或 Apache 服务器上，并在 Nginx 或 Apache 上绑定网站的域名。

1.4 走进 Django

Django 是一个开放源代码的 Web 应用框架，由 Python 写成，最初用于管理劳伦斯出版集团旗下的一些以新闻内容为主的网站，即 CMS（内容管理系统）软件，于 2005 年 7 月在 BSD 许可证下发布，这套框架是以比利时的吉卜赛爵士吉他手 Django Reinhardt 来命名的。Django 采用了 MTV 的框架模式，即模型（Model）、模板（Template）和视图（Views），三者之间各自负责不同的职责。

- 模型：数据存取层，处理与数据相关的所有事务，例如如何存取、如何验证有效性、包含哪些行为以及数据之间的关系等。
- 模板：表现层，处理与表现相关的决定，例如如何在页面或其他类型的文档中进行显示。
- 视图：业务逻辑层，存取模型及调取恰当模板的相关逻辑，模型与模板的桥梁。

Django 的主要目的是简便、快速地开发数据库驱动的网站。它强调代码复用，多个组件可以很方便地以插件形式服务于整个框架。Django 有许多功能强大的第三方插件，可以很方便地开发出自己的工具包，这使得 Django 具有很强的可扩展性。此外，Django 还强调快速开发和 DRY（Do Not Repeat Yourself）原则。Django 基于 MTV 的设计十分优美，其具有以下特点：

- 对象关系映射（Object Relational Mapping，ORM）：通过定义映射类来构建数据模型，将模型与关系数据库连接起来，使用 ORM 框架内置的数据库接口可实现复杂的数据操作。
- URL 设计：开发者可以设计任意的 URL（网站地址），而且还支持使用正则表达式设计。
- 模板系统：提供可扩展的模板语言，模板之间具有可继承性。
- 表单处理：可以生成各种表单模型，而且表单具有有效性检验功能。
- Cache 系统：完善的缓存系统，可支持多种缓存方式。
- Auth 认证系统：提供用户认证、权限设置和用户组功能，功能扩展性强。
- 国际化：内置国际化系统，方便开发出多种语言的网站。
- Admin 后台系统：内置 Admin 后台管理系统，系统扩展性强。

1.5 安装 Django

本书开发环境为 Windows 操作系统和 Python 3，如果读者的操作系统是 Linux 或 Mac OX，可在虚拟机上安装 Windows 操作系统。

在安装 Django 之前，首先安装 Python，读者在官网下载.exe 安装包即可，建议安装 Python 3.5 或以上的版本。完成 Python 的安装后，接着安装 Django 版本，安装方法如下：

使用 pip 进行安装，可以按快捷键 Windows+R 打开"运行"对话框，然后在对话框中输入"CMD"并按回车键，进入命令提示符窗口（也称为终端）。在命令提示符窗口输入以下安装指令：

```
pip install Django
```

输入上述指令后按回车键，就会自行下载 Django 最新版本并安装，我们只需等待安装完成即可。

除了使用 pip 安装之外，还可以从网上下载 Django 的压缩包自行安装。在浏览器上输入网址（www.lfd.uci.edu/~gohlke/pythonlibs/#django）并找到 Django 的下载链接，如图 1-1 所示。

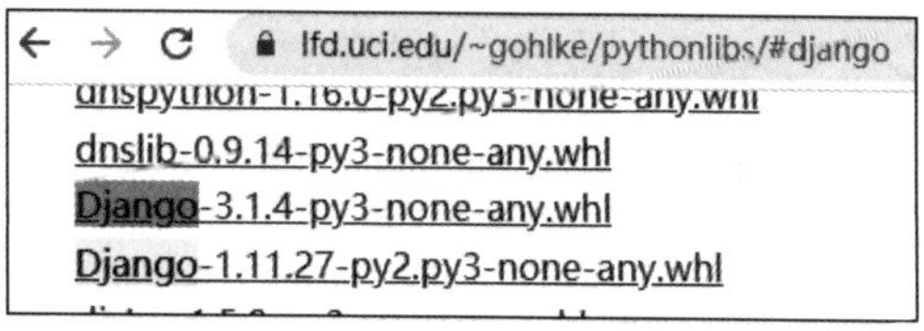

图 1-1 Django 安装包

然后将下载的文件放到 D 盘，并打开命令提示符窗口，输入以下安装指令：

```
pip install D:\Django-3.1.4-py3-none-any.whl
```

输入指令后按回车键，等待安装完成的提示即可。完成 Django 的安装后，需要进一步校验安装是否成功，再次进入命令提示符窗口，输入"python"并按回车键，此时进入 Python 交互解释器，在交互解释器下输入校验代码：

```
>>> import django
>>> django.__version__
```

从上面返回的结果是当前安装的 Django 版本信息，这也说明 Django 安装成功。

1.6 创建项目

一个项目可以理解为一个网站，创建 Django 项目可以在命令提示符窗口输入创建指令完成。打开命令提示符窗口，将当前路径切换到 D 盘并输入项目创建指令：

```
C:\Users\000>d:
D:\>django-admin startproject MyDjango
```

第一行指令是将当前路径切换到 D 盘；第二行指令是在 D 盘的路径下创建 Django 项目，指令中的"MyDjango"是项目名称，读者可自行命名。项目创建后，可以在 D 盘下看到新创建的文件夹 MyDjango，在 PyCharm 下查看该项目的结构，如图 1-2 所示。

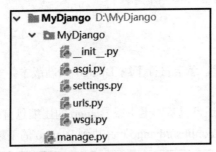

图1-2 目录结构

MyDjango 项目里包含 MyDjango 文件夹和 manage.py 文件，而 MyDjango 文件夹又包含 5 个 .py 文件。项目的各个文件说明如下：

- manage.py：命令行工具，内置多种方式与项目进行交互。在命令提示符窗口下，将路径切换到 MyDjango 项目并输入 python manage.py help，可以查看该工具的指令信息。
- __init__.py：初始化文件，一般情况下无须修改。
- asgi.py：开启一个 ASGI 服务，ASGI 是异步网关协议接口。
- settings.py：项目的配置文件，项目的所有功能都需要在该文件中进行配置，配置说明会在下一章详细讲述。
- urls.py：项目的路由设置，设置网站的具体网址内容。
- wsgi.py：全称为 Python Web Server Gateway Interface，即 Python 服务器网关接口，是 Python 应用与 Web 服务器之间的接口，用于 Django 项目在服务器上的部署和上线，一般不需要修改。

完成项目的创建后，接着创建项目应用，项目应用简称为 App，相当于网站功能，每个 App 代表网站的一个功能。App 的创建由文件 manage.py 实现，创建指令如下：

```
D:\>cd MyDjango
D:\MyDjango>python manage.py startapp index
```

从 D 盘进入项目 MyDjango，然后使用 python manage.py startapp XXX 创建，其中 XXX 是应用的名称，读者可以自行命名。上述指令创建了网站首页，再次查看项目 MyDjango 的目录结构，如图 1-3 所示。

从图 1-3 可以看到，项目新建了 index 文件夹，其可作为网站首页。在 index 文件夹可以看到有多个 .py 文件和 migrations 文件夹，说明如下：

- migrations：用于生成数据迁移文件，通过数据迁移文件可自动在数据库里生成相应的数据表。
- __init__.py：index 文件夹的初始化文件。
- admin.py：用于设置当前 App 的后台管理功能。
- apps.py：当前 App 的配置信息，在 Django 1.9 版本后自动生成，一般情况下无须修改。
- models.py：定义数据库的映射类，每个类可以关联一张数据表，实现数据持久化，即 MTV

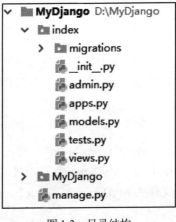

图1-3 目录结构

里面的模型（Model）。
- tests.py：自动化测试的模块，用于实现单元测试。
- views.py：视图文件，处理功能的业务逻辑，即 MTV 里面的视图（Views）。

完成项目和 App 的创建后，最后在命令提示符窗口输入以下指令启动项目：

```
C:\Users\000>d:
D:\>cd MyDjango
D:\MyDjango>python manage.py runserver 8001
```

将命令提示符窗口的路径切换到项目的路径，输入运行指令 python manage.py runserver 8001，如图 1-4 所示。其中 8001 是端口号，如果在指令里没有设置端口，端口就默认为 8000。最后在浏览器上输入 http://127.0.0.1:8001/，可看到项目的运行情况，如图 1-5 所示。

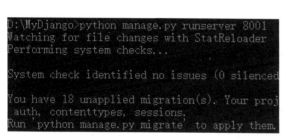

图 1-4　输入运行指令

图 1-5　项目运行情况

1.7　PyCharm 创建项目

除了在命令提示符窗口创建项目之外，还可以在 PyCharm 中创建项目。PyCharm 必须为专业版才能创建与调试 Django 项目，社区版是不支持此功能的。打开 PyCharm 并在左上方单击 File→New Project，创建新项目，如图 1-6 所示。

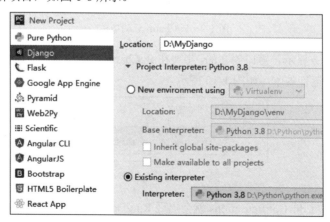

图 1-6　PyCharm 创建 Django

项目创建后，可以看到目录结构多出了 templates 文件夹，该文件夹用于存放 HTML 模板文件，如图 1-7 所示。

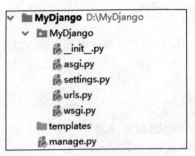

图 1-7　项目目录结构

接着创建 App 应用，可以在 PyCharm 的 Terminal 中输入创建指令，创建指令与命令提示符窗口中输入的指令是相同的，如图 1-8 所示。

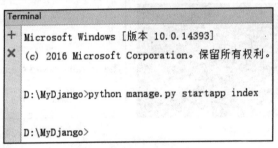

图 1-8　PyCharm 创建 App

完成项目和 App 的创建后，启动项目。如果项目是由 PyCharm 创建的，就直接单击"运行"按钮启动项目，如图 1-9 所示。

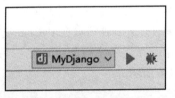

图 1-9　PyCharm 启动项目

如果项目是在命令提示符窗口创建的，想要在 PyCharm 启动项目，而 PyCharm 没有运行脚本，就需要对该项目创建运行脚本，如图 1-10 所示。

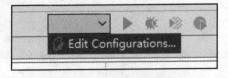

图 1-10　创建运行脚本

单击图 1-10 中的 Edit Configurations 就会出现 Run/Debug Configurations 界面，单击该界面左上方的 + 并选择 Django server，输入脚本名字，单击 OK 按钮即可创建运行脚本，如图 1-11 所示。

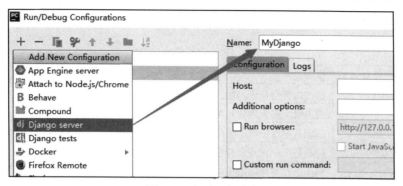

图 1-11　创建运行脚本

> **注　意**
>
> 由于 PyCharm 自动为我们创建 templates 文件夹，并且在配置文件 settings.py 的 TEMPLATES 的 DIRS 添加 templates 文件夹的路径信息。从 Django 3.1 版本开始，配置文件 settings.py 的路径信息改用 pathlib 模块，Django 3.1 之前版本使用 os 模块，因此 PyChram 添加 templates 文件夹的路径信息仍使用 os 模块。

1.8　开启 Django Hello World

要学习 Django 首先需要了解 Django 的操作指令，了解了每个指令的作用，才能在 MyDjango 项目里编写 Hello World 网页，然后通过该网页我们可以简单了解 Django 的开发过程。

1.8.1　Django 的操作指令

无论是创建项目还是创建项目应用，都需要使用相关的指令才能得以实现，这些指令都是 Django 内置的操作指令。

在 PyCharm 的 Terminal 中输入指令 python manage.py help 并按回车键，即可看到相关的指令信息，如图 1-12 所示。

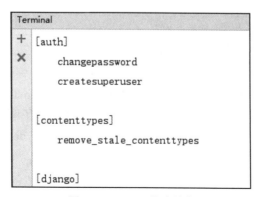

图 1-12　Django 指令信息

Django 的操作指令共有 30 条，每条指令的说明如表 1-1 所示。

表 1-1　Django 操作指令说明

指令	说明
changepassword	修改内置用户表的用户密码
createsuperuser	为内置用户表创建超级管理员账号
remove_stale_contenttypes	删除数据库中已不使用的数据表
check	检测整个项目是否存在异常问题
compilemessages	编译语言文件，用于项目的区域语言设置
createcachetable	创建缓存数据表，为内置的缓存机制提供存储功能
dbshell	进入 Django 配置的数据库，可以执行数据库的 SQL 语句
diffsettings	显示当前 settings.py 的配置信息与默认配置的差异
dumpdata	导出数据表的数据并以 JSON 格式存储，如 python manage.py dumpdata index > data.json，这是 index 的模型所对应的数据导出，并保存在 data.json 文件中
flush	清空数据表的数据信息
inspectdb	获取项目所有模型的定义过程
loaddata	将数据文件导入数据表，如 python manage.py loaddatadata.json
makemessages	创建语言文件，用于项目的区域语言设置
makemigrations	从模型对象创建数据迁移文件并保存在 App 的 migrations 文件夹
migrate	根据迁移文件的内容，在数据库里生成相应的数据表
sendtestemail	向指定的收件人发送测试的电子邮件
shell	进入 Django 的 Shell 模式，用于调试项目功能
showmigrations	查看当前项目的所有迁移文件
sqlflush	查看清空数据库的 SQL 语句脚本
sqlmigrate	根据迁移文件内容输出相应的 SQL 语句
sqlsequencereset	重置数据表递增字段的索引值
squashmigrations	对迁移文件进行压缩处理
startapp	创建项目应用 App
startproject	创建新的 Django 项目
test	运行 App 里面的测试程序
testserver	新建测试数据库并使用该数据库运行项目
clearsessions	清除会话 Session 数据
collectstatic	收集所有的静态文件
findstatic	查找静态文件的路径信息
runserver	在本地计算机上启动 Django 项目

表 1-1 简单讲述了 Django 操作指令的作用，对于刚接触 Django 的读者来说，可能并不理解每个指令的具体作用，本节只对这些指令进行概述，读者只需要大概了解，在后续的学习中会具体讲述这些指令的使用方法。此外，有兴趣的读者也可以参考官方文档（docs.djangoproject.com/zh-hans/3.1/ref/django-admin/）。

1.8.2 开启 Hello World 之旅

相信读者现在对 Django 已经有了大概的认知，在本节，我们在 MyDjango 项目里实现 Hello World 网页，让读者打开 Django 的大门。

首先在 templates 文件夹里新建 index.html 文件，该文件是 Django 的模板文件，如果 MyDjango 项目是在命令提示符窗口下创建的，就需要在 MyDjango 项目的路径下自行创建 templates 文件夹，如图 1-13 所示。

图 1-13　目录结构

接着打开 MyDjango 文件夹的配置文件 settings.py，找到配置属性 INSTALLED_APPS 和 TEMPLATES，分别将项目应用 index 和模板文件夹 templates 添加到相应的配置属性，其配置如下所示：

```
INSTALLED_APPS = [
    'django.contrib.admin',
    'django.contrib.auth',
    'django.contrib.contenttypes',
    'django.contrib.sessions',
    'django.contrib.messages',
    'django.contrib.staticfiles',
    # 添加项目应用 index
    'index'
]
TEMPLATES = [
 {
    'BACKEND': 'django.template.backends.django.DjangoTemplates',
    'DIRS': [BASE_DIR / 'templates'],
    'APP_DIRS': True,
    'OPTIONS': {
      'context_processors': [
        'django.template.context_processors.debug',
        'django.template.context_processors.request',
        'django.contrib.auth.context_processors.auth',
        'django.contrib.messages.context_processors.messages',
      ],
    },
 },
]
```

Django 所有的功能都必须在配置文件 settings.py 中设置，否则项目在运行的时候无法生成相应的功能，有关配置文件settings.py的配置属性将会在第2章讲述。

最后在项目的urls.py（MyDjango文件夹的urls.py）、views.py（项目应用index的views.py文件）和index.html（templates文件夹的index.html）文件里编写相应的代码，即可实现简单的Hello World网页，代码如下：

```python
# index 的 urls.py
from django.contrib import admin
from django.urls import path
# 导入项目应用index
from index.views import index
urlpatterns = [
    path('admin/', admin.site.urls),
    path('', index)
]

# index 的 views.py
from django.shortcuts import render
def index(request):
    return render(request, 'index.html')

# templates 的 index.html
<!DOCTYPE html>
<html lang="en">
<head>
    <meta charset="UTF-8">
    <title>Hello World</title>
</head>
<body>
    <span>Hello World!!</span>
</body>
</html>
```

在上述代码里可以简单映射出用户访问网页的过程，说明如下：

- 当用户在浏览器访问网址的时候，该网址在项目所设置的路由（urls.py文件）里找到相应的路由信息。
- 然后从路由信息里找到对应的视图函数（views.py文件），由视图函数处理用户请求。
- 视图函数将处理结果传递到模板文件（index.html文件），由模板文件生成网页内容，并在浏览器里展现。

启动MyDjango项目，并在浏览器上访问路由地址（http://127.0.0.1:8000）即可看到Hello World网页，如图1-14所示。

图1-14　Hello World网页

> **注　意**
>
> 由于 Django 默认配置的数据库是 SQLite，因此在启动 MyDjango 项目之后，在 MyDjango 的目录里自动新建 db.sqlite3 文件。

1.9　调试 Django 项目

在开发网站的过程中，为了确保功能可以正常运行及验证是否实现开发需求，开发人员需要对已实现的功能进行调试。Django 的调试方式分为 PyCharm 断点调试和调试异常。

1.9.1　PyCharm 断点调试

我们知道，PyCharm 调试 Django 开发的项目，PyCharm 的版本必须为专业版，而社区版是不具备 Web 开发功能的。使用 PyCharm 启动 Django 的时候，可以发现 PyCharm 上带有爬虫的按钮，该按钮用于开启 Django 的 Debug 调试模式，如图 1-15 所示。

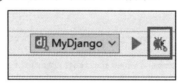

图 1-15　调试按钮

单击图 1-15 中的调试按钮（带有爬虫的按钮），即可开启调试模式，在 PyCharm 的正下方可以看到相关的调试信息，如图 1-16 所示。

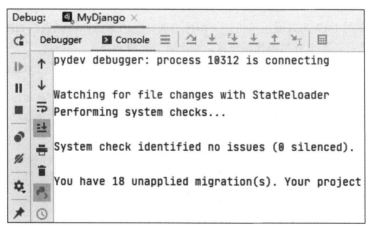

图 1-16　调试信息

从图 1-16 的调试界面可以看到有多个操作按钮，常用的调试按钮的功能说明以表格的形式表示，如表 1-2 所示。

表 1-2 常用的调试按钮的功能说明

按钮	说明
Console	显示项目的运行信息
Debugger	显示程序的对象信息
↻	重新运行项目
▶	继续往下执行程序,直到下一个断点才暂停程序
‖	暂停当前运行的程序
■	停止程序的运行
●	查看所有断点信息
🗑	清空 Console 的信息
↓	程序断点后,执行下一行的代码
≡	显示当前断点的位置

我们通过简单的示例来讲述如何使用 PyCharm 的调试模式。以 MyDjango 项目为例,在 index 文件夹的 views.py 文件里,视图函数 index 添加变量 value 并且在返回值 return 处设置断点,如图 1-17 所示。

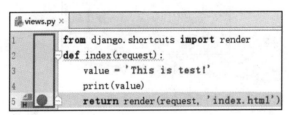

图 1-17 设置断点

设置断点是在图 1-17 的方框里单击一下即可出现红色的圆点,该圆点代表断点设置,当项目开启调试模式并运行到断点所在的代码位置,程序就会暂停运行。

开启 MyDjango 项目的调试模式并在浏览器上访问 127.0.0.1:8000,在 PyCharm 正下方的调试界面里可以看到相关的代码信息,如图 1-18 所示。

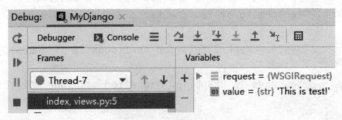

图 1-18 代码信息

调试界面 Debugger 的 Frames 是当前断点的程序所依赖的程序文件,单击某个文件,Variables 就会显示当前文件的程序所生成的对象信息。

单击 ▶ 按钮,PyCharm 就会自动往下执行程序,直到下一个断点才暂停程序;单击 ↓ 按钮,

PyCharm 只会执行当前暂停位置的下一步代码，这样可以清晰地看到每行代码的执行情况。这两个按钮是断点调试最为常用的，它们能让开发者清晰地了解代码的执行情况和运行逻辑。

如果程序在运行过程中出现异常或者代码中设有输出功能（如 print），这些信息就可以在 PyCharm 正下方调试界面的 Console 里查看，如图 1-19 所示。

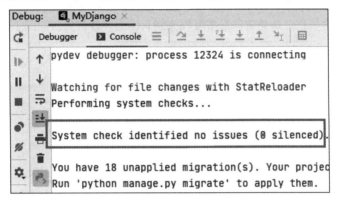

图 1-19　输出信息

启动项目的时候，从图 1-19 的运行信息看到 "System check identified no issues (0 silenced)" 信息，该信息表示 Django 对项目里所有的代码语法进行检测，如果代码语法存在错误，在启动的过程中就会报出相关的异常信息。

图 1-19 中的 "This is test!" 是视图函数 index 的 "print(value)" 代码输出结果；"GET / HTTP/1.1" 200 代表浏览器成功访问 127.0.0.1:8000，其中 200 代表 HTTP 的状态码。

> **注　意**
>
> 断点调试无法在模板文件（templates 的 index.html）设置断点，因此无法对模板文件进行调试，只能通过 PyChram 调试界面 Console 或浏览器开发者工具进行调试。

1.9.2　调试异常

PyCharm 的调试模式无法调试模板文件，而模板文件需要使用 Django 的模板语法，若想调试模板文件，则最有效的方法是查看 PyCharm 或浏览器提示的异常信息。

调试异常需要根据项目运行时所产生的异常信息进行分析，使用浏览器访问路由地址的时候，如果出现异常信息，就可以直接查看异常信息找出错误位置。比如在 templates 的模板文件 index.html 里添加错误的代码，如下所示：

```
<!DOCTYPE html>
<html lang="en">
<head>
    <meta charset="UTF-8">
    <title>Hello World</title>
</head>
<body>
    {# 添加错误代码 static#}
```

```
    {% static %}
    <span>Hello World!!</span>
</body>
</html>
```

当运行 MyDjango 项目并在浏览器访问 127.0.0.1:8000 的时候，PyCharm 正下方的调试界面 Console 就会出现异常信息，从异常信息中可以找到具体的异常位置，如图 1-20 所示。

```
Traceback (most recent call last):
    File "E:\Python\lib\site-packages\django\core\handler
        response = get_response(request)
    File "E:\Python\lib\site-packages\django\core\handler
        response = self.process_exception_by_middleware(e,
    File "E:\Python\lib\site-packages\django\core\handler
        response = wrapped_callback(request, *callback_args
    File "E:\MyDjango\user\views.py", line 13, in registe
        return render(request, 'user.html', locals())
```

图 1-20　异常信息

除了在 PyCharm 正下方的调试界面 Console 查看异常信息外，还可以在浏览器上分析异常信息，比如模板文件 index.html 的错误语法，Django 还能标记出错位置，便于开发者调试和跟踪，如图 1-21 所示。

```
Invalid block tag on line 9: 'static'. Did you forget to register or
1   <!DOCTYPE html>
2   <html lang="en">
3   <head>
4       <meta charset="UTF-8">
5       <title>Hello World</title>
6   </head>
7   <body>
8       {# 添加错误代码static#}
9       {% static %}
10      <span>Hello World!!</span>
```

图 1-21　异常信息

还有一种常见的情况是网页能正常显示，但网页内容出现部分缺失。对于这种情况，只能使用浏览器的开发者工具对网页进行分析处理。以 templates 的模板文件 index.html 为例，对其添加正确的代码，但在网页里出现内容缺失，如下所示：

```
<!DOCTYPE html>
<html lang="en">
<head>
    <meta charset="UTF-8">
    <title>Hello World</title>
</head>
<body>
    {# 添加正确代码，但不出现在网页 #}
    <div>Hi,{{ value }}</div>
    <span>Hello World!!</span>
</body>
```

```
</html>
```

再次启动 MyDjango 项目并在浏览器访问 127.0.0.1:8000 的时候,浏览器能正常访问网页,但无法显示{{ value }}的内容,打开浏览器的开发者工具看到,{{ value }}的内容是不存在的,如图 1-22 所示。

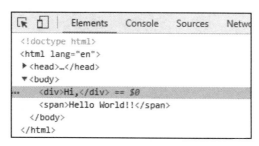

图 1-22 开发者工具

此外,浏览器的开发者工具对于调试 AJAX 和 CSS 样式非常有用。通过生成的网页内容进行分析来反向检测代码的合理性是常见的手段之一,这是通过校验结果与开发需求是否一致的方法来调试项目功能的。

1.10 HTML、CSS 和 JavaScript

网站开发可以分为前端开发和后端开发,前端开发是指网页设计,我们在浏览器看到网站的图片、文字、音乐视频等内容排版都是由前端开发人员实现的;后端开发是为前端开发提供实际的数据内容和业务逻辑,比如提供文字内容、图片和音乐视频的路径地址等信息。

前端开发人员必须掌握 HTML、CSS 和 JavaScript 的基础语言,这些基础语言上延伸了许多前端框架,比如 jQuery、Bootstrap、Vue、React 和 AngularJS 等。后端开发人员必须掌握一种或多种后端开发语言、数据库应用原理、Web 服务器应用原理和基础运维技术,目前较为热门的后端开发语言分别有 Java、PHP、Python 和 GO 语言;数据库为 MySQL、MSSQL、Oracle 和 Redis 等。

尽管明确划分了网站开发的职责,在实际工作中,特别是一些中小企业,他们也要求后端开发人员必须掌握前端开发技术,但无须精通前端开发,只要掌握基本的应用开发即可,比如调整网站布局或编写简单的 JavaScript 脚本。

我们除了学习使用 Django 开发网站,还需要掌握前端的基础知识,本节将简单讲述 HTML、CSS 和 JavaScript 的基础知识。

1.10.1 HTML

HTML 是超文本标记语言,标准通用标记语言下的一个应用。"超文本"就是指页面内可以包含图片、链接,甚至音乐、程序等非文字元素。超文本标记语言的结构包括"头"部分(Head)和"主体"部分(Body),其中"头"部分提供关于网页的信息,"主体"部分提供网页的具体内容。下面来看一个简单的 HTML 文档的结构:

```
<!DOCTYPE html> # 声明为 HTML5 文档
# HTML 元素是网页的根元素
<html>
# head 元素包含了文档的元(meta)数据
<head>
# meta 元素可提供有关页面的元信息(meta-information)，主要是描述和关键词
<meta charset="utf-8">
# title 元素描述了文档的标题
<title>Python</title>
</head>
# body 元素包含了可见的页面内容
<body>
<h1>我的第一个标题</h1>  # 定义一个标题
<p>我的第一个段落。</p>  # 元素定义一个段落
</body>
</html>
```

一个完整的网页必定以<html></html>为开头和结尾，整个 HTML 可分为两部分：

（1）<head></head>，主要是对网页的描述、图片和 JavaScript 的引用。<head> 元素包含所有的头部标签元素。在 <head>元素中可以插入脚本（scripts）、样式文件（CSS）及各种 meta 信息。该区域可添加的元素标签有<title>、<style>、<meta>、<link>、<script>、<noscript>和<base>。

（2）<body></body>是网页信息的主要载体。该标签下还可以包含很多类别的标签，不同的标签有不同的作用，标签以<>开头，以</>结尾，<>和</>之间的内容是标签的值和属性，每个标签之间可以是相互独立的，也可以是嵌套、层层递进的关系。

根据这两个组成部分就能很容易地分析整个网页的布局。其中，<body></body>是整个 HTML 的重点部分，通过示例讲述如何分析<body></body>：

```
<body>
<h1>我的第一个标题</h1>
<div>
<p> Python</p>
</div>
<h2>
<p>
<a> Python</a>
</p>
</h2>
</body>
```

上述例子分析如下：

（1）<h1>和<div>是两个不相关的标签，两个标签是相互独立的。
（2）<div>和<p>是嵌套关系，<p>的上一级标签是<div>。
（3）<h1>和<p>这两个标签是毫无关系的。
（4）<h2>标签包含一个<p>标签，<p>标签再包含一个<a>标签，一个标签可以包含多个标签在其中。

除上述示例的标签之外，大部分标签都可以在<body></body>中添加，常用的标签如表1-3所示。

表1-3 HTML常用的标签

HTML 标签	中文释义
img	图片
a	锚
strong	加重（文本）
em	强调（文本）
i	斜体字
b	粗体（文本）
br	换行
div	分隔
span	范围
ol	排序列表
ul	不排序列表
li	列表项目
dl	定义列表
h1~h6	标题1到标题6
p	段落
tr	表格中的一行
th	表格中的表头
td	表格中的一个单元格

1.10.2 CSS

HTML代码是保存在后缀名为.html的文件，而CSS样式是保存在后缀名为.css的文件，然后在HTML代码中调用CSS样式文件。由于HTML代码中会存在多个不同的元素，并且每个元素的网页布局各不相同，因此需要使用CSS选择器定位每个HTML元素，然后再编写相应的CSS样式。

CSS选择器划分了多种类型，同一个HTML元素可以使用不同的CSS选择器进行定位，实际开发中最常用的CSS选择器分别为：类别选择器、标签选择器、ID选择器、通用选择器和群组选择器，我们将简单讲述如何使用这些CSS选择器实现HTML元素的网页布局。

为了更好地理解CSS样式的编写规则，我们将重新定义HTML代码，首先在D盘中创建文件夹qd，然后在qd文件夹中分别创建index.html和index.css文件，如图1-23所示。

图1-23 目录结构

然后打开 index.html 文件，在该文件中定义网页元素，详细代码如下：

```html
<html>
<head>
<link rel="stylesheet" type="text/css" href="index.css">
</head>
<body>
<h3>这是标题</h3>
<div class="content">
<p>这是正文</P>
<input id="message" placeholder="输入你的留言">
<br>
<button id="submit" >提交</button>
</div>
</body>
</html>
```

上述代码中使用 link 标签引入同一路径的 index.css 文件，link 标签是在 HTML 代码中引入 CSS 文件，使 CSS 文件的样式代码能在 HTML 代码中生效。然后设置了 5 个不同类型的 HTML 标签，分别为<h3>、<div>、<p>、<input>和<button>，其中<div>设置了 class 属性，<input>和<button>设置了 id 属性。在设置样式之前，我们使用浏览器查看没有样式效果的 index.html 文件，如图 1-24 所示。

图 1-24　网页效果

下一步将使用类别选择器、标签选择器、ID 选择器、通用选择器和群组选择器分别对这些 HTML 标签进行样式设置。打开 qd 文件夹下的 index.css 文件，然后在此文件中分别编写<h3>、<div>、<p>、<input>和<button>的样式代码，代码如下：

```css
/*通用选择器*/
* {
font-size:30px
}
 /*标签选择器*/
h3 {
color:blue;
}
 /*类别选择器*/
.content {
text-align:center;
}
```

```
/*ID 选择器*/
#message {
width:500px;
}
/*群组选择器*/
#submit, p {
color:red;
}
```

上述代码中，我们依次使用通用选择器、标签选择器、类别选择器、ID 选择器和群组选择器设置 index.html 的网页布局，从代码中可以归纳总结 CSS 选择器的语法格式，如下所示。

```
XXX {
attribute:value;
attribute:value;
}
```

CSS 选择器的语法说明如下：

（1）XXX 代表 CSS 选择器的类型。

（2）在 CSS 选择器后面使用空格并添加中括号{}，在中括号{}里面编写具体的样式设置。

（3）样式设置以 attribute:value 表示，attribute 代表样式名称，value 代表该样式设置的数值。多个样式之间使用分号"；"隔开。

（4）如果要对样式添加注释，可以使用"/**/"添加说明。

我们回看 index.css 文件，该文件的样式代码说明如下：

（1）通用选择器：它以符号"*"表示，这是设置整个网页所有元素的样式，用于网页的整体布局。上述代码是将整个网页的字体大小设为 30px。

（2）标签选择器：它以标签名表示，如果网页中有多个相同的标签，那么标签选择器的样式设置都会作用在这些标签上。上述代码是将所有 h3 标签的字体颜色设为蓝色。

（3）类别选择器：它以.xxx 表示，其中 xxx 代表标签属性 class 的属性值，这是开发中常用的样式设置之一。使用类别选择器，必须在 HTML 的标签中设置 class 属性，在 class 属性的属性值前面加上实心点"."即可作为类别选择器。上述代码是将 class="content"的标签放置网页居中位置。

（4）ID 选择器：它以#xxx 表示，其中 xxx 代表标签属性 id 的属性值，这也是开发中常用的样式设置之一。使用 ID 选择器，必须在 HTML 的标签中设置 id 属性，在 id 属性的属性值前面加上井号"#"即可作为 ID 选择器。上述代码是将 id=" message"的标签设置宽度为 500px。

（5）群组选择器：它是将多个 CSS 选择器组合成一个群组，并由这个群组对这些标签进行统一的样式设置，每个 CSS 选择器之间使用逗号隔开。上述代码是分别将 id=" submit"的标签和 p 标签的字体颜色设为红色。

最后保存 index.css 文件的样式代码，在浏览器再次查看 index.html 文件的网页效果，如图 1-25 所示。

图 1-25　网页效果

CSS 样式也可以直接在 HTML 文件里编写，但在企业开发中，一般都采用 HTML 和 CSS 代码分离，这样便于维护和管理，而且利于开发者阅读。

1.10.3　JavaScript

JavaScript（简称"JS"）是一种具有函数优先的轻量级、解释型的编程语言。它是因为开发 Web 页面的脚本语言而出名的，但是也被用到了很多非浏览器环境中，JavaScript 基于原型编程、多范式的动态脚本语言，并且支持面向对象、命令式和声明式的编程风格。简单来说，JavaScript 是能被浏览器解释并执行的一种编程语言。

JavaScript 可以在 HTML 文件里编写，但在企业开发中也是采用 HTML 和 JavaScript 代码分离。为了更好地理解 JavaScript 的代码编写方式，我们在 qd 文件夹中新建 index.js 文件，文件夹的目录结构如图 1-26 所示。

图 1-26　目录结构

首先打开 index.html 文件，在 HTML 代码中引入 JS 文件，并为 button 标签添加事件触发，详细代码如下：

```
<html>
<head>
<link rel="stylesheet" type="text/css" href="index.css">
<script type="text/javascript" src="index.js"></script>
</head>
<body>
<h3>这是标题</h3>
<div class="content">
<p>这是正文</P>
<input id="message" placeholder="输入你的留言">
<br>
<button id="submit" onclick="getInfo()">提交</button>
</div>
</body>
</html>
```

从上述代码看到，script 标签是在 HTML 代码中引入 JS 文件，使得 JS 文件的 JavaScript 代码能在 HTML 代码中生效。button 标签添加了 onclick 属性，该属性是 JS 的事件触发，当用户单击"提交"按钮的时候，浏览器将会触发事件 onclick 所绑定的函数 getInfo()。

JavaScript 除了事件触发 onclick 之外，还提供了其他的事件触发，如表 1-4 所示。

表 1-4　JavaScript 的事件触发

事件触发	说　明
onabort	图像加载被中断时触发
onblur	元素失去焦点时触发
onchange	用户改变文本内容时触发
onclick	鼠标单击某个标签时触发
ondblclick	鼠标双击某个标签时触发
onerror	加载文档或图像时发生某个错误时触发
onfocus	元素获得焦点时触发
onkeydown	某个键盘的键被按下时触发
onkeypress	某个键盘的键被按下或按住时触发
onkeyup	某个键盘的键被松开时触发
onload	某个页面或图像完成加载时触发
onmousedown	某个鼠标按键被按下时触发
onmousemove	鼠标移动时触发
onmouseout	鼠标从某元素移开时触发
onmouseover	鼠标被移到某元素之上时触发
onmouseup	某个鼠标按键被松开时触发
onreset	重置按钮被单击时触发
onresize	窗口或框架被调整尺寸时触发
onselect	文本被选定时触发
onsubmit	提交按钮被单击时触发
onunload	用户退出页面时触发

我们回看 index.html 的 button 标签，由于该标签的事件触发 onclick 绑定了函数 getInfo()，因此下一步在 index.js 里定义函数 getInfo()，函数代码如下：

```
function getInfo(){
var txt = document.getElementById("message").value
if (txt){
    alert("你的留言：" + txt + "，已提交成功")
} else {
    alert("请输入你的留言");
}
```

}

上述代码中 document.getElementById 是获取 id="message"的标签（即 input 标签）的属性 value 的属性值，JavaScript 的 document 对象简称为 DOM 对象，它可以定位某个 HTML 标签并进行操作，从而实现网页的动态效果。document 对象定义了 7 个对象方法，每个对象方法的详细说明如表 1-5 所示。

表 1-5　document 对象方法

document 对象方法	说　明
close()	关闭 document.open()方法打开的输出流，并显示选定的数据
getElementById("xxx")	获取 id=xxx 的第一个 HTML 标签对象
getElementsByName("xxx")	获取所有 name=xxx 的标签对象，并以数组表示
getElementsByTagName("xxx")	获取所有 xxx 标签对象，并以数组表示
open()	收集 document.write()或 document.writeln()的数据
write()	编写 HTML 或 JavaScript 代码
writeln()	等同 write()方法，但在每个表达式后面自动添加换行符

在实际开发中，我们经常使用 getElementById、getElementsByName 和 getElementsByTagName 方法来定位 HTML 标签，然后再对已定位的 HTML 标签进行操作，由于标签的操作方法较多，本书便不再详细讲述了，有兴趣的读者可自行搜索相关资料。

最后保存 index.js 文件的 JavaScript 代码，在浏览器打开 index.html 文件，在网页的文本框输入内容并点击"提交"按钮，如图 1-27 所示。

图 1-27　网页效果

1.11　本章小结

网站是指在因特网上根据一定的规则，使用 HTML 等工具制作并用于展示特定内容相关网页的集合。在早期，域名、空间服务器与程序是网站的基本组成部分，随着科技的不断进步，网站的组成也日趋复杂，目前多数网站由域名、空间服务器、DNS 域名解析、网站程序和数据库等组成。

网站开发流程如下：

（1）需求分析：当拿到一个项目时，必须进行需求分析，清楚知道网站的类型、具体功能、业务逻辑以及网站的风格，此外还要确定域名、网站空间或者服务器以及网站备案等。

（2）规划静态内容：重新确定需求分析，并根据用户需求规划出网站的内容板块草图。

（3）设计阶段：根据网站草图，由美工制作成效果图。就好比建房子一样，首先画出效果图，然后才开始建房子，网站开发也是如此。

（4）程序开发阶段：根据草图划分页面结构和设计，前端和后台可以同时进行。前端根据美工效果负责制作静态页面；后台根据页面结构和设计，设计数据库数据结构和开发网站后台。

（5）测试和上线：在本地搭建服务器，测试网站是否存在 Bug。若无问题，则可以将网站打包，使用 FTP 上传至网站空间或者服务器。

（6）维护推广：在网站上线之后，根据实际情况完善网站的不足，定期修复和升级，保障网站运营顺畅，然后对网站进行推广宣传等。

Django 采用 MTV 的框架模式，即模型（Model）、模板（Template）和视图（Views），三者之间各自负责不同的职责。

- 模型：数据存取层，处理与数据相关的所有事务，例如如何存取、如何验证有效性、包含哪些行为以及数据之间的关系等。
- 模板：表现层，处理与表现相关的决定，例如如何在页面或其他类型的文档中进行显示。
- 视图：业务逻辑层，存取模型及调取恰当模板的相关逻辑，模型与模板的桥梁。

建议使用 pip 命令安装 Django，安装的方法如下：

```
# 方法一
pip install Django
# 方法二
pip install D:\Django-3.1.4-py3-none-any.whl
```

两种不同的安装方法都是使用 pip 执行的，唯一的不同之处在于前者在安装过程中会从互联网下载安装包，而后者直接对本地已下载的安装包进行解压安装。Django 安装完成后，在 Python 交互解释器模式校验安装是否成功：

```
>>> import django
>>> django.__version__
```

Django 的目录结构以及含义如下：

- manage.py：命令行工具，内置多种方式与项目进行交互。在命令提示符窗口下，将路径切换到 MyDjango 项目并输入 python manage.py help，可以查看该工具的指令信息。
- __init__.py：初始化文件，一般情况下无须修改。
- asgi.py：开启一个 ASGI 服务，ASGI 是异步网关协议接口。
- settings.py：项目的配置文件，项目的所有功能都需要从该文件里进行配置，配置说明会在第 2 章详细讲述。
- urls.py：项目的路由设置，设置网站的具体网址内容。
- wsgi.py：全称为 Python Web Server Gateway Interface，即 Python 服务器网关接口，是 Python 应用与 Web 服务器之间的接口，用于 Django 项目在服务器上的部署和上线，一般不需要修改。

- migrations：用于生成数据迁移文件，通过数据迁移文件可自动在数据库里生成相应的数据表。
- __init__.py：index 文件夹的初始化文件。
- admin.py：用于设置当前 App 的后台管理功能。
- apps.py：当前 App 的配置信息，在 Django 1.9 版本后自动生成，一般情况下无须修改。
- models.py：定义数据库的映射类，每个类可以关联一张数据表，实现数据持久化，即 MTV 里面的模型（Model）。
- tests.py：自动化测试的模块，用于实现单元测试。
- views.py：视图文件，处理功能的业务逻辑，即 MTV 里面的视图（Views）。

Django 入门部分需要了解 Django 的操作指令以及使用 Django 编写 Hello World 网页，同时要掌握项目开发的调试方法。

第 2 章

Django 配置信息

Django 的配置文件 settings.py 用于配置整个网站的环境和功能，核心配置必须有项目路径、密钥配置、域名访问权限、App 列表、中间件、资源文件、模板配置、数据库的连接方式。

2.1 基本配置信息

一个简单的项目必须具备的基本配置信息有：项目路径、密钥配置、域名访问权限、App 列表和中间件。以 MyDjango 项目为例，settings.py 的基本配置如下：

```
from pathlib import Path
# Build paths inside the project like this: BASE_DIR / 'subdir'.
BASE_DIR = Path(__file__).resolve().parent.parent
# 密钥配置
# SECURITY WARNING: keep the secret key used in production secret!
SECRET_KEY = '@p_m^!ha=$6m$9#m%gobzo&b0^g2obt4teod84xs6=f%$4a66x'
# SECURITY WARNING: don't run with debug turned on in production!
# 调试模式
DEBUG = True
# 域名访问权限
ALLOWED_HOSTS = []
# App 列表
# Application definition
INSTALLED_APPS = [
    'django.contrib.admin',
    'django.contrib.auth',
    'django.contrib.contenttypes',
    'django.contrib.sessions',
```

```
        'django.contrib.messages',
        'django.contrib.staticfiles',
]
```

上述代码列出了项目路径 BASE_DIR、密钥配置 SECRET_KEY、调试模式 DEBUG、域名访问权限 ALLOWED_HOSTS 和 App 列表 INSTALLED_APPS，各个配置说明如下。

项目路径 BASE_DIR：主要通过 os 模块读取当前项目在计算机系统的具体路径，该代码在创建项目时自动生成，一般情况下无须修改。

密钥配置 SECRET_KEY：这是一个随机值，在项目创建的时候自动生成，一般情况下无须修改。主要用于重要数据的加密处理，提高项目的安全性，避免遭到攻击者恶意破坏。密钥主要用于用户密码、CSRF 机制和会话 Session 等数据加密。

- 用户密码：Django 内置一套 Auth 认证系统，该系统具有用户认证和存储用户信息等功能，在创建用户的时候，将用户密码通过密钥进行加密处理，保证用户的安全性。
- CSRF 机制：该机制主要用于表单提交，防止窃取网站的用户信息来制造恶意请求。
- 会话 Session：Session 的信息存放在 Cookie 中，以一串随机的字符串表示，用于标识当前访问网站的用户身份，记录相关用户信息。

调试模式 DEBUG：该值为布尔类型。如果在开发调试阶段，那么应设置为 True，在开发调试过程中会自动检测代码是否发生更改，根据检测结果执行是否刷新重启系统。如果项目部署上线，那么应将其改为 False，否则会泄漏项目的相关信息。

域名访问权限 ALLOWED_HOSTS：设置可访问的域名，默认值为空列表。当 DEBUG 为 True 并且 ALLOWED_HOSTS 为空列表时，项目只允许以 localhost 或 127.0.0.1 在浏览器上访问。当 DEBUG 为 False 时，ALLOWED_HOSTS 为必填项，否则程序无法启动，如果想允许所有域名访问，可设置 ALLOW_HOSTS = ['*']。

App 列表 INSTALLED_APPS：告诉 Django 有哪些 App。在项目创建时已有 admin、auth 和 sessions 等配置信息，这些都是 Django 内置的应用功能，各个功能说明如下：

- admin：内置的后台管理系统。
- auth：内置的用户认证系统。
- contenttypes：记录项目中所有 model 元数据（Django 的 ORM 框架）。
- sessions：Session 会话功能，用于标识当前访问网站的用户身份，记录相关用户信息。
- messages：消息提示功能。
- staticfiles：查找静态资源路径。

如果在项目中创建了 App，就必须在 App 列表 INSTALLED_APPS 添加 App 名称。将 MyDjango 项目已创建的 App 添加到 App 列表，代码如下：

```
INSTALLED_APPS = [
    'django.contrib.admin',
    'django.contrib.auth',
    'django.contrib.contenttypes',
    'django.contrib.sessions',
    'django.contrib.messages',
    'django.contrib.staticfiles',
```

```
    'index',
]
```

2.2 资源文件配置

资源文件配置分为静态资源和媒体资源。静态资源的配置方式由配置属性 STATIC_URL、STATICFILES_DIRS 和 STATIC_ROOT 进行设置；媒体资源的配置方式由配置属性 MEDIA_URL 和 MEDIA_ROOT 决定。

2.2.1 资源路由——STATIC_URL

静态资源指的是网站中不会改变的文件。在一般的应用程序中，静态资源包括 CSS 文件、JavaScript 文件以及图片等资源文件。此处简单介绍 CSS 和 JavaScript 文件。

CSS 也称层叠样式表（Cascading Style Sheets），是一种用来表现 HTML（标准通用标记语言的一个应用）或 XML（标准通用标记语言的一个子集）等文件样式的计算机语言。CSS 不仅可以静态地修饰网页，还可以配合各种脚本语言动态地对网页各元素进行格式化。

JavaScript 是一种直译式脚本语言，也是一种动态类型、弱类型、基于原型的语言，内置支持类型。它的解释器被称为 JavaScript 引擎，为浏览器的一部分，广泛用于客户端的脚本语言，最早是在 HTML（标准通用标记语言下的一个应用）网页上使用的，用来给 HTML 网页增加动态功能。

一个项目在开发过程中肯定需要使用 CSS 和 JavaScript 文件，这些静态文件的存放主要由配置文件 settings.py 设置，Django 默认配置信息如下：

```
# Static files (CSS, JavaScript, Images)
# https://docs.djangoproject.com/en/2.0/howto/static-files/
STATIC_URL = '/static/'
```

上述配置是设置静态资源的路由地址，其作用是通过浏览器访问 Django 的静态资源。默认情况下，Django 只能识别项目应用 App 的 static 文件夹里面的静态资源。当项目启动时，Django 会从项目应用 App 里面查找相关的资源文件，查找功能主要由 App 列表 INSTALLED_APPS 的 staticfiles 实现。在 index 中创建 static 文件夹并在文件夹中放置图片 dog.jpg，如图 2-1 所示。

图 2-1 创建 static 文件夹

Django 在调试模式（DEBUG=True）下只能识别项目应用 App 的 static 文件夹里面的静态资源，如果该文件夹改为其他名字，Django 就无法识别，若将 static 文件夹放在 MyDjango 的项目目录下,则 Django 也是无法识别的,如图 2-2 所示。

为了进一步验证 Django 在调试模式(DEBUG=True)下只能识别项目应用 App 的 static 文件夹,我们在 index 文件夹里创建 Mystatic 文件夹并放置图片 cow.jpg,在 MyDjango 的根目录下创建 static 文件夹并放置图片 duck.jpg。最终,整个 MyDjango 的静态资源文件夹有:static(在 index 文件夹)、Mystatic(在 index 文件夹)和 static(在 MyDjango 的根目录),如图 2-3 所示。

图 2-2 static 的路径设置

图 2-3 静态资源文件夹

启动 MyDjango 并在浏览器上分别访问 http://127.0.0.1:8000/static/dog.jpg、http://127.0.0.1:8000/static/duck.jpg 和 http://127.0.0.1:8000/static/cow.jpg,可以发现只有 dog.jpg 能正常访问,而 duck.jpg 和 cow.jpg 无法访问,如图 2-4 所示。

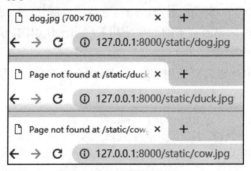

图 2-4 访问静态资源

从上述例子说明,若资源路由 STATIC_URL 的值为/static/,则浏览器访问静态资源的网站必须为 static,否则无法访问,并且 Django 在调试模式(DEBUG=True)下只能识别 App 目录下的 static 文件夹。

2.2.2 资源集合——STATICFILES_DIRS

由于 STATIC_URL 的特殊性,在开发中会造成诸多不便,比如将静态文件夹存放在项目的根目录以及定义多个静态文件夹等。以 MyDjango 为例,若想在网页上正常访问图片 duck.jpg 和 cow.jpg,可以将根目录的 static 文件夹和 index 的 Mystatic 文件夹写入资源集合 STATICFILES_DIRS。

在配置文件 settings.py 中设置 STATICFILES_DIRS 属性。该属性以列表的形式表示,设置方式如下：

```
# 设置根目录的静态资源文件夹 static
STATICFILES_DIRS = [BASE_DIR / 'static',
# 设置 App（index）的静态资源文件夹 Mystatic
BASE_DIR / 'index/Mystatic',]
```

再次启动 MyDjango 并在浏览器上分别访问图片 dog.jpg、duck.jpg 和 cow.jpg，可以发现三者都能正常访问，如图 2-5 所示。

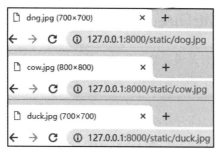

图 2-5　访问静态资源

浏览器访问图片的时候，图片路径皆为 http://127.0.0.1:8000/static/xxx.jpg，图片路径的 static 是指资源路径 STATIC_URL 的值，若将 STATIC_URL 的值改为 Allstatic，则再次重启 MyDjango 项目并在浏览器上将图片资源路径的 static 改为 Allstatic 即可，如图 2-6 所示。

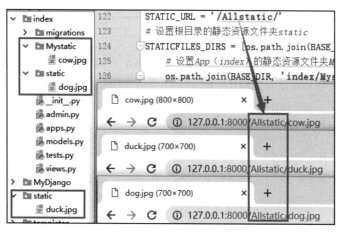

图 2-6　修改图片路由地址

2.2.3　资源部署——STATIC_ROOT

静态资源配置还有 STATIC_ROOT，其作用是在服务器上部署项目，实现服务器和项目之间的映射。STATIC_ROOT 主要收集整个项目的静态资源并存放在一个新的文件夹，然后由该文件夹与服务器之间构建映射关系。STATIC_ROOT 配置如下：

```
STATIC_ROOT = BASE_DIR / 'AllStatic'
```

当项目的配置属性 DEBUG 设为 True 的时候，Django 会自动提供静态文件代理服务，此时整个项目处于开发阶段，因此无须使用 STATIC_ROOT。当配置属性 DEBUG 设为 False 的时候，意味着项目进入生产环境，Django 不再提供静态文件代理服务，此时需要在项目的配置文件中设置 STATIC_ROOT。

设置 STATIC_ROOT 需要使用 Django 操作指令 collectstatic 来收集所有静态资源，这些静态资源都会保存在 STATIC_ROOT 所设置的文件夹里。关于 STATIC_ROOT 的使用会在后续的章节详细讲述。

2.2.4　媒体资源——MEDIA

一般情况下，STATIC_URL 是设置静态文件的路由地址，如 CSS 样式文件、JavaScript 文件以及常用图片等。对于一些经常变动的资源，通常将其存放在媒体资源文件夹，如用户头像、歌曲文件等。

媒体资源和静态资源是可以同时存在的，而且两者可以独立运行，互不影响，而媒体资源只有配置属性 MEDIA_URL 和 MEDIA_ROOT。以 MyDjango 为例，在 MyDjango 的根目录下创建 media 文件夹并存放图片 monkey.jpg，如图 2-7 所示。

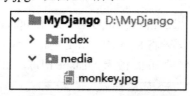

图 2-7　创建 media 文件夹

然后在配置文件 settings.py 里设置配置属性 MEDIA_URL 和 MEDIA_ROOT，MEDIA_URL 用于设置媒体资源的路由地址，MEDIA_ROOT 用于获取 media 文件夹在计算机系统的完整路径信息，如下所示：

```
# 设置媒体路由地址信息
MEDIA_URL = '/media/'
# 获取media文件夹的完整路径信息
MEDIA_ROOT = BASE_DIR / 'media'
```

配置属性设置后，还需要将 media 文件夹注册到 Django 里，让 Django 知道如何找到媒体文件，否则无法在浏览器上访问该文件夹的文件信息。打开 MyDjango 文件夹的 urls.py 文件，为媒体文件夹 media 添加相应的路由地址，代码如下：

```
from django.contrib import admin
from django.urls import path, re_path
# 导入项目应用index
from index.views import index
# 配置媒体文件夹media
from django.views.static import serve
from django.conf import settings
urlpatterns = [
    path('admin/', admin.site.urls),
    path('', index),
```

```
    # 配置媒体文件的路由地址
    re_path('media/(?P<path>.*)',serve,
        {'document_root': settings.MEDIA_ROOT}, name='media'),
]
```

最后再次启动 MyDjango，并在浏览器上访问 http://127.0.0.1:8000/media/monkey.jpg 和 http://127.0.0.1:8000/static/dog.jpg，发现两者皆可正常访问，如图 2-8 所示。

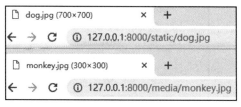

图 2-8　访问媒体文件

2.3　模板配置

在 Web 开发中，模板是一种较为特殊的 HTML 文档。这个 HTML 文档嵌入了一些能够让 Django 识别的变量和指令，然后由 Django 的模板引擎解析这些变量和指令，生成完整的 HTML 网页并返回给用户浏览。模板是 Django 里面的 MTV 框架模式的 T 部分，配置模板路径是告诉 Django 在解析模板时，如何找到模板所在的位置。创建项目时，Django 已有初始的模板配置信息，如下所示：

```
TEMPLATES = [
    {
        'BACKEND': 'django.template.backends.django.DjangoTemplates',
        'DIRS': [],
        'APP_DIRS': True,
        'OPTIONS': {
            'context_processors': [
                'django.template.context_processors.debug',
                'django.template.context_processors.request',
                'django.contrib.auth.context_processors.auth',
                'django.contrib.messages.context_processors.messages',
            ],
        },
    },
]
```

模板配置是以列表格式呈现的，每个元素具有不同的含义，其含义说明如下：

- BACKEND：定义模板引擎，用于识别模板里面的变量和指令。内置的模板引擎有 Django Templates 和 jinja2.Jinja2，每个模板引擎都有自己的变量和指令语法。
- DIRS：设置模板所在路径，告诉 Django 在哪个地方查找模板的位置，默认为空列表。
- APP_DIRS：是否在 App 里查找模板文件。

- OPTIONS：用于填充在 RequestContext 的上下文（模板里面的变量和指令），一般情况下不做任何修改。

模板配置通常配置 DIRS 的属性值即可，在项目的根目录和 index 下分别创建 templates 文件夹，并在文件夹下分别创建文件 index.html 和 app_index.html，如图 2-9 所示。

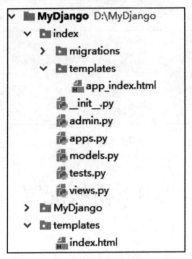

图 2-9　设置模板文件夹

一般情况下，根目录的 templates 通常存放共用的模板文件，能为各个 App 的模板文件调用，这个模式符合代码重复使用原则。根据图 2-9 的文件夹设置，配置属性 TEMPLATES 的配置信息如下：

```
TEMPLATES = [
    {
        'BACKEND': 'django.template.backends.django.DjangoTemplates',
        # 注册根目录和 index 的 templates 文件夹
        'DIRS': [BASE_DIR / 'templates',
                 BASE_DIR / 'index/templates'],
        'APP_DIRS': True,
        'OPTIONS': {
            'context_processors': [
                'django.template.context_processors.debug',
                'django.template.context_processors.request',
                'django.contrib.auth.context_processors.auth',
                'django.contrib.messages.context_processors.messages',
            ],
        },
    },
]
```

2.4 数据库配置

本节讲述如何使用 mysqlclient 和 pymysql 模块实现 Django 与 MySQL 数据库通信连接,并且简单介绍单个项目实现多个数据库连接方式。

2.4.1 mysqlclient 连接 MySQL

数据库配置是选择项目所使用的数据库的类型,不同的数据库需要设置不同的数据库引擎,数据库引擎用于实现项目与数据库的连接,Django 提供 4 种数据库引擎:

- 'django.db.backends.postgresql'
- 'django.db.backends.mysql'
- 'django.db.backends.sqlite3'
- 'django.db.backends.oracle'

项目创建时默认使用 Sqlite3 数据库,这是一款轻型的数据库,常用于嵌入式系统开发,而且占用的资源非常少。Sqlite3 数据库配置信息如下:

```
DATABASES = {
    'default': {
        'ENGINE': 'django.db.backends.sqlite3',
        'NAME': BASE_DIR / 'db.sqlite3',
    }
}
```

如果把上述的连接信息改为 MySQL 数据库,首先安装 MySQL 连接模块,由于 mysqldb 不支持 Python 3,因此 Django 2.0 以上版本不再使用 mysqldb 作为 MySQL 的连接模块,而选择 mysqlclient 模块,但两者之间在使用上并没有太大的差异。

在配置 MySQL 之前,需要安装 mysqlclient 模块。这里以 pip 安装方法为例,打开命令提示符窗口并输入安装指令 pip install mysqlclient,等待模板安装完成即可。

如果使用 pip 在线安装 mysqlclient 的过程中出现错误,就可以选择 whl 文件安装。在浏览器访问 www.lfd.uci.edu/~gohlke/pythonlibs/#mysqlclient 并下载与 Python 版本相匹配的 mysqlclient 文件。我们将 mysqlclient 文件下载保存在 D 盘,然后打开命令提示符窗口,使用 pip 完成 whl 文件安装,如下所示:

```
pip install D:\mysqlclient-1.4.6cp37-cp37m-win_amd64.whl
```

完成 mysqlclient 模块的安装后,在项目的配置文件 settings.py 中配置 MySQL 数据库连接信息,代码如下:

```
DATABASES = {
    'default': {
```

```
            'ENGINE': 'django.db.backends.mysql',
            'NAME': 'django_db',
            'USER':'root',
            'PASSWORD':'1234',
            'HOST':'127.0.0.1',
            'PORT':'3306',
    }
}
```

为了验证数据库连接信息是否正确，我们使用数据库可视化工具 Navicat Premium 打开本地的 MySQL 数据库。在本地的 MySQL 数据库创建数据库 django_db，如图 2-10 所示。

图 2-10　数据库 django_db

刚创建的数据库 django_db 是一个空白的数据库，接着在 PyCharm 的 Terminal 界面下输入 Django 操作指令 python manage.py migrate 来创建 Django 内置功能的数据表。

因为 Django 自带内置功能，如 Admin 后台系统、Auth 用户系统和会话机制等功能，这些功能都需要借助数据表实现，所以该操作指令可以将内置的迁移文件生成数据表，如图 2-11 所示。

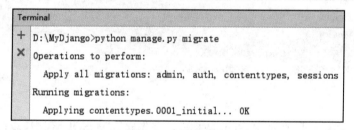

图 2-11　创建数据表

最后在数据库可视化工具 Navicat Premium 里查看数据库 django_db 是否生成相应的数据表，如图 2-12 所示。

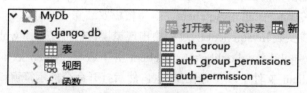

图 2-12　查看数据表

使用 mysqlclient 连接 MySQL 数据库时，Django 对 mysqlclient 版本有使用要求，打开 Django 的源码查看 mysqlclient 的版本要求，如图 2-13 所示。

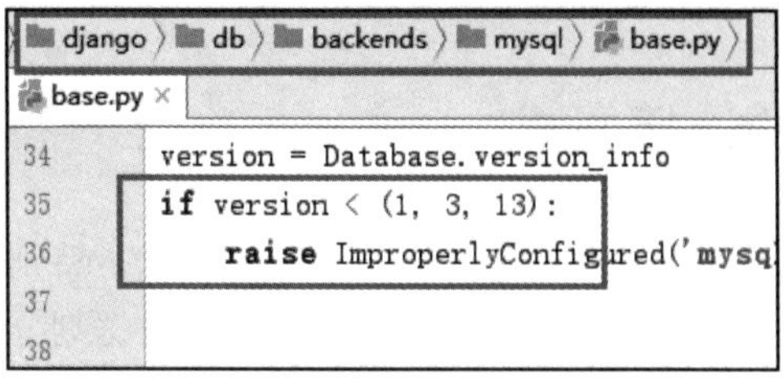

图 2-13 mysqlclient 版本要求

一般情况下，使用 pip 安装 mysqlclient 模块就能符合 Django 的使用要求。如果在开发过程中发现 Django 提示 mysqlclient 过低，那么可以对 Django 的源码进行修改，将图 2-13 的 if 条件判断注释即可。

2.4.2 pymysql 连接 MySQL

除了使用 mysqlclient 模块连接 MySQL 之外，还可以使用 pymysql 模块连接 MySQL 数据库。pymysql 模块的安装使用 pip 在线安装即可，在命令提示符窗口下输入 pip install pymysql 指令并等待安装完成即可。

pymysql 模块安装成功后，项目配置文件 settings.py 的数据库配置信息无须修改，只要在 MyDjango 文件夹的 __init__.py 中设置数据库连接模块即可，代码如下：

```python
# MyDjango 文件夹的 __init__.py
import pymysql
pymysql.install_as_MySQLdb()
```

若要验证 pymysql 模块连接 MySQL 数据库的功能，建议读者先将 mysqlclient 模块先行卸载，这样能排除干扰因素，而验证方式与 mysqlclient 模块连接 MySQL 的验证方式一致。记得在验证之前，务必将数据库 django_db 的数据表删除，具体的验证过程不再重复讲述。

值得注意的是，如果读者使用的 MySQL 是 8.0 以上版本，在 Django 连接 MySQL 数据库时会提示 django.db.utils.OperationalError 的错误信息，这是因为 MySQL 8.0 版本的密码加密方式发生了改变，8.0 版本的用户密码采用的是 CHA2 加密方式。

为了解决这个问题，我们通过 SQL 语句将 8.0 版本的加密方式改回原来的加密方式，这样可以解决 Django 连接 MySQL 数据库的错误问题。在 MySQL 的可视化工具中运行以下 SQL 语句：

```sql
# newpassword 是已设置的用户密码
ALTER USER 'root'@'localhost' IDENTIFIED WITH mysql_native_password BY 'newpassword';
FLUSH PRIVILEGES;
```

Django 除了支持 PostgreSQL、SQLite3、MySQL 和 Oracle 之外，还支持 SQL Server 和 MongoDB 的连接。由于不同的数据库有不同的连接方式，因此此处不过多介绍，本书主要以 MySQL 连接为例，若需了解其他数据库的连接方式，则可自行搜索相关资料。

2.4.3 多个数据库的连接方式

在一个项目里可能需要使用多个数据库才能满足开发需求，特别对于数据量过大的系统，单个数据库存储的数据越多就会使服务器负载越大，因此会将数据划分成多个数据库服务器共同存储，若 Django 想利用这些数据开发功能系统，则需要对各个数据库服务器进行连接。

从 Django 单个数据库连接信息看到，配置属性 DATABASES 的属性值是以字典的格式表示的，字典里的每一对键值代表连接某一个数据库。因此，我们在配置属性 DATABASES 里设置多对键值对即可实现多个数据库连接，实现代码如下：

```
DATABASES = {
# 第一个数据库
'default': {
        'ENGINE': 'django.db.backends.mysql',
        'NAME': 'django_db',
        'USER':'root',
        'PASSWORD':'1234',
        'HOST':'127.0.0.1',
        'PORT':'3306',
    },
# 第二个数据库
'MyDjango': {
        'ENGINE': 'django.db.backends.mysql',
        'NAME': 'mydjango_db',
        'USER':'root',
        'PASSWORD':'1234',
        'HOST':'127.0.0.1',
        'PORT':'3306',
    },
# 第三个数据库
'MySqlite3': {
        'ENGINE': 'django.db.backends.sqlite3',
        'NAME': BASE_DIR / 'sqlite3',
    },
}
```

上述代码共连接了三个数据库，分别是 django_db、mydjango_db 和 sqlite3。django_db 和 mydjango_db 均属于 MySQL 数据库系统，sqlite3 属于 Sqlite3 数据库系统。配置属性 DATABASES 设有 3 个键值对：default、MyDjango 和 MySqlite3，每个键值对代表 Django 连接了某个数据库。

若项目中连接了多个数据库，则数据库之间的使用需要遵从一定的规则和设置。比如项目中定义了多个模型，每个模型所对应的数据表可以选择在某个数据库中生成，如果模型没有指向某个数据库，模型就会在 key 为 default 的数据库里生成。

2.4.4　使用配置文件动态连接数据库

在大多数情况下，我们都是在 settings.py 中配置数据库的连接方式，但每次修改 settings.py 的配置属性都要重新启动 Django，否则修改内容就无法生效。当项目运行上线之后，为了保证在系统不中断的情况下切换到另一个数据库，可以将数据库的连接方式写到配置文件中，这样无须修改 settings.py 的配置属性即可达成顺利切换数据的目的。

我们在 MyDjango 的目录下创建配置文件 my.cnf，然后在配置文件 my.cnf 写入 MySQL 数据库的连接信息，代码如下所示：

```
# my.cnf
[client]
database=django_db
user=root
password=123456
host=127.0.0.1
port=3306
```

配置文件 my.cnf 中必须设置[client]，[client]在配置信息中代表分组的意思，它是将一个或多个配置信息划分到某一个分组里面。在[client]里面，每个配置信息分别代表 MySQL 的数据库名称、用户名、密码、IP 地址和端口信息。

下一步在 Django 的配置文件 settings.py 中编写 DATABASES 的配置信息，其代码如下：

```
DATABASES = {
    'default': {
        'ENGINE': 'django.db.backends.sqlite3',
        'OPTIONS':{'read_default_file':str(BASE_DIR / 'my.cnf')},
    }
}
```

从 DATABASES 的配置信息看到，我们只需在 default->OPTIONS->read_default_file 设置配置文件 my.cnf 的地址路径即可，Django 会自动读取配置文件 my.cnf 的数据库连接信息，从而实现数据库连接。

为了验证能否使用配置文件 my.cnf 实现数据库连接，在 MyDjango 的 urls.py 中设置路由 index，路由的视图函数 indexView()在项目应用 index 的 view.py 中定义，代码如下：

```
# MyDjango 的 urls.py
from django.contrib import admin
from django.urls import path
# 导入项目应用 index
from index.views import index
urlpatterns = [
    path('admin/', admin.site.urls),
    path('', index, name='index')
]
```

在项目应用 index 的 view.py 中定义路由 index 的视图函数 indexView()，代码如下：

```
from django.shortcuts import render
from django.contrib.contenttypes.models import ContentType
def indexView(request):
    c = ContentType.objects.values_list().all()
    print(c)
    return render(request, 'index.html')
```

视图函数 indexView()读取并输出 Django 内置模型 ContentType 的数据，并从模板文件夹 templates 的 index.html 作为当前请求的响应内容。

启动 MyDjango 之前，需要使用 Django 内置指令创建数据表，打开 PyChram 的 Terminal 窗口，确保窗口的当前路径是 MyDjango 目录，然后输入 python manage.py migrate 指令，Django 会自动创建内置数据表，如图 2-14 所示。

```
D:\MyDjango>python manage.py migrate
Operations to perform:
  Apply all migrations: admin, auth, contenttypes, sessions
Running migrations:
  Applying contenttypes.0001_initial... OK
  Applying auth.0001_initial... OK
  Applying admin.0001_initial... OK
  Applying admin.0002_logentry_remove_auto_add... OK
  Applying admin.0003_logentry_add_action_flag_choices... OK
```

图 2-14　创建数据表

数据表创建成功后，我们启动 MyDjango，然后在浏览器访问 http://127.0.0.1:8000/，在 PyChram 的 Run 窗口下看到当前的请求信息以及视图函数 indexView()输出模型 ContentType 的数据信息，如图 2-15 所示。

```
Starting development server at http://127.0.0.1:8000/
Quit the server with CTRL-BREAK.
[16/Oct/2020 15:26:06] "GET / HTTP/1.1" 200 179
<QuerySet [(1, 'admin', 'logentry'), (3, 'auth', 'group'), (2,
```

图 2-15　输出信息

> **注　意**
>
> Django 使用配置文件 my.cnf 连接数据库，必须确保项目的绝对路径不能出现中文，否则 Django 无法连接数据库并提示 OperationalError 异常信息，如图 2-16 所示。
>
>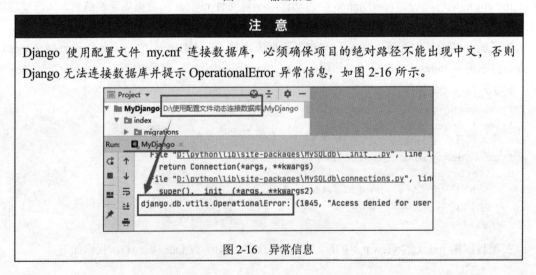
>
> 图 2-16　异常信息

2.4.5 通过 SSH 隧道远程连接 MySQL

在企业开发中，数据库和 Web 系统很可能部署在不同的服务器，当 Web 系统连接数据库的时候，如果数据库所在的服务器禁止了外网直连，只允许通过 SSH 方式连接服务器，再从已连接服务器的基础上连接数据库，遇到这一种情况，如何在 Django 中实现数据库连接呢？

为了清楚理解 SSH 连接数据库的实现过程，我们使用数据库可视化工具 Navicat Premium 演示如何通过 SSH 连接数据库。

首先打开 Navicat Premium 连接 MySQL 的界面，然后单击"SSH"选项，在 SSH 连接界面输入服务器的连接信息，如图 2-17 所示。

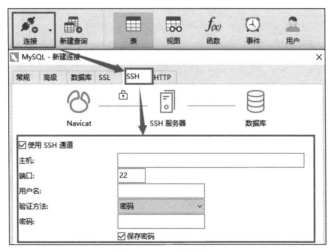

图 2-17　SSH 连接信息

然后切换到"常规"界面，输入服务器里面 MySQL 的连接信息，如图 2-18 所示。最后单击"确定"按钮即可完成整个连接过程。

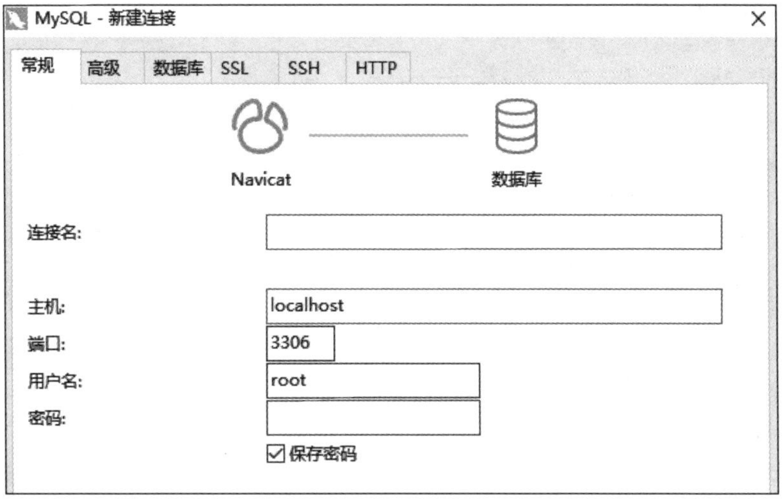

图 2-18　MySQL 连接信息

既然数据库只允许 SSH 方式连接，我们只能通过这种方式实现数据库连接，首先使用 pip 指令下载 sshtunnel 模块，该模块能通过 SSH 方式连接到目标服务器，生成服务器的 SSH 连接对象，然后在 Django 的配置文件 settings.py 的 DATABASES 中设置数据库连接，实现过程如下：

```python
# 数据库服务器的ip地址或主机名
ssh_host = "XXX.XXX.XXX.XXX"
# 数据库服务器的SSH连接端口号，一般都是22，必须是数字
ssh_port = 22
# 数据库服务器的用户名
ssh_user = "root"
# 数据库服务器的用户密码
ssh_password = "123456"

# 数据库服务器的mysql的主机名或ip地址
mysql_host = "localhost"
# 数据库服务器的mysql的端口，默认为3306，必须是数字
mysql_port = 6603
# 数据库服务器的mysql的用户名
mysql_user = "root"
# 数据库服务器的mysql的密码
mysql_password = "123456"
# 数据库服务器的mysql的数据库名
mysql_db = "mydjango"

from sshtunnel import open_tunnel
def get_ssh():
    server = open_tunnel(
        (ssh_host, ssh_port),
        ssh_username=ssh_user,
        ssh_password=ssh_password,
        # 绑定服务器的MySQL数据库
        remote_bind_address=(mysql_host, mysql_port))
    # ssh通道服务启动
    server.start()
    return str(server.local_bind_port)

DATABASES = {
    'default': {
        'ENGINE': 'django.db.backends.mysql',
        'NAME': mysql_db,
        'USER': mysql_user,
        'PASSWORD': mysql_password,
        'HOST': mysql_host,
        'PORT': get_ssh(),
    }
}
```

上述代码中，我们分别设定了两组不同的 IP 地址、用户名和密码等信息，每组配置信息说明如下：

（1）带有 ssh_开头的配置信息是实现 SSH 连接目标服务器，主要在 sshtunnel 模块中使用。

（2）带有 mysql_开头的配置信息是在目标服务器基础上连接 MySQL 数据库，在配置属性 DATABASES 和 sshtunnel 模块中均被使用。

从整个配置过程可以看出，Django 使用 SSH 连接服务器的 MySQL 过程如下：

（1）分别定义服务器的 SSH 连接信息和数据库的连接信息。

（2）定义服务器的 SSH 连接函数 get_ssh()，使用 sshtunnel 模块的 open_tunnel 函数实现，并设置相应的函数参数，其中参数 remote_bind_address 是绑定服务器的 MySQL 数据库。

（3）在配置属性 DATABASES 的 PORT 调用 get_ssh()，Django 自动根据 DATABASES 的 PORT 连接到服务器的 MySQL 数据库。

2.5 中间件

中间件（Middleware）是一个用来处理 Django 的请求（Request）和响应（Response）的框架级别的钩子，它是一个轻量、低级别的插件系统，用于在全局范围内改变 Django 的输入和输出。

当用户在网站中进行某个操作时，这个过程是用户向网站发送 HTTP 请求（Request）；而网站会根据用户的操作返回相关的网页内容，这个过程称为响应处理（Response）。从请求到响应的过程中，当 Django 接收到用户请求时，首先经过中间件处理请求信息，执行相关的处理，然后将处理结果返回给用户。中间件的执行流程如图 2-19 所示。

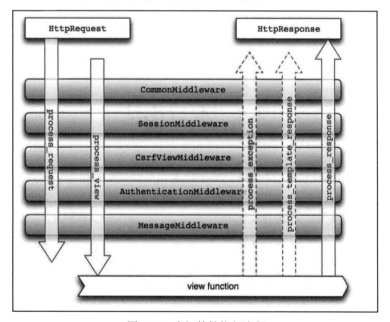

图 2-19 中间件的执行流程

从图 2-19 中能清晰地看到，中间件的作用是处理用户请求信息和返回响应内容。开发者可以根据自己的开发需求自定义中间件，只要将自定义的中间件添加到配置属性 MIDDLEWARE 中即可激活。

一般情况下，Django 默认的中间件配置均可满足大部分的开发需求。我们在项目的 MIDDLEWARE 中添加 LocaleMiddleware 中间件，使得 Django 内置的功能支持中文显示，代码如下：

```
MIDDLEWARE = [
    'django.middleware.security.SecurityMiddleware',
    'django.contrib.sessions.middleware.SessionMiddleware',
    # 添加中间件 LocaleMiddleware
    'django.middleware.locale.LocaleMiddleware',
    'django.middleware.common.CommonMiddleware',
    'django.middleware.csrf.CsrfViewMiddleware',
    'django.contrib.auth.middleware.AuthenticationMiddleware',
    'django.contrib.messages.middleware.MessageMiddleware',
    'django.middleware.clickjacking.XFrameOptionsMiddleware',
]
```

配置属性 MIDDLEWARE 的数据格式为列表类型，每个中间件的设置顺序是固定的，如果随意变更中间件，就很容易导致程序异常。每个中间件的说明如下：

- SecurityMiddleware：内置的安全机制，保护用户与网站的通信安全。
- SessionMiddleware：会话 Session 功能。
- LocaleMiddleware：国际化和本地化功能。
- CommonMiddleware：处理请求信息，规范化请求内容。
- CsrfViewMiddleware：开启 CSRF 防护功能。
- AuthenticationMiddleware：开启内置的用户认证系统。
- MessageMiddleware：开启内置的信息提示功能。
- XFrameOptionsMiddleware：防止恶意程序单击劫持。

2.6 本章小结

项目配置是根据实际开发需求对整个 Web 框架编写相关配置信息。配置信息主要由项目的 settings.py 实现，主要配置有项目路径、密钥配置、域名访问权限、App 列表、配置静态资源、配置模板文件、数据库配置、中间件和缓存配置。

当 DEBUG 为 True 并且 ALLOWED_HOSTS 为空时，项目只允许以 localhost 或 127.0.0.1 在浏览器上访问。当 DEBUG 为 False 时，ALLOWED_HOSTS 为必填项，否则程序无法启动，如果想允许所有域名访问，那么可设置 ALLOW_HOSTS = ['*']。

App 列表 INSTALLED_APPS 的各个功能说明如下：

- admin：内置的后台管理系统。
- auth：内置的用户认证系统。

- contenttypes：记录项目中所有 model 元数据（Django 的 ORM 框架）。
- sessions：Session 会话功能，用于标识当前访问网站的用户身份，记录相关用户信息。
- messages：消息提示功能。
- staticfiles：查找静态资源路径。

资源文件配置分为静态资源和媒体资源。静态资源指的是网站中不会改变的文件。在一般的应用程序中，静态资源包括 CSS 文件、JavaScript 文件以及图片等资源文件；媒体资源是指经常变动的资源，通常将其存放在媒体资源文件夹，如用户头像、歌曲文件等。

静态资源的配置属性包括：STATIC_URL、STATICFILES_DIRS 和 STATIC_ROOT，三者说明如下：

- STATIC_URL：设置静态资源的路由地址。
- STATICFILES_DIRS：将项目里自定义的静态资源文件夹绑定到 Django 里。
- STATIC_ROOT：收集整个项目的静态资源并存放在一个新的文件夹，然后由该文件夹与服务器之间构建映射关系。

媒体资源的配置属性包括：MEDIA_URL 和 MEDIA_ROOT，说明如下：

- MEDIA_URL：设置媒体资源的路由地址。
- MEDIA_ROOT：获取项目里自定义的媒体资源文件的文件路径。

模板信息是以列表格式呈现的，每个元素具有不同的含义，其含义说明如下：

- BACKEND：定义模板引擎，用于识别模板里面的变量和指令。内置的模板引擎有 DjangoTemplates 和 jinja2.Jinja2，每个模板引擎都有自己的变量和指令语法。
- DIRS：设置模板所在的路径，告诉 Django 在哪个地方查找模板的位置，默认为空列表。
- APP_DIRS：是否在 App 里查找模板文件。
- OPTIONS：用于填充在 RequestContext 的上下文（模板里面的变量和指令），一般情况下不做任何修改。

Django 可以选择不同的模块连接 MySQL，但配置信息有固定的写法，如下所示：

```
DATABASES = {
    'default': {
        'ENGINE': 'django.db.backends.mysql',
        'NAME': 'django_db',
        'USER':'root',
        'PASSWORD':'1234',
        'HOST':'127.0.0.1',
        'PORT':'3306',
    }
}
```

中间件由属性 MIDDLEWARE 完成配置，属性 MIDDLEWARE 的数据格式为列表类型，每个中间件的设置顺序是固定的，如果随意变更中间件，就很容易导致程序异常。

第 3 章

初探路由

一个完整的路由包含：路由地址、视图函数（或者视图类）、可选变量和路由命名。本章讲述 Django 的路由编写规则与使用方法，内容分为：路由定义规则、命名空间与路由命名、路由的使用方式。

3.1 路由定义规则

路由称为 URL（Uniform Resource Locator，统一资源定位符），也可以称为 URLconf，是对可以从互联网上得到的资源位置和访问方法的一种简洁的表示，是互联网上标准资源的地址。互联网上的每个文件都有一个唯一的路由，用于指出网站文件的路径位置。简单地说，路由可视为我们常说的网址，每个网址代表不同的网页。

3.1.1 Django 2 以上版本路由定义

我们知道完整的路由包含：路由地址、视图函数（或者视图类）、可选变量和路由命名。其中基本的信息必须有：路由地址和视图函数（或者视图类），路由地址即我们常说的网址，视图函数（或者视图类）即 App 的 views.py 文件所定义的函数或类。

在讲解路由定义规则之前，需对 MyDjango 项目的目录进行调整，使其更符合开发规范性。在项目的 index 文件夹里添加一个空白内容的.py 文件，命为 urls.py。项目结构如图 3-1 所示。

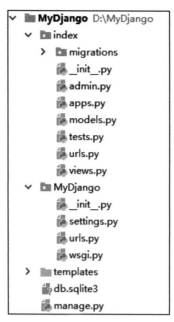

图 3-1 项目结构

在 App（index 文件夹）里添加 urls.py 是将所有属于 App 的路由都写入该文件中，这样更容易管理和区分每个 App 的路由地址，而 MyDjango 文件夹的 urls.py 是将每个 App 的 urls.py 统一管理。这种路由设计模式是 Django 常用的，其工作原理如下：

（1）运行 MyDjango 项目时，Django 从 MyDjango 文件夹的 urls.py 找到各个 App 所定义的路由信息，生成完整的路由列表。

（2）当用户在浏览器上访问某个路由地址时，Django 就会收到该用户的请求信息。

（3）Django 从当前请求信息获取路由地址，并在路由列表里匹配相应的路由信息，再执行路由信息所指向的视图函数（或视图类），从而完成整个请求响应过程。

在这种路由设计模式下，MyDjango 文件夹的 urls.py 代码如下所示：

```python
from django.contrib import admin
from django.urls import path, include
urlpatterns = [
    # 指向内置 Admin 后台系统的路由文件 sites.py
    path('admin/', admin.site.urls),
    # 指向 index 的路由文件 urls.py
    path('', include('index.urls')),
]
```

MyDjango 文件夹的 urls.py 定义两条路由信息，分别是 Admin 站点管理和首页地址（index）。其中，Admin 站点管理在创建项目时已自动生成，一般情况下无须更改；首页地址是指 index 文件夹的 urls.py。MyDjango 文件夹的 urls.py 的代码解释如下：

- from django.contrib import admin：导入内置 Admin 功能模块。
- from django.urls import path,include：导入 Django 的路由函数模块。

- urlpatterns：代表整个项目的路由集合，以列表格式表示，每个元素代表一条路由信息。
- path('admin/', admin.site.urls)：设定 Admin 的路由信息。'admin/'代表 127.0.0.1:8000/admin 的路由地址，admin 后面的斜杠是路径分隔符，其作用等同于计算机中文件目录的斜杠符号；admin.site.urls 指向内置 Admin 功能所自定义的路由信息，可以在 Python 目录 Lib\site-packages\django\contrib\admin\sites.py 找到具体定义过程。
- path('',include('index.urls'))：路由地址为"\"，即 127.0.0.1:8000，通常是网站的首页；路由函数 include 是将该路由信息分发给 index 的 urls.py 处理。

由于首页地址分发给 index 的 urls.py 处理，因此下一步需要对 index 的 urls.py 编写路由信息，代码如下：

```
# index 的 urls.py
from django.urls import path
from . import views
urlpatterns = [
    path('', views.index)
]
```

index 的 urls.py 的编写规则与 MyDjango 文件夹的 urls.py 大致相同，这是最为简单的定义方法，此外还可以参考内置 Admin 功能的路由定义方法。

在 index 的 urls.py 导入 index 的 views.py 文件，该文件用于编写视图函数或视图类，主要用于处理当前请求信息并返回响应内容给用户。路由信息 path('', views.index)的 views.index 是指视图函数 index 处理网站首页的用户请求和响应过程。因此，在 index 的 views.py 中编写 index 函数的处理过程，代码如下：

```
from django.shortcuts import render
def index(request):
    value = 'This is test!'
    print(value)
    return render(request, 'index.html')
```

index 函数必须设置一个参数，参数命名不固定，但常以 request 进行命名，代表当前用户的请求对象，该对象包含当前请求的用户名、请求内容和请求方式等。

视图函数执行完成后必须使用 return 将处理结果返回，否则程序会抛出异常信息。启动 MyDjango 项目，在浏览器里访问 127.0.0.1:8000，运行结果如图 3-2 所示。

图 3-2 首页内容

从上述例子看到，当启动 MyDjango 项目时，Django 会从配置文件 settings.py 读取属性 ROOT_URLCONF 的值，默认值为 MyDjango.urls，其代表 MyDjango 文件夹的 urls.py 文件，然后根据 ROOT_URLCONF 的值来生成整个项目的路由列表。

路由文件 urls.py 的路由定义规则是相对固定的，路由列表由 urlpatterns 表示，每个列表元素代表一条路由。路由是由 Django 的 path 函数定义的，该函数第一个参数是路由地址，第二个参数是路由所对应的处理函数（视图函数或视图类），这两个参数是路由定义的必选参数。

3.1.2　Django 1.X 路由定义

3.1.1 小节介绍了 Django 2 以上版本的路由定义规则，而 Django 1 版本是不支持这种定义方式的。虽然本书讲解的是 Django 3，但是到目前为止，Django 3 还能兼容 Django 1 的路由定义规则，因此读者也有必要掌握 Django 1 的路由定义规则。

Django 1 版本的路由定义规则是由 Django 的 url 函数定义的，url 函数的第一个参数是路由地址，第二个参数是路由所对应的处理函数，这两个参数也是必选参数。而路由地址需设置路由符号 ^ 和 $。^代表当前路由地址的相对路径；$代表当前路由地址的终止符。

我们分别改写项目的 MyDjango 文件夹和 index 文件夹的 urls.py 文件，使用 Django 1 版本的路由定义规则，代码如下：

```python
# MyDjango 文件夹的 urls.py
from django.contrib import admin
from django.conf.urls import url
from django.urls import include
urlpatterns = [
    # 指向内置 Admin 后台系统的路由文件 sites.py
    url('admin/', admin.site.urls),
    # 指向 index 的路由文件 urls.py
    url('^', include('index.urls')),
]

# index 文件夹的 urls.py
from django.conf.urls import url
from . import views
urlpatterns = [
    url('^$', views.index),
    url('^new/$', views.new)
]
```

index 文件夹的 urls.py 定义两条路由信息，因此需要在 index 文件夹的 views.py 里定义相应的视图函数，代码如下：

```python
# index 的 views.py
from django.shortcuts import render
from django.http import HttpResponse
def index(request):
    return render(request, 'index.html')

def new(request):
    return HttpResponse('This is new page')
```

在 MyDjango 文件夹的 urls.py 文件里，url('^', include('index.urls'))的路由符号 ^代表当前路由

地址的相对地址，即 http://127.0.0.1:8000。该路由使用了 Django 的路由函数 include，它将路由交给 index 文件夹的 urls.py 完成路由的定义。

index 文件夹的 urls.py 可以在 http://127.0.0.1:8000 的基础上定义多条路由。上述代码定义了两条路由地址（127.0.0.1:8000 和 127.0.0.1:8000/new/），分别对应视图函数的 index 和 new。

路由符号 $代表路由地址的终止位置，如果没有终止符号$，那么在浏览器输入任意地址都能成功访问该路由地址。以 url('^new/$', views.new)为例，若将终止符号 $ 去掉，则在浏览器访问 http://127.0.0.1:8000/new/XXX 时，其中 XXX 的内容不限，这样的路由地址都符合 url('^new/', views.new)定义规则，从而执行视图函数 new 完成响应过程，如图3-3所示。

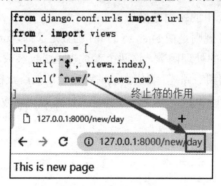

图 3-3　终止符的作用

综上所述，Django 1 的路由规则是使用 Django 的 url 函数实现路由定义，并且路由地址设有路由符号 ^和 $，读者需要区分路由符号 ^和 $的作用与使用规则，在某程度上，它比 Django 2 版本复杂并且代码可读性差，因此 Django 1 的路由规则在 Django 2 版本里将逐渐淘汰。

3.1.3　路由变量的设置

在日常开发过程中，有时一个路由可以代表多个不同的页面，如编写带有日期的路由，若根据前面的编写方式，按一年计算，则需要开发者编写 365 个不同的路由才能实现，这种做法明显是不可取的。因此，Django 在定义路由时，可以对路由设置变量值，使路由具有多样性。

路由的变量类型有字符类型、整型、slug 和 uuid，最为常用的是字符类型和整型。各个类型说明如下：

- 字符类型：匹配任何非空字符串，但不含斜杠。如果没有指定类型，就默认使用该类型。
- 整型：匹配 0 和正整数。
- slug：可理解为注释、后缀或附属等概念，常作为路由的解释性字符。可匹配任何 ASCII 字符以及连接符和下画线，能使路由更加清晰易懂。比如网页的标题是"13 岁的孩子"，其路由地址可以设置为 "13-sui-de-hai-zi"。
- uuid：匹配一个 uuid 格式的对象。为了防止冲突，规定必须使用"-"并且所有字母必须小写，例如 075194d3-6885-417e-a8a8-6c931e272f00。

根据上述变量类型，在 MyDjango 项目的 index 文件夹的 urls.py 里新定义路由，并且带有字符类型、整型和 slug 的变量，代码如下：

```
# index 的 urls.py
from django.urls import path
from . import views
urlpatterns = [
    # 添加带有字符类型、整型和 slug 的路由
    path('<year>/<int:month>/<slug:day>',views.myvariable)
]
```

在路由中，使用变量符号"<>"可以为路由设置变量。在括号里面以冒号划分为两部分，冒号前面代表的是变量的数据类型，冒号后面代表的是变量名，变量名可自行命名，如果没有设置变量的数据类型，就默认为字符类型。上述代码设置了 3 个变量，分别是<year>、<int:month>和<slug:day>，变量说明如下：

- <year>：变量名为 year，数据格式为字符类型，与<str:year>的含义一样。
- <int:month>：变量名为 month，数据格式为整型。
- <slug:day>：变量名为 day，数据格式为 slug。

在上述新增的路由中，路由的处理函数为 myvariable，因此在 index 的 views.py 中编写视图函数 myvariable 的处理过程，代码如下：

```
# views.py 的 myvariable 函数
from django.http import HttpResponse
def myvariable(request, year, month, day):
    return HttpResponse(str(year)+'/'+str(month)+'/'+str(day))
```

视图函数 myvariable 有 4 个参数，其中参数 year、month 和 day 的参数值分别来自路由地址所设置的变量<year>、<int:month>和<slug:day>。启动项目，在浏览器上输入 127.0.0.1:8000/2018/05/01，运行结果如图 3-4 所示。

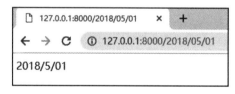

图 3-4 运行结果

从上述例子可以看出，路由地址所设置的变量可在视图函数里以参数的形式使用，视图函数 myvariable 将路由地址的变量值作为响应内容（2018/5/01）输出到网页上，由于路由地址的 3 个变量类型分别是字符类型、整型和 slug，因此路由地址的 05 转化为数字 5。

如果浏览器输入的路由地址与其变量类型不相符，Django 就会提示 Page not found，比如将路由地址的 05 改为字母 AA，如图 3-5 所示。

图 3-5 运行结果

路由的变量和视图函数的参数要一一对应，如果视图函数的参数与路由的变量对应不上，那么程序会抛出参数不相符的报错信息。比如路由地址里设置了 3 个变量，而视图函数 myvariable 仅设置两个路由变量的参数 year 和 month，当再次访问网页的时候，浏览器就会提示报错信息，如图 3-6 所示。

图 3-6　运行结果

除了在路由地址设置变量外，Django 还支持在路由地址外设置变量（路由的可选变量）。我们在 index 的 urls.py 和 views.py 中分别新增路由和视图函数，代码如下：

```
# index 的 urls.py
from django.urls import path
from . import views
urlpatterns = [
    # 添加带有字符类型、整型和 slug 的路由
    path('<year>/<int:month>/<slug:day>',views.myvariable),
    # 添加路由地址外的变量 month
    path('', views.index, {'month': '2019/10/10'})
]

# index 的 views.py
from django.http import HttpResponse
def myvariable(request, year, month, day):
    return HttpResponse(str(year)+'/'+str(month)+'/'+str(day))

def index(request, month):
    return HttpResponse('这是路由地址之外的变量：'+month)
```

从上述代码可以看出，路由函数 path 的第 3 个参数是{'month': '2019/10/10'}，该参数的设置规则如下：

- 参数只能以字典的形式表示。
- 设置的参数只能在视图函数中读取和使用。
- 字典的一个键值对代表一个参数，键值对的键代表参数名，键值对的值代表参数值。
- 参数值没有数据格式限制，可以为某个实例对象、字符串或列表（元组）等。

视图函数 index 的参数必须对应字典的键，如果字典里设置两对键值对，视图函数就要设置相应的函数参数，否则在浏览器上访问的时候就会提示图 3-6 的报错信息。

最后重新运行 MyDjango 项目，在浏览器上访问 127.0.0.1:8000，运行结果如图 3-7 所示。

图 3-7　运行结果

3.1.4 正则表达式的路由定义

从 3.1.3 小节的路由设置得知，路由地址变量分别代表日期的年、月、日，其变量类型分别是字符类型、整型和 slug，因此在浏览器上输入 127.0.0.1:8000/AAAA/05/01 也是合法的，但这不符合日期格式要求。为了进一步规范日期格式，可以使用正则表达式限制路由地址变量的取值范围。在 index 文件夹的 urls.py 里使用正则表达式定义路由地址，代码如下：

```
# index 的 urls.py
from django.urls import re_path
from . import views
urlpatterns = [
re_path('(?P<year>[0-9]{4})/(?P<month>[0-9]{2})/(?P<day>[0-9]{2}).html',
views.mydate)
]
```

路由的正则表达式是由路由函数 re_path 定义的，其作用是对路由变量进行截取与判断，正则表达式是以小括号为单位的，每个小括号的前后可以使用斜杠或者其他字符将其分隔与结束。以上述代码为例，分别将变量 year、month 和 day 以斜杠隔开，每个变量以一个小括号为单位，在小括号内，可分为 3 部分，以(?P<year>[0-9]{4})为例。

- ?P 是固定格式，字母 P 必须为大写。
- <year>为变量名。
- [0-9]{4}是正则表达式的匹配模式，代表变量的长度为 4，只允许取 0~9 的值。

上述路由的处理函数为 mydate 函数，因此还需要在 index 的 views.py 中编写视图函数 mydate，代码如下：

```
# views.py 的 mydate 函数
from django.http import HttpResponse
def mydate(request, year, month, day):
    return HttpResponse(str(year)+'/'+str(month)+'/'+str(day))
```

启动 MyDjango 项目，在浏览器上输入 127.0.0.1:8000/2018/05/01.html 即可查看运行结果，如图 3-8 所示。

图 3-8 运行结果

路由地址的末端设置了".html"，这是一种伪静态 URL 技术，可将网址设置为静态网址，用于 SEO 搜索引擎的爬取，如百度、谷歌等。此外，在末端设置".html"是为变量 day 设置终止符，假如末端没有设置".html"，在浏览器上输入无限长的字符串，路由也能正常访问，如图 3-9 所示。

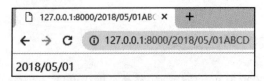

图 3-9 运行结果

3.2 命名空间与路由命名

网站规模越大,其网页的数量就会越多,如果网站的网址过多,在管理或者维护上就会存在一定的难度。Django 为了更好地管理和使用路由,可以为每条路由设置命名空间或路由命名。

3.2.1 命名空间 namespace

在 MyDjango 项目里创建新的项目应用 user,并且在 user 文件夹里创建 urls.py 文件,然后在配置文件 settings.py 的 INSTALLED_APPS 中添加项目应用 user,使得 Django 在运行的时候能够识别项目应用 user,项目结构如图 3-10 所示。

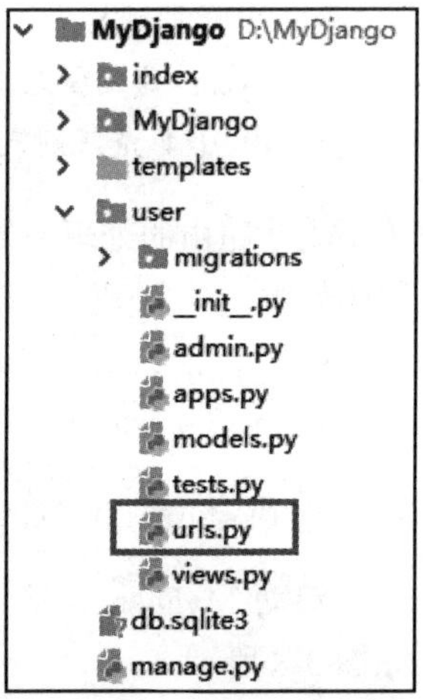

在 MyDjango 文件夹的 urls.py 中重新定义路由信息,分别指向 index 文件夹的 urls.py 和 user 文件夹的 urls.py,代码如下:

```
from django.contrib import admin
from django.urls import path, include
urlpatterns = [
    # 指向内置 Admin 后台系统的路由文件 sites.py
    path('admin/', admin.site.urls),
    # 指向 index 的路由文件 urls.py
    path('',include(('index.urls','index'),namespace='index')),
    # 指向 user 的路由文件 urls.py
    path('user/',include(('user.urls','user'),namespace='user'))
]
```

图 3-10 目录结构

上述代码中,新增的路由使用 Django 路由函数 include 并且分别指向 index 文件夹的 urls.py 和 user 文件夹的 urls.py。在函数 include 里设置了可选参数 namespace,该参数是函数 include 特有的参数,这就是 Django 设置路由的命名空间。

路由函数 include 设有参数 arg 和 namespace,参数 arg 指向项目应用 App 的 urls.py 文件,其数据格式以元组或字符串表示;可选参数 namespace 是路由的命名空间。

若要对路由设置参数 namespace,则参数 arg 必须以元组格式表示,并且元组的长度必须为 2。元组的元素说明如下:

● 第一个元素为项目应用的 urls.py 文件,比如('index.urls','index')的"index.urls",这是代表项

目应用 index 的 urls.py 文件。
- 第二个元素可以自行命名，但不能为空，一般情况下是以项目应用的名称进行命名，如('index.urls','index')的"index"是以项目应用 index 进行命名的。

如果路由设置参数 namespace 并且参数 arg 为字符串或元组长度不足 2 的时候，在运行 MyDjango 的时候，Django 就会提示错误信息，如图 3-11 所示。

```
e "D:\MyDjango\MyDjango\urls.py", line 22, in <module>
ath('', include(('index.urls'), namespace='index')),
e "D:\Python\lib\site-packages\django\urls\conf.py", line 39, in
Specifying a namespace in include() without providing an app_name
```

图 3-11 报错信息

下一步是分析路由函数 include 的作用，它是将当前路由分配到某个项目应用的 urls.py 文件，而项目应用的 urls.py 文件可以设置多条路由，这种情况类似计算机上的文件夹 A，并且该文件夹下包含多个子文件夹，而 Django 的命名空间 namespace 相当于对文件夹 A 进行命名。

假设项目路由设计为：在 MyDjango 文件夹的 urls.py 新定义 4 条路由，每条路由都使用路由函数 include，并分别命名为 A、B、C、D，每条路由对应某个项目应用的 urls.py 文件，并且每个项目应用的 urls.py 文件里定义若干条路由。

根据上述的路由设计模式，将 MyDjango 文件夹的 urls.py 视为计算机上的 D 盘，在 D 盘下有 4 个文件夹，分别命名为 A、B、C、D，每个项目应用的 urls.py 所定义的若干条路由可视为这 4 个文件夹里面的文件。在这种情况下，Django 的命名空间 namespace 等同于文件夹 A、B、C、D 的文件名。

Django 的命名空间 namespace 可以为我们快速定位某个项目应用的 urls.py，再结合路由命名 name 就能快速地从项目应用的 urls.py 找到某条路由的具体信息，这样就能有效管理整个项目的路由列表。有关路由函数 include 的定义过程，可以在 Python 安装目录下找到源码（Lib\site-packages\django\urls\conf.py）进行解读。

3.2.2 路由命名 name

回顾 3.2.1 小节，我们在 MyDjango 文件夹的 urls.py 重新定义路由，两条路由都使用路由函数 include 并且分别指向 index 文件夹的 urls.py 和 user 文件夹的 urls.py，命名空间 namespace 分别为 index 和 user。在此基础上，我们在 index 文件夹的 urls.py 和 user 文件夹的 urls.py 中重新定义路由，代码如下：

```
# index 文件夹的 urls.py
from django.urls import re_path, path
from . import views
urlpatterns = [
    re_path('(?P<year>[0-9]{4}).html',views.mydate,name='mydate'),
    path('', views.index, name='index'),
]
```

```python
# user 文件夹的 urls.py
from django.urls import path
from . import views
urlpatterns = [
    path('index', views.index, name='index'),
    path('login', views.userLogin, name='userLogin')
]
```

每个项目应用的 urls.py 都定义了两条路由，每条路由都由相应的视图函数进行处理，因此在 index 文件夹的 views.py 和 user 文件夹的 views.py 中定义视图函数，代码如下：

```python
# index 文件夹的 views.py
from django.http import HttpResponse
from django.shortcuts import render
def mydate(request, year):
    return HttpResponse(str(year))

def index(request):
    return render(request, 'index.html')

# user 文件夹的 views.py
from django.http import HttpResponse
def index(request):
    return HttpResponse('This is userIndex')

def userLogin(request):
    return HttpResponse('This is userLogin')
```

项目应用 index 和 user 的 urls.py 所定义的路由都设置了参数 name，这是对路由进行命名，它是路由函数 path 或 re_path 的可选参数。从 3.2.1 小节的例子得知，项目应用的 urls.py 所定义的若干条路由可视为 D 盘下的某个文件夹里的文件，而文件夹的每个文件的命名是唯一的，路由命名 name 的作用等同于文件夹里的文件名。

如果路由里使用路由函数 include，就可以对该路由设置参数 name，因为路由的命名空间 namespace 是路由函数 include 的可选参数，而路由命名 name 是路由函数 path 或 re_path 的可选参数，两者隶属于不同的路由函数，因此可在同一路由里共存。一般情况下，使用路由函数 include 就没必要再对路由设置参数 name，尽管设置了参数 name，但在实际开发中没有实质的作用。

从 index 的 urls.py 和 user 的 urls.py 的路由可以看出，不同项目应用的路由命名是可以重复的，比如项目应用 index 和 user 皆设置了名为 index 的路由，这种命名方式是合理的。

在同一个项目应用里，多条路由是允许使用相同的命名的，但是这种命名方式是不合理的，因为在使用路由命名来生成路由地址的时候，Django 会随机选取某条路由，这样会为项目开发带来不必要的困扰。

综上所述，Django 的路由命名 name 是对路由进行命名的，其作用是在开发过程中可以在视图或模板等其他功能模块里使用路由命名 name 来生成路由地址。

在实际开发过程中，我们支持使用路由命名，因为网站更新或防止爬虫程序往往需要频繁修改路由地址，倘若在视图或模板等其他功能模块里使用路由地址，当路由地址发生更新变换时，这些模块里所使用的路由地址也要随之修改，这样就不利于版本的变更和维护；相对而言，如果在这些功能模块里使用路由命名来生成路由地址，就能避免路由地址的更新维护问题。

3.3 路由的使用方式

路由为网站开发定义了具体的网址，不仅如此，它还能被其他功能模块使用，比如视图、模板、模型、Admin后台或表单等，本节将讲述如何在其他功能模块中优雅地使用路由。

3.3.1 在模板中使用路由

通过前面的学习，相信读者对Django的路由定义规则有了一定的掌握。路由经常在模板和视图中频繁使用，举个例子，我们在访问爱奇艺首页的时候，网页上会有各种各样的链接地址，通过单击这些链接地址可以访问其他网页，如图3-12所示。

图3-12 爱奇艺首页

如果将图3-12当成一本书，爱奇艺首页可作为书的目录，通过书的目录就能快速找到我们需要阅读的内容；同理，网站首页的功能也是如此，它的作用是将网站所有的网址一并显示。

从网站开发的角度分析，网址代表路由，若想将项目定义的路由显示在网页上，则要在模板上使用模板语法来生成路由地址。Django内置了一套模板语法,它能将Python的语法转换成HTML语言，然后通过浏览器解析HTML语言并生成相应的网页内容。

打开MyDjango项目，该项目仅有一个项目应用文件夹index和模板文件夹templates，在index文件夹和模板templates文件夹中分别添加urls.py文件和index.html文件，切勿忘记在配置文件settings.py中添加index文件夹和templates文件夹的配置信息。项目结构如图3-13所示。

图3-13 目录结构

项目环境搭建成功后，在MyDjango文件夹的urls.py中使用路由函数path和include定义项目应用文件夹 index 的路由，代码如下：

```python
# MyDjango 的 urls.py
from django.contrib import admin
from django.urls import path, include
urlpatterns = [
    # 指向内置 Admin 后台系统的路由文件 sites.py
    path('admin/', admin.site.urls),
    # 指向 index 的路由文件 urls.py
    path('', include('index.urls')),
]
```

在项目应用 index 里，分别在 urls.py 和 views.py 文件中定义路由和视图函数；并且在模板文件夹 templates 的 index.html 文件中编写模板内容，代码如下：

```python
# index 的 urls.py
from django.urls import path
from . import views
urlpatterns = [
    # 添加带有字符类型、整型和 slug 的路由
    path('<year>/<int:month>/<slug:day>',views.mydate,name='mydate'),
    # 定义首页的路由
    path('', views.index)
]
# index 的 views.py
from django.http import HttpResponse
from django.shortcuts import render
def mydate(request, year, month, day):
    return HttpResponse(str(year)+'/'+str(month)+'/'+str(day))

def index(request):
    return render(request, 'index.html')

# templates 的 index.html
<!DOCTYPE html>
<html lang="en">
<head>
    <meta charset="UTF-8">
    <title>Hello World</title>
</head>
<body>
  <span>Hello World!!</span>
  <br>
  <a href="{% url 'mydate' '2019' '01' '10' %}">查看日期</a>
</body>
</html>
```

项目应用 index 的 urls.py 和 views.py 文件的路由和视图函数定义过程不再详细讲述。我们分析 index.html 的模板内容，模板使用了 Django 内置的模板语法 url 来生成路由地址，模板语法 url 里设有 4 个不同的参数，其说明如下：

- mydate：代表命名为 mydate 的路由，即 index 的 urls.py 设有字符类型、整型和 slug 的路由。
- 2019：代表路由地址变量 year，它与 mydate 之间使用空格隔开。
- 01：代表路由地址变量 month，它与 2019 之间使用空格隔开。
- 10：代表路由地址变量 day，它与 01 之间使用空格隔开。

模板语法 url 的参数设置与路由定义是相互关联的，具体说明如下：

- 若路由地址存在变量，则模板语法 url 需要设置相应的参数值，参数值之间使用空格隔开。
- 若路由地址不存在变量，则模板语法 url 只需设置路由命名 name 即可，无须设置额外的参数。
- 若路由地址的变量与模板语法 url 的参数数量不相同，则在浏览器访问网页的时候会提示 NoReverseMatch at 的错误信息，如图 3-14 所示。

图 3-14　报错信息

从路由定义与模板语法 url 的使用对比发现，路由所设置的变量 month 与模板语法 url 的参数 '01' 是不同的数据类型，这种写法是允许的，因为 Django 在运行项目的时候，会自动将模板的参数值转换成路由地址变量的数据格式。运行 MyDjango 项目，在浏览器访问 127.0.0.1:8000 并单击"查看日期"链接，网页内容如图 3-15 所示。

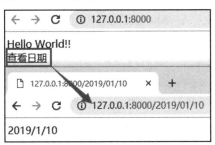

图 3-15　网页内容

上述例子中，MyDjango 文件夹的 urls.py 在使用函数 include 定义路由时并没有设置命名空间 namespace。若设置了命名空间 namespace，则模板里使用路由的方式有所变化。下面对 MyDjango 文件夹 urls.py 和模板文件夹 templates 的 index.html 代码进行修改：

```
# MyDjango 文件夹的 urls.py
from django.contrib import admin
from django.urls import path, include
urlpatterns = [
    # 指向内置 Admin 后台系统的路由文件 sites.py
    path('admin/', admin.site.urls),
    # 指向 index 的路由文件 urls.py
    # path('', include('index.urls')),
    # 使用命名空间 namespace
    path('',include(('index.urls','index'),namespace='index')),
```

```
]

# templates 的 index.html
<!DOCTYPE html>
<html lang="en">
<head>
    <meta charset="UTF-8">
    <title>Hello World</title>
</head>
<body>
  <span>Hello World!!</span>
  <br>
  {# <a href="{% url 'mydate' '2019' '01' '10' %}">查看日期</a>#}
  <a href="{% url 'index:mydate' '2019' '01' '10' %}">查看日期</a>
</body>
</html>
```

从模板文件 index.html 可以看出,若项目应用的路由设有命名空间 namespace,则模板语法 url 在使用路由时,需要在命名路由 name 前面添加命名空间 namespace 并且使用冒号隔开,如 "namespace:name"。若路由在定义过程中使用命名空间 namespace,而模板语法 url 没有添加命名空间 namespace,则在访问网页时,Django 提示如图 3-14 所示的报错信息。

3.3.2 反向解析 reverse 与 resolve

路由除了在模板里使用之外,还可以在视图里使用。我们知道 Django 的请求生命周期是指用户在浏览器访问网页时,Django 根据网址在路由列表里查找相应的路由,再从路由里找到视图函数或视图类进行处理,将处理结果作为响应内容返回浏览器并生成网页内容。这个生命周期是不可逆的,而在视图里使用路由这一过程被称为反向解析。

Django 的反向解析主要由函数 reverse 和 resolve 实现:函数 reverse 是通过路由命名或可调用视图对象来生成路由地址的;函数 resolve 是通过路由地址来获取路由对象信息的。

以 MyDjango 项目为例,项目的目录结构不再重复讲述,其结构与 3.3.1 小节的目录结构相同。在 MyDjango 文件夹的 urls.py 和 index 文件夹的 urls.py 里定义路由地址,代码如下:

```
# MyDjango 文件夹的 urls.py
from django.urls import path, include
urlpatterns = [
    # 指向 index 的路由文件 urls.py
    path('',include((('index.urls','index'),namespace='index')),
]

# index 文件夹的 urls.py
from django.urls import path
from . import views
urlpatterns = [
    # 添加带有字符类型、整型和 slug 的路由
    path('<year>/<int:month>/<slug:day>',views.mydate,name='mydate'),
    # 定义首页的路由
```

```
    path('', views.index, name='index')
]
```

上述代码定义了项目应用 index 的路由信息，路由命名分别为 index 和 mydate，路由定义过程中设置了命名空间 namespace 和路由命名 name。

由于反向解析函数 reverse 和 resolve 常用于视图（views.py）、模型（models.py）或 Admin 后台（admin.py）等，因此在视图（views.py）的函数 mydate 和 index 里分别使用 reverse 和 resolve，代码如下：

```
from django.http import HttpResponse
from django.shortcuts import reverse
from django.urls import resolve

def mydate(request, year, month, day):
    args = ['2019', '12', '12']
    # 先使用reverse,再使用resolve
    result = resolve(reverse('index:mydate', args=args))
    print('kwargs: ', result.kwargs)
    print('url_name: ', result.url_name)
    print('namespace: ', result.namespace)
    print('view_name: ', result.view_name)
    print('app_name: ', result.app_name)
    return HttpResponse(str(year)+'/'+str(month)+'/'+str(day))

def index(request):
    kwargs = {'year': 2010, 'month': 2, 'day': 10}
    args = ['2019', '12', '12']
    # 使用reverse生成路由地址
    print(reverse('index:mydate', args=args))
    print(reverse('index:mydate', kwargs=kwargs))
    return HttpResponse(reverse('index:mydate', args=args))
```

函数 index 主要使用反向解析函数 reverse 来生成路由 mydate 的路由地址。为了进一步了解函数 reverse，我们在 PyCharm 下打开函数 reverse 的源码文件，如图 3-16 所示。

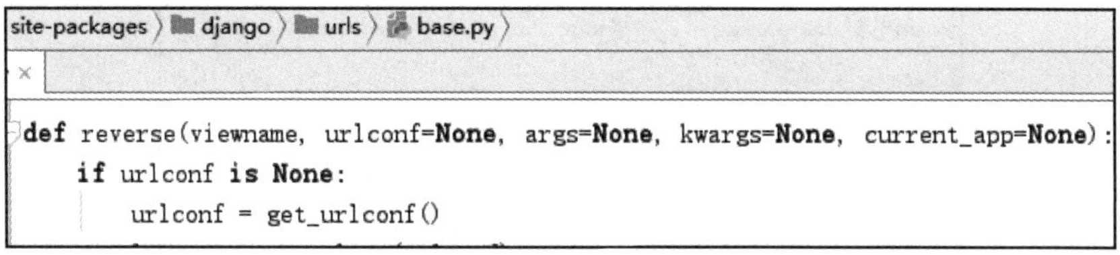

```
site-packages > django > urls > base.py
def reverse(viewname, urlconf=None, args=None, kwargs=None, current_app=None):
    if urlconf is None:
        urlconf = get_urlconf()
```

图 3-16　函数 reverse

从图 3-16 看到，函数 reverse 设有必选参数 viewname，其余参数是可选参数，各个参数说明如下：

- viewname：代表路由命名或可调用视图对象，一般情况下是以路由命名 name 来生成路由地址的。
- urlconf：设置反向解析的 URLconf 模块。默认情况下，使用配置文件 settings.py 的

ROOT_URLCONF 属性（MyDjango 文件夹的 urls.py）。
- args：以列表方式传递路由地址变量，列表元素顺序和数量应与路由地址变量的顺序和数量一致。
- kwargs：以字典方式传递路由地址变量，字典的键必须对应路由地址变量名，字典的键值对数量与变量的数量一致。
- current_app：提示当前正在执行的视图所在的项目应用，主要起到提示作用，在功能上并无实质的作用。

一般情况下只需设置函数 reverse 的参数 viewname 即可，如果路由地址设有变量，那么可自行选择参数 args 或 kwargs 设置路由地址的变量值。参数 args 和 kwargs 不能同时设置，否则会提示 ValueError 报错信息，如图 3-17 所示。

ValueError at /
Don't mix *args and **kwargs in call to reverse()!

图 3-17　ValueError 报错信息

运行 MyDjango 项目，在浏览器上访问 127.0.0.1:8000，当前请求将由视图函数 index 处理，该函数使用 reverse 来获取路由命名为 mydate 的路由地址并显示在网页上，如图 3-18 所示。

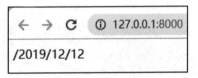

127.0.0.1:8000

/2019/12/12

图 3-18　网页内容

从网页内容得知，路由地址/2019/12/12 是一个相对路径，在 Django 中，所有路由地址皆以相对路径表示，地址路径首个斜杆"/"代表域名（127.0.0.1:8000）。

接下来分析视图函数 mydate，它是在函数 reverse 的基础上使用函数 resolve。我们在 PyCharm 里打开函数 resolve 的源码文件，如图 3-19 所示。

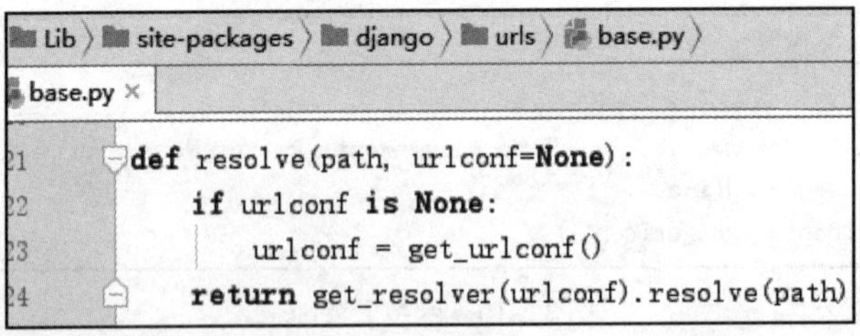

```
Lib > site-packages > django > urls > base.py
base.py ×
21    def resolve(path, urlconf=None):
22        if urlconf is None:
23            urlconf = get_urlconf()
24        return get_resolver(urlconf).resolve(path)
```

图 3-19　函数 resolve

从图 3-19 可以看到，函数 resolve 设有两个参数，参数 path 是必选参数，urlconf 是可选参数，参数说明如下：
- path：代表路由地址，通过路由地址来获取对应的路由对象信息。
- urlconf：设置反向解析的 URLconf 模块。默认情况下，使用配置文件 settings.py 的

ROOT_URLCONF 属性（MyDjango 文件夹的 urls.py）。

函数 resolve 是以路由对象作为返回值的，该对象内置多种函数方法来获取具体的路由信息，如表 3-1 所示。

表 3-1　内置的函数方法

函数方法	说明
func	路由的视图函数对象或视图类对象
args	以列表格式获取路由的变量信息
kwargs	以字典格式获取路由的变量信息
url_name	获取路由命名 name
app_name	获取路由函数 include 的参数 arg 的第二个元素值
app_names	与 app_name 功能一致，但以列表格式表示
namespace	获取路由的命名空间 namespace
namespaces	与 namespace 功能一致，但以列表格式表示
view_name	获取整个路由的名称，包括命名空间

运行 MyDjango 项目，在浏览器访问 127.0.0.1:8000/2019/12/12，在 PyCharm 的下方查看函数 resolve 的对象信息，如图 3-20 所示。

```
kwargs: {'year': '2019', 'month': 12, 'day': '12'}
url_name: mydate
namespace: index
view_name: index:mydate
app_name: index
```

图 3-20　函数 resolve 的对象信息

综上所述，函数 reverse 和 resolve 主要是对路由进行反向解析，通过路由命名或路由地址来获取路由信息。在使用这两个函数的时候，需要注意两者所传入的参数类型和返回值的数据类型。

3.3.3　路由重定向

重定向称为 HTTP 协议重定向，也可以称为网页跳转，它对应的 HTTP 状态码为 301、302、303、307、308。简单来说，网页重定向就是在浏览器访问某个网页的时候，这个网页不提供响应内容，而是自动跳转到其他网址，由其他网址来生成响应内容。

Django 的网页重定向有两种方式：第一种方式是路由重定向；第二种方式是自定义视图的重定向。两种重定向方式各有优点，前者是使用 Django 内置的视图类 RedirectView 实现的，默认支持 HTTP 的 GET 请求；后者是在自定义视图的响应状态设置重定向，能让开发者实现多方面的开发需求。

我们在 MyDjango 项目里分别讲述 Django 的两种重定向方式，在 index 的 urls.py 中定义路由 turnTo，其代码如下所示：

```
from django.urls import path
```

```python
from . import views
from django.views.generic import RedirectView
urlpatterns = [
    # 添加带有字符类型、整型和slug的路由
    path('<year>/<int:month>/<slug:day>',views.mydate,name='mydate'),
    # 定义首页的路由
    path('', views.index, name='index'),
    # 设置路由跳转
    path('turnTo',RedirectView.as_view(url='/'),name='turnTo')
]
```

在路由里使用视图类 RedirectView 必须使用 as_view 方法将视图类实例化，参数 url 用于设置网页跳转的路由地址，"/"代表网站首页（路由命名为 index 的路由地址）。然后在 index 的 views.py 中定义视图函数 mydate 和 index，代码如下：

```python
from django.http import HttpResponse
from django.shortcuts import redirect
from django.shortcuts import reverse
def mydate(request, year, month, day):
    return HttpResponse(str(year)+'/'+str(month)+'/'+str(day))

def index(request):
    print(reverse('index:turnTo'))
    return redirect(reverse('index:mydate',args=[2019,12,12]))
```

视图函数 index 是使用重定向函数 redirect 实现网页重定向的，这是 Django 内置的重定向函数，其函数参数只需传入路由地址即可实现重定向。

运行 MyDjango 项目，在浏览器上输入 127.0.0.1:8000/turnTo，发现该网址首先通过视图类 RedirectView 重定向首页（路由命名为 index），然后在视图函数 index 里使用重定向函数 redirect 跳转到路由命名为 mydate 的路由地址，如图 3-21 所示。

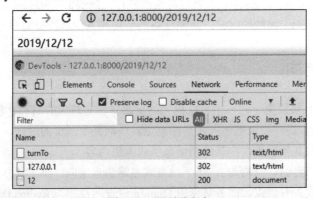

图 3-21　网页重定向

从图 3-21 看到，浏览器的开发者工具记录了 3 条请求信息，其中名为 turnTo 的请求信息是我们在浏览器输入的网址，而名为 127.0.0.1 的请求信息是网站首页，两者的 HTTP 状态码都是 302，说明视图类 RedirectView 和重定向函数 redirect 皆能实现网站的重定向。

以视图类 RedirectView 和重定向函数 redirect 的功能划分，两者分别隶属于视图类和视图函数，

有关两者功能的实现过程和源码剖析将会分别在 5.1.1 小节和 4.1.2 小节详细讲述。

3.4 本章小结

路由称为 URL，也可以称为 URLconf，是对可以从互联网上得到的资源位置和访问方法的一种简洁的表示，是互联网上标准资源的地址。互联网上的每个文件都有一个唯一的路由，用于指出网站文件的路径位置。简单地说，路由可视为我们常说的网址，每个网址代表不同的网页。

路由基本编写规则如下（以 MyDjango 文件夹的 urls.py 为例）：

- from django.contrib import admin：导入内置 Admin 功能模块。
- from django.urls import path,include：导入 Django 的路由功能模块。
- urlpatterns：代表整个项目的路由集合，以列表格式表示，每个元素代表一条路由信息。
- path('admin/', admin.site.urls)：设定 Admin 的路由信息。其中'admin/'代表 127.0.0.1:8000/admin 的路由地址，admin 后面的斜杠是路径分隔符，其作用等同于计算机文件目录的斜杠符号；admin.site.urls 指向内置 Admin 功能所定义的路由信息，可在 Python 目录 Lib\site-packages\django\contrib\admin\sites.py 找到具体定义过程。
- path('',include('index.urls'))：路由地址为' "\"，即 127.0.0.1:8000，通常是网站的首页；路由函数 include 将该路由信息分发给 index 的 urls.py 处理。

路由文件 urls.py 的路由定义规则是相对固定的，路由列表由 urlpatterns 表示，每个列表元素代表一条路由。路由是由 Django 的 path 函数定义的，该函数的第一个参数是路由地址，第二个参数是路由所对应的处理函数（视图函数或视图类），这两个参数是路由定义的必选参数。

路由的变量类型有字符类型、整型、slug 和 uuid，最为常用的是字符类型和整型。各个类型说明如下：

- 字符类型：匹配任何非空字符串，但不含斜杠。如果没有指定类型，就默认使用该类型。
- 整型：匹配 0 和正整数。
- slug：可理解为注释、后缀或附属等概念，常作为路由的解释性字符，可匹配任何 ASCII 字符以及连接符和下画线，能使路由更加清晰易懂。比如网页的标题是"13 岁的孩子"，其路由地址可以设置为"13-sui-de-hai-zi"。
- uuid：匹配一个 uuid 格式的对象。为了防止冲突，规定必须使用破折号并且所有字母必须小写，例如 075194d3-6885-417e-a8a8-6c931e272f00。

除了在路由地址设置变量外，Django 还支持在路由地址外设置变量（路由的可选变量），比如在路由函数 path 或 re_path 中设置第 3 个参数，其内容为{'month': '2019/10/10'}，该参数的设置规则如下：

- 参数只能以字典的形式表示。
- 设置的参数只能在视图函数中读取和使用。
- 字典的一个键值对代表一个参数，键值对的键代表参数名，键值对的值代表参数值。

- 参数值没有数据格式限制，可以为某个对象、字符串或列表（元组）等。

路由的正则表达式是由路由函数 re_path 定义的，其作用是对路由变量进行截取与判断，正则表达式是以小括号为单位的，每个小括号的前后可以使用斜杠或者其他字符将其分隔与结束。以上述代码为例，分别将变量 year、month 和 day 以斜杠隔开，每个变量以一个小括号为单位，在小括号内，可分为 3 部分（以(?P<year>[0-9]{4})为例）：

- ?P 是固定格式，字母 P 必须为大写。
- <year>为变量名。
- [0-9]{4}是正则表达式的匹配模式，代表变量的长度为 4，只允许取 0~9 的值。

命名空间 namespace 可以为我们快速定位某个项目应用的 urls.py，再结合路由命名 name 就能快速地从项目应用的 urls.py 找到某条路由的具体信息，这样就能有效管理整个项目的路由列表。

Django 的路由命名 name 是对路由进行命名，其作用是在开发过程中可以在视图或模板等其他功能模块里使用路由命名 name 来生成路由地址。

模板语法 url 的参数设置与路由定义是相互关联的，具体说明如下：

- 若路由地址存在变量，则模板语法 url 需要设置相应的参数值，参数值之间使用空格隔开。
- 若路由地址不存在变量，则模板语法 url 只需设置路由命名 name 即可，无须设置额外的参数。
- 若路由地址的变量与模板语法 url 的参数数量不相同，则在浏览器访问网页的时候会提示 NoReverseMatch at 的错误信息。

Django 的反向解析主要由函数 reverse 和 resolve 实现，函数 reverse 是通过路由命名或可调用视图对象来生成路由地址的；函数 resolve 是通过路由地址来获取路由对象信息的。在使用这两个函数时，需要注意两者所传入的参数类型和返回值的数据类型。

Django 的网页重定向有两种方式：第一种方式是路由重定向；第二种方式是自定义视图的重定向。两种重定向方式各有优点，前者是使用 Django 内置的视图类 RedirectView 实现的，默认支持 HTTP 的 GET 请求；后者是在自定义视图的响应状态设置重定向，能让开发者实现多方面的开发需求。

第 4 章

探究 FBV 视图

视图（Views）是 Django 的 MTV 架构模式的 V 部分，主要负责处理用户请求和生成相应的响应内容，然后在页面或其他类型文档中显示。也可以理解为视图是 MVC 架构里面的 C 部分（控制器），主要处理功能和业务上的逻辑。我们习惯使用视图函数处理 HTTP 请求，即在视图里定义 def 函数，这种方式称为 FBV（Function Base Views）。

4.1 设置响应方式

网站的运行原理是遵从 HTTP 协议，分为 HTTP 请求和 HTTP 响应。HTTP 响应方式也称为 HTTP 状态码，分为 5 种状态：消息、成功、重定向、请求错误和服务器错误。若以使用频率划分，则 HTTP 状态码可分为：成功、重定向和异常响应（请求错误和服务器错误）。

4.1.1 返回响应内容

视图函数是通过 return 方式返回响应内容，然后生成相应的网页内容呈现在浏览器上。return 是 Python 的内置语法，用于设置函数的返回值，若要设置不同的响应方式，则需要使用 Django 内置的响应类，如表 4-1 所示。

表 4-1 响应类

响应类型	说明
HttpResponse('Hello world')	状态码 200，请求已成功被服务器接收
HttpResponseRedirect('/')	状态码 302，重定向首页地址
HttpResponsePermanentRedirect('/')	状态码 301，永久重定向首页地址

(续表)

响应类型	说明
HttpResponseBadRequest('400')	状态码 400，访问的页面不存在或请求错误
HttpResponseNotFound('404')	状态码 404，网页不存在或网页的 URL 失效
HttpResponseForbidden('403')	状态码 403，没有访问权限
HttpResponseNotAllowed('405')	状态码 405，不允许使用该请求方式
HttpResponseServerError('500')	状态码 500，服务器内容错误
JsonResponse({'foo': 'bar'})	默认状态码 200，响应内容为 JSON 数据
StreamingHttpResponse()	默认状态码 200，响应内容以流式输出

不同的响应方式代表不同的 HTTP 状态码，其核心作用是 Web Server 服务器用来告诉浏览器当前的网页请求发生了什么事，或者当前 Web 服务器的响应状态。上述的响应类主要来自于模块 django.http，该模块是实现响应功能的核心。以 HttpResponse 为例，在 MyDjango 项目的 index 文件夹的 urls.py 和 views.py 中编写功能代码：

```
# index 的 urls.py
from django.urls import path
from . import views
urlpatterns = [
    # 定义首页的路由
    path('', views.index, name='index'),
]
# index 的 views.py
from django.http import HttpResponse
def index(request):
    html = '<h1>Hello World</h1>'
    return HttpResponse(html , status=200)
```

视图函数 index 使用响应类 HttpResponse 实现响应过程。从 HttpResponse 的参数可知，第一个参数是响应内容，一般是网页内容或 JSON 数据，网页内容是以 HTML 语言为主的，JSON 数据用于生成 API 接口数据。第二个参数用于设置 HTTP 状态码，它支持 HTTP 所有的状态码。

从源码角度分析，打开响应类 HttpResponse 的源码文件，发现表 4-1 中的响应类都是在 HttpResponse 的基础上实现的，只不过它们的 HTTP 状态码有所不同，如图 4-1 所示。

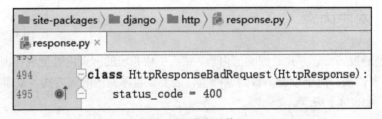

图 4-1　响应函数

从 HttpResponse 的使用过程可知，如果要生成网页内容，就需要将 HTML 语言以字符串的形式表示，如果网页内容过大，就会增加视图函数的代码量，同时也没有体现模板的作用。因此，Django 在此基础上进行了封装处理，定义了函数 render、render_to_response 和 redirect。

render 和 render_to_response 实现的功能是一致的。render_to_response 自 2.0 版本以来已开始

被弃用，但并不代表在 2.0 以上版本无法使用，只是大部分开发者都使用 render。因此，本书只对 render 进行讲解。render 的语法如下：

```
render（request，template_name，context = None，content_type = None，status = None，using = None）
```

render 的参数 request 和 template_name 是必需参数，其余的参数是可选参数。各个参数说明如下：

- request：浏览器向服务器发送的请求对象，包含用户信息、请求内容和请求方式等。
- template_name：设置模板文件名，用于生成网页内容。
- context：对模板上下文（模板变量）赋值，以字典格式表示，默认情况下是一个空字典。
- content_type：响应内容的数据格式，一般情况下使用默认值即可。
- status：HTTP 状态码，默认为 200。
- using：设置模板引擎，用于解析模板文件，生成网页内容。

为了更好地说明 render 的使用方法，我们通过简单的例子来加以说明。以 MyDjango 为例，在 index 的 views.py 和 templates 的 index.html 中编写以下代码：

```
#index 的 views.py
from django.shortcuts import render
def index(request):
    value = {'title': 'Hello MyDjango'}
    return render(request, 'index.html', context=value)

#templates 的 index.html
<!DOCTYPE html>
<html>
<body>
<h3>{{ title }}</h3>
</body>
</html>
```

视图函数 index 定义的变量 value 作为 render 的参数 context，而模板 index.html 里通过使用模板上下文（模板变量）{{ title }}来获取变量 value 的数据，上下文的命名必须与变量 value 的数据命名（字典的 key）相同，这样 Django 内置的模板引擎才能将参数 context（变量 value）的数据与模板上下文进行配对，从而将参数 context 的数据转换成网页内容。运行 MyDjango 项目，在浏览器上访问 127.0.0.1:8000 即可看到网页信息，如图 4-2 所示。

图 4-2　运行结果

在实际开发过程中，如果视图传递的变量过多，在设置参数 context 时就显得非常冗余，而且不利于日后的维护和更新。因此，可以使用 Python 内置语法 locals()取代参数 context，在 index

的 views.py 和 templates 的 index.html 中重新编写以下代码：

```python
# index 的 views.py
def index(request):
    title = {'key': 'Hello MyDjango'}
    content = {'key': 'This is MyDjango'}
    return render(request, 'index.html', locals())

# templates 的 index.html
<!DOCTYPE html>
<html>
<body>
<h3>{{ title.key }}</h3>
<div>{{ content.key }}</div>
</body>
</html>
```

视图函数 index 定义变量 title 和 content，在使用 render 的时候，只需设置请求对象 request、模板文件名和 locals()即可完成响应过程。locals()会自动将变量 title 和 content 分别传入模板文件，并由模板引擎找到与之匹配的上下文。也就是说，在视图函数中所定义的变量名一定要与模板文件的上下文（变量名）相同才能生效。

视图定义变量的数据格式不同，在模板文件里的使用方式也各不相同。有关模板上下文的使用方式会在第 6 章详细讲述。运行 MyDjango 项目，上述代码的运行结果如图 4-3 所示。

图 4-3　运行结果

掌握了 render 的使用方法后，为了进一步了解其原理，在 PyCharm 里查看 render 的源码信息，按键盘上的 Ctrl 键并单击函数 render 即可打开该函数的源码文件，如图 4-4 所示。

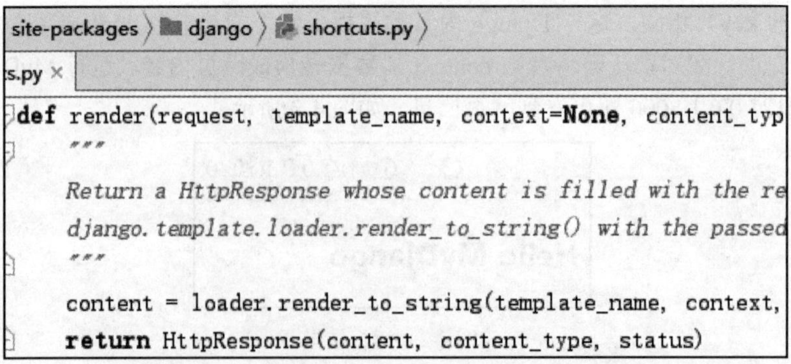

图 4-4　render 的源码文件

函数 render 的返回值调用响应类 HttpResponse 来生成具体的响应内容，这说明响应类

HttpResponse 是 Django 在响应过程中核心的功能类。结合 render 源码进一步阐述 render 读取模板 index.html 的运行过程：

（1）使用 loader.render_to_string 方法读取模板文件内容。

（2）由于模板文件没有模板上下文，因此模板文件解析网页内容的过程需要由模板引擎 using 实现。

（3）解析模板文件的过程中，loader.render_to_string 的参数 context 给模板语法的变量提供具体的数据内容，若模板上下文在该参数里不存在，则对应的网页内容为空。

（4）调用响应类 HttpResponse，并将变量 content（模板文件的解析结果）、变量 content_type（响应内容的数据格式）和变量 status（HTTP 状态码）以参数形式传入 HttpResponse，从而完成响应过程。

综上所述，我们介绍了 Django 的响应类，如 HttpResponse、HttpResponseRedirect 和 HttpResponseNotFound 等，其中最为核心的响应类是 HttpResponse，它是所有响应类的基础。在此基础上，Django 还进一步封装了响应函数 render，该函数能直接读取模板文件，并且能设置多种响应方式（设置不同的 HTTP 状态码）。

4.1.2 设置重定向

Django 的重定向方式已在 3.3.3 小节简单介绍过了，本小节将深入讲述 Django 的重定向类 HttpResponseRedirect、HttpResponsePermanentRedirect 以及重定向函数 redirect。

重定向的状态码分为 301 和 302，前者是永久性跳转的，后者是临时跳转的，两者的区别在于搜索引擎的网页抓取。301 重定向是永久的重定向，搜索引擎在抓取新内容的同时会将旧的网址替换为重定向之后的网址。302 跳转是暂时的跳转，搜索引擎会抓取新内容而保留旧的网址。因为服务器返回 302 代码，所以搜索引擎认为新的网址只是暂时的。

重定向类 HttpResponseRedirect 和 HttpResponsePermanentRedirect 分别代表 HTTP 状态码 302 和 301，在 PyCharm 里查看源码，发现两者都继承 HttpResponseRedirectBase 类，如图 4-5 所示。

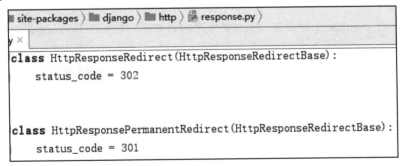

图 4-5 源码信息

在图 4-5 的文件里可以找到类 HttpResponseRedirectBase 的定义过程，发现该类继承了响应类 HttpResponse，并重写 __init__() 和 __repr__()。也就是说，Django 的重定向是在响应类 HttpResponse 的基础上进行功能重写的，从而实现整个重定向过程，如图 4-6 所示。

```
class HttpResponseRedirectBase(HttpResponse):
    allowed_schemes = ['http', 'https', 'ftp']

    def __init__(self, redirect_to, *args, **kwargs):
        super().__init__(*args, **kwargs)
        self['Location'] = iri_to_uri(redirect_to)
        parsed = urlparse(str(redirect_to))
        if parsed.scheme and parsed.scheme not in self.allowed_schemes:
            raise DisallowedRedirect("Unsafe redirect to URL with protoco

    url = property(lambda self: self['Location'])

    def __repr__(self):
        return '<%(cls)s status_code=%(status_code)d%(content_type)s, 
            'cls': self.__class__.__name__,
            'status_code': self.status_code,
            'content_type': self._content_type_for_repr,
            'url': self.url,
        }
```

图 4-6　HttpResponseRedirectBase 类

HttpResponseRedirect 或 HttpResponsePermanentRedirect 的使用只需传入路由地址即可，两者只支持路由地址而不支持路由命名的传入。为了进一步完善功能，Django 在此基础上定义了重定向函数 redirect，该函数支持路由地址或路由命名的传入，并且能通过函数参数来设置重定向的状态码。在 PyCharm 里查看函数 redirect 的源码信息，如图 4-7 所示。

```
site-packages > django > shortcuts.py
.py ×

def redirect(to, *args, permanent=False, **kwargs):
    redirect_class = HttpResponsePermanentRedirect if permanent
    return redirect_class(resolve_url(to, *args, **kwargs))
```

图 4-7　函数 redirect 的源码信息

从函数 redirect 的定义过程可以看出，该函数的运行原理如下：

- 判断参数 permanent 的真假性来选择重定向的函数。若参数 permanent 为 True，则调用 HttpResponsePermanentRedirect 来完成重定向过程；若为 False，则调用 HttpResponseRedirect。
- 由于 HttpResponseRedirect 和 HttpResponsePermanentRedirect 只支持路由地址的传入，因此函数 redirect 调用 resolve_url 方法对参数 to 进行判断。若参数 to 是路由地址，则直接将参数 to 的参数值返回；若参数 to 是路由命名，则使用 reverse 函数转换路由地址；若参数 to 是模型对象，则将模型转换成相应的路由地址（这种方法的使用频率相对较低）。

函数 redirect 是将 HttpResponseRedirect 和 HttpResponsePermanentRedirect 的功能进行完善和组合。我们在 MyDjango 项目里讲述这三者的使用方法，在 index 文件夹的 urls.py 中定义路由信息，在 views.py 中定义相关的视图函数，代码如下：

```
# index 的 urls.py
from django.urls import path
from . import views
```

```python
urlpatterns = [
    # 定义首页的路由
    path('', views.index, name='index'),
    # 定义商城的路由
    path('shop', views.shop, name='shop')
]

# index 的 views.py
from django.http import HttpResponseRedirect
from django.http import HttpResponsePermanentRedirect
from django.shortcuts import reverse
from django.shortcuts import render, redirect

def index(request):
    return redirect('index:shop',permanent=True)
    # 设置 302 的重定向
    # url = reverse('index:shop')
    # return HttpResponseRedirect(url)
    # 设置 301 的重定向
    # return HttpResponsePermanentRedirect(url)

def shop(request):
    return render(request, 'index.html')
```

视图函数 index 的响应函数 redirect 将参数 permanent 设置为 True，并跳转到路由命名为 shop 的网页；若使用 HttpResponseRedirect 或 HttpResponsePermanentRedirect，则需要使用 reverse 函数将路由命名转换成路由地址。从三者的使用方式来说，函数 redirect 更为便捷，更符合 Python 的哲学思想。

4.1.3 异常响应

异常响应是指 HTTP 状态码为 404 或 500 的响应状态，它与正常的响应过程（HTTP 状态码为 200 的响应过程）是一样的，只是 HTTP 状态码有所不同，因此使用函数 render 作为响应过程，并且设置参数 status 的状态码（404 或 500）即可实现异常响应。

同一个网站的每种异常响应所返回的页面都是相同的，因此网站的异常响应必须适用于整个项目的所有应用。而在 Django 中配置全局的异常响应，必须在项目名的 urls.py 文件里配置。以 MyDjango 为例，在 MyDjango 文件夹的 urls.py 中定义路由以及在 index 文件夹的 views.py 中定义视图函数，代码如下：

```python
# MyDjango 的 urls.py
from django.urls import path, include
urlpatterns = [
    # 指向 index 的路由文件 urls.py
    path('',include((('index.urls','index'),namespace='index')),
]
# 全局 404 页面配置
handler404 = 'index.views.pag_not_found'
```

```python
# 全局 500 页面配置
handler500 = 'index.views.page_error'

# index 的 views.py
from django.shortcuts import render
def pag_not_found(request, exception):
    """全局 404 的配置函数 """
    return render(request,'404.html',status=404)

def page_error(request):
    """全局 500 的配置函数 """
    return render(request,'500.html',status=500)
```

在 MyDjango 文件夹的 urls.py 里设置 handler404 和 handler500，分别指向 index 文件夹的 views.py 的视图函数 pag_not_found 和 page_error。当用户请求不合理或服务器发生异常时，Django 就会根据请求信息执行相应的异常响应。视图函数分别使用到模板 404.html 和 500.html，因此在 templates 文件夹里新增 404.html 和 500.html 文件，代码如下：

```html
# 404.html
<!DOCTYPE html>
<html>
<body>
<h3>这是 404 页面</h3>
</body>
</html>

# 500.html
<!DOCTYPE html>
<html>
<body>
<h3>这是 500 页面</h3>
</body>
</html>
```

上述内容是设置 Django 全局 404 和 500 的异常响应，只需在项目的 urls.py 中设置变量 handler404 和 handler500。变量值是指向某个项目应用的视图函数，而被指向的视图函数需要设置相应的模板文件和响应状态码。

为了验证全局 404 和 500 的异常响应，需要对 MyDjango 项目进行功能调整，修改配置文件 settings.py 中的 DEBUG 和 ALLOWED_HOSTS，并在 index 文件夹的 urls.py 和 views.py 中设置路由和相应的视图函数，代码如下：

```python
# settings.py
# 关闭调试模式
DEBUG = False
# 设置所有域名可访问
ALLOWED_HOSTS = ['*']

# index 的 urls.py
from django.urls import path
```

```
from . import views
urlpatterns = [
    # 定义首页的路由
    path('', views.index, name='index'),
]

# index 的 views.py
from django.shortcuts import render
from django.http import Http404
def index(request):
    # request.GET 是获取请求信息
    if request.GET.get('error', ''):
        raise Http404("page does not exist")
    else:
        return render(request, 'index.html')
```

如果想要验证 404 或 500 的异常响应，就必须同时设置 settings.py 的 DEBUG=False 和 ALLOWED_HOSTS=['*']。在 Django 的调试模式下，即 DEBUG=True，当出现异常时，404 页面是 Django 内置的调试页面，该页面提供了代码的异常信息，如图 4-8 所示。

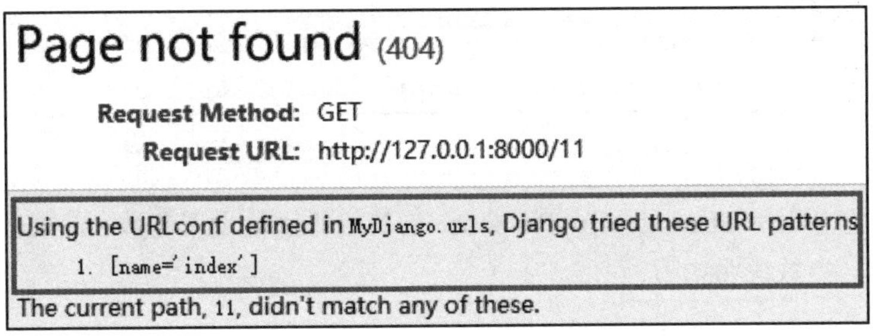

```
Page not found (404)
Request Method: GET
Request URL: http://127.0.0.1:8000/11

Using the URLconf defined in MyDjango.urls, Django tried these URL patterns
    1. [name='index']
The current path, 11, didn't match any of these.
```

图 4-8　调试页面

如果关闭调试模式（DEBUG=False）而没有设置 ALLOWED_HOSTS=['*']，在运行 Django 的时候，程序就会提示 CommandError 的错误信息，如图 4-9 所示。

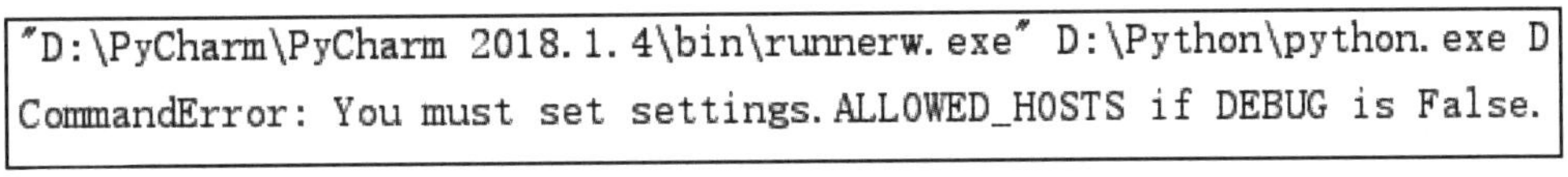

```
"D:\PyCharm\PyCharm 2018.1.4\bin\runnerw.exe" D:\Python\python.exe D
CommandError: You must set settings.ALLOWED_HOSTS if DEBUG is False.
```

图 4-9　CommandError 错误信息

视图函数 index 从请求信息里获取请求参数 error 并进行判断，如果请求参数为空，就将模板文件 index.html 返回浏览器生成网页内容；如果参数 error 不为空，就使用 Django 内置函数 Http404 主动抛出 404 异常响应。

4.1.4　文件下载功能

响应内容除了返回网页信息外，还可以实现文件下载功能，是网站常用的功能之一。Django 提供三种方式实现文件下载功能，分别是 HttpResponse、StreamingHttpResponse 和 FileResponse，三者的说明如下：

- HttpResponse 是所有响应过程的核心类，它的底层功能类是 HttpResponseBase。
- StreamingHttpResponse 是在 HttpResponseBase 的基础上进行继承与重写的，它实现流式响应输出（流式响应输出是使用 Python 的迭代器将数据进行分段处理并传输的），适用于大规模数据响应和文件传输响应。
- FileResponse 是在 StreamingHttpResponse 的基础上进行继承与重写的，它实现文件的流式响应输出，只适用于文件传输响应。

为了进一步了解 StreamingHttpResponse 和 FileResponse，在 PyCharm 里打开 StreamingHttpResponse 的源码文件，如图 4-10 所示。

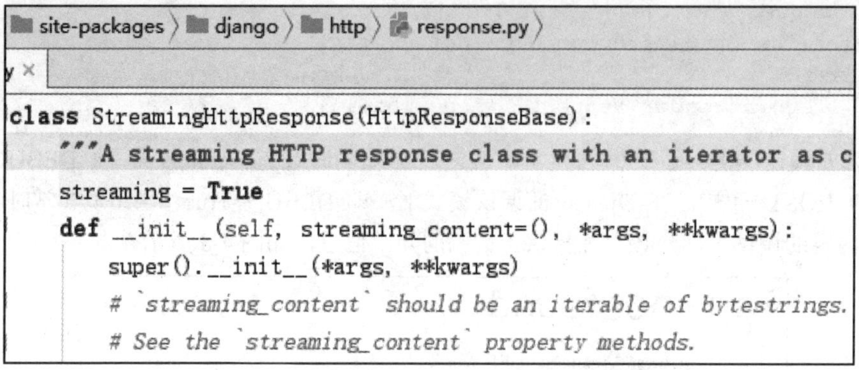

```
site-packages › django › http › response.py
class StreamingHttpResponse(HttpResponseBase):
    """A streaming HTTP response class with an iterator as c
    streaming = True
    def __init__(self, streaming_content=(), *args, **kwargs):
        super().__init__(*args, **kwargs)
        # `streaming_content` should be an iterable of bytestrings.
        # See the `streaming_content` property methods.
```

图 4-10   StreamingHttpResponse 的源码信息

从图 4-10 可以看出，StreamingHttpResponse 的初始化函数设置参数 streaming_content 和形参 *args 及 **kwargs，参数说明如下：

- 参数 streaming_content 的数据格式可设为迭代器对象或字节流，代表数据或文件内容。
- 形参 *args 和 **kwargs 设置 HttpResponseBase 的参数，即响应内容的数据格式 content_type 和响应状态码 status 等参数。

总的来说，若使用 StreamingHttpResponse 实现文件下载功能，则文件以字节的方式读取，在 StreamingHttpResponse 实例化时传入文件的字节流。由于该类支持数据或文件内容的响应式输出，因此还需要设置响应内容的数据格式和文件下载格式。

继续分析 FileResponse，在 PyCharm 里打开 FileResponse 的源码文件，如图 4-11 所示。

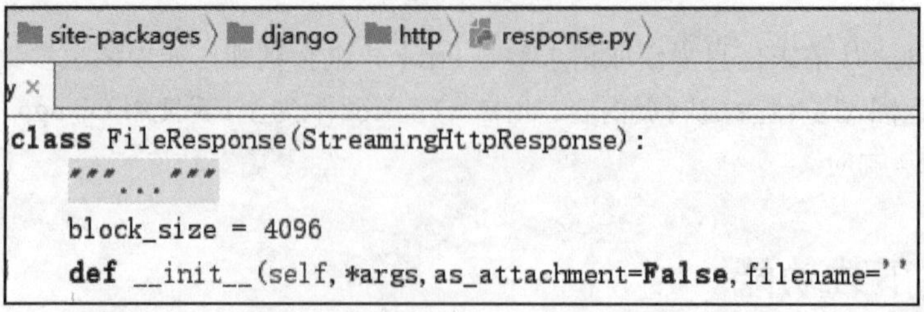

```
site-packages › django › http › response.py
class FileResponse(StreamingHttpResponse):
    """ ... """
    block_size = 4096
    def __init__(self, *args, as_attachment=False, filename=''
```

图 4-11   FileResponse 的源码信息

从 FileResponse 的初始化函数 __init__ 的定义得知，该函数设置参数 as_attachment 和 filename、形参 *args、**kwargs，参数说明如下：

- 参数 as_attachment 的数据类型为布尔型，若为 False，则不提供文件下载功能，文件将会在浏览器里打开并读取，若浏览器无法打开文件，则将文件下载到本地计算机，但没有设置文件后缀名；若为 True，则开启文件下载功能，将文件下载到本地计算机，并设置文件后缀名。
- 参数 filename 设置下载文件的文件名，该参数与参数 as_attachment 的设置有关。若参数 as_attachment 为 False，则参数 filename 不起任何作用。在 as_attachment 为 True 的前提下，若参数 filename 为空，则使用该文件原有的文件名作为下载文件的文件名，反之以参数 filename 作为下载文件的文件名。参数 filename 与参数 as_attachment 的关联可在类 FileResponse 的函数 set_headers 里找到。
- 形参*args 和**kwargs 用于设置 HttpResponseBase 的参数，即响应内容的数据格式 content_type 和响应状态码 status 等参数。

我们从源码的角度分析了 StreamingHttpResponse 和 FileResponse 的定义过程，下一步通过一个简单的例子来讲述如何在 Django 里实现文件下载功能。以 MyDjango 为例，在 MyDjango 的 urls.py、index 的 urls.py、views.py 和 templates 的 index.html 中分别定义路由、视图函数和模板文件，代码如下：

```python
# MyDjango 的 urls.py
from django.urls import path, include
urlpatterns = [
    # 指向 index 的路由文件 urls.py
    path('',include(('index.urls','index'),namespace='index')),
]

# index 的 urls.py
from django.urls import path
from . import views
urlpatterns = [
    # 定义首页的路由
    path('', views.index, name='index'),
    path('download/file1',views.download1,name='download1'),
    path('download/file2',views.download2,name='download2'),
    path('download/file3',views.download3,name='download3'),
]

# index 的 views.py
from django.shortcuts import render
from django.http import HttpResponse, Http404
from django.http import StreamingHttpResponse
from django.http import FileResponse

def index(request):
    return render(request, 'index.html')

def download1(request):
    file_path = 'D:\cat.jpg'
    try:
        r = HttpResponse(open(file_path, 'rb'))
```

```python
        r['content_type'] = 'application/octet-stream'
        r['Content-Disposition']='attachment;filename=cat.jpg'
        return r
    except Exception:
        raise Http404('Download error')

def download2(request):
    file_path = 'D:\duck.jpg'
    try:
        r = StreamingHttpResponse(open(file_path, 'rb'))
        r['content_type'] = 'application/octet-stream'
        r['Content-Disposition']='attachment;filename=duck.jpg'
        return r
    except Exception:
        raise Http404('Download error')

def download3(request):
    file_path = 'D:\dog.jpg'
    try:
        f = open(file_path, 'rb')
        r=FileResponse(f,as_attachment=True,filename='dog.jpg')
        return r
    except Exception:
        raise Http404('Download error')

# templates 的 index.html
<!DOCTYPE html>
<html>
<body>
<a href="{%url 'index:download1'%}">HttpResponse-下载</a>
<br>
<a href="{%url 'index:download2'%}">StreamingHttpResponse-下载</a>
<br>
<a href="{%url 'index:download3'%}">FileResponse-下载</a>
</body>
</html>
```

上述代码是整个 MyDjango 项目的功能代码，文件下载功能实现原理如下：

（1）MyDjango 的 urls.py 定义的路由指向 index 的 urls.py 文件。

（2）index 的 urls.py 定义 4 条路由信息，路由 index 是网站首页，路由所对应的视图函数 index 将模板文件 index.html 作为网页内容呈现在浏览器上。

（3）当在浏览器访问 127.0.0.1:8000 时，网页会出现 3 条地址链接，每条链接分别对应路由 download1、download2 和 download3，这些路由所对应的视图函数分别使用不同的响应类实现文件下载功能。

（4）视图函数 download1 使用 HttpResponse 实现文件下载，将文件以字节流的方式读取并传入响应类 HttpResponse 进行实例化，并对实例化对象 r 设置参数 content_type 和 Content-Disposition，这样就能实现文件下载功能。

（5）视图函数 download2 使用 StreamingHttpResponse 实现文件下载，该类的使用方式与响应类 HttpResponse 的使用方式相同。

（6）视图函数 download3 使用 FileResponse 实现文件下载，该类的使用方式最为简单，只需将文件以字节流的方式读取并且设置参数 as_attachment 和 filename，然后将三者一并传入 FileResponse 进行实例化即可。如果读者对参数 as_attachment 和 filename 的关联存在疑问，那么可自行修改上述代码的参数值来梳理两者的关联。

运行 MyDjango 项目，在 D 盘下分别放置图片 dog.jpg、duck.jpg 和 cat.jpg，然后在浏览器上访问 127.0.0.1:8000，并单击每个图片的下载链接，如图 4-12 所示。

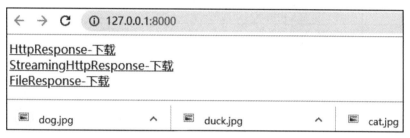

图 4-12　图片下载

上述例子证明 HttpResponse、StreamingHttpResponse 和 FileResponse 都能实现文件下载功能，但三者之间存在一定的差异，说明如下：

- HttpResponse 实现文件下载存在很大的弊端，其工作原理是将文件读取并载入内存，然后输出到浏览器上实现下载功能。如果下载的文件较大，该方法就会占用很多内存。对于下载大文件，Django 推荐使用 StreamingHttpResponse 和 FileResponse 方法，这两个方法将下载文件分批写入服务器的本地磁盘，而不再将文件载入服务器的内存。
- StreamingHttpResponse 和 FileResponse 的实现原理是相同的，两者都是将下载文件分批写入本地磁盘，实现文件的流式响应输出。
- 从适用范围来说，StreamingHttpResponse 的适用范围更为广泛，可支持大规模数据或文件输出，而 FileResponse 只支持文件输出。
- 从使用方式来说，由于 StreamingHttpResponse 支持数据或文件输出，因此在使用时需要设置响应输出类型和方式，而 FileResponse 只需设置 3 个参数即可实现文件下载功能。

4.2　HTTP 请求对象

网站是根据用户请求来输出相应的响应内容的，用户请求是指用户在浏览器上访问某个网址链接的操作，浏览器会根据网址链接信息向网站发送 HTTP 请求，那么，当 Django 接收到用户请求时，它是如何获取用户请求信息的呢？

4.2.1 获取请求信息

当在浏览器上访问某个网址时，其实质是向网站发送一个 HTTP 请求，HTTP 请求分为 8 种请求方式，每种请求方式的说明如表 4-2 所示。

表 4-2 请求方式

请求方式	说明
OPTIONS	返回服务器针对特定资源所支持的请求方法
GET	向特定资源发出请求（访问网页）
POST	向指定资源提交数据处理请求（提交表单、上传文件）
PUT	向指定资源位置上传数据内容
DELETE	请求服务器删除 request-URL 所标示的资源
HEAD	与 GET 请求类似，返回的响应中没有具体内容，用于获取报头
TRACE	回复和显示服务器收到的请求，用于测试和诊断
CONNECT	HTTP/1.1 协议中能够将连接改为管道方式的代理服务器

在上述的 HTTP 请求方式里，最基本的是 GET 请求和 POST 请求，网站开发者关心的也只有 GET 请求和 POST 请求。GET 请求和 POST 请求是可以设置请求参数的，两者的设置方式如下：

- GET 请求的请求参数是在路由地址后添加 "?" 和参数内容，参数内容以 key=value 形式表示，等号前面的是参数名，后面的是参数值，如果涉及多个参数，每个参数之间就使用 "&" 隔开，如 127.0.0.1:8000/?user=xy&pw=123。
- POST 请求的请求参数一般以表单的形式传递，常见的表单使用 HTML 的 form 标签，并且 form 标签的 method 属性设为 POST。

对于 Django 来说，当它接收到 HTTP 请求之后，会根据 HTTP 请求携带的请求参数以及请求信息来创建一个 WSGIRequest 对象，并且作为视图函数的首个参数，这个参数通常写成 request，该参数包含用户所有的请求信息。在 PyCharm 里打开 WSGIRequest 对象的源码信息（django\core\handlers\wsgi.py），如图 4-13 所示。

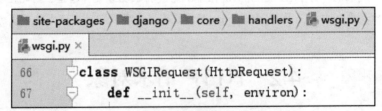

图 4-13 WSGIRequest

从类 WSGIRequest 的定义看到，它继承并重写类 HttpRequest。若要获取请求信息，则只需从类 WSGIRequest 读取相关的类属性即可。下面对一些常用的属性进行说明。

- COOKIE：获取客户端（浏览器）的 Cookie 信息，以字典形式表示，并且键值对都是字符串类型。

- FILES：django.http.request.QueryDict 对象，包含所有的文件上传信息。
- GET：获取 GET 请求的请求参数，它是 django.http.request.QueryDict 对象，操作起来类似于字典。
- POST：获取 POST 请求的请求参数，它是 django.http.request.QueryDict 对象，操作起来类似于字典。
- META：获取客户端（浏览器）的请求头信息，以字典形式存储。
- method：获取当前请求的请求方式（GET 请求或 POST 请求）。
- path：获取当前请求的路由地址。
- session：一个类似于字典的对象，用来操作服务器的会话信息，可临时存放用户信息。
- user：当 Django 启用 AuthenticationMiddleware 中间件时才可用。它的值是内置数据模型 User 的对象，表示当前登录的用户。如果用户当前没有登录，那么 user 将设为 django.contrib.auth.models.AnonymousUser 的一个实例。

由于类 WSGIRequest 继承并重写类 HttpRequest，因此类 HttpRequest 里定义的类方法同样适用于类 WSGIRequest。打开类 HttpRequest 所在的源码文件，如图 4-14 所示。

图 4-14　HttpRequest

类 HttpRequest 一共定义了 31 个类方法，我们选择一些常用的方法进行讲述。

- is_secure()：是否是采用 HTTPS 协议。
- is_ajax()：是否采用 AJAX 发送 HTTP 请求。判断原理是请求头中是否存在 X-Requested-With:XMLHttpRequest。
- get_host()：获取服务器的域名。如果在访问的时候设有端口，就会加上端口号，如 127.0.0.1:8000。
- get_full_path()：返回路由地址。如果该请求为 GET 请求并且设有请求参数，返回路由地址就会将请求参数返回，如 /?user=xy&pw=123。
- get_raw_uri()：获取完整的网址信息，将服务器的域名、端口和路由地址一并返回，如 http://127.0.0.1:8000/?user=xy&pw=123。

下面从源码的角度来了解类 WSGIRequest 的定义过程。现在通过一个简单的例子来讲述如何在视图函数里使用类 WSGIRequest，从中获取请求信息。以 MyDjango 为例，在 MyDjango 的 urls.py、index 的 urls.py、views.py 和模板文件夹 templates 的 index.html 中分别编写代码：

```
# MyDjango 的 urls.py
from django.urls import path, include
urlpatterns = [
    # 指向 index 的路由文件 urls.py
    path('',include(('index.urls','index'),namespace='index')),
```

```python
]

# index 的 urls.py
from django.urls import path
from . import views
urlpatterns = [
    # 定义首页的路由
    path('', views.index, name='index'),
]

# index 的 views.py
from django.shortcuts import render
def index(request):
    # 使用 method 属性判断请求方式
    if request.method == 'GET':
        # 类方法的使用
        print(request.is_secure())
        print(request.is_ajax())
        print(request.get_host())
        print(request.get_full_path())
        print(request.get_raw_uri())
        # 属性的使用
        print(request.COOKIES)
        print(request.content_type)
        print(request.content_params)
        print(request.scheme)
        # 获取 GET 请求的请求参数
        print(request.GET.get('user', ''))
        return render(request, 'index.html')
    elif request.method == 'POST':
        # 获取 POST 请求的请求参数
        print(request.POST.get('user', ''))
        return render(request, 'index.html')

# templates 的 index.html
<!DOCTYPE html>
<html>
<body>
<h3>Hello world</h3>
<form action="" method="POST">
  # Django 的 CSRF 防御机制
  {% csrf_token %}
  <input type="text" name="user"/>
  <input type="submit" value="提交"/>
</form>
</body>
</html>
```

视图函数 index 的参数 request 是类 WSGIRequest 的实例化对象，通过参数 request 的 method 属性来判断 HTTP 请求方式。当在浏览器访问 127.0.0.1:8000/?user=xy&pw=123 时，相当于向 Django

发送 GET 请求，从 PyCharm 的正下方查看请求信息的输出情况，如图 4-15 所示。

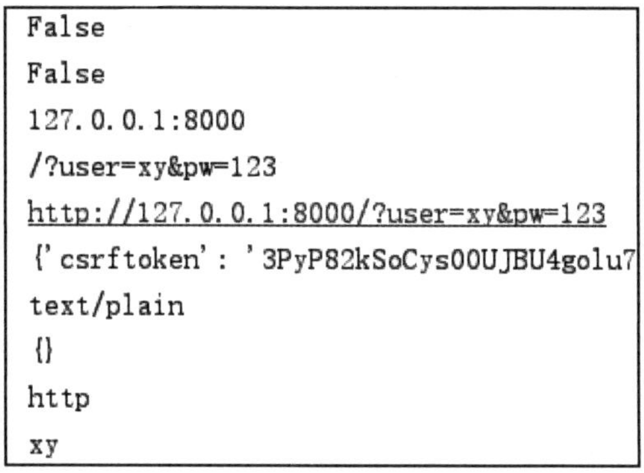

False
False
127.0.0.1:8000
/?user=xy&pw=123
http://127.0.0.1:8000/?user=xy&pw=123
{'csrftoken': '3PyP82kSoCys00UJBU4golu7
text/plain
{}
http
xy

图 4-15　请求信息

在网页上的文本框中输入数据并单击“提交”按钮，这时就会触发一个 POST 请求，再次在 PyCharm 的正下方查看请求信息的输出情况，如图 4-16 所示。

127.0.0.1:800
Hello world
Python
提交
{}
http
xy
[01/Mar/2019 16:49:53] "GET
Python
[01/Mar/2019 16:59:30] "POST

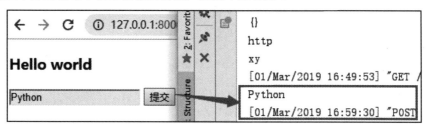

图 4-16　请求信息

4.2.2　文件上传功能

文件上传功能是网站开发常见的功能之一，比如上传图片（用户头像或身份证信息）和导入文件（音视频文件、办公文件或安装包等）。无论上传的文件是什么格式的，其上传原理都是将文件以二进制的数据格式读取并写入网站指定的文件夹里。

我们通过一个简单的例子来讲述如何使用 Django 实现文件上传功能。以 MyDjango 为例，在 index 的 urls.py、views.py 和模板文件夹 templates 的 upload.html 中分别编写以下代码：

```
# index 的 urls.py
from django.urls import path
from . import views
urlpatterns = [
    # 定义路由
    path('', views.upload, name='uploaded'),
]

# index 的 views.py
from django.shortcuts import render
from django.http import HttpResponse
import os
def upload(request):
```

```python
    # 请求方法为 POST 时，执行文件上传
    if request.method == "POST":
        # 获取上传的文件，如果没有文件，就默认为 None
        myFile = request.FILES.get("myfile", None)
        if not myFile:
            return HttpResponse("no files for upload!")
        # 打开特定的文件进行二进制的写操作
        f = open(os.path.join("D:\\upload",myFile.name),'wb+')
        # 分块写入文件
        for chunk in myFile.chunks():
            f.write(chunk)
        f.close()
        return HttpResponse("upload over!")
    else:
        # 请求方法为 GET 时，生成文件上传页面
        return render(request, 'upload.html')
```

```html
# templates 的 upload.html
<!DOCTYPE html>
<html>
<body>
<form enctype="multipart/form-data" action="" method="post">
   # Django 的 CSRF 防御机制
   {% csrf_token %}
   <input type="file" name="myfile" />
   <br>
   <input type="submit" value="上传文件"/>
</form>
</body>
</html>
```

从视图函数 upload 可以看到，如果当前的 HTTP 请求为 POST，就会触发文件上传功能。其运行过程如下：

（1）模板文件 upload.html 使用 form 标签的文件控件 file 生成文件上传功能，该控件将用户上传的文件以二进制读取，读取方式由 form 标签的属性 enctype="multipart/form-data"设置。

（2）浏览器将用户上传的文件读取后，通过 HTTP 的 POST 请求将二进制数据传到 Django，当 Django 收到 POST 请求后，从请求对象的属性 FILES 获取文件信息，然后在 D 盘的 upload 文件夹里创建新的文件，文件名（从文件信息对象 myFile.name 获取）与用户上传的文件名相同。

（3）从文件信息对象 myFile.chunks()读取文件内容，并写入 D 盘的 upload 文件夹的文件中，从而实现文件上传功能。

上述例子有两个关键知识点，即 form 标签属性 enctype="multipart/form-data"和文件对象 myFile，两者说明如下：

如果将模板文件的 form 标签属性 enctype="multipart/form-data"去掉，当用户在浏览器操作文件上传的时候，Django 就无法从请求对象的 FILES 获取文件信息，控件 file 变为请求参数的形式传递，如图 4-17 所示。

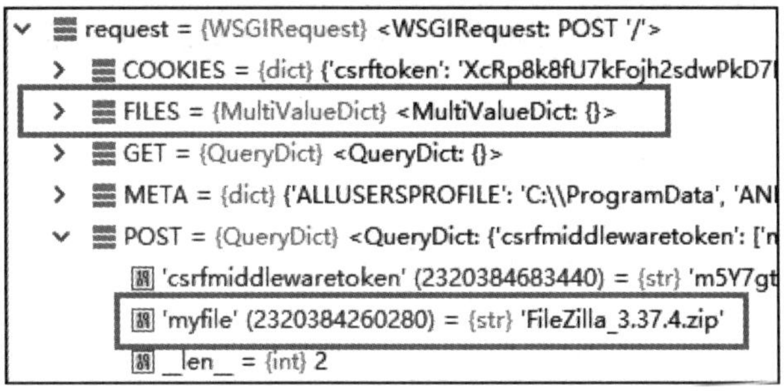

图 4-17　请求对象 request

文件对象 myFile 包含文件的基本信息，如文件名、大小和后缀名等。在 PyCharm 的断点调试模式下可以查看文件对象 myFile 的具体信息，如图 4-18 所示。

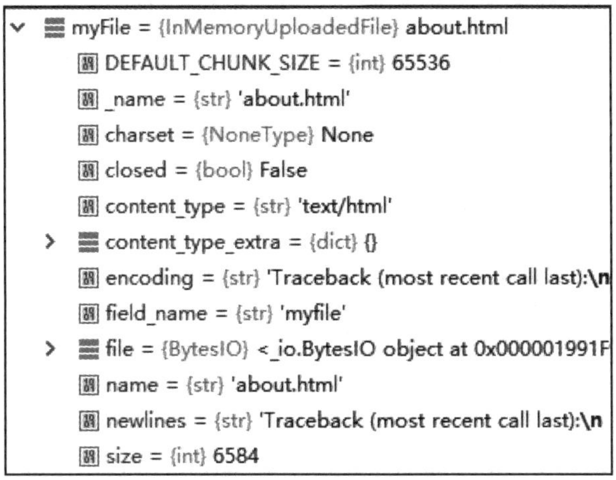

图 4-18　文件对象 myFile

从图 4-18 可以看到，文件对象 myFile 提供了以下属性来获取文件信息。

- myFile.name：获取上传文件的文件名，包含文件后缀名。
- myFile.size：获取上传文件的文件大小。
- myFile.content_type：获取文件类型，通过后缀名判断文件类型。

从文件对象 myFile 获取文件内容，Django 提供了以下读取方式，每种方式说明如下：

- myFile.read()：从文件对象里读取整个文件上传的数据，这个方法只适合小文件。
- myFile.chunks()：按流式响应方式读取文件，在 for 循环中进行迭代，将大文件分块写入服务器所指定的保存位置。
- myFile.multiple_chunks()：判断文件对象的文件大小，返回 True 或者 False，当文件大于 2.5MB（默认值为 2.5MB）时，该方法返回 True，否则返回 False。因此，可以根据该方法来选择选用 read 方法读取还是采用 chunks 方法。

上述是从功能实现的角度了解 Django 的文件上传过程，为了深入了解文件上传机制，我们从 Django 源码里分析文件上传功能。在 PyCharm 里打开 Django 文件上传的源码文件 uploadedfile.py，如图 4-19 所示。

```
  site-packages  >  django  >  core  >  files  >  uploadedfile.py
 uploadedfile.py ×
16      class UploadedFile(File):...
53
54      class TemporaryUploadedFile(UploadedFile):...
75
76      class InMemoryUploadedFile(UploadedFile):...
95
96      class SimpleUploadedFile(InMemoryUploadedFile):
```

图 4-19 源码文件 uploadedfile.py

源码文件 uploadedfile.py 定义了 4 个功能类，每个类所实现的功能说明如下：

- UploadedFile：文件上传的基本功能类，继承父类 File，该类主要获取文件的文件名、大小和类型等基本信息。
- TemporaryUploadedFile：将文件数据临时存放在服务器所指定的文件夹里，适用于大文件的上传。
- InMemoryUploadedFile：将文件数据存放在服务器的内存里，适用于小文件的上传。
- SimpleUploadedFile：将文件的文件名、大小和类型生成字典格式。

从上述内容得知，当使用 myFile.read() 和 myFile.chunks() 读取文件内容时，其实质是分别调用 InMemoryUploadedFile 或 TemporaryUploadedFile 来实现文件上传，两者的区别在于保存上传文件之前，文件数据需要存放在某个位置。默认情况下，当上传的文件小于 2.5MB 时，Django 通过 InMemoryUploadedFile 把上传的文件的全部内容读进内存；当上传的文件大于 2.5MB 时，Django 会使用 TemporaryUploadedFile 把上传的文件写到临时文件中，然后存放到系统临时文件夹中，从而节省内存的开销。

在这 4 个功能类的基础上，Django 进一步完善了文件上传处理过程，主要完善了文件的创建、读写和关闭处理等。处理过程可以在源码文件 uploadhandler.py 中找到，该文件共定义了 7 个 Handler 类和一个函数，如图 4-20 所示。

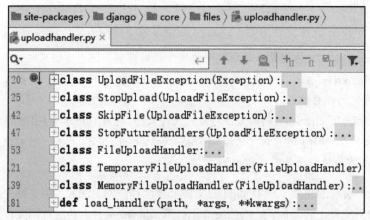

图 4-20 源码文件 uploadhandler.py

图 4-20 所示的 7 个 Handler 类可以划分为两类：异常处理和程序处理。异常处理是处理文件上传的过程中出现的异常情况，如中断上传、网络延迟和上传失败等情况。程序处理是实现文件上传过程，其中 TemporaryFileUploadHandler 调用 TemporaryUploadedFile 来实现上传过程，MemoryFileUploadHandler 则调用 InMemoryUploadedFile。无论是哪个 Handler 类，Django 都为文件上传机制设有 4 个配置属性，分别说明如下：

- FILE_UPLOAD_MAX_MEMORY_SIZE：判断文件大小的条件（以字节数表示），默认值为 2.5MB。
- FILE_UPLOAD_PERMISSIONS：可以在源码文件 storage.py 中找到，用于配置文件上传的用户权限。
- FILE_UPLOAD_TEMP_DIR：可以在源码文件 uploadedfile.py 中找到，用于配置文件数据的临时存放文件夹。
- FILE_UPLOAD_HANDLERS：设置文件上传的处理过程。

配置属性 FILE_UPLOAD_HANDLERS 用于修改文件上传的处理过程，这一配置属性在开发过程中非常重要。当 Django 内置的文件上传机制不能满足开发需求时，我们可以自定义文件上传的处理过程。以 MyDjango 为例，在 MyDjango 文件夹里新增 handler.py 文件，在该文件里定义 myFileUploadHandler 类并继承 TemporaryFileUploadHandler，代码如下：

```
# MyDjango 的 handler.py
from django.core.files.uploadhandler import *
from django.core.files.uploadedfile import *
class myFileUploadHandler(TemporaryFileUploadHandler):
    def new_file(self, *args, **kwargs):
        super().new_file(*args, **kwargs)
        print('This is my FileUploadHandler')
        self.file = TemporaryUploadedFile(self.file_name,
                    self.content_type,0,self.charset,
                    self.content_type_extra)
```

自定义类 myFileUploadHandler 继承 TemporaryFileUploadHandler，并在 new_file 方法里添加 print 函数，通过 print 的输出来验证类 myFileUploadHandler 是否生效。最后在配置文件 settings.py 中设置文件上传的配置属性，代码如下：

```
# 配置文件数据的临时存放文件夹
FILE_UPLOAD_TEMP_DIR = 'D:\\temp'
# 判断文件大小的条件
FILE_UPLOAD_MAX_MEMORY_SIZE = 209715200
# 设置文件上传的处理过程
FILE_UPLOAD_HANDLERS = ['MyDjango.handler.myFileUploadHandler']
# 默认配置，以列表或元组的形式表示
# FILE_UPLOAD_HANDLERS = (
#     "django.core.files.uploadhandler.MemoryFileUploadHandler",
#     "django.core.files.uploadhandler.TemporaryFileUploadHandler",)
```

运行 MyDjango 项目并访问 127.0.0.1:8000，在文件上传页面完成文件上传操作，发现在 PyCharm 的正下方有数据输出，并与类 myFileUploadHandler 添加 print 函数的数据一致，如图 4-21

所示。

```
Starting development server at http://127.0.0.1:8000/
Quit the server with CTRL-BREAK.
[05/Mar/2019 17:03:57] "GET / HTTP/1.1" 200 333
This is my FileUploadHandler
[05/Mar/2019 17:04:00] "POST / HTTP/1.1" 200 12
```

图 4-21 运行结果

4.2.3 Cookie 实现反爬虫

我们知道，Django 接收的 HTTP 请求信息里带有 Cookie 信息，Cookie 的作用是为了识别当前用户的身份，通过以下例子来说明 Cookie 的作用。

浏览器向服务器（Django）发送请求，服务器做出响应之后，二者便会断开连接（会话结束），下次用户再来请求服务器，服务器没有办法识别此用户是谁。比如用户登录功能，如果没有 Cookie 机制支持，那么只能通过查询数据库实现，并且每次刷新页面都要重新操作一次用户登录才可以识别用户，这会给开发人员带来大量的冗余工作，简单的用户登录功能会给服务器带来巨大的负载压力。

Cookie 是从浏览器向服务器传递数据，让服务器能够识别当前用户，而服务器对 Cookie 的识别机制是通过 Session 实现的，Session 存储了当前用户的基本信息，如姓名、年龄和性别等。由于 Cookie 存储在浏览器里面，而且 Cookie 的数据是由服务器提供的，如果服务器将用户信息直接保存在浏览器中，就很容易泄露用户信息，并且 Cookie 大小不能超过 4KB，不能支持中文，因此需要一种机制在服务器的某个域中存储用户数据，这个域就是 Session。

总而言之，Cookie 和 Session 是为了解决 HTTP 协议无状态的弊端、为了让浏览器和服务端建立长久联系的会话而出现的。

Cookie 除了解决 HTTP 协议无状态的弊端之外，还可以利用 Cookie 实现反爬虫机制。随着大数据和人工智能的发展，爬虫技术日益完善，网站为了保护自身数据的安全性和负载能力，都会在网站里设置反爬虫机制。

本小节将讲述如何在 Cookie 里设置反爬虫机制，但在此之前，我们首先学习如何使用 Django 的 Cookie。

由于 Cookie 是通过 HTTP 协议从浏览器传递到服务器的，因此从视图函数的请求对象 request 可以获取 Cookie 对象，而 Django 提供以下方法来操作 Cookie 对象：

```
#获取Cookie，与Python的字典读取方式一致
request.COOKIES['uuid']
request.COOKIES.get('uuid')

# 在响应内容中添加Cookie，将Cookie返回给浏览器
return HttpResponse('Hello world')
response.set_cookie('key','value')
return response
```

```
# 在响应内容中删除 Cookie
return HttpResponse('Hello world')
response.delete_cookie('key')
return response
```

操作 Cookie 对象无非就是对 Cookie 进行获取、添加和删除处理。添加 Cookie 信息是使用 set_cookie 方法实现的，该方法是由响应类 HttpResponseBase 定义的，在 PyCharm 里打开 Django 的源码文件 response.py，查看 set_cookie 方法的定义过程，如图 4-22 所示。

```
site-packages › django › http › response.py
def set_cookie(self, key, value='', max_age=None, expires=None, path='/',
               domain=None, secure=False, httponly=False, samesite=None)
```

图 4-22　源码文件 response.py

set_cookie 方法定义了 9 个函数参数，每个参数的说明如下：

- key：设置 Cookie 的 key，类似字典的 key。
- value：设置 Cookie 的 value，类似字典的 value。
- max_age：设置 Cookie 的有效时间，以秒为单位。
- expires：设置 Cookie 的有效时间，以日期格式为单位。
- path：设置 Cookie 的生效路径，默认值为根目录（网站首页）。
- domain：设置 Cookie 生效的域名。
- secure：设置传输方式，若为 False，则使用 HTTP，否则使用 HTTPS。
- httponly：设置是否只能使用 HTTP 协议传输。
- samesite：设置强制模式，可选值为 lax 或 strict，主要防止 CSRF 攻击。

常见的反爬虫主要是设置参数 max_age、expires 和 path。参数 max_age 或 expires 用于设置 Cookie 的有效性，使爬虫程序无法长时间爬取网站数据；参数 path 用于将 Cookie 的生成过程隐藏起来，不容易让爬虫开发者找到并破解。

除此之外，我们在源码文件 response.py 里也能找到 delete_cookie 方法，该方法设有函数参数 key、path 和 domain，这些参数的作用与 set_cookie 的参数相同，此处不详细讲述。

Cookie 的数据信息一般都是经过加密处理的，若使用 set_cookie 方法设置 Cookie，则参数 value 需要自行加密，如果数据加密过于简单，就很容易被爬虫开发者破解，但是过于复杂又不利于日后的维护。为了简化这个过程，Django 内置 Cookie 的加密方法 set_signed_cookie，该方法可以在源码文件 response.py 里找到，如图 4-23 所示。

```
site-packages › django › http › response.py
def set_signed_cookie(self, key, value, salt='', **kwargs):
    value = signing.get_cookie_signer(salt=key + salt).sign(value)
    return self.set_cookie(key, value, **kwargs)
```

图 4-23　源码文件 response.py

set_signed_cookie 是将参数 value 进行加密处理，再将加密后的 value 传递给 set_cookie，从而实现 Cookie 加密与添加。set_signed_cookie 设有 4 个参数，参数说明如下：

- key：设置 Cookie 的 key，类似字典的 key。
- value：设置 Cookie 的 value，类似字典的 value。
- salt：设置加密盐，用于数据的加密处理。
- **kwargs：设置可选参数，用于设置 set_cookie 的参数。

Cookie 的加密过程是调用 get_cookie_signer 方法实现的，该方法来自于源码文件 signing.py，如图 4-24 所示。

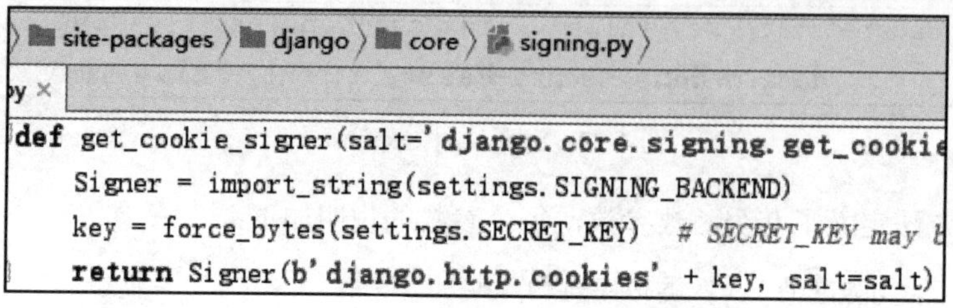

```
site-packages › django › core › signing.py
def get_cookie_signer(salt='django.core.signing.get_cookie
    Signer = import_string(settings.SIGNING_BACKEND)
    key = force_bytes(settings.SECRET_KEY)   # SECRET_KEY may b
    return Signer(b'django.http.cookies' + key, salt=salt)
```

图 4-24　get_cookie_signer 的源码信息

从图 4-24 得知，变量 Signer 用于获取项目配置文件 settings.py 的 Cookie 数据加密（解密）引擎 SIGNING_BACKEND，默认值为 django.core.signing.TimestampSigner，即源码文件 signing.py 定义的 TimestampSigner 类，如图 4-25 所示；变量 key 用于获取项目配置文件 settings.py 的配置属性 SECRET_KEY。

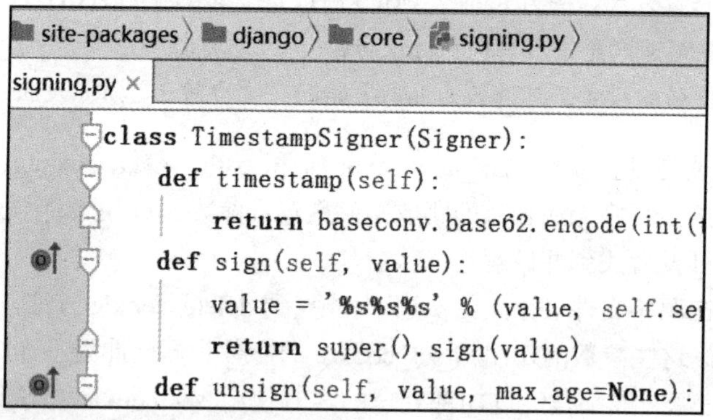

```
site-packages › django › core › signing.py
class TimestampSigner(Signer):
    def timestamp(self):
        return baseconv.base62.encode(int(
    def sign(self, value):
        value = '%s%s%s' % (value, self.se
        return super().sign(value)
    def unsign(self, value, max_age=None):
```

图 4-25　TimestampSigner 的源码信息

由于 get_cookie_signer 的返回值调用 TimestampSigner 类，因此可以在源码文件 signing.py 中找到 TimestampSigner 类。在该类中找到加密方法 sign，加密过程继承父类 Signer 的 sign 方法，而父类的 sign 方法是调用 signature 方法执行加密计算的，这时采用 b64_encode 的加密算法，如图 4-26 所示。

加密数据由 set_signed_cookie 的参数 key、参数 value、参数 salt、配置文件 settings.py 的 SECRET_KEY、get_cookie_signer 的字符串（django.http.cookies）和 TimestampSigner 的时间戳函数 timestamp 组成。

```
def base64_hmac(salt, value, key):
    return b64_encode(salted_hmac(salt, value, key).digest())

class Signer:
    def __init__(self, key=None, sep=':', salt=None):...
    def signature(self, value):
        return base64_hmac(self.salt + 'signer', value, self.
    def sign(self, value):...
    def unsign(self, signed_value):...
```

图 4-26　Cookie 的加密算法

从 TimestampSigner 类或 Signer 类可以看到，类方法 unsign 用于 Cookie 解密处理，主要是接收浏览器传递的 Cookie 并进行解密处理，解密过程与加密过程是相反的，此处不再详细讲述。

了解了 Django 的 Cookie 机制后，我们以 MyDjango 项目为例中讲述如何使用 Cookie 实现反爬虫机制。在 index 的 urls.py、views.py 和 templates 的 index.html 中分别编写以下代码：

```
# index 的 urls.py
from django.urls import path
from . import views
urlpatterns = [
    # 定义路由
    path('', views.index, name='index'),
    path('create', views.create, name='create'),
    path('myCookie', views.myCookie, name='myCookie'),
]

# index 的 views.py
from django.http import Http404, HttpResponse
from django.shortcuts import render, redirect
from django.shortcuts import reverse

def index(request):
    return render(request, 'index.html')

def create(request):
    r = redirect(reverse('index:index'))
    # 添加 Cookie
    # response.set_cookie('uid', 'Cookie_Value')
    # 设置 Cookie 的有效时间为 10 秒
    r.set_signed_cookie('uuid','id',salt='MyDj',max_age=10)
    return r

def myCookie(request):
    cookieExist = request.COOKIES.get('uuid', '')
    if cookieExist:
        # 验证加密后的 Cookie 是否有效
        try:
            request.get_signed_cookie('uuid',salt='MyDj')
```

```
            except:
                raise Http404('当前 Cookie 无效哦！')
            return HttpResponse('当前 Cookie 为：'+cookieExist)
        else:
            raise Http404('当前访问没有 Cookie 哦！')

# templates 的 index.html
<!DOCTYPE html>
<html>
<body>
<h3>Hello Cookies</h3>
<a href="{% url 'index:create' %}">创建 Cookie</a>
<br>
<a href="{% url 'index:myCookie' %}">查看 Cookie</a>
</body>
</html>
```

index 的 urls.py 中定义了 3 条路由信息，每条路由对应某个视图函数，其实现的功能说明如下：

- 路由 index 对应视图函数 index，它把模板文件 index.html 返回并生成相应的网页内容。index.html 使用模板语法 url 分别将路由 create 和 myCookie 在网页上生成相应的路由地址。
- 路由 create 对应视图函数 create，它的响应内容是重定向路由 index，在重定向的过程中，使用 set_signed_cookie 方法添加 Cookie 信息。
- 路由 myCookie 对应视图函数 myCookie，用于判断当前请求是否有特定的 Cookie 信息，如果没有，就抛出 404 异常并提示异常信息（当前访问没有 Cookie）；如果有，就对 Cookie 使用 get_signed_cookie 方法进行解密处理，如果解密成功，就说明 Cookie 是正确的，并将 Cookie 信息返回到网页上；否则抛出 404 异常并提示相关的异常信息（当前 Cookie 无效）。

从上述例子可以看出，路由 myCookie 是我们设置反爬虫机制的页面的路由地址，反爬虫机制通常只设定在某些网页上，如果整个网站都设置反爬虫，就会影响用户体验，因为用户操作过快或操作不当时，网站很容易将真实用户视为爬虫程序，从而禁止用户正常访问。

反爬虫机制的实质是对特定的 Cookie 进行解密和判断，解密过程必须与加密过程相符，然后根据 Cookie 解密后的数据进行判断，主要判断数据是否符合加密前的数据，从而执行相应操作。总的来说，Cookie 的反爬虫机制是判断特定的 Cookie 信息是否合理地执行相应的响应操作。

一般而言，网站在生成特定 Cookie 时，都会将这个生成过程隐藏起来，从而增加爬虫开发者的破解难度，比如使用前端的 AJAX 方式或者隐藏请求信息等。上述例子是将 Cookie 的生成过程由路由 create 实现，并且将其响应方式设为重定向，从而起到隐藏的作用。

运行 MyDjango 项目，在浏览器中打开开发者工具，然后访问 127.0.0.1:8000，在 Network 查看当前请求信息，如图 4-27 所示。

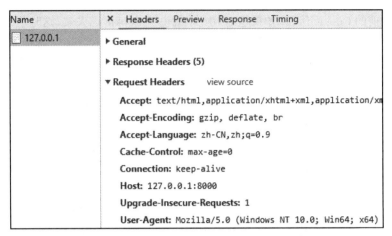

图 4-27　请求信息

首次访问 MyDjango 的首页是没有 Cookie 信息的，若存在 Cookie 信息，则说明曾经访问过路由 create，可在浏览器中删除历史记录。接着在网页里单击"查看 Cookie"，发现网页提示 404，并提示"当前访问没有 Cookie 哦！"，如图 4-28 所示。

图 4-28　查看 Cookie

回到网站首页并单击"创建 Cookie"，发现网页会自动刷新，但在开发者工具里可以看到两个请求信息，查看请求信息 create，发现它已经创建 Cookie 信息，如图 4-29 所示。

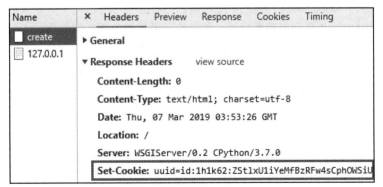

图 4-29　创建 Cookie

再次在首页单击"查看 Cookie"，如果在"创建 Cookie"的操作后 10 秒内"查看 Cookie"，网页就会显示当前的 Cookie 信息；如果超出 10 秒，就说明 Cookie 已失效，这时单击"查看 Cookie"将会提示 404 异常，异常信息提示当前访问没有 Cookie，而不是提示当前 Cookie 无效，因为 Cookie 失效时，在浏览器里触发的 HTTP 请求是不会将失效的 Cookie 发送到服务器的。只有使用爬虫程序模拟 HTTP 请求并发送 Cookie 的时候才会提示当前 Cookie 无效。

上述例子使用 Django 内置的 Cookie 加密（解密）机制，这种内置机制有时难以满足开发需求，为了解决复杂多变的开发需求，Django 允许开发者自定义 Cookie 加密（解密）机制。

由于 Cookie 加密（解密）机制是由源码文件 signing.py 的 TimestampSigner 类实现的，若要自定义 Cookie 加密（解密）机制，则只需定义 TimestampSigner 的子类并重写 sign 和 unsign 方法即可。

以 MyDjango 项目为例，在 MyDjango 文件夹里创建 mySigner.py 文件，然后分别在配置文件 settings.py 和 mySigner.py 中编写以下代码即可自定义 Cookie 加密（解密）机制：

```python
# MyDjango 的 mySigner.py
from django.core.signing import TimestampSigner
class myTimestampSigner(TimestampSigner):
    def sign(self, value):
        print(value)
        return value + 'Test'

    def unsign(self, value, max_age=None):
        print(value)
        return value[0:-4]

# MyDjango 的 settings.py
# 默认的 Cookie 加密（解密）引擎
# SIGNING_BACKEND = 'django.core.signing.TimestampSigner'
# 自定义 Cookie 加密（解密）引擎
SIGNING_BACKEND = 'MyDjango.mySigner.myTimestampSigner'
```

从上述代码可以看出，配置文件 settings.py 中设置了配置属性 SIGNING_BACKEND，属性值指向 MyDjango 的 mySigner.py 所定义的 myTimestampSigner 类，而 myTimestampSigner 类继承 TimestampSigner 并重写 sign 和 unsign 方法。

当 Django 执行 Cookie 加密（解密）处理时，它首先在 settings.py 中查找是否设有配置属性 SIGNING_BACKEND，若已设有配置属性，则由该配置属性的属性值来完成 Cookie 加密（解密）处理；否则由源码文件 signing.py 的 TimestampSigner 类完成 Cookie 加密（解密）处理。

运行 MyDjango 项目，在浏览器上打开开发者工具并访问 127.0.0.1:8000/create，在开发者工具中查看 127.0.0.1 请求的 Cookie 信息，可以发现 Cookie 的加密处理是由自定义的 myTimestampSigner 类执行的，如图 4-30 所示。

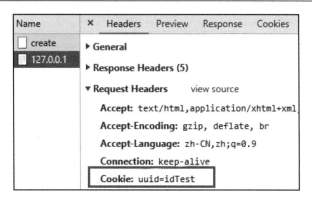

图 4-30　Cookie 信息

4.2.4　请求头实现反爬虫

我们知道，视图的参数 request 是由类 WSGIRequest 根据用户请求而生成的实例化对象。由于类 WSGIRequest 是继承并重写类 HttpRequest，而类 HttpRequest 设置 META 属性，因此当用户在浏览器中访问 Django 时，会由 WSGI 协议实现两者的通信，浏览器的请求头信息来自类 WSGIRequest 的属性 environ，而属性 environ 来自类 WSGIHandler。总的来说，属性 environ 经过类 WSGIHandler 传递给类 WSGIRequest，如图 4-31 所示。

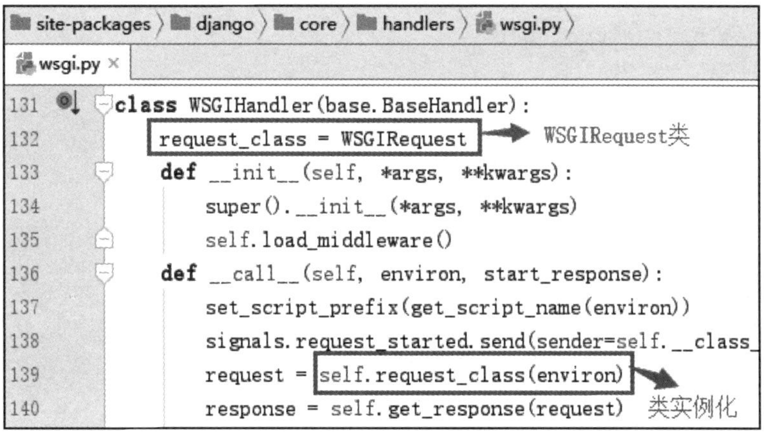

图 4-31　请求头信息

上述提及的 WSGI 协议是一种描述服务器如何与浏览器通信的规范。Django 的运行原理是在此规范上建立的，其运行原理如图 4-32 所示。

大致了解 Django 的运行原理后，我们得知 HTTP 的请求头信息来自属性 environ，请求头信息是动态变化的，它可以自定义属性，因此常用于制定反爬虫机制。请求头信息只能由浏览器进行设置，服务器只能读取请求头信息，通过请求头实现的反爬虫机制一般需要借助前端的 AJAX 实现。

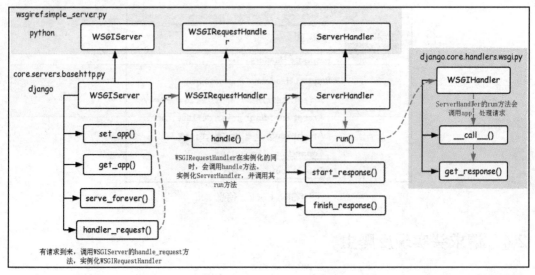

图 4-32 Django 的运行原理

以 MyDjango 为例,在 index 文件夹里创建 static 文件夹,并在 static 文件夹里放置 jquery.js 脚本文件,这时在模板文件 index.html 中使用 jQuery 实现 AJAX 发送 HTTP 请求。然后在 index 的 urls.py、views.py 和模板文件 index.html 中编写以下代码:

```
# index 的 urls.py
from django.urls import path
from . import views
urlpatterns = [
    # 定义路由
    path('', views.index, name='index'),
    path('getHeader', views.getHeader, name='getHeader')
]

# index 的 views.py
from django.http import JsonResponse
from django.shortcuts import render
def index(request):
    return render(request, 'index.html')

# API 接口判断请求头
def getHeader(request):
    header = request.META.get('HTTP_SIGN', '')
    if header:
        value = {'header': header}
    else:
        value = {'header': 'null'}
    return JsonResponse(value)

# templates 的 index.html
<!DOCTYPE html>
<html>
```

```
{% load static %}
<script src="{% static 'jquery.js' %}"></script>
<script>
$(function(){
  $("#bt01").click(function(){
  var value = $.ajax({
    type: "GET",
    url:"/getHeader",
    dataType:'json',
    async: false,
    headers: {
     "sign":"123",
    }
    }).responseJSON;
    # 触发AJAX，获取视图函数 getHeader 的数据
    value = '<h2>'+value["header"]+'</h2>';
    $("#myDiv").html(value);
  });
});
</script>
<body>
<h3>Hello Headers</h3>
<div id="myDiv"><h2>AJAX 获取请求头</h2></div>
<button id="bt01" type="button">改变内容</button>
</body>
</html>
```

视图函数 getHeader 判断请求头的自定义属性 sign 是否存在，若存在，则将该属性值返回网页，否则返回 null。Django 获取请求头是有固定格式的，必须为 "HTTP_XXX"，其中 XXX 代表请求头的某个属性，必须为大写字母。

上述的例子中，请求头属性 sign 设置为 123，一般情况下，自定义请求头必须有一套完整的加密（解密）机制，前端的 AJAX 负责数据加密，服务器后台负责数据解密，从而提高爬虫开发者的破解难度。

运行 MyDjango 项目，在浏览器里打开开发者工具，然后访问 127.0.0.1:8000 并单击 "改变内容" 按钮，在开发者工具的 Network 选项卡可以看到 AJAX 的请求信息，如图 4-33 所示。

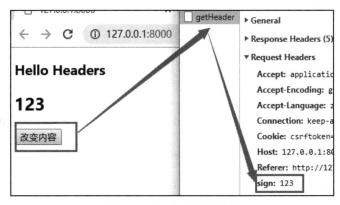

图 4-33 AJAX 的请求信息

从图 4-33 可以看到，AJAX 的请求信息是向视图函数 getHeader 发送 GET 请求，而视图函数 getHeader 从请求信息里获取请求头属性 sign，通过判断其属性值是否正确来返回相应的 JSON 数据。

4.3 本章小结

视图（Views）是 Django 的 MTV 架构模式的 V 部分，主要负责处理用户请求和生成相应的响应内容，然后在页面或其他类型的文档中显示。也可以理解为视图是 MVC 架构里面的 C 部分（控制器），主要处理功能和业务上的逻辑。我们习惯使用视图函数处理 HTTP 请求，即在视图里定义 def 函数，这种方式称为 FBV。

render 的参数 request 和 template_name 是必需参数，其余的参数是可选参数。各个参数说明如下：

- request：浏览器向服务器发送的请求对象，包含用户信息、请求内容和请求方式等。
- template_name：设置模板文件名，用于生成网页内容。
- context：对模板上下文（模板变量）赋值，以字典形式表示，默认情况下是一个空字典。
- content_type：响应内容的数据格式，一般情况下使用默认值即可。
- status：HTTP 状态码，默认为 200。
- using：设置模板引擎，用于解析模板文件，生成网页内容。

从函数 redirect 的定义过程可以看出，该函数的运行原理如下：

- 判断参数 permanent 的真假性来选择重定向的函数。若参数 permanent 为 True，则调用 HttpResponsePermanentRedirect 来完成重定向过程；若为 False，则调用 HttpResponseRedirect。
- 由于 HttpResponseRedirect 和 HttpResponsePermanentRedirect 只支持路由地址的传入，因此函数 redirect 调用 resolve_url 方法对参数 to 进行判断。若参数 to 是路由地址，则直接将参数 to 的参数值返回；若参数 to 是路由命名，则使用 reverse 函数转换路由地址；若参数 to 是模型对象，则将模型转换为相应的路由地址（这种方法的使用频率相对较低）。

异常响应是指 HTTP 状态码为 404 或 500 的响应状态，它与正常的响应过程（HTTP 状态码为 200 的响应过程）是一样的，只是 HTTP 状态码有所不同，因此使用函数 render 作为响应过程，并且设置参数 status 的状态码（404 或 500）即可实现异常响应。

从请求方式里获取请求信息，只需从类 WSGIRequest 读取相关的类属性即可。下面对一些常用的属性进行说明。

- COOKIE：获取客户端（浏览器）的 Cookie 信息，以字典形式表示，并且键值对都是字符串类型的。
- FILES：django.http.request.QueryDict 对象，包含所有的文件上传信息。
- GET：获取 GET 请求的请求参数，它是 django.http.request.QueryDict 对象，操作起来类似于字典。

- POST：获取 POST 请求的请求参数，它是 django.http.request.QueryDict 对象，操作起来类似于字典。
- META：获取客户端（浏览器）的请求头信息，以字典形式存储。
- method：获取当前请求的请求方式（GET 请求或 POST 请求）。
- path：获取当前请求的路由地址。
- session：一个类似于字典的对象，用来操作服务器的会话信息，可临时存放用户信息。
- user：当 Django 启用 AuthenticationMiddleware 中间件时才可用。它的值是内置数据模型 User 的对象，表示当前登录的用户。如果用户当前没有登录，那么 user 将设为 django.contrib.auth.models.AnonymousUser 的一个实例。

文件上传功能是由 Django 的源码文件 uploadedfile.py 实现的，它定义了 4 个功能类，每个类所实现的功能说明如下：

- UploadedFile：文件上传的基本功能类，继承父类 File，主要获取文件的文件名、大小和类型等基本信息。
- TemporaryUploadedFile：将文件数据临时存放在服务器所指定的文件夹里，适用于大文件的上传。
- InMemoryUploadedFile：将文件数据存放在服务器的内存里，适用于小文件的上传。
- SimpleUploadedFile：将文件的文件名、大小和类型生成字典格式。

Cookie 的反爬虫机制的实质是对特定的 Cookie 进行解密和判断，解密过程必须与加密过程相符，然后根据 Cookie 解密后的数据进行判断，主要判断数据是否符合加密前的数据，从而执行相应的操作。总的来说，Cookie 的反爬虫机制是判断特定的 Cookie 信息是否合理地执行相应的响应操作。

Django 获取请求头是有固定格式的，必须为"HTTP_XXX"，其中 XXX 代表请求头的某个属性，而且必须为大写字母。一般情况下，自定义请求头必须有一套完整的加密（解密）机制，前端的 AJAX 负责数据加密，服务器后台负责数据解密，从而提高爬虫开发者的破解难度。

第 5 章

探究 CBV 视图

Web 开发是一项无聊而且单调的工作，特别是在视图功能编写方面更为显著。为了减少这种痛苦，Django 植入了视图类这一功能，该功能封装了视图开发常用的代码，无须编写大量代码即可快速完成数据视图的开发，这种以类的形式实现响应与请求处理称为 CBV（Class Base Views）。

视图类是通过定义和声明类的形式实现的，根据用途划分 3 部分：数据显示视图、数据操作视图和日期筛选视图。

5.1 数据显示视图

数据显示视图是将后台的数据展示在网页上，数据主要来自模型，一共定义了 4 个视图类，分别是 RedirectView、TemplateView、ListView 和 DetailView，说明如下：

- RedirectView 用于实现 HTTP 重定向，默认情况下只定义 GET 请求的处理方法。
- TemplateView 是视图类的基础视图，可将数据传递给 HTML 模板，默认情况下只定义 GET 请求的处理方法。
- ListView 是在 TemplateView 的基础上将数据以列表显示，通常将某个数据表的数据以列表表示。
- DetailView 是在 TemplateView 的基础上将数据详细显示，通常获取数据表的单条数据。

5.1.1 重定向视图 RedirectView

在 3.3.3 小节已简单演示了视图类 RedirectView 的使用方法，本小节将深入了解视图类 RedirectView。

视图类 RedirectView 用于实现 HTTP 重定向功能，即网页跳转功能。在 Django 的源码里可以看到视图类 RedirectView 的定义过程，如图 5-1 所示。

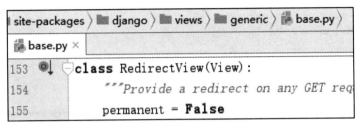

图 5-1 视图类 RedirectView

从图 5-1 得知，视图类 RedirectView 继承父类 View，类 View 是所有视图类的底层功能类。视图类 RedirectView 定义了 4 个属性和 8 个类方法，分别说明如下：

- permanent：根据属性值的真假来选择重定向方式，若为 True，则 HTTP 状态码为 301，否则 HTTP 状态码为 302。
- url：代表重定向的路由地址。
- pattern_name：代表重定向的路由命名。如果已设置参数 url，则无须设置该参数，否则提示异常信息。
- query_string：是否将当前路由地址的请求参数传递到重定向的路由地址。
- get_redirect_url()：根据属性 pattern_name 所指向的路由命名来生成相应的路由地址。
- get()：触发 HTTP 的 GET 请求所执行的响应处理。
- 剩余的类方法 head()、post()、options()、delete()、put()和 patch()是 HTTP 的不同请求方式，它们都由 get()方法完成响应处理。

在 3.3.3 小节，视图类 RedirectView 是在 urls.py 文件里直接使用的，由于类具有继承的特性，因此还可以对视图类 RedirectView 进行功能扩展，这样能满足复杂的开发需求。以 MyDjango 为例，在 index 的 urls.py、views.py 和模板文件 index.html 中编写以下代码：

```
# index 的 urls.py
from django.urls import path
from .views import *
urlpatterns = [
    # 定义路由
    path('', index, name='index'),
    path('turnTo', turnTo.as_view(), name='turnTo')
]

# index 的 views.py
from django.shortcuts import render
from django.views.generic.base import RedirectView


def index(request):
    return render(request, 'index.html')


class turnTo(RedirectView):
```

```python
    # 设置属性
    permanent = False
    url = None
    pattern_name = 'index:index'
    query_string = True

    # 重写 get_redirect_url
    def get_redirect_url(self, *args, **kwargs):
        print('This is get_redirect_url')
        return super().get_redirect_url(*args, **kwargs)

    # 重写 get
    def get(self, request, *args, **kwargs):
        print(request.META.get('HTTP_USER_AGENT'))
        return super().get(request, *args, **kwargs)

# templates 的 index.html
<!DOCTYPE html>
<html>
<body>
<h3>Hello RedirectView</h3>
<a href="{% url 'index:turnTo' %}?k=1">ToTurn</a>
</body>
</html>
```

在 index 的 views.py 中定义了视图类 turnTo，它继承父类 RedirectView，对父类的属性进行重设，并将父类的类方法 get_redirect_url() 和 get() 进行重写，通过这样的方式可以对视图类 RedirectView 进行功能扩展，从而满足开发需求。

定义路由的时候，若使用视图类 turnTo 处理 HTTP 请求，则需要对视图类 turnTo 使用 as_view() 方法，这是对视图类 turnTo 进行实例化处理。as_view() 方法可在类 View 里找到具体的定义过程（django\views\generic\base.py）。

运行 MyDjango 项目，在浏览器上访问 127.0.0.1:8000，当单击 "ToTurn" 链接后，浏览器的地址栏将会变为 127.0.0.1:8000/?k=1，在 PyCharm 里可以看到视图类 turnTo 的输出内容，如图 5-2 所示。

```
[04/Jun/2020 16:42:40] "GET / HTTP/1.1" 200 106
[04/Jun/2020 16:42:42] "GET /turnTo?k=1 HTTP/1.1" 302 0
[04/Jun/2020 16:42:42] "GET /?k=1 HTTP/1.1" 200 106
Mozilla/5.0 (Windows NT 10.0; Win64; x64) AppleWebKit/537.36
This is get_redirect_url
```

图 5-2 视图类 turnTo 的输出内容

上述例子只是重写了 GET 请求的响应处理，如果在开发过程中需要对其他的 HTTP 请求进行处理，那么只要重新定义相应的类方法即可，比如在视图类 turnTo 里定义类方法 post()，该方法是定义 POST 请求的响应过程。

5.1.2 基础视图 TemplateView

视图类 TemplateView 是所有视图类里最基础的应用视图类,开发者可以直接调用应用视图类,它继承多个父类:TemplateResponseMixin、ContextMixin 和 View。在 PyCharm 里查看视图类 TemplateView 的源码,如图 5-3 所示。

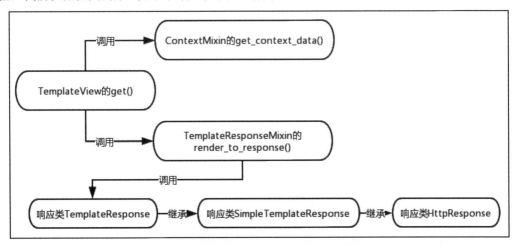

图 5-3 视图类 TemplateView 的源码

从视图类 TemplateView 的源码看到,它只定义了类方法 get(),该方法分别调用函数方法 get_context_data()和 render_to_response(),从而完成 HTTP 请求的响应过程。类方法 get()所调用的函数方法主要来自父类 TemplateResponseMixin 和 ContextMixin,为了准确地描述函数方法的调用过程,我们以流程图的形式加以说明,如图 5-4 所示。

图 5-4 视图类 TemplateView 的定义过程

视图类 TemplateView 的 get()所调用的函数说明如下:

- 视图类 ContextMixin 的 get_context_data()方法用于获取模板上下文内容,模板上下文是将视图里的数据传递到模板文件,再由模板引擎将数据转换成 HTML 网页数据。
- 视图类 TemplateResponseMixin 的 render_to_response()用于实现响应处理,由响应类 TemplateResponse 完成。

我们可以在视图类 TemplateView 的源码文件里找到视图类 TemplateResponseMixin 的定义过程，该类设置了 4 个属性和两个类方法，这些属性和类方法说明如下：

- template_name：设置模板文件的文件名。
- template_engine：设置解析模板文件的模板引擎。
- response_class：设置 HTTP 请求的响应类，默认值为响应类 TemplateResponse。
- content_type：设置响应内容的数据格式，一般情况下使用默认值即可。
- render_to_response()：实现响应处理，由响应类 TemplateResponse 完成。
- get_template_names()：获取属性 template_name 的值。

经上分析，我们已对视图类 TemplateView 有了一定的了解。现在通过简单的例子讲述如何使用视图类 TemplateView 实现视图功能，完成 HTTP 的请求与响应处理。以 MyDjango 为例，在 index 的 urls.py、views.py 和模板文件 index.html 中编写以下代码：

```
# index 的 urls.py
from django.urls import path
from .views import *
urlpatterns = [
    # 定义路由
    path('', index.as_view(), name='index'),
]

# index 的 views.py
from django.views.generic.base import TemplateView
class index(TemplateView):
    template_name = 'index.html'
    template_engine = None
    content_type = None
    extra_context = {'title': 'This is GET'}

    # 重新定义模板上下文的获取方式
    def get_context_data(self, **kwargs):
        context = super().get_context_data(**kwargs)
        context['value'] = 'I am MyDjango'
        return context

    # 定义 HTTP 的 POST 请求处理方法
    # 参数 request 代表 HTTP 请求信息
    # 若路由设有变量，则可从参数 kwargs 里获取
    def post(self, request, *args, **kwargs):
        self.extra_context = {'title': 'This is POST'}
        context = self.get_context_data(**kwargs)
        return self.render_to_response(context)

# templates 的 index.html
<!DOCTYPE html>
<html>
<body>
```

```
<h3>Hello,{{ title }}</h3>
<div>{{ value }}</div>
<br>
<form action="" method="post">
  {% csrf_token %}
  <input type="submit" value="Submit">
</form>
</body>
</html>
```

上述代码是将网站首页的视图函数 index 改为视图类 index，自定义视图类 index 继承视图类 TemplateView，并重设了 4 个属性，重写了两个类方法，具体说明如下：

- template_name：将模板文件 index.html 作为网页文件。
- template_engine：设置解析模板文件的模板引擎，默认值为 None，即默认使用配置文件 settings.py 的 TEMPLATES 所设置的模板引擎 BACKEND。
- content_type：设置响应内容的数据格式，默认值为 None，即代表数据格式为 text/html。
- extra_context：为模板文件的上下文（模板变量）设置变量值，可将数据转换成网页数据展示在浏览器上。
- get_context_data()：继承并重写视图类 TemplateView 的类方法，在变量 context 里新增数据 value。
- post()：自定义 POST 请求的处理方法，当触发 POST 请求时，将会重设属性 extra_context 的值，并调用 get_context_data() 将属性 extra_context 重新写入，从而实现动态改变模板上下文的数据内容。

在模板文件 index.html 里看到模板上下文（模板变量）{{ title }}和{{ value }}，它们的数据来源于 get_context_data() 的返回值。当访问 127.0.0.1:8000 的时候，上下文 title 为"This is GET"；当单击"Submit"按钮的时候，上下文 title 的值改为"This is POST"，如图 5-5 所示。

图 5-5　运行结果

5.1.3　列表视图 ListView

我们知道视图是连接路由和模板的中心枢纽，除此之外，视图还可以连接模型。简单来说，模型是指 Django 通过一定的规则来映射数据库，从而方便 Django 与数据库之间实现数据交互，这个交互过程是在视图里实现的。

由于视图可以与数据库实现数据交互，因此 Django 定义了视图类 ListView，该视图类是将数据表的数据以列表的形式显示，常用于数据的查询和展示。在 PyCharm 里打开视图类 ListView 的源码文件，分析视图类 ListView 的定义过程，如图 5-6 所示。

site-packages 〉 django 〉 views 〉 generic 〉 list.py 〉

```
class MultipleObjectMixin(ContextMixin):...
class BaseListView(MultipleObjectMixin, View):...
class MultipleObjectTemplateResponseMixin(TemplateResponseMixin):.
class ListView(MultipleObjectTemplateResponseMixin, BaseListView):
```

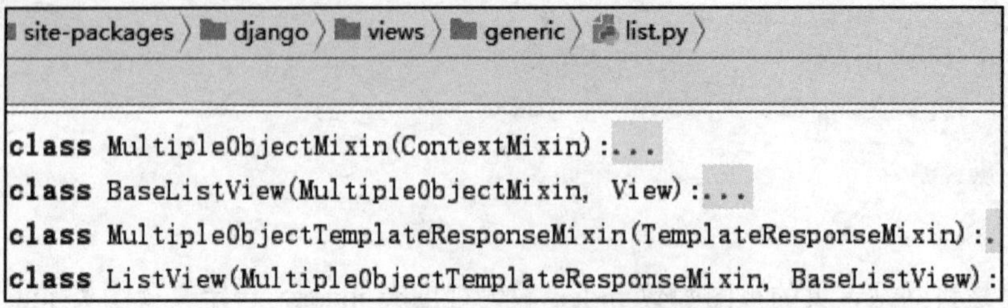

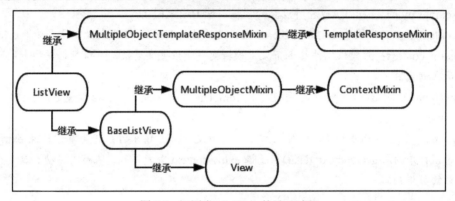

图 5-6　视图类 ListView 的源码文件

从视图类 ListView 的继承方式看到，它继承两个不同的父类，这些父类也继承其他的视图类。为了梳理类与类之间的继承关系，我们以流程图的形式表示，如图 5-7 所示。

图 5-7　视图类 ListView 的继承过程

根据上述的继承关系可知，视图类 ListView 的底层类是由 TemplateResponseMixin、ContextMixin 和 View 组成的，在这些底层类的基础上加入了模型的操作方法，从而得出视图类 ListView。

分析视图类 ListView 的定义过程得知，它具有视图类 TemplateView 的所有属性和方法，因为两者的底层类是相同的。此外，视图类 ListView 新增了以下属性和方法。

- allow_empty：由 MultipleObjectMixin 定义，在模型查询数据不存在的情况下是否显示页面，若为 False 并且数据不存在，则引发 404 异常，默认值为 True。
- queryset：由 MultipleObjectMixin 定义，代表模型的查询对象，这是对模型对象进行查询操作所生成的查询对象。
- model：由 MultipleObjectMixin 定义，代表模型，模型以类表示，一个模型代表一张数据表。
- paginate_by：由 MultipleObjectMixin 定义，属性值为整数，代表每一页所显示的数据量。
- paginate_orphans：由 MultipleObjectMixin 定义，属性值为整数，默认值为 0，代表最后一页可以包含的“溢出”的数据量，防止最后一页的数据量过少。
- context_object_name：由 MultipleObjectMixin 定义，设置模板上下文，即为模板变量进行命名。
- paginator_class：由 MultipleObjectMixin 定义，设置分页的功能类，默认情况下使用内置分页功能 django.core.paginator.Paginator。

- page_kwarg：由 MultipleObjectMixin 定义，属性值为字符串，默认值为 page，设置分页参数的名称。
- ordering：由 MultipleObjectMixin 定义，属性值为字符串或字符串列表，主要对属性 queryset 的查询结果进行排序。
- get_queryset()：由 MultipleObjectMixin 定义，获取属性 queryset 的值。
- get_ordering()：由 MultipleObjectMixin 定义，获取属性 ordering 的值。
- paginate_queryset()：由 MultipleObjectMixin 定义，根据属性 queryset 的数据来进行分页处理。
- get_paginate_by()：由 MultipleObjectMixin 定义，获取每一页所显示的数据量。
- get_paginator()：由 MultipleObjectMixin 定义，返回当前页数所对应的数据信息。
- get_paginate_orphans()：由 MultipleObjectMixin 定义，获取最后一页可以包含的"溢出"的数据量。
- get_allow_empty()：由 MultipleObjectMixin 定义，获取属性 allow_empty 的属性值。
- get_context_object_name()：由 MultipleObjectMixin 定义，设置模板上下文（模板变量）的名称，若 context_object_name 未设置，则上下文名称将由模型名称的小写+'_list'表示，比如模型 PersonInfo，其模板上下文的名称为 personinfo_list。
- get_context_data()：由 MultipleObjectMixin 定义，获取模板上下文（模板变量）的数据内容。
- template_name_suffix：由 MultipleObjectTemplateResponseMixin 定义，设置模板后缀名，用于设置默认的模板文件。
- get_template_names()：由 MultipleObjectTemplateResponseMixin 定义，获取属性 template_name 的值。
- get()：由 BaseListView 定义，定义 HTTP 的 GET 请求的处理方法。

虽然视图类 ListView 定义了多个属性和方法，但实际开发中经常使用的属性和方法并不多。由于视图类 ListView 需要使用模型对象，因此在 MyDjango 项目里定义 PersonInfo 模型，在 index 的 models.py 中编写以下代码：

```python
# index 的 models.py
from django.db import models
class PersonInfo(models.Model):
    id = models.AutoField(primary_key=True)
    name = models.CharField(max_length=20)
    age = models.IntegerField()
```

上述代码只是搭建 PersonInfo 类和数据表 personinfo 的映射关系，但在数据库中并没有生成相应的数据表。因此，下一步通过两者的映射关系在数据库里生成相应的数据表。数据库以 SQLite3 为例，在 PyCharm 的 Terminal 里依次输入数据迁移指令。

```
# 根据 models.py 生成相关的.py 文件，该文件用于创建数据表
D:\MyDjango>python manage.py makemigrations
Migrations for 'index':
  index\migrations\0001_initial.py
    - Create model personinfo
# 创建数据表
D:\MyDjango>python manage.py migrate
```

当指令执行完成后,使用 Navicat Premium 软件打开 MyDjango 的 db.sqlite3 文件,在此数据库中可以看到新创建的数据表,如图 5-8 所示。

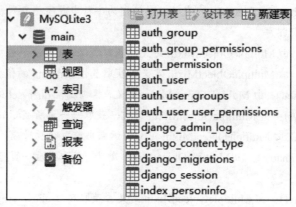

图 5-8 数据表信息

从图 5-8 中看到,当指令执行完成后,Django 会默认创建多个数据表,其中数据表 index_personinfo 对应 index 的 models.py 中所定义的 PersonInfo 类,其余的数据表都是 Django 内置的功能所生成的,主要用于 Admin 站点、用户认证和 Session 会话等功能。在数据表 index_personinfo 中添加如图 5-9 所示的数据。

图 5-9 添加数据

完成上述操作后,下一步在 MyDjango 里使用视图类 ListView,在 index 的 views.py 里定义视图类 index,并重新编写模板文件 index.html 的代码:

```
# index 的 views.py
from django.views.generic import ListView
from .models import PersonInfo
class index(ListView):
    # 设置模板文件
    template_name = 'index.html'
    # 设置模型外的数据
    extra_context = {'title': '人员信息表'}
    # 查询模型 PersonInfo
    queryset = PersonInfo.objects.all()
    # 每页展示一条数据
    paginate_by = 1
    # 若不设置,则模板上下文默认为 personinfo_list
    # context_object_name = 'personinfo'
```

```html
# templates 的 index.html
<!DOCTYPE html>
<html>
<head>
    <title>{{ title }}</title>
<body>
<h3>{{ title }}</h3>
<table border="1">
  {% for i in personinfo_list %}
    <tr>
      <th>{{ i.name }}</th>
      <th>{{ i.age }}</th>
    </tr>
  {% endfor %}
</table>
<br>
{% if is_paginated %}
<div class="pagination">
 <span class="page-links">
  {% if page_obj.has_previous %}
  <a href="/?page={{ page_obj.previous_page_number }}">上一页</a>
  {% endif %}
  {% if page_obj.has_next %}
  <a href="/?page={{ page_obj.next_page_number }}">下一页</a>
  {% endif %}
  <br>
  <br>
  <span class="page-current">
   第{{ page_obj.number }}页,
   共{{ page_obj.paginator.num_pages }}页。
  </span>
 </span>
</div>
{% endif %}
</body>
</html>
```

视图类 index 继承父类 ListView，并且仅设置 4 个属性就能完成模型数据的展示。视图类 ListView 虽然定义了多个属性和方法，但是大部分的属性和方法已有默认值和处理过程，这些就能满足日常开发需求。上述的视图类 index 仅支持 HTTP 的 GET 请求处理，因为父类 ListView 只定义了 get()方法，如果想让视图类 index 也能够处理 POST 请求，那么只需在该类下自定义 post()方法即可。

模板文件 index.html 按照功能可分为两部分：数据展示和分页功能。数据展示编写在 HTML 的 table 标签和 title 标签，模板上下文 title（{{ title }}）是由视图类 index 属性 extra_context 传递的，模板上下文 personinfo_list 来自视图类 index 的属性 queryset 所查询的数据。分页功能编写在 div 标签中，分页功能相关内容将会在后续章节详细讲述。

运行 MyDjango 项目，在浏览器上可以看到网页出现翻页功能，通过单击翻页链接可以查看数据表 personinfo 的数据信息，如图 5-10 所示。

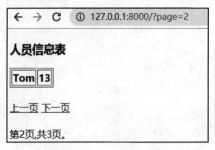

图 5-10　运行结果

5.1.4　详细视图 DetailView

视图类 DetailView 是将数据库某一条数据详细显示在网页上，它与视图类 ListView 存在明显的差异。在 PyCharm 里打开视图类 DetailView 的源码文件，分析视图类 DetailView 的定义过程，如图 5-11 所示。

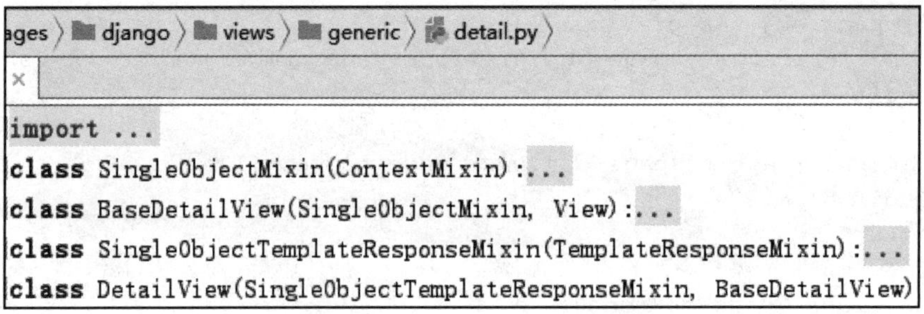

图 5-11　视图类 DetailView 的源码文件

从视图类 DetailView 的继承方式看到，它继承两个不同的父类，这些父类也继承其他的视图类。为了梳理类与类之间的继承关系，我们以流程图的形式表示，如图 5-12 所示。

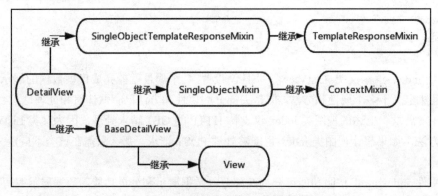

图 5-12　视图类 DetailView 的继承过程

根据上述的继承关系可知，视图类 DetailView 的底层类由 TemplateResponseMixin、ContextMixin 和 View 组成，它的设计模式与视图类 ListView 有一定的相似之处。分析视图类

DetailView 的定义过程得知，它不仅具有视图类 TemplateView 的所有属性和方法，还新增了以下属性和方法。

- template_name_field：由 SingleObjectTemplateResponseMixin 定义，用于确定模板的名称。
- template_name_suffix：由 SingleObjectTemplateResponseMixin 定义，设置模板后缀名，默认后缀是 _detail，用于设置默认模板文件。
- get()：由 BaseDetailView 定义，定义 HTTP 的 GET 请求的处理方法。
- model：由 SingleObjectMixin 定义，代表模型，模型以类表示，一个模型代表一张数据表。
- queryset：由 SingleObjectMixin 定义，这是对模型对象进行查询操作所生成的查询对象。
- context_object_name：由 SingleObjectMixin 定义，设置模板上下文，即为模板变量进行命名。
- slug_field：由 SingleObjectMixin 定义，设置模型的某个字段作为查询对象，默认值为 slug。
- slug_url_kwarg：由 SingleObjectMixin 定义，代表路由地址的某个变量，作为某个模型字段的查询范围，默认值为 slug。
- pk_url_kwarg：由 SingleObjectMixin 定义，代表路由地址的某个变量，作为模型主键的查询范围，默认值为 pk。
- query_pk_and_slug：由 SingleObjectMixin 定义，若为 True，则使用属性 pk_url_kwarg 和 slug_url_kwarg 同时对模型进行查询，默认值为 False。
- get_object()：由 SingleObjectMixin 定义，对模型进行单条数据查询操作。
- get_queryset()：由 SingleObjectMixin 定义，获取属性 queryset 的值。
- get_slug_field()：由 SingleObjectMixin 定义，根据属性 slug_field 查找与之对应的数据表字段。
- get_context_object_name()：由 SingleObjectMixin 定义，设置模板上下文（模板变量）的名称，若 context_object_name 未设置，则上下文名称将由模型名称的小写表示，比如模型 PersonInfo，其模板上下文的名称为 personinfo。
- get_context_data()：由 SingleObjectMixin 定义，获取模板上下文（模板变量）的数据内容。

从字面上理解新增的属性和方法有一定的难度，我们不妨以项目实例的形式来加以说明。以 MyDjango 为例，沿用 5.1.3 小节的模型 PersonInfo（index 的 models.py），然后在 index 的 urls.py、views.py 和模板文件 index.html 中编写以下代码：

```
# index 的 urls.py
from django.urls import path
from .views import *
urlpatterns = [
    # 定义路由
    path('<pk>/<age>.html', index.as_view(), name='index'),
]

# index 的 views.py
from django.views.generic import DetailView
from .models import PersonInfo
class index(DetailView):
    # 设置模板文件
    template_name = 'index.html'
    # 设置模型外的数据
```

```python
        extra_context = {'title': '人员信息表'}
        # 设置模型的查询字段
        slug_field = 'age'
        # 设置路由的变量名，与属性 slug_field 实现模型的查询操作
        slug_url_kwarg = 'age'
        pk_url_kwarg = 'pk'
        # 设置查询模型 PersonInfo
        model = PersonInfo
        # 属性 queryset 可以做简单的查询操作
        # queryset = PersonInfo.objects.all()
        # 若不设置，则模板上下文默认为 personinfo
        # context_object_name = 'personinfo'
        # 是否将 pk 和 slug 作为查询条件
        # query_pk_and_slug = False

# templates 的 index.html
<!DOCTYPE html>
<html>
<head>
    <title>{{ title }}</title>
<body>
    <h3>{{ title }}</h3>
    <table border="1">
      <tr>
        <th>{{ personinfo.name }}</th>
        <th>{{ personinfo.age }}</th>
      </tr>
    </table>
    <br>
</body>
</html>
```

路由 index 设有两个路由变量 pk 和 age，这两个变量为模型 PersonInfo 的字段 id 和 age 提供查询范围。

视图类 index 的属性 model 以模型 PersonInfo 作为查询对象；属性 pk_url_kwarg 和 slug_url_kwarg 用于获取指定的路由变量，比如属性 pk_url_kwarg，其值为 pk，等同于路由变量 pk 的变量名，视图类 index 会根据该值来获取路由变量 pk 的值，而且该属性以模型的主键作为查询条件，假如路由变量 pk 的值为 10，视图类 index 先从属性 pk_url_kwarg 获取路由变量 pk 的值，再从模型查询主键 id 等于 10 的数据。

再举例说明，属性 slug_url_kwarg 的值为 age，它指向路由变量 age，视图类 index 会根据属性 slug_url_kwarg 的值来获取路由变量 age 的值，再从属性 slug_field 来确定查询的字段，假设属性 slug_field 的值为 age，路由变量 age 的值为 15，视图类 index 将模型字段 age 等于 15 的数据查询出来。假设属性 slug_field 的值改为 name，属性 slug_url_kwarg 的值改为 name，路由变量 name 的值为 Tom，那么视图类 index 将模型字段 name 等于 Tom 的数据查询出来。

如果没有设置属性 context_object_name，查询出来的结果就以模型名称的小写表示，主要用于模板上下文。比如模型 PersonInfo，查询出来的结果将命名为 personinfo，并且传到模板文件

index.html 作为模板上下文。

属性 query_pk_and_slug 用于设置查询字段的优先级，属性 pk_url_kwarg 用于查询模型的主键，属性 slug_url_kwarg 用于查询模型其他字段。如果 query_pk_and_slug 为 False，那么优先查询模型的主键，若为 True，则将主键和 slug_field 所设置的字段一并查询。

综上所述，视图类 DetailView 的属性 pk_url_kwarg 和 slug_url_kwarg 用于确定模型的查询条件；属性 slug_field 用于确定模型的查询字段；属性 query_pk_and_slug 用于确定模型主键和其他字段的组合查询。

5.2 数据操作视图

数据操作视图是对模型进行操作，如增、删、改，从而实现 Django 与数据库的数据交互。数据操作视图有 4 个视图类，分别是 FormView、CreateView、UpdateView 和 DeleteView，说明如下：

- FormView 视图类使用内置的表单功能，通过表单实现数据验证、响应输出等功能，用于显示表单数据。
- CreateView 实现模型的数据新增功能，通过内置的表单功能实现数据新增。
- UpdateView 实现模型的数据修改功能，通过内置的表单功能实现数据修改。
- DeleteView 实现模型的数据删除功能，通过内置的表单功能实现数据删除。

5.2.1 表单视图 FormView

视图类 FormView 是表单在视图里的一种使用方式，表单是搜集用户数据信息的各种表单元素的集合，作用是实现网页上的数据交互，用户在网站输入数据信息，然后提交到网站服务器端进行处理，如数据录入和用户登录、注册等。

在 PyCharm 里打开视图类 FormView 的源码文件，分析视图类 FormView 的定义过程，如图 5-13 所示。

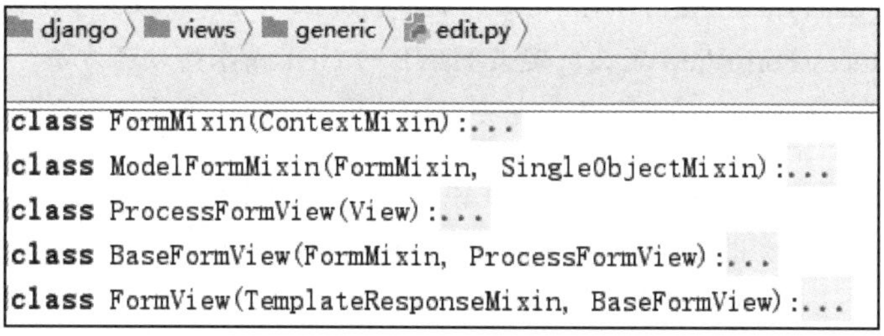

```
django > views > generic > edit.py

class FormMixin(ContextMixin):...
class ModelFormMixin(FormMixin, SingleObjectMixin):...
class ProcessFormView(View):...
class BaseFormView(FormMixin, ProcessFormView):...
class FormView(TemplateResponseMixin, BaseFormView):...
```

图 5-13 视图类 FormView 的源码文件

从视图类 FormView 的继承方式可以看到，它也是继承两个不同的父类，而父类继承其他的视图类。为了梳理类与类之间的继承关系，我们以流程图的形式表示，如图 5-14 所示。

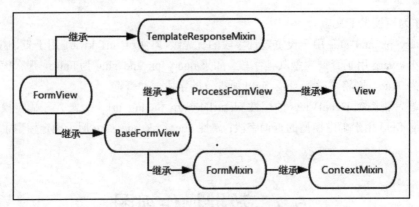

图 5-14 视图类 FormView 的继承过程

根据上述的继承关系可知，视图类 FormView 的底层类是由 TemplateResponseMixin、ContextMixin 和 View 组成的，设计模式与其他视图类十分相似。分析视图类 FormView 的定义过程得知，它不仅具有视图类 TemplateView 的所有属性和方法，还新增了以下属性和方法。

- initial：由 FormMixin 定义，设置表单初始化的数据。
- form_class：由 FormMixin 定义，设置表单类。
- success_url：由 FormMixin 定义，设置重定向的路由地址。
- prefix：由 FormMixin 定义，设置表单前缀（即表单在模板的上下文），可在模板里生成表格数据。
- get_initial()：由 FormMixin 定义，获取表单初始化的数据。
- get_prefix()：由 FormMixin 定义，获取表单的前缀。
- get_form_class()：由 FormMixin 定义，获取表单类。
- get_form()：由 FormMixin 定义，调用 get_form_kwargs()完成表单类的实例化。
- get_form_kwargs()：由 FormMixin 定义，执行表单类实例化的过程。
- get_success_url()：由 FormMixin 定义，获取重定向的路由地址。
- form_valid()：由 FormMixin 定义，表单有效将会重定向到指定的路由地址。
- form_invalid()：由 FormMixin 定义，表单无效将会返回空白表单。
- get_context_data()：由 FormMixin 定义，获取模板上下文（模板变量）的数据内容。
- get()：由 ProcessFormView 定义，定义 HTTP 的 GET 请求的处理方法。
- post()：由 ProcessFormView 定义，定义 HTTP 的 POST 请求的处理方法。

以项目实例的形式来加以说明新增的属性和方法。在 MyDjango 项目里，沿用 5.1.3 小节所定义的模型 PersonInfo（index 的 models.py），并在 index 文件夹里创建 form.py 文件，最后在 index 的 form.py、urls.py、views.py 和模板文件 index.html 中分别编写以下代码：

```python
# index 的 form.py
from django import forms
from .models import PersonInfo
class PersonInfoForm(forms.ModelForm):
    class Meta:
        model = PersonInfo
```

```python
        fields = '__all__'

# index 的 urls.py
from django.urls import path
from .views import *
urlpatterns = [
    # 定义路由
    path('', index.as_view(), name='index'),
    path('result', result, name='result')
]

# index 的 views.py
from django.views.generic.edit import FormView
from .form import PersonInfoForm
from django.http import HttpResponse
def result(request):
    return HttpResponse('Success')

class index(FormView):
    initial = {'name': 'Betty', 'age': 20}
    template_name = 'index.html'
    success_url = '/result'
    form_class = PersonInfoForm
    extra_context = {'title': '人员信息表'}

# templates 的 index.html
<!DOCTYPE html>
<html>
<head>
  <title>{{ title }}</title>
<body>
  <h3>{{ title }}</h3>
  <form method="post">
    {% csrf_token %}
    {{ form.as_p }}
    <input type="submit" value="确定">
  </form>
</body>
</html>
```

上述代码是视图类 FormView 的简单应用，它涉及模型和表单的使用，说明如下：

- index 的 form.py 里定义了表单类 PersonInfoForm，该表单是根据模型 PersonInfo 定义的模型表单，表单的字段来自模型的字段。有关表单的知识点将会在第 8 章详细讲述。
- 路由 index 的请求处理由视图类 FormView 完成，而路由 result 为视图类 index 的属性 success_url 提供路由地址。
- 视图类 index 仅设置了 5 个属性，属性 extra_context 的值对应模板上下文 title；属性 form_class 所设置的表单在实例化之后可在模板里使用上下文 form.as_p 生成表格，模板上下文 form 的命名是固定的，它来自类 FormMixin 的 get_context_data()。

- 在网页上单击"确定"按钮，视图类 index 就会触发父类 FormView 所定义的 post()方法，然后调用表单内置的 is_valid()方法对表单数据进行验证。如果验证有效，就调用 form_valid() 执行重定向处理，重定向的路由地址由属性 success_url 提供；如果验证无效，就调用 form_invalid()，在当前页面返回空白的表单。

运行 MyDjango 项目，在浏览器上访问 127.0.0.1:8000，发现表单上设有数据，这是由视图类 index 的属性 initial 设置的。单击"确定"按钮，浏览器就会自动跳转到路由 result，说明表单验证成功，如图 5-15 所示。

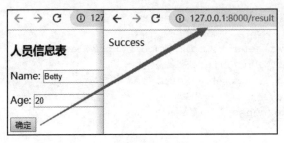

图 5-15　运行结果

5.2.2　新增视图 CreateView

视图类 CreateView 是对模型新增数据的视图类，它是在表单视图类 FormView 的基础上加以封装的。简单来说，就是在视图类 FormView 的基础上加入数据新增的功能。视图类 CreateView 与 FormView 是在同一个源码文件里定义的，在源码文件里分析视图类 CreateView 的定义过程，以流程图的形式表述类的继承关系，如图 5-16 所示。

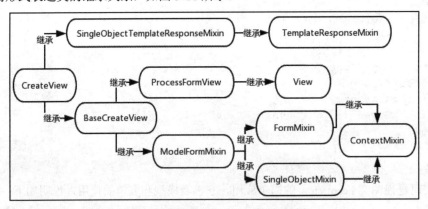

图 5-16　视图类 CreateView 的继承过程

从上述的继承关系可知，视图类 CreateView 的底层类是由 TemplateResponseMixin、ContextMixin 和 View 组成的，整个设计共继承 8 个类。分析视图类 CreateView 的定义过程得知，它不仅具有视图类 TemplateView、SingleObjectMixin 和 FormView 的所有属性和方法，还新增或重写了以下属性和方法。

- fields：由 ModelFormMixin 定义，设置模型字段，以列表表示，每个字段代表一个列表元素，可生成表单的数据列表，为用户提供数据输入。
- get_form_class()：由 ModelFormMixin 定义，重写 FormMixin 的方法，根据属性 fields 和 form_class 的组合情况进行判断，从而选择表单的生成方式。
- get_form_kwargs()：由 ModelFormMixin 定义，重写 FormMixin 的方法。
- get_success_url()：由 ModelFormMixin 定义，重写 FormMixin 的方法，判断属性 success_url 是否为空，若为空，则从模型的内置方法 get_absolute_url()获取重定向的路由地址。
- form_valid()：由 ModelFormMixin 定义，重写 FormMixin 的表单验证方法，新增表单数据保存到数据库的功能。
- template_name_suffix：由 CreateView 定义，设置模板的后缀名，用于设置默认的模板文件。

视图类 CreateView 虽然具备 TemplateView、SingleObjectMixin 和 FormView 的所有属性和方法，但经过重写某些方法后，导致其运行过程已发生变化，其中最大的特点在于 get_form_class() 方法，它是通过判断属性 form_class（来自 FormMixin 类）、fields（来自 ModelFormMixin 类）和 model（来自 SingleObjectMixin 类），从而实现数据新增操作。其判断方法如下：

- 若 fields 和 form_class 都不等于 None，则抛出异常，提示不允许同时设置 fields 和 form_class。
- 若 form_class 不等于 None 且 fields 等于 None，则返回 form_class。
- 若 form_class 等于 None，则从属性 model、object 和 get_queryset()获取模型对象。同时判断属性 fields 是否为 None，若为 None，则抛出异常；若不为 None，则根据属性 fields 生成表单对象，由表单内置的 modelform_factory()方法实现。

综上所述，视图类 CreateView 有两种表单生成方式。第一种是设置属性 form_class，通过属性 form_class 指定表单对象，这种方式需要开发者自定义表单对象，假如自定义的表单和模型的字段不相符，在运行过程中很容易出现异常情况。第二种是设置属性 model 和 fields，由模型对象和模型字段来生成相应的表单对象，生成的表单字段与模型的字段要求相符，可以减少异常情况，并且无须开发者自定义表单对象。

沿用 5.2.1 小节的 MyDjango 项目，index 的 form.py、urls.py 和模板文件 index.html 中的代码无须修改，只需修改 index 的 views.py，代码如下：

```python
# index 的 views.py
from django.views.generic.edit import CreateView
from .form import PersonInfoForm
from .models import PersonInfo
from django.http import HttpResponse
def result(request):
    return HttpResponse('Success')

class index(CreateView):
    initial = {'name': 'Betty', 'age': 20}
    template_name = 'index.html'
    success_url = '/result'
    # 表单生成方式一
    # form_class = PersonInfoForm
    # 表单生成方式二
    model = PersonInfo
```

```
        # fields 设置模型字段，从而生成表单字段
        fields = ['name', 'age']
        extra_context = {'title': '人员信息表'}
```

视图类 index 只需设置某些类属性即可完成模型数据的新增功能，整个数据新增过程都由视图类 CreateView 完成。视图类 index 还列举了两种表单生成方式，默认使用属性 model 和 fields 生成表单，读者可将属性 form_class 的注释清除，并对属性 model 和 fields 进行注释处理，即可使用第一种表单生成方式。

运行 MyDjango 项目，在浏览器上访问 127.0.0.1:8000，发现表单上设有数据，这是由视图类 index 的属性 initial 设置的。单击“确定”按钮，浏览器就会自动跳转到路由 result，说明表单验证成功。在 Navicat Premium 里打开 MyDjango 的 db.sqlite3 数据库文件，查看数据表 index_personinfo 的数据新增情况，如图 5-17 所示。

id	name	age
1	Lily	12
2	Tom	13
3	Lucy	15
4	Betty	20

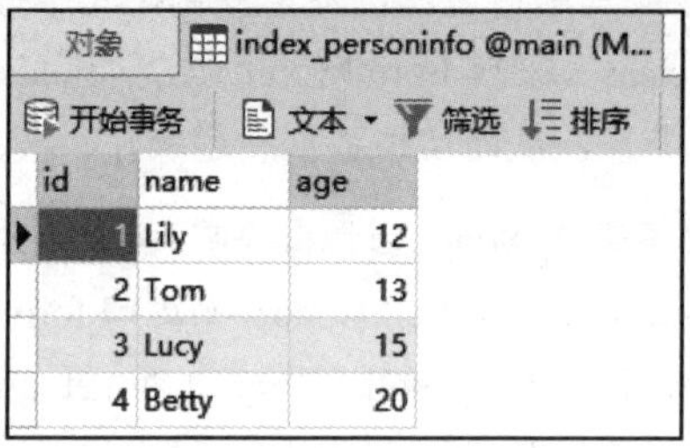

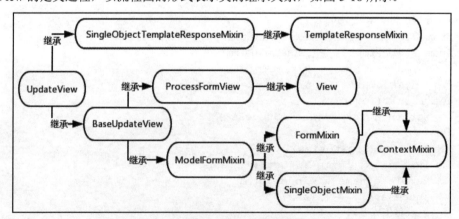

图 5-17　数据表 index_personinfo

5.2.3　修改视图 UpdateView

视图类 UpdateView 是在视图类 FormView 和视图类 DetailView 的基础上实现的，它首先使用视图类 DetailView 的功能（功能核心类是 SingleObjectMixin），通过路由变量查询数据表某条数据并显示在网页上，然后在视图类 FormView 的基础上，通过表单方式实现数据修改。

视图类 UpdateView 与 FormView 是在同一个源码文件里定义的，在源码文件里分析视图类 UpdateView 的定义过程，以流程图的形式表示类的继承关系，如图 5-18 所示。

图 5-18　视图类 UpdateView 的继承关系

从上述的继承关系发现，视图类 UpdateView 与 CreateView 的继承关系十分相似，只不过两者

的运行过程有所不同，从而导致功能上有所差异。视图类 UpdateView 的属性和方法主要来自视图类 DetailView、ModelFormMixin 和 FormMixin，这些属性和方法分别在 5.1.4 小节、5.2.1 小节和 5.2.2 小节介绍过了。

以 MyDjango 为例，数据库文件 db.sqlite3 沿用 5.2.2 小节的数据，在 index 的 urls.py、views.py 和模板文件 index.html 中分别编写以下代码：

```python
# index 的 urls.py
from django.urls import path
from .views import *
urlpatterns = [
    # 定义路由
    path('<age>.html', index.as_view(), name='index'),
    path('result', result, name='result')
]


# index 的 views.py
from django.views.generic.edit import UpdateView
from .models import PersonInfo
from django.http import HttpResponse
def result(request):
    return HttpResponse('Success')

class index(UpdateView):
    template_name = 'index.html'
    success_url = '/result'
    model = PersonInfo
    # fields 设置模型字段，从而生成表单字段
    fields = ['name', 'age']
    slug_url_kwarg = 'age'
    slug_field = 'age'
    context_object_name = 'personinfo'
    extra_context = {'title': '人员信息表'}

# templates 的 index.html
<!DOCTYPE html>
<html>
<head>
    <title>{{ title }}</title>
<body>
    <h3>{{ title }}-{{ personinfo.name }}</h3>
    <form method="post">
       {% csrf_token %}
       {{ form.as_p }}
       <input type="submit" value="确定">
    </form>
</body>
</html>
```

视图类 index 一共设置了 8 个属性，这些属性主要来自类 TemplateResponseMixin、

SingleObjectMixin、FormMixin 和 ModelFormMixin，这是实现视图类 UpdateView 的核心功能类。

路由 index 的变量 age 对应视图类 index 的属性 slug_url_kwarg，用于对模型字段 age 进行数据筛选。筛选结果将会生成表单 form 和 personinfo 对象，表单 form 是由类 FormMixin 的 get_context_data()生成的，personinfo 对象则由类 SingleObjectMixin 的 get_context_data()生成，两者的数据都是来自模型 PersonInfo。

运行 MyDjango 项目，在浏览器上访问 127.0.0.1:8000/13.html，其中路由地址的 13 代表数据表 index_personinfo 的字段 age 等于 13 的数据，如图 5-19 所示。在网页上将表单 name 改为 Tim 并单击“确定”按钮，在数据表 index_personinfo 中查看字段 age 等于 13 的数据变化情况，如图 5-19 所示。

id	name	age
1	Lily	12
2	Tim	13
3	Lucy	15
4	Betty	20

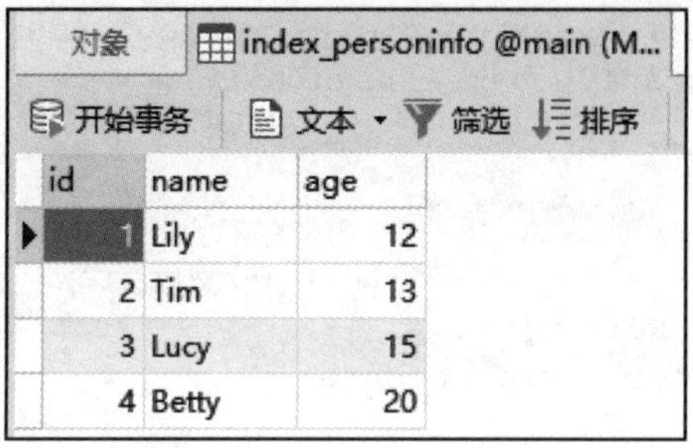

图 5-19　数据表 index_personinfo

5.2.4　删除视图 DeleteView

视图类 DeleteView 的使用方法与视图类 UpdateView 有相似之处，但两者的父类继承关系有所差异。在源码文件里分析视图类 DeleteView 的定义过程，以流程图的形式表示类的继承关系，如图 5-20 所示。

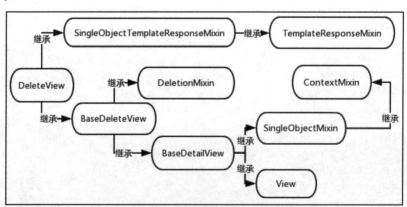

图 5-20　视图类 DeleteView 的继承关系

视图类 DeleteView 只能删除单条数据，路由变量为模型主键提供查询范围，因为模型主键具有唯一性，所以通过主键查询能精准到某条数据。查询出来的数据通过 POST 请求实现数据删除，删除过程由类 DeletionMixin 的 delete()方法完成。

视图类 DeleteView 的属性与方法主要来自类 SingleObjectMixin、DeletionMixin 和

TemplateResponseMixin,每个属性与方法的作用不再重复讲述。

以 MyDjango 为例,数据库文件 db.sqlite3 沿用 5.2.3 小节的数据,在 index 的 urls.py、views.py 和模板文件 index.html 中分别编写以下代码:

```python
# index 的 urls.py
from django.urls import path
from .views import *
urlpatterns = [
    # 定义路由
    path('<pk>.html', index.as_view(), name='index'),
    path('result', result, name='result')
]

# index 的 views.py
from django.views.generic.edit import DeleteView
from .models import PersonInfo
from django.http import HttpResponse

def result(request):
    return HttpResponse('Success')

class index(DeleteView):
    template_name = 'index.html'
    success_url = '/result'
    model = PersonInfo
    context_object_name = 'personinfo'
    extra_context = {'title': '人员信息表'}

# templates 的 index.html
<!DOCTYPE html>
<html>
<head>
    <title>{{ title }}</title>
<body>
    <h3>{{ title }}-{{ personinfo.name }}</h3>
    <form method="post">
      {% csrf_token %}
      <div>删除{{ personinfo.name }}? </div>
      <input type="submit" value="确定">
    </form>
</body>
</html>
```

路由 index 设置变量 pk,对应视图类 index 的属性 pk_url_kwarg,该属性的默认值为 pk,默认值的设定可以在类 SingleObjectMixin 中找到。视图类 index 会根据路由变量 pk 的值在数据表 index_personinfo 里找到相应的数据信息,查找过程由类 BaseDetailView 完成。模板上下文不再生成表单对象 form,只有 personinfo 对象,该对象由类 SingleObjectMixin 的 get_context_data()生成。

运行 MyDjango 项目,在浏览器上访问 127.0.0.1:8000/1.html,路由地址的 1 代表数据表 index_personinfo 的主键 id 等于 1 的数据,如图 5-17 所示。在网页上单击"确定"按钮即可删除该数据，在数据表 index_personinfo 中查看主键 id 等于 1 的数据是否存在，如图 5-21 所示。

id	name	age
2	Tim	13
3	Lucy	15
4	Betty	20

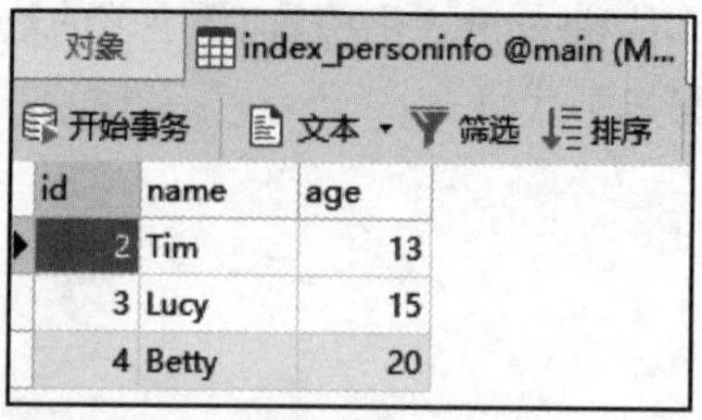

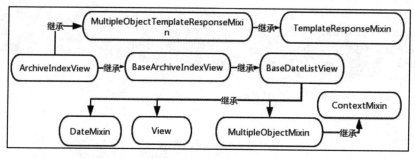

图 5-21　数据表 index_personinfo

5.3　日期筛选视图

日期筛选视图是根据模型里的某个日期字段进行数据筛选的，然后将符合结果的数据以一定的形式显示在网页上。简单来说，在列表视图 ListView 或详细视图 DetailView 的基础上增加日期筛选所实现的视图类。它一共定义了 7 个日期视图类，说明如下：

- ArchiveIndexView 是将数据表所有的数据以某个日期字段的降序方式进行排序显示的。该类的继承关系如图 5-22 所示。

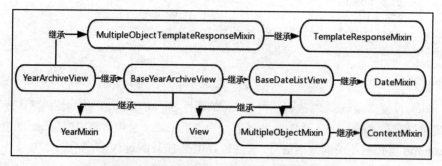

图 5-22　视图类 ArchiveIndexView 的继承关系

- YearArchiveView 是在数据表筛选某个日期字段某年的所有的数据，默认以升序的方式排序显示，年份的筛选范围由路由变量提供。该类的继承关系如图 5-23 所示。

图 5-23　视图类 YearArchiveView 的继承关系

- MonthArchiveView 是在数据表筛选某个日期字段某年某月的所有的数据，默认以升序的方式排序显示，年份和月份的筛选范围都由路由变量提供。该类的继承关系如图5-24所示。

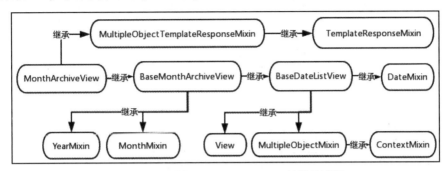

图5-24　视图类MonthArchiveView的继承过程

- WeekArchiveView是在数据表筛选某个日期字段某年某周的所有的数据，总周数是将一年的总天数除以7所得的，数据默认以升序的方式排序显示，年份和周数的筛选范围都是由路由变量提供的。该类的继承关系如图5-25所示。

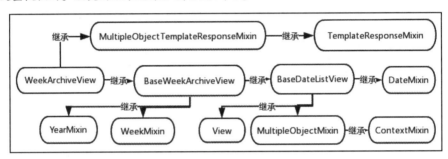

图5-25　视图类WeekArchiveView的继承关系

- DayArchiveView是对数据表的某个日期字段精准筛选到某年某月某天，将符合条件的数据以升序的方式排序显示，年份、月份和天数都是由路由变量提供的。该类的继承关系如图5-26所示。

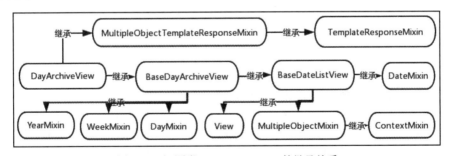

图5-26　视图类DayArchiveView的继承关系

- TodayArchiveView是在视图类DayArchiveView的基础上进行封装处理的，它将数据表某个日期字段的筛选条件设为当天时间，符合条件的数据以升序的方式排序显示。该类的继承关系如图5-27所示。

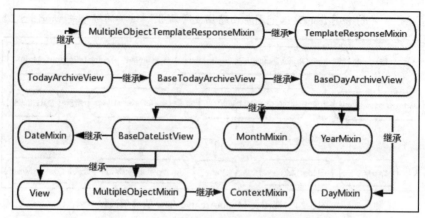

图 5-27 视图类 DayArchiveView 的继承关系

- DateDetailView 是查询某年某月某日某条数据的详细信息，它在视图类 DetailView 的基础上增加了日期筛选功能，筛选条件主要有年份、月份、天数和某个模型字段，其中某个模型字段必须具有唯一性，才能确保查询的数据具有唯一性。该类的继承关系如图 5-28 所示。

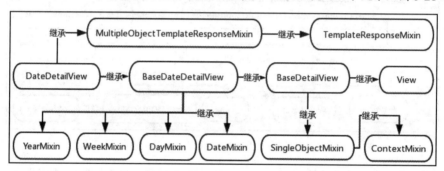

图 5-28 视图类 DateDetailView 的继承关系

从日期筛选视图类的继承关系得知，它们的继承关系都有一定的相似之处，说明它们的属性和方法在使用上不会存在太大的差异。因此，我们选择最有代表性的视图类 MonthArchiveView 和 WeekArchiveView 进行讲述，在日常开发中，这两个日期视图类通常用于开发报表功能（月报表和周报表）。

5.3.1 月份视图 MonthArchiveView

本节来了解视图类 MonthArchiveView 的继承过程，类 MultipleObjectMixin 的属性和方法在 5.1.3 小节已经详细讲述过了，本小节不再重复列举。此外，视图类 MonthArchiveView 新增的属性和方法说明如下：

- template_name_suffix：由 MonthArchiveView 定义，设置模板后缀名，用于设置默认模板文件。
- date_list_period：由 BaseDateListView 定义，经 BaseMonthArchiveView 重写，设置日期列表的最小单位，默认值为 day。
- get_dated_items()：由 BaseDateListView 定义，经 BaseMonthArchiveView 重写，根据年份和月份在数据表查询符合条件的数据。

- year_format：由 YearMixin 定义，设置年份的数据格式，即路由变量的数据格式，默认值为%Y，代表数字年份，如 2019。
- year：由 YearMixin 定义，设置默认查询的年份，如果没有设置属性值，就从路由变量 year 里获取，默认值为 None。
- get_year_format()：由 YearMixin 定义，获取属性 year_format 的属性值。
- get_year()：由 YearMixin 定义，获取属性 year 的属性值。
- get_next_year()：由 YearMixin 定义，获取下一年的年份。
- get_previous_year()：由 YearMixin 定义，获取上一年的年份。
- _get_next_year()：由 YearMixin 定义的受保护方法，获取下一年的年份。
- _get_current_year：由 YearMixin 定义的受保护方法，获取当前的年份。
- month_format：由 MonthMixin 定义，设置月份的数据格式，即路由变量的数据格式，默认值为%b，代表月份英文前 3 个字母，如 Sep。
- month：由 MonthMixin 定义，设置查询的月份，默认值为 None。
- get_month_format()：由 MonthMixin 定义，获取属性 month_format 的属性值。
- get_month()：由 MonthMixin 定义，获取属性 month 的属性值。
- get_next_month()：由 MonthMixin 定义，获取下个月的月份。
- get_previous_month()：由 MonthMixin 定义，获取上个月的月份。
- _get_next_month()：由 MonthMixin 定义的受保护方法，获取下个月的月份。
- _get_current_month()：由 MonthMixin 定义的受保护方法，获取当前的月份。
- allow_empty：由 BaseDateListView 定义，数据类型为布尔型，在模型中查询数据不存在的情况下是否显示页面，若为 False 并且数据不存在，则引发 404 异常，默认值为 False。
- get()：由 BaseDateListView 定义，定义 HTTP 请求的 GET 请求处理。
- get_ordering()：由 BaseDateListView 定义，确定排序方式，默认值是以日期字段排序，若设置类 MultipleObjectMixin 的属性 ordering，则以属性 ordering 进行排序。
- get_dated_queryset()：由 BaseDateListView 定义，根据属性 allow_future 和 allow_empty 设置日期条件。
- get_date_list_period()：由 BaseDateListView 定义，获取 date_list_period 的属性值。
- get_date_list()：由 BaseDateListView 定义，根据日期条件在数据表里查找相符的数据列表。
- date_field：由 DateMixin 定义，默认值为 None，设置模型的日期字段，通过该字段对数据表进行查询筛选。
- allow_future：由 DateMixin 定义，默认值为 None，设置是否显示未来日期的数据，如产品有效期。
- get_date_field()：由 DateMixin 定义，获取属性 date_field 的属性值。
- get_allow_future()：由 DateMixin 定义，获取属性 allow_future 的属性值。
- uses_datetime_field()：由 DateMixin 定义，判断字段是否为 DateTimeField 格式，并根据判断结果返回 True 或 False。
- _make_date_lookup_arg()：由 DateMixin 定义的受保护方法，根据 uses_datetime_field()判断结果是否执行日期格式转换。
- _make_single_date_lookup()：由 DateMixin 定义的受保护方法，根据 uses_datetime_field()判断结果设置日期的查询条件。

以上从源码角度分析了视图类 MonthArchiveView 的属性和方法，下一步从项目开发的角度来讲述如何使用视图类 MonthArchiveView 实现数据筛选功能。以 MyDjango 为例，首先将 index 的 models.py 重新定义，在模型 PersonInfo 里增设日期字段 hireDate，代码如下：

```
# index 的 models.py
from django.db import models
class PersonInfo(models.Model):
    id = models.AutoField(primary_key=True)
    name = models.CharField(max_length=20)
    age = models.IntegerField()
    hireDate = models.DateField()
```

模型 PersonInfo 定义完成后，将 index 的 migrations 文件夹的 0001_initial.py 删除，同时使用 Navicat Premium 打开数据库文件 db.sqlite3，将数据库所有的数据表删除，接着在 PyCharm 的 Terminal 选项卡里依次输入数据迁移指令。

```
# 根据 models.py 生成相关的.py 文件，该文件用于创建数据表
D:\MyDjango>python manage.py makemigrations
Migrations for 'index':
  index\migrations\0001_initial.py
    - Create model personinfo
# 创建数据表
D:\MyDjango>python manage.py migrate
```

当指令执行完成后，再次使用 Navicat Premium 软件打开 db.sqlite3 文件，在数据库中可以看到新创建的数据表，在数据表 index_personinfo 中添加数据内容，如图 5-29 所示。

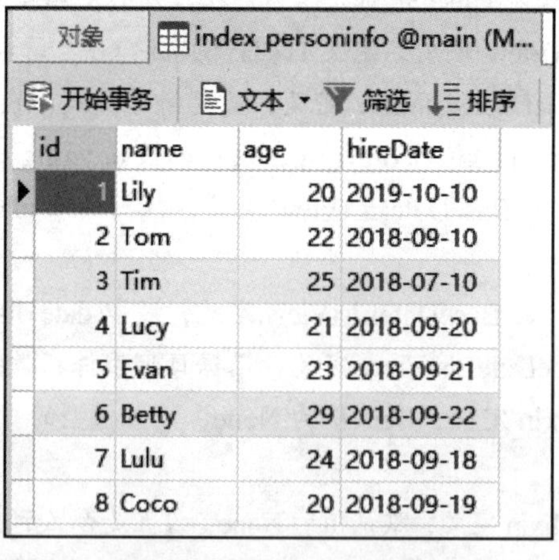

id	name	age	hireDate
1	Lily	20	2019-10-10
2	Tom	22	2018-09-10
3	Tim	25	2018-07-10
4	Lucy	21	2018-09-20
5	Evan	23	2018-09-21
6	Betty	29	2018-09-22
7	Lulu	24	2018-09-18
8	Coco	20	2018-09-19

图 5-29　数据表 index_personinfo 的数据信息

完成项目环境搭建后，接下来使用视图类 MonthArchiveView 实现数据筛选功能。在 index 的 urls.py、views.py 和模板文件 index.html 中分别编写以下代码：

```
# index 的 urls.py
from django.urls import path
from .views import *
urlpatterns = [
    # 定义路由
```

```
        path('<int:year>/<int:month>.html',index.as_view(),name='index'),
        # path('<int:year>/<str:month>.html',index.as_view(),name='index'),
]

# index 的 views.py
from django.views.generic.dates import MonthArchiveView
from .models import PersonInfo
class index(MonthArchiveView):
    allow_empty = True
    allow_future = True
    context_object_name = 'mylist'
    template_name = 'index.html'
    model = PersonInfo
    date_field = 'hireDate'
    queryset = PersonInfo.objects.all()
    year_format = '%Y'
    # month_format 默认值为%b,支持英文日期,如 Oct
    month_format = '%m'
    paginate_by = 50

# templates 的 index.html
<!DOCTYPE html>
<html>
<head>
    <title>{{ title }}</title>
<body>
<ul>
    {% for v in mylist %}
        <li>{{ v.hireDate}}: {{ v.name }}</li>
    {% endfor %}
</ul>
<p>
    {% if previous_month %}
        Previous Month: {{ previous_month }}
    {% endif %}
    <br>
    {% if next_month %}
        Next Month: {{ next_month }}
    {% endif %}
</p>
</body>
</html>
```

路由 index 在路由地址里设置变量 year 和 month，而且变量的数据类型都是整型，其中路由变量 month 可以设为字符型，不同的数据类型会影响视图类 MonthArchiveView 的属性 month_format 的值。

视图类 index 继承父类 MonthArchiveView，它共设置了 10 个属性，每个属性已经详细讲述过了，在此不再重复说明。视图类 index 是对模型 PersonInfo 进行数据查找，查找方式是以字段 hireDate 的日期内容进行数据筛选，筛选条件来自路由变量 year 和 month，由于变量 month 的数据类型是整型，因此将属性 month_format 的默认值%b 改为%m，否则 Django 会提示 404 异常，如图 5-30 所示。

图 5-30　异常信息

模板文件 index.html 使用了模板上下文 mylist、previous_month 和 next_month，此外，视图类 MonthArchiveView 还设有其他模板上下文，具体说明如下：

- mylist：这是由模型 PersonInfo 查询所得的数据对象，它的命名是由视图类 index 的属性 context_object_name 设置的，如果没设置该属性，模板上下文就默认为 object_list 或者 page_obj。
- previous_month：根据路由变量 year 和 month 的日期计算出上一个月的日期。
- next_month：根据路由变量 year 和 month 的日期计算出下一个月的日期。
- date_list：从查询所得的数据里获取日期字段的日期内容。
- paginator：由类 MultipleObjectMixin 生成，这是 Django 内置的分页功能对象。

我们运行 MyDjango 项目，在浏览器上访问 127.0.0.1:8000/2018/9.html，Django 对数据表 index_personinfo 的字段 hireDate 进行筛选，筛选条件为 2018 年 09 月份，符合条件的所有数据显示在网页上，如图 5-31 所示。

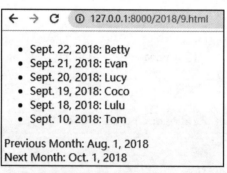

图 5-31　运行结果

从图 5-31 看到，网页上显示的日期是以月、日、年的格式显示的，并且月份是以英文表示的。如果想让日期格式与数据库的日期格式相同，那么可以使用模板语法的过滤器 date 来转换日期格式。

从路由 index 的变量 month 得知，该变量的数据类型可设为字符型，如果该变量改为字符型，那么视图类 index 无须设置属性 month_format。假设将路由变量 month 改为字符型并注释视图类 index 的属性 month_format，重启运行 MyDjango 项目，在浏览器上访问

127.0.0.1:8000/2018/sep.html，网页显示的内容如图 5-31 所示。

若想验证属性 allow_empty 和 allow_future 的作用，则可单独设置 allow_empty 的值，第一次设为 True，第二次设为 False，并且每次都访问 127.0.0.1:8000/2017/10.html，然后对比两次访问结果的差异即可。同理，属性 allow_future 的验证方式相同，但其访问的路由地址改为 127.0.0.1:8000/2019/10.html。

综上所述，视图类 MonthArchiveView 是在列表视图 ListView 的基础上设置日期筛选功能的视图类，日期筛选对象来自模型里的某个日期字段，筛选条件是由路由变量 year 和 month 提供的，其中路由变量 month 的数据类型可选择为整型或字符型，不同的数据类型需要为 month_format 设置相应的属性值。

5.3.2 周期视图 WeekArchiveView

在一年中，无论是平年还是闰年，一共有 52 周，而且每年同一个周数的日期是各不相同的。如果要对数据表的数据生成周报表，就需要根据当前年份的周数来计算相应的日期范围，这样可以大大降低开发效率。为此，Django 提供了视图类 WeekArchiveView，只需提供年份和周数即可在数据表里筛选相应的数据信息。

视图类 WeekArchiveView 的继承过程在图 5-25 中已描述过了，整个设计共继承 10 个类。除了类 WeekMixin 之外，其他类的属性和方法已详细介绍过了，本小节不再重复讲述，我们只列举类 WeekMixin 定义的属性和方法，说明如下：

- week_format：由 WeekMixin 定义，默认值为%U，这是设置周数的计算方式，可选值为%W 或%U，如果值为%W，周数就从星期一开始计算，如果值为%U，周数就从星期天开始计算。
- week：由 WeekMixin 定义，设置默认周数，如果没有设置属性值，就从路由变量 week 里获取。
- get_week_format()：由 WeekMixin 定义，获取属性 week_format 的值。
- get_week()：由 WeekMixin 定义，获取属性 week 的值。
- get_next_week()：由 WeekMixin 定义，调用_get_next_week()来获取下一周的开始日期。
- get_previous_week()：由 WeekMixin 定义，获取上一周的开始日期。
- _get_next_week()：由 WeekMixin 定义的受保护方法，返回下一周的开始日期。
- _get_current_week()：由 WeekMixin 定义的受保护方法，返回属性 week 所设周数的开始日期。
- _get_weekday()：由 WeekMixin 定义的受保护方法，获取属性 week 所设周数的工作日。

通过分析视图类 WeekArchiveView 的源码，我们对视图类 WeekArchiveView 有了大致的了解。下一步通过实例来讲述如何使用视图类 WeekArchiveView，它的使用方式与视图类 MonthArchiveView 非常相似。沿用 5.3.1 小节的 MyDjango 项目，在 index 的 urls.py、views.py 和模板文件 index.html 中分别编写以下代码：

```
# index 的 urls.py
from django.urls import path
from .views import *
urlpatterns = [
```

```python
    # 定义路由
    path('<int:year>/<int:week>.html',index.as_view(),name='index'),
]

# index 的 views.py
from django.views.generic.dates import WeekArchiveView
from .models import PersonInfo
class index(WeekArchiveView):
    allow_empty = True
    allow_future = True
    context_object_name = 'mylist'
    template_name = 'index.html'
    model = PersonInfo
    date_field = 'hireDate'
    queryset = PersonInfo.objects.all()
    year_format = '%Y'
    week_format = '%W'
    paginate_by = 50
```

```html
# templates 的 index.html
<!DOCTYPE html>
<html>
<head>
    <title>{{ title }}</title>
<body>
<ul>
    {% for v in object_list %}
      <li>{{ v.hireDate }}: {{ v.name }}</li>
    {% endfor %}
</ul>
<p>
    {% if previous_week %}
      Previous Week: {{ previous_week }}
    {% endif %}
    <br>
    {% if next_week %}
      Next Week: {{ next_week }}
    {% endif %}
</p>
</body>
</html>
```

路由 index 定义路由变量 year 和 week，它们只能支持整型的数据格式，并且变量名是固定的，否则视图类 WeekArchiveView 无法从路由变量里获取年份和周数。

视图类 index 继承父类 WeekArchiveView，它共设置了 10 个属性，每个属性的设置与 5.3.1 小节的视图类 index 大致相同，唯独将属性 month_format 改为 week_format。

模板文件 index.html 的模板上下文也与视图类 MonthArchiveView 提供的模板上下文相似，只不过上一周和下一周的上下文改为 previous_week 和 next_week。

综上所述，视图类 WeekArchiveView 和 MonthArchiveView 在使用上存在相似之处，也就是说，只要熟练掌握某个日期视图类的使用方法，其他日期视图类的使用也能轻易地掌握。

数据表 index_personinfo 的大部分数据集中在 2018 年 9 月，这个日期的周数为 38。运行 MyDjango 项目，在浏览器上访问 127.0.0.1:8000/2018/38.html，Django 将日期从 2018-09-18 至 2018-09-22 的数据显示在网页上，如图 5-32 所示。

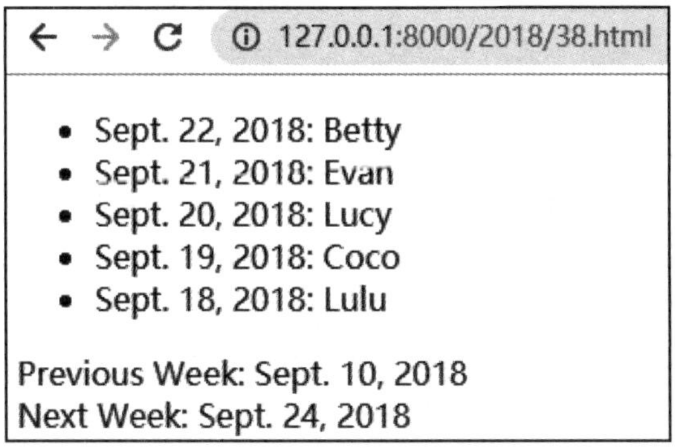

图 5-32　运行结果

5.4　本章小结

Web 开发是一项无聊而且单调的工作，特别是在视图编写功能方面更为显著。为了减少这类痛苦，Django 植入了视图类这一功能，该功能封装了视图开发常用的代码和模式，可以在无须编写大量代码的情况下，快速完成数据视图的开发，这种以类的形式实现响应与请求处理称为 CBV。

视图类是通过定义和声明类的形式实现的，根据用途划分 3 部分：数据显示视图、数据操作视图和日期筛选视图。

数据显示视图是将后台的数据展示网页上，数据主要来自模型，一共定义了 4 个视图类，分别是 RedirectView、TemplateView、ListView 和 DetailView，说明如下：

- RedirectView 用于实现 HTTP 重定向，默认情况下只定义 GET 请求的处理方法。
- TemplateView 是视图类的基础视图，可将数据传递给 HTML 模板，默认情况下只定义 GET 请求的处理方法。
- ListView 是在 TemplateView 的基础上将数据以列表显示，通常将某个数据表的数据以列表表示。
- DetailView 是在 TemplateView 的基础上将数据详细显示，通常获取数据表的单条数据。

数据操作视图是对模型进行操作，如增、删、改，从而实现 Django 与数据库的数据交互。数据操作视图有 4 个视图类，分别是 FormView、CreateView、UpdateView 和 DeleteView，说明如下：

- FormView 视图类使用内置的表单功能，通过表单实现数据验证、响应输出等功能，用于显示表单数据。
- CreateView 实现模型的数据新增功能，通过内置的表单功能实现数据新增。
- UpdateView 实现模型的数据修改功能，通过内置的表单功能实现数据修改。

- DeleteView 实现模型的数据删除功能，通过内置的表单功能实现数据删除。

日期筛选视图是根据模型里的某个日期字段进行数据筛选，然后将符合结果的数据以一定的形式显示在网页上。简单来说，就是在列表视图 ListView 或详细视图 DetailView 的基础上增加日期筛选所实现的视图类。它一共定义了 7 个日期视图类，其说明如下：

- ArchiveIndexView 是将数据表所有的数据以某个日期字段的降序方式进行排序显示。
- YearArchiveView 是在数据表筛选某个日期字段某年的所有数据，并默认以升序的方式排序显示，年份的筛选范围由路由变量提供。
- MonthArchiveView 是在数据表筛选某个日期字段某年某月的所有数据，并默认以升序的方式排序显示，年份和月份的筛选范围都是由路由变量提供的。
- WeekArchiveView 是在数据表筛选某个日期字段某年某周的所有数据，总周数是将一年的总天数除以 7 所得的，数据默认以升序的方式排序显示，年份和周数的筛选范围都是由路由变量提供的。
- DayArchiveView 是对数据表的某个日期字段精准筛选到某年某月某天，将符合条件的数据以升序的方式排序显示，年份、月份和天数都是由路由变量提供的。
- TodayArchiveView 是在视图类 DayArchiveView 的基础上进行封装处理，它将数据表某个日期字段的筛选条件设为当天时间，符合条件的数据以升序的方式排序显示。
- DateDetailView 用于查询某年某月某日某条数据的详细信息，它在视图类 DetailView 的基础上增加日期筛选功能，筛选条件主要有年份、月份、天数和某个模型字段，其中某个模型字段必须具有唯一性，才能确保查询的数据具有唯一性。

第 6 章

深入模板

Django 作为 Web 框架，需要一种很便利的方法动态地生成 HTML 网页，因此有了模板这个概念。模板包含所需 HTML 的部分代码以及一些特殊语法，特殊语法用于描述如何将视图传递的数据动态插入 HTML 网页中。

Django 可以配置一个或多个模板引擎（甚至是 0 个，如前后端分离，Django 只提供 API 接口，无须使用模板引擎），模板引擎有 Django 模板语言（Django Template Language，DTL）和 Jinja2。Django 模板语言是 Django 内置的功能之一，Jinja2 是当前 Python 流行的模板语言。本章分别讲述 Django 模板语言和 Jinja2 的使用方法。

6.1 Django 模板引擎

Django 内置的模板引擎包含模板上下文（亦可称为模板变量）、标签和过滤器，各个功能说明如下：

- 模板上下文是以变量的形式写入模板文件里面，变量值由视图函数或视图类传递所得。
- 标签是对模板上下文进行控制输出，比如模板上下文的判断和循环控制等。
- 模板继承隶属于标签，它是将每个模板文件重复的代码抽取出来并写在一个共用的模板文件中，其他模板文件通过继承共用模板文件来实现完整的网页输出。
- 过滤器是对模板上下文进行操作处理，比如模板上下文的内容截取、替换或格式转换等。

6.1.1 模板上下文

模板上下文是模板中基本的组成单位，上下文的数据由视图函数或视图类传递。它以

{{ variable }}表示，variable 是上下文的名称，它支持 Python 所有的数据类型，如字典、列表、元组、字符串、整型或实例化对象等。上下文的数据格式不同，在模板里的使用方式也有所差异，如下所示：

```
# 假如 variable1 = '字符串或整型'
<div>{{ variable1 }}</div>
# 输出"<div>字符串或整型</div>"

# 假如 variable2={'name': '字典或实例化对象'}
<div>{{ variable2.name }}</div>
# 输出"<div>字典或实例化对象</div>"

# 假如 variable3 = ['元组或列表']
<div>{{ variable3.0 }}</div>
# 输出"<div>元组或列表</div>"
```

从上述代码发现，如果上下文的数据带有属性，就可以在上下文的末端使用"."来获取某个属性的值。比如上下文为字典或实例化对象，在上下文末端使用"."并写入属性名称即可在网页上显示该属性的值；若上下文为元组或列表，则在上下文末端使用"."并设置索引下标来获取元组或列表的某个元素值。

如果视图没有为模板上下文传递数据或者模板上下文的某个属性、索引下标不存在，Django 就会将其设为空值。例如获取 variable2 的属性 age，由于上述的 variable2 并不存在属性 age，因此网页上将会显示"<div></div>"。

在 PyCharm 的 Debug 调试模式里分析 Django 模板引擎的运行过程。打开函数 render 所在的源码文件，变量 content 是模板文件的解析结果，它是由函数 render_to_string 完成解析过程的，如图 6-1 所示。

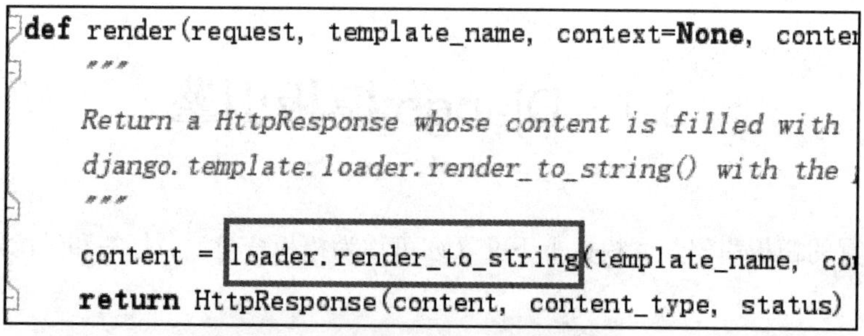

```
def render(request, template_name, context=None, conter
    """
    Return a HttpResponse whose content is filled with
    django.template.loader.render_to_string() with the
    """
    content = loader.render_to_string(template_name, co
    return HttpResponse(content, content_type, status)
```

图 6-1 函数 render 的源码信息

想要分析 Django 模板引擎的解析过程，还需要从函数 render_to_string 深入分析，通过 PyCharm 打开函数 render_to_string 的源码信息，发现它调用了函数 get_template 或 select_template，我们沿着函数调用的方向去探究整个解析过程，梳理函数之间的调用关系，最终得出模板解析过程，如图 6-2 所示。

整个解析过程调用了多个函数和类方法，每个函数和类方法在源码里都有功能注释，这里不再详细讲述，读者可自行在源码里查阅。

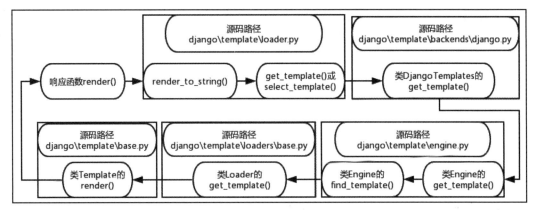

图 6-2　Django 模板引擎的解析过程

6.1.2　自定义标签

标签是对模板上下文进行控制输出，它是以{% tag %}表示的，其中 tag 是标签的名称，Django 内置了许多模板标签，比如{% if %}（判断标签）、{% for %}（循环标签）或{% url %}（路由标签）等。

内置的模板标签可以在 Django 源码（\django\template\defaulttags.py）里找到定义过程，每个内置标签都有功能注释和使用方法，本书只列举常用的内置标签，如表 6-1 所示。

表 6-1　常用的内置标签

标签	描述
{% for %}	遍历输出上下文的内容
{% if %}	对上下文进行条件判断
{% csrf_token %}	生成 csrf_token 的标签，用于防护跨站请求伪造攻击
{% url %}	引用路由配置的地址，生成相应的路由地址
{% with %}	将上下文名重新命名
{% load %}	加载导入 Django 的标签库
{% static %}	读取静态资源的文件内容
{% extends xxx %}	模板继承，xxx 为模板文件名，使当前模板继承 xxx 模板
{% block xxx %}	重写父类模板的代码

在上述常用标签中，每个标签的使用方法都是各不相同的。通过简单的例子来进一步了解标签的使用方法，代码如下：

```
# for 标签，支持嵌套，myList 可为列表、元组或某个对象
# item 可自定义命名，代表当前循环的数据对象
# {% endfor %}是循环区域终止符，代表这区域的代码由标签 for 输出
{% for item in myList %}
{{ item }}
{% endfor %}

# if 标签，支持嵌套
```

```
# 判断条件符与上下文之间使用空格隔开，否则程序会抛出异常
# {% endif %}与{% endfor %}的作用是相同的
{% if name == "Lily" %}
{{ name }}
{% elif name == "Lucy" %}
{{ name }}
{% else %}
{{ name }}
{% endif %}

# url 标签
# 生成不带变量的 URL 地址
<a href="{% url 'index' %}">首页</a>
# 生成带变量的 URL 地址
<a href="{% url 'page' 1 %}">第 1 页</a>

# with 标签，与 Python 的 with 语法的功能相同
# total=number 无须空格隔开，否则抛出异常
{% with total=number %}
{{ total }}
{% endwith %}

# load 标签，导入静态文件标签库 staticfiles
# staticfiles 来自 settings.py 的 INSTALLED_APPS
{% load staticfiles %}

# static 标签，来自静态文件标签库 staticfiles
{% static "css/index.css" %}
```

在 for 标签中，模板还提供了一些特殊的变量来获取 for 标签的循环信息，变量说明如表 6-2 所示。

表 6-2　for 标签模板变量说明

变量	描述
forloop.counter	获取当前循环的索引，从 1 开始计算
forloop.counter0	获取当前循环的索引，从 0 开始计算
forloop.revcounter	索引从最大数开始递减，直到索引到 1 位置
forloop.revcounter0	索引从最大数开始递减，直到索引到 0 位置
forloop.first	当遍历的元素为第一项时为真
forloop.last	当遍历的元素为最后一项时为真
forloop.parentloop	在嵌套的 for 循环中，获取上层 for 循环的 forloop

上述变量来自于 forloop 对象，该对象是在模板引擎解析 for 标签时生成的。通过简单的例子来进一步了解 forloop 的使用，例子如下：

```
{% for name in name_list %}
{% if forloop.counter == 1 %}
<span>这是第一次循环</span>
{% elif forloop.last %}
```

```
<span>这是最后一次循环</span>
{% else %}
<span>本次循环次数为：{{forloop.counter }}</span>
{% endif %}
{% endfor %}
```

除了使用内置的模板标签之外，我们还可以自定义模板标签。以 MyDjango 为例，在项目的根目录下创建新的文件夹，文件夹名称可自行命名，本示例命名为 mydefined；然后在该文件夹下创建初始化文件 __init__.py 和 templatetags 文件夹，其中 templatetags 文件夹的命名是固定不变的；最后在 templatetags 文件夹里创建初始化文件 __init__.py 和自定义标签文件 mytags.py，项目的目录结构如图 6-3 所示。

图 6-3　目录结构

由于在项目的根目录下创建了 mydefined 文件夹，因此在配置文件 settings.py 的属性 INSTALLED_APPS 里添加 mydefined，否则 Django 在运行时无法加载 mydefined 文件夹的内容，配置信息如下：

```
INSTALLED_APPS = [
    'django.contrib.admin',
    'django.contrib.auth',
    'django.contrib.contenttypes',
    'django.contrib.sessions',
    'django.contrib.messages',
    'django.contrib.staticfiles',
    'index',
    # 添加自定义模板标签的文件夹
    'mydefined'
]
```

下一步在项目的 mytags.py 文件里自定义标签，我们将定义一个名为 reversal 的标签，它是将标签里的数据进行反转处理，定义过程如下：

```
from django import template
# 创建模板对象
register = template.Library()
# 定义模板节点类
class ReversalNode(template.Node):
```

```python
    def __init__(self, value):
        self.value = str(value)
    # 数据反转处理
    def render(self, context):
        return self.value[::-1]

# 声明并定义标签
@register.tag(name='reversal')
# parse 是解析器对象，token 是被解析的对象
def do_reversal(parse, token):
    try:
        # tag_name 代表标签名，即 reversal
        # value 是由标签传递的数据
        tag_name, value = token.split_contents()
    except:
        raise template.TemplateSyntaxError('syntax')
    # 调用自定义的模板节点类
    return ReversalNode(value)
```

在 mytags.py 文件里分别定义了类 ReversalNode 和函数 do_reversal，两者实现功能说明如下：

- 函数 do_reversal 经过装饰器 register.tag(name='reversal')处理，这是让函数执行模板标签注册，标签名称由装饰器参数 name 进行命名，如果没有设置参数 name，就以函数名作为标签名称。函数名没有具体要求，一般以 "do_标签名称" 或 "标签名称" 作为命名规范。
- 函数参数 parse 是解析器对象，当 Django 运行时，它将所有标签和过滤器进行加载并生成到 parse 对象，在解析模板文件里面的标签时，Django 就会从 parse 对象查找对应的标签信息。
- 函数参数 token 是模板文件使用标签时所传递的数据对象，主要包括标签名和数据内容。
- 函数 do_reversal 对参数 token 使用 split_contents()方法（Django 的内置方法）进行取值处理，从中获取数据 value，并将 value 传递给自定义模板节点类 ReversalNode。
- 类 ReversalNode 是将 value 执行字符串反转处理，并生成模板节点对象，用于模板引擎解析 HTML 语言。

为了验证自定义标签 reversal 的功能，我们在 index 的 url.py、views.py 和模板文件 index.html 里编写以下代码：

```python
# index 的 url.py
from django.urls import path
from .views import *
urlpatterns = [
    # 定义路由
    path('', index, name='index'),
]

# index 的 views.py
from django.shortcuts import render
def index(request):
    return render(request, 'index.html', locals())
```

```
# templates 的 index.html
{#导入自定义标签文件 mytags#}
{% load mytags %}
<!DOCTYPE html>
<html>
<body>
{% reversal 'Django' %}
</body>
</html>
```

在模板文件 index.html 中使用自定义标签时，必须使用{% load mytags %}将自定义标签文件导入，告知模板引擎从哪里查找自定义标签，否则无法识别自定义标签，并提示 TemplateSyntaxError 异常。运行 MyDjango 项目，在浏览器上访问 127.0.0.1:8000，网页上会将"Django"反转显示，如图 6-4 所示。

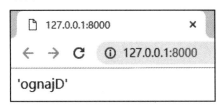

图 6-4 自定义标签 reversal

综上所述，我们发现自定义标签 reversal 的定义方式与内置标签的定义方式是相同的，两者最大的区别在于：

- 自定义标签需要在项目里搭建目录环境。
- 在使用时需要在模板文件里导入自定义标签文件。

6.1.3 模板继承

模板继承是通过模板标签来实现的，其作用是将多个模板文件的共同代码集中在一个新的模板文件中，然后各个模板可以直接调用新的模板文件，从而生成 HTML 网页，这样可以减少模板之间重复的代码，范例如下：

```
<!DOCTYPE html>
<html>
<head>
<meta charset="UTF-8">
<title>{{ title }}</title>
</head>
<body>
    <a href="{% url 'index:index' %}">首页</a>
    <h1>Hello Django</h1>
</body>
</html>
```

上述代码是一个完整的模板文件，一个完整的模板通常有<head>和<body>两部分，而每个模板的<head>和<body>的内容都会有所不同,因此除了这两部分的内容之外,可以将其他内容写在共用模板文件里。

以 MyDjango 为例,在 templates 文件夹里创建 base.html 文件,该文件作为共用模板,代码如下:

```html
<!DOCTYPE html>
<html>
<head>
<meta charset="UTF-8">
{% block title %}
    <title>首页</title>
{% endblock %}
</head>
<body>
{% block body %}{% endblock %}
</body>
</html>
```

在 base.html 的代码中看到,<title>写在模板标签{% block title %}{% endblock %}里面,而<body>里的内容改为{% block body %}{% endblock %}。block 标签是为其他模板文件调用时提供内容重写的接口,body 是对这个接口进行命名。在一个模板中可以添加多个 block 标签,只要每个 block 标签的命名不相同即可。接着在模板 index.html 中调用共用模板 base.html,代码如下:

```html
{% extends "base.html" %}
{% block body %}
<a href="{% url 'index:index' %}">首页</a>
<h1>Hello Django</h1>
{% endblock %}
```

模板 index.html 调用共用模板 base.html 的实质是由模板继承实现的,调用步骤如下:

- 在模板 index.html 中使用 {% extends "base.html" %} 来继承模板 base.html 的所有代码。
- 通过使用标签{% block title %}或{% block body %}来重写模板 base.html 的网页内容。
- 如果没有使用标签 block 重写共用模板的内容,网页内容将就由共用模板提供。比如模板 index.html 没有使用标签{% block title %}重新定义<title>,那么网页标题内容应由模板 base.html 设置的<title>提供。
- 标签 block 必须使用{% endblock %} 结束 block 标签。

从模板 index.html 看到,模板继承与 Python 的类继承原理是一致的,通过继承方式使其具有父类的功能和属性,同时也可以通过重写来实现复杂多变的开发需求。

为了验证模板继承是否正确,运行 MyDjango 并访问 127.0.0.1:8000,查看网页标题(标题由模板 base.html 的<title>提供)和网页信息(重写模板 base.html 的{% block body %}),如图 6-5 所示。

图 6-5　运行结果

6.1.4　自定义过滤器

过滤器主要是对上下文的内容进行操作处理，如替换、反序和转义等。通过过滤器处理上下文可以将其数据格式或内容转化为我们想要的显示效果，而且相应减少视图的代码量。过滤器的使用方法如下：

```
{{ variable | filter }}
```

若上下文设有过滤器，则模板引擎在解析上下文时，首先由过滤器 filter 处理上下文 variable，然后将处理后的结果进行解析并显示在网页上。variable 代表模板上下文，管道符号"|"代表当前上下文使用过滤器，filter 代表某个过滤器。单个上下文可以支持多个过滤器同时使用，例如：

```
{{ variable | filter | lower}}
```

在使用的过程中，有些过滤器还可以传入参数，但仅支持传入一个参数。带参数的过滤器与参数之间使用冒号隔开，并且两者之间不能留有空格，例如：

```
{{ variable | date:"D d M Y"}}
```

Django 的内置过滤器可以在源码（\django\template\defaultfilters.py）里找到具体的定义过程，如表 6-3 所示。

表 6-3　内置过滤器

内置过滤器	使用形式	说明
add	{{value | add:"2"}}	将 value 的值增加 2
addslashes	{{value | addslashes}}	在 value 中的引号前增加反斜线
capfirst	{{value | capfirst}}	value 的第一个字符转化成大写形式
cut	{{value | cut:arg}}	从 value 中删除所有 arg 的值。如果 value 是"String with spaces"，arg 是 " "，那么输出的是 "Stringwithspaces"
date	{{value | date:"D d M Y"}}	将日期格式数据按照给定的格式输出
default	{{value | default:"nothing"}}	如果 value 的意义是 False，那么输出值为过滤器设定的默认值
default_if_none	{{value | default_if_none:"null"}}	如果 value 的意义是 None，那么输出值为过滤器设定的默认值

（续表）

内置过滤器	使用形式	说明
dictsort	{{value | dictsort:"name"}}	如果 value 的值是一个列表，里面的元素是字典，那么返回值按照每个字典的关键字排序
dictsortreversed	{{value | dictsortreversed:"name"}}	如果 value 的值是一个列表，里面的元素是字典，每个字典的关键字反序排序
divisibleby	{{value | divisibleby:arg}}	如果 value 能够被 arg 整除，那么返回值将是 True
escape	{{value | escape}}	控制 HTML 转义，替换 value 中的某些 HTML 特殊字符
escapejs	{{value | escapejs}}	替换 value 中的某些字符，以适应 JavaScript 和 JSON 格式
filesizeformat	{{value | filesizeformat}}	格式化 value，使其成为易读的文件大小，例如 13KB、4.1MB 等
first	{{value | first}}	返回列表中的第一个 Item，例如 value 是列表 ['a','b','c']，那么输出将是'a'
floatformat	{{value | floatformat}}或 {{value|floatformat:arg}}	对数据进行四舍五入处理，参数 arg 是保留小数位，可以是正数或负数，如{{ value|floatformat:"2" }}是保留两位小数。若无参数 arg，则默认保留 1 位小数，如{{ value|floatformat}}
get_digit	{{value | get_digit:"arg"}}	如果 value 是 123456789，arg 是 2，那么输出的是 8
iriencode	{{value | iriencode}}	如果 value 中有非 ASCII 字符，那么将其转化成 URL 中适合的编码
join	{{value | join:"arg"}}	使用指定的字符串连接一个 list，作用如同 Python 的 str.join(list)
last	{{value | last}}	返回列表中的最后一个 Item
length	{{value | length}}	返回 value 的长度
length_is	{{value | length_is:"arg"}}	如果 value 的长度等于 arg，例如 value 是['a','b','c']，arg 是 3，那么返回 True
linebreaks	{{value|linebreaks}}	value 中的"\n"将被 替代，并且将整个 value 使用<p>包围起来，从而适合 HTML 的格式
linebreaksbr	{{value |linebreaksbr}}	value 中的"\n"将被 替代
linenumbers	{{value | linenumbers}}	为显示的文本添加行数
ljust	{{value | ljust}}	以左对齐方式显示 value
center	{{value | center}}	以居中对齐方式显示 value
rjust	{{value | rjust}}	以右对齐方式显示 value
lower	{{value | lower}}	将一个字符串转换成小写形式
make_list	{{value | make_list}}	将 value 转换成 list。例如 value 是 Joel，输出 [u'J',u'o',u'e',u'l']；如果 value 是 123，那么输出[1,2,3]

（续表）

内置过滤器	使用形式	说明
pluralize	{{value | pluralize}}或 {{value | pluralize:"es"}}或 {{value | pluralize:"y,ies"}}	将 value 返回英文复数形式
random	{{value | random}}	从给定的 list 中返回一个任意的 Item
removetags	{{value | removetags:"tag1 tag2 tag3..."}}	删除 value 中 tag1,tag2…的标签
safe	{{value | safe}}	开启 HTML 转义，数据中含有的 HTML 标签自动转化成相应的网页效果
safeseq	{{value | safeseq}}	与上述 safe 基本相同，但有一点不同：safe 针对字符串，而 safeseq 针对多个字符串组成的 sequence
slice	{{some_list | slice:":2"}}	与 Python 语法中的 slice 相同，":2"表示截取前两个字符，此过滤器可用于中文或英文
slugify	{{value | slugify}}	将 value 转换成小写形式，同时删除所有分单词字符，并将空格变成横线。例如，value 是 Joel is a slug，那么输出的将是 joel-is-a-slug
striptags	{{value | striptags}}	删除 value 中的所有 HTML 标签
time	{{value | time:"H:i"}}或 {{value | time}}	格式化时间输出，如果 time 后面没有格式化参数，那么输出按照默认设置的进行
truncatewords	{{value | truncatewords:2}}	将 value 进行单词截取处理，参数 2 代表截取前两个单词，此过滤器只可用于英文截取。例如 value 是 Joel is a slug，那么输出将是 Joel is
upper	{{value | upper}}	转换一个字符串为大写形式
urlencode	{{value | urlencode}}	将字符串进行 URLEncode 处理
urlize	{{value | urlize}}	将一个字符串中的 URL 转化成可点击的形式。如果 value 是 Check out www.baidu.com，那么输出的将是 Check out <a href="http://www.baidu.com">www.baidu.com</a>
wordcount	{{value | wordcount}}	返回字符串中单词的数目
wordwrap	{{value | wordwrap:5}}	按照指定长度分割字符串
timesince	{{value | timesince:arg}}	返回参数 arg 到 value 的天数和小时数。如果 arg 是一个日期实例，表示 2006-06-01 午夜，而 value 表示 2006-06-01 早上 8 点，那么输出结果返回"8 hours"
timeuntil	{{value | timeuntil}}	返回 value 距离当前日期的天数和小时数

使用过滤器的过程中，上下文、管道符号"|"和过滤器之间没有规定使用空格隔开，但为了符合编码的规范性，建议使用空格隔开。倘若过滤器需要设置参数，过滤器、冒号和参数之间不能

有空格，否则会提示异常信息，如图 6-6 所示。

TemplateSyntaxError at /
add requires 2 arguments, 1 provided
Request Method: GET

图 6-6　异常信息

在实际开发中，如果内置过滤器的功能不太适合开发需求，我们可以自定义过滤器来解决问题。以 6.1.2 小节的 MyDjango 为例，在 mydefined 的 templatetags 里创建 myfilter.py 文件，并在该文件里编写以下代码：

```python
# templatetags 的 myfilter.py
from django import template
# 创建模板对象
register = template.Library()
# 声明并定义过滤器
@register.filter(name='replace')
def do_replace(value, agrs):
    oldValue = agrs.split(':')[0]
    newValue = agrs.split(':')[1]
    return value.replace(oldValue, newValue)
```

过滤器与标签的自定义过程有相似之处，但过滤器的定义过程比标签更简单，只需定义相关函数即可。上述定义的过滤器是实现模板上下文的字符替换，定义过程说明如下：

- 函数 do_replace 由装饰器 register.filter(name='replace')处理，对函数执行过滤器注册操作。
- 装饰器参数 name 用于为过滤器命名，如果没有设置参数 name，就以函数名作为过滤器名。函数名没有具体要求，一般以 "do_过滤器名称" 或 "过滤器名称" 作为命名规范。
- 参数 value 代表使用当前过滤器的模板上下文，参数 agrs 代表过滤器的参数。函数将参数 agrs 以冒号进行分割，用于参数 value（模板上下文）进行字符串替换操作，函数必须将处理结果返回，否则在使用过程中会出现异常信息。

为了验证自定义过滤器 replace 的功能，将 index 的 views.py 和模板文件 index.html 的代码进行修改：

```python
# index 的 views.py
from django.shortcuts import render
def index(request):
    value = 'Hello Python'
    return render(request, 'index.html', locals())

# templates 的 index.html
{#导入自定义过滤器文件myfilter#}
{% load myfilter %}
<!DOCTYPE html>
```

```
<html>
<body>
<div>替换前：{{ value }}</div>
<br>
<div>替换后：
{{ value | replace:'Python:Django' }}
</div>
</body>
</html>
```

模板文件 index.html 使用自定义过滤器时，需要使用{% load myfilter %}导入过滤器文件，这样模板引擎才能找到自定义过滤器，否则会提示 TemplateSyntaxError 异常。过滤器 replace 将模板上下文 value 进行字符串替换，将 value 里面的 Python 替换成 Django，运行结果如图 6-7 所示。

图 6-7　运行结果

6.2　Jinja2 模板引擎

Jinja2 是 Python 里面被广泛应用的模板引擎，它的设计思想来源于 Django 的模板引擎，并扩展了其语法和一系列强大的功能。其中最显著的是增加了沙箱执行功能和可选的自动转义功能，这对大多数应用的安全性来说是非常重要。此外，它还具备以下特性：

- 沙箱执行模式，模板的每个部分都在引擎的监督之下执行，模板将会被明确地标记在白名单或黑名单内，这样对于那些不信任的模板也可以执行。
- 强大的自动 HTML 转义系统，可以有效地阻止跨站脚本攻击。
- 模板继承机制，此机制可以使得所有模板具有相似一致的布局，也方便开发人员对模板进行修改和管理。
- 高效的执行效率，Jinja2 引擎在模板第一次加载时就把源码转换成 Python 字节码，加快模板执行时间。
- 调试系统融合了标准的 Python 的 TrackBack 功能，使得模板编译和运行期间的错误能及时被发现和调试。
- 语法配置，可以重新配置 Jinja2，使得它更好地适应 LaTeX 或 JavaScript 的输出。
- 官方文档手册，此手册指导设计人员更好地使用 Jinja2 引擎的各种方法。

Django 支持 Jinja2 模板引擎的使用，由于 Jinja2 的设计思想来源于 Django 的模板引擎，因此 Jinja2 的使用方法与 Django 的模板语法有相似之处。

6.2.1 安装与配置

Jinja2 支持 pip 指令安装，我们按快捷键 Windows+R 打开"运行"对话框，然后在对话框中输入"CMD"并按回车键，进入命令提示符（也称为终端）。在命令提示符下输入以下安装指令：

```
pip install Jinja2
```

输入上述指令后按回车键，就会自行下载 Jinja2 最新版本并安装，我们只需等待安装完成即可。

除了使用 pip 安装之外，还可以从网上下载 Jinja2 的压缩包自行安装。在浏览器上输入下载网址（www.lfd.uci.edu/~gohlke/pythonlibs/#sendkeys）并找到 Jinja2 的下载链接，如图 6-8 所示。

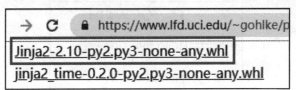

图 6-8　Jinja2 安装包

然后将下载的文件放到 D 盘，并打开命令提示符窗口，输入以下安装指令：

```
pip install D:\Jinja2-2.10-py2.py3-none-any.whl
```

输入指令后按回车键，等待安装完成的提示即可。完成 Jinja2 的安装后，需要进一步校验安装是否成功，再次进入命令提示符窗口，输入"python"并按回车键，此时进入 Python 交互解释器，在交互解释器下输入校验代码：

```
>>> import jinja2
>>> jinja2.__version__
'2.10'
```

Jinja2 安装成功后，接着在 Django 里配置 Jinja2 模板。由于 Django 的内置功能是使用 Django 的模板引擎，如果将整个项目都改为 Jinja2 模板引擎，就会导致内置功能无法正常使用。在这种情况下，既要保证内置功能能够正常使用，又要使用 Jinja2 模板引擎，只能将两个模板引擎共存在同一个项目里。

以 MyDjango 为例，在 MyDjango 文件夹里创建 jinja2.py 文件，文件名没有固定的命名要求，读者可以自行命名，该文件的作用是将 Jinja2 模板加载到 MyDjango 项目，项目的目录结构如图 6-9 所示。

在 PyCharm 里打开 jinja2.py 文件，在文件里定义函数 environment，并在函数里使用 Jinja2 的类 Environment 进行实例化，实例化对象 env 用于对接 Django 的运行环境。文件代码如下：

图 6-9　目录结构

```
# MyDjango 的 jinja2.py
from django.contrib.staticfiles.storage import staticfiles_storage
```

```
from django.urls import reverse
from jinja2 import Environment

# 将jinja2模板设置到项目环境
def environment(**options):
    env = Environment(**options)
    env.globals.update({
        'static': staticfiles_storage.url,
        'url': reverse,
    })
    return env
```

下一步将 jinja2.py 文件定义的函数 environment 写到配置文件 settings.py 中,否则 jinja2.py 文件所定义的函数无法作用在 MyDjango 项目里。在配置属性 TEMPLATES 中新增 Jinja2 模板引擎,代码如下:

```
TEMPLATES = [
# 使用Jinja2模板引擎
{
    'BACKEND': 'django.template.backends.jinja2.Jinja2',
    'DIRS': [
        BASE_DIR / 'templates',
    ],
    'APP_DIRS': True,
    'OPTIONS': {
        'environment': 'MyDjango.jinja2.environment'
    },
},
# 使用Django的模板引擎
{
    'BACKEND': 'django.template.backends.django.DjangoTemplates',
    'DIRS': [],
    'APP_DIRS': True,
    'OPTIONS': {'context_processors': [
        'django.template.context_processors.debug',
        'django.template.context_processors.request',
        'django.contrib.auth.context_processors.auth',
        'django.contrib.messages.context_processors.messages',
    ], },
},
]
```

配置属性 TEMPLATES 是以列表形式表示的,列表里定义了两个元素,每个元素是以字典形式表示的,说明如下:

- 第一个列表元素设置 Jinja2 模板引擎,属性 OPTIONS 的 environment 是 MyDjango 文件夹的 jinja2.py 文件所定义的函数 environment,并且属性 DIRS 指向项目里的模板文件夹 templates,这说明模板文件夹 templates 里的所有模板文件皆由 Jinja2 模板引擎执行解析处理。
- 第二个列表元素设置 Django 的模板引擎,属性 OPTIONS 的 context_processors 代表 Django

的内置功能，如 Admin 后台系统、信息提示和认证系统等，也就是说 Django 的内置功能所使用的模板还是由 Django 的模板引擎执行解析处理的。

完成项目环境配置后，通过简单的示例来验证 MyDjango 项目是否能同时使用内置模板引擎和 Jinja2 模板引擎。在 MyDjango 的 urls.py、index 的 urls.py、views.py 和模板文件 index.html 中编写以下代码：

```python
# MyDjango 的 urls.py
from django.urls import path, include
from django.contrib import admin
urlpatterns = [
    path('admin/', admin.site.urls),
    # 指向 index 的路由文件 urls.py
    path('',include((('index.urls','index'),namespace='index')),
]

# index 的 urls.py
from django.urls import path
from .views import *
urlpatterns = [
    # 定义路由
    path('', index, name='index'),
]

# index 的 views.py
from django.shortcuts import render
def index(request):
    value = {'name': 'This is Jinja2'}
    return render(request, 'index.html', locals())

# templates 的 index.html
<!DOCTYPE html>
<html>
<head>
    <title>Jinja2</title>
</head>
<body>
<div>
    {{ value['name'] }}
</div>
</body>
</html>
```

模板文件 index.html 的上下文 value 是字典对象，而 value['name']用于获取字典的属性 name，这种获取方式是 Jinja2 特有的模板语法，Django 内置模板引擎是不支持的。

运行 MyDjango 项目，分别访问 127.0.0.1:8000 和 127.0.0.1:8000/admin，发现两者都能成功访问。网站首页是由 Jinja2 模板引擎解析的，而 Admin 后台系统是由 Django 内置模板引擎解析的，如图 6-10 所示。

图 6-10 运行结果

6.2.2 模板语法

尽管 Jinja2 的设计思想来源于 Django 的模板引擎，但在功能和使用细节上，Jinja2 比 Django 的模板引擎更为完善，而且 Jinja2 的模板语法在使用上与 Django 的模板引擎存在一定的差异。

由于 Jinja2 有模板设计人员帮助手册（官方文档：jinja.pocoo.org/docs/2.10/），并且官方文档对模板语法的使用说明较为详细，因此这里只讲述 Jinja2 与 Django 模板语言的使用差异。

以 6.2.1 小节的 MyDjango 项目为例，在模板文件夹 templates 里创建新的模板文件 base.html，该文件用于模板继承；然后在根目录下创建文件夹 static，并在该文件夹里放置 favicon.ico 图片，新建的文件夹 static 必须在 settings.py 中配置 STATICFILES_DIRS，否则 Django 无法识别文件夹 static 的静态资源；最后分别在模板文件 base.html 和 index.html 中编写以下代码：

```
# templates 的 base.html
<!DOCTYPE html>
<html>
<head>
{% block title %}{% endblock %}
</head>
<body>
{% block body %}{% endblock %}
</body>
</html>

# templates 的 index.html
{#模板继承#}
{% extends "base.html" %}
{% block title %}
    {#static 标签#}
    {#Django 的用法: {% static 'favicon.ico' %}#}
    <link rel="icon" href="{{ static('favicon.ico')}}">
    <title>Jinja2</title>
{% endblock %}
{% block body %}
    {#使用上下文#}
    {#Django 的用法: {{ value.name }}#}
    {#Jinja2 除了支持 Django 的用法，还支持以下用法#}
    <div>{{ value['name'] }}</div>
```

```
            {#使用过滤器#}
            <div>
                {{ value['name'] | replace('Jinja2','Django')}}
            </div>
            {#for 循环#}
            {#Django 的用法：{% for k,v in value.items %}#}
            {% for k,v in value.items() %}
                <div>key is {{ k }}</div>
                <div>value is {{ v }}</div>
            {% endfor %}
            {#if 判断#}
            {% if value %}
                <div>This is if</div>
            {% else %}
                <div>This is else</div>
            {% endif %}
            {#url 标签#}
            {#Django 的用法：{% url 'index:index' %}#}
            <a href="{{ url('index:index') }}">首页</a>
{% endblock %}
```

从上述代码得知，Jinja2 与 Django 模板语法的最大差异在于 static 函数、url 函数和过滤器的使用方式，而模板继承这一功能上，两者的使用方式是相同的，对于 Jinja2 来说，它没有模板标签这一概念。

在 for 循环中，Jinja2 提供了一些特殊变量来获取循环信息，变量说明如表 6-4 所示。

表6-4 for 函数模板变量说明

变量	描述
loop.index	循环的当前迭代（索引从 1 开始）
loop.index0	循环的当前迭代（索引从 0 开始）
loop.revindex	循环结束时的迭代次数（索引从 1 开始）
loop.revindex0	循环结束时的迭代次数（索引从 0 开始）
loop.first	如果是第一次迭代，就为 True
loop.last	如果是最后一次迭代，就为 True
loop.length	序列中的项目数，即循环总次数
loop.cycle	辅助函数，用于在序列列表之间循环
loop.depth	当前递归循环的深度，从 1 级开始
loop.depth0	当前递归循环的深度，从 0 级开始
loop.previtem	上一次迭代中的对象
loop.nextitem	下一次迭代中的对象
loop.changed(value)	若上次迭代的值与当前迭代的值不同，则返回 True

Jinja2 的过滤器与 Django 内置过滤器的使用方法有相似之处，也是由管道符号"|"连接模板上下文和过滤器，但是两者的过滤器名称是不同的，而且过滤器的参数设置方式也不同。我们以表格的形式列举 Jinja2 的常用过滤器，如表 6-5 所示。

表 6-5 常用过滤器

过滤器	使用方式	说明
abs	{{ value | abs }}	设置数值的绝对值
default	{{ value | default('new') }}	设置默认值
escape	{{ value | escape }}	转义字符，转成 HTML 的语法
first	{{ value | first }}	获取上下文的第一个元素
last	{{ value | last }}	获取上下文的最后一个元素
length	{{ value | length }}	获取上下文的长度
join	{{ value | join('-') }}	功能与 Python 的 join 语法一致
safe	{{ value | safe }}	将上下文转义处理
int	{{ value | int }}	将上下文转换为 int 类型
float	{{ value | float }}	将上下文转换为 float 类型
lower	{{ value | lower }}	将字符串转换为小写
upper	{{ value | upper }}	将字符串转换为大写
replace	{{ value | replace('a','b') }}	字符串的替换
truncate	{{ value | truncate(9,true) }}	字符串的截断
striptags	{{ value | striptags }}	删除字符串中所有的 HTML 标签
trim	{{ value | trim }}	截取字符串前面和后面的空白字符
string	{{ value | string }}	将上下文转换成字符串
wordcount	{{ value | wordcount }}	计算长字符串的单词个数

6.2.3 自定义过滤器

Jinja2 支持开发者自定义过滤器，而且过滤器的自定义过程比 Django 内置模板更为便捷，只需将函数注册到 Jinja2 模板对象即可。我们以 6.2.1 小节的 MyDjango 为例，在 MyDjango 文件夹的 jinja2.py 里定义函数 myReplace，并将函数注册到 Jinja2 的环境函数 environment 里，这样就能完成过滤器的自定义过程。jinja2.py 的代码如下：

```python
# MyDjango 的 jinja2.py
from django.contrib.staticfiles.storage import staticfiles_storage
from django.urls import reverse
from jinja2 import Environment

def myReplace(value, old='Jinja2', new='Django'):
    return str(value).replace(old, new)

# 将 jinja2 模板设置到项目环境
def environment(**options):
    env = Environment(**options)
    env.globals.update({
        'static': staticfiles_storage.url,
        'url': reverse,
    })
    # 注册自定义过滤器 myReplace
```

```
    env.filters['myReplace'] = myReplace
    return env
```

函数 myReplace 一共设置了 3 个参数，每个参数说明如下：

- 参数 value 是过滤器的必选参数，参数名可自行命名，代表模板上下文。
- 参数 old 是过滤器的可选参数，参数名可自行命名，代表过滤器的第一个参数。
- 参数 new 是过滤器的可选参数，参数名可自行命名，代表过滤器的第二个参数。

函数 environment 将 Jinja2 引擎对接 Django 的运行环境，它由实例化对象 env 实现对接过程，在创建实例化对象 env 时，只需在对象 env 中使用 filters 方法即可将自定义过滤器注册到 Jinja2 引擎。

为了验证自定义过滤器 myReplace 的功能，我们在模板文件 index.html 里使用过滤器 myReplace，代码如下：

```
# templates 的 index.html
<!DOCTYPE html>
<html>
<body>
<div>
    {{value.name | myReplace}}
</div>
<div>
    {{value.name | myReplace('This','That')}}
</div>
</body>
</html>
```

如果过滤器 myReplace 没有设置参数 old 和 new，就默认将字符串的"Jinja2"替换成"Django"，如果设置参数 old 和 new，就以设置的参数作为替换条件。运行 MyDjango 项目，在浏览器访问 127.0.0.1:8000，运行结果如图 6-11 所示。

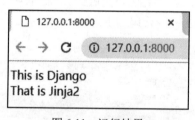

图 6-11　运行结果

6.3　本章小结

Django 内置模板引擎包含模板上下文（亦可称为模板变量）、标签和过滤器，各个功能说明如下：

- 模板上下文是以变量的形式写入模板文件里面的，变量值由视图函数或视图类传递所得。

- 标签是对模板上下文进行控制输出，比如模板上下文的判断和循环控制等。
- 模板继承隶属于标签，它是将每个模板文件重复的代码抽取出来并写在一个共用的模板文件中，其他模板文件通过继承共用模板文件来实现完整的网页输出。
- 过滤器是对模板上下文进行操作处理，比如模板上下文的内容截取、替换或格式转换等。

Jinja2 是 Python 里面被广泛应用的模板引擎，它的设计思想来源于 Django 的模板引擎，并扩展了其语法和一系列强大的功能。其中最显著的是增加了沙箱执行功能和可选的自动转义功能，这对大多数应用的安全性来说非常重要。此外，它还具备以下特性：

- 沙箱执行模式，模板的每个部分都在引擎的监督之下执行，模板将会被明确地标记在白名单或黑名单内，这样对于那些不信任的模板也可以执行。
- 强大的自动 HTML 转义系统，可以有效地阻止跨站脚本攻击。
- 模板继承机制，此机制可以使得所有模板都具有相似一致的布局，也方便开发人员对模板进行修改和管理。
- 高效的执行效率，Jinja2 引擎在模板第一次加载时就把源码转换成 Python 字节码，加快模板执行时间。
- 调试系统融合了标准的 Python 的 TrackBack 功能，使得模板编译和运行期间的错误能及时被发现和调试。
- 语法配置，可以重新配置 Jinja2，使得它更好地适应 LaTeX 或 JavaScript 的输出。
- 官方文档手册，此手册指导设计人员更好地使用 Jinja2 引擎的各种方法。

第 7 章

模型与数据库

Django 对各种数据库提供了很好的支持，包括 PostgreSQL、MySQL、SQLite 和 Oracle，而且为这些数据库提供了统一的 API 方法，这些 API 统称为 ORM 框架。通过使用 Django 内置的 ORM 框架可以实现数据库连接和读写操作。

本章以 SQLite 数据库为例，分别讲述 Django 的模型定义与数据迁移、数据表关系、数据表操作和多数据库的连接与使用。

7.1 模型定义与数据迁移

本节讲述 Django 的模型定义、开发个人的 ORM 框架、数据迁移和数据导入与导出，说明如下：

- 模型定义讲述了模型字段和模型属性的设置，不同类型的模型字段对应不同的数据表字段。模型属性可用于 Django 其他功能模块，如设置模型所属的 App。
- 开发个人的 ORM 框架是从源码深入剖析 Django 的 ORM 框架底层原理，并参考此原理实现个人的 ORM 框架的开发。
- 数据迁移是根据模型在数据库里创建相应的数据表，这一过程由 Django 内置操作指令 makemigrations 和 migrate 实现，此外还讲述数据迁移常见的错误以及其他数据迁移指令。
- 数据导入与导出是对数据表的数据执行导入与导出操作，确保开发阶段、测试阶段和项目上线的数据互不影响。

7.1.1 定义模型

ORM 框架是一种程序技术，用于实现面向对象编程语言中不同类型系统的数据之间的转换。从效果上说，它创建了一个可在编程语言中使用的"虚拟对象数据库"，通过对虚拟对象数据库的操作从而实现对目标数据库的操作，虚拟对象数据库与目标数据库是相互对应的。在 Django 中，虚拟对象数据库也称为模型，通过模型实现对目标数据库的读写操作，实现方法如下：

（1）配置目标数据库，在 settings.py 中设置配置属性，配置步骤可参考 2.4 节。
（2）构建虚拟对象数据库，在 App 的 models.py 文件中以类的形式定义模型。
（3）通过模型在目标数据库中创建相应的数据表。
（4）在其他模块（如视图函数）里使用模型来实现目标数据库的读写操作。

在项目的配置文件 settings.py 里设置数据库配置信息。以 MyDjango 项目为例，其配置信息如下：

```
DATABASES = {
    'default': {
        'ENGINE': 'django.db.backends.sqlite3',
        'NAME': BASE_DIR / 'db.sqlite3',
    }
}
```

我们使用 Navicat Premium 数据库管理工具（这是一个可视化数据库管理工具，读者可自行在网上搜索并安装该工具）查看当前 SQLite3 数据库，数据库文件是 MyDjango 根目录下的 db.sqlite3 文件，如图 7-1 所示。

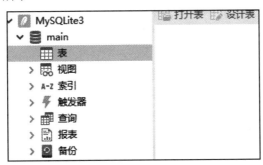

图 7-1　数据库信息

从图 7-1 中可以看到，SQLite3 数据库当前没有数据表，而数据表可以通过模型创建，因为 Django 对模型和目标数据库之间有自身的映射规则，如果自己在数据库中创建数据表，就可能不符合 Django 的建表规则，从而导致模型和目标数据库无法建立有效的通信联系。大概了解项目的环境后，在项目 index 的 models.py 文件中定义模型，代码如下：

```
# index 的 models.py
class PersonInfo(models.Model):
    id = models.AutoField(primary_key=True)
    name = models.CharField(max_length=20)
```

```
    age = models.IntegerField()
    hireDate = models.DateField()

    def __str__(self):
        return self.name
    class Meta:
        verbose_name = '人员信息'
```

模型 PersonInfo 定义了 4 个不同类型的字段，分别代表自增主键、字符类型、整型和日期类型。但在实际开发中，我们需要定义不同的字段类型来满足各种开发需求，因此 Django 划分了多种字段类型，在源码目录 django\db\models\fields 的 __init__.py 和 files.py 文件里找到各种模型字段，说明如下：

- AutoField：自增长类型，数据表的字段类型为整数，长度为 11 位。
- BigAutoField：自增长类型，数据表的字段类型为 bigint，长度为 20 位。
- CharField：字符类型。
- BooleanField：布尔类型。
- CommaSeparatedIntegerField：用逗号分隔的整数类型。
- DateField：日期（Date）类型。
- DateTimeField：日期时间（Datetime）类型。
- Decimal：十进制小数类型。
- EmailField：字符类型，存储邮箱格式的字符串。
- FloatField：浮点数类型，数据表的字段类型变成 Double 类型。
- IntegerField：整数类型，数据表的字段类型为 11 位的整数。
- BigIntegerField：长整数类型。
- IPAddressField：字符类型，存储 Ipv4 地址的字符串。
- GenericIPAddressField：字符类型，存储 Ipv4 和 Ipv6 地址的字符串。
- NullBooleanField：允许为空的布尔类型。
- PositiveIntegerFiel：正整数的整数类型。
- PositiveSmallIntegerField：小正整数类型，取值范围为 0~32767。
- SlugField：字符类型，包含字母、数字、下画线和连字符的字符串。
- SmallIntegerField：小整数类型，取值范围为-32,768~+32,767。
- TextField：长文本类型。
- TimeField：时间类型，显示时分秒 HH:MM[:ss[.uuuuuu]]。
- URLField：字符类型，存储路由格式的字符串。
- BinaryField：二进制数据类型。
- FileField：字符类型，存储文件路径的字符串。
- ImageField：字符类型，存储图片路径的字符串。
- FilePathField：字符类型，从特定的文件目录选择某个文件。

每个模型字段都允许设置参数，这些参数来自父类 Field，我们在源码里查看 Field 的定义过程（django\db\models\fields__init__.py）并且对模型字段的参数进行分析。

- verbose_name：默认为 None，在 Admin 站点管理设置字段的显示名称。
- primary_key：默认为 False，若为 True，则将字段设置成主键。
- max_length：默认为 None，设置字段的最大长度。
- unique：默认为 False，若为 True，则设置字段的唯一属性。
- blank：默认为 False，若为 True，则字段允许为空值，数据库将存储空字符串。
- null：默认为 False，若为 True，则字段允许为空值，数据库表现为 NULL。
- db_index：默认为 False，若为 True，则以此字段来创建数据库索引。
- default：默认为 NOT_PROVIDED 对象，设置字段的默认值。
- editable：默认为 True，允许字段可编辑，用于设置 Admin 的新增数据的字段。
- serialize：默认为 True，允许字段序列化，可将数据转化为 JSON 格式。
- unique_for_date：默认为 None，设置日期字段的唯一性。
- unique_for_month：默认为 None，设置日期字段月份的唯一性。
- unique_for_year：默认为 None，设置日期字段年份的唯一性。
- choices：默认为空列表，设置字段的可选值。
- help_text：默认为空字符串，用于设置表单的提示信息。
- db_column：默认为 None，设置数据表的列名称，若不设置，则将字段名作为数据表的列名。
- db_tablespace：默认为 None，如果字段已创建索引，那么数据库的表空间名称将作为该字段的索引名。注意：部分数据库不支持表空间。
- auto_created：默认为 False，若为 True，则自动创建字段，用于一对一的关系模型。
- validators：默认为空列表，设置字段内容的验证函数。
- error_messages：默认为 None，设置错误提示。

上述参数适用于所有模型字段，但不同类型的字段会有些特殊参数，每个字段的特殊参数可以在字段的初始化方法 __init__ 里找到，比如字段 DateField 和 TimeField 的特殊参数 auto_now_add 和 auto_now，字段 FileField 和 ImageField 的特殊参数 upload_to。

在定义模型时，一般情况下都会重写函数 __str__，这是设置模型的返回值，默认情况下，返回值为模型名+主键。函数 __str__ 可用于外键查询，比如模型 A 设有外键字段 F，外键字段 F 关联模型 B，当查询模型 A 时，外键字段 F 会将模型 B 的函数 __str__ 返回值作为字段内容。

需要注意的是，函数 __str__ 只允许返回字符类型的字段，如果字段是整型或日期类型的，就必须使用 Python 的 str() 函数将其转化成字符类型。

模型除了定义模型字段和重写函数 __str__ 之外，还有 Meta 选项，这三者是定义模型的基本要素。Meta 选项里设有 19 个属性，每个属性的说明如下：

- abstract：若设为 True，则该模型为抽象模型，不会在数据库里创建数据表。
- app_label：属性值为字符串，将模型设置为指定的项目应用，比如将 index 的 models.py 定义的模型 A 指定到其他 App 里。
- db_table：属性值为字符串，设置模型所对应的数据表名称。
- db_teblespace：属性值为字符串，设置模型所使用数据库的表空间。
- get_latest_by：属性值为字符串或列表，设置模型数据的排序方式。

- managed：默认值为 True，支持 Django 命令执行数据迁移；若为 False，则不支持数据迁移功能。
- order_with_respect_to：属性值为字符串，用于多对多的模型关系，指向某个关联模型的名称，并且模型名称必须为英文小写。比如模型 A 和模型 B，模型 A 的一条数据对应模型 B 的多条数据，两个模型关联后，当查询模型 A 的某条数据时，可使用 get_b_order()和 set_b_order()来获取模型 B 的关联数据，这两个方法名称的 b 为模型名称小写，此外 get_next_in_order()和 get_previous_in_order()可以获取当前数据的下一条和上一条的数据对象。
- ordering：属性值为列表，将模型数据以某个字段进行排序。
- permissions：属性值为元组，设置模型的访问权限，默认设置添加、删除和修改的权限。
- proxy：若设为 True，则为模型创建代理模型，即克隆一个与模型 A 相同的模型 B。
- required_db_features：属性值为列表，声明模型依赖的数据库功能。比如['gis_enabled']，表示模型依赖 GIS 功能。
- required_db_vendor：属性值为列表，声明模型支持的数据库，默认支持 SQLite、PostgreSQL、MySQL 和 Oracle。
- select_on_save：数据新增修改算法，通常无须设置此属性，默认值为 False。
- indexes：属性值为列表，定义数据表的索引列表。
- unique_together：属性值为元组，多个字段的联合唯一，等于数据库的联合约束。
- verbose_name：属性值为字符串，设置模型直观可读的名称并以复数形式表示。
- verbose_name_plural：与 verbose_name 相同，以单数形式表示。
- label：只读属性，属性值为 app_label.object_name，如 index 的模型 PersonInfo，值为 index.PersonInfo。
- label_lower：与 label 相同，但其值为字母小写，如 index.personinfo。

综上所述，模型字段、函数 __str__ 和 Meta 选项是模型定义的基本要素，模型字段的类型、函数 __str__ 和 Meta 选项的属性设置需由开发需求而定。在定义模型时，还可以在模型里定义相关函数，如 get_absolute_url()，当视图类没有设置属性 success_url 时，视图类的重定向路由地址将由模型定义的 get_absolute_url()提供。

除此之外，Django 支持开发者自定义模型字段，从源码文件得知，所有模型字段继承 Field 类，只要将自定义模型字段继承 Field 类并重写父类某些属性或方法即可完成自定义过程，具体的自定义过程不再详细讲述，读者可以参考内置模型字段的定义过程。

7.1.2 开发个人的 ORM 框架

我们知道模型是以类的形式定义的，并且继承父类 Model，但在使用模型操作数据库时，开发者直接使用即可，无须将模型实例化。为了深入探究 Django 的模型机制，在 PyCharm 里打开父类 Model 的源码文件，发现 Model 类在定义过程中设置了 metaclass=ModelBase，如图 7-2 所示。

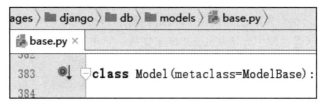

图 7-2 Model 的定义过程

在 Model 类的源码文件里找到 ModelBase 的定义过程，发现 ModelBase 类继承 Python 的 type 类，如图 7-3 所示。

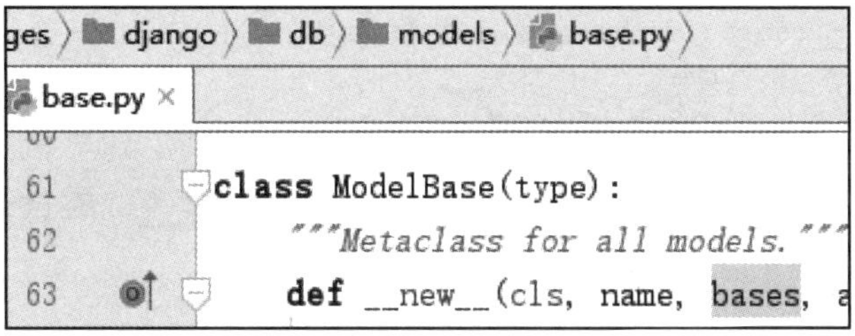

图 7-3 ModelBase 的定义过程

分析 Model 类和 ModelBase 类的源码发现，两者的定义过程与我们定义类的方式有所不同。ModelBase 类继承父类 type，这是自定义 Python 的元类，元类是创建类的类，type 是 Python 用来创建所有类的内置元类，而 ModelBase 类继承 type 类，它通过自定义属性和方法来创建模型对象的元类。

Model 类设置 metaclass=ModelBase 是将 Model 类的创建过程交由元类 ModelBase 执行，而项目里定义模型继承 Model 类，这说明我们定义的模型也是由元类 ModelBase 完成创建的。也许读者难以理解 Python 元类，因此将通过一个简单的例子来加以说明，代码如下：

```
class CreateClass(type):
    def __new__(cls, name, bases, attr):
        attrs = []
        # 将类的属性进行清洗
        for k, v in attr.items():
            if not v.startswith('__'):
                attrs.append((k, v))
        # 将属性生成字典格式
        new_attrs = dict((k, v) for k, v in attrs)
        return super().__new__(cls, name, bases, new_attrs)

class PersonInfo(metaclass=CreateClass):
    name = 'Django'

print(PersonInfo.name)
```

运行上述代码，程序执行过程如下：

（1）执行类 PersonInfo，目的是生成类对象并加载到计算机的内存里（类对象与实例化对象是两个不同的概念）。

（2）默认情况下，类对象的创建是由 Python 内置的 type 完成的，由于类 PersonInfo 设置元类 CreateClass，因此创建过程由元类 CreateClass 完成，它重写 type 的方法__new__，这是将类 PersonInfo 的属性进行清洗处理，去除属性值带有双下画线的属性。

（3）程序执行 print 函数，将类 PersonInfo 的属性 name 输出。

综上所述，Django 的 ORM 框架是通过继承并重写元类 type 来实现的。根据这一原理，我们可自主开发个人的 ORM 框架，分别定义模型字段、元类、模型基本类，代码如下：

```python
# 模型字段的基本类
class Field(object):
    def __init__(self, name, column_type):
        self.name = name
        self.column_type = column_type
    def __str__(self):
        return '<%s:%s>' % (self.__class__.__name__, self.name)

# 模型字段的字符类型
class StringField(Field):
    def __init__(self, name):
        super().__init__(name, 'varchar(100)')

# 模型字段的整数类型
class IntegerField(Field):
    def __init__(self, name):
        super().__init__(name, 'bigint')

# 定义元类 ModelMetaclass，控制 Model 对象的创建
class ModelMetaclass(type):
    def __new__(cls, name, bases, attrs):
        mappings = dict()
        for k, v in attrs.items():
            # 保存类属性和列的映射关系到 mappings 字典
            if isinstance(v, Field):
                print('Found mapping: %s==>%s' % (k, v))
                mappings[k] = v
        for k in mappings.keys():
            # 将类属性移除，使定义的类字段不污染 User 类属性
            attrs.pop(k)
        # 创建类时添加一个__table__类属性
        attrs['__table__'] = name.lower()
        # 保存属性和列的映射关系，创建类时添加一个__mappings__类属性
        attrs['__mappings__'] = mappings
        return super().__new__(cls, name, bases, attrs)

# 定义 Model 类
class Model(metaclass=ModelMetaclass):
    def __init__(self, *args, **kwargs):
        self.kwargs = kwargs
        super().__init__()
```

```python
def save(self):
    fields, params = [], []
    for k, v in self.__mappings__.items():
        fields.append(v.name)
        params.append(str(self.kwargs[k]))
    sql = 'insert into %s (%s) values (%s)'
    sql = sql%(self.__table__,','.join(fields),','.join(params))
    print('SQL: %s' % sql)
```

上述代码是我们自定义的 ORM 框架，设计逻辑参考 Django 的 ORM 框架。为了验证自定义的 ORM 框架的功能，通过定义模型 User 并使其继承父类 Model，再由模型 User 调用父类 Model 的 save 方法，观察 save 方法的输出结果，实现代码如下：

```python
# 定义模型 User
class User(Model):
    # 定义类的属性到列的映射
    id = IntegerField('id')
    name = StringField('username')
    email = StringField('email')
    password = StringField('password')

# 创建实例对象
u = User(id=123,name='Dj',email='Dj@dd.gg',password='111')
# 调用 save()方法
u.save()
```

在 PyCharm 里运行上述代码并查看程序的输出结果，当调用 save()方法时，程序会将实例化对象 u 的数据生成相应的 SQL 语句，只要在 ORM 框架里实现数据库连接，并执行 SQL 语句即可实现数据库的数据操作，运行结果如图 7-4 所示。

```
Found mapping: id==><IntegerField:id>
Found mapping: name==><StringField:username>
Found mapping: email==><StringField:email>
Found mapping: password==><StringField:password>
SQL: insert into user (id,username,email,password) values (123,Dj,Dj@dd.gg,111)
```

图 7-4　运行结果

7.1.3　数据迁移

数据迁移是将项目里定义的模型生成相应的数据表，在 5.1.3 小节已简单介绍过模型的数据迁移操作，本节将会深入讲述数据迁移的操作，包括数据表的创建和更新。

首次在项目里定义模型时，项目所配置的数据库里并没有创建任何数据表，想要通过模型创建数据表，可使用 Django 的操作指令完成创建过程。以 7.1.1 小节的 MyDjango 为例，在 PyCharm 的 Terminal 窗口下输入 Django 的操作指令：

```
D:\MyDjango>python manage.py makemigrations
```

```
Migrations for 'index':
  index\migrations\0001_initial.py
    - Create model PersonInfo
```

当 makemigrations 指令执行成功后,在项目应用 index 的 migrations 文件夹里创建 0001_initial.py 文件,如果项目里有多个 App,并且每个 App 的 models.py 文件里定义了模型对象,当首次执行 makemigrations 指令时,Django 就在每个 App 的 migrations 文件夹里创建 0001_initial.py 文件。打开查看 0001_initial.py 文件,文件内容如图 7-5 所示。

```
from django.db import migrations, models
class Migration(migrations.Migration):
    initial = True
    dependencies = []
    operations = [
        migrations.CreateModel(
            name='PersonInfo',
            fields=[
                ('id', models.AutoField(primary_key=True,
                ('name', models.CharField(max_length=20)),
                ('age', models.IntegerField()),
                ('hireDate', models.DateField()),
```

图 7-5 0001_initial.py 文件内容

0001_initial.py 文件将 models.py 定义的模型生成数据表的脚本代码,该文件的脚本代码可被 migrate 指令执行,migrate 指令会根据脚本代码的内容在数据库里创建相应的数据表,只要在 PyCharm 的 Terminal 窗口下输入 migrate 指令即可完成数据表的创建,代码如下:

```
D:\MyDjango>python manage.py migrate
Operations to perform:
  Apply all migrations:admin,auth,contenttypes,index,sessions
Running migrations:
  Applying contenttypes.0001_initial... OK
```

指令运行完成后,打开数据库就能看到新建的数据表,其中数据表 index_personinfo 由项目应用 index 定义的模型 PersonInfo 创建,而其他数据表是 Django 内置的功能所使用的数据表,分别是会话 Session、用户认证管理和 Admin 后台系统等。

在开发过程中,开发者因为开发需求而经常调整数据表的结构,比如新增功能、优化现有功能等。假如在上述例子里新增模型 Vocation 及其数据表,为了保证不影响现有的数据表,如何通过新增的模型创建相应的数据表?

针对上述问题,我们只需再次执行 makemigrations 和 migrate 指令即可,比如在 index 的 models.py 里定义模型 Vocation,代码如下:

```
class Vocation(models.Model):
    id = models.AutoField(primary_key=True)
    job = models.CharField(max_length=20)
    title = models.CharField(max_length=20)
    name=models.ForeignKey(PersonInfo,on_delete=models.Case)
```

```
        def __str__(self):
            return str(self.id)
        class Meta:
            verbose_name = '职业信息'
```

在 PyCharm 的 Terminal 窗口下输入并运行 makemigrations 指令，Django 会在 index 的 migrations 文件夹里创建 0002_vocation.py 文件；然后输入并运行 migrate 指令即可完成数据表 index_vocation 的创建。

makemigrations 和 migrate 指令还支持模型的修改，从而修改相应的数据表结构，比如在模型 Vocation 里新增字段 payment，代码如下：

```
class Vocation(models.Model):
    id = models.AutoField(primary_key=True)
    job = models.CharField(max_length=20)
    title = models.CharField(max_length=20)
    payment = models.IntegerField(null=True, blank=True)
    name=models.ForeignKey(PersonInfo,on_delete=models.Case)

    def __str__(self):
        return str(self.id)
    class Meta:
        verbose_name = '职业信息'
```

新增模型字段必须将属性 null 和 blank 设为 True 或者为模型字段设置默认值（设置属性 default），否则执行 makemigrations 指令会提示字段修复信息，如图 7-6 所示。

```
D:\MyDjango>python manage.py makemigrations
You are trying to add a non-nullable field 'payu
Please select a fix:
 1) Provide a one-off default now (will be set 
 2) Quit, and let me add a default in models.py
Select an option:
```

图 7-6　字段修复信息

当 makemigrations 指令执行完成后，在 index 的 migrations 文件夹创建相应的 .py 文件，只要再次执行 migrate 指令即可完成数据表结构的修改。

每次执行 migrate 指令时，Django 都能精准运行 migrations 文件夹尚未被执行的 .py 文件，它不会对同一个 .py 文件重复执行，因为每次执行时，Django 会将该文件的执行记录保存在数据表 django_migrations 中，数据表的数据信息如图 7-7 所示。

如果要重复执行 migrations 文件夹的某个 .py 文件，就只需在数据表里删除相应的文件执行记录。一般情况下不建议采用这种操作，因为这样很容易出现异常，比如数据表已存在的情况下，再次执行相应的 .py 文件会提示 table "xxx" already exists 异常。

图 7-7 数据表 django_migrations

migrate 指令还可以单独执行某个 .py 文件，首次在项目中使用 migrate 指令时，Django 会默认创建内置功能的数据表，如果只想执行 index 的 migrations 文件夹的某个 .py 文件，那么可以在 migrate 指令里指定文件名，代码如下：

```
D:\MyDjango>python manage.py migrate index 0001_initial
Operations to perform:
  Target specific migration: 0001_initial, from index
Running migrations:
  Applying index.0001_initial... OK
```

在 migrate 指令末端设置项目应用名称 index 和 migrations 文件夹的 0001_initial 文件名，三者（migrate 指令、项目应用名称 index 和 0001_initial 文件名）之间使用空格隔开即可，指令执行完成后，数据库只有数据表 django_migrations 和 index_personinfo。

我们知道，migrate 指令根据 migrations 文件夹的 .py 文件创建数据表，但在数据库里，数据表的创建和修改离不开 SQL 语句的支持，因此 Django 提供了 sqlmigrate 指令，该指令能将 .py 文件转化成相应的 SQL 语句。以 index 的 0001_initial.py 文件为例，在 PyCharm 的 Terminal 窗口输入 sqlmigrate 指令，指令末端必须设置项目应用名称和 migrations 文件夹的某个 .py 文件名，三者之间使用空格隔开即可，指令输出结果如图 7-8 所示。

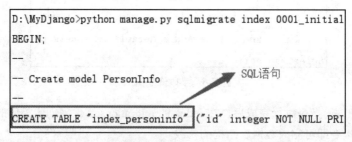

图 7-8 sqlmigrate 指令

除此之外，Django 还提供了很多数据迁移指令，如 squashmigrations、inspectdb、showmigrations、sqlflush、sqlsequencereset 和 remove_stale_contenttypes，这些指令在 1.9.1 小节里已说明过了，此处不再重复讲述。

当我们在操作数据迁移时，Django 会对整个项目的代码进行检测，它首先执行 check 指令，只要项目里某个功能文件存在异常，Django 就会终止数据迁移操作。也就是说，在执行数据迁移之前，可以使用 check 指令检测整个项目，项目检测成功后再执行数据迁移操作，如图 7-9 所示。

```
D:\MyDjango>python manage.py check
System check identified no issues (0 silenced).
```

图 7-9　check 指令

7.1.4　数据导入与导出

在实际开发过程中，我们经常对数据库的数据进行导入和导出操作，比如网站重构、数据分析和网站分布式部署等。一般情况下，我们使用数据库可视化工具来实现数据的导入和导出，以 Navicat Premium 为例，打开某个数据表，单击"导入"或"导出"按钮，按照操作提示即可完成，如图 7-10 所示。

图 7-10　数据的导入与导出

使用数据库可视化工具导入某个表的数据时，如果当前数据表设有外键字段，就必须将外键字段关联的数据表的数据导入，再执行当前数据表的数据导入操作，否则数据无法导入成功。因为外键字段指向它所关联的数据表，如果关联的数据表没有数据，外键字段就无法与关联的数据表生成数据关系，从而使当前数据表的数据导入失败。

除了使用数据库可视化工具实现数据的导入与导出之外，Django 还为我们提供操作指令（loaddata 和 dumpdata）来实现数据的导入与导出操作。以 7.1.3 小节的 MyDjango 为例，在数据表 index_vocation 和 index_personinfo 中分别添加数据，如图 7-11 所示。

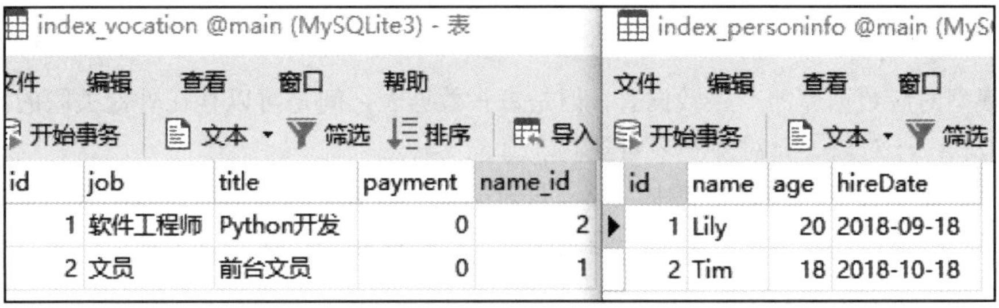

图 7-11　数据表 index_vocation 和 index_personinfo

在 PyCharm 的 Terminal 窗口输入 dumpdata 指令，将整个项目的数据从数据库里导出并保存到 data.json 文件，其指令如下：

```
D:\MyDjango>python manage.py dumpdata>data.json
```

dumpdata 指令末端使用了符号">"和文件名 data.json，这是将项目所有的数据都存放在 data.json 文件中，并且 data.json 的文件路径在项目的根目录（与项目的 manage.py 文件在同一个路径）。如果只想导出某个项目应用的所有数据或者项目应用里某个模型的数据，那么可在 dumpdata

指令末端设置项目名称或项目名称的某个模型名称，代码如下：

```
# 导出项目应用 index 的所有数据
python manage.py dumpdata index >data.json
# 导出项目应用 index 的模型 PersonInfo 的数据
python manage.py dumpdata index.Personinfo>person.json
```

一般情况下，使用 dumpdata 指令导出的数据文件都存放在项目的根目录，因为在输入指令时，PyCharm 的 Terminal 窗口的命令行所在路径为项目的根目录，若想更换存放路径，则可改变命令行的当前路径，比如将数据文件存放在 D 盘，其指令如下：

```
# 将命令行路径切换到 D 盘
D:\MyDjango>cd ..
# 命令行在 D 盘路径下使用 MyDjango 的 manage 文件执行 dumpdata 指令
D:\>python MyDjango/manage.py dumpdata>data.json
```

若想将导出的数据文件重新导入数据库里，则可使用 loaddata 指令完成，该指令使用方式相对单一，只需在指令末端设置需要导入的文件名即可：

```
D:\MyDjango>python manage.py loaddata data.json
Installed 44 object(s) from 1 fixture(s)
```

loaddata 指令根据数据文件的 model 属性来确定当前数据所属的数据表，并将数据插入数据表，从而完成数据导入。

一般情况下，数据的导出和导入最好以整个项目或整个项目应用的数据为单位，因为数据表之间可能存在外键关联，如果只导入某张数据表的数据，就必须考虑该数据表是否设有外键，并且外键所关联的数据表是否已有数据。

7.2 数据表关系

一个模型对应数据库的一张数据表，但是每张数据表之间是可以存在外键关联的，表与表之间有 3 种关联：一对一、一对多和多对多。

一对一关系存在于两张数据表中，第一张表的某一行数据只与第二张表的某一行数据相关，同时第二张表的某一行数据也只与第一张表的某一行数据相关，这种表关系被称为一对一关系，以表 7-1 和表 7-2 为例进行说明。

表 7-1 一对一关系的第一张表

ID	姓名	国籍	参加节目
1001	王大锤	中国	万万没想到
1002	全智贤	韩国	蓝色大海的传说
1003	刀锋女王	未知	计划生育

表7-2　一对一关系的第二张表

ID	出生日期	逝世日期
1001	1988	NULL
1002	1981	NULL
1003	未知	3XXX

表 7-1 和表 7-2 的字段 ID 分别是一一对应的，并且不会在同一表中有重复 ID，使用这种外键关联通常是一张数据表设有太多字段，将常用的字段抽取出来并组成一张新的数据表。在模型中可以通过 OneToOneField 来构建数据表的一对一关系，代码如下：

```
# 一对一关系
from django.db import models
class Performer(models.Model):
    id = models.IntegerField(primary_key=True)
    name = models.CharField(max_length=20)
    nationality = models.CharField(max_length=20)
    masterpiece = models.CharField(max_length=50)

class Performer_info(models.Model):
    id = models.IntegerField(primary_key=True)
    performer=models.OneToOneField(Performer,on_delete=models.CASCADE)
    birth = models.CharField(max_length=20)
    elapse = models.CharField(max_length=20)
```

对上述模型执行数据迁移，在数据库中分别创建数据表 Performer 和 Performer_info，打开 Navicat Premium 查看两张数据表的表关系，如图 7-12 所示。

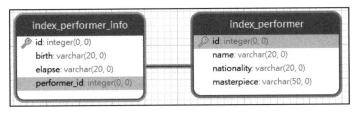

图 7-12　数据表关系

一对多关系存在于两张或两张以上的数据表中，第一张表的某一行数据可以与第二张表的一到多行数据进行关联，但是第二张表的每一行数据只能与第一张表的某一行进行关联，以表 7-3 和表 7-4 为例进行说明。

表7-3　一对多关系的第一张表

ID	姓名	国籍
1001	王大锤	中国
1002	全智贤	韩国
1003	刀锋女王	未知

表 7-4　一对多关系的第二张表

ID	节目
1001	万万没想到
1001	报告老板
1003	星际 2
1003	英雄联盟

在表 7-3 中,字段 ID 的数据可以重复,并且可以在表 7-4 中找到对应的数据,表 7-3 的字段 ID 是唯一的,但是表 7-4 的字段 ID 允许重复,字段 ID 相同的数据对应表 7-3 某一行数据,这种表关系在日常开发中最为常见。在模型中可以通过 ForeignKey 来构建数据表的一对多关系,代码如下:

```python
# 一对多关系
from django.db import models
class Performer(models.Model):
    id = models.IntegerField(primary_key=True)
    name = models.CharField(max_length=20)
    nationality = models.CharField(max_length=20)

class Program(models.Model):
    id = models.IntegerField(primary_key=True)
    performer=models.ForeignKey(Performer,on_delete=models.CASCADE)
    name = models.CharField(max_length=20)
```

对上述模型执行数据迁移,在数据库中分别创建数据表 Performer 和 Program,然后打开 Navicat Premium 查看两张数据表的表关系,如图 7-13 所示。

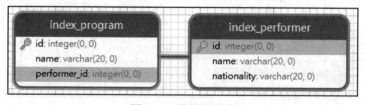

图 7-13　数据表关系

多对多关系存在于两张或两张以上的数据表中,第一张表的某一行数据可以与第二张表的一到多行数据进行关联,同时第二张表中的某一行数据也可以与第一张表的一到多行数据进行关联,以表 7-5 和表 7-6 为例进行说明。

表 7-5　多对多关系的第一张表

ID	姓名	国籍
1001	王大锤	中国
1002	全智贤	韩国
1003	刀锋女王	未知

表 7-6　多对多关系的第二张表

ID	节目
10001	万万没想到
10002	报告老板
10003	星际 2
10004	英雄联盟

表 7-5 和表 7-6 的数据关系如表 7-7 所示。

表 7-7　两张表的数据关系

ID	节目 ID	演员 ID
1	10001	1001
2	10001	1002
3	10002	1001

从 3 张数据表中可以发现，一个演员可以参加多个节目，而一个节目也可以由多个演员来共同演出。每张表的字段 ID 都是唯一的。从表 7-7 中可以发现，节目 ID 和演员 ID 出现了重复的数据，分别对应表 7-5 和表 7-6 的字段 ID，多对多关系需要使用新的数据表来管理两张表的数据关系。在模型中可以通过 ManyToManyField 来构建数据表的多对多关系，代码如下：

```
# 多对多关系
from django.db import models
class Performer(models.Model):
    id = models.IntegerField(primary_key=True)
    name = models.CharField(max_length=20)
    nationality = models.CharField(max_length=20)

class Program(models.Model):
    id = models.IntegerField(primary_key=True)
    name = models.CharField(max_length=20)
    performer = models.ManyToManyField(Performer)
```

数据表之间创建多对多关系时，只需在项目里定义两个模型对象即可，在执行数据迁移时，Django 自动生成 3 张数据表来建立多对多关系，如图 7-14 所示。

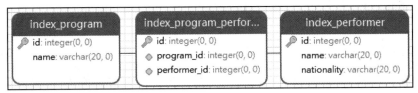

图 7-14　数据表关系

综上所述，模型之间的关联是由 OneToOneField、ForeignKey 和 ManyToManyField 外键字段实现的，每个字段设有特殊的参数，参数说明如下：

- to：必选参数，关联的模型名称。
- on_delete：必选参数，设置数据的删除模式，删除模型包括：CASCADE、PROTECT、SET_NULL、SET_DEFAULT、SET 和 DO_NOTHING。
- limit_choices_to：设置外键的下拉框选项，用于模型表单和 Admin 后台系统。
- related_name：用于模型之间的关联查询，如反向查询。
- related_query_name：设置模型的查询名称，用于 filter 或 get 查询，若设置参数 related_name，则以该参数为默认值，若没有设置，则以模型名称的小写为默认值。
- to_field：设置外键与其他模型字段的关联性，默认关联主键，若要关联其他字段，则该字段必须具有唯一性。
- db_constraint：在数据库里是否创建外键约束，默认值为 True。
- swappable：设置关联模型的替换功能，默认值为 True，比如模型 A 关联模型 B，想让模型 C 继承并替换模型 B，使得模型 A 与模型 C 之间关联。
- symmetrical：仅限于 ManyToManyField，设置多对多字段之间的对称模式。
- through：仅限于 ManyToManyField，设置自定义模型 C，用于管理和创建模型 A 和 B 的多对多关系。
- through_fields：仅限于 ManyToManyField，设置模型 C 的字段，确认模型 C 的哪些字段用于管理模型 A 和 B 的多对多关系。
- db_table：仅限于 ManyToManyField，为管理和存储多对多关系的数据表设置表名称。

7.3 数据表操作

本节讲述如何使用 ORM 框架实现数据新增、修改、删除、查询、执行 SQL 语句和实现数据库事务等操作，具体说明如下：

- 数据新增：由模型实例化对象调用内置方法实现数据新增，比如单数据新增调用 create，查询与新增调用 get_or_create，修改与新增调用 update_or_create，批量新增调用 bulk_create。
- 数据修改必须执行一次数据查询，再对查询结果进行修改操作，常用方法有：模型实例化、update 方法和批量更新 bulk_update。
- 数据删除必须执行一次数据查询，再对查询结果进行删除操作，若删除的数据设有外键字段，则删除结果由外键的删除模式决定。
- 数据查询分为单表查询和多表查询，Django 提供多种不同查询的 API 方法，以满足开发需求。
- 执行 SQL 语句有 3 种方法实现：extra、raw 和 execute，其中 extra 和 raw 只能实现数据查询，具有一定的局限性；而 execute 无须经过 ORM 框架处理，能够执行所有 SQL 语句，但很容易受到 SQL 注入攻击。
- 数据库事务是指作为单个逻辑执行的一系列操作，这些操作具有原子性，即这些操作要么完全执行，要么完全不执行，常用于银行转账和火车票抢购等。

7.3.1 数据新增

Django 对数据库的数据进行增、删、改操作是借助内置 ORM 框架所提供的 API 方法实现的，简单来说，ORM 框架的数据操作 API 是在 QuerySet 类里面定义的，然后由开发者自定义的模型对象调用 QuerySet 类，从而实现数据操作。

以 7.1.4 小节的 MyDjango 为例，分别在数据表 index_personinfo 和 index_vocation 中添加数据，如图 7-15 所示。

id	name	age	hireDate	id	job	title	payment	name_id
1	Lucy	20	2018-09-18	1	软件工程师	Python开发	10000	2
2	Tim	18	2018-09-18	2	文员	前台文员	5000	1
3	Tom	22	2018-08-18	3	网站设计	前端开发	8000	4
4	Mary	24	2018-07-10	4	需求分析师	系统需求设计	9000	3
5	Tony	25	2018-01-18	5	项目经理	项目负责人	12000	5

图 7-15 数据表 index_personinfo 和 index_vocation

为了更好地演示数据库的增、删、改操作，在 MyDjango 项目使用 Shell 模式（启动命令行和执行脚本）进行讲述，该模式方便开发人员开发和调试程序。在 PyCharm 的 Terminal 下开启 Shell 模式，输入 python manage.py shell 指令即可开启，如图 7-16 所示。

```
D:\MyDjango>python manage.py shell
Python 3.7.0 (v3.7.0:1bf9cc5093, Jun
Type "help", "copyright", "credits"
(InteractiveConsole)
>>>
```

图 7-16 启动 Shell 模式

在 Shell 模式下，若想对数据表 index_vocation 插入数据，则可输入以下代码实现：

```
>>> from index.models import *
>>> v = Vocation()
>>> v.job = '测试工程师'
>>> v.title = '系统测试'
>>> v. payment = 0
>>> v. name_id = 3
>>> v.save()
# 数据新增后，获取新增数据的主键 id
>>> v.id
```

上述代码是对模型 Vocation 进行实例化，再对实例化对象的属性进行赋值，从而实现数据表 index_vocation 的数据插入，代码说明如下：

（1）从项目应用 index 的 models.py 文件中导入模型 Vocation。
（2）对模型 Vocation 声明并实例化，生成对象 v。

（3）对对象 v 的属性进行逐一赋值，对象 v 的属性来自于模型 Vocation 所定义的字段。完成赋值后，再由对象 v 调用 save 方法进行数据保存。

需要注意的是，模型 Vocation 的外键命名为 name，但在数据表 index_vocation 中变为 name_id，因此对象 v 设置外键字段 name 的时候，外键字段应以数据表的字段名为准。

上述代码运行结束后，在数据表 index_vocation 里查看数据的插入情况，如图 7-17 所示。

id	job	title	payment	name_id
1	软件工程师	Python开发	10000	2
2	文员	前台文员	5000	1
3	网站设计	前端开发	8000	4
4	需求分析师	系统需求设计	9000	3
5	项目经理	项目负责人	12000	5
6	测试工程师	系统测试	0	3

图 7-17 数据入库

除了上述方法外，数据插入还有以下 3 种常见方法，代码如下：

```
# 方法一
# 使用 create 方法实现数据插入
>>> v=Vocation.objects.create(job='测试工程师',title='系统测试',
payment=0,name_id=3)
# 数据新增后，获取新增数据的主键 id
>>> v.id
# 方法二
# 同样使用 create 方法，但数据以字典格式表示
>>> d=dict(job='测试工程师',title='系统测试',payment=0,name_id=3)
>>> v=Vocation.objects.create(**d)
# 数据新增后，获取新增数据的主键 id
>>> v.id
# 方法三
# 在实例化时直接设置属性值
>>> v=Vocation(job='测试工程师',title='系统测试',payment=0,name_id=3)
>>> v.save()
# 数据新增后，获取新增数据的主键 id
>>> v.id
```

执行数据插入时，为了保证数据的有效性，我们需要对数据进行去重判断，确保数据不会重复插入。以往的方案都是对数据表进行查询操作，如果查询的数据不存在，就执行数据插入操作。为了简化这一过程，Django 提供了 get_or_create 方法，使用如下：

```
>>> d=dict(job='测试工程师',title='系统测试',payment=10,name_id=3)
>>> v=Vocation.objects.get_or_create(**d)
#数据新增后，获取新增数据的主键 id
>>> v[0].id
```

get_or_create 根据每个模型字段的值与数据表的数据进行判断，判断方式如下：

- 只要有一个模型字段的值与数据表的数据不相同（除主键之外），就会执行数据插入操作。

- 如果每个模型字段的值与数据表的某行数据完全相同，就不执行数据插入，而是返回这行数据的数据对象，比如对上述的字典 d 重复执行 get_or_create，第一次是执行数据插入（若执行结果显示为 True，则代表数据插入），第二次是返回数据表已有的数据信息（若执行结果显示为 False，则数据表已存在数据，不再执行数据插入），如图 7-18 所示。

```
>>> d=dict(job='测试工程师',title='系统测试',payment=10,name_id=3)
>>> Vocation.objects.get_or_create(**d)
(<Vocation: 7>, True)
>>> Vocation.objects.get_or_create(**d)
(<Vocation: 7>, False)
```

图 7-18　执行结果

除了 get_or_create 之外，Django 还定义了 update_or_create 方法，这是判断当前数据在数据表里是否存在，若存在，则进行更新操作，否则在数据表里新增数据，使用说明如下：

```
# 第一次是新增数据
>>> d=dict(job='软件工程师',title='Java 开发',name_id=2,payment=8000)
>>> v=Vocation.objects.update_or_create(**d)
>>> v
(<Vocation: 8>, True)
# 第二次是修改数据
>>> v=Vocation.objects.update_or_create(**d,defaults={'title': 'Java'})
>>> v[0].title
```

update_or_create 是根据字典 d 的内容查找数据表的数据，如果能找到相匹配的数据，就执行数据修改，修改内容以字典格式传递给参数 defaults 即可；如果在数据表找不到匹配的数据，就将字典 d 的数据插入数据表里。

如果要对某个模型执行数据批量插入操作，那么可以使用 bulk_create 方法实现，只需将数据对象以列表或元组的形式传入 bulk_create 方法即可：

```
>>> v1=Vocation(job='财务',title='会计',payment=0,name_id=1)
>>> v2=Vocation(job='财务',title='出纳',payment=0,name_id=1)
>>> ojb_list = [v1, v2]
>>> Vocation.objects.bulk_create(ojb_list)
```

在使用 bulk_create 之前，数据类型为模型 Vocation 的实例化对象，并且在实例化过程中设置每个字段的值，最后将所有实例化对象放置在列表或元组里，以参数的形式传递给 bulk_create，从而实现数据的批量插入操作。

7.3.2　数据修改

数据修改的步骤与数据插入的步骤大致相同，唯一的区别在于数据对象来自数据表，因此需要执行一次数据查询，查询结果以对象的形式表示，并将对象的属性进行赋值处理，代码如下：

```
>>> v = Vocation.objects.get(id=1)
>>> v.payment = 20000
```

```
>>> v.save()
```

上述代码获取数据表 index_vocation 里主键 id 等于 1 的数据对象 v，然后修改数据对象 v 的 payment 属性，从而完成数据修改操作。打开数据表 index_vocation 查看数据修改情况，如图 7-19 所示。

id	job	title	payment	name_id
1	软件工程师	Python开发	20000	2
2	文员	前台文员	5000	1
3	网站设计	前端开发	8000	4
4	需求分析师	系统需求设计	9000	3

图 7-19 运行结果

除此之外，还可以使用 update 方法实现数据修改，使用方法如下：

```
# 批量更新一条或多条数据，查询方法使用 filter
# filter 以列表格式返回，查询结果可能是一条或多条数据
>>> Vocation.objects.filter(job='测试工程师').update(job='测试员')
# 更新数据以字典格式表示
>>> d= dict(job='测试员')
>>> Vocation.objects.filter(job='测试工程师').update(**d)
# 不使用查询方法，默认对全表的数据进行更新
>>> Vocation.objects.update(payment=6666)
# 使用内置 F 方法实现数据的自增或自减
# F 方法还可以在 annotate 或 filter 方法里使用
>>> from django.db.models import F
>>> v=Vocation.objects.filter(job='测试工程师')
# 将 payment 字段原有的数据自增加一
>>> v.update(payment=F('payment')+1)
```

在 Django 2.2 或以上版本新增了数据批量更新方法 bulk_update，它的使用与批量新增方法 bulk_create 相似，使用说明如下：

```
# 新增两行数据
>>> v1=Vocation.objects.create(job='财务',title='会计',name_id=1)
>>> v2=Vocation.objects.create(job='财务',title='出纳',name_id=1)
# 修改字段 payment 和 title 的数据
>>> v1.payment=1000
>>> v2.title='行政'
# 批量修改字段 payment 和 title 的数据
>>> Vocation.objects.bulk_update([v1,v2],fields=['payment','title'])
```

7.3.3 数据删除

数据删除有 3 种方式：删除数据表的全部数据、删除一行数据和删除多行数据，实现方式如下：

```
# 删除数据表中的全部数据
>>> Vocation.objects.all().delete()
```

```
# 删除一条 id 为 1 的数据
>>> Vocation.objects.get(id=1).delete()
# 删除多条数据
>>> Vocation.objects.filter(job='测试员').delete()
```

删除数据的过程中，如果删除的数据设有外键字段，就会同时删除外键关联的数据。比如删除数据表 index_personinfo 里主键等于 3 的数据（简称为数据 A），在数据表 index_vocation 里，有些数据（简称为数据 B）关联了数据 A，那么在删除数据 A 时，也会同时删除数据 B，代码如下：

```
>>> PersonInfo.objects.get(id=3).delete()
# 删除结果，共删除 4 条数据
# 其中 Vocation 删除了 3 条数据，PersonInfo 删除了 1 条数据
>>> (4, {'index.Vocation': 3, 'index.PersonInfo': 1})
```

从 7.2 节得知，外键字段的参数 on_delete 用于设置数据删除模式，比如上述例子的模型 Vocation 将外键字段 name 设为 CASCADE 模式，不同的删除模式会影响数据删除结果，说明如下：

- PROTECT 模式：如果删除的数据设有外键字段并且关联其他数据表的数据，就提示数据删除失败。
- SET_NULL 模式：执行数据删除并把其他数据表的外键字段设为 Null，外键字段必须将属性 Null 设为 True，否则提示异常。
- SET_DEFAULT 模式：执行数据删除并把其他数据表的外键字段设为默认值。
- SET 模式：执行数据删除并把其他数据表的外键字段关联其他数据。
- DO_NOTHING 模式，不做任何处理，删除结果由数据库的删除模式决定。

7.3.4 数据查询

在修改数据时，往往只修改某行数据的内容，因此在修改数据之前还要对模型进行查询操作，确定数据表某行的数据对象，最后才执行数据修改操作。我们知道数据库设有多种数据查询方式，如单表查询、多表查询、子查询和联合查询等，而 Django 的 ORM 框架对不同的查询方式定义了相应的 API 方法。

以数据表 index_personinfo 和 index_vocation 为例，在 MyDjango 项目的 Shell 模式下使用 ORM 框架提供的 API 方法实现数据查询，代码如下：

```
>>> from index.models import *
# 全表查询
# SQL: Select * from index_vocation，数据以列表返回
>>> v = Vocation.objects.all()
# 查询第一条数据，序列从 0 开始
>>>v[0].job

# 查询前 3 条数据
# SQL: Select * from index_vocation LIMIT 3
# SQL 语句的 LIMIT 方法，在 Django 中使用列表截取即可
>>> v = Vocation.objects.all()[:3]
```

```
>>> v
<QuerySet [<Vocation: 1>, <Vocation: 2>, <Vocation: 3>]>

# 查询某个字段
# SQL: Select job from index_vocation
# values 方法，数据以列表返回，列表元素以字典表示
>>> v = Vocation.objects.values('job')
>>> v[1]['job']

# values_list 方法，数据以列表返回，列表元素以元组表示
>>> v = Vocation.objects.values_list('job')[:3]
>>> v
<QuerySet [('软件工程师',), ('文员',), ('网站设计',)]>

# 使用 get 方法查询数据
# SQL: Select*from index_vocation where id=2
>>> v = Vocation.objects.get(id=2)
>>>v.job

# 使用 filter 方法查询数据，注意区分 get 和 filter 的差异
>>> v = Vocation.objects.filter(id=2)
>>>v[0].job

# SQL 的 and 查询主要在 filter 里面添加多个查询条件
>>> v = Vocation.objects.filter(job='网站设计', id=3)
>>> v
<QuerySet [<Vocation: 3>]>
#filter 的查询条件可设为字典格式
>>> d=dict(job='网站设计', id=3)
>>> v = Vocation.objects.filter(**d)

# SQL 的 or 查询，需要引入 Q，编写格式：Q(field=value)|Q(field=value)
#多个 Q 之间使用"|"隔开即可
# SQL: Select * from index_vocation where job='网站设计' or id=9
>>> from django.db.models import Q
>>> v = Vocation.objects.filter(Q(job='网站设计')|Q(id=4))
>>> v
<QuerySet [<Vocation: 3>, <Vocation: 4>]>

# SQL 的不等于查询，在 Q 查询前面使用"~"即可
# SQL 语句: SELECT * FROM index_vocation WHERE NOT (job='网站设计')
>>> v = Vocation.objects.filter(~Q(job='网站设计'))
>>> v
<QuerySet [<Vocation: 1>,<Vocation: 2>,<Vocation: 4>,<Vocation: 5>]>
#还可以使用 exclude 实现不等于查询
>>> v = Vocation.objects.exclude(job='网站设计')
>>> v
<QuerySet [<Vocation: 1>,<Vocation: 2>,<Vocation: 4>,<Vocation: 5>]>

# 使用 count 方法统计查询数据的数据量
```

```python
>>> v = Vocation.objects.filter(job='网站设计').count()

# 去重查询，distinct 方法无须设置参数，去重方式根据 values 设置的字段执行
# SQL: Select DISTINCT job from index_vocation where job = '网站设计'
>>> v = Vocation.objects.values('job').filter(job='网站设计').distinct()
>>> v
<QuerySet [{'job': '网站设计'}]>

# 根据字段 id 降序排列，降序只要在 order_by 里面的字段前面加"-"即可
# order_by 可设置多字段排列，如 Vocation.objects.order_by('-id', 'job')
>>> v = Vocation.objects.order_by('-id')
>>> v

# 聚合查询，实现对数据值求和、求平均值等。由 annotate 和 aggregate 方法实现
# annotate 类似于 SQL 里面的 GROUP BY 方法
# 如果不设置 values，默认对主键进行 GROUP BY 分组
# SQL: Select job,SUM(id) AS 'id__sum' from index_vocation GROUP BY job
>>> from django.db.models import Sum, Count
>>> v = Vocation.objects.values('job').annotate(Sum('id'))
>>> print(v.query)

# aggregate 是计算某个字段的值并只返回计算结果
# SQL: Select COUNT(id) AS 'id_count' from index_vocation
>>> from django.db.models import Count
>>> v = Vocation.objects.aggregate(id_count=Count('id'))
>>> v
{'id_count': 5}

# union、intersection 和 difference 语法
# 每次查询结果的字段必须相同
# 第一次查询结果 v1
>>> v1 = Vocation.objects.filter(payment__gt=9000)
>>> v1
<QuerySet [<Vocation: 1>, <Vocation: 5>]>
# 第二次查询结果 v2
>>> v2 = Vocation.objects.filter(payment__gt=5000)
>>> v2
<QuerySet [<Vocation: 1>,<Vocation: 3>,<Vocation: 4>,<Vocation: 5>]>
# 使用 SQL 的 UNION 来组合两个或多个查询结果的并集
# 获取两次查询结果的并集
>>> v1.union(v2)
<QuerySet [<Vocation: 1>,<Vocation: 3>,<Vocation: 5>]>
# 使用 SQL 的 INTERSECT 来获取两个或多个查询结果的交集
# 获取两次查询结果的交集
>>> v1.intersection(v2)
<QuerySet [<Vocation: 1>, <Vocation: 5>]>
# 使用 SQL 的 EXCEPT 来获取两个或多个查询结果的差
# 以 v2 为目标数据，去除 v1 和 v2 的共同数据
>>> v2.difference(v1)
<QuerySet [<Vocation: 3>, <Vocation: 4>]>
```

上述例子讲述了开发中常用的数据查询方法，但有时需要设置不同的查询条件来满足多方面的查询要求。上述的查询条件 filter 和 get 是使用等值的方法来匹配结果。若想使用大于、不等于或模糊查询的匹配方法，则可在查询条件 filter 和 get 里使用表 7-8 所示的匹配符实现。

表 7-8　匹配符的使用及说明

匹配符	使用	说明
__exact	filter(job__exact='开发')	精确等于，如 SQL 的 like '开发'
__iexact	filter(job__iexact='开发')	精确等于并忽略大小写
__contains	filter(job__contains='开发')	模糊匹配，如 SQL 的 like '%荣耀%'
__icontains	filter(job__icontains='开发')	模糊匹配，忽略大小写
__gt	filter(id__gt=5)	大于
__gte	filter(id__gte=5)	大于等于
__lt	filter(id__lt=5)	小于
__lte	filter(id__lte=5)	小于等于
__in	filter(id__in=[1,2,3])	判断是否在列表内
__startswith	filter(job__startswith='开发')	以......开头
__istartswith	filter(job__istartswith='开发')	以......开头并忽略大小写
__endswith	filter(job__endswith='开发')	以......结尾
__iendswith	filter(job__iendswith='开发')	以......结尾并忽略大小写
__range	filter(job__range='开发')	在......范围内
__year	filter(date__year=2018)	日期字段的年份
__month	filter(date__month=12)	日期字段的月份
__day	filter(date__day=30)	日期字段的天数
__isnull	filter(job__isnull=True/False)	判断是否为空

从表 7-8 中可以看到，只要在查询的字段末端设置相应的匹配符，就能实现不同的数据查询方式。例如在数据表 index_vocation 中查询字段 payment 大于 8000 的数据，在 Shell 模式下使用匹配符 __gt 执行数据查询，代码如下：

```
>>> from index.models import *
>>> v = Vocation.objects.filter(payment__gt=8000)
>>> v
<QuerySet [<Vocation: 1>,<Vocation: 4>,<Vocation: 5>]>
```

综上所述，在查询数据时可以使用查询条件 get 或 filter 实现，但是两者的执行过程存在一定的差异，说明如下：

- 查询条件 get：查询字段必须是主键或者唯一约束的字段，并且查询的数据必须存在，如果查询的字段有重复值或者查询的数据不存在，程序就会抛出异常信息。
- 查询条件 filter：查询字段没有限制，只要该字段是数据表的某一字段即可。查询结果以列表形式返回，如果查询结果为空（查询的数据在数据表中找不到），就返回空列表。

7.3.5 多表查询

在日常的开发中,常常需要对多张数据表同时进行数据查询。多表查询需要在数据表之间建立表关系才能够实现。一对多或一对一的表关系是通过外键实现关联的,而多表查询分为正向查询和反向查询。

以模型 PersonInfo 和 Vocation 为例,模型 Vocation 定义的外键字段 name 关联到模型 PersonInfo。如果查询对象的主体是模型 Vocation,通过外键字段 name 去查询模型 PersonInfo 的关联数据,那么该查询称为正向查询;如果查询对象的主体是模型 PersonInfo,要查询它与模型 Vocation 的关联数据,那么该查询称为反向查询。无论是正向查询还是反向查询,两者的实现方法大致相同,代码如下:

```
# 正向查询
# 查询模型 Vocation 某行数据对象 v
>>> v = Vocation.objects.filter(id=1).first()
# v.name 代表外键 name
# 通过外键 name 去查询模型 PersonInfo 所对应的数据
>>> v.name.hireDate

# 反向查询
# 查询模型 PersonInfo 某行数据对象 p
>>> p = PersonInfo.objects.filter(id=2).first()
# 方法一
# vocation_set 的返回值为 queryset 对象,即查询结果
# vocation_set 的 vocation 为模型 Vocation 的名称小写
# 模型 Vocation 的外键字段 name 不能设置参数 related_name
# 若设置参数 related_name,则无法使用 vocation_set
>>> v = p.vocation_set.first()
>>> v.job
# 方法二
# 由模型 Vocation 的外键字段 name 的参数 related_name 实现
# 外键字段 name 必须设置参数 related_name 才有效,否则无法查询
# 将外键字段 name 的参数 related_name 设为 personinfo
>>> v = p.personinfo.first()
>>> v.job
```

正向查询和反向查询还能在查询条件(filter 或 get)里使用,这种方式用于查询条件的字段不在查询对象里,比如查询对象为模型 Vocation,查询条件是模型 PersonInfo 的某个字段,对于这种查询可以采用以下方法实现:

```
# 正向查询
# name__name,前面的 name 是模型 Vocation 的字段 name
# 后面的 name 是模型 PersonInfo 的字段 name,两者使用双下画线连接
>>> v = Vocation.objects.filter(name__name='Tim').first()
# v.name 代表外键 name
>>> v.name.hireDate
```

```
# 反向查询
# 通过外键 name 的参数 related_name 实现反向条件查询
# personinfo 代表外键 name 的参数 related_name
# job 代表模型 Vocation 的字段 job
p = PersonInfo.objects.filter(personinfo__job='网站设计').first()
# 通过参数 related_name 反向获取模型 Vocation 的数据
>>> v = p.personinfo.first()
>>> v.job
```

无论是正向查询还是反向查询，它们在数据库里需要执行两次 SQL 查询，第一次是查询某张数据表的数据，再通过外键关联获取另一张数据表的数据信息。为了减少查询次数，提高查询效率，我们可以使用 select_related 或 prefetch_related 方法实现，该方法只需执行一次 SQL 查询就能实现多表查询。

select_related 主要针对一对一和一对多关系进行优化，它是使用 SQL 的 JOIN 语句进行优化的，通过减少 SQL 查询的次数来进行优化和提高性能，其使用方法如下：

```
# select_related 方法，参数为字符串格式
# 以模型 PersonInfo 为查询对象
# select_related 使用 LEFT OUTER JOIN 方式查询两个数据表
# 查询模型 PersonInfo 的字段 name 和模型 Vocation 的字段 payment
# select_related 参数为 personinfo，代表外键字段 name 的参数 related_name
# 若要得到其他数据表的关联数据，则可用双下画线 "__" 连接字段名
# 双下画线 "__" 连接字段名必须是外键字段名或外键字段参数 related_name
>>> p=PersonInfo.objects.select_related('personinfo').
values('name','personinfo__payment')
# 查看 SQL 查询语句
>>> print(p.query)


# 以模型 Vocation 为查询对象
# select_related 使用 INNER JOIN 方式查询两个数据表
# select_related 的参数为 name，代表外键字段 name
>>> v=Vocation.objects.select_related('name').values('name','name__age')
# 查看 SQL 查询语句
>>> print(v.query)


# 获取两个模型的数据，以模型 Vocation 的 payment 大于 8000 为查询条件
>>> v=Vocation.objects.select_related('name').
filter(payment__gt=8000)
# 查看 SQL 查询语句
>>> print(v.query)
# 获取查询结果集的首个元素的字段 age 的数据
# 通过外键字段 name 定位模型 PersonInfo 的字段 age
>>> v[0].name.age
```

除此之外，select_related 还可以支持 3 个或 3 个以上的数据表同时查询，以下面的例子进行说明。

```
# index 的 models.py
from django.db import models
# 省份信息表
```

```python
class Province(models.Model):
    name = models.CharField(max_length=10)
    def __str__(self):
        return str(self.name)

# 城市信息表
class City(models.Model):
    name = models.CharField(max_length=5)
    province = models.ForeignKey(Province, on_delete=models.CASCADE)
    def __str__(self):
        return str(self.name)

# 人物信息表
class Person(models.Model):
    name = models.CharField(max_length=10)
    living = models.ForeignKey(City, on_delete=models.CASCADE)
    def __str__(self):
        return str(self.name)
```

在上述模型中，模型 Person 通过外键 living 关联模型 City，模型 City 通过外键 province 关联模型 Province，从而使 3 个模型形成一种递进关系。我们对上述新定义的模型执行数据迁移并在数据表里插入数据，如图 7-20 所示。

id	name	id	name	province_id	id	name	living_id
1	广东省	1	广州	1	1	Lily	1
2	浙江省	2	苏州	2	2	Tom	2
3	海南省	3	杭州	2	3	Lucy	3
		4	海口	3	4	Tim	4
		5	深圳	1	5	Mary	5

图 7-20　数据表信息

例如，查询 Tom 现在所居住的省份，首先通过模型 Person 和模型 City 查出 Tom 所居住的城市，然后通过模型 City 和模型 Province 查询当前城市所属的省份。因此，select_related 的实现方法如下：

```
>>> p=Person.objects.select_related('living__province').get(name='Tom')
>>> p.living.province
<Province: 浙江省>
```

从上述例子可以发现，通过设置 select_related 的参数值可实现 3 个或 3 个以上的多表查询。例子中的参数值为 living__province，参数值说明如下：

- living 是模型 Person 的外键字段，该字段指向模型 City。
- province 是模型 City 的外键字段，该字段指向模型 Province。

两个外键字段之间使用双下画线连接，在查询过程中，模型 Person 的外键字段 living 指向模型 City，再从模型 City 的外键字段 province 指向模型 Province，从而实现 3 个或 3 个以上的多表查询。

prefetch_related 和 select_related 的设计目的很相似，都是为了减少 SQL 查询的次数，但是实现的方式不一样。select_related 是由 SQL 的 JOIN 语句实现的，但是对于多对多关系，使用 select_related 会增加数据查询时间和内存占用；而 prefetch_related 是分别查询每张数据表，然后由 Python 语法来处理它们之间的关系，因此对于多对多关系的查询，prefetch_related 更有优势。

我们在 index 的 models.py 里定义模型 Performer 和 Program，分别代表人员信息和节目信息，然后对模型执行数据迁移，生成相应的数据表，模型定义如下：

```python
# index 的 models.py
from django.db import models
class Performer(models.Model):
    id = models.IntegerField(primary_key=True)
    name = models.CharField(max_length=20)
    nationality = models.CharField(max_length=20)
    def __str__(self):
        return str(self.name)

class Program(models.Model):
    id = models.IntegerField(primary_key=True)
    name = models.CharField(max_length=20)
    performer = models.ManyToManyField(Performer)
    def __str__(self):
        return str(self.name)
```

数据迁移成功后，在数据表 index_performer 和 index_program 中分别添加人员信息和节目信息，然后在数据表 index_program_performer 中设置多对多关系，如图 7-21 所示。

id	name	nationality	id	name	id	program_id	performer_id
1	Lily	USA	1	喜洋洋	1	1	1
2	Lilei	CHINA	2	小猪佩奇	2	1	2
3	Tom	US	3	白雪公主	3	1	3
4	Hanmei	CHINA	4	小王子	4	1	4

图 7-21　数据表信息

例如，查询"喜洋洋"节目有多少个人员参与演出，首先从节目表 index_program 里找出"喜洋洋"的数据信息，然后通过外键字段 performer 获取参与演出的人员信息，实现过程如下：

```python
# 查询模型 Program 的某行数据
>>> p=Program.objects.prefetch_related('performer').filter(name='喜洋洋').first()
# 根据外键字段 performer 获取当前数据的多对多或一对多关系
>>> p.performer.all()
```

从上述例子看到，prefetch_related 的使用与 select_related 有一定的相似之处。如果是查询一对多关系的数据信息，那么两者皆可实现，但 select_related 的查询效率更佳。除此之外，Django 的 ORM 框架还提供很多 API 方法，可以满足开发中各种复杂的需求，由于篇幅有限，就不再一一介绍了，有兴趣的读者可在官网上查阅。

7.3.6 执行 SQL 语句

Django 在查询数据时，大多数查询都能使用 ORM 提供的 API 方法，但对于一些复杂的查询可能难以使用 ORM 的 API 方法实现，因此 Django 引入了 SQL 语句的执行方法，有以下 3 种实现方法。

- extra：结果集修改器，一种提供额外查询参数的机制。
- raw：执行原始 SQL 并返回模型实例对象。
- execute：直接执行自定义 SQL。

extra 适合用于 ORM 难以实现的查询条件，将查询条件使用原生 SQL 语法实现，此方法需要依靠模型对象，在某程度上可防止 SQL 注入。在 PyCharm 里打开 extra 源码，如图 7-22 所示，它一共定义了 6 个参数，每个参数说明如下：

- select：添加新的查询字段，即新增并定义模型之外的字段。
- where：设置查询条件。
- params：如果 where 设置了字符串格式化%s，那么该参数为 where 提供数值。
- tables：连接其他数据表，实现多表查询。
- order_by：设置数据的排序方式。
- select_params：如果 select 设置字符串格式化%s，那么该参数为 select 提供数值。

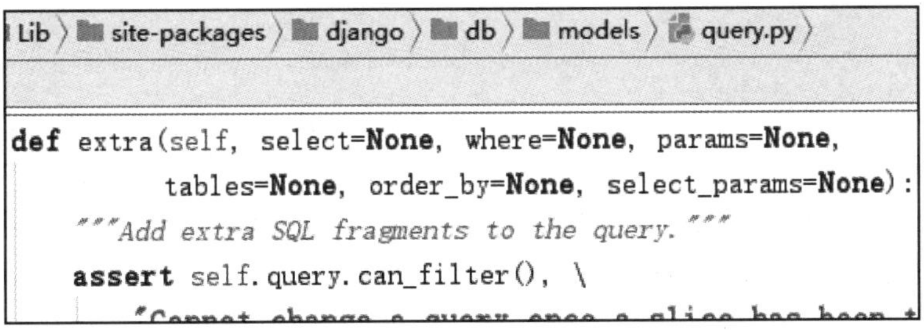

```
Lib  site-packages  django  db  models  query.py

def extra(self, select=None, where=None, params=None,
          tables=None, order_by=None, select_params=None):
    """Add extra SQL fragments to the query."""
    assert self.query.can_filter(), \
```

图 7-22 extra 源码

上述参数都是可选参数，我们可根据实际情况选择所需的参数。以模型 Vocation 为例，使用 extra 实现数据查询，代码如下：

```
# 查询字段 job 等于 '网站设计' 的数据
# params 为 where 的%s 提供数值
>>> Vocation.objects.extra(where=["job=%s"],params=['网站设计'])
<QuerySet [<Vocation: 3>]>

# 新增查询字段 seat, select_params 为 select 的%s 提供数值
>>> v=Vocation.objects.extra(select={"seat":"%s"},
select_params=['seatInfo'])
>>> print(v.query)

# 连接数据表 index_personinfo
>>> v=Vocation.objects.extra(tables=['index_personinfo'])
```

```
>>> print(v.query)
```

下一步分析 raw 的语法，它和 extra 所实现的功能是相同的，只能实现数据查询操作，并且也要依靠模型对象，但从使用角度来说，raw 更为直观易懂。在 PyCharm 里打开 raw 源码，如图 7-23 所示，它一共定义了 4 个参数，每个参数说明如下：

- raw_query：SQL 语句。
- params：如果 raw_query 设置字符串格式化%s，那么该参数为 raw_query 提供数值。
- translations：为查询的字段设置别名。
- using：数据库对象，即 Django 所连接的数据库。

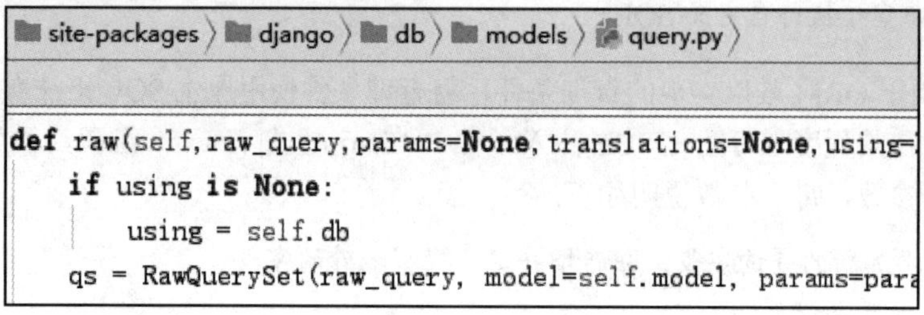

```
site-packages › django › db › models › query.py

def raw(self,raw_query,params=None,translations=None,using=
    if using is None:
        using = self.db
    qs = RawQuerySet(raw_query, model=self.model, params=para
```

图 7-23　raw 源码

上述参数只有 raw_query 是必选参数，其他参数可根据需求自行选择。我们以模型 Vocation 为例，使用 raw 实现数据查询，代码如下：

```
>>> v = Vocation.objects.raw('select * from index_vocation')
>>> v[0]
<Vocation: 1>
```

最后分析 execute 的语法，它执行 SQL 语句无须经过 Django 的 ORM 框架。我们知道 Django 连接数据库需要借助第三方模块实现连接过程，如 MySQL 的 mysqlclient 模块和 SQLite 的 sqlite3 模块等，这些模块连接数据库之后，可通过游标的方式来执行 SQL 语句，而 execute 就是使用这种方式执行 SQL 语句，使用方法如下：

```
>>> from django.db import connection
>>> cursor=connection.cursor()
# 执行 SQL 语句
>>> cursor.execute('select * from index_vocation')
# 读取第一行数据
>>> cursor.fetchone()
# 读取所有数据
>>> cursor.fetchall()
```

execute 能够执行所有的 SQL 语句，但很容易受到 SQL 注入攻击，一般情况下不建议使用这种方式实现数据操作。尽管如此，它能补全 ORM 框架所缺失的功能，如执行数据库的存储过程。

7.3.7　数据库事务

事务是指作为单个逻辑执行的一系列操作，这些操作具有原子性，即这些操作要么完全执行，要么完全不执行。事务处理可以确保事务性单元内的所有操作都成功完成，否则不会执行数据操作。

事务应该具有 4 个属性：原子性（Atomicity）、一致性（Consistency）、隔离性（Isolation）、持久性（Durability），这 4 个属性通常称为 ACID 特性，说明如下：

- 原子性：一个事务是一个不可分割的工作单位，事务中包括的操作要么都做，要么都不做。
- 一致性：事务必须使数据库从某个一致性状态变到另一个一致性状态，一致性与原子性是密切相关的。
- 隔离性：一个事务的执行不能被其他事务干扰，即一个事务内部的操作及使用的数据对其他事务是隔离的，各个事务之间不能互相干扰。
- 持久性：持久性也称永久性（Permanence），指一个事务一旦提交，它对数据库中数据的改变应该是永久性的，其他操作或故障不应该对其有任何影响。

事务在日常开发中经常使用，比如银行转账、火车票抢购等。以银行转账为例，假定 A 账户目前有 100 元，B 账户向 A 账户转账 100 元。在这个转账的过程中，必须保证 A 账户的资金增加 100 元，B 账户的资金减少 100 元，如果刚完成 A 账户增加 100 元的操作，系统就发生瘫痪而无法执行 B 账户减少 100 元的操作，这时 A 账户就凭空多出 100 元。为了解决这种问题，这个转账过程需由事务完成，说明如下：

- 原子性和一致性：B 账户减少 100 元后，A 账户增加 100 元。假使交易途中发生故障，B 账户不应减少 100 元，A 账户也不应增加 100 元。
- 隔离性：如果 B 账户执行两次转账，应有先后次序，两次交易不可在原来同一个余额上重复执行，以确保交易后 A 和 B 账户的余额正确。
- 持久性：交易记录应在交易完成后永久记录。

Django 的事务定义在 transaction.py 文件中，在 PyCharm 里打开该文件并分析其定义的函数方法，如图 7-24 所示。

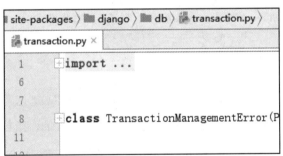

图 7-24　transaction.py 文件

从 transaction.py 文件发现，该文件共定义了两个类和 16 个函数方法，而在开发中常用的函数方法如下：

- atomic()：在视图函数或视图类里使用事务。
- savepoint()：开启事务。
- savepoint_rollback()：回滚事务。
- savepoint_commit()：提交事务。

以 MyDjango 为例，将模型 Vocation 作为事务的操作对象，分别在 index 的 urls.py、views.py 中定义路由信息和视图函数，代码如下：

```python
# index 的 urls.py
urlpatterns = [
    # 定义路由
    path('', index, name='index'),
]

# index 的 views.py
from django.shortcuts import render
from .models import *
from django.db import transaction
from django.db.models import F

@transaction.atomic
def index(request):
    # 开启事务保护
    sid = transaction.savepoint()
    try:
        id = request.GET.get('id', '')
        if id:
            v = Vocation.objects.filter(id=id)
            v.update(payment=F('payment') + 1)
            print('Done')
            # 提交事务
            # 如不设置，当程序执行完成后，会自动提交事务
            # transaction.savepoint_commit(sid)
        else:
            # 全表的 payment 字段自减 1
            Vocation.objects.update(payment=F('payment')-1)
            # 事务回滚，将全表 payment 字段自减 1 的操作撤回
            transaction.savepoint_rollback(sid)
    except Exception as e:
        # 事务回滚
        transaction.savepoint_rollback(sid)
    return render(request, 'index.html', locals())
```

上述代码的视图函数 index 是通过事务来操作模型 Vocation 的，函数的执行过程说明如下：

（1）视图函数使用装饰器@transaction.atomic，使函数支持事务操作。

（2）在开始事务操作之前，必须使用 savepoint 方法来创建一个事务对象，便于 Django 的识别和管理。

（3）事务操作引入 try…except 机制，如果在执行过程中发生异常，就执行事务回滚，使事务里所有的数据操作无效，确保数据的一致性。

（4）在 try 模块里，首先获取请求参数 id，如果存在请求参数 id，就根据请求参数 id 的值去查询模型 Vocation 的数据，并对字段 payment 执行自增 1 操作；如果请求参数 id 不存在，就将模型 Vocation 的所有数据执行自减 1 操作和事务回滚。

如果没有事务机制，那么当请求参数 id 不存在时，模型 Vocation 的所有数据完成自减 1 操作后，数据表立即能看到操作结果；而引入事务机制后，由于在自减 1 操作后设置了事务回滚，因此程序执行完成后，数据表的数据不会发生改变。

除了在视图函数中使用装饰器@transaction.atomic 之外，还可以在视图函数中使用 with 模块实现事务操作，代码如下：

```
from django.db import transaction
def index(request):
    pass
    # with 模块里的代码可支持事务操作
    with transaction.atomic():
        pass
```

运行 MyDjango 项目，分别访问 127.0.0.1:8000 和 127.0.0.1:8000/?id=1，每次访问分别查看数据表 index_vocation 的数据变化情况，这样有助于读者深入了解事务机制的运行过程。

7.4 多数据库的连接与使用

当网站的数据量越来越庞大时，使用单个数据库处理数据很容易使数据库系统瘫痪，从而导致整个网站瘫痪。为了减轻数据库系统的压力，Django 可以同时连接和使用多个数据库。

7.4.1 多数据库的连接

我们通过简单的示例来讲述 Django 如何实现多数据库的连接与使用。以 MyDjango 为例，在项目里创建项目应用 index 和 user，并在配置文件 settings.py 的 INSTALLED_APPS 中添加 index 和 user，目录结构如图 7-25 所示。

图 7-25　目录结构

从 2.4.3 小节得知，Django 连接多个数据库时从配置属性 DATABASES 添加数据库信息即可，并且每个数据库的信息是以字典的键值对表示的。本示例将连接 3 个数据库，分别是项目内置的 db.sqlite3、MySQL 的 indexdb 和 userdb，配置信息如下：

```
# settings.py 的 DATABASES
# 其中 default 为 Django 默认使用的数据库
DATABASES = {
    'default': {
```

```python
            'ENGINE': 'django.db.backends.sqlite3',
            'NAME': BASE_DIR / 'db.sqlite3',
     },
     'db1': {
            'ENGINE': 'django.db.backends.mysql',
            'NAME': 'indexdb',
            'USER': 'root',
            'PASSWORD': '1234',
            "HOST": "localhost",
            'PORT': '3306',
     },
     'db2': {
            'ENGINE': 'django.db.backends.mysql',
            'NAME': 'userdb',
            'USER': 'root',
            'PASSWORD': '1234',
            "HOST": "localhost",
            'PORT': '3306',
     },
}
```

由于项目连接了 MySQL 的 indexdb 和 userdb 数据库，因此还需要在本地的 MySQL 数据库系统里创建相应的数据库，数据库的创建过程不再详细讲述。除了设置 DATABASES 属性之外，还需要设置配置属性 DATABASE_ROUTERS 和 DATABASE_APPS_MAPPING，配置信息如下：

```python
# 新增 dbRouter.py 文件编写类 DbAppsRouter
DATABASE_ROUTERS=['MyDjango.dbRouter.DbAppsRouter']
DATABASE_APPS_MAPPING = {
    # 设置每个 App 的模型使用的数据库
    # {'app_name':'database_name',}
    'admin': 'defualt',
    'index': 'db1',
    'user': 'db2',
}
```

DATABASE_ROUTERS 指向 MyDjango 文件夹的 dbRouter.py 所定义的 DbAppsRouter 类，该类定义数据库读写、数据表关系和数据迁移等方法；DATABASE_APPS_MAPPING 用于设置数据库与项目应用的映射关系，如项目应用 index 对应数据库 db1（MySQL 的 indexdb），代表 index 的 models.py 所定义的模型都在数据库 db1 里创建数据表。

由于 DATABASE_ROUTERS 指向 MyDjango 文件夹的 dbRouter.py 文件，因此在 MyDjango 文件夹里创建 dbRouter.py 文件，文件名并不固定，读者可自行命名。我们在该文件里定义 DbAppsRouter 类，类名也可以自行命名，代码如下：

```python
# MyDjango 的 dbRouter.py
from django.conf import settings

DATABASE_MAPPING = settings.DATABASE_APPS_MAPPING
class DbAppsRouter(object):
    def db_for_read(self, model, **hints):
```

```
        if model._meta.app_label in DATABASE_MAPPING:
            return DATABASE_MAPPING[model._meta.app_label]
        return None

    def db_for_write(self, model, **hints):
        if model._meta.app_label in DATABASE_MAPPING:
            return DATABASE_MAPPING[model._meta.app_label]
        return None

    def allow_relation(self, obj1, obj2, **hints):
        db_obj1 = DATABASE_MAPPING.get(obj1._meta.app_label)
        db_obj2 = DATABASE_MAPPING.get(obj2._meta.app_label)
        if db_obj1 and db_obj2:
            if db_obj1 == db_obj2:
                return True
            else:
                return False
        return None

    # 用于创建数据表
    def allow_migrate(self,db,app_label,model_name=None,**hints):
        if db in DATABASE_MAPPING.values():
            return DATABASE_MAPPING.get(app_label) == db
        elif app_label in DATABASE_MAPPING:
            return False
        return None
```

变量 DATABASE_MAPPING 从配置文件里获取配置属性 DATABASE_APPS_MAPPING 的值；类 DbAppsRouter 根据变量 DATABASE_MAPPING（数据库与项目应用的映射关系）来设置数据库的读取（类方法 db_for_read）、写入（类方法 db_for_write）、数据表关系（类方法 allow_relation）和数据迁移（类方法 allow_migrate）。

综上所述，单个 Django 项目连接多数据库的操作如下：

- 在配置文件 settings.py 里设置配置属性 DATABASES，属性值以字典形式表示，字典的每个键值对代表连接某个数据库。
- 设置配置属性 DATABASE_APPS_MAPPING，它以字典形式表示，每个键值对设置每个项目应用所使用的数据库，即数据库与项目应用的映射关系。
- 设置配置属性 DATABASE_ROUTERS，它以列表形式表示，列表元素指向某个自定义类，该类根据数据库与项目应用的映射关系来设置数据库的读取、写入、数据表关系和数据迁移。
- 在 MyDjango 文件夹里创建 dbRouter.py 文件和定义 DbAppsRouter 类，该类是配置属性 DATABASE_ROUTERS 指向的自定义类。

7.4.2 多数据库的使用

Django 实现多数据库连接后，接下来讲述如何在开发过程中使用多数据库实现数据的读写操作。以 7.4.1 小节的 MyDjango 为例，在项目应用 index 和 user 的 models.py 里分别定义模型 City 和 PersonInfo，代码如下：

```python
# index 的 models.py
from django.db import models
class City(models.Model):
    name = models.CharField(max_length=50)
    def __str__(self):
        return self.name
    class Meta:
        # 设置模型所属的 App，在数据库 db1 里生成数据表
        # 若不设置 app_label，则默认为当前文件所在的 App
        app_label = "index"
        # 自定义数据表名称
        db_table = 'city'
        # 定义数据表在 Admin 后台的显示名称
        verbose_name = '城市信息表'

# user 的 models.py
from django.db import models
class PersonInfo(models.Model):
    name = models.CharField(max_length=50)
    age = models.CharField(max_length=100)
    live = models.CharField(max_length=100)
    def __str__(self):
        return self.name
    class Meta:
        # 设置模型所属的 App，在数据库 db2 里生成数据表
        # 若不设置 app_label，则默认当前文件所在的 App
        app_label = "user"
        # 自定义数据表名称
        db_table = 'personinfo'
        # 定义数据表在 Admin 后台的显示名称
        verbose_name = '个人信息表'
```

两个模型之间存在一对多关系，模型 PersonInfo 的字段 live 代表个人的居住城市，但是字段 live 不能使用 ForeignKey 关联模型 City，因为模型 PersonInfo 在数据库 db2 里创建数据表，模型 City 在数据库 db1 里创建数据表，两者隶属于不同的数据库，所以无法建立数据表关系。如果在模型 PersonInfo 中设置外键 ForeignKey 关联模型 City，在执行数据迁移时，Django 提示 Cannot add foreign key constraint 异常，如图 7-26 所示。

```
ges\MySQLdb\connections.py", line 217, in query
, query)
(1215, 'Cannot add foreign key constraint')
```

图 7-26 数据迁移

模型 City 和 PersonInfo 的 Meta 属性设置了 app_label，这是将模型归属到某个项目应用，由

于配置文件 settings.py 设置了 DATABASE_APPS_MAPPING 属性，将每个项目应用的模型指定了所属的数据库，因此能确定模型 City 和 PersonInfo 在哪个数据库里创建数据表。

下一步为模型 City 和 PersonInfo 执行数据迁移，在 PyCharm 的 Terminal 下输入并执行迁移指令 makemigrations 和 migrate。makemigrations 指令在项目应用的 migrations 文件夹里创建 0001_initial.py 文件，但执行 migrate 指令时，Django 不会在数据库 db1 和 db2 里创建模型 City 和 PersonInfo 的数据表，只在 Sqlite3 数据库里创建 Django 内置功能的数据表。若要为模型 City 和 PersonInfo 创建相应的数据表，则需要在 migrate 指令中设置参数，具体如下：

```
# 在数据库 default（db.sqlite3）中创建内置功能的数据表
python manage.py migrate
# 在数据库 db1（MySQL 的 indexdb）中创建数据表
python manage.py migrate --database=db1
# 在数据库 db2（MySQL 的 userdb）中创建数据表
python manage.py migrate --database=db2
```

完成数据迁移后，分别访问数据库 Sqlite3、indexdb 和 userdb，查看是否生成了相应的数据表，如图 7-27 所示。

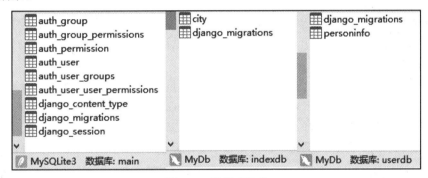

图 7-27　数据表信息

无论 Django 连接单个数据库还是多个数据库，数据的读写方式都是相同的，但多表查询必须保证两张数据表建立在同一个数据库，否则只能执行多次单表查询。以模型 City 和 PersonInfo 为例，模型 PersonInfo 的字段 live 代表个人的居住城市，它与模型 City 可以构建外键关系，但两者隶属于不同的数据库。若查询居住在广州的人员信息，则只能分别对两个模型进行单独查询，在 Django 的 Shell 模式下实现查询过程。

```
>>> from user.models import PersonInfo
>>> from index.models import City
# 创建数据
>>> City.objects.create(name='广州')
<City: 广州>
>>> d=dict(name='Lucy',age=20,live='1')
>>> PersonInfo.objects.create(**d)
<PersonInfo: Lucy>
# 查询居住在广州的人员信息
# 在模型 City 中查询"广州"的数据对象 c
>>> c=City.objects.filter(name='广州').first()
# 从数据对象 c 获取主键 id，作为模型 PersonInfo 的查询条件
```

```
>>> p=PersonInfo.objects.filter(live=str(c.id))
>>> p
<QuerySet [<PersonInfo: Lucy>]>
```

综上所述，单个 Django 项目连接并使用多数据库时需要注意以下几点：

- 模型之间建立外键关联必须保证它们所对应的数据表建立在同一个数据库。
- 定义模型时，可在 Meta 属性中设置 app_label，这是将模型归属到某个项目应用，从而确定模型在哪个数据库里创建数据表。
- 执行数据迁移时，migrate 指令必须设置参数，否则只为默认的数据库创建数据表。
- 无论连接单个数据库还是多个数据库，数据的读写方式都是相同的。

7.5 动态创建模型与数据表

正常情况下，系统的数据表都已被固化，也就是说，数据库的数据表在 Django 中已定义了具体的模型对象，并且系统在运行中不再修改数据表的表结构，但对于一些特殊应用场景，我们需要动态创建数据表才能满足开发需求。

比如现有一张存储商品信息的数据表，并且商品销量需要每天更新。如果将商品每天销量存储在商品信息表，那么全年累计下来，数据表就会产生 365 个字段，这样不符合数据表的设计思想。

为了解决这种特殊开发需求，商品每天销量应使用新的数据表存储，商品每天销量表的数据与商品信息表的数据相同，但商品每天销量表必须设有新字段记录当天销售量，并且表名应以当天日期表示。

Django 没有为我们提供动态创建模型和数据表的方法，因此需要在 ORM 的基础上进行自定义。以 MyDjango 为例，在项目中应用 index 的 models.py 定义函数 createModel()、createDb()和 createNewTab()，函数定义如下：

```
# index 的 models.py
from django.db import models

def createModel(name, fields, app_label, options=None):
    """
    动态定义模型对象
    :param name: 模型的命名
    :param fields: 模型字段
    :param app_label: 模型所属的项目应用
    :param options: 模型 Meta 类的属性设置
    :return: 返回模型对象
    """
    class Meta:
        pass

    setattr(Meta, 'app_label', app_label)
```

```python
    # 设置模型 Meta 类的属性
    if options is not None:
        for key, value in options.items():
            setattr(Meta, key, value)

    # 添加模型属性和模型字段
    attrs = {'__module__':f'{app_label}.models','Meta':Meta}
    attrs.update(fields)
    # 使用 type 动态创建类
    return type(name, (models.Model,), attrs)


def createDb(model):
    """
    使用 ORM 的数据迁移创建数据表
    :param model: 模型对象
    """
    from django.db import connection
    from django.db.backends.base.schema \
        import BaseDatabaseSchemaEditor
    # 创建数据表必须使用 try……except，因为数据表已存在的时候会提示异常
    try:
        with BaseDatabaseSchemaEditor(connection) as editor:
            editor.create_model(model=model)
    except: pass


def createNewTab(model_name):
    """
    定义模型对象和创建相应数据表
    :param model_name: 模型名称（数据表名称）
    :return: 返回模型对象，便于视图执行增删改查
    """
    fields = {
        'id': models.AutoField(primary_key=True),
        'product': models.CharField(max_length=20),
        'sales': models.IntegerField(),
        '__str__': lambda self: str(self.id), }
    options = {
        'verbose_name': model_name,
        'db_table': model_name,
    }
    m = createModel(name=model_name, fields=fields,
                    app_label='index', options=options)
    createDb(m)
    return m
```

上述代码中，动态创建模型和数据表是由函数 createModel()、createDb()和 createNewTab()实现，各个函数实现的功能说明如下：

（1）createModel()是工厂函数，它负责对模型类进行加工并执行实例化，参数 name 代表模型名称；参数 fields 以字典格式表示，每个键值对代表一个模型字段；参数 app_label 代表模型定义在那个项目应用；参数 options 设置模型 Meta 类的属性。

（2）createDb() 根据模型对象在数据库中创建数据表，它调用 ORM 的 BaseDatabaseSchemaEditor 的实例方法 create_model()创建数据表，参数 model 代表已实例化的模型对象。

（3）createNewTab()设置模型字段 fields 和模型 Meta 类，首先调用工厂函数 createModel()生成模型的实例化对象 m，然后调用 createDb()并传入实例化对象 m，在数据库中生成相应的数据表，最后将模型的实例化对象 m 作为函数返回值。

最后在 MyDjango 的 urls.py、项目应用 index 的 urls.py 和 views.py 定义路由 index 和视图函数 indexView()，定义过程如下：

```
# MyDjango 的 urls.py
from django.urls import path, include
urlpatterns = [
    path('',include(('index.urls','index'),namespace='index')),
]

# index 的 urls.py
from django.urls import path
from .views import *
urlpatterns = [
    # 定义路由
    path('', indexView, name='index'),
]

# index 的 views.py
from django.http import HttpResponse
from .models import createNewTab
import time

def indexView(request):
    today = time.localtime(time.time())
    model_name = f"sales{time.strftime('%Y-%m-%d',today)}"
    model_name = createNewTab(model_name)
    model_name.objects.create(
        product="Django",
        sales=666,
    )
    return HttpResponse('Done')
```

视图函数 indexView()调用 models.py 的 createNewTab()创建模型的实例化对象和数据表，函数参数 model_name 代表模型名称和数据表名称；函数 createNewTab()的返回值是模型的实例化对象，通过操作模型实例化对象就能完成数据表的数据读写操作。

运行 MyDjango，在浏览器访问 http://127.0.0.1:8000/，然后使用数据库可视化工具 Navicat Premium 打开 MyDjango 的 Sqlite3 数据库文件，查看数据表的创建情况，如图 7-28 所示。

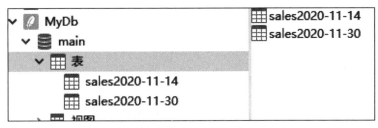

图 7-28　Sqlite3 数据库文件

7.6　MySQL 分表功能

当数据表的数据量过于庞大的时候，数据读写速度会变得越来越慢，从而增加了网站的响应时间，不利于用户体验。为了提高网站性能，我们可以对数据量比较大的数据表进行分表处理，MySQL 数据库内置了分表功能，分表使用数据表引擎 MyISAM 实现。

MySQL 设有多种引擎，常用的引擎有 InnoDB、MyISAM、Memory 和 ARCHIVE，每种引擎的说明如下：

（1）Innodb：默认的数据库存储引擎。支持事务、行锁和外键约束。内置缓冲管理和缓冲索引，加快查询速度；使用共享表空间存储，所有表和索引存放在同一个表空间中。

（2）MyISAM：一张 MyISAM 表有三个文件，即索引文件、表结构文件和数据文件；不支持事务和外键约束，数据表的锁分别有读锁和写锁，读锁和写锁是互斥的，并且读写操作是串行。在同一时刻，两个进程对 MyISAM 表执行读取和写入操作，优先执行写入操作，因此 MyISAM 表不太适合有大量写入操作，它使查询操作难以获得读锁，有可能造成永远阻塞。

（3）Memory：用于将数据存在内存，以提高数据的访问速度；因为数据存放于内存中，一旦服务器出现故障，数据都会丢失；支持的锁粒度为表级锁。

（4）ARCHIVE：用于数据表归档，仅支持基本的插入和查询功能；它拥有很好的压缩机制，使用 zlib 压缩，常被用来当作数据仓库使用。

在 Django 中，ORM 框架连接 MySQL 并创建数据表是默认使用 InnoDB 引擎，如果要使用数据表引擎 MyISAM 实现分表功能，必须自定义创建数据表。以 MyDjango 为例，在配置文件 settings.py 中设置 MySQL 的连接方式，代码如下：

```
# MyDjango 的 settings.py
DATABASES = {
    'default': {
        'ENGINE': 'django.db.backends.mysql',
        'NAME': 'mydjango',
        'USER': 'root',
        'PASSWORD': '123456',
        'HOST': '127.0.0.1',
        'POST': 3306,
        # 将所有数据表设为 MyISAM 引擎
        # 'OPTIONS': {
```

```
            #       'init_command':'SET default_storage_engine=MyISAM',
            # },
        }
}
```

在 MyDjango 连接本地 MySQL 之前,需要在本地 MySQL 中创建数据库 mydjango,确保 Django 启动的时候能正常连接。代码中还注释了配置属性 OPTIONS 的 init_command,这是将 Django 的所有数据表改为 MyISAM 引擎。在实际开发中,如果数据表引擎没有特殊要求,建议使用 InnoDB 引擎,因为它更适合于日常的业务需求。

下一步在项目应用 index 的 models.py 定义数据表 allperson、person0、person1 和 person2,这些数据表都是使用 MyISAM 引擎,详细的定义过程如下:

```
# index 的 models.py
from django.db import models
from django.db import connection
from django.db.backends.base.schema
    import BaseDatabaseSchemaEditor

def create_table(sql):
    # 创建数据表必须使用 try……except,因为数据表已存在的时候会提示异常
    try:
        with BaseDatabaseSchemaEditor(connection) as editor:
            editor.execute(sql=sql)
    except:
        pass

# 创建分表
tb_list = []
for i in range(3):
    create_table(f'''
        create table if not exists person{i}(
        id int primary key auto_increment ,
        name varchar(20),
        sex tinyint not null default '0'
        )ENGINE=MyISAM DEFAULT CHARSET=utf8
        AUTO_INCREMENT=1 ;
    ''')
    tb_list.append(f'person{i}')

# 创建总表
# tb_str 是将所有分表联合到总表
tb_str = ','.join(tb_list)
create_table(f'''
    create table if not exists allperson(
    id int primary key auto_increment ,
    name varchar(20),
    sex tinyint not null default '0'
    )ENGINE=MERGE UNION=({tb_str}) INSERT_METHOD=LAST
    CHARSET=utf8 AUTO_INCREMENT=1 ;
```

```
''')
class PersonInfo(models.Model):
    id = models.AutoField(primary_key=True)
    name = models.CharField(max_length=20)
    sex = models.IntegerField()

    def __str__(self):
        return self.name

    class Meta:
        verbose_name = '人员信息'
        # 参数 managed 代表不会在数据迁移中创建数据表
        managed = False
        # 模型映射数据库中特定的数据表
        db_table = 'allperson'
```

上述代码中，我们使用 ORM 框架的 BaseDatabaseSchemaEditor 的实例方法 execute()执行 SQL 语句，SQL 语句是创建数据表 allperson、person0、person1 和 person2。在 SQL 语句中，只需设置 ENGINE=MyISAM 就能修改数据表引擎。

数据表创建成功后，我们还要为数据表 allperson 定义模型 PersonInfo，通过操作模型 PersonInfo 就能实现数据表 allperson 的数据读写操作；由于数据表 allperson 是由 SQL 语句创建，所以模型的 Meta 类必须设置参数 managed 和 db_table。

在 MyDjango 中执行数据迁移，在迁移过程中，Django 自动执行 index 的 models.py 的代码，在数据库中创建相应的数据表，如图 7-29 所示。

图 7-29　数据表信息

打开数据表 person0、person1 和 person2，分别为每张数据表添加数据内容，并且打开数据表 allperson 就能看到数据表 person0、person1 和 person2 的数据内容，如图 7-30 所示。

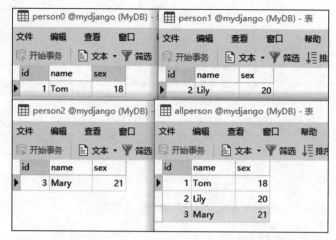

图 7-30 数据表 allperson、person0、person1 和 person2

最后讲述如何在 Django 中使用 MyISAM 分表功能，分别在 MyDjango 的 urls.py 和 index 的 urls.py 定义路由 index、index 的 views.py 视图函数 indexView()、编写 templates 的模板文件 index.html，代码如下：

```python
# MyDjango 的 urls.py
from django.urls import path, include
urlpatterns = [
    # 指向 index 的路由文件 urls.py
    path('',include(('index.urls','index'),namespace='index')),
]

# index 的 urls.py
from django.urls import path
from .views import *
urlpatterns = [
    # 定义路由
    path('', indexView, name='index'),
]

# index 的 views.py
from django.shortcuts import render
from .models import *
def indexView(request):
    personInfo = PersonInfo.objects.all()
    return render(request, 'index.html', locals())

# templates 的 index.html
<!DOCTYPE html>
<html>
<body>
{% for p in personInfo %}
<div>name is {{ p.name }}, sex is {{ p.sex }}</div>
{% endfor %}
</body>
```

```
</html>
```

视图函数 indexView() 查询模型 PersonInfo 的全部数据，模型 PersonInfo 映射数据表 allperson，即查询数据表 allperson 的全部数据，数据表 allperson 的数据来自分表 person0、person1 和 person2；将查询结果传递给模板文件 index.html，由模板语法将查询结果展示在网页上。运行 MyDjango，并访问 http://127.0.0.1:8000/，运行结果如图 7-31 所示。

```
name is Tom, sex is 18
name is Lily, sex is 20
name is Mary, sex is 21
```

图 7-31　运行结果

如果系统从设计之初就决定使用 MyISAM 分表功能，并且各个分表都需要写入数据，建议分表的主键 id 不要设为数字类型，因为总表会将所有分表的数据汇总，假如每个分表的主键 id 都是从 1 开始计算并逐行递增，那么总表的字段 id 会出现重复值而无法分辨数据是来自哪个分表。

MyISAM 分表功能是由一张总表和多张分表组成，总表是多张分表的数据汇总，便于查询数据，但是对总表进行数据新增，它只会在最后的分表中插入数据，比如分表 person0、person1 和 person2，MySQL 只会在 person2 中插入数据。

如果要实现数据新增操作，可以在 index 的 models.py 定义各个分表的模型对象，每次执行数据新增的时候，分别查询各个分表的数据量，将数据写入到数据量最小的分表中；还可以使用随机函数 random() 将每次数据新增操作随机写入到某张分表中。总的来说，数据新增需要制定合理的新增策略，以使各个分表的数据量保持在合理的数值范围内。

7.7　本章小结

Django 对各种数据库提供了很好的支持，包括 PostgreSQL、MySQL、SQLite 和 Oracle，而且为这些数据库提供了统一的 API 方法，这些 API 统称为 ORM 框架。通过使用 Django 内置的 ORM 框架可以实现数据库连接和读写操作。

模型定义讲述了模型字段和模型属性的设置，不同类型的模型字段对应不同的数据表字段；模型属性可用于 Django 其他功能模块，如设置模型所属的 App。

开发个人的 ORM 框架是从源码深入剖析 Django 的 ORM 框架底层原理，并参考此原理实现个人的 ORM 框架的开发。

数据迁移是根据模型在数据库里创建相应的数据表，这一过程由 Django 内置的操作指令 makemigrations 和 migrate 实现，此外还讲述数据迁移常见的错误以及其他数据迁移指令。

数据导入与导出是对数据表的数据执行导入与导出操作，确保开发阶段、测试阶段和项目上线的数据互不影响。

一个模型对应数据库的一张数据表，但是每张数据表之间是可以存在外键关联的，表与表之间有 3 种关联：一对一、一对多和多对多。

数据新增：由模型实例化对象调用内置方法实现数据新增，比如单数据新增调用 create，查询与新增调用 get_or_create，修改与新增调用 update_or_create，批量新增调用 bulk_create。

数据修改：必须执行一次数据查询，再对查询结果进行修改操作，常用方法有：模型实例化、update 方法和批量更新 bulk_update。

数据删除：必须执行一次数据查询，再对查询结果进行删除操作，若删除的数据设有外键字段，则删除结果由外键的删除模式决定。

数据查询：分为单表查询和多表查询，Django 提供多种不同查询的 API 方法，以满足开发需求。

执行 SQL 语句有 3 种方法实现：extra、raw 和 execute，其中 extra 和 raw 只能实现数据查询，具有一定的局限性；而 execute 无须经过 ORM 框架处理，能够执行所有 SQL 语句，但很容易受到 SQL 注入攻击。

数据库事务是指作为单个逻辑执行的一系列操作，这些操作具有原子性，即这些操作要么完全执行，要么完全不执行，常用于银行转账和火车票抢购等。

单个 Django 项目连接多数据库的操作如下：

- 在配置文件 settings.py 里设置配置属性 DATABASES，属性值以字典形式表示，字典的每个键值对代表连接某个数据库。
- 设置配置属性 DATABASE_APPS_MAPPING，它以字典形式表示，每个键值对设置每个项目应用所使用的数据库，即数据库与项目应用的映射关系。
- 设置配置属性 DATABASE_ROUTERS，它以列表形式表示，列表元素指向某个自定义类，该类根据数据库与项目应用的映射关系来设置数据库的读取、写入、数据表关系和数据迁移。
- 在 MyDjango 文件夹里创建 dbRouter.py 文件和定义 DbAppsRouter 类，该类是配置属性 DATABASE_ROUTERS 指向的自定义类。

单个 Django 项目连接并使用多数据库时需要注意以下几点：

- 模型之间建立外键关联必须保证它们所对应的数据表建立在同一个数据库。
- 定义模型时，可在 Meta 属性中设置 app_label，这是将模型归属到某个项目应用，从而确定模型在哪个数据库里创建数据表。
- 执行数据迁移时，migrate 指令必须设置参数，否则只为默认的数据库创建数据表。
- 无论连接单个数据库还是多个数据库，数据的读写方式都是相同的。

正常情况下，系统的数据表都已被固化，也就是说，数据库的数据表在 Django 中已定义了具体的模型对象，并且系统在运行中不再修改数据表的表结构，但对于一些特殊应用场景，我们需要动态创建数据表才能满足开发需求。Django 没有为我们提供动态创建模型和数据表的方法，因此需要在 ORM 的基础上进行自定义。

当数据表的数据量过于庞大的时候，数据读写速度会变得越来越慢，从而增加了网站的响应时间，不利于用户体验。为了提高网站性能，我们可以对数据量比较大的数据表进行分表处理，MySQL 数据库内置了分表功能，分表使用数据表引擎 MyISAM 实现。

第 8 章

表单与模型

表单是搜集用户数据信息的各种表单元素的集合,其作用是实现网页上的数据交互,比如用户在网站输入数据信息,然后提交到网站服务器端进行处理(如数据录入和用户登录注册等)。

网页表单是 Web 开发的一项基本功能,Django 的表单功能由 Form 类实现,主要分为两种:django.forms.Form 和 django.forms.ModelForm。前者是一个基础的表单功能,后者是在前者的基础上结合模型所生成的数据表单。

8.1 初识表单

传统的表单生成方式是在模板文件中编写 HTML 代码实现,在 HTML 语言中,表单由<form>标签实现。表单生成方式如下:

```
<!DOCTYPE html>
<html>
<body>
# 表单
<form action="" method="post">
First name:<br>
<input type="text" name="fname" value="Mickey">
<br>
Last name:<br>
<input type="text" name="lname" value="Mouse">
<br><br>
<input type="submit" value="Submit">
</form>
# 表单
</body>
```

```
</html>
```

一个完整的表单主要由 4 部分组成：提交地址、请求方式、元素控件和提交按钮，分别说明如下：

- 提交地址（form 标签的 action 属性）用于设置用户提交的表单数据应由哪个路由接收和处理。当用户向服务器提交数据时，若属性 action 为空，则提交的数据应由当前的路由来接收和处理，否则网页会跳转到属性 action 所指向的路由地址。
- 请求方式用于设置表单的提交方式，通常是 GET 请求或 POST 请求，由 form 标签的属性 method 决定。
- 元素控件是供用户输入数据信息的输入框，由 HTML 的<input>控件实现，控件属性 type 用于设置输入框的类型，常用的输入框类型有文本框、下拉框和复选框等。
- 提交按钮供用户提交数据到服务器，该按钮也是由 HTML 的<input>控件实现的。但该按钮具有一定的特殊性，因此不归纳到元素控件的范围内。

在模板文件中，通过 HTML 语言编写表单是一种较为简单的实现方式，如果表单元素较多或一个网页里使用多个表单，就会在无形之中增加模板的代码量，对日后的维护和更新造成极大的不便。为了简化表单的实现过程和提高表单的灵活性，Django 提供了完善的表单功能。

在 5.2.1 小节已简单演示过表单的定义过程，并且将表单交由视图类 FormView 使用，从而在浏览器上生成网页表单。为了深入了解表单的定义过程和使用方式，以 MyDjango 为例，在 index 文件夹中创建 form.py 文件，然后在 index 的 models.py 中定义分别模型 PersonInfo 和 Vocation。模型定义的代码如下：

```python
# index 的 urls.py
from django.db import models
class PersonInfo(models.Model):
    id = models.AutoField(primary_key=True)
    name = models.CharField(max_length=20)
    age = models.IntegerField()

    def __str__(self):
        return self.name
    class Meta:
        verbose_name = '人员信息'

class Vocation(models.Model):
    id = models.AutoField(primary_key=True)
    job = models.CharField(max_length=20)
    title = models.CharField(max_length=20)
    payment = models.IntegerField(null=True, blank=True)
    person=models.ForeignKey(PersonInfo,on_delete=models.CASCADE)

    def __str__(self):
        return str(self.id)
    class Meta:
        verbose_name = '职业信息'
```

分别对模型 PersonInfo 和 Vocation 执行数据迁移，在项目的 db.sqlite3 文件里生成相应的数据表，然后在数据表 index_vocation 和 index_personinfo 里分别新建数据信息，如图 8-1 所示。

id	job	title	payment	person_id		id	name	age
1	软件开发	Python开发	10000	2	▶	1	Lucy	20
2	软件测试	自动化测试	8000	3		2	LiLei	23
3	需求分析	需求分析	6000	1		3	Tom	25
4	项目管理	项目经理	12000	4		4	Tim	26

图 8-1　数据表 index_vocation 和 index_personinfo

项目数据创建成功后，我们在 form.py 中定义表单类 VocationForm，然后在 index 的 urls.py、views.py 和模板文件 index.html 中使用表单类 VocationForm，在浏览器上生成网页表单，实现代码如下：

```
# index 的 form.py
from django import forms
from .models import *
class VocationForm(forms.Form):
    job = forms.CharField(max_length=20, label='职位')
    title = forms.CharField(max_length=20, label='职称')
    payment = forms.IntegerField(label='薪资')
    # 设置下拉框的值
    # 查询模型 PersonInfo 的数据
    value = PersonInfo.objects.values('name')
    # 将数据以为列表形式表示，列表元素为元组格式
    choices=[(i+1, v['name']) for i, v in enumerate(value)]
    # 表单字段设为 ChoiceField 类型，以生成下拉框
    person=forms.ChoiceField(choices=choices,label='姓名')

# index 的 urls.py
from django.urls import path
from .views import *
urlpatterns = [
    # 定义路由
    path('', index, name='index'),
]

# index 的 views.py
from django.shortcuts import render
from .form import *
def index(request):
    v = VocationForm()
    return render(request, 'index.html', locals())

# templates 的 index.html
<!DOCTYPE html>
<html lang="en">
<head>
  <meta charset="UTF-8">
```

```html
    <title>Title</title>
</head>
<body>
{% if v.errors %}
  <p>
    数据出错啦，错误信息：{{ v.errors }}
  </p>
{% else %}
  <form action="" method="post">
    {% csrf_token %}
    <table>
      {{ v.as_table }}
    </table>
    <input type="submit" value="提交">
</form>
{% endif %}
</body>
</html>
```

上述代码演示表单 Form 的使用过程，整个过程包含表单类 VocationForm 的定义（index 的 form.py）、实例化表单类（index 的 views.py）和使用表单对象（模板文件 index.html），说明如下：

（1）在 form.py 中定义表单 VocationForm，表单以类的形式表示。在表单中定义不同类型的类属性，这些属性在表单中称为表单字段，每个表单字段代表 HTML 的一个表单控件，这是表单的基本组成单位。

（2）在 views.py 中导入 form.py 定义的表单类 VocationForm，视图函数 index 对 VocationForm 实例化并生成表单对象 v，再将表单对象 v 传递给模板文件 index.html。

（3）表单对象 v 在模板文件 index.html 里使用 errors 判断表单对象是否存在异常信息，若存在，则将异常信息输出，否则使用 as_table 将表单对象 v 以 HTML 的<table>标签生成网页表单。

运行 MyDjango 项目，在浏览器上访问 127.0.0.1:8000 即可看到网页表单，如图 8-2 所示。 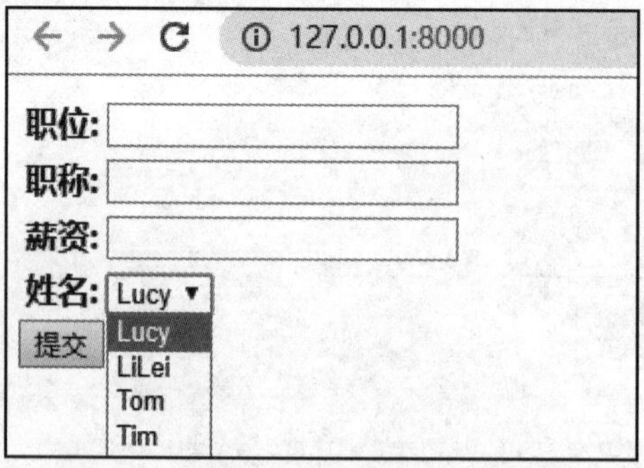

图 8-2　网页表单

综上所述，Django 的表单功能是通过定义表单类，再由类的实例化生成 HTML 的表单元素控件，这样可以在模板文件中减少 HTML 的硬编码。每个 HTML 的表单元素控件由表单字段来决定，以表单字段 job 为例：

```
# 表单类 VocationForm 的表单字段 job
job = forms.CharField(max_length=20, label='职位')
# 表单字段 job 所生成的 HTML 元素控件
<tr><th><label for="id_job">职位:</label></th><td>
<input type="text" name="job" maxlength="20" required id="id_job">
</td></tr>
```

通过表单字段和 HTML 元素控件对比可以发现：

- 字段 job 的参数 label 将转换成 HTML 的标签<label>。
- 字段 job 的 forms.CharField 类型转换成 HTML 的<inputtype="text">控件。标签<input>是一个输入框控件；参数 type 设置输入框的数据类型，如 type="text"代表当前输入框为文本类型。
- 字段 job 的命名将转换成<input>控件的参数 name；表单字段的参数 max_length 将转换成<input>控件的参数 maxlength。

8.2 源码分析 Form

从 8.1 节发现，表单类的定义过程与模型有相似之处，只不过两者所继承的类有所不同，也就是说，Django 内置的表单功能也是使用自定义元类实现定义过程。在 PyCharm 里打开表单类 Form 的源码文件，其定义过程如图 8-3 所示。

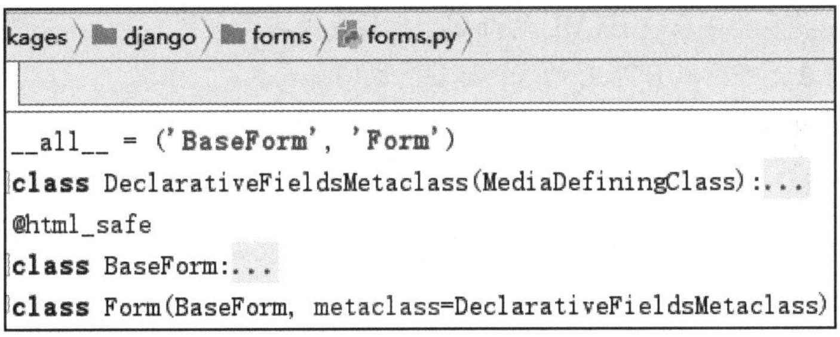

```
kages  django  forms  forms.py

__all__ = ('BaseForm', 'Form')
class DeclarativeFieldsMetaclass(MediaDefiningClass):...
@html_safe
class BaseForm:...
class Form(BaseForm, metaclass=DeclarativeFieldsMetaclass)
```

图 8-3　表单类 Form 的源码文件

表单类 Form 继承 BaseForm 和元类 DeclarativeFieldsMetaclass，而该元类又继承另一个元类，因此表单类 Form 的继承关系如图 8-4 所示。

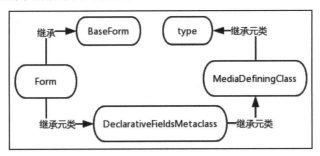

图 8-4　表单类 Form 的继承关系

从图 8-4 得知，元类没有定义太多的属性和方法，大部分的属性和方法都是由父类 BaseForm 定义的，8.1 节的模板文件 index.html 所使用的 errors 和 as_table 方法也是来自父类 BaseForm。我们分析父类 BaseForm 的定义过程，列举开发中常用的属性和方法。

- data：默认值为 None，以字典形式表示，字典的键为表单字段，代表将数据绑定到对应的表单字段。
- auto_id：默认值为 id_%s，以字符串格式化表示，若设置 HTML 元素控件的 id 属性，比如表单字段 job，则元素控件 id 属性为 id_job，%s 代表表单字段名称。
- prefix：默认值为 None，以字符串表示，设置表单的控件属性 name 和 id 的属性值，如果一个网页里使用多个相同的表单，那么设置该属性可以区分每个表单。
- initial：默认值为 None，以字典形式表示，在表单的实例化过程中设置初始化值。
- label_suffix：若参数值为 None，则默认为冒号，以表单字段 job 为例，其 HTML 控件含有 label 标签（<label for="id_job">职位:</label>），其中 label 标签里的冒号由参数 label_suffix 设置。
- field_order：默认值为 None，则以表单字段定义的先后顺序进行排列，若要自定义排序，则将每个表单字段按先后顺序放置在列表里，并把列表作为该参数的值。
- use_required_attribute：默认值为 None（或为 True），为表单字段所对应的 HTML 控件设置 required 属性，该控件为必填项，数据不能为空，若设为 False，则 HTML 控件为可填项。
- errors()：验证表单的数据是否存在异常，若存在异常，则获取异常信息，异常信息可设为字典或 JSON 格式。
- is_valid()：验证表单数据是否存在异常，若存在，则返回 False，否则返回 True。
- as_table()：将表单字段以 HTML 的<table>标签生成网页表单。
- as_ul()：将表单字段以 HTML 的<ul>标签生成网页表单。
- as_p()：将表单字段以 HTML 的<p>标签生成网页表单。
- has_changed()：对比用于提交的表单数据与表单初始化数据是否发生变化。

了解表单类 Form 的定义过程后，接下来讲述表单的字段类型。表单字段与模型字段有相似之处，不同类型的表单字段对应不同的 HTML 控件，在 PyCharm 中打开表单字段的源码文件，如图 8-5 所示。

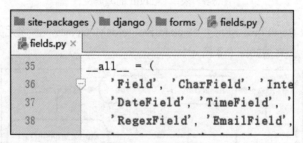

图 8-5 表单字段

从源码文件 fields.py 中找到 26 个不同类型的表单字段，每个字段的说明如下：

- CharField：文本框，参数 max_length 和 min_length 分别设置文本长度。
- IntegerField：数值框，参数 max_value 设置最大值，min_value 设置最小值。

- FloatField：数值框，继承 IntegerField，验证数据是否为浮点数。
- DecimalField：数值框，继承 IntegerField，验证数值是否设有小数点，参数 max_digits 设置最大位数，参数 decimal_places 设置小数点最大位数。
- DateField：文本框，继承 BaseTemporalField，具有验证日期格式的功能，参数 input_formats 设置日期格式。
- TimeField：文本框，继承 BaseTemporalField，验证数据是否为 datetime.time 或特定时间格式的字符串。
- DateTimeField：文本框，继承 BaseTemporalField，验证数据是否为 datetime.datetime、datetime.date 或特定日期时间格式的字符串。
- DurationField：文本框，验证数据是否为一个有效的时间段。
- RegexField：文本框，继承 CharField，验证数据是否与某个正则表达式匹配，参数 regex 设置正则表达式。
- EmailField：文本框，继承 CharField，验证数据是否为合法的邮箱地址。
- FileField：文件上传框，参数 max_length 设置上传文件名的最大长度，参数 allow_empty_file 设置是否允许文件内容为空。
- ImageField：文件上传控件，继承 FileField，验证文件是否为 Pillow 库可识别的图像格式。
- FilePathField：文件选择控件，在特定的目录选择文件，参数 path 是必需参数，参数值为目录的绝对路径；参数 recursive、match、allow_files 和 allow_folders 为可选参数。
- URLField：文本框，继承 CharField，验证数据是否为有效的路由地址。
- BooleanField：复选框，设有选项 True 和 False，如果字段带有 required=True，复选框就默认为 True。
- NullBooleanField：复选框，继承 BooleanField，设有 3 个选项，分别为 None、True 和 False。
- ChoiceField：下拉框，参数 choices 以元组形式表示，用于设置下拉框的选项列表。
- TypedChoiceField：下拉框，继承 ChoiceField，参数 coerce 代表强制转换数据类型，参数 empty_value 表示空值，默认为空字符串。
- MultipleChoiceField：下拉框，继承 ChoiceField，验证数据是否在下拉框的选项列表。
- TypedMultipleChoiceField：下拉框，继承 MultipleChoiceField，验证数据是否在下拉框的选项列表，并且可强制转换数据类型，参数 coerce 代表强制转换数据类型，参数 empty_value 表示空值，默认为空字符串。
- ComboField：文本框，为表单字段设置验证功能，比如字段类型为 CharField，为该字段添加 EmailField，使字段具有邮箱验证功能。
- MultiValueField：文本框，将多个表单字段合并成一个新的字段。
- SplitDateTimeField：文本框，继承 MultiValueField，验证数据是否为 datetime.datetime 或特定日期时间格式的字符串。
- GenericIPAddressField：文本框，继承 CharField，验证数据是否为有效的 IP 地址。
- SlugField：文本框，继承 CharField，验证数据是否只包括字母、数字、下画线及连字符。
- UUIDField：文本框，继承 CharField，验证数据是否为 UUID 格式。

表单字段除了转换 HTML 控件之外，还具有一定的数据格式规范，比如 EmailField 字段，它设有邮箱地址验证功能。不同类型的表单字段设有一些特殊参数，但每个表单字段都继承父类 Field，因此它们具有以下的共同参数。

- required：输入的数据是否为空，默认值为 True。
- widget：设置 HTML 控件的样式。
- label：用于生成 label 标签的网页内容。
- initial：设置表单字段的初始值。
- help_text：设置帮助提示信息。
- error_messages：设置错误信息，以字典形式表示，比如{'required': '不能为空', 'invalid': '格式错误'}。
- show_hidden_initial：参数值为 True/False，是否在当前控件后面再加一个隐藏的且具有默认值的控件（可用于检验两次输入的值是否一致）。
- validators：自定义数据验证规则。以列表格式表示，列表元素为函数名。
- localize：参数值为 True/False，设置本地化，不同时区自动显示当地时间。
- disabled：参数值为 True/False，HTML 控件是否可以编辑。
- label_suffix：设置 label 的后缀内容。

综上所述，表单的定义过程、表单的字段类型和表单字段的参数类型是表单的核心功能。以 8.1 节的 MyDjango 为例，优化 form.py 定义的 VocationForm，代码如下：

```python
from django import forms
from .models import *
from django.core.exceptions import ValidationError
# 自定义数据验证函数
def payment_validate(value):
    if value > 30000:
        raise ValidationError('请输入合理的薪资')

class VocationForm(forms.Form):
    job = forms.CharField(max_length=20, label='职位')
    # 设置字段参数 widget、error_messages
    title = forms.CharField(max_length=20, label='职称',
        widget=forms.widgets.TextInput(attrs={'class':'c1'}),
        error_messages={'required': '职称不能为空'},)
    # 设置字段参数 validators
    payment = forms.IntegerField(label='薪资',
                                validators=[payment_validate])
    # 设置下拉框的值
    # 查询模型 PersonInfo 的数据
    value = PersonInfo.objects.values('name')
    # 将数据以列表格式表示，列表元素为元组格式
    choices = [(i+1, v['name']) for i, v in enumerate(value)]
    # 表单字段设为 ChoiceField 类型，以生成下拉框
    person = forms.ChoiceField(choices=choices, label='姓名')
    # 自定义表单字段 title 的数据清洗
    def clean_title(self):
        # 获取字段 title 的值
```

```
        data = self.cleaned_data['title']
        return '初级' + data
```

优化的代码分别使用了字段参数 widget、error_messages、validators 以及自定义表单字段 title 的数据清洗函数 clean_title()，说明如下：

- 参数 widget 是一个 forms.widgets 对象，其作用是设置表单字段的 CSS 样式，参数的对象类型必须与表单字段类型相符。例如表单字段为 CharField，参数 widget 的类型应为 forms.widgets.TextInput，两者的含义与作用是一致的，都是文本输入框，若表单字段改为 ChoiceField，而参数 widget 的类型不变，前者是下拉选择框，后者是文本输入框，则在网页上会优先显示为文本输入框。
- 参数 error_messages 设置数据验证失败后的错误信息，参数值以字典的形式表示，字典的键为表单字段的参数名称，字典的值为错误信息。
- 参数 validators 是自定义的数据验证函数，当用户提交表单数据后，首先在视图里执行自定义的验证函数，当数据验证失败后，会抛出自定义的异常信息。因此，如果字段中设置了参数 validators，就无须设置参数 error_messages，因为数据验证已由参数 validators 优先处理。
- 自定义表单字段 title 的数据清洗函数 clean_title() 只适用于表单字段 title 的数据清洗，函数名的格式必须为 clean_表单字段名称()，而且函数必须有 return 返回值。如果在函数中设置主动抛出异常 ValidationError，那么该函数可视为带有数据验证的数据清洗函数。

参数 widget 是一个 forms.widgets 对象（forms.widgets 对象也称为小部件），而且 forms.widgets 的类型必须与表单的字段类型相互对应，不同的表单字段对应不同的 forms.widgets 类型，对应规则分为 4 大类：文本框类型、下拉框（复选框）类型、文件上传类型和复合框类型，如表 8-1 所示。

表 8-1 表单字段与小部件的对应规则

文本框类型	
TextInput	对应 CharField 字段，文本框内容设置为文本格式
NumberInput	对应 IntegerField 字段，文本框内容只允许输入数值
EmailInput	对应 EmailField 字段，验证输入值是否为邮箱地址格式
URLInput	对应 URLField 字段，验证输入值是否为路由地址格式
PasswordInput	对应 CharField 字段，输入值以 "*" 显示
HiddenInput	对应 CharField 字段，隐藏文本框，不显示在网页上
DateInput	对应 DateField 字段，验证输入值是否为日期格式
DateTimeInput	对应 DateTimeField 字段，验证输入值是否为日期时间格式
TimeInput	对应 TimeField 字段，验证输入值是否为时间格式
Textarea	对应 CharField 字段，将文本框设为 Textarea 格式
下拉框（复选框）类型	
CheckboxInput	对应 BooleanField 字段，设置复选框，选项为 True 和 False
Select	对应 ChoiceField 字段，设置下拉框
NullBooleanSelect	对应 NullBooleanField，设置复选框，选项为 None、True 和 False
SelectMultiple	对应 ChoiceField 字段，与 Select 类似，允许选择多个值
RadioSelect	对应 ChoiceField 字段，将数据列表设置为单选按钮
CheckboxSelectMultiple	对应 ChoiceField 字段，与 SelectMultiple 类似，设置为复选框列表

(续表)

文件上传类型	
FileInput	对应 FileField 或 ImageField 字段
ClearableFileInput	对应 FileField 或 ImageField 字段，但多了复选框，允许清除上传的文件和图像
复合框类型	
MultipleHiddenInput	隐藏一个或多个 HTML 的控件
SplitDateTimeWidget	组合使用 DateInput 和 TimeInput
SplitHiddenDateTimeWidget	与 SplitDateTimeWidget 类似，但将控件隐藏，不显示在网页上
SelectDateWidget	组合使用 3 个 Select，分别生成年、月、日的下拉框

当我们为表单字段的参数 widget 设置对象类型时，可以根据实际情况进行选择。假设表单字段为 SlugField 类型，该字段继承 CharField，因此可以选择文本框类型的任意一个对象类型作为参数 widget 的值，如 Textarea 或 URLInput 等。

为了进一步验证优化后的表单是否正确运行，我们对 views.py 的视图函数 index 进行代码优化，代码如下：

```python
# index 的 views.py
from django.shortcuts import render
from django.http import HttpResponse
from .form import *
def index(request):
    # GET 请求
    if request.method == 'GET':
        v = VocationForm()
        return render(request,'index.html',locals())
    # POST 请求
    else:
        v = VocationForm(request.POST)
        if v.is_valid():
            # 获取网页控件 name 的数据
            # 方法一
            title = v['title']
            # 方法二
            # cleaned_data 对控件 name 的数据进行清洗
            ctitle = v.cleaned_data['title']
            print(ctitle)
            return HttpResponse('提交成功')
        else:
            # 获取错误信息，并以 JSON 格式输出
            error_msg = v.errors.as_json()
            print(error_msg)
            return render(request,'index.html',locals())
```

视图函数 index 通过判断用户的请求方式（不同的请求方式执行不同的处理方案），分别对 GET 和 POST 请求做了不同的响应处理，说明如下：

- 用户在浏览器中访问 127.0.0.1:8000，等同于向 Django 发送一个 GET 请求，函数 index 将表单 VocationForm 实例化并传递给模板，由模板引擎生成空白的网页表单显示在浏览器上。

- 当用户在网页表单上输入数据后，单击"提交"按钮，等同于向 Django 发送一个 POST 请求，函数 index 将请求参数传递给表单类 VocationForm，生成表单对象 v，然后调用 is_valid()对表单对象 v 进行数据验证。
- 如果验证成功，就可以使用 v['title']或 v.cleaned_data['title']来获取某个 HTML 控件的数据。由于表单字段 title 设有自定义的数据清洗函数，因此使用 v.is_valid()验证表单数据时，Django 自动执行数据清洗函数 clean_title()。
- 如果验证失败，就使用 errors.as_json()方法获取验证失败的错误信息，然后将验证失败的信息通过模板返回给用户。

在模板文件 index.html 里，我们使用 errors 和 as_table 方法生成网页表单，除此之外，还可以在模板文件里使用以下方法生成其他 HTML 标签的网页表单：

```
# 将表单生成 HTML 的 ul 标签
{{ v.as_ul }}
# 将表单生成 HTML 的 p 标签
{{ v.as_p }}
# 生成单个 HTML 元素控件
{{ v.title }}
# 获取表单字段的参数 lable 属性值
{{ v.title.label }}
```

运行 MyDjango 项目，在浏览器访问 127.0.0.1:8000，并在表单里输入数据信息，当薪资的数值大于 30000 时，提交表单就会触发自定义数据验证函数 payment_validate，网页上显示错误信息，如图 8-6 所示。

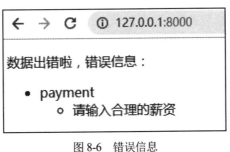

图 8-6　错误信息

8.3　源码分析 ModelForm

我们知道 Django 的表单分为两种：django.forms.Form 和 django.forms.ModelForm。前者是一个基础的表单功能，后者是在前者的基础上结合模型所生成的模型表单。模型表单是将模型字段转换成表单字段，由表单字段生成 HTML 控件，从而生成网页表单。

本节讲述如何使用表单类 ModelForm 实现表单数据与模型数据之间的交互开发。表单类 ModelForm 继承父类 BaseModelForm，其元类为 ModelFormMetaclass。在 PyCharm 中打开类 ModelForm 的定义过程，如图 8-7 所示。

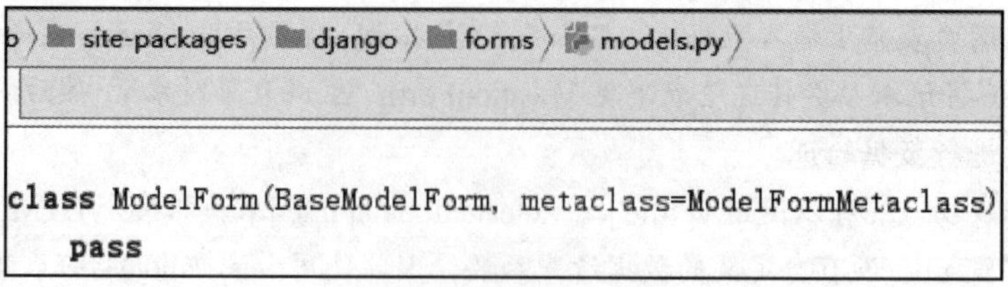

```
▸ site-packages ▸ django ▸ forms ▸ models.py

class ModelForm(BaseModelForm, metaclass=ModelFormMetaclass)
    pass
```

图 8-7 表单类 ModelForm 的定义过程

在源码文件里分析并梳理表单类 ModelForm 的继承过程，将结果以流程图的形式表示，如图 8-8 所示。

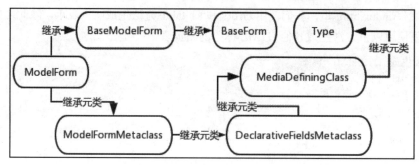

图 8-8 表单类 ModelForm 的继承关系

从表单类 ModelForm 的继承关系得知，元类没有定义太多的属性和方法，大部分的属性和方法都是由父类 BaseModelForm 和 BaseForm 定义的。表单类 BaseForm 的属性方法在 8.2 节里已讲述过了，因此这里只列举 BaseModelForm 的核心属性和方法。

- instance：将模型查询的数据传入模型表单，作为模型表单的初始化数据。
- clean()：重写父类 BaseForm 的 clean()方法，并将属性_validate_unique 设为 True。
- validate_unique()：验证表单数据是否存在异常。
- _save_m2m()：将带有多对多关系的模型表单保存到数据库里。
- save()：将模型表单的数据保存到数据库里。如果参数 commit 为 True，就直接保存在数据库；否则生成数据库实例对象。

表单类 ModelForm 与 Form 对比，前者只增加了数据保存方法，但是 ModelForm 与模型之间没有直接的数据交互。模型表单与模型之间的数据交互是由函数 modelform_factory 实现的，该函数将自定义的模型表单与模型进行绑定，从而实现两者之间的数据交互。函数 modelform_factory 与 ModelForm 定义在同一个源码文件中，它定义了 9 个属性，每个属性的作用说明如下：

- model：必需属性，用于绑定 Model 对象。
- fields：可选属性，设置模型内哪些字段转换成表单字段，默认值为 None，代表所有的模型字段，也可以将属性值设为'__all__'，同样表示所有的模型字段。若只需部分模型字段，则将模型字段写入一个列表或元组里，再把该列表或元组作为属性值。
- exclude：可选属性，与 fields 相反，禁止模型字段转换成表单字段。属性值以列表或元组表示，若设置了该属性，则属性 fields 无须设置。
- labels：可选属性，设置表单字段的参数 label，属性值以字典表示，字典的键为模型字段，

- widgets：可选属性，设置表单字段的参数 widget，属性值以字典表示，字典的键为模型字段。
- localized_fields：可选参数，将模型字段设为本地化的表单字段，常用于日期类型的模型字段。
- field_classes：可选属性，将模型字段重新定义，默认情况下，模型字段与表单字段遵从 Django 内置的转换规则。
- help_texts：可选属性，设置表单字段的参数 help_text。
- error_messages：可选属性，设置表单字段的参数 error_messages。

为了进一步了解模型表单 ModelForm，我们以 8.2 节的 MyDjango 为例，在项目应用 index 的 form.py 中重新定义表单类 VocationForm，代码如下：

```python
from django import forms
from .models import *
class VocationForm(forms.ModelForm):
    # 添加模型外的表单字段
    LEVEL = (('L1', '初级'),
             ('L2', '中级'),
             ('L3', '高级'),)
    level = forms.ChoiceField(choices=LEVEL,label='级别')
    # 模型与表单设置
    class Meta:
        # 绑定模型
        model = Vocation
        # fields 属性用于设置转换字段
        # '__all__'是将全部模型字段转换成表单字段
        # fields = '__all__'
        # fields = ['job', 'title', 'payment', 'person']
        # exclude 用于禁止模型字段转换表单字段
        exclude = []
        # labels 设置 HTML 元素控件的 label 标签
        labels = {
            'job': '职位',
            'title': '职称',
            'payment': '薪资',
            'person': '姓名'
        }
        # 定义 widgets，设置表单字段的 CSS 样式
        widgets = {
            'job':forms.widgets.TextInput(attrs={'class':'c1'}),
        }
        # 重新定义字段类型
        # 一般情况下模型字段会自动转换成表单字段
        field_classes = {
            'job': forms.CharField
        }
        # 帮助提示信息
        help_texts = {
            'job': '请输入职位名称'
        }
        # 自定义错误信息
```

```
            error_messages = {
                # __all__设置全部错误信息
                '__all__': {'required': '请输入内容',
                           'invalid': '请检查输入内容'},
                # 设置某个字段的错误信息
                'title': {'required': '请输入职称',
                         'invalid': '请检查职称是否正确'}
            }
    # 自定义表单字段payment的数据清洗
    def clean_payment(self):
        # 获取字段payment的值
        data = self.cleaned_data['payment'] + 1
        return data
```

上述代码中，模型表单 VocationForm 可分为 3 大部分：添加模型外的表单字段、模型与表单的关联设置和自定义表单字段 payment 的数据清洗函数，说明如下：

- 添加模型外的表单字段是在模型已有的字段下添加额外的表单字段。
- 模型与表单的关联设置是将模型字段转换成表单字段，在模型表单的 Meta 属性里设置函数 modelform_factory 的属性。
- 自定义表单字段 payment 的数据清洗函数只适用于表单字段 payment 的数据清洗，也可以将该函数视为表单字段的验证函数，只需在函数里设置 ValidationError 异常抛出即可。

我们只重写表单类 VocationForm，项目里的其他代码不做任何修改，运行 MyDjango 项目，在浏览器访问 127.0.0.1:8000，运行结果如图 8-9 所示。

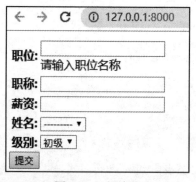

图 8-9 运行结果

综上所述，模型字段转换表单字段遵从 Django 内置的规则进行转换，两者的转换规则如表 8-2 所示。

表 8-2 模型字段与表单字段的转换规则

模型字段类型	表单字段类型
AutoField	不能转换表单字段
BigAutoField	不能转换表单字段
BigIntegerField	IntegerField
BinaryField	CharField

（续表）

模型字段类型	表单字段类型
BooleanField	BooleanField 或者 NullBooleanField
CharField	CharField
DateField	DateField
DateTimeField	DateTimeField
DecimalField	DecimalField
EmailField	EmailField
FileField	FileField
FilePathField	FilePathField
ForeignKey	ModelChoiceField
ImageField	ImageField
IntegerField	IntegerField
IPAddressField	IPAddressField
GenericIPAddressField	GenericIPAddressField
ManyToManyField	ModelMultipleChoiceField
NullBooleanField	NullBooleanField
PositiveIntegerField	IntegerField
PositiveSmallIntegerField	IntegerField
SlugField	SlugField
SmallIntegerField	IntegerField
TextField	CharField
TimeField	TimeField
URLField	URLField

8.4　视图里使用 Form

表单类型分为 Form 和 ModelForm，不同类型的表单有不同的使用方法，本节将深入讲述如何在视图里使用表单 Form 和模型实现数据交互。

在 8.2 节的 MyDjango 项目里，项目应用 index 的 views.py 中已简单演示了表单类 Form 的使用过程。我们对视图函数 index 进行重写，将表单 Form 和模型 Vocation 结合使用，实现表单与模型之间的数据交互。视图函数 index 的代码如下：

```python
# index 的 views.py
from django.shortcuts import render
from django.http import HttpResponse
from .form import *
from .models import *
def index(request):
    # GET 请求
    if request.method == 'GET':
```

```python
        id = request.GET.get('id', '')
        if id:
            d = Vocation.objects.filter(id=id).values()
            d = list(d)[0]
            d['person'] = d['person_id']
            i=dict(initial=d,label_suffix='*',prefix='vv')
            # 将参数 i 传入表单 VocationForm 执行实例化
            v = VocationForm(**i)
        else:
            v = VocationForm(prefix='vv')
        return render(request, 'index.html', locals())
    # POST 请求
    else:
        # 由于在 GET 请求设置了参数 prefix
        # 因此实例化时必须设置参数 prefix，否则无法获取 POST 的数据
        v=VocationForm(data=request.POST, prefix='vv')
        if v.is_valid():
            # 获取网页控件 name 的数据
            # 方法一
            title = v['title']
            # 方法二
            # cleaned_data 将控件 name 的数据进行清洗
            ctitle = v.cleaned_data['title']
            print(ctitle)
            # 将数据更新到模型 Vocation
            id = request.GET.get('id', '')
            d = v.cleaned_data
            d['person_id'] = int(d['person'])
            Vocation.objects.filter(id=id).update(**d)
            return HttpResponse('提交成功')
        else:
            # 获取错误信息，并以 JSON 格式输出
            error_msg = v.errors.as_json()
            print(error_msg)
            return render(request, 'index.html', locals())
```

视图函数 index 根据请求方式有 3 种处理方法：不带请求参数的 GET 请求、带请求参数的 GET 请求和 POST 请求，详细说明如下。

当访问 127.0.0.1:8000 时，Django 接收一个不带请求参数的 GET 请求，函数 index 将表单类 VocationForm 实例化并设置参数 prefix，如果在一个网页里使用同一个表单类生成多个不同的网页表单，就可以设置参数 prefix，自定义每个表单的控件属性 name 和 id 的值，从而使 Django 能识别每个网页表单。最后将表单实例化对象传递给模板文件 index.html，并在浏览器上生成空白的网页表单，如图 8-10 所示。

当访问 127.0.0.1:8000/?id=1 时，浏览器向 Django 发送带参数 id 的 GET 请求，视图函数 index 获取请求参数 id 的值，并在模型 Vocation 中查找主键 id 等于 1 的数据，然后将数据作为表单 VocationForm 的初始化数据，在网页上显示相应的数据信息，如图 8-11 所示。

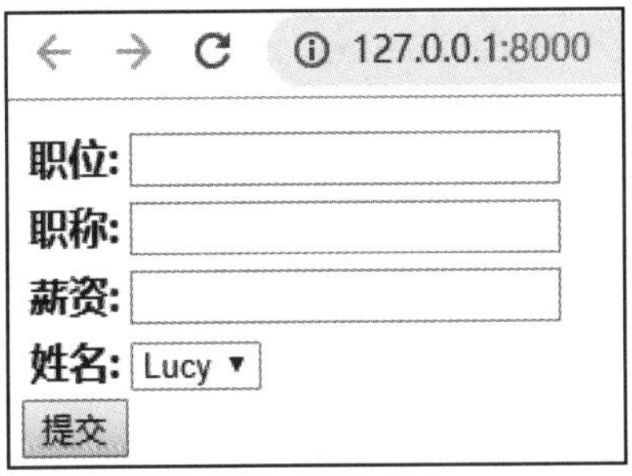

图 8-10　不带请求参数的 GET 请求 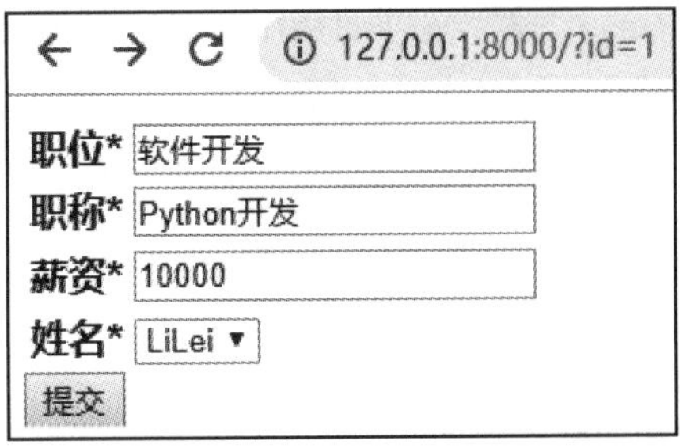　　　　图 8-11　带请求参数的 GET 请求

查询模型 Vocation 的数据时，模型的外键字段为 person_id，而表单类 VocationForm 的字段为 person，因此在模型 Vocation 的查询结果上增加键为 person 的键值对，否则查询结果无法作为表单类 VocationForm 的初始化数据。

在图 8-11 上修改表单数据并单击"提交"按钮，这时就会触发 POST 请求，将表单的数据一并发送到 Django，视图函数 index 将请求参数（网页表单的数据）以 data 形式传递给表单类 VocationForm，由于在 GET 请求的表单 VocationForm 中设置了参数 prefix，因此在处理 POST 请求时，实例化 VocationForm 必须设置参数 prefix，否则无法获取 POST 的请求数据。也就是说，使用同一个表单并且需要多次实例化表单时，除了参数 initial 和 data 的数据不同之外，其他参数设置必须相同，否则无法接收上一个表单对象所传递的数据信息。

表单 VocationForm 接收 POST 的请求参数后，使用 is_valid()方法执行表单验证。如果验证通过，就将表单数据更新到模型 Vocation，由于模型字段 person_id 和表单字段 person 都代表数据表的外键字段，但两者的命名不同，因此需要将表单字段 person 转换成模型字段 person_id，最后才执行数据修改操作。如果表单验证失败，就将验证的错误信息显示在模板文件 index.html 中。

综上所述，表单类 Form 和模型实现数据交互需要注意以下事项：

- 表单字段最好与模型字段相同，否则两者在进行数据交互时，必须将两者的字段进行转化。
- 使用同一个表单并且需要多次实例化表单时，除了参数 initial 和 data 的数据不同之外，其他参数设置必须相同，否则无法接收上一个表单对象所传递的数据信息。
- 参数 initial 是表单实例化的初始化数据，它只适用于模型数据传递给表单，再由表单显示在网页上；参数 data 是在表单实例化之后，再将数据传递给实例化对象，只适用于表单接收 HTTP 请求的请求参数。
- 参数 prefix 设置表单的控件属性 name 和 id 的值，若在一个网页里使用同一个表单类生成多个不同的网页表单，参数 prefix 可区分每个网页表单，则在接收或设置某个表单数据时不会与其他的表单数据混淆。

8.5　视图里使用 ModelForm

从 8.4 节的例子可以看出，表单类 Form 和模型实现数据交互最主要的问题是表单字段和模型字段的匹配性。如果将表单类 Form 改为 ModelForm，就无须考虑字段匹配性的问题。以 8.4 节的

MyDjango 为例,在项目应用 index 的 form.py 中定义模型表单 VocationForm,代码如下:

```python
# index 的 form.py
from django import forms
from .models import *
class VocationForm(forms.ModelForm):
    class Meta:
        model = Vocation
        fields = '__all__'
        labels = {
            'job': '职位',
            'title': '职称',
            'payment': '薪资',
            'person': '姓名'
        }
        error_messages = {
            '__all__': {'required': '请输入内容',
                        'invalid': '请检查输入内容'},
        }
    # 自定义表单字段 payment 的数据清洗
    def clean_payment(self):
        data = self.cleaned_data['payment'] + 10
        return data
```

由于模型表单 ModelForm 比表单 Form 新增了数据保存方法 save(),因此视图函数 index 分别对模型 Vocation 进行数据修改和新增操作,代码如下:

```python
# index 的 views.py
from django.shortcuts import render
from django.http import HttpResponse
from .form import *
from .models import *
def index(request):
    # GET 请求
    if request.method == 'GET':
        id = request.GET.get('id', '')
        if id:
            i = Vocation.objects.filter(id=id).first()
            # 将参数 i 传入表单 VocationForm 执行实例化
            v = VocationForm(instance=i, prefix='vv')
        else:
            v = VocationForm(prefix='vv')
        return render(request, 'index.html', locals())
    # POST 请求
    else:
        # 由于在 GET 请求中设置了参数 prefix
        # 因此在实例化时需要设置参数 prefix,否则无法获取 POST 的数据
        v = VocationForm(data=request.POST, prefix='vv')
        # is_valid()会使字段 payment 自增加 10
        if v.is_valid():
            # 根据请求参数 id 查询模型数据是否存在
```

```python
        id = request.GET.get('id')
        result = Vocation.objects.filter(id=id)
        # 若数据不存在，则新增数据
        if not result:
            # 数据保存方法一
            # 直接将数据保存到数据库
            # v.save()
            # 数据保存方法二
            # 将 save 的参数 commit=False
            # 生成数据库对象v1,修改v1的属性值并保存
            v1 = v.save(commit=False)
            v1.title = '初级' + v1.title
            v1.save()
            # 数据保存方法三
            # save_m2m()保存ManyToMany的数据模型
            # v.save_m2m()
            return HttpResponse('新增成功')
        # 若数据存在，则修改数据
        else:
            d = v.cleaned_data
            d['title'] = '中级' + d['title']
            result.update(**d)
            return HttpResponse('修改成功')
    else:
        # 获取错误信息，并以JSON格式输出
        error_msg = v.errors.as_json()
        print(error_msg)
        return render(request, 'index.html', locals())
```

上述代码与 8.4 节的视图函数 index 所实现的功能大致相同，但从中可以发现，模型表单 ModelForm 与表单 Form 的使用过程存在差异，具体的分析说明如下。

当访问 127.0.0.1:8000/?id=1 时，视图函数 index 获取请求参数 id 的值（id=1），并在模型 Vocation 中查询主键 id 等于 1 的数据，然后将查询对象作为表单 VocationForm 的参数 instance 并执行表单实例化，最后将表单实例化对象传递给模板文件，在网页上生成网页表单，如图 8-12 所示。

图 8-12 运行结果

如果模型的查询对象为空，就代表请求参数 id 的值在模型 Vocation 里找不到相应的数据，如果表单的参数 instance 为 None，网页上就会生成一个空白的网页表单，如图 8-13 所示。

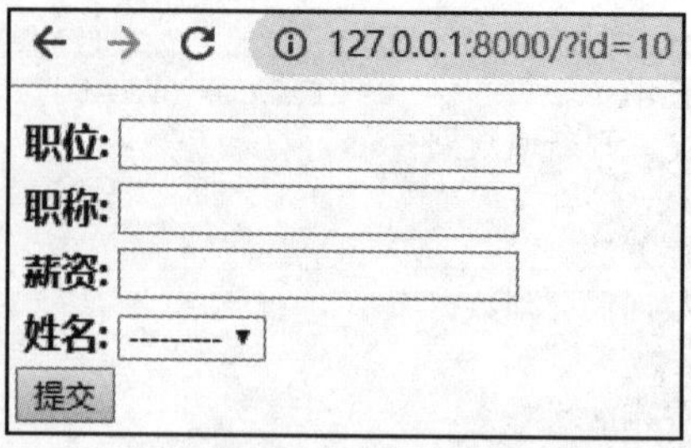

图8-13 运行结果

在表单上填写数据并单击"提交"按钮后，Django 将接收一个 POST 请求，视图函数使用模型表单 VocationForm 接收 POST 的请求参数，生成表单对象 v；然后调用 is_valid()方法验证表单数据。

如果表单验证失败，就将验证信息传递给模板文件 index.html 并显示在网页上。如果表单验证成功，就从 POST 请求的路由地址里获取请求参数 id，并将参数 id 的值作为模型 Vocation 的查询条件。若查询结果不为空，则执行数据修改；若查询结果为空，则由表单对象调用 save()方法实现模型的数据新增。

视图函数 index 列举了模型表单 ModelForm 保存数据的 3 种方法，实质上实现数据保存只有 save()和 save_m2m()两种方法。

使用 save()保存数据时，参数 commit 的值会影响数据的保存方式。如果参数 commit 为 True，就直接将表单数据保存到数据库；如果参数 commit 为 False，就会生成一个数据库对象，然后可以对该对象进行增、删、改、查等数据操作，再将修改后的数据保存到数据库。

值得注意的是，save()只适合将数据保存在非多对多关系的数据表中，而 save_m2m()只适合将数据保存在多对多关系的数据表中。

8.6 同一网页多个表单

一个网页中可能存在多个不同的表单，每个表单可能有一个或多个提交按钮。如果一个网页中有多个不同表单，每个表单仅有一个提交按钮，当点击某个表单的某个提交按钮的时候，程序如何在多个表单中获取某个表单的数据呢？Django 又是如何将多个表单逐一区分呢？

如果网页表单是由 Django 生成，并且同一个表单类实例化多个表单对象，在实例化过程中可以设置参数 prefix，该参数是对每个表单对象进行命名，Django 通过表单对象的命名进行区分和管理。

以 8.4 节为例，由项目应用 index 的 form.py 定义的表单类 VocationForm 创建多个表单对象。我们打开 MyDjango 的 urls.py、index 的 urls.py、views.py 和 templates 的 index.html，分别定义路由 index、视图函数 indexView()和模板文件 index.html，代码如下：

```
# MyDjango 的 urls.py
from django.urls import path, include
```

```python
urlpatterns = [
    # 指向index的路由文件urls.py
    path('',include(('index.urls','index'),namespace='index')),
]

# index 的 urls.py
from django.urls import path
from .views import *
urlpatterns = [
    # 定义路由
    path('', indexView, name='index'),
]

# index 的 views.py
from django.shortcuts import render
from django.http import HttpResponse
from .form import *
def indexView(request):
    # GET 请求
    if request.method == 'GET':
        v = VocationForm(prefix='vv')
        w = VocationForm(prefix='ww')
        return render(request, 'index.html', locals())
    # POST 请求
    else:
        # 由于在 GET 请求设置了参数 prefix,
        # 实例化时必须设置参数 prefix, 否则无法获取 POST 的数据
        v = VocationForm(data=request.POST, prefix='vv')
        w = VocationForm(data=request.POST, prefix='ww')
        if v.is_valid():
            print(v.data)
            return HttpResponse('表单 1 提交成功')
        elif w.is_valid():
            print(w.data)
            return HttpResponse('表单 2 提交成功')
        else:
            # 获取错误信息,并以 json 格式输出
            error_msg = v.errors.as_json()
            print(error_msg)
            return render(request, 'index.html', locals())

# templates 的 index.html
<!DOCTYPE html>
<html lang="en">
<head>
    <meta charset="UTF-8">
    <title>Title</title>
</head>
<body>
    {% if v.errors %}
```

```html
            <p>
                数据出错啦，错误信息：{{ v.errors }}
            </p>
    {% else %}
        <form action="" method="post">
        {% csrf_token %}
            <table>
                {{ v.as_table }}
            </table>
            <input type="submit" value="提交">
        </form>

        <form action="" method="post">
        {% csrf_token %}
            <table>
                {{ w.as_table }}
            </table>
            <input type="submit" value="提交">
        </form>
    {% endif %}
</body>
</html>
```

运行上述代码，在浏览器中访问 http://127.0.0.1:8000/，可以看到网页上生成了两个不同的表单，如图 8-14 所示。

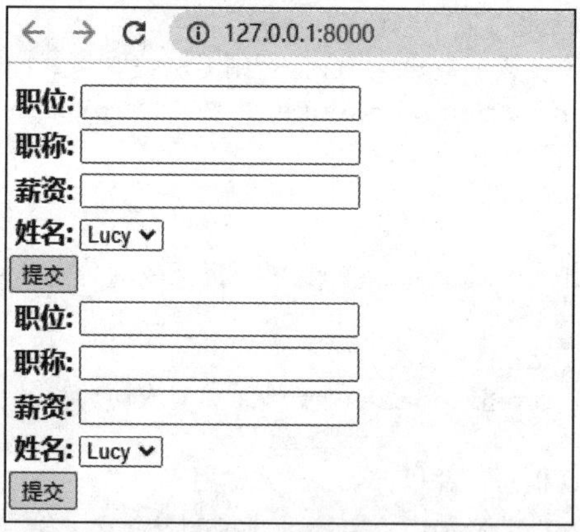

图 8-14　网页表单

上述代码中，视图函数 indexView() 分别对 GET 请求和 POST 请求执行了不同处理，详细说明如下：

（1）当用户在浏览器中访问路由 index 的时候，即访问 http://127.0.0.1:8000/，视图函数 indexView() 将收到一个 GET 请求，首先使用表单类 VocationForm 实例化生成两个表单对象 v 和 w，表单对象 v 和 w 分别设置参数 prefix 等于 vv 和 ww；再把表单对象 v 和 w 传给模板文件 index.html，由模板语法解析表单对象 v 和 w，生成相应的网页表单。

（2）当用户在网页表单上输入数据后，并单击表单的"提交"按钮，浏览器向 Django 发送 POST 请求，视图函数 indexView() 收到 POST 请求后，首先使用表单类 VocationForm 实例化生成两个表单对象 v 和 w，分别设置参数 prefix 等于 vv 和 ww，并将 POST 请求的请求参数加载到两个表单对象 v 和 w；然后由表单对象 v 和 w 调用 is_valid()方法验证表单数据，只要表单对象 v 或表单对象 w 验证成功，就能确定用户使用了哪一个表单。

综合上述，如需一个网页中生成多个表单，Django 的实现过程如下：

（1）使用同一表单类生成多个表单对象，在实例化表单对象之前，设置参数 prefix 即可生成不同的表单对象，Django 通过参数 prefix 区分和管理多个表单对象。

（2）在验证表单数据的时候，Django 是通过参数 prefix 确定当前请求参数是来自哪一个表单对象。

8.7 一个表单多个按钮

在一个网页表单中可能存在多个不同功能的按钮，比如用户登录页面的验证码获取按钮、登录按钮、注册按钮等，这都是在同一个表单中设置了多个按钮，并且每个按钮触发的功能各不相同。

如果表单所有功能都是由 Django 实现（排除 Ajax 异步请求这类实现方式），那么多个按钮所触发的功能应在同一个视图函数中实现，视图函数可以根据当前请求进行判断，以分辨出当前请求是由哪一个按钮触发。

以 8.6 节的实例为例，表单还是由表单类 VocationForm 实例化生成，只需修改路由 index 的视图函数 indexView()和模板文件 index.html 即可，代码如下所示：

```python
# index 的 views.py
from django.shortcuts import render
from django.http import HttpResponse
from .form import *
def indexView(request):
    # GET 请求
    if request.method == 'GET':
        v = VocationForm(prefix='vv')
        return render(request, 'index.html', locals())
    # POST 请求
    else:
        # 由于在 GET 请求设置了参数 prefix
        # 实例化时必须设置参数 prefix，否则无法获取 POST 的数据
        v = VocationForm(data=request.POST, prefix='vv')
        # 判断当前请求来自哪一个按钮
        if 'add' in request.POST:
            return HttpResponse('提交成功')
        else:
            return HttpResponse('修改成功')

# templates 的 index.html
<!DOCTYPE html>
<html lang="en">
```

```html
<head>
    <meta charset="UTF-8">
    <title>Title</title>
</head>
<body>
    {% if v.errors %}
        <p>
            数据出错啦，错误信息：{{ v.errors }}
        </p>
    {% else %}
        <form action="" method="post">
        {% csrf_token %}
            <table>
                {{ v.as_table }}
            </table>
            <input type="submit" name="add" value="提交">
            <input type="submit" name="update" value="修改">
        </form>
    {% endif %}
</body>
</html>
```

上述代码中，视图函数 indexView() 分别对 GET 请求和 POST 请求执行了不同处理，详细说明如下：

（1）用户在浏览器访问路由 index 的时候，视图函数 indexView() 将收到 GET 请求，首先使用表单类 VocationForm 实例化生成表单对象 v，并传递给模板文件 index.html，由模板语法解析表单对象 v 生成网页表单。

（2）用户在网页表单上输入数据后，并单击表单某个按钮，浏览器向 Django 发送 POST 请求，视图函数 indexView() 收到 POST 请求后，使用表单类 VocationForm 实例化生成表单对象 v，将请求参数传入对象 v 中，并判断当前请求是由哪一个按钮触发。代码中"if 'add' in request.POST"的 add 是模板文件 index.html 定义"提交"按钮的 name 属性，如果 add 在当前请求里面，说明当前请求是由"提交"按钮触发，否则是由"修改"按钮触发。

综合上述，如需在表单里设置多个不同功能的按钮，其实现过程如下：

（1）模板文件必须对每个按钮设置 name 属性，并且每个按钮的 name 属性值是唯一的。

（2）同一表单中，HTML 的 \<form\> 标签的 action 属性只能设置一次，也就是说，一个表单只能设置一个路由，表单中多个按钮的业务逻辑只能由同一个视图函数处理。

（3）视图函数从当前请求信息与每个按钮的 name 属性进行判断，如果符合判断条件，则说明当前请求是由该按钮触发，比如"if 'add' in request.POST"等于 True 的时候，当前请求是由 name="add" 的按钮触发。

8.8 表单的批量处理

正常情况下，表单的每个字段只会在网页上出现一次，如果要录入多条数据，就要重复多次提交表单。比如我们向财务系统录入多条报销数据，每一次报销操作都是在相同的表单字段中填写不同的数据内容，每一条报销数据都要单击"提交"按钮才能将数据保存到系统中。

为了减少"提交"按钮的单击次数，可以将多条数据在一个表单中填写，只要表单能生成多个相同的表单字段，当单击"提交"按钮后，系统将对表单数据执行批量操作，并在数据库中保存多条数据。

使用 Django 实现数据的批量处理，可以在表单类实例化的时候重新定义表单的工厂函数，表单的实例化对象在生成网页表单的时候，Django 自动为每个表单字段创建多个网页元素。

以 MyDjango 为例，在项目应用 index 创建 form.py 文件，分别在 models.py 和 form.py 中定义模型 PersonInfo 和表单类 PersonInfoForm，代码如下：

```python
# index 的 models.py
from django.db import models

class PersonInfo(models.Model):
    id = models.AutoField(primary_key=True)
    name = models.CharField(max_length=20)
    age = models.IntegerField()

    def __str__(self):
        return self.name
    class Meta:
        verbose_name = '人员信息'

# index 的 form.py
from django import forms
from .models import *
class PersonInfoForm(forms.ModelForm):
    class Meta:
        model = PersonInfo
        fields = '__all__'
        labels = {
            'name': '姓名',
            'age': '年龄',
        }
```

定义模型和表单类之后，下一步执行数据迁移，根据模型的定义过程在数据库中创建相应的数据表，数据库采用 SQLite3 数据库。在 PyChram 的 Terminal 窗口输入数据迁移指令，如下所示：

```
# 创建数据表的脚本代码
D:\MyDjango>python manage.py makemigrations
# 执行数据表的脚本代码，创建数据表
```

```
D:\MyDjango>python manage.py migrate
```

最后在 MyDjango 的 urls.py、项目应用 index 的 urls.py、views.py 和 templates 的 index.html 中分别编写路由 index、视图 indexView 和模板文件 index.html，代码如下：

```python
# MyDjango 的 urls.py
from django.urls import path, include
urlpatterns = [
    # 指向 index 的路由文件 urls.py
    path('',include(('index.urls','index'),namespace='index')),
]

# index 的 urls.py
from django.urls import path
from .views import *
urlpatterns = [
    # 定义路由
    path('', indexView, name='index'),
]

# index 的 views.py
from django.shortcuts import render
from django.http import HttpResponse
from .form import *
from .models import *
def indexView(request):
    # 参数 extra 是设置表单数量
    # 参数 max_num 是限制表单的最大数量
    pfs = forms.formset_factory(PersonInfoForm, extra=2, max_num=5)

    # modelformset_factory 是在 formset_factory 基础上加入模型操作功能
    # 它是将模型当前数据以表单形式展示，可用于删除、排序等操作
    # pfs = forms.modelformset_factory(model=PersonInfo,
    # form=PersonInfoForm, extra=0, max_num=5)

    # GET 请求
    if request.method == 'GET':
        p = pfs()
        return render(request, 'index.html', locals())
    # POST 请求
    else:
        p = pfs(request.POST)
        if p.is_valid():
            for i in p:
                i.save()
            return HttpResponse('新增成功')
        else:
            # 获取错误信息，并以 json 格式输出
            error_msg = p.errors.as_json()
            print(error_msg)
            return render(request, 'index.html', locals())
```

```
# templates 的 index.html
<!DOCTYPE html>
<html lang="en">
<head>
    <meta charset="UTF-8">
    <title>Title</title>
</head>
<body>
    {% if p.errors %}
        <p>
            数据出错啦，错误信息：{{ v.errors }}
        </p>
    {% else %}
        <form action="" method="post">
        {% csrf_token %}
            <table>
                {{ p.as_table }}
            </table>
            <input type="submit" value="提交">
        </form>
    {% endif %}
</body>
</html>
```

从视图函数 indexView()中看到，表单类 PersonInfoForm 是通过内置的表单工厂函数 formset_factory()生成实例化对象的。从分析工厂函数 formset_factory()得知，它一共设置了 9 个参数，每个参数的说明如下：

（1）参数 form 设置表单类，表单类可以为 Form 或 ModelForm 类型。

（2）参数 formset 在表单初始化的时候设置初始数据。

（3）参数 extra 的默认值为 1，它用于设置表单字段的数量。

（4）参数 can_order 的默认值为 False，这是对表单数据进行排序操作。

（5）参数 can_delete 的默认值为 False，这是删除表单数据。

（6）参数 max_num 的默认值为 None，最多生成 1000 个表单字段，它是限制表单字段的最大数量。

（7）参数 validate_max 验证并检查表单所有的数据量，减去已被删除的数据量，剩余的数据量必须小于或等于参数 max_num 的值。

（8）参数 min_num 限制表单字段的最小数量。

（9）参数 validate_min 验证并检查表单所有的数据量，减去已被删除的数据量，剩余的数据量必须大于或等于参数 min_num 的值。

工厂函数 formset_factory()能支持表单类 Form 或 ModelForm 的实例化，但表单类 ModelForm 是在模型基础上定义，所以 Django 还定义工厂函数 modelformset_factory()，它一共设置了 19 个函数参数，每个参数的说明如下：

（1）参数 model 代表已定义的模型。

（2）参数 form 是需要实例化的表单类，表单类必须为 ModelForm 类型。

（3）参数 formfield_callback 设置回调函数，函数参数是模型字段，返回值是表单字段，可以对模型字段进行加工处理，然后生成表单字段。

（4）参数 formset 在表单初始化的时候设置初始数据。

（5）参数 extra 的默认值为 1，它是设置表单字段的数量。

（6）参数 can_order 的默认值为 False，这是对表单数据进行排序操作。

（7）参数 can_delete 的默认值为 False，这是删除表单数据。

（8）参数 max_num 的默认值为 None，最多生成 1000 个表单字段，它是限制表单字段的最大数量。

（9）参数 fields 是选择某些表单字段能生成表单的网页元素。

（10）参数 exclude 是选择某些表单字段不能生成表单的网页元素。

（11）参数 widgets 是为模型字段设置窗口小部件（即网页元素的属性、样式等设置）。

（12）参数 validate_max 验证并检查表单所有的数据量，减去已被删除的数据量，剩余的数据量必须小于或等于参数 max_num 的值。

（13）参数 localized_fields 设置字段的本地化名称，即中英文切换时，字段名称的中英翻译。

（14）参数 labels 设置字段在网页表单上显示的名称。

（15）参数 help_texts 是为每个字段设置提示信息。

（16）参数 error_messages 是为每个字段设置错误信息。

（17）参数 min_num 限制表单字段的最小数量。

（18）参数 validate_min 验证并检查表单所有的数据量，减去已被删除的数据量，剩余的数据量必须大于或等于参数 min_num 的值。

（19）参数 field_classes 是表单字段和模型字段的映射关系。

由于表单类 PersonInfoForm 是 ModelForm 类型，所以它能使用工厂函数 formset_factory()或 modelformset_factory()创建表单对象，上述例子使用了工厂函数 formset_factory()对表单类 PersonInfoForm 执行实例化的过程。

运行 MyDjango，在浏览器访问 http://127.0.0.1:8000/，Django 分别为表单字段 name 和 age 创建了两个网页元素，如图 8-15 所示。

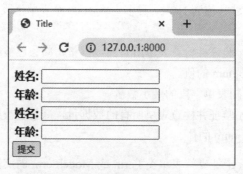

图 8-15　运行结果

当我们在网页表单上输入数据并单击"提交"按钮，浏览器向 Django 发送 POST 请求，视图函数 indexView()使用表单对象 pfs 接收表单数据，再由表单对象 pfs 调用 save()方法就能将数据批量保存到数据库中。

综上所述，Django 实现表单数据的批量处理，可以使用内置工厂函数 formset_factory()或 modelformset_factory()改变表单类的实例化过程，再由表单对象生成网页表单。当浏览器将网页表单提交到 Django 时，必须由同一个表单对象接收表单数据才能将数据保存在数据库中。

8.9　多文件批量上存

如果网页表单是由 Django 的表单类创建，并且表单设有文件上存功能，那么可以在表单类中设置表单字段为 forms.FileField 类型；或者在模型中设置模型字段 models.FileField，通过模型映射到表单类 ModelForm，从而生成文件上存的功能控件。

每次执行文件上存，Django 只能上存一个文件。如果要实现多个文件批量上存，需要设置表单字段 FileField 的参数 widget，使网页表单支持多个文件上存。

以人员信息为例，每个人会有多张证件信息，因此定义模型 PersonInfo 和 CertificateInfo，分别代表人员基本信息和证件信息。以 MyDjango 为例，在 MyDjango 目录下创建 media 文件夹，并在 media 文件夹中再创建 images 文件夹，目录结构如图 8-16 所示。

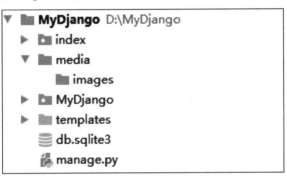

图 8-16　目录结构

下一步在项目应用 index 的 models.py 定义模型 PersonInfo、CertificateInfo 以及重写 Django 内置文件系统类 FileSystemStorage，实现代码如下：

```
# index 的 models.py
from django.db import models
import os
from django.core.files.storage import FileSystemStorage
from django.conf import settings

class PersonInfo(models.Model):
    id = models.AutoField(primary_key=True)
    name = models.CharField(max_length=20)
    age = models.IntegerField()

    def __str__(self):
        return self.name
```

```python
    class Meta:
        verbose_name = '人员信息'

# 重写内置文件类 FileSystemStorage
# 如果上存文件名已存在 media 文件夹，则删除原文件
class mystorage(FileSystemStorage):
    def get_available_name(self, name, max_length=None):
        if self.exists(name):
            os.remove(os.path.join(settings.MEDIA_ROOT, name))
        return name

class CertificateInfo(models.Model):
    id = models.AutoField(primary_key=True)
    certificate = models.FileField(blank=True,
            upload_to='images/', storage=mystorage())
    person = models.ForeignKey(PersonInfo, blank=True,
            null=True, on_delete=models.CASCADE)

    def __str__(self):
        return self.person

    class Meta:
        verbose_name = '证件信息'
```

默认情况下，Django 内置的文件系统类 FileSystemStorage 不会覆盖相同命名的文件，如果上存文件与系统已有的文件命名重复，Django 自动为上存文件重新命名。

上述代码中，重写了内置文件系统类 FileSystemStorage 的 get_available_name()，判断当前上存文件与系统已有的文件是否命名重复，若存在则删除系统的原文件，使上存的文件能保存在系统中。

模型 PersonInfo 和 CertificateInfo 之间通过外键 person 进行关联，实现数据的一对多关系，使得一个人员能上存多张证件信息。模型定义后需要执行数据迁移，在数据库中创建相应的数据表。

下一步在项目应用 index 的 form.py 定义表单类 PersonInfoForm，它将模型 PersonInfo 的字段映射为表单字段，并添加表单字段 certificate，该字段生成文件上存的功能控件，表单类的定义过程如下：

```python
# index 的 form.py
from django import forms
from .models import *

class PersonInfoForm(forms.ModelForm):
    # 参数 allow_empty_file 是允许上存空文件
    certificate = forms.FileField(label='证件',
            allow_empty_file=True,
            widget=forms.ClearableFileInput(
            attrs={'multiple':True}))
    class Meta:
        model = PersonInfo
```

```
        fields = '__all__'
        labels = {
            'name': '名字',
            'age': '年龄',
        }
```

然后在 MyDjango 的 urls.py 和项目应用 index 的 urls.py 定义路由信息，分别定义路由 index 和路由 media。路由 index 是生成网页表单的地址链接，路由 media 是将 MyDjango 的 media 文件夹路径写入 Django 中，作为媒体资源文件的保存路径，切勿忘记在配置文件 settings.py 中配置 media 文件夹的路径信息，详细代码如下：

```
# MyDjango 的 urls.py
from django.urls import path, include, re_path
from django.views.static import serve
from django.conf import settings
urlpatterns = [
    # 指向 index 的路由文件 urls.py
    path('',include((('index.urls','index'),namespace='index')),
    re_path('media/(?P<path>.*)', serve,
     {'document_root': settings.MEDIA_ROOT}, name='media'),
]

# index 的 urls.py
from django.urls import path
from .views import *
urlpatterns = [
    # 定义路由 index
    path('', indexView, name='index'),
]
```

最后在项目应用 index 的 views.py 和模板文件 index.html 中分别编写视图函数 indexView()和表单的模板语法，详细代码如下：

```
# index 的 views.py
from django.shortcuts import render
from django.http import HttpResponse
from .form import PersonInfoForm
from .models import PersonInfo, CertificateInfo
from django.conf import settings
import os

def indexView(request):
    # GET 请求
    if request.method == 'GET':
        id = request.GET.get('id', '')
        if id:
            i = PersonInfo.objects.filter(id=id).first()
            p = PersonInfoForm(instance=i)
        else:
            p = PersonInfoForm()
```

```python
        return render(request, 'index.html', locals())
    # POST 请求
    else:
        p=PersonInfoForm(data=request.POST,files=request.FILES)
        if p.is_valid():
            name = p.cleaned_data['name']
            result = PersonInfo.objects.filter(name=name)
            # 数据不存在，则新增数据
            if not result:
                p = p.save()
                id = p.id
                # 遍历上存的文件，依次添加证件信息
                # 如果网页有多个文件上存控件
                # 可以通过 getlist 方法获取指定的文件上存控件
                for f in request.FILES.getlist('certificate'):
                    # 修改文件名
                    # 如果不同用户上存相同文件名的文件
                    # 防止 media 文件夹会覆盖文件
                    f.name = f'{id}.'.join(f.name.split('.'))
                    d = dict(person_id=id, certificate=f)
                    CertificateInfo.objects.create(**d)
                return HttpResponse('新增成功')
            # 数据存在，则修改数据
            else:
                age = p.cleaned_data['age']
                d = dict(name=name, age=age)
                result.update(**d)
                # 删除旧的证件
                id = result.first().id
                # 删除 media 文件夹的文件，然后删除数据表的数据
                for c in CertificateInfo.objects.filter(person_id=id):
                    # c.certificate 是文件对象，通过 name 属性获取文件名
                    # 删除 media 文件夹的文件
                    fn = c.certificate.name
                    os.remove(os.path.join(settings.MEDIA_ROOT, fn))
                    # 删除数据表的数据
                    c.delete()
                # 添加新的证件
                for f in request.FILES.getlist('certificate'):
                    # 修改文件名
                    # 如果不同用户上存相同文件名的文件
                    # 防止 media 文件夹会覆盖文件
                    f.name = f'{id}.'.join(f.name.split('.'))
                    d = dict(person_id=id, certificate=f)
                    CertificateInfo.objects.create(**d)
                return HttpResponse('修改成功')
        else:
            # 获取错误信息，并以 json 格式输出
            error_msg = p.errors.as_json()
            print(error_msg)
```

```
            return render(request, 'index.html', locals())
# templates 的 index.html
<!DOCTYPE html>
<html lang="en">
<head>
    <meta charset="UTF-8">
    <title>Title</title>
</head>
<body>
    {% if v.errors %}
        <p>
            数据出错啦，错误信息：{{ v.errors }}
        </p>
    {% else %}
        <form action="" method="post" enctype="multipart/form-data">
        {% csrf_token %}
            <ul>
                <li>姓名：{{ p.name }}</li>
                <li>年龄：{{ p.age }}</li>
                <li>证件：{{ p.certificate }}</li>
            </ul>
            <input type="submit" value="提交">
        </form>
    {% endif %}
</body>
</html>
```

视图函数 indexView() 根据 GET 和 POST 请求编写了不同的处理过程，整个函数的业务逻辑说明如下：

（1）当用户以 GET 请求访问路由 index 时，相当于在浏览器中访问路由 index，视图函数 indexView() 判断当前是否有请求参数 id，如果存在请求参数 id，则在模型 PersonInfo 中查询对应的用户数据，并将数据初始化到表单类 PersonInfoForm，网页上就会显示当前用户的信息；如果没有请求参数 id，浏览器就会显示空白的网页表单。

（2）当用户在网页表单上填写数据后并单击"提交"按钮，浏览器向 Django 发送 POST 请求，由视图函数 indexView() 处理。表单数据由表单类 PersonInfoForm 接收，根据表单字段 name 查询模型 PersonInfo，如果数据不存在，则将数据保存在模型 PersonInfo 所对应的数据表，然后从 request.FILES.getlist('certificate') 中获取用户上存的所有文件并执行遍历操作，每次遍历是把每个文件信息分别保存到模型 CertificateInfo，模型字段 certificate 负责记录文件路径和保存文件。

（3）视图函数 indexView() 在处理 POST 请求中，如果表单数据已存在数据表中，程序修改模型 PersonInfo 的数据，然后从模型 CertificateInfo 中删除当前用户的数据，最后从 request.FILES.getlist('certificate') 中获取用户上存的所有文件，写入模型 CertificateInfo 和保存文件。

模板文件 index.html 在编写表单的时候，必须将表单的属性 enctype 设为 multipart/form-data，该属性值是设置文件上存功能，而多文件批量上存是由表单字段 certificate 的属性 widget 设置（即 attrs={'multiple': True}）。

运行 MyDjango，在浏览器上访问路由 index，可以看到网页表单生成了 3 个表单字段，单击"选择文件"按钮，允许选择多个文件上存，如图 8-17 所示。

图 8-17　上存文件

综合上述，使用 Django 实现多文件批量上存的过程如下：

（1）定义模型，模型的某个字段为 FileField 类型，用于记录文件上存的信息，如有需要还可以重写内置文件系统类 FileSystemStorage。

（2）根据模型定义表单类，文件上存的模型字段映射的表单字段也是 FileField 类型，并且设置表单字段的属性 widget，属性值为 forms.ClearableFileInput(attrs={'multiple': True}))，其中 attrs={'multiple': True}是支持多文件上存功能；如有需要还可以设置属性 allow_empty_file 等于 True，该属性支持上存空白内容的文件。

（3）在视图函数中，使用已定义的表单类创建表单对象，当收到 POST 请求后，网页表单的数据由表单类接收，接收方式必须在表单类中设置参数 data 和 files，参数 data 是除文件上存之外的表单字段，参数 files 代表用户上存的所有文件。

（4）在模板文件中编写网页表单，必须将表单的 enctype 属性设为 multipart/form-data，否则文件无法实现上存功能。

（5）一个网页表单可以创建多个文件上存控件，视图函数的 request.FILES 是获取所有文件上存控件的所有文件信息。如果要获取某一个文件上存控件的文件信息，可以调用 getlist()方法获取，比如网页中有两个文件上存控件，分别为 certificate 和 portrait，如果只获取属性 name=certificate 的所有文件信息，实现代码为 request.FILES.getlist('certificate')。

8.10　本章小结

表单是搜集用户数据信息的各种表单元素的集合，其作用是实现网页上的数据交互，比如用户在网站输入数据信息，然后提交到网站服务器端进行处理（如数据录入和用户登录注册等）。

网页表单是 Web 开发的一项基本功能，Django 的表单功能由 Form 类实现，主要分为两种：django.forms.Form 和 django.forms.ModelForm。前者是一个基础的表单功能，后者是在前者的基础上结合模型所生成的数据表单。

一个完整的表单主要由 4 部分组成：提交地址、请求方式、元素控件和提交按钮，分别说明如下：

- 提交地址(form 标签的 action 属性)用于设置用户提交的表单数据应由哪个路由接收和处理。当用户向服务器提交数据时,若属性 action 为空,则提交的数据应由当前的路由来接收和处理,否则网页会跳转到属性 action 所指向的路由地址。
- 请求方式用于设置表单的提交方式,通常是 GET 请求或 POST 请求,由 form 标签的属性 method 决定。
- 元素控件是供用户输入数据信息的输入框,由 HTML 的<input>控件实现,控件属性 type 用于设置输入框的类型,常用的输入框类型有文本框、下拉框和复选框等。
- 提交按钮供用户提交数据到服务器,该按钮也是由 HTML 的<input>控件实现的。但该按钮具有一定的特殊性,因此不归纳到元素控件的范围内。

表单类 Form 和模型实现数据交互需要注意以下事项:

- 表单字段最好与模型字段相同,否则两者在进行数据交互时,必须将两者的字段进行转化。
- 使用同一个表单并且需要多次实例化表单时,除了参数 initial 和 data 的数据不同之外,其他参数设置必须相同,否则无法接收上一个表单对象所传递的数据信息。
- 参数 initial 是表单实例化的初始化数据,它只适用于模型数据传递给表单,再由表单显示在网页上;参数 data 是在表单实例化之后,再将数据传递给实例化对象,只适用于表单接收 HTTP 请求的请求参数。
- 参数 prefix 设置表单的控件属性 name 和 id 的值,若在一个网页里使用同一个表单类生成多个不同的网页表单,参数 prefix 可区分每个网页表单,则在接收或设置某个表单数据时不会与其他的表单数据混淆。

  模型表单 ModelForm 实现数据保存只有 save()和 save_m2m()两种方法。使用 save()保存数据时,参数 commit 的值会影响数据的保存方式。如果参数 commit 为 True,就直接将表单数据保存到数据库;如果参数 commit 为 False,就会生成一个数据库对象,然后可以对该对象进行增、删、改、查等数据操作,再将修改后的数据保存到数据库。

  值得注意的是,save()只适合将数据保存在非多对多关系的数据表中,而 save_m2m()只适合将数据保存在多对多关系的数据表中。

  如果网页表单是由 Django 生成,并且同一个表单类实例化多个表单对象,在实例化过程中可以设置参数 prefix,该参数是对每个表单对象进行命名,Django 通过表单对象的命名进行区分和管理。

  如果表单所有功能都是由 Django 实现(排除 Ajax 异步请求这类实现方式),那么多个按钮所触发的功能应在同一个视图函数中实现,视图函数可以根据当前请求进行判断,分辨出当前请求是由哪一个按钮触发。

  为了减少"提交"按钮的单击次数,可以将多条数据在一个表单中填写,只要表单能生成多个相同的表单字段,当单击"提交"按钮时,系统将会对表单数据执行批量操作,在数据库中保存多条数据。使用 Django 实现数据的批量处理,可以在表单类实例化的时候重新定义表单的工厂函数,表单的实例化对象在生成网页表单的时候,Django 自动为每个表单字段创建多个网页元素。

  如果网页表单是由 Django 的表单类创建,并且表单设有文件上存功能,那么可以在表单类中设置表单字段为 forms.FileField 类型;或者在模型中设置模型字段 models.FileField,通过模型映射到表单类 ModelForm,从而生成文件上存的功能控件。

第 9 章

Admin 后台系统

Admin 后台系统也称为网站后台管理系统,主要对网站的信息进行管理,如文字、图片、影音和其他日常使用的文件的发布、更新、删除等操作,也包括功能信息的统计和管理,如用户信息、订单信息和访客信息等。简单来说,它是对网站数据库和文件进行快速操作和管理的系统,以使网页内容能够及时得到更新和调整。

9.1 走进 Admin

当一个网站上线之后,网站管理员通过网站后台系统对网站进行管理和维护。Django 已内置 Admin 后台系统,在创建 Django 项目的时候,可以从配置文件 settings.py 中看到项目已默认启用 Admin 后台系统,如图 9-1 所示。

```
INSTALLED_APPS = [
    'django.contrib.admin',
    'django.contrib.auth',
    'django.contrib.contenttypes',
    'django.contrib.sessions',
    'django.contrib.messages',
```

图 9-1 Admin 配置信息

从图 9-1 中看到,在 INSTALLED_APPS 中已配置了 Admin 后台系统,如果网站不需要 Admin 后台系统,就可以将配置信息删除,这样可以减少程序对系统资源的占用。此外,在 MyDjango 的 urls.py 中也可以看到 Admin 后台系统的路由信息,只要运行 MyDjango 并在浏览器上输入 127.0.0.1:8000/admin 就能访问 Admin 后台系统,如图 9-2 所示。

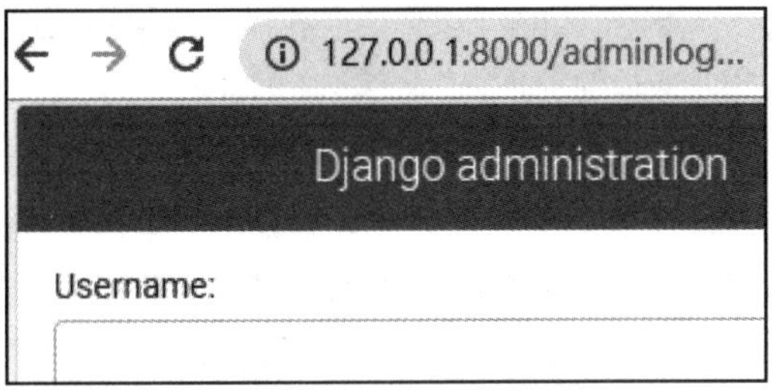

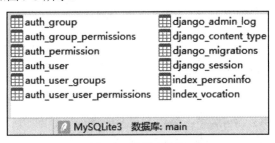

图 9-2 Admin 登录页面

在访问 Admin 后台系统时,需要用户的账号和密码才能登录后台管理页面。创建用户的账号和密码之前,必须确保项目已执行数据迁移,在数据库中已创建相应的数据表。以 MyDjango 项目为例,项目的数据表如图 9-3 所示。

图 9-3 数据表信息

如果 Admin 后台系统以英文的形式显示,那么我们还需要在项目的 settings.py 中设置中间件 MIDDLEWARE,将后台内容以中文形式显示。添加的中间件是有先后顺序的,具体可回顾 2.5 节,如图 9-4 所示。

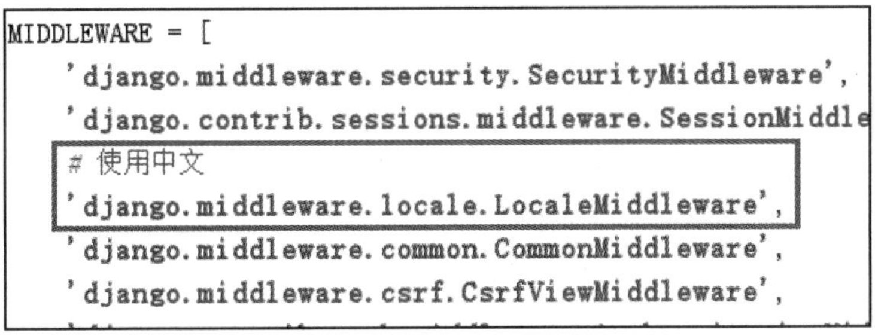

```
MIDDLEWARE = [
    'django.middleware.security.SecurityMiddleware',
    'django.contrib.sessions.middleware.SessionMiddle
    # 使用中文
    'django.middleware.locale.LocaleMiddleware',
    'django.middleware.common.CommonMiddleware',
    'django.middleware.csrf.CsrfViewMiddleware',
```

图 9-4 设置中文显示

完成上述设置后,下一步创建超级管理员的账号和密码,创建方法由 Django 的内置指令 createsuperuser 完成。在 PyCharm 的 Terminal 模式下输入创建指令,代码如下:

```
D:\MyDjango>python manage.py createsuperuser
Username (leave blank to use '000'): admin
Email address:
Password:
Password (again):
The password is too similar to the username.
This password is too short.
It must contain at least 8 characters.
This password is too common.
```

```
Bypass password validation and create user anyway? [y/N]:y
Superuser created successfully.
```

在创建用户时,用户名和邮箱地址可以为空,如果用户名为空,就默认使用计算机的用户名,而设置用户密码时,输入的密码不会显示在屏幕上。如果密码过短,Django 就会提示密码过短并提示是否继续创建。若输入"Y",则强制创建用户;若输入"N",则重新输入密码。完成用户创建后,打开数据表 auth_user 可以看到新增了一条用户信息,如图 9-5 所示。

图 9-5　数据表 auth_user

在浏览器上再次访问 Admin 的路由地址,在登录页面上使用刚刚创建的账号和密码登录,即可进入 Admin 后台系统,如图 9-6 所示。

图 9-6　Admin 后台系统

在 Admin 后台系统中可以看到,网页布局分为站点管理、认证和授权、用户和组,分别说明如下:

(1) 站点管理是整个 Admin 后台的主体页面,整个项目的 App 所定义的模型都会在此页面显示。

(2) 认证和授权是 Django 内置的用户认证系统,包括用户信息、权限管理和用户组设置等功能。

(3) 用户和组是认证和授权所定义的模型,分别对应数据表 auth_user 和 auth_user_groups。

在 MyDjango 中,项目应用 index 定义了模型 PersonInfo 和 Vocation,分别对应数据表 index_personinfo 和 index_vocation。若想将 index 定义的模型展示在 Admin 后台系统中,则需要在 index 的 admin.py 中编写相关代码,以模型 PersonInfo 为例,代码如下:

```
# index 的 admin.py
from django.contrib import admin
from .models import *

# 方法一:
# 将模型直接注册到 admin 后台
# admin.site.register(PersonInfo)
```

```
# 方法二：
# 自定义 PersonInfoAdmin 类并继承 ModelAdmin
# 注册方法一，使用装饰器将 PersonInfoAdmin 和 Product 绑定
@admin.register(PersonInfo)
class PersonInfoAdmin(admin.ModelAdmin):
    # 设置显示的字段
    list_display = ['id', 'name', 'age']
# 注册方法二
# admin.site.register(PersonInfo, PersonInfoAdmin)
```

上述代码使用两种方法将数据表 index_personinfo 注册到 Admin 后台系统：方法一是基本的注册方式；方法二是通过类的继承方式实现注册。日常开发普遍采用第二种方法实现，实现过程如下：

（1）自定义 PersonInfoAdmin 类，使其继承 ModelAdmin。ModelAdmin 用于设置模型如何展现在 Admin 后台系统里。

（2）将 PersonInfoAdmin 类注册到 Admin 后台系统有两种方法，两者是将模型 PersonInfo 和 PersonInfoAdmin 类绑定并注册到 Admin 后台系统。

当刷新 Admin 后台系统页面，看到站点管理出现 INDEX，就代表项目应用 index；INDEX 下的"人员信息 s"代表模型 PersonInfo，它对应数据表 index_personinfo，如图 9-7 所示。

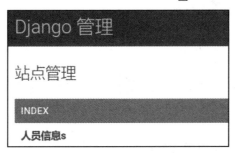

图 9-7 Admin 后台系统

单击"人员信息 s"，浏览器将访问模型 PersonInfo 的数据列表页，模型 PersonInfo 的所有数据以分页的形式显示，每页显示 100 行数据；数据列表页还设置了新增数据、修改数据和删除数据的功能，如图 9-8 所示。

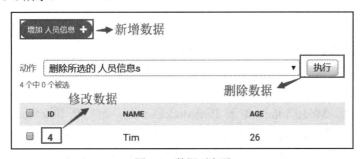

图 9-8 数据列表页

在模型 PersonInfo 的数据列表页里，每行数据的 ID 字段都设有路由地址，单击某行数据的 ID 字段，浏览器就会进入当前数据的修改页面，用户在此页面修改数据并保存即可，如图 9-9 所示。

图 9-9 数据修改页面

若想在模型 PersonInfo 里新增数据，则可在模型 PersonInfo 的数据列表页单击"增加人员信息"按钮，浏览器就会进入数据新增页面，用户在此页面添加数据并保存即可，如图 9-10 所示。

图 9-10 数据新增页面

9.2 源码分析 ModelAdmin

简单了解 Admin 后台系统的网页布局后，接下来深入了解 ModelAdmin 的定义过程，在 PyCharm 里打开 ModelAdmin 的源码文件，如图 9-11 所示。

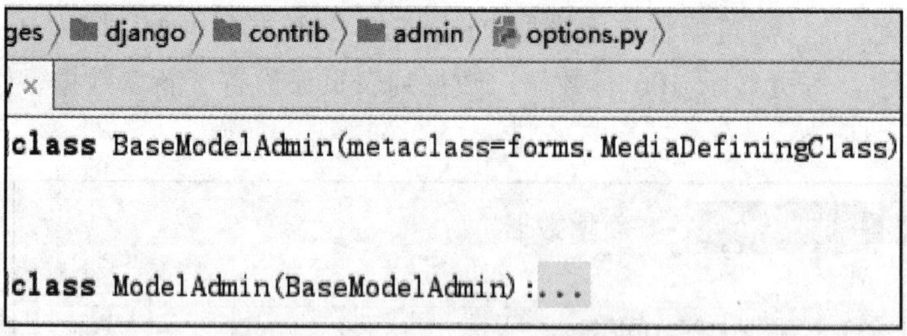

图 9-11 ModelAdmin 的源码文件

从图 9-11 看到，ModelAdmin 继承 BaseModelAdmin，而父类 BaseModelAdmin 的元类为 MediaDefiningClass，因此 Admin 系统的属性和方法来自 ModelAdmin 和 BaseModelAdmin。由于定义的属性和方法较多，因此这里只说明日常开发中常用的属性和方法。

- fields：由 BaseModelAdmin 定义，格式为列表或元组，在新增或修改模型数据时，设置可编辑的字段。
- exclude：由 BaseModelAdmin 定义，格式为列表或元组，在新增或修改模型数据时，隐藏字段，使字段不可编辑，同一个字段不能与 fields 共同使用，否则提示异常。
- fieldsets：由 BaseModelAdmin 定义，格式为两元的列表或元组（列表或元组的嵌套使用），改变新增或修改页面的网页布局，不能与 fields 和 exclude 共同使用，否则提示异常。
- radio_fields：由 BaseModelAdmin 定义，格式为字典，如果新增或修改的字段数据以下拉框的形式展示，那么该属性可将下拉框改为单选按钮。
- readonly_fields：由 BaseModelAdmin 定义，格式为列表或元组，在数据新增或修改的页面设置只读的字段，使字段不可编辑。
- ordering：由 BaseModelAdmin 定义，格式为列表或元组，设置排序方式，比如以字段 id 排序，['id']为升序，['-id']为降序。
- sortable_by：由 BaseModelAdmin 定义，格式为列表或元组，设置数据列表页的字段是否可排序显示，比如数据列表页显示模型字段 id、name 和 age，如果单击字段 name，数据就以字段 name 进行升序（降序）排列，该属性可以设置某些字段是否具有排序功能。
- formfield_for_choice_field()：由 BaseModelAdmin 定义，如果模型字段设置 choices 属性，那么重写此方法可以更改或过滤模型字段的属性 choices 的值。
- formfield_for_foreignkey()：由 BaseModelAdmin 定义，如果模型字段为外键字段（一对一关系或一对多关系），那么重写此方法可以更改或过滤模型字段的可选值（下拉框的数据）。
- formfield_for_manytomany()：由 BaseModelAdmin 定义，如果模型字段为外键字段（多对多关系），那么重写此方法可以更改或过滤模型字段的可选值。
- get_queryset()：由 BaseModelAdmin 定义，重写此方法可自定义数据的查询方式。
- get_readonly_fields()：由 BaseModelAdmin 定义，重写此方法可自定义模型字段的只读属性，比如根据不同的用户角色来设置模型字段的只读属性。
- list_display：由 ModelAdmin 定义，格式为列表或元组，在数据列表页设置显示在页面的模型字段。
- list_display_links：由 ModelAdmin 定义，格式为列表或元组，为模型字段设置路由地址，由该路由地址进入数据修改页。
- list_filter：由 ModelAdmin 定义，格式为列表或元组，在数据列表页的右侧添加过滤器，用于筛选和查找数据。
- list_per_page：由 ModelAdmin 定义，格式为整数类型，默认值为 100，在数据列表页设置每一页显示的数据量。
- list_max_show_all：由 ModelAdmin 定义，格式为整数类型，默认值为 200，在数据列表页设置每一页显示最大上限的数据量。
- list_editable：由 ModelAdmin 定义，格式为列表或元组，在数据列表页设置字段的编辑状态，可以在数据列表页直接修改某行数据的字段内容并保存，该属性不能与 list_display_links 共存，否则提示异常信息。
- search_fields：由 ModelAdmin 定义，格式为列表或元组，在数据列表页的搜索框设置搜索字段，根据搜索字段可快速查找相应的数据。
- date_hierarchy：由 ModelAdmin 定义，格式为字符类型，在数据列表页设置日期选择器，只能设置日期类型的模型字段。
- save_as：由 ModelAdmin 定义，格式为布尔型，默认为 False，若改为 True，则在数据修改页添加"另存为"功能按钮。
- actions:由 ModelAdmin 定义,格式为列表或元组,列表或元组的元素为自定义函数,函数在"动作"栏生成操作列表。
- actions_on_top 和 actions_on_bottom:由 ModelAdmin 定义,格式为布尔型,设置"动作"栏的位置。
- save_model():由 ModelAdmin 定义,重写此方法可自定义数据的保存方式。
- delete_model():由 ModelAdmin 定义,重写此方法可自定义数据的删除方式。

为了更好地说明 ModelAdmin 的属性功能,以 MyDjango 为例,在 index 的 admin.py 里定义 VocationAdmin。在定义 VocationAdmin 之前,我们需要将模型 Vocation 进行重新定义,代码如下:

```python
# index 的 models.py
from django.db import models
class Vocation(models.Model):
    JOB = (
        ('软件开发', '软件开发'),
        ('软件测试', '软件测试'),
        ('需求分析', '需求分析'),
        ('项目管理', '项目管理'),
    )
    id = models.AutoField(primary_key=True)
    job = models.CharField(max_length=20, choices=JOB)
    title = models.CharField(max_length=20)
    payment = models.IntegerField(null=True, blank=True)
    person=models.ForeignKey(PersonInfo, on_delete=models.CASCADE)
    recordTime=models.DateField(auto_now=True,null=True,blank=True)

    def __str__(self):
        return str(self.id)
    class Meta:
        verbose_name = '职业信息'
```

模型 Vocation 重新定义后,在 PyCharm 的 Terminal 窗口下执行数据迁移,并在数据表 index_vocation 中添加数据,如图 9-12 所示。

id	job	title	payment	recordTime	person_id
1	软件开发	Python开发	10000	2019-01-02	2
2	软件测试	自动化测试	8000	2019-03-20	3
3	需求分析	需求分析	6000	2019-02-02	1
4	项目管理	项目经理	12000	2019-04-04	4

图 9-12 数据表 index_vocation

完成模型 Vocation 的定义与数据迁移后,下一步在 admin.py 里定义 VocationAdmin,使模型 Vocation 的数据显示在 Admin 后台系统。VocationAdmin 的定义如下:

```python
# index 的 admin.py
@admin.register(Vocation)
class VocationAdmin(admin.ModelAdmin):
    # 在数据新增或修改的页面设置可编辑的字段
```

```python
    # fields = ['job','title','payment','person']

    # 在数据新增或修改的页面设置不可编辑的字段
    # exclude = []

    # 改变新增或修改页面的网页布局
    fieldsets = (
        ('职业信息', {
            'fields': ('job', 'title', 'payment')
        }),
        ('人员信息', {
            # 设置隐藏与显示
            'classes': ('collapse',),
            'fields': ('person',),
        }),
    )

    # 将下拉框改为单选按钮
    # admin.HORIZONTAL 是水平排列
    # admin.VERTICAL 是垂直排列
    radio_fields = {'person': admin.HORIZONTAL}

    # 在数据新增或修改的页面设置可读的字段,不可编辑
    # readonly_fields = ['job',]

    # 设置排序方式,['id']为升序,降序为['-id']
    ordering = ['id']

    # 设置数据列表页的每列数据是否可排序显示
    sortable_by = ['job', 'title']

    # 在数据列表页设置显示的模型字段
    list_display = ['id', 'job', 'title', 'payment', 'person']

    # 为数据列表页的字段 id 和 job 设置路由地址,该路由地址可进入数据修改页
    # list_display_links = ['id', 'job']

    # 设置过滤器,若有外键,则应使用双下画线连接两个模型的字段
    list_filter = ['job', 'title', 'person__name']

    # 在数据列表页设置每一页显示的数据量
    list_per_page = 100

    # 在数据列表页设置每一页显示最大上限的数据量
    list_max_show_all = 200

    # 为数据列表页的字段 id 和 job 设置编辑状态
    list_editable = ['job', 'title']

    # 设置可搜索的字段
    search_fields = ['job', 'title']
```

```
# 在数据列表页设置日期选择器
date_hierarchy = 'recordTime'

# 在数据修改页添加"另存为"功能
save_as = True

# 设置"动作"栏的位置
actions_on_top = False
actions_on_bottom = True
```

VocationAdmin 演示了如何使用 ModelAdmin 的常用属性。运行 MyDjango 项目,在浏览器上访问模型 Vocation 的数据列表页,页面的样式和布局变化如图 9-13 所示。

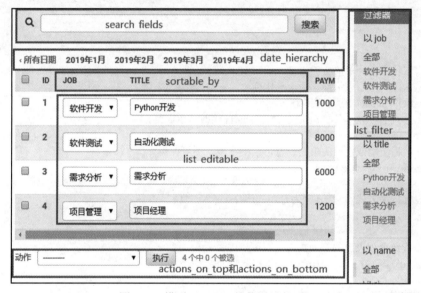

图 9-13 模型 Vocation 的数据列表页

在模型 Vocation 的数据列表页的右上方找到并单击"增加职业信息",浏览器将访问模型 Vocation 的数据新增页,该页面的样式和布局的变化情况如图 9-14 所示。

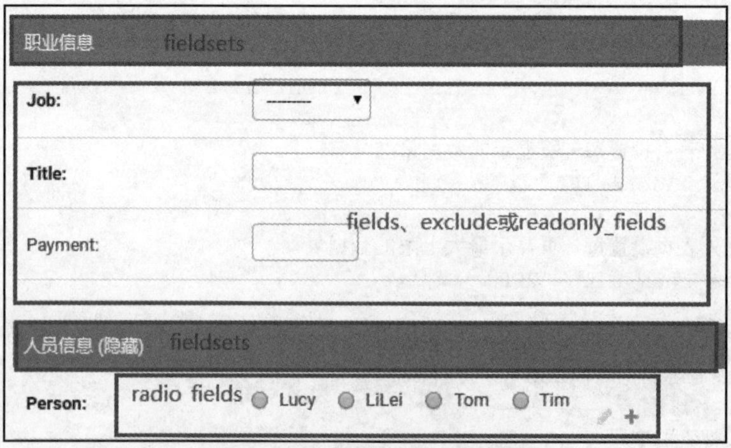

图 9-14 模型 Vocation 的数据新增页

最后在模型 Vocation 的数据列表页里单击某行数据的 ID 字段，由 ID 字段的链接进入模型 Vocation 的数据修改页，该页面的样式和布局的变化情况与数据新增页有相同之处，如图 9-15 所示。

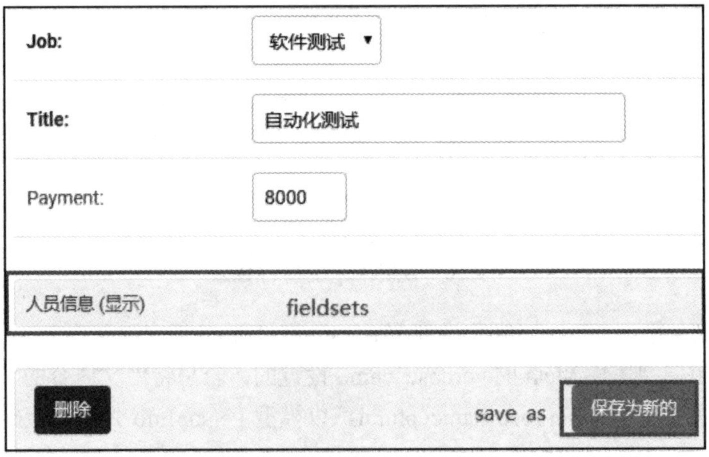

图 9-15　模型 Vocation 的数据修改页

对比模型 PersonInfo 与模型 Vocation 的 Admin 后台页面发现，ModelAdmin 的属性主要设置 Admin 后台页面的样式和布局，使模型数据以特定的形式展示在 Admin 后台系统。而在 9.4 节，我们将会讲述如何重写 ModelAdmin 的方法，实现 Admin 后台系统的二次开发。

9.3　Admin 首页设置

我们将模型 PersonInfo 和模型 Vocation 成功展现在 Admin 后台系统，其中 Admin 首页的 INDEX 代表项目应用的名称，但对一个不会网站开发的使用者来说，可能无法理解 INDEX 的含义，而且使用英文表示会影响整个网页的美观。

若想将 Admin 首页的 INDEX 改为中文内容，则在项目应用的初始化文件 __init__.py 中设置即可，以 MyDjango 的 index 为例，在 index 的 __init__.py 中编写以下代码：

```python
# index 的 __init__.py
from django.apps import AppConfig
import os
# 修改 App 在 Admin 后台显示的名称
# default_app_config 的值来自 apps.py 的类名
default_app_config = 'index.IndexConfig'

# 获取当前 App 的命名
def get_current_app_name(_file):
    return os.path.split(os.path.dirname(_file))[-1]

# 重写类 IndexConfig
class IndexConfig(AppConfig):
    name = get_current_app_name(__file__)
```

```
verbose_name = '网站首页'
```

上述代码中，变量 default_app_config 指向自定义的 IndexConfig 类，该类的属性 verbose_name 用于设置当前项目应用在 Admin 后台的名称，如图 9-16 所示。

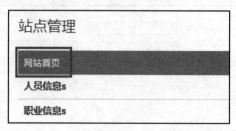

图 9-16　设置 App 的后台名称

从图 9-16 看到，模型 PersonInfo 和模型 Vocation 在 Admin 后台显示为"人员信息 s"和"职业信息 s"，这是由模型属性 Meta 的 verbose_name 设置的，若想将中文内容的字母 s 去掉，则可以在模型的 Meta 属性中设置 verbose_name_plural，以模型 PersonInfo 为例，代码如下：

```
# index 的 models.py
from django.db import models
class PersonInfo(models.Model):
    id = models.AutoField(primary_key=True)
    name = models.CharField(max_length=20)
    age = models.IntegerField()

    def __str__(self):
        return self.name
    class Meta:
        verbose_name = '人员信息'
        verbose_name_plural = '人员信息'
```

如果在模型的 Meta 属性中分别设置 verbose_name 和 verbose_name_plural，Django 就优先显示 verbose_name_plural 的值。重新运行 MyDjango，运行结果如图 9-17 所示。

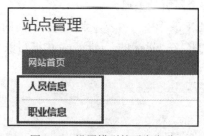

图 9-17　设置模型的后台名称

除了在 Admin 首页设置项目应用和模型的名称之外，还可以设置 Admin 首页的网页标题，实现方法是在项目应用的 admin.py 中设置 Admin 的 site_title 和 site_header 属性，如果项目有多个项目应用，那么只需在某个项目应用的 admin.py 中设置一次即可。以 index 的 admin.py 为例，设置如下：

```
# index 的 admin.py
from django.contrib import admin
```

```
# 修改title和header
admin.site.site_title = 'MyDjango后台管理'
admin.site.site_header = 'MyDjango'
```

运行 MyDjango 并访问 Admin 首页，观察网页的标题变化情况，如图 9-18 所示。

图 9-18 Admin 的网页标题

综上所述，Admin 后台系统的首页设置包括：项目应用的显示名称、模型的显示名称和网页标题，三者的设置方式说明如下：

- 项目应用的显示名称：在项目应用的 __init__.py 中设置变量 default_app_config，该变量指向自定义的 IndexConfig 类，由 IndexConfig 类的 verbose_name 属性设置项目应用的显示名称。
- 模型的显示名称：在模型属性 Meta 中设置 verbose_name 和 verbose_name_plural，两者的区别在于 verbose_name 是以复数的形式表示的，若在模型中同时设置这两个属性，则优先显示 verbose_name_plural 的值。
- 网页标题：在项目应用的 admin.py 中设置 Admin 的 site_title 和 site_header 属性，如果项目有多个项目应用，那么只需在某个项目应用的 admin.py 中设置一次即可。

9.4 Admin 的二次开发

我们已经掌握了 ModelAdmin 的属性设置和 Admin 的首页设置，但是每个网站的功能和需求并不相同，这导致 Admin 后台的功能有所差异。因此，本节将重写 ModelAdmin 的方法，实现 Admin 的二次开发，从而满足多方面的开发需求。

为了更好地演示 Admin 的二次开发所实现的功能，以 9.3 节的 MyDjango 为例，在 Admin 后台系统里创建非超级管理员账号。在 Admin 首页的"认证和授权"下单击用户的新增链接，设置用户名为 root，密码为 mydjango123，用户密码的长度和内容有一定的规范要求，如果不符合要求就无法创建用户，如图 9-19 所示。

用户创建后，浏览器将访问用户修改页面，我们需勾选当前用户的职员状态，否则新建的用户无法登录 Admin 后台系统，如图 9-20 所示。

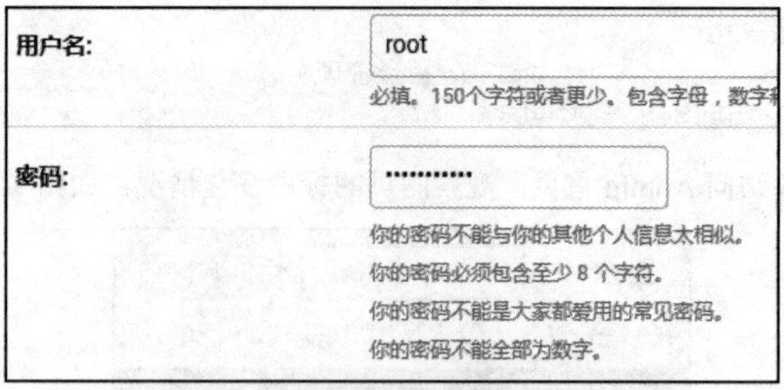

图 9-19 创建用户

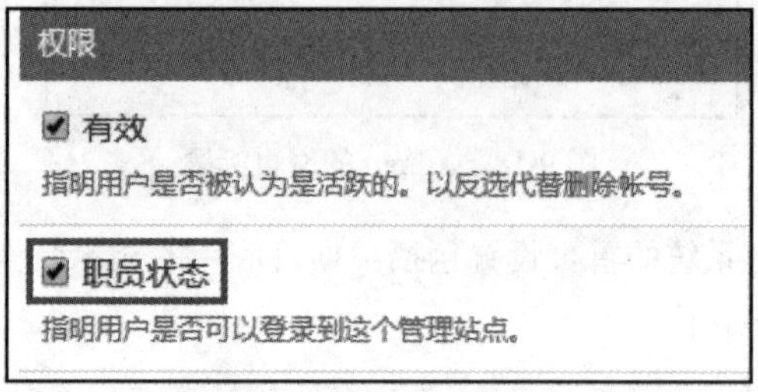

图 9-20 设置职员状态

除了设置职员状态之外，还需要为当前用户设置相应的访问权限，我们将 Admin 的所有功能的权限都给予 root 用户，如图 9-21 所示，最后单击"保存"按钮，完成用户设置。

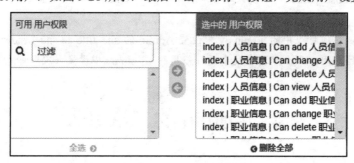

图 9-21 设置用户权限

9.4.1 函数 get_readonly_fields()

已知 get_readonly_fields()是由 BaseModelAdmin 定义的，它获取 readonly_fields 的属性值，从而将模型字段设为只读属性，通过重写此函数可以自定义模型字段的只读属性，比如根据不同的用户角色来设置模型字段的只读属性。

以 MyDjango 为例，在 VocationAdmin 里重写 get_readonly_fields()函数，根据当前访问的用户角色设置模型字段的只读属性，代码如下：

```
# index 的 admin.py
from django.contrib import admin
from .models import *
@admin.register(Vocation)
class VocationAdmin(admin.ModelAdmin):
    # 在数据列表页设置显示的模型字段
```

```python
list_display = ['id', 'job', 'title', 'payment']

# 重写 get_readonly_fields 函数
# 设置超级管理员和普通用户的权限
def get_readonly_fields(self, request, obj=None):
    if request.user.is_superuser:
        self.readonly_fields = []
    else:
        self.readonly_fields = ['payment']
    return self.readonly_fields
```

函数 get_readonly_fields 首先判断当前发送请求的用户是否为超级管理员，如果符合判断条件，就将属性 readonly_fields 设为空列表，使当前用户具有全部字段的编辑权限；如果不符合判断条件，就将模型字段 payment 设为只读状态，使当前用户无法编辑模型字段 payment（只有只读权限）。

函数参数 request 是当前用户的请求对象，参数 obj 是模型对象，默认值为 None，代表当前网页为数据新增页，否则为数据修改页。函数必须设置返回值，并且返回值为属性 readonly_fields，否则提示异常信息。

运行 MyDjango，使用不同的用户角色登录 Admin 后台系统，在模型 Vocation 的数据新增页或数据修改页看到，不同的用户角色对模型字段 payment 的操作权限有所不同，比如分别切换用户 admin 和 root 进行登录，查看是否对模型字段 payment 具有编辑权限。

9.4.2 设置字段样式

在 Admin 后台系统预览模型 Vocation 的数据信息时，数据列表页所显示的模型字段是由属性 list_display 设置的，每个字段的数据都来自于数据表，并且数据以固定的字体格式显示在网页上。若要对某些字段的数据进行特殊处理，如设置数据的字体颜色，则以模型 Vocation 的外键字段 person 为例，将该字段的数据设置为不同的颜色，实现代码如下：

```python
# index 的 models.py
from django.db import models
from django.utils.html import format_html
class Vocation(models.Model):
    JOB = (
        ('软件开发', '软件开发'),
        ('软件测试', '软件测试'),
        ('需求分析', '需求分析'),
        ('项目管理', '项目管理'),
    )
    id = models.AutoField(primary_key=True)
    job = models.CharField(max_length=20, choices=JOB)
    title = models.CharField(max_length=20)
    payment = models.IntegerField(null=True, blank=True)
    person = models.ForeignKey(PersonInfo, on_delete=models.CASCADE)
    recordTime = models.DateField(auto_now=True,null=True,blank=True)

    def __str__(self):
        return str(self.id)
```

```python
class Meta:
    verbose_name = '职业信息'
    verbose_name_plural = '职业信息'

# 自定义函数，设置字体颜色
def colored_name(self):
    if 'Lucy' in self.person.name:
        color_code = 'red'
    else:
        color_code = 'blue'
    return format_html(
        '<span style="color: {};">{}</span>',
        color_code,
        self.person.name,
    )
# 设置Admin的字段名称
colored_name.short_description = '带颜色的姓名'
```

在模型 Vocation 的定义过程中，我们自定义函数 colored_name，函数实现的功能说明如下：

（1）由于模型的外键字段 person 指向模型 PersonInfo，因此 self.person.name 可以获取模型 PersonInfo 的字段 name。

（2）通过判断模型字段 name 的值来设置变量 color_code，如果字段 name 的值为 Lucy，那么变量 color_code 等于 red，否则为 blue。

（3）将变量 color_code 和模型字段 name 的值以 HTML 表示，这是设置模型字段 name 的数据颜色，函数返回值使用 Django 内置的 format_html 方法执行 HTML 转义处理。

（4）为函数 colored_name 设置 short_description 属性，使该函数以字段的形式显示在模型 Vocation 的数据列表页。

模型 Vocation 自定义函数 colored_name 是作为模型的虚拟字段，它在数据表里没有对应的表字段，数据由外键字段 name 提供。若将自定义函数 colored_name 显示在 Admin 后台系统，则可以在 VocationAdmin 的 list_display 属性中添加函数 colored_name，代码如下：

```python
# 在属性 list_display 中添加自定义字段 colored_name
# colored_name 来自于模型 Vocation
list_display.append('colored_name')
```

运行 MyDjango，在浏览器上访问模型 Vocation 的数据列表页，发现该页面新增"带颜色的姓名"字段，如图 9-22 所示。

ID	JOB	TITLE	PAYMENT	带颜色的姓名
4	项目管理	项目经理	12000	Tim
3	需求分析	需求分析	6000	Lucy
2	软件测试	自动化测试	8000	Tom
1	软件开发	Python开发	10000	LiLei

图 9-22 新增"带颜色的姓名"字段

9.4.3 函数 get_queryset()

函数 get_queryset()用于查询模型的数据信息，然后在 Admin 的数据列表页展示。默认情况下，该函数执行全表数据查询，若要改变数据的查询方式，则可重新定义该函数，比如根据不同的用户角色执行不同的数据查询，以 VocationAdmin 为例，实现代码如下：

```python
# index 的 admin.py
# 根据当前用户名设置数据访问权限
def get_queryset(self, request):
    qs = super().get_queryset(request)
    if request.user.is_superuser:
        return qs
    else:
        return qs.filter(id__lt=2)
```

分析上述代码可知，自定义函数 get_queryset 的代码说明如下：

（1）通过 super 方法获取父类 ModelAdmin 的函数 get_queryset 所生成的模型查询对象，该对象用于查询模型 Vocation 的全部数据。

（2）判断当前用户角色，如果为超级管理员，函数就返回模型 Vocation 的全部数据，否则返回模型字段 id 小于 2 的数据。

运行 MyDjango，使用普通用户（9.4 节创建的 root 用户）登录 Admin 后台，打开模型 Vocation 的数据列表页，页面上只显示 id 等于 1 的数据信息，如图 9-23 所示。

图 9-23　模型 Vocation 的数据列表页

9.4.4 函数 formfield_for_foreignkey()

在新增或修改数据的时候，如果某个模型字段为外键字段，该字段就显示为下拉框控件，并且下拉框的数据来自于该字段所指向的另一个模型。以模型 Vocation 的数据新增页为例，该模型的外键字段 person 呈现方式如图 9-24 所示。

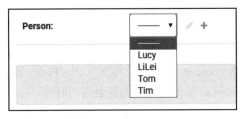

图 9-24　模型 Vocation 的外键字段 person

如果想要对下拉框的数据实现过滤筛选，那么可以对函数 formfield_for_foreignkey() 进行重写，如根据用户角色实现数据的过滤筛选，以 VocationAdmin 为例，实现代码如下：

```python
# index 的 admin.py
# 新增或修改数据时，设置外键可选值
def formfield_for_foreignkey(self,db_field,request,**kwargs):
    # 判断是否为外键字段
    if db_field.name == 'person':
        # 判断是否为超级管理员
        if not request.user.is_superuser:
            # 过滤下拉框的数据
            v = Vocation.objects.filter(id__lt=2)
            kwargs['queryset']=PersonInfo.objects.filter(id__in=v)
    return super().formfield_for_foreignkey(db_field,request,**kwargs)
```

上述代码根据不同的用户角色过滤筛选下拉框的数据内容，实现过程如下：

（1）参数 db_field 是模型 Vocation 的字段对象，因为一个模型可以定义多个外键字段，所以需要对特定的外键字段进行判断处理。

（2）判断当前用户是否为超级管理员，参数 request 是当前用户的请求对象。如果当前用户为普通用户，就在模型 Vocation 中查询字段 id 小于 2 的数据 v，再将数据 v 作为模型 PersonInfo 的查询条件，将模型 PersonInfo 的查询结果传递给参数 queryset，该参数用于设置下拉框的数据。因为外键字段 person 的数据主要来自模型 PersonInfo，所以参数 queryset 的值应以模型 PersonInfo 的查询结果为准。

（3）将形参 kwargs 传递给父类的函数 formfield_for_foreignkey()，由父类的函数从形参 kwargs 里获取参数 queryset 的值，从而实现数据的过滤筛选。

运行 MyDjango，使用普通用户（9.4 节创建的 root 用户）登录 Admin 后台，打开模型 Vocation 的数据新增页或数据修改页，外键字段 person 的数据如图 9-25 所示。

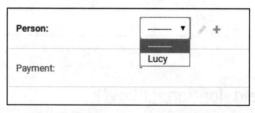

图 9-25　外键字段 person 的数据列表

函数 formfield_for_foreignkey() 只适用于一对一或一对多的数据关系，如果是多对多的数据关系，就可重写函数 formfield_for_manytomany()，两者的重写过程非常相似，这里不再重复讲述。

9.4.5　函数 formfield_for_choice_field()

如果模型字段设置了参数 choices，并且字段类型为 CharField，比如模型 Vocation 的 job 字段，在 Admin 后台系统为模型 Vocation 新增或修改某行数据的时候，模型字段 job 就以下拉框的形式表示，它根据模型字段的参数 choices 生成下拉框的数据列表。

若想改变非外键字段的下拉框数据，则可以重写函数 formfield_for_choice_field()。以模型

Vocation 的字段 job 为例，在 Admin 后台系统为字段 job 过滤下拉框数据，实现代码如下：

```python
# index 的 admin.py
# db_field.choices 获取模型字段的属性 choices 的值
def formfield_for_choice_field(self,db_field,request,**kwargs):
    if db_field.name == 'job':
        # 减少字段 job 可选的选项
        kwargs['choices'] = (('软件开发', '软件开发'),
                             ('软件测试', '软件测试'),)
    return super().formfield_for_choice_field(db_field,request,**kwargs)
```

formfield_for_choice_field()函数设有 3 个参数，每个参数说明如下：

- 参数 db_field 代表当前模型的字段对象，由于一个模型可定义多个字段，因此需要对特定的字段进行判断处理。
- 参数 request 是当前用户的请求对象，可以从该参数获取当前用户的所有信息。
- 形参**kwargs 为空字典，它可以设置参数 widget 和 choices。widget 是表单字段的小部件（表单字段的参数 widget），能够设置字段的 CSS 样式；choices 是模型字段的参数 choices，可以设置字段的下拉框数据。

自定义函数 formfield_for_choice_field()判断当前模型字段是否为 job，若判断结果为 True，则重新设置形参**kwargs 的参数 choices，并且参数 choices 有固定的数据格式，最后调用 super 方法使函数继承并执行父类的函数 formfield_for_choice_field()，这样能为模型字段 job 过滤下拉框数据。

运行 MyDjango，在 Admin 后台系统打开模型 Vocation 的数据新增页或数据修改页，单击打开字段 job 的下拉框数据，如图 9-26 所示。

图 9-26　字段 job 的下拉框数据

formfield_for_choice_field()只能过滤已存在的下拉框数据，如果要对字段的下拉框新增数据内容，只能自定义内置函数 formfield_for_dbfield()，如果在 admin.py 都重写了 formfield_for_dbfield() 和 formfield_for_choice_field()，Django 优先执行函数 formfield_for_dbfield()，然后再执行函数 formfield_for_choice_field()，所以字段的下拉框数据最终应以 formfield_for_choice_field()为准。

9.4.6　函数 save_model()

函数 save_model()是在新增或修改数据的时候，单击"保存"按钮所触发的功能，该函数主要对输入的数据进行入库或修改处理。若想在这个功能中加入一些特殊功能，则可对函数 save_model()进行重写。比如对数据的修改实现日志记录，以 VocationAdmin 为例，函数 save_model() 的实现代码如下：

```python
# index 的 admin.py
def save_model(self, request, obj, form, change):
    if change:
        # 获取当前用户名
        user = request.user.username
        # 使用模型获取数据,pk 代表具有主键属性的字段
        job = self.model.objects.get(pk=obj.pk).job
        # 使用表单获取数据
        person = form.cleaned_data['person'].name
        # 写入日志文件
        f = open('d://log.txt', 'a')
        f.write(person+'职位: '+job+', 被'+user+'修改'+'\r\n')
        f.close()
    else:
        pass
    # 使用 super 在继承父类已有功能的情况下新增自定义功能
    super().save_model(request, obj, form, change)
```

save_model()函数设有 4 个参数,每个参数说明如下:

- 参数 request 代表当前用户的请求对象。
- 参数 obj 是模型的数据对象,比如修改模型 Vocation 的某行数据(称为数据 A),参数 ojb 代表数据 A 的数据对象,如果为模型 Vocation 新增数据,参数 ojb 就为 None。
- 参数 form 代表模型表单,它是 Django 自动创建的模型表单,比如在模型 Vocation 里新增或修改数据,Django 自动为模型 Vocation 创建表单 VocationForm。
- 参数 change 判断当前请求是来自数据修改页还是来自数据新增页,如果来自数据修改页,就代表用户执行数据修改,参数 change 为 True,否则为 False。

无论是修改数据还是新增数据,都会调用函数 save_model()实现数据保存,因此函数会对当前操作进行判断,如果参数 change 为 True,就说明当前操作为数据修改,否则为新增数据。

如果当前操作是修改数据,就从函数参数 request、obj 和 form 里获取当前数据的修改内容,然后将修改内容写入 D 盘的 log.txt 文件,最后调用 super 方法使函数继承并执行父类的函数 save_model(),实现数据的入库或修改处理。若不调用 super 方法,则当执行数据保存时,程序只执行日志记录功能,并不执行数据入库或修改处理。

运行 MyDjango,使用超级管理员登录 Admin 后台并打开模型 Vocation 的数据修改页,单击"保存"按钮实现数据修改,在 D 盘下打开并查看日志文件 log.txt,如图 9-27 所示。

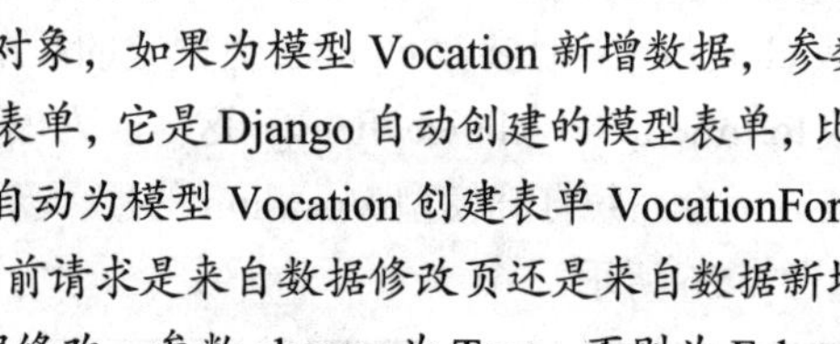

图 9-27 日志文件 log.txt

如果执行数据删除操作,Django 就调用函数 delete_model()实现,该函数设有参数 request 和 obj,参数的数据类型与函数 save_model()的参数相同。若要重新定义函数 delete_model(),则定义过程可参考函数 save_model(),在此就不再重复讲述。

9.4.7 数据批量操作

模型 Vocation 的数据列表页设有"动作"栏，单击"动作"栏右侧的下拉框可以看到数据删除操作。只要选中某行数据前面的复选框，在"动作"栏右侧的下拉框选择"删除所选的职业信息"并单击"执行"按钮，即可实现数据删除，如图 9-28 所示。

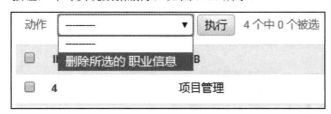

图 9-28　删除数据

从上述的数据删除方式来看，这种操作属于数据批量处理，因为每次可以删除一行或多行数据，若想对数据执行批量操作，则可在"动作"栏里自定义函数，实现数据批量操作。比如实现数据的批量导出功能，以模型 Vocation 为例，在 VocationAdmin 中定义数据批量导出函数，代码如下：

```
# index 的 admin.py
# 数据批量操作
def get_datas(self, request, queryset):
    temp = []
    for d in queryset:
        t=[d.job,d.title,str(d.payment),d.person.name]
        temp.append(t)
    f = open('d://data.txt', 'a')
    for t in temp:
        f.write(','.join(t) + '\r\n')
    f.close()
    # 设置提示信息
    self.message_user(request, '数据导出成功！')

# 设置函数的显示名称
get_datas.short_description = '导出所选数据'
# 添加到"动作"栏
actions = ['get_datas']
```

数据批量操作函数 get_datas 可自行命名函数名，参数 request 代表当前用户的请求对象，参数 queryset 代表已被勾选的数据对象。函数实现的功能说明如下：

（1）遍历参数 queryset，从已被勾选的数据对象里获取模型字段的数据内容，每行数据以列表 t 表示，并且将列表 t 写入列表 temp。

（2）在 D 盘下创建 data.txt 文件，并遍历列表 temp，将每次遍历的数据写入 data.txt 文件，最后调用内置方法 message_user 提示数据导出成功。

（3）为函数 get_datas 设置 short_description 属性，该属性用于设置"动作"栏右侧的下拉框的数据内容。

（4）将函数 get_datas 绑定到 ModelAdmin 的内置属性 actions，在"动作"栏生成数据批量处理功能。

运行 MyDjango，在模型 Vocation 的数据列表页全选当前数据，打开"动作"栏右侧的下拉框，选择"导出所选数据"，单击"执行"按钮执行数据导出操作，如图 9-29 所示。

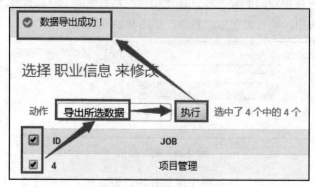

图 9-29　数据批量导出

9.4.8　自定义 Admin 模板

Admin 后台系统的模板文件是由 Django 提供的，在 Django 的源码目录下可以找到 Admin 模板文件所在的路径（django\contrib\admin\templates\admin）。如果想对 Admin 模板文件进行自定义更改，那么可以直接修改 Django 内置的 Admin 模板文件，但不提倡这种方法。如果一台计算机同时开发多个 Django 项目，就会影响其他项目的使用。除了这种方法之外，还可以利用模板继承的方法实现自定义模板开发。我们对 MyDjango 的目录架构进行调整，如图 9-30 所示。

图 9-30　MyDjango 的目录架构

在模板文件夹 templates 下依次创建文件夹 admin 和 index，文件夹的作用说明如下：

- 文件夹 admin 代表该文件夹里的模板文件用于 Admin 后台系统，而且文件夹必须命名为 admin。
- 文件夹 index 代表项目应用 index，文件夹的命名必须与项目应用的命名一致。文件夹存放模板文件 change_form.html，所有在项目应用 index 中定义的模型都会使用该模板文件生成网页信息。
- 如果将模板文件 change_form.html 放在 admin 文件夹下，那么整个 Admin 后台系统都会使用该模板文件生成网页信息。

MyDjango 的模板文件 change_form.html 来自 Django 内置模板文件，我们根据内置模板文件的代码进行重写，MyDjango 的 change_form.html 代码如下：

```
{% extends "admin/change_form.html" %}
{% load i18n admin_urls static admin_modify %}
{% block object-tools-items %}
{# 判断当前用户角色 #}
{% if request.user.is_superuser %}
  <li>
    {% url opts|admin_urlname:'history' original.pk|
        admin_urlquote as history_url %}
    <a href="{%add_preserved_filters history_url%}"
        class="historylink">{%trans "History"%}</a>
  </li>
{# 判断结束符 #}
{% endif %}
{% if has_absolute_url %}
  <li>
    <a href="{{ absolute_url }}" class="viewsitelink">
    {% trans "View on site" %}</a>
  </li>
{% endif %}
{% endblock %}
```

从上述代码可以看到，自定义模板文件 change_form.html 的代码说明如下：

（1）自定义模板文件 change_form.html 继承内置模板文件 change_form.html，并且自定义模板文件名必须与内置模板文件名一致。

（2）由于内置模板文件 admin/change_form.html 导入了标签{% load i18n admin_urlsstatic admin_modify %}，因此自定义模板文件 change_form.html 也要导入该模板标签，否则提示异常信息。

（3）使用 block 标签实现内置模板文件的代码重写。查看内置模板文件的代码发现，模板代码以{% block xxx %}形式分块处理，将网页上不同的功能以块的形式划分。因此，在自定义模板中使用 block 标签对某个功能进行自定义开发。

运行 MyDjango，当访问 Admin 后台系统的时候，Django 优先查找 admin 文件夹的模板文件，找不到相应的模板文件时，再从 Django 的内置 Admin 模板文件中查找。我们使用超级管理员和普通用户分别访问职业信息的数据修改页，不同的用户角色所返回的页面会有所差异，如图 9-31 所示。

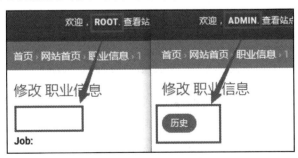

图 9-31　自定义模板文件

9.4.9　自定义 Admin 后台系统

Admin 后台系统为每个网页设置了具体的路由地址，每个路由的响应内容是调用内置模板文件生成的。若想改变整个 Admin 后台系统的网页布局和功能，则可重新定义 Admin 后台系统，比如常见的第三方插件 Xadmin 和 Django Suit，这些插件都是在 Admin 后台系统的基础上进行重新定义的。

重新定义 Admin 后台系统需要对源码结构有一定的了解，我们可以从路由信息进行分析。以 MyDjango 为例，在 MyDjango 的 urls.py 中查看 Admin 后台系统的路由信息，如图 9-32 所示。

```
from django.urls import path, include
from django.contrib import admin
urlpatterns = [
    # 指向index的路由文件urls.py
    path('admin', admin.site.urls),
    path('', include(('index.urls', 'index'))),
]
```

图 9-32　Admin 后台系统的路由信息

长按键盘上的 Ctrl 键，在 PyCharm 里单击图 9-32 中的 site 即可打开源码文件 sites.py，将该文件的代码注释进行翻译得知，Admin 后台系统是由类 AdminSite 实例化创建而成的，换句话说，只要重新定义类 AdminSite 即可实现 Admin 后台系统的自定义开发，如图 9-33 所示。

```
django > contrib > admin > sites.py
sites.py ×
# This global object represents the defaul
# You can provide your own AdminSite using
# attribute. You can also instantiate Admi
# custom admin site.
site = DefaultAdminSite()
```

图 9-33　源码文件 sites.py

Admin 后台系统还有一个系统注册过程，将 Admin 后台系统绑定到 Django，当运行 Django 时，Admin 后台系统会随之运行。Admin 的系统注册过程在源码文件 apps.py 里定义，如图 9-34 所示。

```
django > contrib > admin > apps.py
apps.py ×
class SimpleAdminConfig(AppConfig):
    """Simple AppConfig which does not do
    default_site = 'django.contrib.admi
    name = 'django.contrib.admin'
    verbose_name = _("Administration")
```

图 9-34　源码文件 apps.py

综上所述，如果要实现 Admin 后台系统的自定义开发，就需要重新定义类 AdminSite 和改变 Admin 的系统注册过程。下一步通过简单的实例来讲述如何自定义开发 Admin 后台系统，我们将会更换 Admin 后台系统的登录页面。

以 MyDjango 为例，在项目的根目录创建 static 文件并放置登录页面所需的 JavaScript 脚本文件和 CSS 样式文件；然后在模板文件夹 templates 中放置登录页面 login.html；最后在 MyDjango 文件夹创建 myadmin.py 和 myapps.py 文件。项目的目录结构如图 9-35 所示。

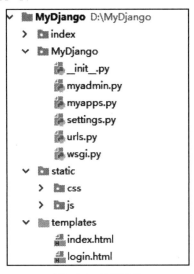

图 9-35　目录结构

下一步在 MyDjango 的 myadmin.py 中定义类 MyAdminSite，它继承父类 AdminSite 并重写方法 admin_view() 和 get_urls()，从而更改 Admin 后台系统的用户登录地址，实现代码如下：

```
# MyDjango 的 myadmin.py
from django.contrib import admin
from functools import update_wrapper
from django.views.generic import RedirectView
from django.urls import reverse
from django.views.decorators.cache import never_cache
from django.views.decorators.csrf import csrf_protect
from django.http import HttpResponseRedirect
from django.contrib.auth.views import redirect_to_login
from django.urls import include, path, re_path
from django.contrib.contenttypes import views as contenttype_views
class MyAdminSite(admin.AdminSite):
    def admin_view(self, view, cacheable=False):
        def inner(request, *args, **kwargs):
            if not self.has_permission(request):
                if request.path==reverse('admin:logout',
                                current_app=self.name):
                    index_path = reverse('admin:index',
                                current_app=self.name)
                    return HttpResponseRedirect(index_path)
                # 修改注销后重新登录的路由地址
                return redirect_to_login(
```

```python
                    request.get_full_path(),
                    '/login.html'
                )
            return view(request, *args, **kwargs)
        if not cacheable:
            inner = never_cache(inner)
        if not getattr(view, 'csrf_exempt', False):
            inner = csrf_protect(inner)
        return update_wrapper(inner, view)

    def get_urls(self):
        def wrap(view, cacheable=False):
            def wrapper(*args, **kwargs):
                return self.admin_view(view,cacheable)(*args,**kwargs)
            wrapper.admin_site = self
            return update_wrapper(wrapper, view)
        urlpatterns = [
            path('', wrap(self.index), name='index'),
            # 修改登录页面的路由地址
            path('login/', RedirectView.as_view(url='/login.html')),
            path('logout/', wrap(self.logout), name='logout'),
            path('password_change/',wrap(self.password_change,
                                    cacheable=True),
                                    name='password_change'),
            path(
                'password_change/done/',
                wrap(self.password_change_done,cacheable=True),
                name='password_change_done',
            ),
            path('jsi18n/', wrap(self.i18n_javascript,
                    cacheable=True), name='jsi18n'),
            path(
                'r/<int:content_type_id>/<path:object_id>/',
                wrap(contenttype_views.shortcut),
                name='view_on_site',
            ),
        ]
        valid_app_labels = []
        for model, model_admin in self._registry.items():
            urlpatterns += [
                path('%s/%s/' % (model._meta.app_label,
                            model._meta.model_name),
                            include(model_admin.urls)),
            ]
            if model._meta.app_label not in valid_app_labels:
                valid_app_labels.append(model._meta.app_label)
        if valid_app_labels:
            regex=r'^(?P<app_label>'+'|'.join(valid_app_labels)+')/$'
            urlpatterns += [
                re_path(regex,wrap(self.app_index),name='app_list'),
            ]
```

```
    return urlpatterns
```

上述代码将父类 AdminSite 的方法 admin_view() 和 get_urls() 进行局部的修改，修改的代码已标有注释说明，其他代码无须修改。从修改的代码看到，Admin 后台系统的用户登录页面的路由地址设为/login.html，因此还要定义路由地址/login.html。分别在 MyDjango 的 urls.py、index 的 urls.py 和 views.py 中定义路由 login 及其视图函数 loginView，代码如下：

```python
# MyDjango 的 urls.py
from django.urls import path, include
from django.contrib import admin
urlpatterns = [
    # 指向 index 的路由文件 urls.py
    path('admin/', admin.site.urls),
    path('',include((('index.urls','index'),namespace='index')),
]

# index 的 urls.py
from django.urls import path
from .views import *
urlpatterns = [
    # 定义路由
    path('login.html', loginView, name='login'),
]

index 的 views.py
from django.shortcuts import render, redirect
from django.contrib.auth import login, authenticate
from django.contrib.auth.models import User
from django.urls import reverse
def loginView(request):
    if request.method == 'POST':
        u = request.POST.get('username', '')
        p = request.POST.get('password', '')
        if User.objects.filter(username=u):
            user = authenticate(username=u, password=p)
            if user:
                if user.is_active:
                    login(request, user)
                    return redirect(reverse('index:login'))
                else:
                    tips = '账号密码错误，请重新输入'
            else:
                tips = '用户不存在，请注册'
    else:
        if request.user.username:
            return redirect(reverse('admin:index'))
    return render(request, 'login.html', locals())
```

视图函数 loginView 用于实现用户登录，它由 Django 内置的 Auth 认证系统实现登录过程。用户登录页面由模板文件夹 templates 的 login.html 生成。模板文件 login.html 的代码如下：

```html
# templates 的 login.html
<!DOCTYPE html>
<html>
<head>
  {% load staticfiles %}
  <title>MyDjango 后台登录</title>
  <link rel="stylesheet" href="{% static "css/reset.css" %}">
  <link rel="stylesheet" href="{% static "css/user.css" %}">
  <script src="{% static "js/jquery.min.js" %}"></script>
  <script src="{% static "js/user.js" %}"></script>
</head>
<body>
<div class="page">
<div class="loginwarrp">
<div class="logo">用户登录</div>
<div class="login_form">
<form id="Login" name="Login" method="post" action="">
  {% csrf_token %}
  <li class="login-item">
    <span>用户名：</span>
    <input type="text" name="username" class="login_input">
    <span id="count-msg" class="error"></span>
  </li>
  <li class="login-item">
    <span>密　码：</span>
    <input type="password" name="password" class="login_input">
    <span id="password-msg" class="error"></span>
  </li>
  <li class="login-sub">
    <input type="submit" name="Submit" value="登录" />
  </li>
</form>
</div>
</div>
</div>
<script type="text/javascript">
    window.onload = function() {
        var config = {
            vx : 4,
            vy : 4,
            height : 2,
            width : 2,
            count : 100,
            color : "121, 162, 185",
            stroke : "100, 200, 180",
            dist : 6000,
            e_dist : 20000,
            max_conn : 10
        };
        CanvasParticle(config);
    }
```

```html
</script>
<script src="{% static "js/canvas-particle.js" %}"></script>
</body>
</html>
```

完成 MyAdminSite 和路由 login 的定义后，将自定义的 MyAdminSite 进行系统注册过程，由 MyAdminSite 实例化创建 Admin 后台系统。在 MyDjango 文件夹的 myapps.py 中定义系统注册类 MyAdminConfig，代码如下：

```python
# MyDjango 的 myapps.py
from django.contrib.admin.apps import AdminConfig
# 继承父类 AdminConfig
# 重新设置属性 default_site 的值，使它指向 MyAdminSite 类
class MyAdminConfig(AdminConfig):
    default_site = 'MyDjango.myadmin.MyAdminSite'
```

系统注册类 MyAdminConfig 继承父类 AdminConfig 并设置父类属性 default_site，使它指向 MyAdminSite，从而由 MyAdminSite 实例化创建 Admin 后台系统。最后在配置文件 settings.py 中配置系统注册类 MyAdminConfig，此外还需配置静态资源文件夹 static，代码如下：

```python
# 配置文件 settings.py
# 配置系统注册类 MyAdminConfig
INSTALLED_APPS = [
    # 注释原有的 admin
    # 'django.contrib.admin',
    # 指向 myapps 的 MyAdminConfig
    'MyDjango.myapps.MyAdminConfig',
    'django.contrib.auth',
    'django.contrib.contenttypes',
    'django.contrib.sessions',
    'django.contrib.messages',
    'django.contrib.staticfiles',
    'index'
]
# 配置静态资源文件夹 static
STATIC_URL = '/static/'
STATICFILES_DIRS = [BASE_DIR / 'static']
```

完成上述开发后，运行 MyDjango，在浏览器上清除 Cookie 信息，确保 Admin 后台系统处于未登录状态，访问 127.0.0.1:8000/admin 就能自动跳转到我们定义的用户登录页面，如图 9-36 所示。

图 9-36　用户登录页面

9.5 本章小结

Admin 后台系统也称为网站后台管理系统，主要对网站的信息进行管理，如文字、图片、影音和其他日常使用文件的发布、更新、删除等操作，也包括功能信息的统计和管理，如用户信息、订单信息和访客信息等。简单来说，它是对网站数据库和文件进行快速操作和管理的系统，以使网页内容能够及时得到更新和调整。

ModelAdmin 继承 BaseModelAdmin，BaseModelAdmin 的元类为 MediaDefiningClass，因此 Admin 系统的属性和方法来自 ModelAdmin 和 BaseModelAdmin。由于定义的属性和方法较多，因此这里只说明日常开发中常用的属性和方法。

- fields：由 BaseModelAdmin 定义，格式为列表或元组，在新增或修改模型数据时，设置可编辑的字段。
- exclude：由 BaseModelAdmin 定义，格式为列表或元组，在新增或修改模型数据时，隐藏字段，使字段不可编辑，同一个字段不能与 fields 共同使用，否则提示异常。
- fieldsets：由 BaseModelAdmin 定义，格式为两元的列表或元组（列表或元组的嵌套使用），改变新增或修改页面的网页布局，不能与 fields 和 exclude 共同使用，否则提示异常。
- radio_fields：由 BaseModelAdmin 定义，格式为字典，如果新增或修改的字段数据以下拉框的形式展示，那么该属性可将下拉框改为单选按钮。
- readonly_fields：由 BaseModelAdmin 定义，格式为列表或元组，在数据新增或修改的页面设置只读的字段，使字段不可编辑。
- ordering：由 BaseModelAdmin 定义，格式为列表或元组，设置排序方式，比如以字段 id 排序，['id']为升序，['-id']为降序。
- sortable_by：由 BaseModelAdmin 定义，格式为列表或元组，设置数据列表页的字段是否可排序显示，比如数据列表页显示模型字段 id、name 和 age，如果单击字段 name，数据就以字段 name 进行升序（降序）排列，该属性可以设置某些字段是否具有排序功能。
- formfield_for_choice_field()：由 BaseModelAdmin 定义，如果模型字段设置 choices 属性，那么重写此方法可以更改或过滤模型字段的属性 choices 的值。
- formfield_for_foreignkey()：由 BaseModelAdmin 定义，如果模型字段为外键字段（一对一关系或一对多关系），那么重写此方法可以更改或过滤模型字段的可选值（下拉框的数据）。
- formfield_for_manytomany()：由 BaseModelAdmin 定义，如果模型字段为外键字段（多对多关系），那么重写此方法可以更改或过滤模型字段的可选值。
- get_queryset()：由 BaseModelAdmin 定义，重写此方法可自定义数据的查询方式。
- get_readonly_fields()：由 BaseModelAdmin 定义，重写此方法可自定义模型字段的只读属性，比如根据不同的用户角色来设置模型字段的只读属性。
- list_display：由 ModelAdmin 定义，格式为列表或元组，在数据列表页设置显示的模型字段。
- list_display_links：由 ModelAdmin 定义，格式为列表或元组，为模型字段设置路由地址，由该路由地址进入数据修改页。
- list_filter：由 ModelAdmin 定义，格式为列表或元组，在数据列表页的右侧添加过滤器，用于筛选和查找数据。
- list_per_page：由 ModelAdmin 定义，格式为整数类型，默认值为 100，在数据列表页设置每一页显示的数据量。
- list_max_show_all：由 ModelAdmin 定义，格式为整数类型，默认值为 200，在数据列表页设置每一页显示最大上限的数据量。
- list_editable：由 ModelAdmin 定义，格式为列表或元组，在数据列表页设置字段的编辑状态，可以在数据列表页直接修改某行数据的字段内容并保存，该属性不能与 list_display_links 共存，否则提示异常信息。
- search_fields：由 ModelAdmin 定义，格式为列表或元组，在数据列表页的搜索框设置搜索字段，根据搜索字段可快速查找相应的数据。
- date_hierarchy：由 ModelAdmin 定义，格式为字符类型，在数据列表页设置日期选择器，只能设置日期类型的模型字段。
- save_as：由 ModelAdmin 定义，格式为布尔型，默认为 False，若改为 True，则在数据修改页添加"另存为"功能按钮。
- actions：由 ModelAdmin 定义，格式为列表或元组，列表或元组的元素为自定义函数，函数在"动作"栏生成操作列表。
- actions_on_top 和 actions_on_bottom：由 ModelAdmin 定义，格式为布尔型，设置"动作"栏的位置。
- save_model()：由 ModelAdmin 定义，重写此方法可自定义数据的保存方式。
- delete_model()：由 ModelAdmin 定义，重写此方法可自定义数据的删除方式。

Admin 后台系统的首页设置包括：项目应用的显示名称、模型的显示名称和网页标题，三者的设置方式说明如下：

- 项目应用的显示名称：在项目应用的 __init__.py 中设置变量 default_app_config，该变量指向自定义的 IndexConfig 类，由 IndexConfig 类的 verbose_name 属性设置项目应用的显示名称。
- 模型的显示名称：在模型属性 Meta 中设置 verbose_name 和 verbose_name_plural，两者的区别在于 verbose_name 是以复数的形式表示的，若在模型中同时设置这两个属性，则优先显示 verbose_name_plural 的值。
- 网页标题：在项目应用的 admin.py 中设置 Admin 的 site_title 和 site_header 属性，如果项目有多个项目应用，那么只需在某个项目应用的 admin.py 中设置一次即可。

第 10 章

Auth 认证系统

Django 除了内置的 Admin 后台系统之外，还内置了 Auth 认证系统。整个 Auth 认证系统可分为三大部分：用户信息、用户权限和用户组，在数据库中分别对应数据表 auth_user、auth_permission 和 auth_group。

10.1　内置 User 实现用户管理

用户管理是网站必备的功能之一，Django 内置的 Auth 认证系统不仅功能完善，而且具有灵活的扩展性，可以满足多方面的开发需求。创建项目时，Django 已默认使用内置 Auth 认证系统，在 settings.py 的 INSTALLED_APPS、MIDDLEWARE 和 AUTH_PASSWORD_VALIDATORS 中都能看到相关的配置信息。

本节将使用内置的 Auth 认证系统实现用户注册、登录、修改密码和注销功能。在 D 盘下创建新的 MyDjango 项目，添加项目应用 user，并新建 templates 和 static 文件夹。在 templates 中放置模板文件 user.html，在 static 中放置模板文件 user.html 所需的 JS 和 CSS 文件。项目的目录结构如图 10-1 所示。

图 10-1　目录结构

打开 MyDjango 的配置文件 settings.py，将项目应用 user、模板文件夹 templates 和静态资源文件夹 static 添加到 Django 的运行环境，配置信息如下：

```
# 配置文件 settings.py
INSTALLED_APPS = [
    'django.contrib.admin',
    'django.contrib.auth',
    'django.contrib.contenttypes',
    'django.contrib.sessions',
    'django.contrib.messages',
    'django.contrib.staticfiles',
    'user'
]

TEMPLATES = [
{
  'BACKEND':'django.template.backends.django.DjangoTemplates',
  'DIRS': [BASE_DIR / 'templates'],
  'APP_DIRS': True,
  'OPTIONS': {
    'context_processors': [
      'django.template.context_processors.debug',
      'django.template.context_processors.request',
      'django.contrib.auth.context_processors.auth',
      'django.contrib.messages.context_processors.messages',
    ],
  },
},
]
STATIC_URL = '/static/'
STATICFILES_DIRS = [BASE_DIR / 'static']
```

完成 MyDjango 的基本配置后，在 PyCharm 的 Terminal 下执行数据迁移指令，项目内置的数据表创建在 MyDjango 的 db.sqlite3 数据库文件中。打开并查看 db.sqlite3 数据库文件的数据表信息，如图 10-2 所示。

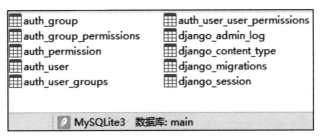

图 10-2 数据表信息

项目环境搭建成功后，在项目应用 user 中创建 urls.py 文件，并分别在 MyDjango 文件夹的 urls.py 和 user 的 urls.py 中定义用户注册、登录、修改密码和注销的路由信息，代码如下：

```
# MyDjango 的 urls.py
from django.urls import path, include
```

```python
urlpatterns = [
    path('',include(('user.urls','user'),namespace='user')),
]

# user 的 urls.py
from django.urls import path
from .views import *
urlpatterns = [
    path('login.html', loginView, name='login'),
    path('register.html', registerView, name='register'),
    path('setps.html', setpsView, name='setps'),
    path('logout.html', logoutView, name='logout'),
]
```

项目应用 user 定义了 4 条路由信息，分别代表用户注册、登录、修改密码和注销，而 4 条路由所对应的网页信息都由模板文件 user.html 生成，因此在模板文件 user.html 中编写以下代码：

```html
# templates 的 user.html
<!DOCTYPE html>
<html>
<head>
  {% load staticfiles %}
  <title>{{ title }}</title>
  <link rel="stylesheet" href="{% static "css/reset.css" %}" />
  <link rel="stylesheet" href="{% static "css/user.css" %}" />
  <script src="{% static "js/jquery.min.js" %}"></script>
  <script src="{% static "js/user.js" %}"></script>
</head>
<body>
<div class="page">
<div class="loginwarrp">
<div class="logo">{{ pageTitle }}</div>
<div class="login form">
<form id="Login" name="Login" method="post" action-"">
  {% csrf_token %}
  <li class="login-item">
    <span>用户名：</span>
    <input type="text" name="username" class="login_input">
    <span id="count-msg" class="error"></span>
  </li>
  <li class="login-item">
    <span>密 码：</span>
    <input type="password" name="password" class="login_input">
    <span id="password-msg" class="error"></span>
  </li>
  {% if password2 %}
  <li class="login-item">
    <span>新密码：</span>
    <input type="password" name="password2" class="login_input">
    <span id="password-msg" class="error"></span>
  </li>
```

```html
      {% endif %}
      <div>{{ tips }}</div>
      <li class="login-sub">
        <input type="submit" name="Submit" value="确定">
      </li>
    </form>
  </div>
 </div>
</div>
<script type="text/javascript">
    window.onload = function() {
        var config = {
            vx : 4,
            vy : 4,
            height : 2,
            width : 2,
            count : 100,
            color : "121, 162, 185",
            stroke : "100, 200, 180",
            dist : 6000,
            e_dist : 20000,
            max_conn : 10
        };
        CanvasParticle(config);
    }
</script>
<script src="{% static "js/canvas-particle.js" %}"></script>
</body>
</html>
```

完成项目的功能配置、路由设置和模板代码编写后，最后在 user 的 views.py 里定义视图函数。首先定义视图函数 registerView，实现用户注册功能，代码如下：

```python
# user 的 views.py
from django.shortcuts import render
from django.http import HttpResponse
from django.contrib.auth.models import User
from django.contrib.auth import login,logout,authenticate
# 用户注册
def registerView(request):
    # 设置模板上下文
    title = '注册'
    pageTitle = '用户注册'
    if request.method == 'POST':
        u = request.POST.get('username', '')
        p = request.POST.get('password', '')
        if User.objects.filter(username=u):
            tips = '用户已存在'
        else:
            d=dict(username=u,password=p,is_staff=1,is_superuser=1)
            user = User.objects.create_user(**d)
```

```
            user.save()
            tips = '注册成功,请登录'
    return render(request, 'user.html', locals())
```

视图函数 registerView 对用户请求进行判断分析,如果当前请求为 GET 请求,就调用模板文件 user.html 生成用户注册页面;如果当前请求为 POST 请求,就由内置的 Auth 认证系统执行用户注册过程,具体说明如下:

(1)当用户在注册页面输入账号和密码,并单击"确定"按钮后,程序将表单数据提交到函数 registerView 中进行处理。

(2)函数 registerView 首先获取表单的数据内容,根据获取的数据来判断 Django 内置模型 User 是否存在相关的用户信息。

(3)如果用户存在,就直接返回注册页面并提示用户已存在。

(4)如果用户不存在,程序就使用内置函数 create_user 对模型 User 进行用户创建,函数 create_user 是模型 User 特有的函数,该函数创建并保存一个 is_active= True 的 User 对象。其中,函数参数 username 不能为空,否则抛出 ValueError 异常;而模型 User 的其他字段可作为函数 create_user 的可选参数,模型 User 的字段可在数据表 auth_user 中查看,如 email、first_name 和 password 等。如果没有设置参数 password,模型 User 就调用 set_unusable_password()为当前用户创建一个随机密码。

Django 的内置模型 User 一共定义了 11 个字段,各个字段的含义说明如表 10-1 所示。

表 10-1 User 模型各个字段的说明

字段	说明
id	int 类型,数据表主键
password	varchar 类型,代表用户密码,在默认情况下使用 pbkdf2_sha256 方式来存储和管理用户的密码
last_login	datetime 类型,最近一次登录的时间
is_superuser	tinyint 类型,表示该用户是否拥有所有的权限,即是否为超级管理员
username	varchar 类型,代表用户账号
first_name	varchar 类型,代表用户的名字
last_name	varchar 类型,代表用户的姓氏
email	varchar 类型,代表用户的邮件
is_staff	用来判断用户是否可以登录进入 Admin 后台系统
is_active	tinyint 类型,用来判断该用户的状态是否被激活
date_joined	datetime 类型,账号的创建时间

运行 MyDjango 项目,在浏览器上访问 127.0.0.1:8000/register.html,在用户注册表单中填写账号密码,单击"确定"按钮即可完成用户注册。打开数据表 auth_user 就能看到新建的用户信息,如图 10-3 所示。

图 10-3　数据表 auth_user

下一步实现用户登录过程，同时也能验证视图函数 registerView 实现的用户注册功能是否正常。我们在 user 的 views.py 中定义视图函数 loginView，函数代码如下：

```python
# user 的 views.py
from django.shortcuts import render
from django.http import HttpResponse
from django.contrib.auth.models import User
from django.contrib.auth import login,logout,authenticate
# 用户登录
def loginView(request):
    # 设置模板上下文
    title = '登录'
    pageTitle = '用户登录'
    if request.method == 'POST':
        u = request.POST.get('username', '')
        p = request.POST.get('password', '')
        if User.objects.filter(username=u):
            user=authenticate(username=u, password=p)
            if user:
                if user.is_active:
                    login(request, user)
                    return HttpResponse('登录成功')
            else:
                tips = '账号密码错误，请重新输入'
        else:
            tips = '用户不存在，请注册'
    return render(request, 'user.html', locals())
```

视图函数 loginView 与 registerView 的实现过程有相似之处，它也是对用户请求进行判断分析，如果当前请求为 GET 请求，就调用模板文件 user.html 生成用户登录页面；如果当前请求为 POST 请求，就由内置的 Auth 认证系统执行用户登录过程，具体说明如下：

（1）当函数 loginView 收到 POST 请求并获取表单的数据后，根据表单数据判断用户是否存在。如果用户存在，就对用户账号和密码进行验证处理，由内置函数 authenticate 完成验证过程，若验证成功，则返回模型 Uesr 的用户对象 user，否则返回 None。

（2）从用户对象 user 的 is_active 字段来判断当前用户状态是否被激活，如果字段 is_active 的值为 1，就说明当前用户处于已激活状态，可执行用户登录。

（3）执行用户登录，由内置函数 login 完成登录过程。函数 login 接收两个参数，第一个是 request 对象，来自视图函数的参数 request；第二个是 user 对象，来自函数 authenticate 返回的对象 user。

运行 MyDjango 项目，在浏览器上访问 127.0.0.1:8000/login.html，在用户登录表单中填写新建的 admin 用户信息,单击"确定"按钮即可完成用户登录。我们可以在数据表 auth_user 中查看 admin 用户的登录时间来验证登录是否成功,如图 10-4 所示。

图 10-4 数据表 auth_user

密码修改页面是根据已有的用户信息进行密码修改。我们在 user 的 views.py 中定义视图函数 setpsView,函数代码如下:

```python
# user 的 views.py
from django.shortcuts import render
from django.http import HttpResponse
from django.contrib.auth.models import User
from django.contrib.auth import login,logout,authenticate
# 修改密码
def setpsView(request):
    # 设置模板上下文
    title = '修改密码'
    pageTitle = '修改密码'
    password2 = True
    if request.method == 'POST':
        u = request.POST.get('username', '')
        p = request.POST.get('password', '')
        p2 = request.POST.get('password2', '')
        if User.objects.filter(username=u):
            user = authenticate(username=u,password=p)
            # 判断用户的账号和密码是否正确
            if user:
                user.set_password(p2)
                user.save()
                tips = '密码修改成功'
            else:
                tips = '原始密码不正确'
        else:
            tips = '用户不存在'
    return render(request, 'user.html', locals())
```

密码修改页面相比注册和登录页面多出了一个文本输入框,该文本输入框由模板上下文 password2 控制显示。当 password2 为 True 时,文本输入框将显示到页面上,如图 10-5 所示。

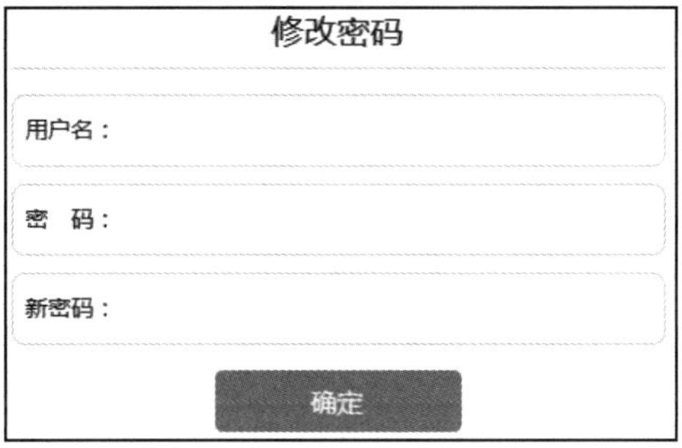

图 10-5 修改密码页面

视图函数 setpsView 的处理逻辑与用户注册、登录大致相同,函数处理逻辑说明如下:

(1) 当函数 setpsView 收到 POST 请求后,程序获取表单的数据内容,然后在表单数据中查找模型 User 的用户信息。

(2) 如果用户存在,就由内置函数 authenticate 验证用户的账号和密码是否正确。若验证成功,则返回对象 user,再由对象 user 使用内置函数 set_password 修改当前用户的密码,最后保存修改后的对象 user,从而实现密码修改。

(3) 如果用户不存在,就直接返回密码修改页面并提示用户不存在。

密码修改主要由内置函数 set_password 实现,而函数 set_password 是在内置函数 make_password 的基础上进行封装而来的。Django 默认使用 pbkdf2_sha256 方式存储和管理用户密码,而内置函数 make_password 用于实现用户密码的加密处理,并且该函数可以脱离 Auth 认证系统单独使用,比如对某些特殊数据进行加密处理等。在 user 的 views.py 中定义视图函数 setpsView2,它使用函数 make_password 实现密码修改,代码如下:

```python
# user 的 views.py
from django.shortcuts import render
from django.http import HttpResponse
from django.contrib.auth.models import User
from django.contrib.auth import login,logout,authenticate
# 修改密码
# 使用 make_password 实现密码修改
from django.contrib.auth.hashers import make_password
def setpsView2(request):
    # 设置模板上下文
    title = '修改密码'
    pageTitle = '修改密码'
    password2 = True
    if request.method == 'POST':
        u = request.POST.get('username', '')
        p = request.POST.get('password', '')
        p2 = request.POST.get('password2', '')
        # 判断用户是否存在
        if User.objects.filter(username=u):
            user = authenticate(username=u,password=p)
```

```
        # 判断用户的账号和密码是否正确
        if user:
            # 密码加密处理并保存到数据库
            dj_ps=make_password(p2,None,'pbkdf2_sha256')
            user.password = dj_ps
            user.save()
        else:
            print('原始密码不正确')
    return render(request, 'user.html', locals())
```

视图函数 setpsView2 与 setpsView 的处理逻辑相同，只不过两者修改密码的方法有所不同。除了内置函数 make_password 之外，还有内置函数 check_password，该函数是对加密前的密码与加密后的密码进行验证匹配，判断两者是否为同一个密码。在 PyCharm 的 Terminal 中开启 Django 的 Shell 模式，函数 make_password 和 check_password 的使用方法如下：

```
D:\MyDjango>python manage.py shell
>>> from django.contrib.auth.hashers import make_password
>>> from django.contrib.auth.hashers import check_password
>>> ps = "123456"
>>> dj_ps = make_password(ps, None, 'pbkdf2_sha256')
>>> ps_bool = check_password(ps, dj_ps)
>>> ps_bool
True
```

用户注销是 Auth 认证系统较为简单的功能，只需调用内置函数 logout 即可实现。函数 logout 的参数 request 代表当前用户的请求对象，来自于视图函数的参数 request。因此，视图函数 logoutView 的代码如下：

```
# 用户注销，退出登录
def logoutView(request):
    logout(request)
    return HttpResponse('注销成功')
```

综上所述，整个 MyDjango 项目定义了 4 条路由信息，分别实现用户注册、登录、修改密码和注销功能。由 Auth 认证系统的内置模型 User 实现用户信息管理，开发者只需调用内置函数即可实现功能开发。

10.2 发送邮件实现密码找回

在 10.1 节中，密码修改是在用户知道密码的情况下实现的，而在日常应用中，还有一种是在用户忘记密码的情况下实现密码修改，也称为密码找回。密码找回首先需要对用户账号进行验证，确认该账号是当前用户所拥有的，验证成功才能为用户重置密码。用户验证方式主要有手机验证码和邮件验证码，因此本节使用 Django 内置的邮件功能发送验证码，从而实现密码找回功能。

在实现邮件发送功能之前，我们需要对邮箱进行相关配置，以 QQ 邮箱为例，在 QQ 邮箱的设置中找到账户设置，在账户设置中找到 POP3/IMAP/SMTP/Exchange/CardDAV/CalDAV 服务，然后开启 POP3/SMTP 服务，如图 10-6 所示。

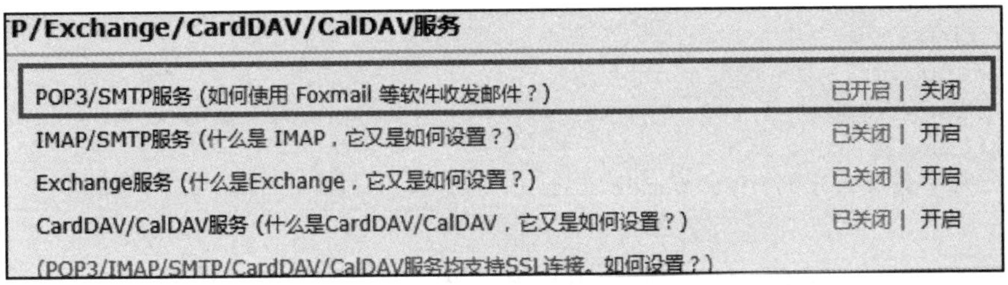

图 10-6　开启 POP3/SMTP 服务

开启服务成功后，QQ 邮箱会返回一个客户端授权密码，该密码是用于登录第三方邮件客户端的专用密码，切记保存授权密码，该密码在开发过程中需要使用。如果 QQ 开启了登录保护，就必须取消登录保护，否则 Django 无法使用 POP3/SMTP 服务发送邮件验证码。

下一步在 Django 里使用 POP3/SMTP 服务发送邮件验证码，以 10.1 节的 MyDjango 为例，在配置文件 settings.py 中设置邮件配置信息，配置信息如下：

```
# 邮件配置信息
EMAIL_USE_SSL = True
# 邮件服务器，如果是163，就改成smtp.163.com
EMAIL_HOST = 'smtp.qq.com'
# 邮件服务器端口
EMAIL_PORT = 465
# 发送邮件的账号
EMAIL_HOST_USER = '185231027@qq.com'
# SMTP 服务密码
EMAIL_HOST_PASSWORD = 'odnwdcwsphzi'
DEFAULT_FROM_EMAIL = EMAIL_HOST_USER
```

邮件配置一共设置 6 个配置属性，这些属性是配置邮件发送方的服务器信息，配置属性的值是由邮件服务器决定的。每个配置属性的作用说明如下：

- EMAIL_USE_SSL：Django 与邮件服务器的连接方式是否设为 SSL 模式。
- EMAIL_HOST：设置服务器类型，QQ 邮箱分为 SMTP 服务器和 POP3 服务器。
- EMAIL_PORT：设置服务器端口号，若使用 SMTP 服务器，则端口应为 465 或 587。
- EMAIL_HOST_USER：发送邮件的账号，该账号必须开启 POP3/SMTP 服务。
- EMAIL_HOST_PASSWORD：客户端授权密码，即图 10-6 开启服务后所获得的授权码。
- DEFAULT_FROM_EMAIL：设置默认发送邮件的账号。

完成邮件相关配置后，在 MyDjango 的 urls.py 和 user 的 urls.py 中定义路由信息，分别设置 Admin 后台系统的路由和定义密码找回的路由，代码如下：

```
# MyDjango 的 urls.py
from django.urls import path, include
from django.contrib import admin
urlpatterns = [
    path('admin/', admin.site.urls),
    path('',include(('user.urls','user'),namespace='user')),
```

```
]

# user 的 urls.py
from django.urls import path
from .views import *
urlpatterns = [
    path('', findpsView, name='findps'),
]
```

设置 Admin 后台系统的路由可以验证用户密码修改后是否能正常登录 Admin 后台系统。接着修改模板文件 user.html 的用户表单，代码如下：

```
# templates 的 user.html
<!DOCTYPE html>
<html>
<head>
  {% load staticfiles %}
  <title>找回密码</title>
  <link rel="stylesheet" href="{% static "css/reset.css" %}"/>
  <link rel="stylesheet" href="{% static "css/user.css" %}"/>
  <script src="{% static "js/jquery.min.js" %}"></script>
  <script src="{% static "js/user.js" %}"></script>
</head>
<body>
<div class="page">
<div class="loginwarrp">
<div class="logo">找回密码</div>
<div class="login_form">
<form id="Login" name="Login" method="post" action="">
{% csrf_token %}
<li class="login-item">
  <span>用户名：</span>
  <input type="text" name="username" class="login_input">
  <span id="count-msg" class="error"></span>
</li>
  {% if password %}
    <li class="login-item">
    <span>密　码：</span>
    <input type="password" name="password" class="login_input">
    <span id="password-msg" class="error"></span>
    </li>
  {% endif %}
  {% if VCodeInfo %}
    <li class="login-item">
      <span>验证码：</span>
      <input type="text" name="VCode" class="login_input">
      <span id="password-msg" class="error"></span>
    </li>
  {% endif %}
  <div>{{ tips }}</div>
  <li class="login-sub">
```

```html
        <input type="submit" name="Submit" value="{{ button }}">
      </li>
</form>
</div>
</div>
</div>
<script type="text/javascript">
    window.onload = function() {
        var config = {
            vx : 4,
            vy : 4,
            height : 2,
            width : 2,
            count : 100,
            color : "121, 162, 185",
            stroke : "100, 200, 180",
            dist : 6000,
            e_dist : 20000,
            max_conn : 10
        };
        CanvasParticle(config);
    }
</script>
<script src="{% static "js/canvas-particle.js" %}"></script>
</body>
</html>
```

模板文件 user.html 设置了 4 个模板上下文，分别为 password、VCodeInfo、tips 和 button，每个上下文的说明如下：

- password 控制密码文本框是否显示在网页上，数据类型为布尔型。
- VCodeInfo 控制验证码文本框是否显示在网页上，数据类型为布尔型。
- tips 是根据用户操作和账号验证设置的信息提示，信息内容分别为："验证码已发送""用户XXX 不存在""密码已重置"和"验证码错误，请重新获取"。
- button 可以改变表单提交按钮的文本内容，内容分别为："获取验证码"和"重置密码"。

最后在 user 的 views.py 中定义视图函数 findpsView，该函数实现 3 个功能：发送邮件验证码、验证邮件验证码和修改密码，具体代码如下：

```python
# user 的 views.py
import random
from django.shortcuts import render
from django.contrib.auth.models import User
from django.contrib.auth.hashers import make_password
# 找回密码
def findpsView(request):
    button = '获取验证码'
    VCodeInfo = False
    password = False
    if request.method == 'POST':
```

```python
            u = request.POST.get('username')
            VCode = request.POST.get('VCode', '')
            p = request.POST.get('password')
            user = User.objects.filter(username=u)
            # 用户不存在
            if not user:
                tips = '用户' + u + '不存在'
            else:
                # 判断验证码是否已发送
                if not request.session.get('VCode', ''):
                    # 发送验证码并将验证码写入session
                    button = '重置密码'
                    tips = '验证码已发送'
                    password = True
                    VCodeInfo = True
                    VCode = str(random.randint(1000, 9999))
                    request.session['VCode'] = VCode
                    user[0].email_user('找回密码', VCode)
                # 匹配输入的验证码是否正确
                elif VCode == request.session.get('VCode'):
                    # 密码加密处理并保存到数据库
                    dj_ps=make_password(p,None,'pbkdf2_sha256')
                    user[0].password = dj_ps
                    user[0].save()
                    del request.session['VCode']
                    tips = '密码已重置'
                # 输入验证码错误
                else:
                    tips = '验证码错误，请重新获取'
                    VCodeInfo = False
                    password = False
                    del request.session['VCode']
    return render(request, 'user.html', locals())
```

由于视图函数 findpsView 实现 3 个不同的功能，因此从功能使用的角度分析视图函数 findpsView。运行 MyDjango 并在浏览器上访问 127.0.0.1:8000，视图函数 findpsView 触发 GET 请求，调用模板文件 user.html 生成网页表单，在网页表单上输入用户账号 admin 并单击"获取验证码"按钮，如图 10-7 所示。

图 10-7 获取验证码

当输入用户名并单击"获取验证码"按钮时,浏览器向 Django 发送 POST 请求,视图函数 findpsView 首先根据用户输入的用户名在模型 User 里进行数据查找,然后判断用户名是否存在,若不存在,则会生成提示信息,如图 10-8 所示。

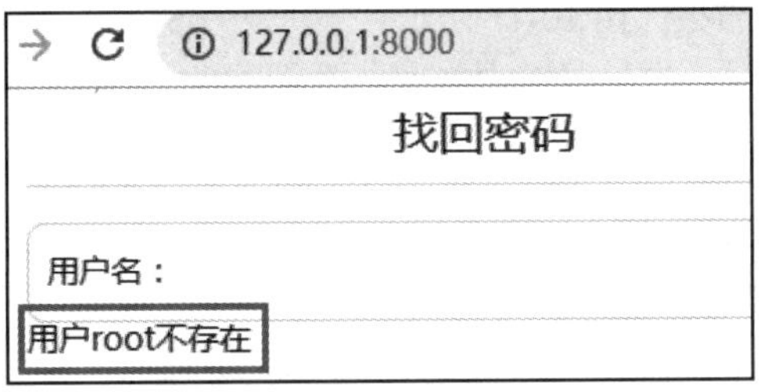

图 10-8 用户不存在

如果用户存在,就继续判断会话 Session 的 VCode 是否存在。若不存在,则视图函数 findpsView 通过发送邮件的方式将验证码发送到用户邮箱,实现过程如下:

- 设置模板上下文 button、tips、password 和 VCodeInfo 的值,在网页上生成提示信息、密码输入框和验证码输入框。
- 验证码是使用 random 模块随机生成长度为 4 位的整数,然后将验证码写入会话 Session 的 VCode,其作用是与用户输入的验证码进行匹配。
- 邮件发送是由内置函数 email_user 实现的,该方法是模型 User 特有的方法之一,只适用于模型 User。
- 用户邮箱信息来自于模型 User 的字段 email,如果当前用户的邮箱信息为空,Django 就无法发送邮件。邮件发送如图 10-9 所示。

图 10-9 邮件发送

用户接收到验证码之后,可以在网页上输入用户名、重置密码和验证码,然后单击"重置密码"按钮,这时将会触发 POST 请求,函数 findpsView 获取用户输入的验证码并与会话 Session 的 VCode 进行对比,如果两者不符合,就说明用户输入的验证码与邮件中的验证码无法匹配,系统提示验证码错误,如图 10-10 所示。

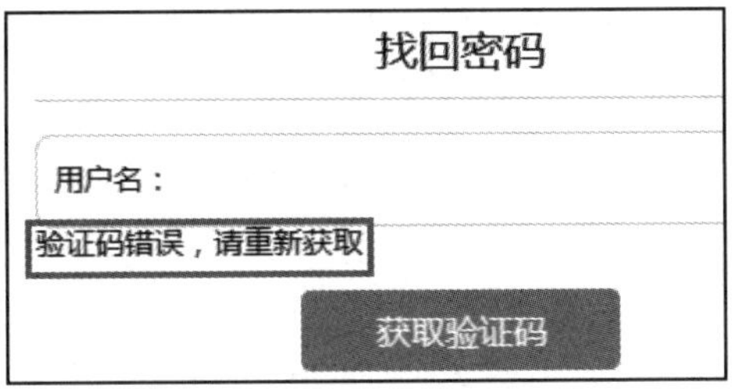

图 10-10 验证码错误

若用户输入的验证码与会话 Session 的 VCode 匹配符合，则程序将执行密码修改。首先获取用户输入的密码，然后使用函数 make_password 对密码进行加密处理并保存在模型 User 中，最后删除会话 Session 的 VCode，否则会话 Session 的 VCode 一直存在，在下次获取验证码时，程序就不会执行邮件发送功能。运行结果如图 10-11 所示。

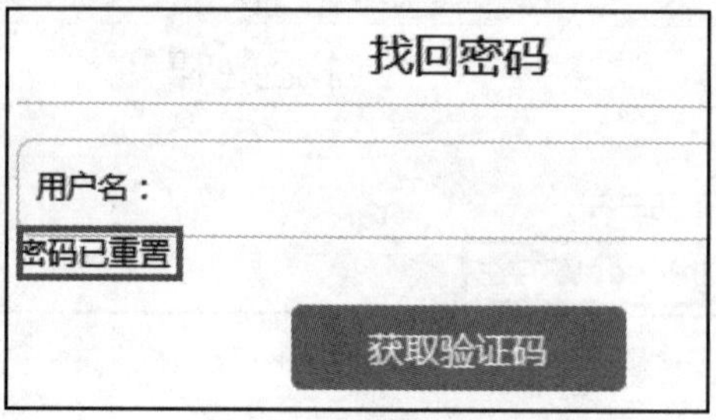

图 10-11 运行结果

上述例子是使用内置函数 email_user 发送邮件验证码，除此之外，Django 还提供了多种邮件发送方法。我们在 Django 的 Shell 模式下进行讲解，代码如下：

```
D:\MyDjango>python manage.py shell
# 使用 send_mail 实现邮件发送
>>> from django.core.mail import send_mail
>>> from django.conf import settings
# 获取 settings.py 的配置信息
>>> from_email = settings.DEFAULT_FROM_EMAIL
>>> sending = ['554301449@qq.com']
# 发送邮件，接收邮件以列表表示，说明可设置多个接收对象
>>> send_mail('Django','Django',from_email,sending)

# 使用 send_mass_mail 实现多封邮件同时发送
>>> from django.core.mail import send_mass_mail
>>> message1 = ('Django','Django',from_email,sending)
>>> message2 = ('Django','Django',from_email,sending)
>>> send_mass_mail((message1, message2), fail_silently=False)

# 使用 EmailMultiAlternatives 实现邮件发送
>>> from django.core.mail import EmailMultiAlternatives
>>> content = '<p>这是一封<h3>重要的</h3>邮件。</p>'
>>> msg=EmailMultiAlternatives('MyDjango',content,from_email,sending)
# 将正文设置为 HTML 格式
>>> msg.content_subtype = 'html'
# attach_alternative 对正文内容进行补充和添加
>>> msg.attach_alternative('<h3>Django</h3>','text/html')
# 添加附件（可选）
>>> msg.attach_file('D://attachfile.csv')
# 发送
>>> msg.send()
```

上述代码分别讲述了 send_mail、send_mass_mail 和 EmailMultiAlternatives 的使用方法，三者之间的对比说明如下：

- 使用 send_mail 每次发送邮件都会建立一个新的连接，如果发送多封邮件，就需要建立多个连接。
- send_mass_mail 是建立单个连接发送多封邮件，所以一次性发送多封邮件时，send_mass_mail 要优于 send_mail。
- EmailMultiAlternatives 比前两者更为个性化，可以将邮件正文内容设为 HTML 格式的，也可以在邮件上添加附件，满足多方面的开发需求。

10.3 模型 User 的扩展与使用

在开发过程中，模型 User 的字段可能满足不了复杂的开发需求。现在大多数网站的用户信息都有用户的手机号码、QQ 号码和微信账号等一系列个人信息。为了满足各种需求，Django 提供了以下 4 种模型扩展的方法。

代理模型：这是一种模型继承，这种模型在数据库中无须创建新数据表。一般用于改变现有模型的行为方式，如增加新方法函数等，并且不影响数据表的结构。如果不需要在数据表存储额外的信息，只是增加模型 User 的操作方法或更改模型的查询方式，那么可以使用代理模型扩展模型 User。

Profile 扩展模型 User：当存储的信息与模型 User 相关，而且不改变模型 User 的内置方法时，可定义新的模型 MyUser，并设置某个字段为 OneToOneField，这样能与模型 User 形成一对一关系，该方法称为用户配置（User Profile）。

AbstractBaseUser 扩展模型 User：当模型 User 的内置方法不符合开发需求时，可使用该方法对模型 User 重新自定义设计，该方法对模型 User 和数据表结构造成较大影响。

AbstractUser 扩展模型 User：如果模型 User 的内置方法符合开发需求，在不改变这些函数方法的情况下，添加模型 User 的额外字段，可通过 AbstractUser 方式替换原有的模型 User。

上述 4 种方法各有优缺点，一般情况下，建议使用 AbstractUser 扩展模型 User，因为该方式对原有模型 User 影响较小而且无须额外创建数据表。在讲述如何扩展模型 User 之前，首先深入了解模型 User 的定义过程。在 PyCharm 里打开模型 User 的源码文件，如图 10-12 所示。

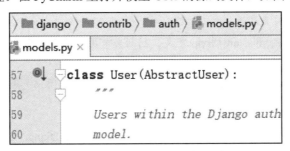

图 10-12 模型 User 的源码文件

模型 User 继承父类 AbstractUser，而 AbstractUser 继承父类 AbstractBaseUser 和 PermissionsMixin，因此模型 User 的继承关系如图 10-13 所示。

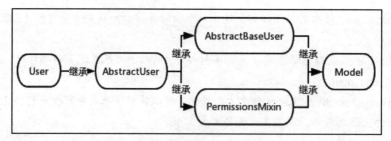

图 10-13　模型 User 的继承关系

从图 10-13 得知，模型 User 的字段和方法是由父类 AbstractUser、AbstractBaseUser 和 PermissionsMixin 定义的，模型字段已在 10.1 节的表 10-1 列举说明，本节只列举说明模型 User 的内置方法，分别说明如下：

- get_full_name()：由 AbstractUser 定义，获取用户的全名，即字段 first_name 与 last_name 的组合值。
- get_short_name()：由 AbstractUser 定义，获取模型字段 first_name 的值。
- email_user()：由 AbstractUser 定义，发送邮件。参数 subject 设置邮件标题；参数 message 设置邮件内容；参数 from_email 设置发送邮件的账号，即配置文件 settings.py 的 DEFAULT_FROM_EMAIL。
- save()：由 AbstractBaseUser 定义，定义模型的数据保存方式。
- get_username()：由 AbstractBaseUser 定义，获取当前用户的账号信息，即模型字段 username。
- set_password()：由 AbstractBaseUser 定义，更改当前用户的密码，即更改模型字段 password。
- check_password()：由 AbstractBaseUser 定义，验证加密前的密码与加密后的密码是否相同。
- get_session_auth_hash()：由 AbstractBaseUser 定义，获取模型字段 password 的 HMAC，在更改密码时可使当前用户的登录状态失效。
- set_unusable_password()：由 AbstractBaseUser 定义，标记用户尚未设置密码。
- has_usable_password()：由 AbstractBaseUser 定义，检测用户是否尚未设置密码。
- get_group_permissions()：由 PermissionsMixin 定义，获取当前用户所在用户组的权限。
- get_all_permissions()：由 PermissionsMixin 定义，获取当前用户所拥有的权限。
- has_perm()：由 PermissionsMixin 定义，判断当前用户是否具有某个权限，参数 perm 代表权限的名称，以字符串表示。
- has_perms()：由 PermissionsMixin 定义，判断当前用户是否具有多个权限，参数 perm_list 代表多个权限的集合，以列表表示。
- has_module_perms()：由 PermissionsMixin 定义，判断当前用户是否具有某个项目应用的所有权限，参数 app_label 代表项目应用的名称。

下一步讲述如何使用 AbstractUser 扩展模型 User。以 MyDjango 为例，打开项目的数据库 db.sqlite3 文件，清除数据库所有的数据表，在 user 的 models.py 中定义模型 MyUser，代码如下：

```
# user 的 models.py
from django.db import models
from django.contrib.auth.models import AbstractUser
class MyUser(AbstractUser):
```

```
    qq = models.CharField('QQ号码', max_length=16)
    weChat = models.CharField('微信账号', max_length=100)
    mobile = models.CharField('手机号码', max_length=11)
    # 设置返回值
    def __str__(self):
        return self.username
```

模型 MyUser 继承 AbstractUser 类，AbstractUser 类是模型 User 的父类，因此模型 MyUser 也具有模型 User 的全部字段。在执行数据迁移之前，必须在项目的 settings.py 中配置相关信息，配置信息如下：

```
# settings.py
AUTH_USER_MODEL = 'user.MyUser'
```

配置信息是将内置模型 User 替换成自定义的模型 MyUser，若没有设置配置信息，则在创建数据表的时候，Django 分别创建数据表 auth_user 和 user_myuser，这样模型 MyUser 无法取代内置模型 User。在 PyCharm 的 Terminal 下执行数据迁移，代码如下：

```
D:\MyDjango>python manage.py makemigrations
Migrations for 'user':
  user\migrations\0001_initial.py
    - Create model MyUser
D:\MyDjango>python manage.py migrate
```

完成数据迁移后，打开数据库查看数据表信息，可以发现内置模型 User 的数据表 auth_user 改为数据表 user_myuser，并且数据表 user_myuser 的字段除了具有内置模型 User 的字段之外，还额外增加了自定义的字段，如图 10-14 所示。

图 10-14　数据表 user_myuser

使用 AbstractUser 扩展模型 User 的实质是重新自定义模型 User，将内置模型 User 替换成自定义的模型 MyUser，替换过程可分为两个步骤。

- 定义新的模型 MyUser，该模型必须继承 AbstractUser 类，在模型 MyUser 里定义的字段为扩展字段。
- 在项目的配置文件 settings.py 中配置 AUTH_USER_MODEL 信息，在数据迁移时，将内置模型 User 替换成自定义的模型 MyUser。

完成模型 MyUser 的自定义及数据迁移后，接着探讨模型 MyUser 与内置模型 User 在开发过程中是否存在使用上的差异。首先使用 Django 内置命令 python manage.py createsuperuser 创建超级管理员并登录 Admin 后台系统，如图 10-15 所示。

图 10-15 Admin 后台系统

从图 10-15 中发现，认证与授权没有显示用户信息表，因为模型 MyUser 是在 user 的 models.py 中定义的。若将模型 MyUser 展示在后台系统，则可以在 user 的 admin.py 和初始化文件 __init__.py 中定义相关的数据对象，代码如下：

```python
# user 的 models.py
from django.contrib import admin
from .models import MyUser
from django.contrib.auth.admin import UserAdmin
from django.utils.translation import gettext_lazy as _
@admin.register(MyUser)
class MyUserAdmin(UserAdmin):
    list_display=['username','email','mobile','qq','weChat']
    # 修改用户时，添加 mobile、qq、weChat 的录入
    # 将源码的 UserAdmin.fieldsets 转换成列表格式
    fieldsets = list(UserAdmin.fieldsets)
    # 重写 UserAdmin 的 fieldsets，添加 mobile、qq、weChat 的录入
    fieldsets[1] = (_('Personal info'),
                    {'fields': ('first_name', 'last_name',
                     'email', 'mobile', 'qq', 'weChat')})

# user 的 __init__.py
# 设置 App (user) 的中文名
from django.apps import AppConfig
import os
# 修改 app 在 admin 后台显示的名称
# default_app_config 的值来自 apps.py 的类名
default_app_config = 'user.IndexConfig'

# 获取当前 app 的命名
def get_current_app_name(_file):
    return os.path.split(os.path.dirname(_file))[-1]

# 重写类 IndexConfig
class IndexConfig(AppConfig):
    name = get_current_app_name(__file__)
    verbose_name = '用户管理'
```

重启 MyDjango 项目并再次进入 Admin 后台系统，可以在页面上看到模型 MyUser 所生成的"用

户"，如图 10-16 所示。

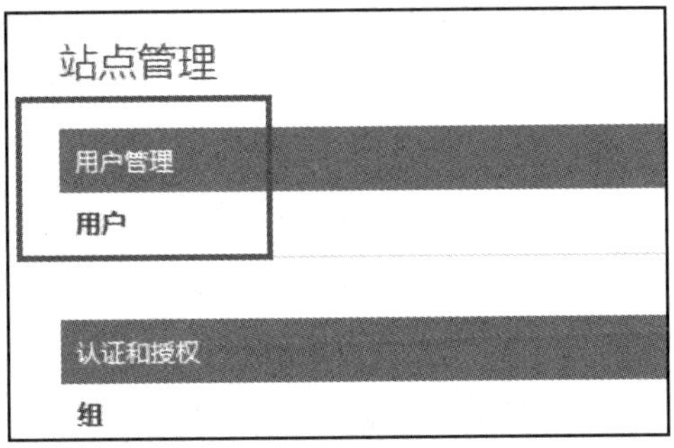

图 10-16　模型 MyUser 的用户链接

从用户数据列表页进入用户数据修改页或用户数据新增页的时候，发现用户数据修改页或用户数据新增页出现了用户的手机号码、QQ 号码和微信账号的文本输入框，这是由 MyUserAdmin 重写属性 fieldsets 实现的，如图 10-17 所示。

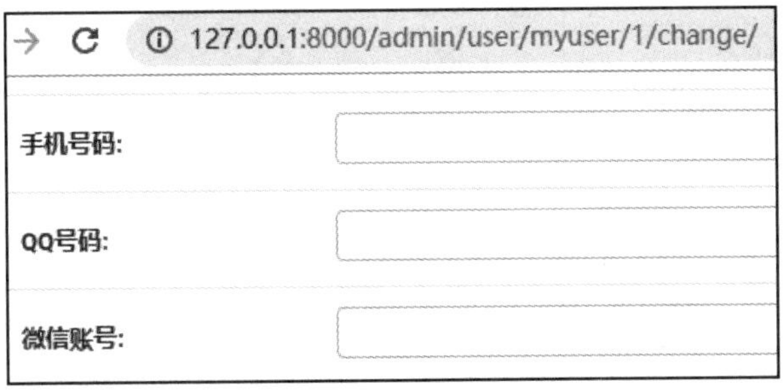

图 10-17　修改用户数据

admin.py 定义的 MyUserAdmin 继承自 UserAdmin，UserAdmin 是内置模型 User 的 Admin 数据对象，换句话说，MyUserAdmin 通过继承 UserAdmin 并重写父类的某些属性和方法能使自定义模型 MyUser 展示在 Admin 后台系统。UserAdmin 的定义过程可以在 Django 源码文件 django\contrib\auth\admin.py 中查看。

除了 UserAdmin 之外，还可以继承内置模型 User 定义的表单类。内置表单类可以在源码文件 django\contrib\auth\forms.py 中查看，从源码中发现，forms.py 定义了多个内置表单类，其说明如下：

- UserCreationForm：表单字段为 username、password1 和 password2，创建新的用户信息。
- UserChangeForm：表单字段为 password 和模型 User 所有字段，修改已有的用户信息。
- AuthenticationForm：表单字段为 username 和 password，用户登录时所触发的认证功能。
- PasswordResetForm：表单字段为 email，将重置密码通过发送邮件的方式实现密码找回。
- SetPasswordForm：表单字段为 password1 和 password2，修改或新增用户密码。
- PasswordChangeForm：表单字段为 old_password、new_password1 和 new_password2，继承 SetPasswordForm，如果是修改密码，就需要对旧密码进行验证。
- AdminPasswordChangeForm：表单字段为 password1 和 password2，用于 Admin 后台修改用户密码。

从上述的内置表单类发现，这些表单都是在内置模型 User 的基础上实现的，但这些表单类不一定适用于自定义模型 MyUser。但我们可以自定义模型 MyUser 的表单类，并继承上述的内置表单类，从而使定义的表单类适用于模型 MyUser。以内置表单类 UserCreationForm 为例，使用表单类 UserCreationForm 实现用户注册功能。在 user 中创建 form.py 文件，并在文件下编写以下代码：

```python
# user 的 form.py
from django.contrib.auth.forms import UserCreationForm
from .models import MyUser
class MyUserCreationForm(UserCreationForm):
    class Meta(UserCreationForm.Meta):
        model = MyUser
        # 在注册页面添加邮箱、手机号码、微信账号和 QQ 号码
        fields = UserCreationForm.Meta.fields
        fields += ('email', 'mobile', 'weChat', 'qq')
```

自定义表单类 MyUserCreationForm 继承表单类 UserCreationForm，并且重写 Meta 的属性 model 和 fields，分别设置表单类绑定的模型和字段。最后在 MyDjango 的 urls.py、user 的 urls.py、views.py 和模板文件 user.html 中实现用户注册功能，代码如下：

```python
# MyDjango 的 urls.py
from django.urls import path, include
from django.contrib import admin
urlpatterns = [
    path('admin/', admin.site.urls),
    path('', include(('user.urls','user'),namespace='user')),
]

# user 的 urls.py
from django.urls import path
from .views import *
urlpatterns = [
    path('', registerView, name='register'),
]

# user 的 views.py
from django.shortcuts import render
from .form import MyUserCreationForm
# 使用表单实现用户注册
def registerView(request):
    if request.method == 'POST':
        user = MyUserCreationForm(request.POST)
        if user.is_valid():
            user.save()
            tips = '注册成功'
        else:
            tips = '注册失败'
    user = MyUserCreationForm()
    return render(request, 'user.html', locals())

# templates 的 user.html
<!DOCTYPE html>
```

```html
<html lang="zh-cn">
<head>
    <meta charset="utf-8">
    <title>用户注册</title>
    <link rel="stylesheet"
     href="https://unpkg.com/mobi.css/dist/mobi.min.css">
</head>
<body>
<div class="flex-center">
<div class="container">
<div class="flex-center">
<div class="unit-1-2 unit-1-on-mobile">
    <h1>用户注册</h1>
    {% if tips %}
        <div>{{ tips }}</div>
    {% endif %}
    <form class="form" action="" method="post">
        {% csrf_token %}
        <div>用户名:{{ user.username }}</div>
        <div>邮　箱:{{ user.email }}</div>
        <div>手机号:{{ user.mobile }}</div>
        <div>Q Q 号:{{ user.qq }}</div>
        <div>微信号:{{ user.weChat }}</div>
        <div>密　码:{{ user.password1 }}</div>
        <div>密码确认:{{ user.password2 }}</div>
        <button type="submit"
        class="btn btn-primary btn-block">注 册</button>
    </form>
</div>
</div>
</div>
</div>
</body>
</html>
```

视图函数 registerView 使用自定义表单类 MyUserCreationForm 实现用户注册功能，实现过程如下：

（1）在浏览器上访问 127.0.0.1:8000 时，视图函数将表单类 MyUserCreationForm 实例化并传递给模板文件 user.html，在浏览器上生成用户注册页面。

（2）输入用户信息并单击"注册"按钮，视图函数 registerView 收到 POST 请求，将表单数据交给表单类 MyUserCreationForm 处理并生成 user 对象。

（3）验证 user 对象的数据信息，如果验证成功，就将数据保存到数据表 user_myuser 中，并在网页上提示"注册成功"；若验证失败，则在网页上提示"注册失败"并清空表单数据。

（4）注册用户的时候，表单类 MyUserCreationForm 对密码的安全强度有严格的要求，如 9.4 节的图 9-19 所示，建议读者设置安全强度较高的密码，密码过于简单会无法完成注册。

10.4　权限的设置与使用

用户权限是对不同用户设置不同的功能使用权限，而每个功能主要以模型来划分。以 10.3 节的 MyDjango 项目为例，在 Admin 后台系统的用户数据修改页或用户数据新增页可以查看并设置用户权限，如图 10-18 所示。

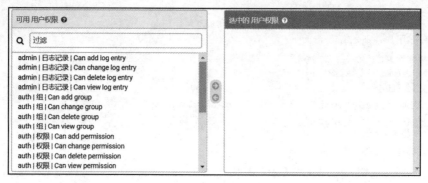

图 10-18　用户权限

在图 10-18 的左侧列表框中列出了整个项目的用户权限，每个权限以"项目应用|模型|模型使用权限"的格式表示，以 user|用户|Can add user 为例，说明如下：

- user 是项目应用 user 的名称。
- 用户是项目应用 user 定义的模型 MyUser。
- Can add user 是模型 MyUser 新增数据的权限。

当执行数据迁移时，每个模型默认拥有增（Add）、改（Change）、删（Delete）和查（View）权限。数据迁移成功后，可以在数据库中查看数据表 auth_permission 的数据信息，每行数据代表项目中某个模型的某个权限，如图 10-19 所示。

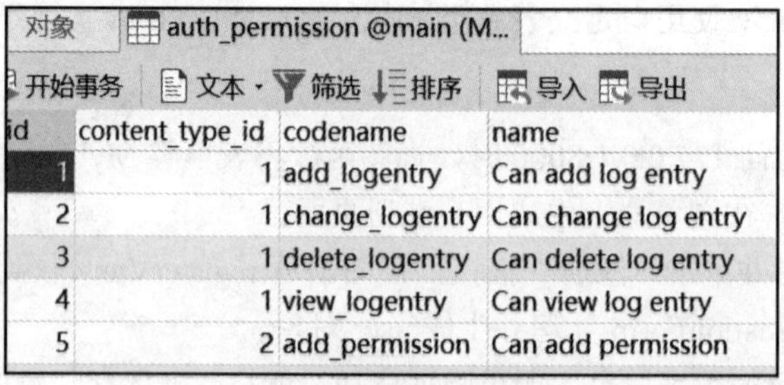

图 10-19　数据表 auth_permission

设置用户权限实质上是对数据表 user_myuser 和 auth_permission 之间的数据设置多对多关系。首先需要了解用户、用户权限和用户组三者之间的关系，以 MyDjango 的数据表为例，如图 10-20 所示。

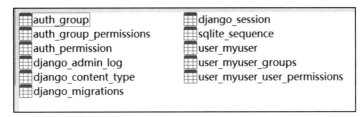

图 10-20 MyDjango 的数据表信息

从整个项目的数据表看到，用户、用户权限和用户组分别对应数据表 user_myuser、auth_permission 和 auth_group。无论是设置用户权限、设置用户所属用户组或者设置用户组的权限，它们的本质都是对两个数据表之间的数据建立多对多的数据关系，说明如下：

- 数据表 user_myuser_user_permissions：管理数据表 user_myuser 和 auth_permission 之间的多对多关系，设置用户所拥有的权限。
- 数据表 user_myuser_groups：管理数据表 user_myuser 和 auth_group 之间的多对多关系，设置用户所在的用户组。
- 数据表 auth_group_permissions：管理数据表 auth_group 和 auth_permission 之间的多对多关系，设置用户组所拥有的权限。

在设置用户权限时，如果用户的角色是超级管理员，该用户就无须设置权限，因为超级管理员已默认具备整个系统的所有权限，而设置用户权限只适用于非超级管理员的用户。我们在 Admin 后台系统创建普通用户 root，然后在 PyCharm 的 Terminal 下开启 Django 的 Shell 模式实现用户权限设置，代码如下：

```
D:\MyDjango>python manage.py shell
# 导入模型 MyUser
>>> from user.models import MyUser
# 查询用户信息
>>> user = MyUser.objects.filter(username='root')[0]
# 判断当前用户是否具有用户新增的权限
# user.add_myuser 为固定写法
# user 为项目应用的名称
# add_myuser 来自数据表 auth_permission 的字段 codename
>>> user.has_perm('user.add_myuser')
False
# 导入模型 Permission
>>> from django.contrib.auth.models import Permission
# 在权限管理表获取权限 add_myuser 的数据对象 permission
>>> p = Permission.objects.filter(codename='add_myuser')[0]
# 对当前用户对象 user 设置权限 add_myuser
# user_permissions 是多对多的模型字段
# 该字段由内置模型 User 的父类 PermissionsMixin 定义
>>> user.user_permissions.add(p)
# 再次判断当前用户是否具有用户新增的权限
>>> user = MyUser.objects.filter(username='root')[0]
>>> user.has_perm('user.add_myuser')
True
```

上述代码首先查询用户名为 root 的用户是否具备用户新增的权限，然后对该用户设置用户新增的权限，设置方式是由多对多的模型字段 user_permissions 调用 add 方法实现的。打开数据表 user_myuser_user_permissions 可以看到新增了一行数据，如图 10-21 所示。

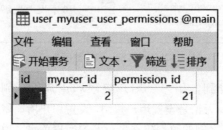

图 10-21　数据表 user_myuser_user_permissions

从图 10-21 看到，表字段 myuser_id 和 permission_id 分别是数据表 user_myuser 和 auth_permission 的主键，每一行数据代表某个用户具有某个模型的某个操作权限。除了添加权限之外，还可以对用户的权限进行删除和查询，代码如下：

```
# 导入模型 MyUser
>>> from user.models import MyUser
# 导入模型 Permission
>>> from django.contrib.auth.models import Permission
# 查询用户信息
>>> user = MyUser.objects.filter(username='root')[0]
# 查询用户新增的权限
>>> p = Permission.objects.filter(codename='add_myuser')[0]
# 删除某条权限
>>> user.user_permissions.remove(p)
# 判断是否已删除权限，若为 False，则说明删除成功
# 函数 has_perm 用于判断用户是否拥有权限
>>> user.has_perm('user.add_myuser')
False
# 清空当前用户全部权限
>>> user.user_permissions.clear()
# 获取当前用户所拥有的权限信息
# 将上述删除的权限添加到数据表再查询
>>> user.user_permissions.add(p)
# 查询数据表 user_myuser_user_permissions 的数据
# 查询方式是使用 ORM 框架的 API 方法
>>> user.user_permissions.values()
```

10.5　自定义用户权限

一般情况下，每个模型默认拥有增（Add）、改（Change）、删（Delete）和查（View）权限。但实际开发中可能要对某个模型设置特殊权限，比如 QQ 音乐只允许会员播放高质音乐。为了解决这种开发需求，在定义模型时，可以在模型的属性 Meta 中设置自定义权限。以 10.3 节的 MyDjango

项目为例，对 user 的模型 MyUser 重新定义，代码如下：

```python
# user 的 models.py
from django.db import models
from django.contrib.auth.models import AbstractUser
class MyUser(AbstractUser):
    qq = models.CharField('QQ号码', max_length=16)
    weChat = models.CharField('微信账号', max_length=100)
    mobile = models.CharField('手机号码', max_length=11)

    # 设置返回值
    def __str__(self):
        return self.username

    class Meta(AbstractUser.Meta):
        # 自定义权限
        permissions = (
            ('vip_myuser', 'Can vip user'),
        )
```

模型 MyUser 的 Meta 继承父类 AbstractUser 的 Meta，并且新增 permissions 属性，这样就能创建用户权限，模型 MyUser 的 Meta 必须继承父类 AbstractUser 的 Meta，因为 AbstractUser 的 Meta 定义属性 verbose_name、verbose_name_plural 和 abstract。

新增属性 permissions 以元组或列表的数据格式表示，元组或列表的每个元素代表一个权限，每个权限以元组或列表表示。一个权限中含有两个元素，如上述的('vip_myuser', 'Can vip user')，vip_myuser 和 Can vip user 分别是数据表 auth_permission 的 codename 和 name 字段。

下一步在数据库中清除 MyDjango 原有的数据表，并在 PyCharm 的 Terminal 中重新执行数据迁移，代码如下：

```
D:\MyDjango>python manage.py makemigrations
Migrations for 'user':
  user\migrations\0001_initial.py
    - Create model MyUser
D:\MyDjango>python manage.py migrate
```

数据迁移执行完成后，在数据库中打开数据表 auth_permission，可以找到自定义权限 vip_myuser，如图 10-22 所示。

21	6	add_myuser	Can add my user
22	6	change_myuser	Can change my user
23	6	delete_myuser	Can delete my user
24	6	view_myuser	Can view my user
25	6	vip_myuser	Can vip user

图 10-22　数据表 auth_permission

10.6　设置网页的访问权限

通过前面的学习，相信大家对 Django 的内置权限功能有了一定的了解。本节将结合示例讲述如何在网页中设置用户的访问权限，以 10.5 节的 MyDjango 项目为例，确保项目应用 user 已定义模型 MyUser，并且数据表 auth_permission 已记录权限 vip_myuser 的数据信息。

我们在 MyDjango 的项目应用 user 里实现用户注册、登录和注销功能，并且增加用户中心，用于检验用户是否具有 vip_myuser 权限。

在编写代码之前，需要对 MyDjango 的目录结构进行调整，在 templates 文件夹放置模板文件 info.html，在 static 文件夹放置模板文件的静态资源，并且 user 的 form.py 文件已定义 MyUserCreationForm 表单类（定义过程可回顾 10.3 节），用于实现用户注册和登录功能。

下一步实现用户注册、登录、注销和用户中心页，分别在 MyDjango 的 urls.py 和 user 的 urls.py 中定义路由信息，代码如下：

```
# MyDjango 的 urls.py
from django.urls import path, include
from django.contrib import admin
urlpatterns = [
    path('admin/', admin.site.urls),
    path('',include(('user.urls','user'),namespace='user')),
]


# user 的 urls.py
from django.urls import path
from .views import *
urlpatterns = [
    # 用户注册
    path('', registerView, name='register'),
    # 用户登录
    path('login.html', loginView, name='login'),
    # 用户注销
    path('logout.html', logoutView, name='logout'),
    # 用户中心
    path('info.html', infoView, name='info')
]
```

项目应用 user 的 urls.py 中定义了 4 条路由信息，它们实现了一个简单的操作流程，流程顺序为用户注册→用户登录→用户中心→用户注销。然后在 user 的 views.py 中定义相关的视图函数，代码如下：

```
# user 的 views.py
from django.shortcuts import render, redirect
from django.shortcuts import reverse
from .models import MyUser
from .form import MyUserCreationForm
```

```python
from django.contrib.auth.models import Permission
from django.contrib.auth import login, authenticate, logout
from django.contrib.auth.decorators import login_required
from django.contrib.auth.decorators import permission_required

# 使用表单实现用户注册
def registerView(request):
    userLogin = False
    if request.method == 'POST':
        user = MyUserCreationForm(request.POST)
        if user.is_valid():
            user.save()
            tips = '注册成功'
            # 添加权限
              # 由表单对象 user 的 instance 获取对应的模型对象
            u = user.instance
            p=Permission.objects.filter(codename='vip_myuser')[0]
            u.user_permissions.add(p)
            return redirect(reverse('user:login'))
        else:
            tips = '注册失败'
    user = MyUserCreationForm()
    return render(request, 'user.html', locals())

# 用户登录
def loginView(request):
    tips = '请登录'
    userLogin = True
    if request.method == 'POST':
        u = request.POST.get('username', '')
        p = request.POST.get('password1', '')
        if MyUser.objects.filter(username=u):
            user = authenticate(username=u,password=p)
            if user:
                if user.is_active:
                    # 登录当前用户
                    login(request, user)
                    return redirect(reverse('user:info'))
                else:
                    tips = '账号密码错误，请重新输入'
            else:
                tips = '用户不存在，请注册'
    user = MyUserCreationForm()
    return render(request, 'user.html', locals())

# 退出登录
def logoutView(request):
    logout(request)
    return redirect(reverse('user:login'))
```

```python
# 用户中心
# login_required 判断用户是否已登录
# permission_required 判断当前用户是否具备某个权限
@login_required(login_url='/login.html')
@permission_required(perm='user.vip_myuser',login_url='/login.html')
def infoView(request):
    return render(request, 'info.html', locals())
```

上述代码分别定义视图函数 registerView、loginView、logoutView 和 infoView，函数之间通过网页跳转方式构建关联，从而实现一个简单的操作流程，流程说明如下：

（1）当用户访问 127.0.0.1:8000 时，浏览器将呈现用户注册页面，输入新的用户信息并单击"确定"按钮，视图函数 registerView 将收到 POST 请求，将表单数据交由表单类 MyUserCreationForm 实现用户注册。

（2）如果用户注册失败，就提示错误信息并返回用户注册页面；如果注册成功，就由表单类 MyUserCreationForm 创建用户，保存在模型 MyUser 的数据表中。默认情况下，新用户不具备任何权限，因此视图函数 registerView 为新用户赋予自定义权限 vip_myuser 并跳转到用户登录页面。

（3）在用户登录页面输入新用户的账号和密码并单击"确定"按钮，视图函数 loginView 将收到 POST 请求，从请求参数获取用户信息并进行验证。如果用户验证失败，就提示错误信息并返回用户登录页面；如果用户验证成功，就执行用户登录并跳转到用户中心页面。

（4）用户中心页面设有装饰器 permission_required，用于检测用户是否具有 vip_myuser 权限。如果用户权限检测失败，就跳转到用户登录页面；如果检测成功，就说明当前用户具有 vip_myuser 权限，能正常访问用户中心页面。

视图函数 infoView 使用了装饰器 login_required 和 permission_required，分别对当前用户的登录状态和用户权限进行校验，两者的说明如下：

（1）login_required 用于设置用户登录访问权限。如果当前用户在尚未登录的状态下访问用户中心页面，程序就会自动跳转到指定的路由地址，只有用户完成登录后才能正常访问用户中心页。login_required 的参数有 function、redirect_field_name 和 login_url，参数说明如下：

- 参数 function：默认值为 None，这是定义装饰器的执行函数。
- 参数 redirect_field_name：默认值是 next。当登录成功之后，程序会自动跳回之前浏览的网页。
- 参数 login_url：设置用户登录的路由地址。默认值是 settings.py 的配置属性 LOGIN_URL，而配置属性 LOGIN_URL 需要开发者自行在 settings.py 中配置。

（2）permission_required 用于验证当前用户是否拥有相应的权限。若用户不具备权限，则程序将跳转到指定的路由地址或者抛出异常。permission_required 的参数有 perm、login_url 和 raise_exception，参数说明如下：

- 参数 perm：必选参数，判断当前用户是否具备某个权限。参数值为固定格式，如 user.vip_myuser，user 为项目应用名称，vip_myuser 是数据表 auth_permission 的字段 codename。
- 参数 login_url：设置验证失败所跳转的路由地址，默认值为 None。若不设置参数，则验证失败后会抛出 404 异常。

- 参数 raise_exception：设置抛出异常，默认值为 False。

装饰器 permission_required 的作用与内置函数 has_perm 相同，视图函数 infoView 也可以使用函数 has_perm 实现装饰器 permission_required 的功能，代码如下：

```python
# 使用函数 has_perm 实现装饰器 permission_required 的功能
from django.shortcuts import render, redirect
@login_required(login_url='/login.html')
def infoView(request):
    user = request.user
    if user.has_perm('user.vip_myuser'):
        return render(request, 'info.html', locals())
    else:
        return redirect(reverse('user:login'))
```

最后在模板文件 user.html 和 info.html 中编写网页代码，模板文件 user.html 主要生成用户注册和登录页面；模板文件 info.html 生成用户中心页面，两者的代码如下：

```html
# templates 的 user.html
<!DOCTYPE html>
<html lang="zh-cn">
<head>
    <meta charset="utf-8">
    <title>用户管理</title>
    <link rel="stylesheet"
     href="https://unpkg.com/mobi.css/dist/mobi.min.css">
</head>
<body>
<div class="flex-center">
<div class="container">
<div class="flex-center">
<div class="unit-1-2 unit-1-on-mobile">
    {% if userLogin %}
        <h1>用户登录</h1>
    {% else %}
        <h1>用户注册</h1>
    {% endif %}
    {% if tips %}
        <div>{{ tips }}</div>
    {% endif %}
    <form class="form" action="" method="post">
        {% csrf_token %}
        <div>用户名:{{ user.username }}</div>
        <div>密　码:{{ user.password1 }}</div>
        {% if not userLogin %}
        <div>密码确认:{{ user.password2 }}</div>
        <div>邮　箱:{{ user.email }}</div>
        <div>手机号:{{ user.mobile }}</div>
        <div>Q Q 号:{{ user.qq }}</div>
        <div>微信号:{{ user.weChat }}</div>
        {% endif %}
```

```html
        <button type="submit"
        class="btn btn-primary btn-block">确 认</button>
    </form>
</div>
</div>
</div>
</div>
</body>
</html>

# templates 的 info.html
<!doctype html>
<html>
<head>
{% load staticfiles %}
<title>用户信息</title>
<link rel="stylesheet" href="{% static "css/common.css" %}">
<link rel="stylesheet" href="{% static "css/home.css" %}">
</head>
<body class="member">
<div class="mod_profile js_user_data">
<div class="section_inner">
    {#模板上下文 user 是 User 或 AnoymousUser 对象#}
    {#user 由模型 MyUser 实例化#}
    {% if user.is_authenticated %}
    <div class="profile__cover_link">
        <img src="{% static "image/user.jpg" %}"
        class="profile__cover">
    </div>
    <h1 class="profile__tit">
        <span class="profile__name">
        {{ user.username }}</span>
    </h1>
    {#模板上下文 perms 是模型 Permission 实例化对象#}
    {% if perms.user.vip_myuser %}
        <div class="profile__name">VIP 会员</div>
    {% endif %}
        <a href="{% url 'user:logout' %}"
        style="color:white;">退出登录</a>
    {% endif %}
</div>
</div>
</body>
</html>
```

模板文件 user.html 设置模板上下 userLogin、tips 和 user,每个上下文的作用说明如下:

- userLogin 判断当前页面的功能类型,从而显示相应的网页内容,若 userLogin 的值为 False,则当前页面为用户注册页面,否则为用户登录页面。
- tips 是显示的提示信息,比如用户注册失败或用户不存在等异常信息。

- user 是表单类 MyUserCreationForm 的实例化对象,由 user 生成网页表单,从而实现用户注册和登录功能。

模板文件 info.html 使用模板上下文 user 和 perms,但视图函数 infoView 没有定义变量 user 和 perms。模板上下文 user 和 perms 是在 Django 解析模板文件的过程中生成的,它们与配置文件 settings.py 的 TEMPLATES 设置有关。我们查看 settings.py 的 TEMPLATES 配置信息,代码如下:

```
TEMPLATES = [
    {
    'BACKEND':'django.template.backends.django.DjangoTemplates',
    'DIRS': [BASE_DIR / 'templates',],
    'APP_DIRS': True,
    'OPTIONS': {
        'context_processors': [
            'django.template.context_processors.debug',
            'django.template.context_processors.request',
            'django.contrib.auth.context_processors.auth',
            'django.contrib.messages.context_processors.messages',
        ],
    },
    },
]
```

因为 TEMPLATES 定义了处理器集合 context_processors,所以在解析模板文件之前,Django 依次运行处理器集合的程序。当运行到处理器 auth 时,程序会生成变量 user 和 perms,并且将变量传入模板上下文 TemplateContext 中,因此模板中可以直接使用模板上下文 user 和 perms。

运行 MyDjango 项目,在浏览器上访问 127.0.0.1:8000 进入用户注册页面,创建新用户 root,密码为 mydjango123,然后在用户登录页面使用新用户 root 完成登录过程,最后在用户中心页面查看相关的用户信息,如图 10-23 所示。

图 10-23　用户中心页面

如果在 Admin 后台系统创建普通用户 user1,并且该用户不赋予任何权限,在用户登录页面使用 user1 完成登录过程,Django 就会重新跳转到用户登录页面,并且在登录页面的路由地址设置请求参数 next,这说明当前用户不具备自定义权限 vip_myuser,导致无法访问用户中心页面,如图 10-24 所示。

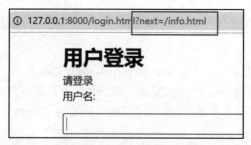

图 10-24　用户登录页面

10.7　用户组的设置与使用

　　用户组是对用户进行分组管理，其作用是在权限控制中可以批量地对用户权限进行分配，无需将权限一个一个地分配到每个用户，节省维护的工作量。将用户加入某个用户组，该用户就拥有该用户组所具备的权限。例如用户组 teachers 拥有权限 can_add_lesson，那么所有属于 teachers 用户组的用户都具备 can_add_lesson 权限。

　　我们知道用户、权限和用户组三者之间是多对多的数据关系，而用户组可以理解为用户和权限之间的中转站。设置用户组分为两个步骤：设置用户组的权限和设置用户组的用户。

　　设置用户组的权限主要对数据表 auth_group 和 auth_permission 构建多对多的数据关系，数据关系保存在数据表 auth_group_permissions 中。以 10.6 节的 MyDjango 项目为例，其数据库结构如图 10-25 所示。

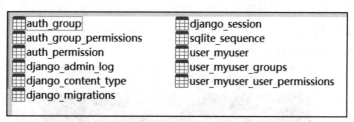

图 10-25　MyDjango 的数据表

　　在数据表 auth_group 中新建一行数据，表字段 name 为"用户管理"，当前数据在项目中代表一个用户组；此外，还可以在 Admin 后台系统创建用户组，但新建的用户组无须添加任何权限，如图 10-26 所示。

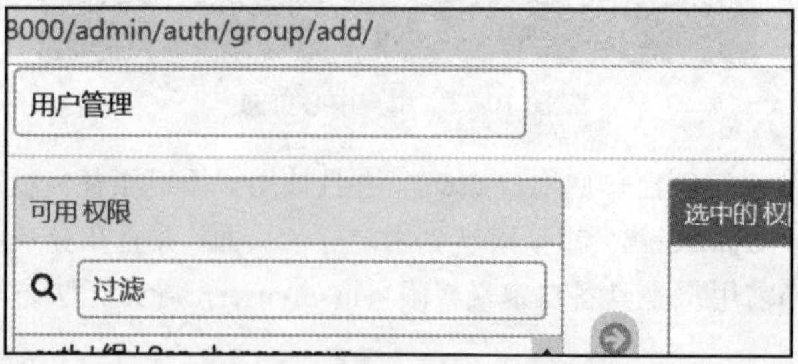

图 10-26　在 Admin 后台系统创建用户组

下一步对用户组"用户管理"进行权限分配，在 PyCharm 的 Terminal 中使用 Django 的 Shell 模式实现用户组的权限配置，代码如下：

```
# 用户组的权限配置
# 导入内置模型 Group 和 Permission
>>> from django.contrib.auth.models import Group
>>> from django.contrib.auth.models import Permission
# 获取某个权限对象 p
>>> p = Permission.objects.get(codename='vip_myuser')
# 获取某个用户组对象 group
>>> group = Group.objects.get(id=1)
# 将权限对象 p 添加到用户组 group 中
>>> group.permissions.add(p)
```

上述代码将自定义权限 vip_myuser 添加到用户组"用户管理"，功能实现过程如下：

（1）从数据表 auth_permission 中查询自定义权限 vip_myuser 的对象 p，对象 p 是数据表字段 codename 等于 vip_myuser 的数据信息。

（2）从数据表 auth_group 中查询用户组"用户管理"的对象 group，对象 group 是数据表主键等于 1 的数据信息。

（3）由对象 group 使用 permissions.add 方法将权限对象 p 和用户组对象 group 绑定，在数据表 auth_group_permission 中构建多对多的数据关系，数据表的数据信息如图 10-27 所示。

图 10-27　数据表 auth_group_permissions

除了添加用户组的权限之外，还可以删除用户组已有的权限，代码如下：

```
# 删除当前用户组 group 的 vip_myuser 权限
>>> group.permissions.remove(p)
# 删除当前用户组 group 的全部权限
>>> group.permissions.clear()
```

最后实现用户组的用户分配，这个过程是对数据表 auth_group 和 user_myuser 构建多对多的数据关系，数据关系保存在数据表 user_myuser_groups 中。在 Django 的 Shell 模式下实现用户组的用户分配，代码如下：

```
# 将用户分配到用户组
# 导入模型 Group 和 MyUser
>>> from user.models import MyUser
>>> from django.contrib.auth.models import Group
# 获取用户对象 user，代表用户名为 user1 的数据信息
>>> user = MyUser.objects.get(username='user1')
# 获取用户组对象 group，代表用户组"用户管理"的数据信息
```

```
>>> group = Group.objects.get(id=1)
# 将用户添加到用户组
>>> user.groups.add(group)
```

上述代码将用户 user1 添加到用户组"用户管理",实现过程与用户组的权限设置有相似之处,只是两者使用的模型和方法有所不同。查看数据表 user_myuser_groups,数据信息如图 10-28 所示。

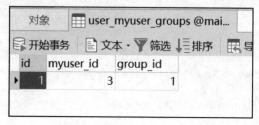

图 10-28　数据表 user_myuser_groups

除了添加用户组的用户之外,还可以删除用户组已有的用户,代码如下:

```
# 删除用户组某一用户
>>> user.groups.remove(group)
# 清空用户组全部用户
>>> user.groups.clear()
```

10.8　本章小结

Django 除了内置的 Admin 后台系统之外,还内置了 Auth 认证系统。整个 Auth 认证系统可分为三大部分:用户信息、用户权限和用户组,在数据库中分别对应数据表 auth_user、auth_permission 和 auth_group。

使用内置模型 User 和内置的函数可以快速实现用户管理功能,如用户注册、登录、密码修改、密码找回和用户注销。模型 User 的字段说明以及常用的内置函数如下:

- id:int 类型,数据表主键。
- password:varchar 类型,代表用户密码,在默认情况下使用 pbkdf2_sha256 方式来存储和管理用户的密码。
- last_login:datetime 类型,最近一次登录的时间。
- is_superuser:tinyint 类型,表示该用户是否拥有所有的权限,即是否为超级管理员。
- username:varchar 类型,代表用户账号。
- first_name:varchar 类型,代表用户的名字。
- last_name:varchar 类型,代表用户的姓氏。
- email:varchar 类型,代表用户的邮件。
- is_staff:用来判断用户是否可以登录进入 Admin 后台系统。
- is_active:tinyint 类型,用来判断该用户的状态是否被激活。
- date_joined:datetime 类型,账号的创建时间。

- get_full_name()：由 AbstractUser 定义，获取用户的全名，即字段 first_name 与 last_name 的组合值。
- get_short_name()：由 AbstractUser 定义，获取模型字段 first_name 的值。
- email_user()：由 AbstractUser 定义，发送邮件。参数 subject 设置邮件标题；参数 message 设置邮件内容；参数 from_email 设置发送邮件的账号，即配置文件 settings.py 的 DEFAULT_FROM_EMAIL。
- save()：由 AbstractBaseUser 定义，定义模型的数据保存方式。
- get_username()：由 AbstractBaseUser 定义，获取当前用户的账号信息，即模型字段 username。
- set_password()：由 AbstractBaseUser 定义，更改当前用户的密码，即更改模型字段 password。
- check_password()：由 AbstractBaseUser 定义，验证加密前的密码与加密后的密码是否相同。
- get_session_auth_hash()：由 AbstractBaseUser 定义，获取模型字段 password 的 HMAC，在密码更改时可使当前用户的登录状态失效。
- set_unusable_password()：由 AbstractBaseUser 定义，标记用户尚未设置密码。
- has_usable_password()：由 AbstractBaseUser 定义，检测用户是否尚未设置密码。
- get_group_permissions()：由 PermissionsMixin 定义，获取当前用户所在用户组的权限。
- get_all_permissions()：由 PermissionsMixin 定义，获取当前用户所拥有的权限。
- has_perm()：由 PermissionsMixin 定义，判断当前用户是否具有某个权限，参数 perm 代表权限的名称，以字符串表示。
- has_perms()：由 PermissionsMixin 定义，判断当前用户是否具有多个权限，参数 perm_list 代表多个权限的集合，以列表表示。
- has_module_perms()：由 PermissionsMixin 定义，判断当前用户是否具有某个项目应用的所有权限，参数 app_label 代表项目应用的名称。

Django 提供了 4 种模型扩展的方法，说明如下。

代理模型：这是一种模型继承，这种模型在数据库中无须创建新数据表。一般用于改变现有模型的行为方式，如增加新方法函数等，并且不影响数据表的结构。如果不需要在数据表存储额外的信息，只是增加模型 User 的操作方法或更改模型的查询方式，那么可以使用代理模型扩展模型 User。

Profile 扩展模型 User：当存储的信息与模型 User 相关，而且不改变模型 User 的内置方法时，可定义新的模型 MyUser，并设置某个字段为 OneToOneField，这样能与模型 User 形成一对一关系，该方法称为用户配置（User Profile）。

AbstractBaseUser 扩展模型 User：当模型 User 的内置方法不符合开发需求时，可使用该方法对模型 User 重新自定义设计，该方法对模型 User 和数据表结构造成较大影响。

AbstractUser 扩展模型 User：如果模型 User 的内置方法符合开发需求，在不改变这些函数方法的情况下，添加模型 User 的额外字段，那么可通过 AbstractUser 方式替换原有模型 User。

用户、用户权限和用户组分别对应数据表 user_myuser、auth_permission 和 auth_group。无论是设置用户权限、设置用户所属用户组或者设置用户组的权限，它们的本质都是对两个数据表之间的数据建立多对多的数据关系，说明如下：

- 数据表 user_myuser_user_permissions：管理数据表 user_myuser 和 auth_permission 之间的多对

多关系，设置用户所拥有的权限。
- 数据表 user_myuser_groups：管理数据表 user_myuser 和 auth_group 之间的多对多关系，设置用户所在的用户组。
- 数据表 auth_group_permissions：管理数据表 auth_group 和 auth_permission 之间的多对多关系，设置用户组所拥有的权限。

第 11 章

常用的 Web 应用程序

Django 为开发者提供了常见的 Web 应用程序，如会话控制、缓存机制、CSRF 防护、消息框架、分页功能、国际化和本地化、单元测试和自定义中间件。内置的 Web 应用程序大大优化了网站性能，并且完善了安全防护机制，同时也提高了开发者的开发效率。

11.1 会话控制

Django 内置的会话控制简称为 Session，可以为用户提供基础的数据存储。数据主要存储在服务器上，并且网站的任意站点都能使用会话数据。当用户第一次访问网站时，网站的服务器将自动创建一个 Session 对象，该 Session 对象相当于该用户在网站的一个身份凭证，而且 Session 能存储该用户的数据信息。当用户在网站的页面之间跳转时，存储在 Session 对象中的数据不会丢失，只有 Session 过期或被清理时，服务器才将 Session 中存储的数据清空并终止该 Session。

11.1.1 会话的配置与操作

在 4.2.3 小节已讲述过 Session 和 Cookie 的关系，本节将简单回顾两者的关系，说明如下：

- Session 存储在服务器端，Cookie 存储在客户端，所以 Session 的安全性比 Cookie 高。
- 当获取某用户的 Session 数据时，首先从用户传递的 Cookie 里获取 sessionid，然后根据 sessionid 在网站服务器找到相应的 Session。
- Session 存放在服务器的内存中，Session 的数据不断增加会造成服务器的负担，因此存放在 Session 中的数据不能过于庞大。

在创建 Django 项目时，Django 已默认启用 Session 功能，每个用户的 Session 通过 Django 的

中间件 MIDDLEWARE 接收和调度处理，可以在配置文件 settings.py 中找到相关信息，如图 11-1 所示。

```
MIDDLEWARE = [
    'django.middleware.security.SecurityMiddleware',
    'django.contrib.sessions.middleware.SessionMiddleware',
    'django.middleware.locale.LocaleMiddleware',
    'django.middleware.common.CommonMiddleware',
    'django.middleware.csrf.CsrfViewMiddleware',
    'django.contrib.auth.middleware.AuthenticationMiddleware'
```

图 11-1　Session 功能配置

当访问网站时，所有的 HTTP 请求都经过中间件处理，而中间件 SessionMiddleware 会判断当前请求的用户身份是否存在，并根据判断结果执行相应的程序处理。中间件 SessionMiddleware 相当于 HTTP 请求接收器，根据请求信息做出相应的调度，而程序的执行则由 settings.py 的配置属性 INSTALLED_APPS 的 django.contrib.sessions 完成，其配置信息如图 11-2 所示。

```
INSTALLED_APPS = [
    'django.contrib.admin',
    'django.contrib.auth',
    'django.contrib.contenttypes',
    'django.contrib.sessions',
    'django.contrib.messages',
```

图 11-2　Session 的处理程序

django.contrib.sessions 实现了 Session 的创建和操作处理，如创建或存储用户的 Session 对象、管理 Session 的生命周期等。它默认使用数据库存储 Session 信息，执行数据迁移时，在数据库中可以看到数据表 django_session，如图 11-3 所示。

图 11-3　数据表 django_session

以 10.6 节的 MyDjango 项目为例，我们将通过例子来讲述 Session 运行机制。首先清除浏览器的历史记录，确保以游客身份访问 MyDjango，即用户在未登录状态下访问 Django。在浏览器打开开发者工具并访问 127.0.0.1:8000，从开发者工具的 Network 标签的 All 选项里找到 127.0.0.1:8000 的请求信息，若当前 Cookie 没有生成 sessionid，则说明一般情况下，Django 不会为游客身份创建 Session，如图 11-4 所示。

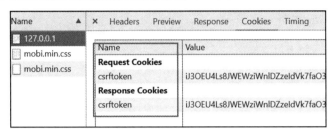

图 11-4　Cookie 信息

访问用户登录页面（127.0.0.1:8000/login.html）并完成用户登录，打开用户中心页面的请求信息，可以看到 Cookie 生成带有 sessionid 的数据，并且数据表 django_session 记录了当前 sessionid 的信息，如图 11-5 所示。

图 11-5　Cookie 的 sessionid 信息

在登录状态下再次访问网站，浏览器将 Cookie 信息发送到 MyDjango，Django 从 Cookie 获取 sessionid 并与数据表 django_session 的 session_key 进行匹配验证，从而确定当前访问的用户信息，保证每个用户的数据信息不会杂乱无章。

Session 的数据存储默认使用数据库保存，如果想变更 Session 的保存方式，那么可以在 settings.py 中添加配置信息 SESSION_ENGINE，该配置可以指定 Session 的保存方式。Django 提供了 5 种 Session 的保存方式，分别如下：

```
# 数据库保存方式
# Django 默认的保存方式，使用该方法无须在 settings.py 中设置
SESSION_ENGINE = 'django.contrib.sessions.backends.db'

# 以文件形式保存
SESSION_ENGINE = 'django.contrib.sessions.backends.file'
# 使用文本保存可设置文件保存路径
# /MyDjango 代表将文本保存在项目 MyDjango 的根目录
SESSION_FILE_PATH = '/MyDjango'

# 以缓存形式保存
SESSION_ENGINE = 'django.contrib.sessions.backends.cache'
# 设置缓存名，默认是内存缓存方式，此处的设置与缓存机制的设置相关
SESSION_CACHE_ALIAS = 'default'
```

```
# 以数据库+缓存形式保存
SESSION_ENGINE = 'django.contrib.sessions.backends.cached_db'

# 以 Cookie 形式保存
SESSION_ENGINE = 'django.contrib.sessions.backends.signed_cookies'
```

SESSION_ENGINE 用于配置服务器 Session 的保存方式，而浏览器的 Cookie 用于记录数据表 django_session 的 session_key，Session 还可以设置相关的配置信息，如生命周期、传输方式和保存路径等，只需在 settings.py 中添加配置属性即可，说明如下：

- SESSION_COOKIE_NAME = "sessionid"：浏览器的 Cookie 以键值对的形式保存数据表 django_session 的 session_key，该配置是设置 session_key 的键，默认值为 sessionid。
- SESSION_COOKIE_PATH = "/"：设置浏览器的 Cookie 生效路径，默认值为 "/"，即 127.0.0.1:8000。
- SESSION_COOKIE_DOMAIN = None：设置浏览器的 Cookie 生效域名。
- SESSION_COOKIE_SECURE = False：设置传输方式，若为 False，则使用 HTTP，否则使用 HTTPS。
- SESSION_COOKIE_HTTPONLY = True：是否只能使用 HTTP 协议传输。
- SESSION_COOKIE_AGE = 1209600：设置 Cookie 的有效期，默认时间为两周。
- SESSION_EXPIRE_AT_BROWSER_CLOSE = False：是否关闭浏览器使得 Cookie 过期，默认值为 False。
- SESSION_SAVE_EVERY_REQUEST = False：是否每次发送后保存 Cookie，默认值为 False。

了解 Session 的运行原理和相关配置后，最后讲解 Session 的读写操作。Session 的数据类型可理解为 Python 的字典类型，主要在视图函数中执行读写操作，并且从用户请求对象中获取，即来自视图函数的参数 request。Session 的读写如下：

```
# request 为视图函数的参数 request
# 获取存储在 Session 的数据 k1，若 k1 不存在，则会报错
request.session['k1']

# 获取存储在 Session 的数据 k1，若 k1 不存在，则为空值
# get 和 setdefault 实现的功能是一致的
request.session.get('k1', '')
request.session.setdefault('k1', '')

# 设置 Session 的数据，键为 k1，值为 123
request.session['k1'] = 123

# 删除 Session 中 k1 的数据
del request.session['k1']
# 删除整个 Session
request.session.clear()

# 获取 Session 的键
request.session.keys()
# 获取 Session 的值
```

```
request.session.values()

# 获取 Session 的 session_key
# 即数据表 django_session 的字段 session_key
request.session.session_key
```

11.1.2 使用会话实现商品抢购

本节将通过实例来讲述如何使用 Session 实现商品抢购功能。以 MyDjango 为例，创建项目应用 index，在 index 中创建路由文件 urls.py，然后在 MyDjango 的根目录创建静态资源文件夹 static 和模板文件夹 templates，分别放置静态资源和模板文件 index.html 和 order.html。项目的目录结构如图 11-6 所示。

图 11-6　MyDjango 的目录结构

在 index 的 models.py 中定义模型 Product，该模型设有 6 个字段，其作用是记录商品信息，在商城首页生成商品列表。模型 Product 的定义过程如下：

```
# index 的 models.py
from django.db import models
class Product(models.Model):
    id = models.AutoField('序号', primary_key=True)
    name = models.CharField('名称', max_length=50)
    slogan = models.CharField('简介', max_length=50)
    sell = models.CharField('宣传', max_length=50)
    price = models.IntegerField('价格')
    photo = models.CharField('相片', max_length=50)

    # 设置返回值
    def __str__(self):
        return self.name
```

将已定义的模型 Product 执行数据迁移，在 MyDjango 的数据库文件 db.sqlite3 中创建数据表，并在数据表 index_product 中添加商品信息，如图 11-7 所示。

index_product @main (MySQLite) - 表

文件 编辑 查看 窗口 帮助

开始事务 文本 · 筛选 排序 导入 导出

id	name	slogan	sell	price	photo
1	HUAWEI P9 Plus	一上手，就爱不释手	火爆开售	3988	img/1.png
2	荣耀畅玩5C	16纳米8核芯	10:08震撼开售	899	img/2.png
3	荣耀7	智灵键，创新语音控制	原价1999直降200	1799	img/3.png
4	荣耀畅玩5X	腾讯视频VIP特权免费领	每天10:08/20:00准点开售	799	img/4.png

图 11-7　数据表 index_product

完成 MyDjango 的环境搭建后，下一步开发商品抢购功能，首先定义 Admin 后台系统、商城首页和订单页面的路由信息。Admin 后台系统主要为用户提供登录页面；商城首页和订单页面实现商品抢购功能。MyDjango 的 urls.py 和 index 的 urls.py 的路由定义如下：

```
# MyDjango 的 urls.py
from django.urls import path, include
from django.contrib import admin
urlpatterns = [
    path('admin/', admin.site.urls),
    path('',include(('index.urls','index'),namespace='index')),
]

# index 的 urls.py
from django.urls import path
from . import views
urlpatterns = [
    # 网站首页
    path('', views.index, name='index'),
    # 订单页面
    path('order.html', views.orderView, name='order')
]
```

在 index 的 views.py 中分别定义视图函数 index 和 orderView。视图函数 index 实现商品列表的展示和抢购功能；视图函数 orderView 将用户抢购的商品进行结算处理并生成订单信息。视图函数 index 和 orderView 的代码如下：

```
# index 的 views.py
from django.shortcuts import render, redirect
from .models import Product
from django.contrib.auth.decorators import login_required

@login_required(login_url='/admin/login')
def index(request):
    # 获取 GET 请求参数
    id = request.GET.get('id', '')
    if id:
        # 获取存储在 Session 的 idList
        # 若 Session 不存在 idList，则返回一个空列表
        idList = request.session.get('idList', [])
        # 判断当前请求参数是否已存储在 Session 中
```

```python
        if not id in idList:
            # 将商品的主键id存储在idList
            idList.append(id)
        # 更新Session的idList
        request.session['idList'] = idList
        return redirect('/')
    # 查询所有商品信息
    products = Product.objects.all()
    return render(request, 'index.html', locals())

# 订单确认
def orderView(request):
    # 获取存储在Session的idList
    # 若Session不存在idList，则返回一个空列表
    idList = request.session.get('idList', [])
    # 获取GET请求参数，如果没有请求参数，就返回空值
    del_id = request.GET.get('id', '')
    # 判断是否为空，若非空，则删除Session里的商品信息
    if del_id in idList:
        # 删除Session里某个商品的主键
        idList.remove(del_id)
        # 将删除后的数据覆盖原来的Session
        request.session['idList'] = idList
    # 根据idList查询商品的所有信息
    products = Product.objects.filter(id__in=idList)
    return render(request, 'order.html', locals())
```

从视图函数 index 和 orderView 的功能实现过程中发现，两者对 Session 的处理有相似的地方。首先从 Session 中获取 idList 的数据内容，然后对 idList 的数据进行读写处理，最后将处理后的 idList 重新写入 Session。

当视图函数完成用户请求的处理后，再由模板文件生成相应的网页返回给用户，我们分别对模板文件 index.html 和 order.html 编写网页代码。index.html 的模板上下文 products 是将所有商品信息以列表形式展示；order.html 的模板上下文 products 是将已抢购的商品以列表形式展示。模板文件 index.html 和 order.html 的代码如下：

```html
# templates 的 index.html
<!DOCTYPE html>
<html>
<head>
<title>商城首页</title>
{% load staticfiles %}
<link rel="stylesheet" href="{% static "css/hw_index.css" %}">
</head>
<body>
<div id="top_main">
    <div class="lf" id="my_hw">
        当前用户：{{ user.username }}
    </div>
    <div class="lf" id="settle_up">
```

```html
            <a href="{% url 'index:order' %}">订单信息</a>
        </div>
    </div>
    <section id="main">
    <div class="layout">
    <div class="fl u-4-3 lf">
    <ul>
    {% for p in products %}
    <li class="channel-pro-item">
        <div class="p-img">
            <img src="{% static p.photo %}">
        </div>
        <div class="p-name lf">
            <a href="#">{{ p.name }}</a>
        </div>
        <div class="p-shining">
            <div class="p-slogan">{{ p.slogan }}</div>
            <div class="p-promotions">{{ p.sell }}</div>
        </div>
        <div class="p-price">
            <em>¥</em><span>{{ p.price }}</span>
        </div>
        <div class="p-button lf">
        <a href="{% url 'index:index' %}?id={{ p.id }}">立即抢购</a>
        </div>
    </li>
    {% if forloop.counter == 2 %}
        <div class="hr-2"></div>
    {% endif %}
    {% endfor %}
    </ul>
    </div>
    </div>
    </section>
    </body>
</html>


# templates 的 order.html
<!DOCTYPE html>
<html lang="en">
<head>
<title>订单信息</title>
{% load staticfiles %}
<link rel="stylesheet" href="{% static 'css/reset.css' %}">
<link rel="stylesheet" href="{% static 'css/carts.css' %}">
<script src="{% static 'js/jquery.min.js' %}"></script>
<script src="{% static 'js/carts.js' %}"></script>
</head>
<body>
<section class="cartMain">
```

```html
<div class="cartMain_hd">
<ul class="order_lists cartTop">
    <li class="list_chk">
    <input type="checkbox" id="all" class="whole_check">
    <label for="all"></label>全选</li>
    <li class="list_con">商品信息</li>
    <li class="list_price">单价</li>
    <li class="list_amount">数量</li>
    <li class="list_sum">金额</li>
    <li class="list_op">操作</li>
    <li class="list_op">
        <a href="{% url 'index:index' %}">返回首页</a>
    </li>
</ul>
</div>
<div class="cartBox">
<div class="shop_info">
<div class="all_check">
    <!--店铺全选-->
    <input type="checkbox" id="shop_b" class="shopChoice">
    <label for="shop_b" class="shop"></label>
</div>
<div class="shop_name">
    店铺:<a href="javascript:;">MyDjango</a>
</div>
</div>
<div class="order_content">
{% for p in products %}
<ul class="order_lists">
    <li class="list_chk">
    <input type="checkbox" id="checkbox_4" class="son_check">
    <label for="checkbox_4"></label></li>
    <li class="list_con">
        <div class="list_text">
        <a href="javascript:;">{{ p.name }}</a>
        </div>
    </li>
    <li class="list_price">
        <p class="price">¥{{ p.price }}</p>
    </li>
    <li class="list_amount">
        <div class="amount_box">
            <a href="javascript:;" class="reduce reSty">-</a>
            <input type="text" value="1" class="sum">
            <a href="javascript:;" class="plus">+</a>
        </div>
    </li>
    <li class="list_sum">
        <p class="sum_price">¥{{ p.price }}</p>
    </li>
```

```html
            <li class="list_op">
                <p class="del">
                <a href="{% url 'index:order' %}?id={{ p.id }}"
                class="delBtn">移除商品</a>
                </p>
            </li>
    </ul>
{% endfor %}
</div>
</div>
<!--底部-->
<div class="bar-wrapper">
    <div class="bar-right">
    <div class="piece">已选商品
        <strong class="piece_num">0</strong>件
    </div>
    <div class="totalMoney">共计:
        <strong class="total_text">0.00</strong>
    </div>
    <div class="calBtn">
        <a href="javascript:;">结算</a>
    </div>
</div>
</div>
</section>
</body>
</html>
```

至此，我们已完成商品抢购功能的开发。为了验证功能是否正常运行，在 PyCharm 里使用 Django 内置指令创建超级管理员，因为视图函数 index 设置了装饰器 login_required，所以只有已登录的用户才能访问商城首页，这样才能确保视图函数 index 能够读写 Session。

运行 MyDjango 并访问 127.0.0.1:8000，若当前用户尚未登录，则跳转到 Admin 后台系统的登录页面，完成用户登录后就自动跳转到商城首页，并在商城首页显示当前用户名，如图 11-8 所示。

图 11-8　商城首页

在商城首页单击某个商品的"立即抢购"按钮就会自动刷新商城首页，页面刷新过程向 Django 发送了两次 GET 请求，第一次请求带有请求参数 id，视图函数 index 将请求参数 id 写入当前用户的 Session 并重定向到商城首页，如图 11-9 所示。

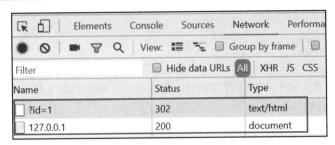

图 11-9　抢购商品

在商城首页可以单击多个商品的"立即抢购"按钮，同一商品的"立即抢购"按钮可以重复单击，但用户的 Session 不会重复记录同一商品的主键 id。单击"订单信息"就能进入订单页面，如图 11-10 所示。

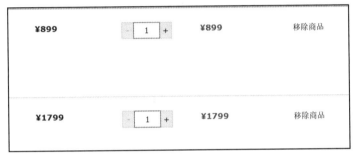

图 11-10　订单页面

订单页面根据用户的 Session 所存储的数据生成商品列表，单击某商品的"移除商品"按钮就会自动刷新订单页面，页面刷新机制与商城首页的刷新机制相同，只不过订单页面的刷新机制是删除当前用户 Session 的商品主键 id。订单页面只实现商品的展示和移除功能，其他功能皆由前端的 JavaScript 实现，如商品勾选、数量与金额的计算等。

综上所述，整个 MyDjango 项目主要实现商城首页和订单信息页，两个页面之间的数据传递由 Session 实现，详细说明如下：

- 商城首页实现 Session 的读取和写入。首先获取 Session 的 idList，如果当前请求存在请求参数 id，就判断 Session 的 idList 是否存在请求参数 id 的值，若不存在，则将请求参数 id 的值写入 Session 的 idList。
- 订单信息页实现 Session 的读取和删除。首先获取 Session 的 idList，如果当前请求存在请求参数 id，就判断 Session 的 idList 是否存在请求参数 id 的值，若存在，则从 Session 的 idList 删除请求参数 id 的值。

11.2　缓存机制

现在的网站都以动态网站为主，当网站访问量过大时，网站的响应速度必然大大降低，这就有可能出现卡死的情况。为了解决网站访问量过大的问题，可以在网站上使用缓存机制。

11.2.1 缓存的类型与配置

缓存是将一个请求的响应内容保存到内存、数据库、文件或者高速缓存系统（Memcache）中，若某个时间内再次接收同一个请求，则不再执行该请求的响应过程，而是直接从内存或者高速缓存系统中获取该请求的响应内容返回给用户。

Django 提供 5 种不同的缓存方式，每种缓存方式说明如下：

- Memcached：一个高性能的分布式内存对象缓存系统，用于动态网站，以减轻数据库负载。通过在内存中缓存数据和对象来减少读取数据库的次数，从而提高网站的响应速度。使用 Memcached 需要安装 Memcached 系统服务器，Django 通过 python-memcached 或 pylibmc 模块调用 Memcached 系统服务器，实现缓存读写操作，适合超大型网站使用。
- 数据库缓存：缓存信息存储在网站数据库的缓存表中，缓存表可以在项目的配置文件中配置，适合大中型网站使用。
- 文件系统缓存：缓存信息以文本文件格式保存，适合中小型网站使用。
- 本地内存缓存：Django 默认的缓存保存方式，将缓存存放在计算机的内存中，只适用于项目开发测试。
- 虚拟缓存：Django 内置的虚拟缓存，实际上只提供缓存接口，不能存储缓存数据，只适用于项目开发测试。

每种缓存方式都有一定的适用范围，因此选择缓存方式需要结合网站的实际情况而定。若在项目中使用缓存机制，则首先在配置文件 settings.py 中设置缓存的相关配置。每种缓存方式的配置如下：

```
# Memcached 配置
# BACKEND 用于配置缓存引擎，LOCATION 是 Memcached 服务器的 IP 地址
# django.core.cache.backends.memcached.MemcachedCache
# 使用 python-memcached 模块连接 Memcached
# django.core.cache.backends.memcached.PyLibMCCache
# 使用 pylibmc 模块连接 Memcached
CACHES = {
    'default': {
        'BACKEND':'django.core.cache.backends.memcached.MemcachedCache',
        # 'BACKEND':'django.core.cache.backends.memcached.PyLibMCCache,
        'LOCATION': [
            '172.19.26.240:11211',
            '172.19.26.242:11211',
        ]
    }
}

# 数据库缓存配置
# BACKEND 用于配置缓存引擎，LOCATION 是数据表的命名
CACHES = {
    'default': {
```

```
        'BACKEND': 'django.core.cache.backends.db.DatabaseCache',
        'LOCATION': 'my_cache_table',
    }
}

# 文件系统缓存
# BACKEND 用于配置缓存引擎，LOCATION 是文件保存的绝对路径
CACHES = {
    'default': {
        'BACKEND':'django.core.cache.backends.filebased.FileBasedCache',
        'LOCATION': 'D:/django_cache',
    }
}

# 本地内存缓存
# BACKEND 用于配置缓存引擎，LOCATION 对存储器命名，用于识别单个存储器
CACHES = {
    'default': {
        'BACKEND':'django.core.cache.backends.locmem.LocMemCache',
        'LOCATION': 'unique-snowflake',
    }
}

# 虚拟缓存
# BACKEND 用于配置缓存引擎
CACHES = {
    'default': {
        'BACKEND':'django.core.cache.backends.dummy.DummyCache',
    }
}
```

上述缓存配置仅仅是基本配置，也就是说缓存配置的参数 BACKEND 和 LOCATION 是必选参数，其余的配置参数可自行选择。我们以数据库缓存配置为例，完整的缓存配置如下：

```
CACHES = {
    # 默认缓存数据表
    'default': {
        'BACKEND':'django.core.cache.backends.db.DatabaseCache',
        'LOCATION': 'my_cache_table',
        # TIMEOUT 设置缓存的生命周期，以秒为单位，若为 None，则永不过期
        'TIMEOUT': 60,
        'OPTIONS': {
            # MAX_ENTRIES 代表最大缓存记录的数量
            'MAX_ENTRIES': 1000,
            # 当缓存达到最大数量之后，设置剔除缓存的数量
            'CULL_FREQUENCY': 3,
        }
    },
    # 设置多个缓存数据表
    'MyDjango':{
        'BACKEND': 'django.core.cache.backends.db.DatabaseCache',
```

```
            'LOCATION': 'MyDjango_cache_table',
    }
}
```

Django 允许同时配置和使用多种不同类型的缓存方式，配置方法与多数据库的配置方法相似。上述配置是在同一个数据库中使用不同的数据表存储缓存信息，使用数据库缓存需要根据缓存配置来创建缓存数据表。

缓存数据表的创建依赖于 settings.py 的数据库配置 DATABASES，如果 DATABASES 配置多个数据库，缓存数据表就默认在 DATABASES 的 default 的数据库中生成。在 PyCharm 的 Terminal 中输入 python manage.py createcachetable 指令创建缓存数据表，然后在数据库中查看缓存数据表，如图 11-11 所示。

图 11-11　缓存数据表

11.2.2　缓存的使用

完成数据库缓存配置以及缓存数据表的创建后，下一步在项目功能中使用缓存机制。缓存的使用方式有 4 种，主要根据不同的使用对象进行划分，具体说明如下：

- 全站缓存：将缓存作用于整个网站的全部页面。一般情况下不采用这种方式实现，如果网站规模较大，缓存数据相应增多，就会对数据库或 Memcached 造成极大的压力。
- 视图缓存：当用户发送请求时，若该请求的视图函数已生成缓存数据，则以缓存数据作为响应内容，这样可省去视图函数处理请求的时间和资源。
- 路由缓存：其作用与视图缓存相同，但两者是有区别的，例如两个路由指向同一个视图函数，分别访问这两个路由地址时，路由缓存会判断路由地址是否已生成缓存而决定是否执行视图函数。
- 模板缓存：对模板某部分的数据设置缓存，常用于模板内容变动较少的情况，如 HTML 的 <head> 标签，设置缓存能省去模板引擎解析生成 HTML 页面的时间。

全站缓存作用于整个网站，当用户向网站发送请求时，首先经过 Django 的中间件进行处理。因此，使用全站缓存应在 Django 的中间件中配置，配置信息如下：

```
# MyDjango 的 settings.py
MIDDLEWARE = [
    # 配置全站缓存
    'django.middleware.cache.UpdateCacheMiddleware',
    'django.middleware.security.SecurityMiddleware',
```

```
    'django.contrib.sessions.middleware.SessionMiddleware',
    # 添加中间件 LocaleMiddleware
    'django.middleware.locale.LocaleMiddleware',
    'django.middleware.common.CommonMiddleware',
    'django.middleware.csrf.CsrfViewMiddleware',
    'django.contrib.auth.middleware.AuthenticationMiddleware',
    'django.contrib.messages.middleware.MessageMiddleware',
    'django.middleware.clickjacking.XFrameOptionsMiddleware',
    # 配置全站缓存
    'django.middleware.cache.FetchFromCacheMiddleware',
]
# 设置缓存的生命周期
CACHE_MIDDLEWARE_SECONDS = 15
# 设置缓存数据保存在数据表 my_cache_table 中
# 属性值 default 来自于缓存配置 CACHES 的 default
CACHE_MIDDLEWARE_ALIAS = 'default'
# 设置缓存表字段 cache_key 的值
# 用于同一个 Django 项目多个站点之间的共享缓存
CACHE_MIDDLEWARE_KEY_PREFIX = 'MyDjango'
```

全局缓存是使用 Django 内置中间件 cache 实现的，上述配置的说明如下：

- 在配置属性 MIDDLEWARE 的首位元素和末位元素时分别添加 cache 中间件 UpdateCacheMiddleware 和 FetchFromCacheMiddleware。
- CACHE_MIDDLEWARE_SECONDS 设置缓存的生命周期。若在视图、路由和模板中使用缓存并设置生命周期属性 TIMEOUT，则优先选择 CACHE_MIDDLEWARE_SECONDS。
- CACHE_MIDDLEWARE_ALIAS 设置缓存的保存路径，默认为 default。如果缓存配置 CACHES 中设置多种缓存方式，没有设置缓存的保存路径，就默认保存在缓存配置 CACHES 的 default 的配置信息中。
- CACHE_MIDDLEWARE_KEY_PREFIX 指定某个 Django 站点的名称。在一些大型网站中都会采用分布式站点实现负载均衡，这是将同一个 Django 项目部署在多个服务器上，当网站访问量过大的时候，可以将访问量分散到各个服务器，提高网站的整体性能。如果多个服务器使用共享缓存，那么该属性是为了区分各个服务器的缓存数据，这样每个服务器只能使用自己的缓存数据。

以 11.2.1 小节的 MyDjango 项目为例，将上述配置信息写入配置文件 settings.py 中，然后启动 MyDjango，在浏览器上访问任意页面都会在缓存数据表 my_cache_table 上生成相应的缓存信息，如图 11-12 所示。

图 11-12　缓存数据表 my_cache_table

视图缓存是在视图函数或视图类的执行过程中生成缓存数据，视图使用装饰器生成，并保存缓存数据。装饰器 cache_page 设有参数 timeout、cache 和 key_prefix，参数 timeout 是必选参数，其余两个参数是可选参数，参数的作用与全局缓存的配置属性相同，代码说明如下：

```python
# index 的 views.py
from django.shortcuts import render
# 导入 cache_page
from django.views.decorators.cache import cache_page
# 参数 cache 与配置属性 CACHE_MIDDLEWARE_ALIAS 相同
# 参数 key_prefix 与配置属性 CACHE_MIDDLEWARE_KEY_PREFIX 相同
# 参数 timeout 与配置属性 CACHE_MIDDLEWARE_SECONDS 相同
# CACHE_MIDDLEWARE_SECONDS 的优先级高于参数 timeout
@cache_page(timeout=10,cache='MyDjango',key_prefix='MyView')
def index(request):
    return render(request, 'index.html')
```

上述配置是将视图缓存存放在缓存数据表 MyDjango_cache_table 中，并且缓存数据的字段 cache_key 含有关键词 MyView。运行 MyDjango，在浏览器上访问 127.0.0.1:8000，打开数据库查看缓存数据表 MyDjango_cache_table 的视图缓存信息，如图 11-13 所示。

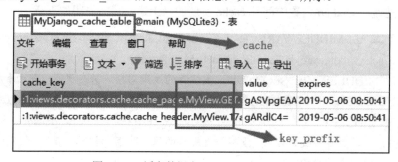

图 11-13 缓存数据表 MyDjango_cache_table

路由缓存是在路由文件 urls.py 中生成和保存的，路由缓存也是使用缓存函数 cache_page 实现的。我们在 index 的 urls.py 中设置路由 index 的缓存数据，代码如下：

```python
# index 的 urls.py
from django.urls import path
from . import views
from django.views.decorators.cache import cache_page

urlpatterns = [
    # 网站首页设置路由缓存
    path('', cache_page(timeout=10, cache='MyDjango',
        key_prefix='MyURL')(views.index), name='index'),
]
```

在浏览器上访问网站首页，打开数据库查看缓存数据表 MyDjango_cache_table 的路由缓存数据，如图 11-14 所示。

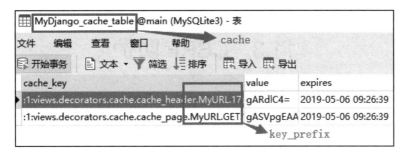

图 11-14 缓存数据表 MyDjango_cache_table

模板缓存是通过 Django 的缓存标签实现的，缓存标签可以设置缓存的生命周期、缓存的关键词和缓存数据表（函数 cache_page 的参数 timeout、key_prefix 和 cache），三者的设置顺序和代码格式是固定不变的，以模板文件 index.html 为例实现模板缓存，代码如下：

```
# templates 的 index.html
<html>
<body>
    <div>
    {# 设置模板缓存 #}
    {% load cache %}
    {# 10 代表生命周期 #}
    {# MyTemp 代表缓存数据的 cache_key 字段 #}
    {# using="MyDjango"代表缓存数据表 #}
    {% cache 10 MyTemp using="MyDjango" %}
        <div>Hello Django</div>
    {# 缓存结束 #}
    {% endcache %}
    </div>
</body>
</html>
```

重启 MyDjango，在浏览器上再次访问网站首页，然后打开数据库查看缓存数据表 MyDjango_cache_table 的模板缓存数据，如图 11-15 所示。

图 11-15 缓存数据表 MyDjango_cache_table

11.3 CSRF 防护

CSRF（Cross-Site Request Forgery，跨站请求伪造）也称为 One Click Attack 或者 Session Riding，通常缩写为 CSRF 或者 XSRF，这是一种对网站的恶意利用，窃取网站的用户信息来制造恶意请求。

Django 为了防护这类攻击，在用户提交表单时，表单会自动加入 csrfmiddlewaretoken 隐藏控件，这个隐藏控件的值会与网站后台保存的 csrfmiddlewaretoken 进行匹配，只有匹配成功，网站才会处理表单数据。这种防护机制称为 CSRF 防护，原理如下：

（1）在用户访问网站时，Django 在网页表单中生成一个隐藏控件 csrfmiddlewaretoken，控件属性 value 的值是由 Django 随机生成的。

（2）当用户提交表单时，Django 校验表单的 csrfmiddlewaretoken 是否与自己保存的 csrfmiddlewaretoken 一致，用来判断当前请求是否合法。

（3）如果用户被 CSRF 攻击并从其他地方发送攻击请求，由于其他地方不可能知道隐藏控件 csrfmiddlewaretoken 的值，因此导致网站后台校验 csrfmiddlewaretoken 失败，攻击就被成功防御。

在 Django 中使用 CSRF 防护功能，首先在配置文件 settings.py 中设置 CSRF 防护功能。它是由 settings.py 的 CSRF 中间件 CsrfViewMiddleware 实现的，在创建项目时已默认开启，如图 11-16 所示。

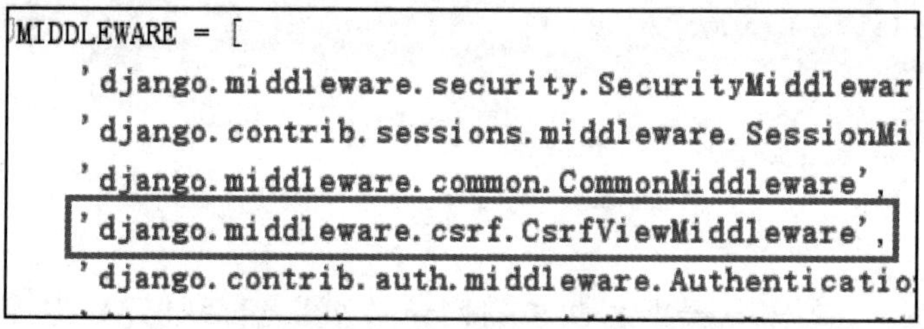

```
MIDDLEWARE = [
    'django.middleware.security.SecurityMiddlewar
    'django.contrib.sessions.middleware.SessionMi
    'django.middleware.common.CommonMiddleware',
    'django.middleware.csrf.CsrfViewMiddleware',
    'django.contrib.auth.middleware.Authenticatio
```

图 11-16 设置 CSRF 防护功能

CSRF 防护只适用于 POST 请求，并不防护 GET 请求，因为 GET 请求是以只读形式访问网站资源的，一般情况下并不破坏和篡改网站数据。以 MyDjango 为例，在模板文件 index.html 的表单 <form> 标签中加入内置标签 csrf_token 即可实现 CSRF 防护，代码如下：

```
# templates 的 index.html
<html>
<body>
<form action="" method="post">
    {% csrf_token %}
    <div>用户名:</div>
    <input type="text" name='username'>
    <div>密 码:</div>
    <input type="password" name='password'>
    <div><button type="submit">确定</button></div>
</form>
```

```
</body>
</html>
```

启动运行 MyDjango，在浏览器中访问网站首页（127.0.0.1:8000），然后打开浏览器的开发者工具，可以发现表单设有隐藏控件 csrfmiddlewaretoken，隐藏控件是由模板语法{% csrf_token %}生成的。用户每次提交表单或刷新网页时，隐藏控件 csrfmiddlewaretoken 的属性 value 都会随之变化，如图 11-17 所示。

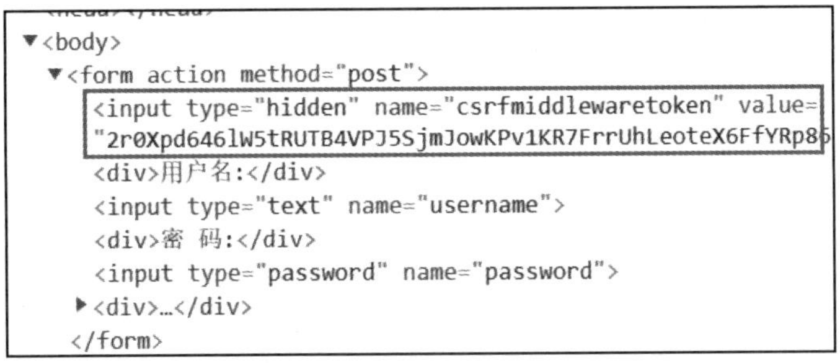

图 11-17　隐藏控件 csrfmiddlewaretoken

如果想要取消表单的 CSRF 防护，那么可以在模板文件上删除{% csrf_token %}，并且在对应的视图函数中添加装饰器@csrf_exempt，代码如下：

```python
# index 的 views.py
from django.shortcuts import render
from django.views.decorators.csrf import csrf_exempt
# 取消 CSRF 防护
@csrf_exempt
def index(request):
    return render(request, 'index.html')
```

如果只在模板文件上删除{% csrf_token %}，并没有在对应的视图函数中设置过滤器@csrf_exempt，那么用户提交表单时，程序会因 CSRF 验证失败而抛出 403 异常的页面，如图 11-18 所示。

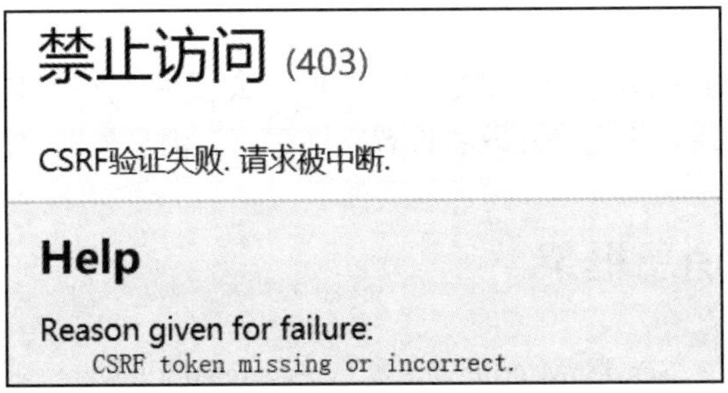

图 11-18　CSRF 验证失败

如果想取消整个网站的 CSRF 防护，那么可以在 settings.py 的 MIDDLEWARE 注释的 CSRF 中间件 CsrfViewMiddleware。但在整个网站没有 CSRF 防护的情况下，又想对某些请求设置 CSRF 防护，那么可以在模板文件上添加模板语法{% csrf_token %}，然后在对应的视图函数中添加装饰器@csrf_protect 实现，代码如下：

```python
# index 的 views.py
from django.shortcuts import render
from django.views.decorators.csrf import csrf_protect
# 添加 CSRF 防护
@csrf_protect
def index(request):
    return render(request, 'index.html')
```

如果网页表单是使用前端的 Ajax 向 Django 提交表单数据的，Django 设置了 CSRF 防护功能，Ajax 发送 POST 请求就必须设置请求参数 csrfmiddlewaretoken，否则 Django 会将当前请求视为恶意请求。Ajax 发送 POST 请求的功能代码如下：

```html
<script>
    function submitForm(){
        var csrf = $('input[name="csrfmiddlewaretoken"]').val();
        var user = $('#username').val();
        var password = $('#password').val();
        $.ajax({
            url: '/index.html',
            type: 'POST',
            data: {'user': user,
                'password': password,
                'csrfmiddlewaretoken': csrf},
            success:function(arg){
            console.log(arg);
            }
        })
    }
</script>
```

11.4 消息框架

在网页应用中，当用户完成某个功能操作时，网站会有相应的消息提示。Django 内置的消息框架可以供开发者直接调用，它允许开发者设置功能引擎、消息类型和消息内容。

11.4.1 源码分析消息框架

消息框架由中间件 SessionMiddleware、MessageMiddleware 和 INSTALLED_APPS 的 django.contrib.messages 和 django.contrib.sessions 共同实现。在创建 Django 项目时，消息框架已默认开启，如图 11-19 所示。

```
    'django.contrib.sessions',
    'django.contrib.messages',
    'django.contrib.staticfiles',
    'index'
]
MIDDLEWARE = [
    'django.middleware.security.SecurityMiddleware',
    'django.contrib.sessions.middleware.SessionMiddleware',
    'django.middleware.common.CommonMiddleware',
    'django.middleware.csrf.CsrfViewMiddleware',
    'django.contrib.auth.middleware.AuthenticationMiddleware',
    'django.contrib.messages.middleware.MessageMiddleware',
```

图 11-19　消息框架的配置信息

消息框架必须依赖中间件 SessionMiddleware，因为它的功能引擎默认使用 FallbackStorage，而 FallbackStorage 是在 Session 的基础上实现的，这说明中间件 SessionMiddleware 必须设置在 MessageMiddleware 的前面。

根据中间件 MessageMiddleware 的文件路径找到消息框架的源码文件，为了更好地展示源码文件的目录结构，我们在 PyCharm 里打开消息框架的源码文件，如图 11-20 所示。

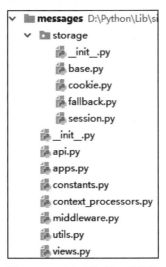

图 11-20　消息框架的目录结构

源码文件夹 storage 共有 5 个 .py 文件，其中 cookie.py、session.py 和 fallback.py 分别定义消息框架的功能引擎 CookieStorage、SessionStorage 和 FallbackStorage，每个功能引擎说明如下：

- CookieStorage 是将消息提示的数据存储在浏览器的 Cookie 中，并且数据经过加密处理，如果存储的数据超过 2048 字节，就将之前存储在 Cookie 的消息销毁。
- SessionStorage 是将消息提示的数据存储在服务器的 Session 中，因此它依赖于 INSTALLED_APPS 的 sessions 和中间件 SessionMiddleware。
- FallbackStorage 是将 CookieStorage 和 SessionStorage 结合使用，这是 Django 默认使用的功能

引擎，它根据数据大小选择合适的存储方式，优先选择 CookieStorage 存储。

然后分析源码文件 constants.py，它一共定义了 5 种消息类型，每种类型设置了不同的级别，每种消息类型说明如表 11-1 所示。

表 11-1　Django 内置的 5 种消息类型

类型	级别值	说明
DEBUG	10	开发过程的调试信息，但运行时无法生成信息
INFO	20	提示信息，如用户信息
SUCCESS	25	提示当前操作执行成功
WARNING	30	警告当前操作存在风险
ERROR	40	提示当前操作错误

最后分析源码文件 api.py，该文件定义消息框架的使用方法，一共定义 9 个函数，每个函数的说明如下：

- add_message()：为用户添加消息提示。参数 request 代表当前用户的请求对象；参数 level 是消息类型或级别；参数 message 为消息内容；参数 extra_tags 是自定义消息提示的标记，可在模板里生成上下文；参数 fail_silently 在禁用中间件 MessageMiddleware 的情况下还能添加消息提示，一般情况下使用默认值即可。
- get_messages()：获取用户的消息提示。参数 request 代表当前用户的请求对象。
- get_level()：获取用户所有消息提示最低级别的值。参数 request 代表当前用户的请求对象。
- set_level()：对不同类型的消息提示进行筛选处理，参数 request 代表当前用户的请求对象；参数 level 是消息类型或级别，从用户的消息提示筛选并保留比参数 level 级别高的消息提示。
- debug()：添加消息类型为 debug 的消息提示。
- info()：添加消息类型为 info 的消息提示。
- success()：添加消息类型为 success 的消息提示。
- warning()：添加消息类型为 warning 的消息提示。
- error()：添加消息类型为 error 的消息提示。

11.4.2　消息框架的使用

在开发过程中，我们在视图里使用消息框架为用户添加消息提示，然后将消息提示传递给模板，再由模板引擎解析上下文，最后生成相应的 HTML 网页。也就是说，消息框架主要在视图和模板里使用，而且消息框架在视图函数和视图类中有着不一样的使用方式。

以 MyDjango 为例，在配置文件 settings.py 中设置消息框架的功能引擎，3 种功能引擎的设置方式如下：

```
# MyDjango 的 settings.py
# 设置消息框架的功能引擎
# MESSAGE_STORAGE='django.contrib.messages.storage.cookie.CookieStorage'
# MESSAGE_STORAGE='django.contrib.messages.storage.session.SessionStorage'
# FallbackStorage 是默认使用的，无须设置
```

```
MESSAGE_STORAGE='django.contrib.messages.storage.fallback.FallbackStorage'
```

在 MyDjango 的 urls.py 和项目应用 index 的 urls.py 中分别定义路由 index、success 和 iClass。路由 index 和 iClass 分别指向视图函数 index 和视图类 iClass，路由 success 用于设置视图类 iClass 的属性 success_url。MyDjango 的路由信息如下：

```python
# MyDjango 的 urls.py
from django.urls import path, include
urlpatterns = [
    path('', include(('index.urls', 'index'), namespace='index')),
]

# index 的 urls.py
from django.urls import path
from .views import *
urlpatterns = [
    path('', index, name='index'),
    path('success', success, name='success'),
    path('iClass', iClass.as_view(), name='iClass'),
]
```

下一步在 index 的 views.py 中定义视图函数 index、success 和视图类 iClass，三者的代码如下：

```python
# index 的 views.py
from django.shortcuts import render
from .models import PersonInfo
from django.contrib import messages
from django.template import RequestContext
from django.contrib.messages.views import SuccessMessageMixin
from django.views.generic.edit import CreateView

# 视图函数使用消息框架
def index(request):
    # 筛选并保留比 messages.WARNING 级别高的消息提示
    # set_level 必须在添加信息提示之前使用，否则无法筛选
    # messages.set_level(request, messages.WARNING)
    # 消息添加方法一
    messages.debug(request, 'debug 类型')
    messages.info(request, 'info 类型', 'MyInfo')
    messages.success(request, 'success 类型')
    messages.warning(request, 'warning 类型')
    messages.error(request, 'error 类型')
    # 消息添加方法二
    messages.add_message(request, messages.INFO, 'info 类型 2')
    # 自定义消息类型
    # request 代表参数 request
    # 66 代表参数 level
    # 自定义类型代表参数 message
    # MyDefine 代表参数 extra_tags
    messages.add_message(request, 66, '自定义类型', 'MyDefine')
    # 获取所有消息提示的最低级别
```

```python
    current_level = messages.get_level(request)
    print(current_level)
    # 获取当前用户的消息提示对象
    mg = messages.get_messages(request)
    print(mg)
    return render(request,'index.html',locals(),RequestContext(request))

# 视图类使用消息框架
def success(request):
    return render(request,'index.html',locals(),RequestContext(request))

class iClass(SuccessMessageMixin, CreateView):
    model = PersonInfo
    fields = ['name', 'age']
    template_name = 'indexClass.html'
    success_url = '/success'
    success_message = 'created successfully'
```

视图函数 index 列举了 9 个函数的使用方法，这是整个消息框架的使用方法，视图函数的返回值必须设置 RequestContext(request)，这是 Django 的上下文处理器，确保消息提示对象 messages 能在模板中使用。

视图类 iClass 继承父类 SuccessMessageMixin 和 CreateView，父类的继承顺序是固定不变的，否则无法生成消息提示。SuccessMessageMixin 由消息框架定义，CreateView 是数据新增视图类。视图类 iClass 的类属性 success_message 来自 SuccessMessageMixin，其他的类属性均来自 CreateView。

消息框架定义的 SuccessMessageMixin 只能用于数据操作视图，也就是说只能与视图类 FormView、CreateView、UpdateView 和 DeleteView 结合使用。

由于视图函数 index 使用模板文件 index.html，视图类 iClass 使用模型 PersonInfo 和模板文件 iClass.html，因此在 index 的 models.py 中定义模型 PersonInfo，然后在模板文件夹 templates 中创建 index.html 和 iClass.html，最后分别在 index 的 models.py、模板文件 index.html 和 iClass.html 中编写以下代码：

```python
# index 的 models.py
from django.db import models
class PersonInfo(models.Model):
    id = models.AutoField(primary_key=True)
    name = models.CharField(max_length=20)
    age = models.IntegerField()

# templates 的 index.html
<!DOCTYPE html>
<html lang="en">
<head>
    <meta charset="UTF-8">
    <title>消息提示</title>
</head>
<body>
```

```
{% if messages %}
    <ul>
    {% for m in messages %}
        <li>消息内容：{{ m.message }}</li>
        <div>消息类型：{{ m.level }}</div>
        <div>消息级别：{{ m.level_tag }}</div>
        <div>参数 extra_tags 的值：{{ m.extra_tags }}</div>
        <div>extra_tags 和 level_tag 组合值：{{ m.tags }}</div>
    {% endfor %}
    </ul>
{% else %}
    <script>alert('暂无消息');</script>
{% endif %}
</body>
</html>


# templates 的 iClass.html
<!DOCTYPE html>
<html>
<head>
    <title>数据新增</title>
<body>
    <h3>数据新增</h3>
    <form method="post">
        {% csrf_token %}
        {{ form.as_p }}
        <input type="submit" value="确定">
    </form>
</body>
</html>
```

模板文件 index.html 将消息提示对象 messages 进行遍历访问，每次遍历获取某条消息提示，并将当前消息提示的所有属性进行列举说明，通过这些属性可以控制消息提示的输出和 CSS 样式设置等操作。

在运行 MyDjango 之前，记得执行数据迁移，让模型 PersonInfo 在数据库中生成数据表，否则视图类 iClass 无法正常使用模型 PersonInfo。最后运行 MyDjango，在浏览器上访问 127.0.0.1:8000，可以看到每条消息提示的属性内容，如图 11-21 所示。

图 11-21　消息提示

在浏览器上访问 127.0.0.1:8000/iClass 并在网页表单中输入数据，然后单击 "确定" 按钮，即可在数据表 index_personinfo 中新增数据。在新增数据的过程中，视图类 iClass 创建消息提示对象

messages，并将对象 messages 传递给视图函数 success，再由视图函数 success 传递给模板文件 index.html，最终生成相应的消息提示，如图 11-22 所示。

图 11-22　消息提示

11.5　分页功能

在网页上浏览数据的时候，数据列表的下方能够看到翻页功能，而且每一页的数据各不相同。比如在淘宝上搜索某商品的关键字，淘宝会根据用户提供的关键字返回符合条件的商品信息，并且对这些商品信息进行分页处理，用户可以在商品信息的下方单击相应的页数按钮查看。

11.5.1　源码分析分页功能

Django 已为开发者提供了内置的分页功能，开发者无须自己实现数据分页功能，只需调用 Django 内置分页功能的函数即可实现。实现数据的分页功能需要考虑多方面的因素，分别说明如下：

- 当前用户访问的页数是否存在上（下）一页。
- 访问的页数是否超出页数上限。
- 数据如何按页截取，如何设置每页的数据量。

对于上述考虑因素，Django 内置的分页功能已提供解决方法，而且代码的实现方式相对固定，便于开发者理解和使用。分页功能由 Paginator 类实现，我们在 PyCharm 里查看该类的定义过程，如图 11-23 所示。

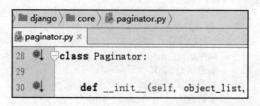

图 11-23　源码文件 paginator.py

Paginator 类一共定义了 4 个初始化参数和 8 个类方法，每个初始化参数和类方法的说明如下：

- object_list：必选参数，代表需要进行分页处理的数据，参数值可以为列表、元组或 ORM 查询的数据对象等。

- per_page：必选参数，设置每一页的数据量，参数值必须为整型。
- orphans：可选参数，如果最后一页的数据量小于或等于参数 orphans 的值，就将最后一页的数据合并到前一页的数据。比如有 23 行数据，若参数 per_page=10、orphans=5，则数据分页后的总页数为 2，第一页显示 10 行数据，第二页显示 13 行数据。
- allow_empty_first_page：可选参数，是否允许第一页为空。如果参数值为 False 并且参数 object_list 为空列表，就会引发 EmptyPage 错误。
- validate_number()：验证当前页数是否大于或等于 1。
- get_page()：调用 validate_number()验证当前页数是否有效，函数返回值调用 page()。
- page()：根据当前页数对参数 object_list 进行切片处理，获取页数所对应的数据信息，函数返回值调用 _get_page()。
- _get_page()：调用 Page 类，并将当前页数和页数所对应的数据信息传递给 Page 类，创建当前页数的数据对象。
- count()：获取参数 object_list 的数据长度。
- num_pages()：获取分页后的总页数。
- page_range()：将分页后的总页数生成可循环对象。
- _check_object_list_is_ordered()：如果参数 object_list 是 ORM 查询的数据对象，并且该数据对象的数据是无序排列的，就提示警告信息。

从 Paginator 类定义的 get_page()、page()和_get_page()得知，三者之间存在调用关系，我们将它们的调用关系以流程图的形式表示，如图 11-24 所示。

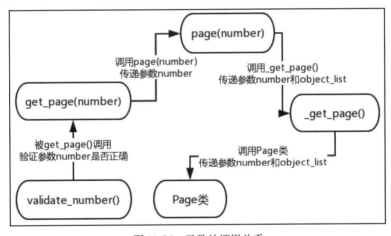

图 11-24　函数的调用关系

从图 11-24 得知，我们将 Paginator 类实例化之后，再由实例化对象调用 get_page()即可得到 Page 类的实例化对象。在源码文件 paginator.py 中可以找到 Page 类的定义过程，它一共定义了 3 个初始化参数和 7 个类方法，每个初始化参数和类方法的说明如下：

- object_list：必选参数，代表已切片处理的数据对象。
- number：必选参数，代表用户传递的页数。
- paginator：必选参数，代表 Paginator 类的实例化对象。

- has_next()：判断当前页数是否存在下一页。
- has_previous()：判断当前页数是否存在上一页。
- has_other_pages()：判断当前页数是否存在上一页或者下一页。
- next_page_number()：如果当前页数存在下一页，就输出下一页的页数，否则抛出 EmptyPage 异常。
- previous_page_number()：如果当前页数存在上一页，就输出上一页的页数，否则抛出 EmptyPage 异常。
- start_index()：输出当前页数的第一行数据在整个数据列表的位置，数据位置从 1 开始计算。
- end_index()：输出当前页数的最后一行数据在整个数据列表的位置，数据位置从 1 开始计算。

上述是从源码的角度剖析分页功能的参数和方法，下一步在 PyCharm 的 Terminal 中开启 Django 的 Shell 模式，简单地讲述如何使用分页功能，代码如下：

```
D:\MyDjango>python manage.py shell
# 导入分页功能模块
>>> from django.core.paginator import Paginator
# 生成数据列表
>>> objects = [chr(x) for x in range(97,107)]
>>> objects
['a', 'b', 'c', 'd', 'e', 'f', 'g', 'h', 'i', 'j']
# 将数据列表以每 3 个元素分为一页
>>> p = Paginator(objects, 3)
# 输出全部数据，即整个数据列表
>>> p.object_list
['a', 'b', 'c', 'd', 'e', 'f', 'g', 'h', 'i', 'j']
# 获取数据列表的长度
>>> p.count
10
# 分页后的总页数
>>> p.num_pages
4
# 将页数转换成 range 循环对象
>>> p.page_range
range(1, 5)
# 获取第二页的数据信息
>>> page2 = p.get_page(2)
# 判断第二页是否存在上一页
>>> page2.has_previous()
True
# 如果当前页存在上一页，就输出上一页的页数
# 否则抛出 EmptyPage 异常
>>> page2.previous_page_number()
1
# 判断第二页是否存在下一页
>>> page2.has_next()
True
# 如果当前页存在下一页，就输出下一页的页数
# 否则抛出 EmptyPage 异常
```

```
>>> page2.next_page_number()
3
# 判断当前页是否存在上一页或者下一页
>>> page2.has_other_pages()
True
# 输出第二页所对应的数据内容
>>> page2.object_list
['d', 'e', 'f']
# 输出第二页的第一行数据在整个数据列表的位置
# 数据位置从 1 开始计算
>>> page2.start_index()
4
# 输出第二页的最后一行数据在整个数据列表的位置
# 数据位置从 1 开始计算
>>> page2.end_index()
```

11.5.2 分页功能的使用

我们对 Django 的分页功能已经深入地分析过了,并初步掌握了使用方式,本节将以项目的形式来讲述如何在开发过程中使用分页功能。以 MyDjango 为例,首先在 index 的 models.py 中定义模型 PersonInfo,模型的定义过程如下:

```
# index 的 models.py
from django.db import models
class PersonInfo(models.Model):
    id = models.AutoField(primary_key=True)
    name = models.CharField(max_length=20)
    age = models.IntegerField()
```

下一步对模型 PersonInfo 执行数据迁移,在数据库中创建相应的数据表。完成数据迁移后,使用数据库可视化工具(Navicat Premium)连接 MyDjango 的 db.sqlite3 文件,查看数据表 index_personinfo,并在数据表中添加数据信息,如图 11-25 所示。

id	name	age
1	MyDjango	10
2	Python	12
3	Django	9
4	Flask	8
5	Jinja2	7
6	Scrapy	6
7	Pywinaotu	5

图 11-25 数据表 index_personinfo

完成项目的数据搭建后,我们将进入数据页面进行开发。在 MyDjango 的 urls.py 和 index 的 urls.py 中定义数据页面的路由信息,代码如下:

```
# MyDjango 的 urls.py
from django.urls import path, include
```

```python
urlpatterns = [
    path('',include(('index.urls','index'),namespace='index')),
]

# index 的 urls.py
from django.urls import path
from .views import *
urlpatterns = [
    path('<page>/', index, name='index'),
]
```

在 index 的 views.py 中定义视图函数 index，视图函数查询模型 PersonInfo 的所有数据并对数据执行分页处理，实现的代码如下：

```python
# index 的 views.py
from django.shortcuts import render
from django.core.paginator import Paginator
from django.core.paginator import EmptyPage
from django.core.paginator import PageNotAnInteger
from .models import PersonInfo
def index(request, page):
    # 获取模型 PersonInfo 的全部数据
    person = PersonInfo.objects.all().order_by('-age')
    # 设置每一页的数据量为 2
    p = Paginator(person, 2, 1)
    try:
        pages = p.get_page(page)
    except PageNotAnInteger:
        # 如果参数 page 的数据类型不是整型，就返回第一页数据
        pages = p.get_page(1)
    except EmptyPage:
        # 若用户访问的页数大于实际页数，则返回最后一页的数据
        pages = p.get_page(p.num_pages)
    return render(request, 'index.html', locals())
```

视图函数 index 设有参数 page，参数 page 来自路由变量 page；变量 person 用于查询模型 PersonInfo 的数据对象，数据查询过程使用 order_by 对数据进行排序，否则在执行分页处理时将会提示警告信息，如图 11-26 所示。

```
uit the server with CTRL-BREAK.
:\MyDjango\index\views.py:12: UnorderedObjectListWarning
 p = Paginator(person, 2, 1)
```

图 11-26　提示警告信息

参数 page 和变量 person 都是为分页功能提供数据信息，使用分页功能实现数据分页是在视图函数 index 的 try…except 代码里实现的，实现过程如下：

（1）实例化 Paginator 类，参数 object_list 为变量 person，参数 per_page 设为 2，参数 orphans 设为 1，这是对变量 person 的数据进行分页处理，每页的数据量为 2，若最后一页的数据量小于或

等于 1，则将最后一页的数据合并到前一页的数据。

（2）由对象 p 调用函数 get_page，并传入参数 page；函数 get_page 将参数 page 传入 Page 类执行实例化，生成实例化对象 pages。

（3）参数 page 传入 Page 类执行实例化的过程中可能出现 3 种情况。

① 第一种是参数 page 的值在总页数的范围内，根据参数 page 的值获取对应页数的数据信息。

② 第二种是参数 page 的数据类型不是整型，这时将触发 PageNotAnInteger 异常，异常处理是返回第一页的数据信息。

③ 第三种是参数 page 的值超出总页数的范围，这时触发 EmptyPage 异常，异常处理是返回最后一页的数据信息。

最后在模板文件 index.html 中实现数据列表和分页功能的展示，这两个功能是由视图函数 index 的变量 pages 实现的，详细代码如下：

```html
# templates 的 index.html
<!DOCTYPE html>
<html lang="zh-hans">
<head>
{% load staticfiles %}
<title>分页功能</title>
<link rel="stylesheet" href="{% static "css/base.css" %}"/>
<link rel="stylesheet" href="{% static "css/lists.css" %}">
</head>
<body class="app-route model-hkrouteinfo change-list">
<div id="container">
<div id="content" class="flex">
<h1>分页功能</h1>
<div id="content-main">
<div class="module filtered" id="changelist">
<form id="changelist-form" method="post">
<div class="results">
<table id="result_list">
<thead>
<tr>
    <th class="action-checkbox-column">
        <div class="text">
            <span><input type="checkbox"/></span>
        </div>
    </th>
    <th><div class="text">姓名</div></th>
    <th><div class="text">年龄</div></th>
</tr>
</thead>
<tbody>
{% for p in pages %}
    <tr>
        <td class="action-checkbox">
            <input type="checkbox" class="action-select">
```

```
                <td>{{ p.name }}</td>
                <td>{{ p.age }}</td>
            </tr>
    {% endfor %}
    </tbody>
    </table>
    </div>
    <p class="paginator">
    {# 上一页的路由地址 #}
    {% if pages.has_previous %}
        <a href="{% url 'index:index'
        pages.previous_page_number %}">上一页</a>
    {% endif %}
    {# 列出所有的路由地址 #}
    {% for n in pages.paginator.page_range %}
        {% if n == pages.number %}
            <span class="this-page">{{ pages.number }}</span>
        {% else %}
            <a href="{% url 'index:index' n %}">{{ n }}</a>
        {% endif %}
    {% endfor %}
    {# 下一页的路由地址 #}
    {% if pages.has_next %}
        <a href="{% url 'index:index'
        pages.next_page_number %}">下一页</a>
    {% endif %}
    </p>
    </form>
    </div>
    </div>
    </div>
    </div>
    </body>
    </html>
```

综上所述，整个 MyDjango 项目的分页功能已开发完成。运行 MyDjango，在浏览器上访问 127.0.0.1:8000/1 即可看到第一页的数据信息，单击下方的翻页功能可以切换相应的页数和数据信息，运行结果如图 11-27 所示。

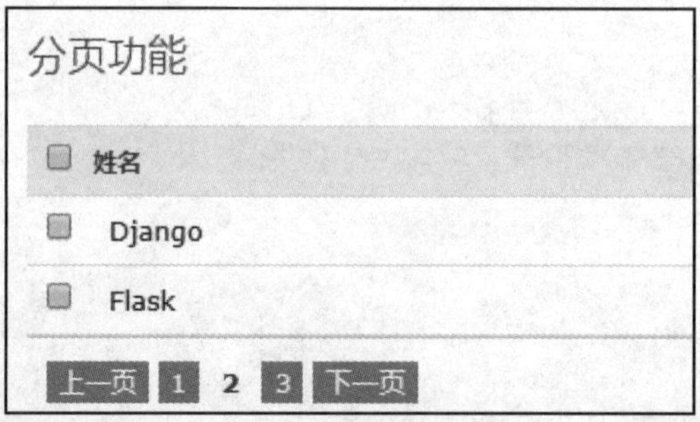

图 11-27　运行结果

11.6 国际化和本地化

国际化和本地化是指使用不同语言的用户在访问同一个网页时能够看到符合其自身语言的网页内容。国际化是指在 Django 的路由、视图、模板、模型和表单里使用内置函数配置翻译功能；本地化是根据国际化的配置内容进行翻译处理。简单来说，国际化和本地化是让整个网站的每个网页具有多种语言的切换方式。

11.6.1 环境搭建与配置

Django 的国际化和本地化是默认开启的，如果不需要使用此功能，那么在配置文件 settings.py 中设置 USE_I18N = False 即可，Django 在运行时将执行某些优化，不再加载国际化和本地化机制。

国际化和本地化需要依赖 GNU Gettext 工具，不同的操作系统，GNU Gettext 的安装方式有所不同。以 Windows 系统为例，在浏览器上访问 mlocati.github.io/articles/gettext-iconv-windows.html，根据计算机的位数下载相应的 .exe 安装包即可，如图 11-28 所示。

version	libiconv version	Operating system	Flavor	Download
0.19.8.1	1.15	32 bit	shared[1]	
0.19.8.1	1.15	32 bit	static[2]	
0.19.8.1	1.15	64 bit	shared[1]	
0.19.8.1	1.15	64 bit	static[2]	

图 11-28　GNU Gettext 安装包

GNU Gettext 安装成功后，接着配置 Django 的国际化和本地化功能。以 MyDjango 为例，在根目录下创建文件夹 language，然后在配置文件 settings.py 的 MIDDLEWARE 中添加中间件 LocaleMiddleware，新增配置属性 LOCALE_PATHS 和 LANGUAGES，代码如下：

```
# MyDjango 的 settings.py
MIDDLEWARE = [
    ......
    'django.contrib.sessions.middleware.SessionMiddleware',
    'django.middleware.locale.LocaleMiddleware',
    'django.middleware.common.CommonMiddleware',
    ......
]
LOCALE_PATHS = (
    BASE_DIR / 'language',
)
LANGUAGES = (
    ('en', ('English')),
```

```
    ('zh', ('中文简体')),
)
```

在上述配置中,中间件 LocaleMiddleware、新增配置属性 LOCALE_PATHS 和 LANGUAGES 的说明如下:

- 中间件 LocaleMiddleware 使用国际化和本地化功能。
- 新增配置属性 LOCALE_PATHS 指向 MyDjango 的 language 文件夹,该文件夹用于存储语言文件,实现路由、视图、模板、模型和表单的数据翻译。
- 新增配置属性 LANGUAGES 用于定义 Django 支持翻译的语言,每种语言的定义格式以元组表示,如('en', ('English')),其中 en 和 English 可自行命名,一般默认采用各国语言的缩写。

11.6.2 设置国际化

完成 MyDjango 的环境搭建与配置后,我们将在路由、视图和模板里使用国际化设置。首先在 MyDjango 的 urls.py 中设置路由的国际化,同一个路由可以根据配置属性 LANGUAGES 的值来创建不同语言的路由信息,设置方式如下:

```python
# MyDjango 的 urls.py
from django.urls import path, include
from django.conf.urls.i18n import i18n_patterns
urlpatterns = i18n_patterns(
    path('',include(('index.urls','index'),namespace='index')),
)

# index 的 urls.py
from django.urls import path
from .views import *
urlpatterns = [
    path('', index, name='index'),
]
```

路由的国际化设置必须在 MyDjango 的 urls.py 里实现,路由的定义方式不变,只需在路由 urlpatterns 中使用函数 i18n_patterns 即可。下一步在 index 的 views.py 中设置视图函数 index 的国际化,代码如下:

```python
# index 的 views.py
from django.shortcuts import render
from django.utils.translation import gettext
from django.utils.translation import gettext_lazy
def index(request):
    if request.LANGUAGE_CODE == 'zh':
        language = gettext('Chinese')
        # language = gettext_lazy('Chinese')
    else:
        language = gettext('English')
        # language = gettext_lazy('English')
    print(language)
```

```
    return render(request, 'index.html', locals())
```

视图函数 index 根据当前请求的语言类型来设置变量 language 的值，说明如下：

（1）请求对象 request 的属性 LANGUAGE_CODE 由中间件 LocaleMiddleware 生成，通过判断该属性的值可以得知当前用户选择的语言类型。

（2）变量 language 调用内置函数 gettext 或 gettext_lazy 设置变量值。若当前用户选择中文模式，则变量值为 Chinese；否则为英文类型，变量值为 English。

最后在模板文件 index.html 中实现数据展示，数据展示分为中文和英文模式，当选择某个语言模式后，浏览器跳转到相应的路由地址并将数据转换成相应的语言模式，代码如下：

```
# templates 的 index.html
<!DOCTYPE html>
<html>
<head>
{% load i18n %}
<title>{% trans "Choice language" %}</title>
</head>
<body>
<div>
{#列举配置属性 LANGUAGES，显示网站支持的语言#}
{% get_available_languages as languages %}
{% trans "Choice language" %}
{% for lang_code, lang_name in languages %}
    {% language lang_code %}
        <a href="{% url 'index:index'%}">
            {{ lang_name }}
        </a>
    {% endlanguage %}
{% endfor %}
</div>
<br>
<div>
{% blocktrans %}
   The language is {{ language }}
{% endblocktrans %}
</div>
</body>
</html>
```

模板文件 index.html 导入 Django 内置文件 i18n.py，该文件用于定义国际化的模板标签。上述代码使用内置标签 trans、get_available_languages、language 和 blocktrans，每个标签的说明如下：

- trans：使标签里的数据可支持语言转换，标签里的数据可为模板上下文或字符串，但两者不能组合使用，比如{% trans "Hello" value %}，"Hello"为字符串，value 为模板上下文，两者混合使用将提示 TemplateSyntaxError 异常。
- get_available_languages：获取配置属性 LANGUAGES 的值。
- language：在模板里生成语言选择的功能。

- blocktrans：与标签 trans 的功能相同，但支持模板上下文和字符串的组合使用。

除了上述的国际化函数与标签之外，Django 还定义了许多国际化函数与标签，本书不再详细讲述，读者可在官方文档中自行查阅。

11.6.3 设置本地化

完成路由、视图和模板的国际化设置后，下一步执行本地化操作。我们以管理员身份运行命令提示符窗口，将命令提示符窗口的路径切换到 MyDjango，然后执行 makemessages 指令创建语言文件，该指令设有两个参数：第一个参数为-l（字母 L 的小写），这是固定参数；第二个参数为 zh，这来自配置属性 LANGUAGES，如图 11-29 所示。

```
D:\MyDjango>python manage.py makemessages -l zh
processing locale zh
```

图 11-29　执行 makemessages 指令创建语言文件

执行 makemessages 指令必须以管理员身份运行，如果在 PyCharm 的 Terminal 中执行该指令，Django 将提示 CommandError 异常信息，如图 11-30 所示。

```
D:\MyDjango>python manage.py makemessages -l zh
CommandError: Can't find msguniq. Make sure you
```

图 11-30　CommandError 异常信息

makemessages 指令执行完成后，打开 language 文件夹可以看到新建的文件 django.po，该文件为路由、视图、模板、模型或表单的国际化设置提供翻译内容。打开 django.po 文件，我们需要为视图函数 index 和模板文件 index.html 的国际化设置编写翻译内容，如图 11-31 所示。

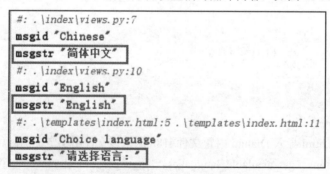

图 11-31　编写翻译内容

从图 11-31 看到，只要在视图、模板、模型或表单里使用了国际化函数，我们都可以在 django.po 文件中看到相关信息。在 django.po 文件中，一个完整的信息包含 3 行数据，以 msgid "Chinese"为例，说明如下：

- #:.\index\views.py:7 代表国际化设置的位置信息。

- msgid "Chinese"代表国际化设置的名称，标记和区分每个国际化设置，比如视图函数 index 设置的 gettext('Chinese')。
- msgstr 代表国际化设置的翻译内容，默认值为空，需要翻译人员逐条填写。

最后以管理员身份运行命令提示符窗口，在命令提示符窗口中输入并执行 compilemessages 指令，将 django.po 文件编译成语言文件 django.mo，如图 11-32 所示。

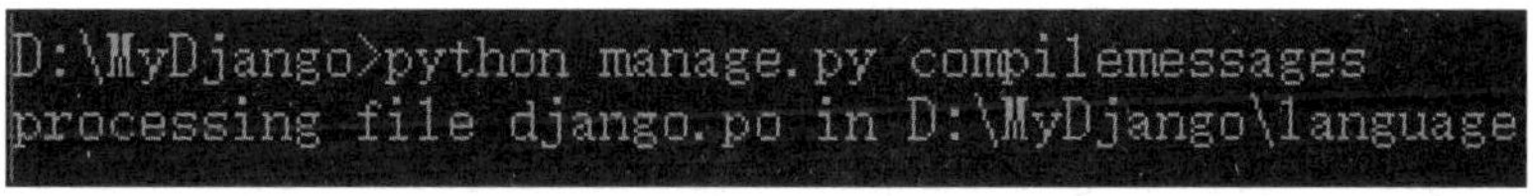

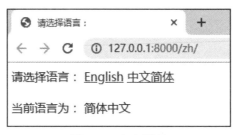

图 11-32　执行 compilemessages 编译语言文件

至此，我们已完成 Django 的国际化和本地化的功能开发。运行 MyDjango，在浏览器上访问 127.0.0.1:8000 就会自动跳转到 127.0.0.1:8000/zh/，默认返回中文类型的网页信息，因为 Django 根据用户的语言偏好来显示符合其自身语言的网页内容，如图 11-33 所示。

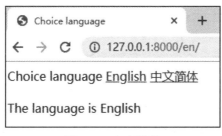

图 11-33　运行结果

当单击"English"链接的时候，浏览器的网页地址将切换为 127.0.0.1:8000/en/，网页内容将以英文模式展现，如图 11-34 所示。

图 11-34　运行结果

11.7　单元测试

当我们完成网站的功能开发后，通常需要运行 Django 项目，在浏览器上单击测试网页功能是否正常。但这种测试方式比较麻烦，因为每次更改或新增网站功能，都可能会影响已有功能的正常使用，这样又要重新测试网站功能。Django 设有单元测试功能，我们可以对开发的每一个功能进行单元测试，只需要运行操作命令就可以测试网站功能是否正常。

单元测试还可以驱动功能开发，比如我们知道需要实现的功能，但并不知道代码如何编写，这时就可以利用测试驱动开发（Test Driven Development）。首先完成单元测试的代码编写，然后编写网站的功能代码，直到功能代码不再报错，这样就完成网站功能的开发了。

11.7.1 定义测试类

Django 的单元测试在项目应用的 tests.py 文件里定义，每个单元测试以类的形式表示，每个类方法代表一个测试用例。以 MyDjango 为例，打开项目应用 index 的 tests.py 发现，该文件导入 Django 的 TestCase 类，用于实现单元测试的定义。打开并查看 TestCase 类的源码文件，如图 11-35 所示。

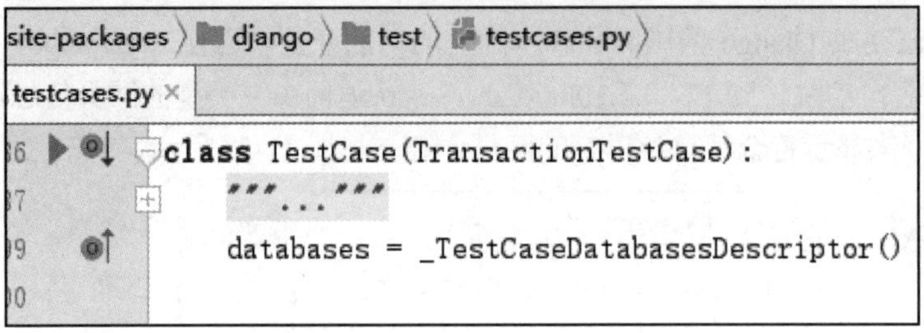

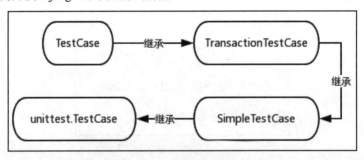

图 11-35　TestCase 类的源码文件

从源码分析 TestCase 类得知，它继承父类 TransactionTestCase，而父类是通过递进方式继承 SimpleTestCase 和 unittest.TestCase 的，继承关系如图 11-36 所示。

unittest.TestCase 是 Python 内置的单元测试框架，也就是说，Django 使用 Python 的标准库 unittest 实现单元测试的功能开发。对于大部分读者来说，可能对 unittest 框架较为陌生，因此我们通过简单的例子讲述如何开发 Django 的单元测试功能。

图 11-36　TestCase 类的继承关系

首先实现网站的功能开发，我们在项目应用 index 中定义两条路由信息，分别实现网站首页和 API 接口。在 MyDjango 的 urls.py 和 index 的 urls.py 中定义路由信息，代码如下：

```
# MyDjango的urls.py
from django.urls import path, include
urlpatterns = [
    path('',include(('index.urls','index'),namespace='index')),
]

# index的urls.py
```

```python
from django.urls import path
from .views import *
urlpatterns = [
    path('', index, name='index'),
    path('api/', indexApi, name='indexApi'),
]
```

路由 index 和 indexApi 对应视图函数 index 和 indexApi，因此在 index 的 views.py 中分别定义视图函数 index 和 indexApi，代码如下：

```python
# index 的 views.py
from django.http import JsonResponse
from django.shortcuts import render
from .models import PersonInfo
def index(request):
    title = '首页'
    id = request.GET.get('id', 1)
    person = PersonInfo.objects.get(id=int(id))
    return render(request, 'index.html', locals())

def indexApi(request):
    id = request.GET.get('id', 1)
    person = PersonInfo.objects.get(id=int(id))
    rusult = {
        'name': person.name,
        'age': person.age
    }
    return JsonResponse(rusult)
```

视图函数 index 和 indexApi 使用模型 PersonInfo 查询数据，并且视图函数 index 调用了模板文件 index.html，因此在 index 的 models.py 中定义模型 PersonInfo，在模板文件 index.html 中编写网页的 HTML 代码，代码如下：

```python
# index 的 models.py
from django.db import models
class PersonInfo(models.Model):
    id = models.AutoField(primary_key=True)
    name = models.CharField(max_length=20)
    age = models.IntegerField()
```

```html
# templates 的 index.html
<!DOCTYPE html>
<html lang="zh-hans">
<head>
    <title>{{ title }}</title>
</head>
<body>
    <div>姓名：{{ person.name }}</div>
    <div>年龄：{{ person.age }}</div>
</body>
</html>
```

由于 index 的 models.py 定义了模型 PersonInfo，因此 Django 还需要执行数据迁移，在 MyDjango 的数据库文件 db.sqlite3 中创建数据表，并且数据表 index_personinfo 无须添加任何数据。

至此，已完成 MyDjango 的功能开发。下一步根据已有的功能编写单元测试。我们定义的单元测试主要测试视图的业务逻辑和模型的读写操作，根据 MyDjango 的视图函数、模型 PersonInfo 和内置模型 User 分别定义测试类 PersonInfoTest 和 UserTest，代码如下：

```python
# index 的 tests.py
from django.test import TestCase
from .models import PersonInfo
from django.contrib.auth.models import User
from django.test import Client
class PersonInfoTest(TestCase):
    # 添加数据
    def setUp(self):
        PersonInfo.objects.create(name='Lucy', age=10)
        PersonInfo.objects.create(name='May', age=12)

    # 编写测试用例
    def test_personInfo_age(self):
        # 编写用例
        name1 = PersonInfo.objects.get(name='Lucy')
        name2 = PersonInfo.objects.get(name='May')
        # 判断测试用例的执行结果
        self.assertEqual(name1.age, 10)
        self.assertEqual(name2.age, 12)

    # 编写测试用例
    def test_api(self):
        # 编写用例
        c = Client()
        response = c.get('/api/')
        # 判断测试用例的执行结果
        self.assertIsInstance(response.json(), dict)

    # 编写测试用例
    def test_html(self):
        # 编写用例
        c = Client()
        response = c.get('/?id=2')
        name = response.context['person'].name
        # 判断测试用例的执行结果
        self.assertEqual(name, 'May')
        self.assertTemplateUsed(response, 'index.html')

class UserTest(TestCase):
    # 添加数据
    @classmethod
    def setUpTestData(cls):
        User.objects.create_user(username='test',
```

```python
                        password='test', email='1@1.com')

    # 编写测试用例
    def test_user(self):
        # 编写用例
        r = User.objects.get(username='test')
        # 判断测试用例的执行结果
        self.assertEquals(r.email, '123@456.com')
        self.assertTrue(r.password)

    # 编写测试用例
    def test_login(self):
        # 编写用例
        c = Client()
        r = c.login(username='test', password='test')
        # 判断测试用例的执行结果
        self.assertTrue(r)
```

测试类 PersonInfoTest 主要测试模型 PersonInfo 的数据读写、视图函数 index 和 indexApi 的业务逻辑，它一共定义了 4 个类方法，每个类方法说明如下：

（1）setup()：重写父类 TestCase 的方法，该方法在运行测试类的时候，为测试类提供数据信息。因为单元测试在运行过程中会创建一个虚拟的数据库，所以模型的数据操作都在虚拟数据库完成。通过重写 setup() 可以为虚拟数据库添加数据，为测试用例提供数据支持。

（2）test_personInfo_age()：自定义测试用例，函数名必须以 test 开头，否则单元测试无法识别该方法是否为测试用例。该方法用于查询模型 PersonInfo 的数据信息，然后将查询结果与我们预测的结果进行对比，比如 self.assertEqual(name1.age, 10)，其中"self.assertEqual"是父类 TestCase 内置的方法，这是将查询结果与预测结果进行对比；"name1.age"是模型 PersonInfo 的查询结果；"10"是我们预测的结果。

（3）test_api()：自定义测试用例，主要实现视图函数 indexApi 的测试。首先使用 Client 实例化生成 HTTP 请求对象，再由 HTTP 请求对象向路由 indexApi 发送 GET 请求，并使用内置方法 assertIsInstance 判断响应内容是否为字典格式。

（4）test_html()：自定义测试用例，主要实现视图函数 index 的测试。首先由 HTTP 请求对象向路由 index 发送 GET 请求，从响应内容获取模板上下文 person 的属性 name，使用内置方法 assertEqual 判断 name 的值是否为 May，使用内置方法 assertTemplateUsed 判断响应内容是否由模板文件 index.html 生成。

测试 UserTest 主要测试内置模型 User 的功能逻辑，一共定义了 3 个类方法，每个类方法的说明如下：

（1）setUpTestData()：重写父类 TestCase 的方法，该方法与测试类 PersonInfoTest 的 setup() 的功能一致。

（2）test_user()：自定义测试用例，在模型 User 中查询 test 的用户信息，使用内置方法 assertEquals 和 assertTrue 分别验证用户的邮箱和密码是否与预测结果一致。

（3）test_login()：自定义测试用例，首先使用 Client 实例化生成 HTTP 请求对象，再调用内置方法 login 实现用户登录，最后由 assertTrue 验证用户登录是否成功。

从测试类 PersonInfoTest 和 UserTest 的定义过程得知，通过重写内置方法 setup() 或 setUpTestData() 为测试用例提供数据支持。测试用例是将业务逻辑执行实体化操作，即通过输入具体的数据得出运行结果，然后将运行结果与预测结果进行对比，从而验证网站功能是否符合开发需求。

运行结果与预测结果的对比是由测试类 TestCase 定义的方法实现的，分析 TestCase 的继承关系得知，TestCase 及其父类 SimpleTestCase 定义了多种的对比方法，分别说明如下：

- assertRedirects()：由 SimpleTestCase 定义，判断当前网页内容是否由重定向方式生成。比如路由 index 重定向路由 user，因此路由 user 的网页内容是由路由 index 重定向生成的。参数 response 为网页内容，即路由 user 的网页内容；参数 expected_url 是重定向路由地址，即路由 index。
- assertURLEqual()：由 SimpleTestCase 定义，判断两条路由地址是否相同，参数 url1 和 url2 代表两条不同的路由地址。
- assertContains()：由 SimpleTestCase 定义，判断网页内容是否存在某些数据信息，若存在，则返回 True，否则返回 False。参数 response 为网页内容；参数 text 为数据信息；参数 count 代表数据信息出现的次数，默认值为 None，代表数据至少出现一次。
- assertNotContains()：由 SimpleTestCase 定义，与 assertContains() 的判断结果相反，若不存在，则返回 True，否则返回 False，该函数不存在参数 count。
- assertFormError()：由 SimpleTestCase 定义，判断网页表单是否存在异常信息。参数 response 为网页内容；参数 form 为表单对象；参数 field 为表单字段；参数 errors 为表单的错误信息。
- assertFormError()：由 SimpleTestCase 定义，判断多个网页表单（表单集）是否存在异常信息。参数 response 为网页内容；参数 formset 代表多个表单的集合对象；参数 form_index 代表表单集合的索引；参数 field 为表单字段；参数 errors 为表单的错误信息。
- assertTemplateUsed()：由 SimpleTestCase 定义，判断当前网页是否使用某个模板文件生成。参数 response 为网页内容；参数 template_name 为模板文件的名称。
- assertTemplateNotUsed()：由 SimpleTestCase 定义，与 assertTemplateUsed() 的判断结果相反。
- assertHTMLEqual()：由 SimpleTestCase 定义，判断两个网页内容是否相同。参数 html1 和 html1 代表两个不同的网页内容。
- assertHTMLNotEqual()：由 SimpleTestCase 定义，与 assertHTMLEqual() 的判断结果相反。
- assertInHTML()：由 SimpleTestCase 定义，判断网页内容是否存在某个 HTML 元素。参数 needle 代表 HTML 控件元素；参数 haystack 代表网页内容；参数 count 代表参数 needle 出现的次数，默认值为 None，代表至少出现一次。
- assertJSONEqual()：由 SimpleTestCase 定义，判断两份 JSON 格式的数据是否相同。参数 raw 和 expected_data 代表两份不同的 JSON 数据。
- assertJSONNotEqual()：由 SimpleTestCase 定义，与 assertJSONNotEqual() 的判断结果相反。
- assertXMLEqual()：由 SimpleTestCase 定义，判断两份 XML 格式的数据是否相同。参数 xml1 和 xml2 代表两份不同的 XML 数据。
- assertXMLNotEqual()：由 SimpleTestCase 定义，与 assertXMLEqual() 的判断结果相反。

- assertFalse()：由 unittest.TestCase 定义，判断对象的真假性是否为 False，参数 expr 为数据对象。
- assertTrue()：由 unittest.TestCase 定义，判断对象的真假性是否为 True，参数 expr 为数据对象。
- assertEqual()：由 unittest.TestCase 定义，判断两个对象是否相同，参数 first 和 second 为两个不同的对象，对象类型可为元组、列表、字典等。
- assertNotEqual()：由 unittest.TestCase 定义，与 assertEqual()的判断结果相反。
- assertAlmostEqual()：由 unittest.TestCase 定义，判断两个浮点类型的数值在特定的差异范围内是否相等。参数 first 和 second 为两个不同的浮点数；参数 places 为小数点位数；参数 delta 为两个数值之间的差异值。
- assertNotAlmostEqual()：由 unittest.TestCase 定义，与 assertAlmostEqual()的判断结果相反。
- assertSequenceEqual()：由 unittest.TestCase 定义，判断两个列表或元组是否相等，参数 seq1 和 seq2 为两个不同的列表或元组。
- assertListEqual()：由 unittest.TestCase 定义，判断两个列表是否相等，参数 list1 和 list2 为两个不同的的列表。
- assertTupleEqual()：由 unittest.TestCase 定义，判断两个元组是否相等，参数 tuple1 和 tuple2 为两个不同的元组。
- assertSetEqual()：由 unittest.TestCase 定义，判断两个集合是否相等，参数 set1 和 set1 为两个不同的集合。
- assertIn()：由 unittest.TestCase 定义，判断某个数据是否在某个对象里（Python 的 IN 语法）。参数 member 为某个数据；参数 container 为某个对象。
- assertNotIn()：由 unittest.TestCase 定义，与 assertIn()的判断结果相反。
- assertIs()：由 unittest.TestCase 定义，判断两个数据是否来自同一个对象（Python 的 IS 语法）。参数 expr1 和 expr2 为两个不同的数据。
- assertIsNot()：由 unittest.TestCase 定义，与 assertIs()的判断结果相反。
- assertDictEqual()：由 unittest.TestCase 定义，判断两个字典的数据是否相同，参数 d1 和 d2 代表两个不同的字典对象。
- assertDictContainsSubset()：由 unittest.TestCase 定义，判断某个字典是否为另一个字典的子集。参数 dictionary 代表某个字典；参数 subset 代表某个字典的子集。
- assertCountEqual()：由 unittest.TestCase 定义，判断两个序列的元素出现的次数是否相同，参数 first 和 second 为两个不同的序列。
- assertMultiLineEqual()：由 unittest.TestCase 定义，判断两个多行数的字符串是否相同，参数 first 和 second 为两个不同的多行字符串。
- assertLess()：由 unittest.TestCase 定义，参数 a 和 b 代表两个不同的对象，判断 a 是否小于 b，如果 a≥b，就会引发 failureException 异常。
- assertLessEqual()：由 unittest.TestCase 定义，与 assertLess()类似，判断 a 是否小于或等于 b。
- assertGreater()：由 unittest.TestCase 定义，参数 a 和 b 代表两个不同的对象，判断 a 是否大于 b，如果 a≤b，就会引发 failureException 异常。
- assertGreaterEqual()：由 unittest.TestCase 定义，与 assertGreater()类似，判断 a 是否大于或等于 b。

- assertIsNone()：由 unittest.TestCase 定义，判断某个对象是否为 None。
- assertIsNotNone()：由 unittest.TestCase 定义，与 assertIsNone() 的判断结果相反。
- assertIsInstance()：由 unittest.TestCase 定义，判断某个对象是否为某个对象类型。参数 obj 代表某个对象；参数 cls 代表某个对象类型。
- assertNotIsInstance()：由 unittest.TestCase 定义，与 assertIsInstance() 的判断结果相反。

上述例子只简单测试了视图的业务逻辑和模型的数据操作，而 Django 的单元测试还提供了很多测试方法，本书不再详细讲述，有兴趣的读者可以自行查阅官方文档。

11.7.2　运行测试用例

我们在 11.7.1 小节里已完成模型 PersonInfo、模型 User、视图函数 index 和 indexApi 的单元测试开发，下一步执行测试类 PersonInfoTest 和 UserTest 的测试用例，检验网站功能是否符合开发需求。

Django 的测试类是由内置 test 指令执行的，test 指令设有多种方式执行测试类，比如执行整个项目的测试类、某个项目应用的所有测试类、某个项目应用的某个测试类。在 PyCharm 的 Terminal 中输入 test 指令，以执行整个项目的测试类为例，测试结果如下：

```
D:\MyDjango>python manage.py test
Creating test database for alias 'default'...
System check identified no issues (0 silenced).
....F
======================================================
FAIL: test_user (index.tests.UserTest)
------------------------------------------------------
Traceback (most recent call last):
  File "D:\MyDjango\index\tests.py", line 52, in test_user
self.assertEquals(r.email, '123@456.com')
AssertionError: '1@1.com' != '123@456.com'
- 1@1.com
+ 123@456.com
------------------------------------------------------
Ran 5 tests in 0.464s
FAILED (failures=1)
Destroying test database for alias 'default'...
```

从 test 指令的运行结果看到，整个运行过程分为 4 个步骤完成，每个步骤的说明如下：

（1）"Creating test database for alias 'default'" 用于创建虚拟数据库，为测试用例提供数据支持。

（2）执行测试类的测试用例，如果某个测试类的测试用例执行失败，Django 就会对失败原因进行跟踪说明。例如上述的 "AssertionError: '1@1.com' != '123@456.com'"，这是说明测试类 UserTest 的测试用例 test_user 的运行结果与预测结果不相符。

（3）测试用例执行完成后，Django 将对执行情况进行汇总。例如 "Ran 5 tests in 0.464s" 代表 5 个测试用例运行消耗 0.464 秒，"FAILED (failures=1)" 代表测试用例运行失败的数量。

（4）执行"Destroying test database for alias 'default'"，这是销毁虚拟数据库，释放计算机的内存资源。

如果想要执行某个测试类或者某个测试类的测试用例，那么可以在 PyCharm 的 Terminal 中输入带参数的 test 指令，具体如下：

```
# 执行项目应用 index 的所有测试类
python manage.py test index
# 执行项目应用 index 的 tests.py 定义的测试类
# 由于测试类没有硬性规定在 tests.py 中定义
# 因此 Django 允许在其他.py 文件中定义测试类
python manage.py test index.tests
# 执行项目应用 index 的测试类 PersonInfoTest
python manage.py test index.tests.PersonInfoTest
# 执行项目应用 index 的测试类 PersonInfoTest 的测试用例 test_api
python manage.py test index.tests.PersonInfoTest.test_api
# 使用正则表达式查找整个项目带有 tests 开头的.py 文件
# 运行整个项目带有 tests 开头的.py 文件所定义的测试类
python manage.py test --pattern="tests*.py"
```

11.8 自定义中间件

我们在 2.5 节已讲述过中间件的概念和运行原理，中间件是一个处理请求和响应的钩子框架，它是一个轻量、低级别的插件系统，用于在全局范围内改变 Django 的输入和输出。

开发中间件不仅能满足复杂的开发需求，而且能减少视图函数或视图类的代码量，比如编写 Cookie 内容实现反爬虫机制、微信公众号开发商城等。因此，本节将深入了解中间件的定义过程，通过开发中间件实现 Cookie 的反爬虫机制。

11.8.1 中间件的定义过程

中间件在 settings.py 的配置属性 MIDDLEWARE 中进行设置，在创建项目时，Django 已默认配置了 7 个中间件，每个中间件的说明如下：

- SecurityMiddleware：内置的安全机制，保护用户与网站的通信安全。
- SessionMiddleware：会话 Session 功能。
- CommonMiddleware：处理请求信息，规范化请求内容。
- CsrfViewMiddleware：开启 CSRF 防护功能。
- AuthenticationMiddleware：开启内置的用户认证系统。
- MessageMiddleware：开启内置的信息提示功能。
- XFrameOptionsMiddleware：防止恶意程序点击劫持。

为了深入了解中间件的定义过程，我们在 PyCharm 里打开并查看某个中间件的源码文件，分析中间件的定义过程，以中间件 SessionMiddleware 为例，其源码文件如图 11-37 所示。

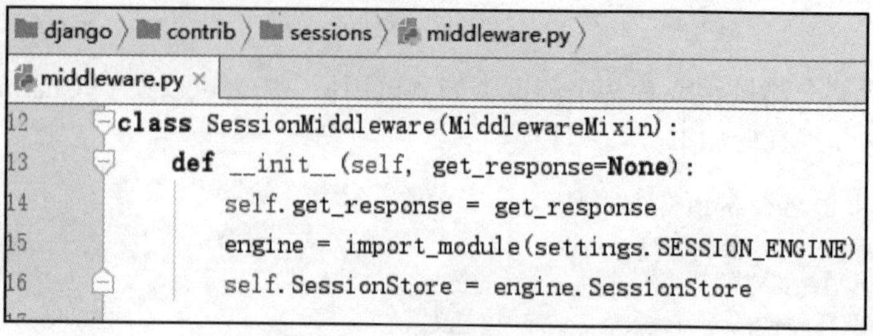

```
class SessionMiddleware(MiddlewareMixin):
    def __init__(self, get_response=None):
        self.get_response = get_response
        engine = import_module(settings.SESSION_ENGINE)
        self.SessionStore = engine.SessionStore
```

图 11-37　SessionMiddleware 的源码文件

中间件 SessionMiddleware 继承父类 MiddlewareMixin，父类 MiddlewareMixin 只定义函数 __init__ 和 __call__，而中间件 SessionMiddleware 除了重写父类的 __init__ 之外，还定义了钩子函数 process_request 和 process_response。

一个完整的中间件设有 5 个钩子函数，Django 将用户请求到网站响应的过程进行阶段划分，每个阶段对应执行某个钩子函数，每个钩子函数的运行说明如下：

- __init__()：初始化函数，运行 Django 将自动执行该函数。
- process_request()：完成请求对象的创建，但用户访问的网址尚未与网站的路由地址匹配。
- process_view()：完成用户访问的网址与路由地址的匹配，但尚未执行视图函数。
- process_exception()：在执行视图函数的期间发生异常，比如代码异常、主动抛出 404 异常等。
- process_response()：完成视图函数的执行，但尚未将响应内容返回浏览器。

每个钩子函数都有固定的执行顺序，我们将通过简单的例子来说明钩子函数的执行过程。以 MyDjango 为例，在 MyDjango 文件夹中创建 myMiddleware.py 文件，该文件用于定义中间件。在定义中间件之前，首先实现网站功能，分别在 MyDjango 的 urls.py、index 的 urls.py、index 的 views.py 和 templates 的 index.html 中编写以下代码：

```
# MyDjango 的 urls.py
from django.urls import path, include
urlpatterns = [
    path('',include(('index.urls','index'),namespace='index')),
]

# index 的 urls.py
from django.urls import path
from .views import *
urlpatterns = [
    path('', index, name='index'),
]

# index 的 views.py
from django.shortcuts import render
from django.shortcuts import Http404
def index(request):
    if request.GET.get('id', ''):
        raise Http404
```

```python
    return render(request, 'index.html', locals())

# templates 的 index.html
<!DOCTYPE html>
<html lang="zh-hans">
<head>
    <title>首页</title>
</head>
<body>
    <div>Hello Django</div>
</body>
</html>
```

视图函数 index 设置了主动抛出 404 异常，这是验证钩子函数 process_exception。下一步在 MyDjango 的 myMiddleware.py 中定义中间件 MyMiddleware，代码如下：

```python
# MyDjango 的 myMiddleware.py
from django.utils.deprecation import MiddlewareMixin
class MyMiddleware(MiddlewareMixin):
    def __init__(self, get_response=None):
        """运行 Django 将自动执行"""
        self.get_response = get_response
        print('This is __init__')

    def process_request(self, request):
        """生成请求对象后，路由匹配之前"""
        print('This is process_request')

    def process_view(self, request, func, args, kwargs):
        """路由匹配后，视图函数调用之前"""
        print('This is process_view')

    def process_exception(self, request, exception):
        """视图函数发生异常时"""
        print('This is process_exception')

    def process_response(self, request, response):
        """视图函数执行后，响应内容返回浏览器之前"""
        print('This is process_response')
        return response
```

运行 MyDjango，项目将自动运行中间件 MyMiddleware 的初始化函数 __init__，初始化函数必须设置函数参数 get_response，还需要将参数 get_response 设为类属性 self.get_response，否则在访问网站时将提示 AttributeError 异常，如图 11-38 所示。

```
    response = get_response(request)
 File "D:\Python\lib\site-packages\django\utils\deprecation.py", lin
    response = response or self.get_response(request)
AttributeError: 'MyMiddleware' object has no attribute 'get_response'
```

图 11-38　AttributeError 异常

当用户在浏览器上访问某个网址时，Django 为当前用户创建请求对象，请求对象创建成功后，程序将执行钩子函数 process_request，通过重写该函数可以获取并判断用户的请求是否合法。函数参数 request 代表用户的请求对象，它与视图函数的参数 request 相同。

钩子函数 process_request 执行完成后，Django 将用户访问的网址与路由信息进行匹配，在调用视图函数或视图类之前，程序将执行钩子函数 process_view。函数参数 request 代表用户的请求对象；参数 func 代表视图函数或视图类的名称；参数 args 和 kwargs 是路由信息传递给视图函数或视图类的变量对象。

钩子函数 process_view 执行完成后，Django 将执行视图函数或视图类。如果在执行视图函数或视图类的过程中出现异常报错，程序就会执行钩子函数 process_exception。函数参数 request 代表用户的请求对象；参数 exception 代表异常信息。

视图函数或视图类执行完成后，Django 将执行钩子函数 process_response，该函数可以对视图函数或视图类的响应内容进行处理。当钩子函数 process_response 执行完成后，程序才把响应内容返回给浏览器生成网页信息。

最后，我们在 MyDjango 的 settings.py 中添加自定义中间件 MyMiddleware，配置信息如下：

```
MIDDLEWARE = [
    'django.middleware.security.SecurityMiddleware',
    'django.contrib.sessions.middleware.SessionMiddleware',
    'django.middleware.common.CommonMiddleware',
    'django.middleware.csrf.CsrfViewMiddleware',
    'django.contrib.auth.middleware.AuthenticationMiddleware',
    'django.contrib.messages.middleware.MessageMiddleware',
    'django.middleware.clickjacking.XFrameOptionsMiddleware',
    'MyDjango.myMiddleware.MyMiddleware'
]
```

在 PyCharm 里运行 MyDjango，在浏览器上访问 127.0.0.1:8000/?id=1，由于路由地址设有请求参数 id，因此视图函数将主动抛出 404 异常，Django 将触发 process_exception 函数，在 PyCharm 的 Debug 界面可以看到钩子函数的输出信息，如图 11-39 所示。

```
Starting development server at http://127.0.0.1:8000/
Quit the server with CTRL-BREAK.
This is __init__
This is process_request
This is process_view
This is process_exception
This is process_response
```

图 11-39 钩子函数的输出信息

11.8.2 中间件实现 Cookie 反爬虫

我们在 4.2.3 小节实现了简单的反爬虫机制，它是在视图函数的基础上加以实现的，本节将在中间件里实现 Cookie 反爬虫机制。以 11.8.1 小节的 MyDjango 为例，在 index 的 urls.py 中定义路由 index 和 myCookie，代码如下：

```
# index 的 urls.py
from django.urls import path
from .views import *
urlpatterns = [
    path('', index, name='index'),
    path('myCookie', myCookie, name='myCookie')
]
```

路由 index 是为用户创建 Cookie；路由 myCookie 必须验证用户的 Cookie 才能访问，否则抛出 404 异常。然后在 index 的 views.py 中定义视图函数 index 和 myCookie，代码如下：

```
# index 的 views.py
from django.shortcuts import render
from django.http import HttpResponse
from django.shortcuts import Http404
def index(request):
    if request.GET.get('id', ''):
        raise Http404
    return render(request, 'index.html')

def myCookie(request):
    return HttpResponse('Done')
```

由于定义了路由 myCookie，因此还需要在模板文件 index.html 中添加路由 myCookie 的路由地址，便于我们从路由 index 的网页跳转并访问路由 myCookie。模板文件 index.html 的代码如下：

```
# templates 的 index.html
<!DOCTYPE html>
<html lang="zh-hans">
<head>
    <title>首页</title>
</head>
<body>
    <div>Hello Django</div>
    <a href="{% url 'index:myCookie' %}">
        查看 Cookie
    </a>
</body>
</html>
```

完成 MyDjango 的网页功能开发，下一步在 MyDjango 的 myMiddleware.py 文件中自定义中间件 MyMiddleware，由中间件 MyMiddleware 实现 Cookie 反爬虫机制，实现代码如下：

```
# MyDjango 的 myMiddleware.py
from django.utils.deprecation import import MiddlewareMixin
from django.utils.timezone import now
from django.shortcuts import import Http404
class MyMiddleware(MiddlewareMixin):
    def process_view(self, request, func, args, kwargs):
        if func.__name__ != 'index':
            salt = request.COOKIES.get('value', '')
```

```
            try:
                request.get_signed_cookie('MySign',salt=salt)
            except Exception as e:
                print(e)
                raise Http404('当前 Cookie 无效哦！')

    def process_response(self, request, response):
        salt = str(now())
        response.set_signed_cookie(
            'MySign',
            'sign',
            salt=salt,
            max_age=10
        )
        response.set_cookie('value', salt)
        return response
```

中间件 MyMiddleware 重写了钩子函数 process_view 和 process_response，两个钩子函数实现的功能说明如下：

- process_view 用于判断参数 func 的 __name__ 属性是否为 index，如果属性 __name__ 的值不等于 index，就说明当前请求不是由视图函数 index 处理的，从当前请求获取 Cookie 并进行解密处理。若解密成功，则说明当前请求是合法的请求；否则判为非法请求并提示 404 异常。
- process_response 是在响应内容里添加 Cookie 信息，这是为下一次请求提供 Cookie 信息，确保每次请求的 Cookie 信息都是动态变化的，并将 Cookie 的生命周期设为 10 秒。

为了验证 Cookie 的变化过程，我们运行 MyDjango，在浏览器中打开开发者工具并访问 127.0.0.1:8000，然后在开发者工具的 Network 标签的 All 选项里找到 127.0.0.1:8000 的 Cookie 信息，首次访问路由 index 的时候，只有响应内容才会生成 Cookie 信息，如图 11-40 所示。

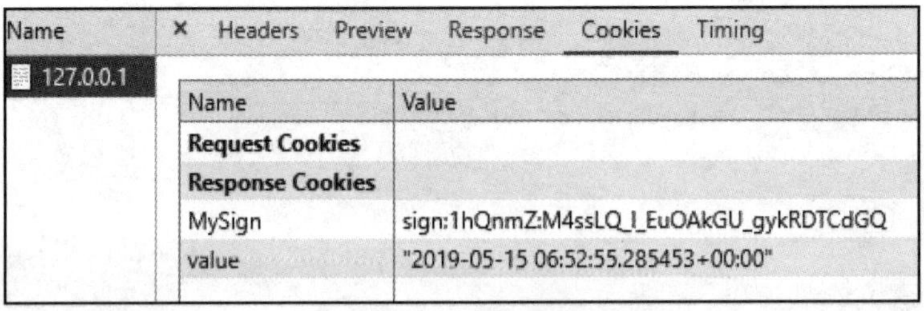

图 11-40　Cookie 信息

在网页上单击"查看 Cookie"链接将访问路由 myCookie，浏览器将路由 index 生成的 Cookie 作为路由 myCookie 的请求信息，并且路由 myCookie 的响应内容更新了 Cookie 信息，如图 11-41 所示。

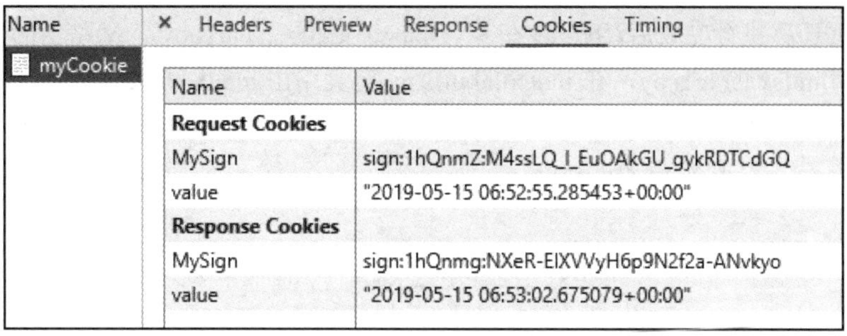

图 11-41　Cookie 信息

如果在 Cookie 失效或没有 Cookie 的情况下访问路由 myCookie，钩子函数 process_view 就无法获取当前请求的 Cookie 信息，导致 Cookie 解密失败，从而提示 404 异常。

11.9　异步编程

异步编程是使用协程、线程、进程或者消息队列等方式实现。Django 支持多线程、内置异步和消息队列方式实现，每一种实现方式的说明如下：

（1）多线程是在当前运行的 Django 服务中开启新的线程执行。

（2）内置异步是从 Django 3 新增的内置功能，主要使用 Python 的内置模块 asyncio 和关键词 Async/Await 实现，异步功能主要在视图中实现，我们简称为异步视图。

（3）消息队列是使用 Celery 框架和消息队列中间件搭建，它在 Django 的基础上独立运行，但 Django 必须运行后才能启用，主要解决了应用耦合、异步消息、流量削锋等问题，实现高性能、高可用、可伸缩和一致性的系统架构。

11.9.1　使用多线程

Django 的多线程编程主要应用在视图函数中，当用户在浏览器访问某个路由的时候，其实质是向 Django 发送 HTTP 请求，Django 收到 HTTP 请求后，路由对应的视图函数执行业务处理，如果某些业务需要耗费时间处理，可交给多线程执行，加快网站的响应速度，提高用户体验。

为了更好地区分单线程和多线程的差异，我们对同一个业务功能分别执行单线程和多线程处理。以 MyDjango 为例，在项目应用 index 的 models.py 定义模型 PersonInfo，并对模型执行数据迁移，在 Sqlite3 数据库中创建相应的数据表，模型的定义过程如下：

```
# index 的 models.py
from django.db import models

class PersonInfo(models.Model):
    id = models.AutoField(primary_key=True)
    name = models.CharField(max_length=20)
    age = models.IntegerField()
```

模型的数据迁移执行完成后,下一步在 MyDjango 文件夹的 urls.py 定义路由的命名空间 index,并指向项目应用 index 的 urls.py,在 index 的 urls.py 定义路由 index 和 threadIndex,代码如下:

```
# MyDjango 的 urls.py
from django.urls import path, include

urlpatterns = [
    path('',include(('index.urls','index'),namespace='index')),
]

# index 的 urls.py
from django.urls import path
from .views import *

urlpatterns = [
    path('', indexView, name='index'),
    path('thread/', threadIndexView, name='threadIndex'),
]
```

路由 index 和 threadIndex 分别指向视图函数 indexView()和 threadIndexView(),两个视图函数都是用于查询模型 PersonInfo 的数据,并把查询结果传递给模板文件 index.html,再由模板文件生成网页。视图函数 indexView()和 threadIndexView()分别使用单线程和多线程查询模型 PersonInfo 的数据,实现代码如下:

```
from django.shortcuts import render
from .models import PersonInfo
from concurrent.futures import ThreadPoolExecutor
import datetime, time

def indexView(request):
    startTime = datetime.datetime.now()
    print(startTime)
    title = '单线程'
    results = []
    for i in range(2):
        person=PersonInfo.objects.filter(id=int(i+1)).first()
        time.sleep(3)
        results.append(person)
    endTime = datetime.datetime.now()
    print(endTime)
    print('单线程查询所花费时间', endTime-startTime)
    return render(request, 'index.html', locals())

# 定义多线程任务
def get_info(id):
    person=PersonInfo.objects.filter(id=int(id)).first()
    time.sleep(3)
    return person

def threadIndexView(request):
```

```python
    # 计算运行时间
    startTime = datetime.datetime.now()
    print(startTime)
    title = '多线程'
    Thread = ThreadPoolExecutor(max_workers=2)
    results = []
    fs = []
    # 执行多线程
    for i in range(2):
        t = Thread.submit(get_info, i + 1)
        fs.append(t)
    # 获取多线程的执行结果
    for t in fs:
        results.append(t.result())
    # 计算运行时间
    endTime = datetime.datetime.now()
    print(endTime)
    print('多线程查询所花费时间', endTime-startTime)
    return render(request, 'index.html', locals())
```

在上述代码中，视图函数的业务处理是查询模型 PersonInfo 的 id=1 和 id=2 的数据，每次查询的间隔时间为 3 秒，然后将所有查询结果写入列表 results，再由模板文件解析列表 results 的数据。

视图函数 indexView() 将模型 PersonInfo 的两次数据查询是单线程执行，每次查询间隔为 3 秒，所以整个视图函数的处理时间约为 6 秒左右；视图函数 threadIndexView() 将模型 PersonInfo 的两次数据查询分别交给两条线程执行，假设两条线程并发执行，数据查询后的等待时间同时发生，所以整个视图函数的处理时间约为 3 秒左右。

最后在模板文件 index.html 中编写模板语法，对视图函数传递的列表 results 进行解析，生成相应的网页信息。模板文件 index.html 的代码如下：

```html
# templates 的 index.html
<!DOCTYPE html>
<html lang="zh-hans">
<head>
    <title>{{ title }}</title>
</head>
<body>
    {% for r in results %}
    <div>姓名：{{ r.name }}</div>
    <div>年龄：{{ r.age }}</div>
    {% endfor %}
</body>
</html>
```

为了测试功能是否正常运行，我们在模型 PersonInfo 对应的数据表中新增数据，如图 11-42 所示。

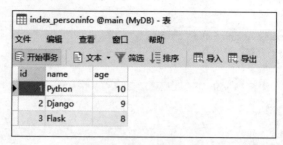

图 11-42 新增数据

使用 PyCharm 运行 MyDjango，在浏览器中分别访问路由 index 和 threadIndex，两者返回相同的网页内容，查看 PyCharm 的 Run 窗口，对比路由 index 和 threadIndex 从请求到响应的时间，如图 11-43 所示。

```
2020-11-09 16:18:29.053310
2020-11-09 16:18:35.060191
单线程查询所花费时间 0:00:06.006881
[09/Nov/2020 16:18:35] "GET / HTTP/1.1" 200 234
2020-11-09 16:18:37.135674
[09/Nov/2020 16:18:40] "GET /thread/ HTTP/1.1" 200 234
2020-11-09 16:18:40.140343
多线程查询所花费时间 0:00:03.004669
```

图 11-43 请求信息

11.9.2 启用 ASGI 服务

内置异步是从 Django 3 新增的内置功能，它是在原有 Django 服务的基础上再创建一个 Django 服务，两者是独立运行，互不干扰。

新的 Django 服务实质是开启一个 ASGI 服务，ASGI 是异步网关协议接口，一个介于网络协议服务和 Python 应用之间的标准接口，能够处理多种通用的协议类型，包括 HTTP、HTTP2 和 WebSocket。

使用 python manage.py runserver 运行 Django 服务是在 WSGI 模式下运行，WSGI 是基于 HTTP 协议模式，不支持 WebSocket，而 ASGI 的诞生是为了解决 WSGI 不支持当前 Web 开发中一些新的协议标准，如 WebSocket 协议。

在 Django 3.0 或以上版本，Django 会在项目同名的文件夹中新建 asgi.py 文件，以 MyDjango 为例，其目录结构如图 11-44 所示，MyDjango 文件夹中分别有 asgi.py 和 wsgi.py 文件。使用 python manage.py runserver 开启 Django 服务器的时候，Django 会自动执行 wsgi.py 的代码。

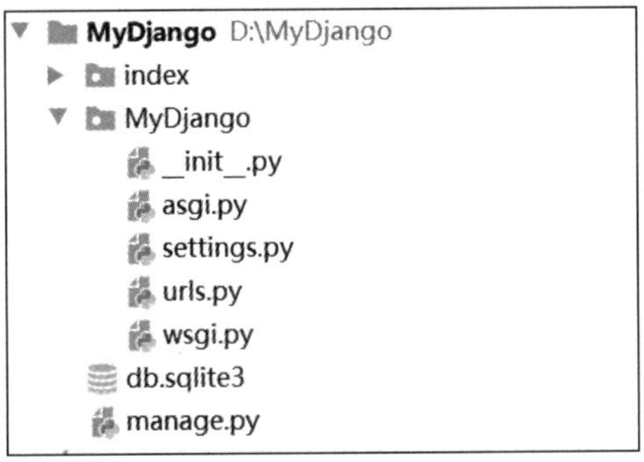

图 11-44　目录结构

如果要运行 Django 的 ASGI 服务，需要依赖第三方模块实现。ASGI 服务可由 Daphne、Hypercorn 或 Uvicorn 启动。Daphne、Hypercorn 或 Uvicorn 作为 ASGI 的服务器，为 ASGI 服务提供高性能的运行环境。

Daphne、Hypercorn 或 Uvicorn 均可使用 pip 指令安装，这里以 Daphne 为例，讲述其如何使用 Daphne 开启 ASGI 服务。首先在 PyCharm 打开 MyDjango 项目，然后在 Terminal 窗口下输入 pip install daphne 安装 Daphne。

当 Daphne 安装成功后，在 Terminal 窗口输入 Daphne 指令开启 Django 的 ASGI 服务，Terminal 窗口的当前路径必须是项目的路径地址，如图 11-45 所示。

```
D:\MyDjango>daphne -b 127.0.0.1 -p 8001 MyDjango.asgi:application
2020-11-15 16:49:16,792 INFO     Starting server at tcp:port=8001:interfa
2020-11-15 16:49:16,801 INFO     HTTP/2 support enabled
2020-11-15 16:49:16,801 INFO     Configuring endpoint tcp:port=8001:inter
2020-11-15 16:49:16,802 INFO     Listening on TCP address 127.0.0.1:8001
```

图 11-45　开启 Django 的 ASGI 服务

在 daphne -b 127.0.0.1 -p 8001 MyDjango.asgi:application 的指令中，每个参数说明如下：

（1）-b 127.0.0.1 是设置 ASGI 服务的 IP 地址。

（2）-p 8001 是设置 ASGI 服务的端口。

（3）MyDjango.asgi:application 是 MyDjango 文件夹的 asgi.py 定义的 application 对象。

总的来说，ASGI 服务是 WSGI 服务的扩展，两个服务之间是独立运行互不干扰，Django 中定义的所有路由都可以在 WSGI 服务和 ASGI 服务访问。

11.9.3　异步视图

这里以 MyDjango 项目为例，项目使用 Sqlite3 数据库存储数据，并设有项目应用 index，在 index 的 models.py 中定义模型 TaskInfo，模型 TaskInfo 是在异步执行过程中实现数据库操作，模型 TaskInfo 的定义如下：

```
# index 的 models.py
from django.db import models
```

```python
class TaskInfo(models.Model):
    id = models.AutoField(primary_key=True)
    task = models.CharField(max_length=50)
```

完成模型定义后，下一步使用 Django 内置指令执行数据迁移，在 Sqlite3 数据库中创建数据表，然后在 MyDjango 文件夹的 urls.py 中定义路由命名空间 index，指向项目应用 index 的 urls.py，并在项目应用 index 的 urls.py 中分别定义路由 syn 和 asyn，代码如下：

```python
# MyDjango 的 urls.py
from django.contrib import admin
from django.urls import path, include

urlpatterns = [
    path('admin/', admin.site.urls),
    path('',include((('index.urls','index'),namespace='index')),
]

# index 的 urls.py
from django.urls import path
from .views import synView, asynView

urlpatterns = [
    path('syn', synView, name='syn'),
    path('asyn', asynView, name='asyn'),
]
```

路由 syn 和 asyn 分别对应视图函数 synView()和 asynView()，视图函数 synView()是执行同步任务，视图函数 asynView()是执行异步任务。假如视图函数 synView()和 asynView()实现相同的业务逻辑，这样可以对比两者在运行上的差异。

下一步在项目中应用 index 创建文件 tasks.py，在文件中定义函数 asyns()和 syns()，代码如下：

```python
# index 的 tasks.py
import time
import asyncio
from asgiref.sync import sync_to_async
from .models import TaskInfo

# 异步任务
async def asyns():
    start = time.time()
    for num in range(1, 6):
        await asyncio.sleep(1)
        print('异步任务:', num)
    await sync_to_async(TaskInfo.objects.create,
                        thread_sensitive=True)(task='异步任务')
    print('异步任务 Done, time used:', time.time()-start)

# 同步任务
def syns():
```

```python
    start = time.time()
    for num in range(1, 6):
        time.sleep(1)
        print('同步任务:', num)
    TaskInfo.objects.create(task='同步任务')
    print('同步任务Done, time used:', time.time()-start)
```

函数 asyns() 和 syns() 实现了相同功能，两者都是循环遍历 5 次，每次遍历会延时 1 秒，循环遍历结束就对模型 TaskInfo 进行数据写入操作，整个执行过程会自动计算所消耗时间，从而对比两者的执行效率。

在 tasks.py 中定义的 asyns() 和 syns() 分别由视图函数 asynView() 和 synView() 调用，视图函数 synView() 和 asynView() 的定义过程如下：

```python
# index 的 views.py
import asyncio
from django.http import HttpResponse
from .tasks import syns, asyns

# 同步视图 -调用同步任务
def synView(request):
    syns()
    return HttpResponse("Hello, This is syns!")

# 异步视图 - 调用异步任务
async def asynView(request):
    loop = asyncio.get_event_loop()
    loop.create_task(asyns())
    return HttpResponse("Hello, This is asyns!")
```

在 PyCharm 的 Run 窗口启动 Django 的 WSGI 服务，Terminal 窗口启动 Django 的 ASGI 服务，当服务启动成功后，在浏览器中分别访问 127.0.0.1:8000/syn 和 127.0.0.1:8001/asyn，从 PyCharm 的 Run 窗口和 Terminal 窗口查看请求信息，如图 11-46 所示。

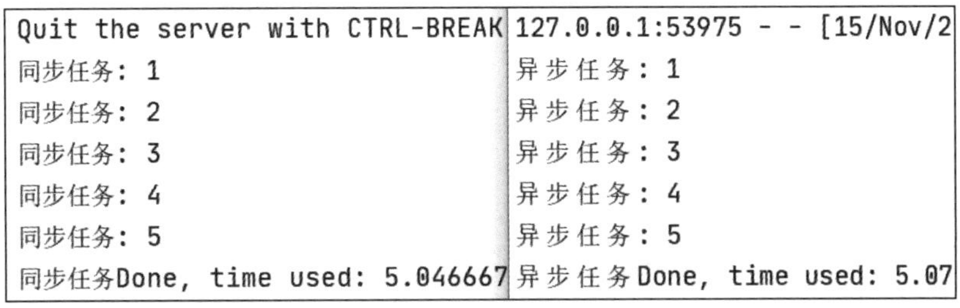

```
Quit the server with CTRL-BREAK | 127.0.0.1:53975 - - [15/Nov/2
同步任务: 1                     | 异步任务: 1
同步任务: 2                     | 异步任务: 2
同步任务: 3                     | 异步任务: 3
同步任务: 4                     | 异步任务: 4
同步任务: 5                     | 异步任务: 5
同步任务Done, time used: 5.046667| 异步任务Done, time used: 5.07
```

图 11-46 请求信息

路由 syn 和 asyn 从请求到响应所消耗时间相同，但从用户体验分析，两者的差异如下：

（1）路由 syn 从请求到响应过程需要花费 5 秒时间，用户需要等待 5 秒才能看到网页内容，因为延时功能与当前请求是同步执行，两者是在同一个线程中依次执行，所以需要花费 5 秒才能完成整个请求到响应过程。

（2）路由 asyn 从请求到响应无须等待就能看到网页内容，它将延时功能交由异步处理，当前请求与延时功能在不同的线程中执行，使当前请求减少不必要的堵塞，提高了系统的响应速度。

11.9.4 异步与同步的转换

在 11.9.3 小节中，视图函数 synView()调用 syns()，asynView()调用 asyns()，如果将两个视图函数调用的函数进行互换，比如视图函数 synView()调用 asyns()，Django 就会提示 RuntimeError 异常，如图 11-47 所示。

```
response = get_response(request)
File "E:\Python\lib\site-packages\django\core\h
response = wrapped_callback(request, *callbac
File "D:\MyDjango\index\views.py", line 19, in
loop = asyncio.get_event_loop()
File "E:\Python\lib\asyncio\events.py", line 63
raise RuntimeError('There is no current event
RuntimeError: There is no current event loop in t
```

图 11-47　RuntimeError 异常

在 Django 中，同步视图只能调用同步任务，异步视图只能调用异步任务，如果同步视图调用异步任务或异步视图调用同步任务，程序就会提示 RuntimeError 异常。在某些特殊情况下，我们需要在同步视图调用已定义的异步任务，还可能是同步任务和异步任务实现同一个功能，为了减少代码冗余，将同步任务和异步任务定义在同一个函数中。

为了使同步视图和异步视图能够调用同一个函数，可以使用 asgiref 模块将函数转换为同步任务或异步任务，再由同步视图或异步视图进行调用。如果读者细心观察，tasks.py 的 asyns()对模型 TaskInfo 执行数据新增的时候，已调用了 asgiref 模块的 sync_to_async()将 ORM 的数据操作转为异步实现。

我们将演示如何使用 asgiref 模块的 async_to_sync()或 sync_to_async()转换同步任务或异步任务。比如同步视图 synView()调用异步任务 asyns()，异步视图 asynView()调用同步任务 syns()，实现方式如下：

```python
# index 的 views.py
import asyncio
from django.http import HttpResponse
from .tasks import syns, asyns
from asgiref.sync import async_to_sync, sync_to_async

# 同步视图 - 调用异步任务
def synView(request):
    # 异步任务转为同步任务
    w = async_to_sync(asyns)
    # 调用函数
    w()
    return HttpResponse("Hello, This is syns!")
```

```
# 异步视图 - 调用同步任务
async def asynView(request):
    # 同步任务转为异步任务
    a = sync_to_async(syns)
    # 调用函数
    loop = asyncio.get_event_loop()
    loop.create_task(a())
    return HttpResponse("Hello, This is asyns!")
```

最后在 PyCharm 的 Run 窗口启动 Django 的 WSGI 服务，Terminal 窗口启动 Django 的 ASGI 服务，当服务启动成功后，在浏览器分别访问 127.0.0.1:8000/syn 和 127.0.0.1:8001/asyn，从 PyCharm 的 Run 窗口和 Terminal 窗口查看请求信息，如图 11-48 所示。

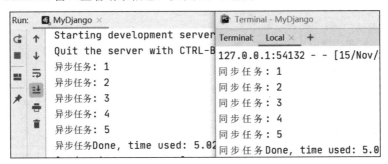

图 11-48　请求信息

虽然 asgiref 模块的 async_to_sync() 或 sync_to_async() 可以将异步任务和同步任务进行转换，但访问路由 syn 和 asyn 的时候，它们都要等待 5 秒才能看到网页内容，也就是说 asgiref 模块将同步任务转为异步任务的时候，同步任务并没有添加异步特性，只是满足了异步视图的调用。

异步视图和同步视图的区别在于是否使用 Python 的内置模块 asyncio 和关键词 Async/Await 定义视图，它们与 ASGI 服务和 WSGI 服务没有太大关联，异步视图和同步视图都能在 ASGI 服务和 WSGI 服务进行访问。

11.10　信号机制

信号机制是执行 Django 某些操作的时候而触发的，例如在保存模型数据之前将触发内置信号 pre_save、保存模型数据之后将触发内置信号 post_save 等。同时，为了满足实际的业务场景，Django 允许开发者自定义信号。

11.10.1　内置信号

在 Linux 编程中也存在信号的概念，它主要用于进程之间的通信，通知进程发生的异步事件。而 Django 的信号用于在执行操作时达到解耦目的。当某些操作发生的时候，系统会根据信号的回调函数执行相应的操作，该模式称为观察者模式，或者发布-订阅（Publish/Subscribe）模式，Django

的信号主要包含以下 3 个要素：

(1) 发送者（sender）：信号的发出方。
(2) 信号（signal）：发送的信号本身。
(3) 接收者（receiver）：信号的接收者。

信号机制与中间件的功能原理较为相似，中间件主要作用在 HTTP 请求到响应的过程中，信号机制作用在框架的各个功能模块中，Django 内置了许多的信号机制，详细说明如下：

- pre_init：模型执行初始化函数__init__()之前触发。
- post_init：模型执行初始化函数__init__()之后触发。
- pre_save：保存模型数据之前触发。
- post_save：保存模型数据之后触发。
- pre_delete：删除模型数据之前触发。
- post_delete：删除模型数据之后触发。
- m2m_changed：操作多对多关系表的时候触发。
- class_prepared：程序运行时，检测每个模型的时候触发。
- pre_migrate：执行 migrate 命令之前触发。
- post_migrate：执行 migrate 命令之后触发。
- request_started：HTTP 请求之前触发。
- request_finished：HTTP 请求之后触发。
- got_request_exception：HTTP 请求发生异常之后触发。
- setting_changed：使用单元测试修改配置文件的时候触发。
- template_rendered：使用单元测试渲染模板的时候触发。
- connection_created：创建数据库连接的时候触发。

信号机制在许多开发场景中非常实用，常见的应用场景如下：

(1) 当用户登录成功后，给该用户发送通知消息；或者在论坛博客更新话题动态，可以使用信号机制实现信息推送；当发布动态有其他用户评论的时候，也可以使用信号机制通知。

(2) 当网站设有缓存功能，数据库的数据发生变化的时候，缓存数据也要随之变化。为了使数据保持一致，可由信号机制更新缓存数据。比如数据库的数据发生变化，即模型执行增改删操作之后，使用内置信号 post_save 更新缓存数据即可。

(3) 订单状态对库存的影响，用户创建订单并完成支付的时候，商品库存数量应减去订单中商品购买数量；如果用户取消订单，商品库存数量应加上订单中商品购买数量。订单的创建和取消操作应在订单信息表完成，当订单信息表的数据发生变化时，商品库存表的数据也要随之变化。通过使用内置信号 post_save 监听订单信息表，当数据发生变化，Django 就会自动修改商品库存表的数据。

若要使用 Django 的内置信号机制，只需将内置信号绑定到某个函数（即设置回调函数），并将其导入视图文件即可。

以 MyDjango 为例，在 MyDjango 文件夹中创建 sg.py 文件，该文件是为需要使用的内置信号设置回调函数，本示例使用内置信号 request_started，其回调函数设置方式如下：

```
# MyDjango 的 sg.py
from django.core.signals import request_started
# 编写方法 1：
# 设置内置信号 request_started 的回调函数 signal_request
def signal_request(sender, **kwargs):
    print("request is coming")
    print(sender)
    print(kwargs)
# 将内置信号 request_started 与回调函数 signal_request 绑定
request_started.connect(signal_request)

# 编写方法 2：
from django.dispatch import receiver
# 使用内置函数 receiver 作为回调函数的装饰器
# 将内置信号 request_started 与回调函数 signal_request_2 绑定
@receiver(request_started)
# 设置内置信号 request_started 的回调函数 signal_request
def signal_request_2(sender, **kwargs):
    print("request is coming too")
    print(sender)
    print(kwargs)
```

上述代码中，我们使用两种方法设置内置信号 request_started 的回调函数，详细说明如下：

（1）第一种方法是由内置信号调用 connect()方法，在 connect()方法里面传入回调函数的函数名。

（2）第二种方法是在回调函数中使用内置装饰器 receiver，装饰器的参数为信号名称。

回调函数设有参数 sender 和 kwargs，在 Django 源码中可以找到参数的详细说明，如图 11-49 所示，每个参数说明如下：

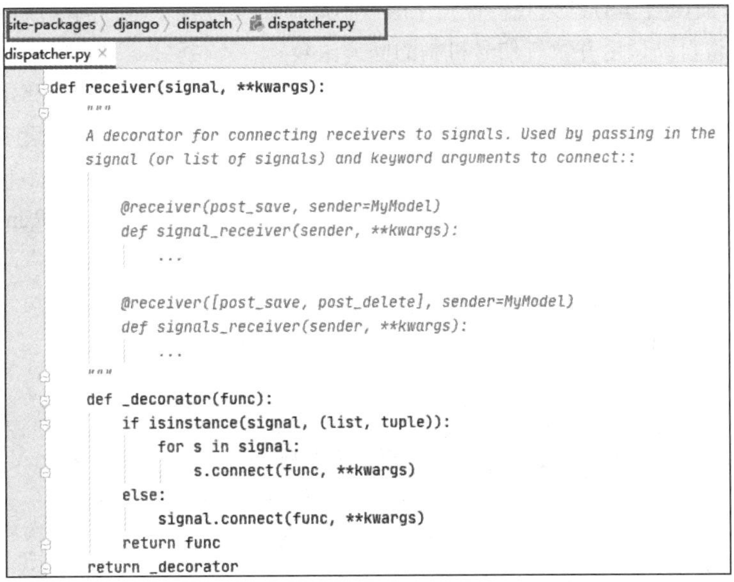

ite-packages 〉 django 〉 dispatch 〉 dispatcher.py

dispatcher.py ×

```
def receiver(signal, **kwargs):
    """
    A decorator for connecting receivers to signals. Used by passing in the
    signal (or list of signals) and keyword arguments to connect::

        @receiver(post_save, sender=MyModel)
        def signal_receiver(sender, **kwargs):
            ...

        @receiver([post_save, post_delete], sender=MyModel)
        def signals_receiver(sender, **kwargs):
            ...
    """
    def _decorator(func):
        if isinstance(signal, (list, tuple)):
            for s in signal:
                s.connect(func, **kwargs)
        else:
            signal.connect(func, **kwargs)
        return func
    return _decorator
```

图 11-49　Django 源码

（1）参数 sender 代表当前信号是由那个对象触发的。
（2）参数 kwargs 代表当前触发对象的属性与方法。

下一步在 MyDjango 中定义路由 index 以及视图函数 index()，用于检验信号机制的触发效果。在 MyDjango 的 urls.py、index 的 urls.py 和 views.py 中编写以下代码：

```python
# MyDjango 的 urls.py
from django.urls import path, include
urlpatterns = [
    # 指向 index 的路由文件 urls.py
    path('',include((('index.urls','index'),namespace='index')),
]

# index 的 urls.py
from django.urls import path
from .views import *

urlpatterns = [
    # 定义路由
    path('', index, name='index'),
]

# index 的 views.py
from django.http import HttpResponse
# 在视图中必须导入 sg 文件，否则信号机制不会生效
from MyDjango.sg import *

def index(request):
    print('This is view')
    return HttpResponse('请求成功')
```

由于 Django 的内置信号已为我们设定了触发机制，当某些程序运行的时候，信号机制就会自动触发，Django 将自动调用并执行信号机制的回调函数。

在上述例子中，内置信号 request_started 设置了回调函数 signal_request() 和 signal_request_2()，在 Django 接收 HTTP 请求之前，它将触发内置信号 request_started，执行回调函数 signal_request() 和 signal_request_2()，只有回调函数执行完成后，HTTP 请求才会交给视图进行下一步处理。

运行 MyDjango，打开浏览器访问 http://127.0.0.1:8000/，在 PyCharm 的 Run 窗口查看当前请求信息，如图 11-50 所示。

```
request is coming
<class 'django.core.handlers.wsgi.WSGIHandler'>
{'signal': <django.dispatch.dispatcher.Signal object
request is coming too
<class 'django.core.handlers.wsgi.WSGIHandler'>
{'signal': <django.dispatch.dispatcher.Signal object
This is view
```

图 11-50　请求信息

11.10.2 自定义信号

当 Django 内置的信号机制无法满足开发需求的时候，我们通过自定义信号实现。在自定义信号之前，首先了解一下信号类的定义过程，在 Python 安装目录下打开 Django 源码文件 Lib\site-packages\django\dispatch\dispatcher.py，如图 11-51 所示。

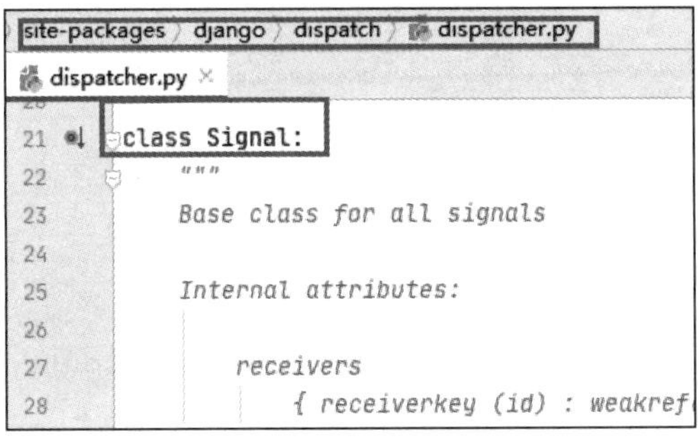

图 11-51　源码文件 dispatcher.py

信号类 Signal 的初始化函数 __init__() 设置了参数 providing_args 和 use_caching，每个参数的说明如下：

（1）参数 providing_args 是设置信号的回调函数的参数**kwargs。
（2）参数 use_caching 是否使用缓存，默认值为 False。

信号类 Signal 还定义了 8 个方法，每个方法在源码上已有英文注释，本书只列举常用方法，分别有 connect()，disconnect() 和 send()，它们的详细说明如下：

（1）connect() 将信号与回调函数进行绑定操作。
（2）disconnect() 将信号与回调函数进行解绑操作。
（3）send() 是触发信号，使信号执行回调函数。

大致了解信号类 Signal 的定义过程后，我们尝试自定义信号，自定义信号是对信号类 Signal 执行实例化操作，通过实例化对象设置回调函数，从而完成自定义过程。

以 MyDjango 为例，为了更好地演示自定义信号的应用，在项目应用 index 的 models.py 中定义模型 PersonInfo，定义过程如下：

```python
# index 的 models.py
from django.db import models
class PersonInfo(models.Model):
    id = models.AutoField(primary_key=True)
    name = models.CharField(max_length=20)
    age = models.IntegerField()

    def __str__(self):
        return self.name
    class Meta:
        verbose_name = '人员信息'
```

模型 PersonInfo 定义成功后执行数据迁移，在 Sqlite3 数据库中生成对应的数据表；然后在 MyDjango 文件夹的 sg.py 文件中自定义信号 my_signals 和回调函数 mySignal()，代码如下：

```python
# MyDjango的sg.py
from index.models import PersonInfo
from django.dispatch import Signal

my_signals = Signal()
# 注册信号的回调函数
def mySignal(sender, **kwargs):
    print('sender is ', sender)
    print('kwargs is ', kwargs)
    print(PersonInfo.objects.all())
# 将自定义的信号my_signals与回调函数mySignal绑定
my_signals.connect(mySignal)
# 如果一个信号有多个回调函数，可以通过connect()和disconnect()进行切换
# my_signals.disconnect(mySignal)
```

在上述代码中，我们将信号类 Signal 实例化生成 my_signals 对象，再由 my_signals 对象调用方法 connect()绑定回调函数 mySignal()，回调函数 mySignal()分别输出参数 sender、kwargs 和模型 PersonInfo 的全部数据。

最后在 MyDjango 的 urls.py、index 的 urls.py 和 views.py 定义路由 index 和视图函数 index()，代码如下：

```python
# MyDjango的urls.py
from django.urls import path, include
urlpatterns = [
    # 指向index的路由文件urls.py
    path('', include(('index.urls', 'index'), namespace='index')),
]

# index的urls.py
from django.urls import path
from .views import *
urlpatterns = [
    # 定义路由
    path('', index, name='index'),
]

# index的views.py
from django.http import HttpResponse
from MyDjango.sg import my_signals
def index(request):
    # 使用自定义信号
    print('已连接信号')
    my_signals.send(sender='MySignals', name='xyh', age=18)
    return HttpResponse('请求成功')
```

视图函数 index()导入 sg.py 的实例化对象 my_signals，并由实例化对象 my_signals 调用 send()方法触发信号，使自定义信号执行回调函数 mySignal()。

send()方法传入 3 个参数,分别为 sender、name 和 age,参数 sender 作为回调函数的参数 sender,参数 name 和 age 作为回调函数的参数**kwargs。

在 PyChram 中运行 MyDjango,打开浏览器访问 http://127.0.0.1:8000/,查看 PyChram 的 Run 窗口并找到回调函数 mySignal()的参数内容,如图 11-52 所示。

```
已连接信号
sender is  MySignals
kwargs is  {'signal': <django.dispatch.dispatcher.Signal object at
<QuerySet []>
Not Found: /favicon.ico
```

图 11-52　mySignal()的参数内容

11.10.3　订单创建与取消

信号机制在实际开发中有广泛的应用场景,以订单的创建与取消为例,使用信号机制如何实现订单状态与商品库存的动态变化。

业务场景描述如下:用户在商城中购买商品,在购买过程中系统会根据商品购买信息生成订单,当用户成功创建订单,则说明当前交易正式生效,商品库存应根据订单的购买数量进行递减;如果用户取消订单,则发生了退货行为,商品重新进入商品库存中,商品库存应根据订单的退货数量进行递加。总得来说,只要创建或取消订单,商品的库存数量应执行相应操作。

以 MyDjango 为例,在项目应用 index 的 models.py 中定义 ProductInfo 和 OrderInfo,定义过程如下:

```python
# index 的 models.py
from django.db import models

class ProductInfo(models.Model):
    id = models.AutoField(primary_key=True)
    name = models.CharField(max_length=20)
    number = models.IntegerField()

    def __str__(self):
        return self.name
    class Meta:
        verbose_name = '产品信息'
        verbose_name_plural = '产品信息'

STATE = (
    (0, '取消'),
    (1, '创建'),
)

class OrderInfo(models.Model):
    id = models.AutoField(primary_key=True)
    buyer = models.CharField(max_length=20)
```

```python
    product_id = models.IntegerField()
    state = models.IntegerField(choices=STATE, default=1)

    def __str__(self):
        return self.buyer
    class Meta:
        verbose_name = '订单信息'
        verbose_name_plural = '订单信息'
```

模型 OrderInfo 的字段 product_id 设为整数类型，它与模型 ProductInfo 的主键 ID 相关联，模型字段 product_id 不设为 ForeignKey 类型是减少模型 OrderInfo 和 ProductInfo 的耦合；模型字段 state 代表订单的当前状态，参数 choices 设置字段的可选值，使字段值只能为 0 或 1。

模型 OrderInfo 和 ProductInfo 定义后执行数据迁移，在 MyDjango 的 Sqlite3 数据库中生成相应的数据表，只要订单状态发生改变，商品库存也要相应变化，即模型 OrderInfo 的数据发生变化，模型 ProductInfo 也要随之变化，使用内置信号 post_save 即可满足开发需求。我们在 sg.py 中定义内置信号 post_save 的回调函数 signal_orders()，定义过程如下：

```python
# MyDjango 的 sg.py
from django.db.models.signals import post_save
from index.models import OrderInfo, ProductInfo

# 设置内置信号 post_save 的回调函数 signal_post_save
def signal_orders(sender, **kwargs):
    print("pre_save is coming")
    # 输出 sender 的数据
    print(sender)
    # 输出 kwargs 的所有数据
    print(kwargs)
    # instance 代表当前修改或新增的模型对象
    instance = kwargs.get('instance')
    # created 判断当前操作是否在模型中新增数据，若新增数据则为 True
    created = kwargs.get('created')
    # using 代表当前使用的数据库
    # 如果连接了多个数据库，则显示当前修改或新增的数据表所在数据库的名称
    using = kwargs.get('using')
    # update_fields 控制需要更新的字段，默认为 None
    update_fields = kwargs.get('update_fields')

    # 当订单状态等于 0 的时候，说明订单已经取消，商品数量加 1
    if instance.state == 0:
        p = ProductInfo.objects.get(id=instance.product_id)
        p.number += 1
        p.save()
    # 当订单状态等于 1 说明订单是新增，商品数量减 1
    elif instance.state == 1:
        p = ProductInfo.objects.get(id=instance.product_id)
        p.number -= 1
        p.save()
# 将内置信号 post_save 与回调函数 signal_post_save 绑定
```

```
post_save.connect(signal_orders, sender=OrderInfo)
```

回调函数 signal_orders()从参数 instance 的 state 获取当前订单状态并进行判断，如果订单状态等于 0，说明订单已经取消，商品数量加 1；如果订单状态等于 1，说明订单是新增，商品数量减 1。参数 instance 从函数参数 kwargs 获取，函数参数 sender 和 kwargs 的说明如下：

（1）参数 sender 是模型 OrderInfo 的实例化对象，由 post_save.connect(signal_orders, sender=OrderInfo)的 sender=OrderInfo 设置。

（2）参数 kwargs 代表当前信号的模型对象，包括参数 instance、created、using 和 update_fields，各个参数说明在代码注释中已有说明，此处不再重复讲述。

最后在 MyDjango 的 urls.py、index 的 urls.py 和 views.py 定义路由 create、cancel 以及视图函数 creatView()、cancelView()，代码如下：

```python
# MyDjango 的 urls.py
from django.urls import path, include
urlpatterns = [
    # 指向 index 的路由文件 urls.py
    path('',include((('index.urls','index'),namespace='index')),
]

# index 的 urls.py
from django.urls import path
from .views import *
urlpatterns = [
    # 定义路由
    path('create/', creatView, name='create'),
    path('cancel/', cancelView, name='cancel'),
]

# index 的 views.py
from django.http import HttpResponse
from MyDjango.sg import *

# 创建订单，触发 post_save 信号
def creatView(request):
    product_id = request.GET.get('product_id', '')
    buyer = request.GET.get('buyer', '')
    if product_id and buyer:
        o = OrderInfo(product_id=product_id, buyer=buyer)
        o.save()
        return HttpResponse('订单创建成功')
    return HttpResponse('参数无效')

# 如果使用 update()修改数据，不会触发 post_save 信号
# 取消订单，触发 post_save 信号
def cancelView(request):
    id = request.GET.get('id', '')
    if id:
        o = OrderInfo.objects.get(id=int(id))
```

```
    # 判断订单状态
    if o.state == 1:
        o.state = 0
        o.save()
        return HttpResponse('订单取消成功')
    return HttpResponse('订单不符合取消条件')
return HttpResponse('参数无效')
```

视图函数 creatView()和 cancelView()在操作模型 OrderInfo 的时候，不能使用 ORM 定义的 create()和 update()方法操作模型数据，否则无法触发内置信号 post_save。

为了更好地验证内置信号 post_save 的触发过程，我们使用 Navicat Premium 12 工具连接 MyDjango 的 Sqlite3 数据库文件，在数据表 index_productinfo 输入商品信息，如图 11-53 所示。

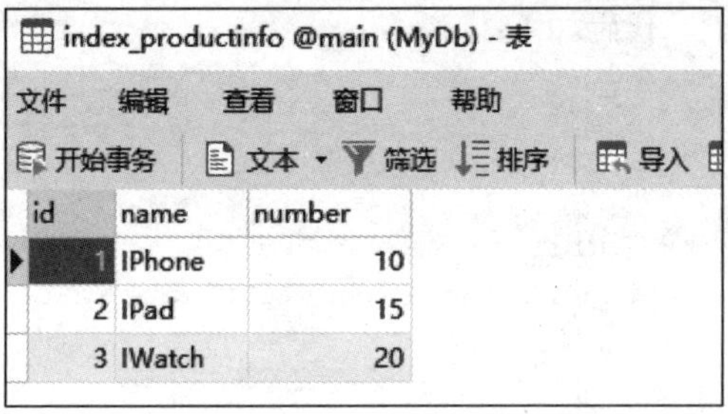

图 11-53　数据表 index_productinfo

运行 MyDjango，在浏览器中访问 http://127.0.0.1:8000/create/?buyer=Tom&product_id=1，程序根据请求参数创建订单信息，并触发内置信号 post_save 的回调函数 signal_orders()，分别查看数据表 index_productinfo 和 index_orderinfo，如图 11-54 所示。

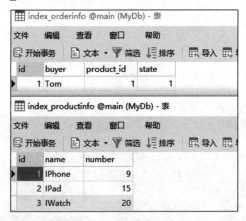

图 11-54　数据表 index_productinfo 和 index_orderinfo

在浏览器中访问 http://127.0.0.1:8000/cancel/?id=1，请求参数 id 是数据表 index_orderinfo 的主键 ID，代表当前请求是取消 id=1 的订单，请求成功后再查看数据表 index_productinfo 和 index_orderinfo，如图 11-55 所示。

图 11-55　数据表 index_productinfo 和 index_orderinfo

11.11　本章小结

Django 为开发者提供了常见的 Web 应用程序，如会话控制、缓存机制、CSRF 防护、消息框架、分页功能、国际化和本地化、单元测试和自定义中间件。内置的 Web 应用程序大大优化了网站性能，并且完善了安全防护机制，同时也提高了开发者的开发效率。

Django 内置的会话控制简称为 Session，可以为用户提供基础的数据存储。数据主要存储在服务器上，并且网站的任意站点都能使用会话数据。当用户第一次访问网站时，网站的服务器将自动创建一个 Session 对象，该 Session 对象相当于该用户在网站的一个身份凭证，而且 Session 能存储该用户的数据信息。当用户在网站的页面之间跳转时，存储在 Session 对象中的数据不会丢失，只有 Session 过期或被清理时，服务器才将 Session 中存储的数据清空并终止该 Session。

Django 提供 5 种不同的缓存方式，每种缓存方式说明如下：

- Memcached：一个高性能的分布式内存对象缓存系统，用于动态网站，以减轻数据库负载。通过在内存中缓存数据和对象来减少读取数据库的次数，从而提高网站的响应速度。使用 Memcached 需要安装 Memcached 系统服务器，Django 通过 python-memcached 或 pylibmc 模块调用 Memcached 系统服务器，实现缓存读写操作，适合超大型网站使用。
- 数据库缓存：缓存信息存储在网站数据库的缓存表中，缓存表可以在项目的配置文件中配置，适合大中型网站使用。
- 文件系统缓存：缓存信息以文本文件格式保存，适合中小型网站使用。
- 本地内存缓存：Django 默认的缓存保存方式，将缓存存放在计算机的内存中，只适用于项目开发测试。
- 虚拟缓存：Django 内置的虚拟缓存，实际上只提供缓存接口，并不能存储缓存数据，只适用于项目开发测试。

在用户提交表单时，表单会自动加入 csrfmiddlewaretoken 隐藏控件，这个隐藏控件的值会与网站后台保存的 csrfmiddlewaretoken 进行匹配，只有匹配成功，网站才会处理表单数据。这种防护机制称为 CSRF 防护，原理如下：

（1）在用户访问网站时，Django 在网页表单中生成一个隐藏控件 csrfmiddlewaretoken，控件属性 value 的值是由 Django 随机生成的。

（2）当用户提交表单时，Django 校验表单的 csrfmiddlewaretoken 是否与自己保存的 csrfmiddlewaretoken 一致，用来判断当前请求是否合法。

（3）如果用户被 CSRF 攻击并从其他地方发送攻击请求，由于其他地方不可能知道隐藏控件 csrfmiddlewaretoken 的值，因此导致网站后台校验 csrfmiddlewaretoken 失败，攻击就被成功防御。

消息框架由中间件 SessionMiddleware、MessageMiddleware 和 INSTALLED_APPS 的 django.contrib.messages 和 django.contrib.sessions 共同实现。消息提示定义了 5 种消息类型，每种类型设置了不同的级别。

消息框架的源码文件 api.py 中定义了消息框架的使用方法，它一共定义 9 个函数，每个函数的说明如下：

- add_message()：为用户添加消息提示。参数 request 代表当前用户的请求对象；参数 level 是消息类型或级别；参数 message 为消息内容；参数 extra_tags 是自定义消息提示的标记，可在模板里生成上下文；参数 fail_silently 在禁用中间件 MessageMiddleware 的情况下还能添加消息提示，一般情况下使用默认值即可。
- get_messages()：获取用户的消息提示。参数 request 代表当前用户的请求对象。
- get_level()：获取用户所有消息提示最低级别的值。参数 request 代表当前用户的请求对象。
- set_level()：对不同类型的消息提示进行筛选处理，参数 request 代表当前用户的请求对象；参数 level 是消息类型或级别，从用户的消息提示筛选并保留比参数 level 级别高的消息提示。
- debug()：添加消息类型为 debug 的消息提示。
- info()：添加消息类型为 info 的消息提示。
- success()：添加消息类型为 success 的消息提示。
- warning()：添加消息类型为 warning 的消息提示。
- error()：添加消息类型为 error 的消息提示。

Django 分页功能由 Paginator 类和 Page 类实现。Paginator 类一共定义了 4 个初始化参数和 8 个类方法，每个初始化参数和类方法的说明如下：

- object_list：必选参数，代表需要进行分页处理的数据，参数值可以为列表、元组或 ORM 查询的数据对象等。
- per_page：必选参数，设置每一页的数据量，参数值必须为整型。
- orphans：可选参数，如果最后一页的数据量小于或等于参数 orphans 的值，就将最后一页的数据合并到前一页的数据。比如有 23 行数据，若参数 per_page=10、orphans=5，则数据分页后的总页数为 2，第一页显示 10 行数据，第二页显示 13 行数据。
- allow_empty_first_page：可选参数，是否允许第一页为空。如果参数值为 False 并且参数 object_list 为空列表，就会引发 EmptyPage 错误。
- validate_number()：验证当前页数是否大于或等于 1。

- get_page()：调用 validate_number()验证当前页数是否有效，函数返回值调用 page()。
- page()：根据当前页数对参数 object_list 进行切片处理，获取页数所对应的数据信息，函数返回值调用_get_page()。
- _get_page()：调用 Page 类，并将当前页数和页数所对应的数据信息传递给 Page 类，创建当前页数的数据对象。
- count()：获取参数 object_list 的数据长度。
- num_pages()：获取分页后的总页数。
- page_range()：将分页后的总页数生成可循环对象。
- _check_object_list_is_ordered()：如果参数 object_list 是 ORM 查询的数据对象，并且该数据对象的数据是无序排列的，就提示警告信息。

Page 类一共定义了 3 个初始化参数和 7 个类方法，每个初始化参数和类方法的说明如下：

- object_list：必选参数，代表已切片处理的数据对象。
- number：必选参数，代表用户传递的页数。
- paginator：必选参数，代表 Paginator 类的实例化对象。
- has_next()：判断当前页数是否存在下一页。
- has_previous()：判断当前页数是否存在上一页。
- has_other_pages()：判断当前页数是否存在上一页或者下一页。
- next_page_number()：如果当前页数存在下一页，就输出下一页的页数，否则抛出 EmptyPage 异常。
- previous_page_number()：如果当前页数存在上一页，就输出上一页的页数，否则抛出 EmptyPage 异常。
- start_index()：输出当前页数的第一行数据在整个数据列表的位置，数据位置从 1 开始计算。
- end_index()：输出当前页数的最后一行数据在整个数据列表的位置，数据位置从 1 开始计算。

国际化和本地化是指使用不同语言的用户在访问同一个网页时能够看到符合其自身语言的网页内容。国际化是指在 Django 的路由、视图、模板、模型和表单里使用内置函数配置翻译功能；本地化是根据国际化的配置内容进行翻译处理。简单来说，国际化和本地化是让整个网站的每个网页具有多种语言的切换方式。

单元测试还可以驱动功能开发，比如我们知道需要实现的功能，但并不知道代码如何编写，这时就可以利用测试驱动开发（Test Driven Development）。首先完成单元测试的代码编写，然后编写网站的功能代码，直到功能代码不再报错，这样就完成网站功能的开发了。

一个完整的中间件设有 5 个钩子函数，Django 对用户请求到网站响应的过程进行阶段划分，每个阶段对应执行某个钩子函数，每个钩子函数的运行说明如下：

- __init__()：初始化函数，运行 Django 将自动执行该函数。
- process_request()：完成请求对象的创建，但用户访问的网址尚未与网站的路由地址匹配。
- process_view()：完成用户访问的网址与路由地址的匹配，但尚未执行视图函数。

- process_exception()：在执行视图函数的期间发生异常，比如代码异常、主动抛出 404 异常等。
- process_response()：完成视图函数的执行，但尚未将响应内容返回浏览器。

Django 3 内置的异步功能说明如下：

（1）asgi.py 文件用于启动 ASGI 服务；wsgi.py 文件用于启动 WSGI 服务。ASGI 服务是 WSGI 服务的扩展，两个服务之间各自独立运行互不干扰，Django 中定义的所有路由都可以在 WSGI 服务和 ASGI 服务访问。

（2）异步视图是 Django 3.1 的新增功能，异步视图能在 ASGI 服务和 WSGI 服务中运行，并且同步视图只能调用同步任务，异步视图只能调用异步任务，如果同步视图调用异步任务或异步视图调用同步任务，程序就会提示 RuntimeError 异常。

（3）如果同步视图调用异步任务或者异步视图调用同步任务，可以使用 asgiref 模块的 async_to_sync()或 sync_to_async()进行转换，但同步任务转为异步任务的时候，同步任务并没有添加异步特性，只是满足了异步视图的调用。

（4）异步视图和同步视图的区别在于是否使用 Python 的内置模块 asyncio 和关键词 Async/Await 定义视图，它们与 ASGI 服务和 WSGI 服务没有太大关联，异步视图和同步视图都能在 ASGI 服务和 WSGI 服务进行访问。

信号机制是执行 Django 某些操作的时候而触发的，例如在保存模型数据之前将触发内置信号 pre_save、保存模型数据之后将触发内置信号 post_save 等。同时，为了满足实际的业务场景，Django 允许开发者自定义信号。

第 12 章

第三方功能应用

因为 Django 具有很强的可扩展性，所以延伸了第三方功能应用。通过本章的学习，读者能够在网站开发过程中快速实现 API 接口开发、验证码生成与使用、站内搜索引擎、第三方网站实现用户注册、异步任务和定时任务、即时通信等功能。

12.1 Django Rest Framework 框架

API 接口简称 API，它与网站路由的实现原理相同。当用户使用 GET 或者 POST 方式访问 API 时，API 以 JSON 或字符串的数据内容返回给用户，网站的路由返回的是 HTML 网页信息，这与 API 返回的数据格式有所不同。

12.1.1 DRF 的安装与配置

开发网站的 API 可以在视图函数中使用响应类 JsonResponse 实现，它将字典格式的数据作为响应内容。使用响应类 JsonResponse 开发 API 需要根据用户请求信息构建字典格式的数据内容，数据构建的过程可能涉及模型的数据查询、数据分页处理等业务逻辑，这种方式开发 API 很容易造成代码冗余，不利于功能的变更和维护。

为了简化 API 的开发过程，我们可以使用 Django Rest Framework 框架实现 API 开发。使用框架开发不仅能减少代码冗余，还可以规范代码的编写格式，这对企业级开发来说很有必要，毕竟每个开发人员的编程风格存在一定的差异，开发规范化可以方便其他开发人员查看和修改。

在使用 Django Rest Framework 之前，首先安装 Django Rest Framework 框架，建议使用 pip 完成安装，安装指令如下：

```
pip install djangorestframework
```

框架安装成功后,通过简单的例子来讲述如何在 Django 中配置 Django Rest Framework 的功能。以 MyDjango 为例,在项目应用 index 中创建 serializers.py 文件,该文件用于定义 Django Rest Framework 的序列化类;然后在 MyDjango 的 settings.py 中设置功能配置,功能配置如下:

```python
# MyDjango 的 settings.py
INSTALLED_APPS = [
    'django.contrib.admin',
    'django.contrib.auth',
    'django.contrib.contenttypes',
    'django.contrib.sessions',
    'django.contrib.messages',
    'django.contrib.staticfiles',
    'index',
    # 添加 Django Rest Framework 框架
    'rest_framework'
]
# Django Rest Framework 框架设置信息
# 分页设置
REST_FRAMEWORK = {'DEFAULT_PAGINATION_CLASS':
    'rest_framework.pagination.PageNumberPagination',
    # 每页显示多少条数据
    'PAGE_SIZE': 2
}
```

上述配置信息用于实现 Django Rest Framework 的功能配置,配置说明如下:

(1) 在 INSTALLED_APPS 中添加 API 框架的功能配置,这样能使 Django 在运行过程中自动加载 Django Rest Framework 的功能。

(2) 配置属性 REST_FRAMEWORK 以字典的形式表示,用于设置 Django Rest Framework 的分页功能。

完成 settings.py 的配置后,下一步定义项目的数据模型。在 index 的 models.py 中分别定义模型 PersonInfo 和 Vocation,代码如下:

```python
# index 的 models.py
from django.db import models
class PersonInfo(models.Model):
    id = models.AutoField(primary_key=True)
    name = models.CharField(max_length=20)
    age = models.IntegerField()
    hireDate = models.DateField()
    def __str__(self):
        return self.name
    class Meta:
        verbose_name = '人员信息'

class Vocation(models.Model):
    id = models.AutoField(primary_key=True)
```

```
    job = models.CharField(max_length=20)
    title = models.CharField(max_length=20)
    payment = models.IntegerField(null=True, blank=True)
    name = models.ForeignKey(PersonInfo,on_delete=models.Case)
    def __str__(self):
        return str(self.id)
    class Meta:
        verbose_name = '职业信息'
```

将定义好的模型执行数据迁移，在项目的 db.sqlite3 数据库文件中生成数据表，并对数据表 index_personinfo 和 index_vocation 添加数据内容，如图 12-1 所示。

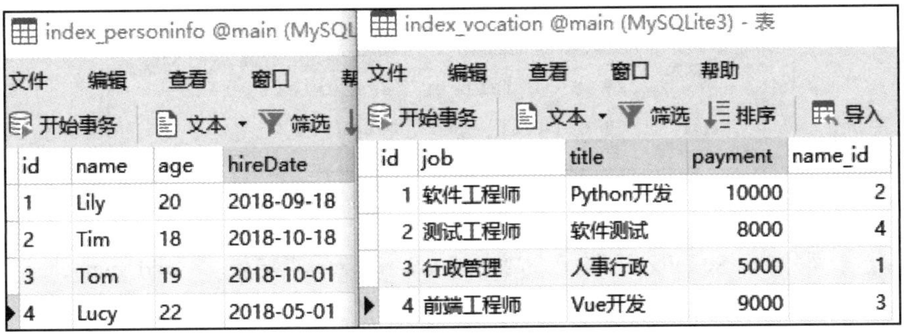

图 12-1　数据表 index_personinfo 和 index_vocation

12.1.2　序列化类 Serializer

项目环境搭建完成后，我们将使用 Django Rest Framework 快速开发 API。首先在项目应用 index 的 serializers.py 中定义序列化类 MySerializer，代码如下：

```
# index 的 serializers.py
from rest_framework import serializers
from .models import PersonInfo, Vocation
# 定义 Serializer 类
# 设置模型 Vocation 的字段 name 的下拉内容
nameList = PersonInfo.objects.values('name').all()
NAME_CHOICES = [item['name'] for item in nameList]
class MySerializer(serializers.Serializer):
    id = serializers.IntegerField(read_only=True)
    job = serializers.CharField(max_length=100)
    title = serializers.CharField(max_length=100)
    payment = serializers.CharField(max_length=100)
    # name=serializers.ChoiceField(choices=NAME_CHOICES,default=1)
    # 模型 Vocation 的字段 name 是外键字段，它指向模型 PersonInfo
    # 因此，外键字段可以使用 PrimaryKeyRelatedField
    name = serializers.PrimaryKeyRelatedField(queryset=nameList)

    # 重写 create 函数，将 API 数据保存到数据表 index_vocation 中
    def create(self, validated_data):
        return Vocation.objects.create(**validated_data)
```

```
# 重写update函数,将API数据更新到数据表index_vocation中
def update(self, instance, validated_data):
    return instance.update(**validated_data)
```

自定义序列化类 MySerializer 继承父类 Serializer,父类 Serializer 是由 Django Rest Framework 定义的,它的定义过程与表单类 Form 十分相似。在 PyCharm 里打开父类 Serializer 的源码文件,分析序列化类 Serializer 的定义过程,如图 12-2 所示。

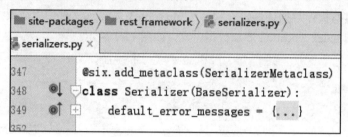

图 12-2 Serializer 的定义过程

从图 12-2 得知,Serializer 继承父类 BaseSerializer,装饰器 add_metaclass 设置元类 SerializerMetaclass。我们以流程图的形式说明 Serializer 的继承关系,如图 12-3 所示。

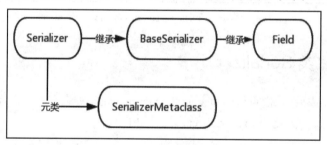

图 12-3 Serializer 的继承关系

自定义序列化类 MySerializer 的字段对应模型 Vocation 的字段,序列化字段的数据类型可以在 Django Rest Framework 的源码文件 fields.py 中找到定义过程,它们都继承父类 Field,序列化字段的数据类型与表单字段的数据类型相似,此处不再详细讲述。

在定义序列化字段的时候,每个序列化字段允许设置参数信息,我们分析父类 Field 的初始化参数,它们适用于所有序列化字段的参数设置,参数说明如下:

- read_only:设置序列化字段的只读属性。
- write_only:设置序列化字段的编辑属性。
- required:设置序列化字段的数据是否为空,默认值为 True。
- default:设置序列化字段的默认值。
- initial:设置序列化字段的初始值。
- source:为序列化字段指定一个模型字段来源,如(email='user.email')。
- label:用于生成 label 标签的网页内容。
- help_text:设置序列化字段的帮助提示信息。
- style:以字典格式表示,控制模板引擎如何渲染序列化字段。

- error_messages：设置序列化字段的错误信息，以字典格式表示，包含 null、blank、invalid、invalid_choice、unique 等键值。
- validators：与表单类的 validators 相同，这是自定义数据验证规则，以列表格式表示，列表元素为数据验证的函数名。
- allow_null：设置序列化字段是否为 None，若为 True，则序列化字段的值允许为 None。

自定义序列化类 MySerializer 还定义了关系字段 name，重写了父类 BaseSerializer 的 create 和 update 函数。关系字段可以在源码文件 rclations.py 中找到定义过程，每个关系字段都有代码注释说明，本节不再重复讲述。

下一步使用序列化类 MySerializer 实现 API 开发，在 index 的 urls.py 中分别定义路由 myDef 和路由 myClass，路由信息的代码如下：

```python
# index 的 urls.py
from django.urls import path
from .views import *
urlpatterns = [
    # 视图函数
    path('', vocationDef, name='myDef'),
    # 视图类
    path('myClass/',vocationClass.as_view(),name='myClass'),
]
```

路由 myDef 对应视图函数 vocationDef，它以视图函数的方式使用 MySerializer 实现模型 Vocation 的 API 接口；路由 myClass 对应视图类 vocationClass，它以视图类的方式使用 MySerializer 实现模型 Vocation 的 API 接口。因此，视图函数 vocationDef 和视图类 vocationClass 的定义过程如下：

```python
# index 的 views.py
from .models import PersonInfo, Vocation
from .serializers import MySerializer
from rest_framework.views import APIView
from rest_framework.response import Response
from rest_framework import status
from rest_framework.pagination import PageNumberPagination
from rest_framework.decorators import api_view
@api_view(['GET', 'POST'])
def vocationDef(request):
    if request.method == 'GET':
        q = Vocation.objects.all()
        # 分页查询，需要在 settings.py 中设置 REST_FRAMEWORK 属性
        pg = PageNumberPagination()
        p=pg.paginate_queryset(queryset=q, request=request)
        # 将分页后的数据传递给 MySerializer，生成 JSON 数据对象
        serializer = MySerializer(instance=p, many=True)
        # 返回对象 Response 由 Django Rest Framework 实现
        return Response(serializer.data)
    elif request.method == 'POST':
        # 获取请求数据
```

```python
        data = request.data
        id = data['name']
        data['name']=PersonInfo.objects.filter(id=id).first()
        instance = Vocation.objects.filter(id=data.get('id', 0))
        if instance:
            # 修改数据
            MySerializer().update(instance, data)
        else:
            # 创建数据
            MySerializer().create(data)
        return Response('Done', status=status.HTTP_201_CREATED)

class vocationClass(APIView):
    # GET 请求
    def get(self, request):
        q = Vocation.objects.all()
        # 分页查询,需要在 settings.py 中设置 REST_FRAMEWORK 属性
        pg = PageNumberPagination()
        p=pg.paginate_queryset(queryset=q,request=request,view=self)
        # 将分页后的数据传递给 MySerializer, 生成 JSON 数据对象
        serializer = MySerializer(instance=p, many=True)
        # 返回对象 Response 由 Django Rest Framework 实现
        return Response(serializer.data)

    # POST 请求
    def post(self, request):
        data = request.data
        id = data['name']
        data['name'] = PersonInfo.objects.filter(id=id).first()
        instance = Vocation.objects.filter(id=data.get('id', 0))
        if instance:
            # 修改数据
            MySerializer().update(instance, data)
        else:
            # 创建数据
            MySerializer().create(data)
        return Response('Done', status=status.HTTP_201_CREATED)
```

视图函数 vocationDef 和视图类 vocationClass 实现的功能是一致的,若使用视图函数开发 API 接口,则必须对视图函数使用装饰器 api_view;若使用视图类,则必须继承父类 APIView,这是 Django Rest Framework 明确规定的。上述的视图函数 vocationDef 和视图类 vocationClass 对 GET 请求和 POST 请求进行不同的处理。

当用户在浏览器上访问路由 myDef 或路由 myClass 的时候,视图函数 vocationDef 或视图类 vocationClass 将接收 GET 请求,该请求的处理过程说明如下:

(1)视图函数 vocationDef 或视图类 vocationClass 查询模型 Vocation 所有数据,并将数据进行分页处理。

(2)分页功能由 Django Rest Framework 的 PageNumberPagination 实现,它是在 Django 内置

分页功能的基础上进行封装的,分页属性设置在 settings.py 的 REST_FRAMEWORK 中。

(3)分页后的数据传递给序列化类 MySerializer,转化成 JSON 数据,最后由 Django Rest Framework 框架的 Response 完成用户响应。

运行 MyDjango,分别访问路由 myDef 和路由 myClass,发现两者返回的网页内容是一致的。如果在路由地址中设置请求参数 page,就可以获取某分页的数据信息,如图 12-4 所示。

图 12-4　运行结果

用户向路由 myDef 或路由 myClass 发送 POST 请求时,视图函数 vocationDef 或视图类 vocationClass 的处理过程说明如下:

(1)视图函数 vocationDef 或视图类 vocationClass 获取请求参数,将请求参数 id 作为模型字段 id 的查询条件,在模型 Vocation 中进行数据查询。

(2)如果存在查询对象,就说明模型 Vocation 已存在相应的数据信息,当前 POST 请求将视为修改模型 Vocation 的已有数据。

(3)如果不存在查询对象,就把当前请求的数据信息添加在模型 Vocation 中。

在图 12-4 的网页正下方找到 Content 文本框,以模型 Vocation 的字段编写单个 JSON 数据,单击 "POST" 按钮即可实现数据的新增或修改,如图 12-5 所示。

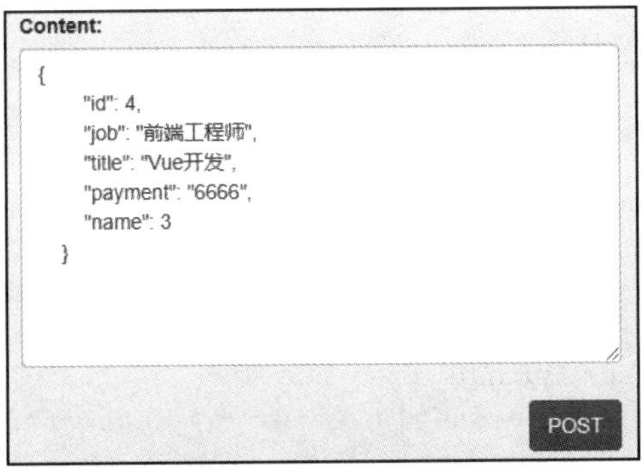

图 12-5　新增或修改数据

12.1.3　模型序列化类 ModelSerializer

序列化类 Serializer 可以与模型结合使用,从而实现模型的数据读写操作。但序列化类 Serializer 定义的字段必须与模型字段相互契合,否则在使用过程中很容易提示异常信息。为了简化序列化类

Serializer 的定义过程,Django Rest Framework 定义了模型序列化类 ModelSerializer,它与模型表单 ModelForm 的定义和使用十分相似。

以 12.1.2 小节的 MyDjango 为例,将自定义的 MySerializer 改为 VocationSerializer,序列化类 VocationSerializer 继承父类 ModelSerializer,它能与模型 Vocation 完美结合,无须开发者定义序列化字段。在 index 的 serializers.py 中定义 VocationSerializer,代码如下:

```python
# index 的 serializers.py
from rest_framework import serializers
from .models import Vocation
# 定义 ModelSerializer 类
class VocationSerializer(serializers.ModelSerializer):
    class Meta:
        model = Vocation
        fields = '__all__'
        # fields=('id','job','title','payment','name')
```

分析 VocationSerializer 得知,属性 model 将模型 Vocation 与 ModelSerializer 进行绑定;属性 fields 用于设置哪些模型字段转化为序列化字段,属性值__all__代表模型所有字段转化为序列化字段,如果只设置部分模型字段,属性 fields 的值就可以使用元组或列表表示,元组或列表的每个元素代表一个模型字段。

下一步重新定义视图函数 vocationDef 和视图类 vocationClass,使用模型序列化类 VocationSerializer 实现模型 Vocation 的 API 接口。视图函数 vocationDef 和视图类 vocationClass 的代码如下:

```python
# index 的 views.py
from .models import PersonInfo, Vocation
from .serializers import VocationSerializer
from rest_framework.views import APIView
from rest_framework.response import Response
from rest_framework import status
from rest_framework.pagination import PageNumberPagination
from rest_framework.decorators import api_view
@api_view(['GET', 'POST'])
def vocationDef(request):
    if request.method == 'GET':
        q = Vocation.objects.all().order_by('id')
        # 分页查询,需要在 settings.py 中设置 REST_FRAMEWORK 属性
        pg = PageNumberPagination()
        p = pg.paginate_queryset(queryset=q, request=request)
        # 将分页后的数据传递给 MySerializer,生成 JSON 数据对象
        serializer = VocationSerializer(instance=p, many=True)
        # 返回对象 Response 由 Django Rest Framework 实现
        return Response(serializer.data)
    elif request.method == 'POST':
        # 获取请求数据
        id = request.data.get('id', 0)
        # 判断请求参数 id 在模型 Vocation 中是否存在
        # 若存在,则执行数据修改;否则新增数据
```

```python
        operation = Vocation.objects.filter(id=id).first()
        # 数据验证
        serializer = VocationSerializer(data=request.data)
        if serializer.is_valid():
            if operation:
                data = request.data
                id = data['name']
                data['name']=PersonInfo.objects.filter(id=id).first()
                serializer.update(operation, data)
            else:
                # 保存到数据库
                serializer.save()
            # 返回对象 Response 由 Django Rest Framework 实现
            return Response(serializer.data)
        return Response(serializer.errors, status=404)

class vocationClass(APIView):
    # GET 请求
    def get(self, request):
        q = Vocation.objects.all().order_by('id')
        # 分页查询,需要在 settings.py 中设置 REST_FRAMEWORK 属性
        pg = PageNumberPagination()
        p=pg.paginate_queryset(queryset=q,request=request,view=self)
        serializer = VocationSerializer(instance=p, many=True)
        # 返回对象 Response 由 Django Rest Framework 实现
        return Response(serializer.data)

    # POST 请求
    def post(self, request):
        # 获取请求数据
        id = request.data.get('id', 0)
        operation = Vocation.objects.filter(id=id).first()
        # 数据验证
        serializer = VocationSerializer(data=request.data)
        if serializer.is_valid():
            if operation:
                data = request.data
                id = data['name']
                data['name']=PersonInfo.objects.filter(id=id).first()
                serializer.update(operation, data)
            else:
                # 保存到数据库
                serializer.save()
            # 返回对象 Response 由 Django Rest Framework 实现
            return Response(serializer.data)
        return Response(serializer.errors, status=404)
```

视图函数 vocationDef 和视图类 vocationClass 的业务逻辑与 12.1.2 小节的业务逻辑是相同的,而对于 POST 请求的处理过程,本节与 12.1.2 小节实现的功能一致,但使用的函数方法有所不同。

12.1.4 序列化的嵌套使用

在开发过程中，我们需要对多个 JSON 数据进行嵌套使用，比如将模型 PersonInfo 和 Vocation 的数据组合存放在同一个 JSON 数据中，两个模型的数据通过外键字段 name 进行关联。

模型之间必须存在数据关系才能实现数据嵌套，数据关系可以是一对一、一对多或多对多的，不同的数据关系对数据嵌套的读写操作会有细微的差异。以 12.1.3 小节的 MyDjango 为例，在 index 的 serializers.py 中定义 PersonInfoSerializer 和 VocationSerializer，分别对应模型 PersonInfo 和 Vocation，模型序列化类的定义如下：

```python
# index 的 serializers.py
from rest_framework import serializers
from .models import Vocation, PersonInfo
# 定义 ModelSerializer 类
class PersonInfoSerializer(serializers.ModelSerializer):
    class Meta:
        model = PersonInfo
        fields = '__all__'


# 定义 ModelSerializer 类
class VocationSerializer(serializers.ModelSerializer):
    name = PersonInfoSerializer()
    class Meta:
        model = Vocation
        fields = ('id', 'job', 'title', 'payment', 'name')

    def create(self, validated_data):
        # 从 validated_data 中获取模型 PersonInfo 的数据
        name = validated_data.get('name', '')
        id = name.get('id', 0)
        p = PersonInfo.objects.filter(id=id).first()
        # 根据 id 判断模型 PersonInfo 是否存在数据对象
        # 若存在数据对象，则只对 Vocation 新增数据
        # 若不存在，则先对模型 PersonInfo 新增数据
        # 再对模型 Vocation 新增数据
        if not p:
            p = PersonInfo.objects.create(**name)
        data = validated_data
        data['name'] = p
        v = Vocation.objects.create(**data)
        return v

    def update(self, instance, validated_data):
        # 从 validated_data 中获取模型 PersonInfo 的数据
        name = validated_data.get('name', '')
        id = name.get('id', 0)
        p = PersonInfo.objects.filter(id=id).first()
        # 判断外键 name 是否存在模型 PersonInfo
```

```
            if p:
                # 若存在，则先更新模型 PersonInfo 的数据
                PersonInfo.objects.filter(id=id).update(**name)
            # 再更新模型 Vocation 的数据
            data = validated_data
            data['name'] = p
            id = validated_data.get('id', '')
            v = Vocation.objects.filter(id=id).update(**data)
            return v
```

从上述代码看到，序列化类 VocationSerializer 对 PersonInfoSerializer 进行实例化并赋值给变量 name，而属性 fields 的 name 代表模型 Vocation 的外键字段 name，同时也是变量 name。换句话说，序列化字段 name 代表模型 Vocation 的外键字段 name，而变量 name 作为序列化字段 name 的数据内容。

变量 name 的名称必须与模型外键字段名称或者序列化字段名称一致，否则模型外键字段或者序列化字段无法匹配变量 name，从而提示异常信息。

序列化类 VocationSerializer 还重写了数据的新增函数 create 和修改函数 update，因为不同数据关系的数据读写方式各不相同，并且不同的开发需求可能导致数据读写方式有所不同。新增函数 create 和修改函数 update 的业务逻辑较为相似，业务逻辑说明如下：

（1）从用户的请求参数（函数参数 validated_data）获取模型 PersonInfo 的主键 id，根据主键 id 查询模型 PersonInfo 是否已存在数据对象。

（2）如果存在模型 PersonInfo 的数据对象，那么 update 函数首先修改模型 PersonInfo 的数据，然后修改模型 Vocation 的数据。

（3）如果不存在模型 PersonInfo 的数据对象，那么 create 函数在模型 PersonInfo 中新增数据，然后在模型 Vocation 中新增数据，确保模型 Vocation 的外键字段 name 不为空，使两个模型之间构成一对多的数据关系。

下一步对视图函数 vocationDef 和视图类 vocationClass 的代码进行调整，代码的业务逻辑与 12.1.3 小节的相同，代码调整如下：

```python
# index 的 views.py
from .models import Vocation
from .serializers import VocationSerializer
from rest_framework.views import APIView
from rest_framework.response import Response
from rest_framework.pagination import PageNumberPagination
from rest_framework.decorators import api_view
@api_view(['GET', 'POST'])
def vocationDef(request):
    if request.method == 'GET':
        q = Vocation.objects.all().order_by('id')
        # 分页查询，需要在 settings.py 中设置 REST_FRAMEWORK 属性
        pg = PageNumberPagination()
        p = pg.paginate_queryset(queryset=q, request=request)
        # 将分页后的数据传递给 MySerializer，生成 JSON 数据对象
        serializer = VocationSerializer(instance=p, many=True)
```

```python
            # 返回对象 Response 由 Django Rest Framework 实现
            return Response(serializer.data)
        elif request.method == 'POST':
            # 获取请求数据
            id = request.data.get('id', 0)
            # 判断请求参数 id 在模型 Vocation 中是否存在
            # 若存在，则执行数据修改；否则新增数据
            operation = Vocation.objects.filter(id=id).first()
            # 数据验证
            serializer = VocationSerializer(data=request.data)
            if serializer.is_valid():
                if operation:
                    serializer.update(operation, request.data)
                else:
                    # 保存到数据库中
                    serializer.save()
                # 返回对象 Response 由 Django Rest Framework 实现
                return Response(serializer.data)
            return Response(serializer.errors, status=404)

class vocationClass(APIView):
    # GET 请求
    def get(self, request):
        q = Vocation.objects.all().order_by('id')
        # 分页查询，需要在 settings.py 中设置 REST_FRAMEWORK 属性
        pg = PageNumberPagination()
        p=pg.paginate_queryset(queryset=q,request=request,view=self)
        serializer = VocationSerializer(instance=p, many=True)
        # 返回对象 Response 由 Django Rest Framework 实现
        return Response(serializer.data)

    # POST 请求
    def post(self, request):
        # 获取请求数据
        id = request.data.get('id', 0)
        operation = Vocation.objects.filter(id=id).first()
        # 数据验证
        serializer = VocationSerializer(data=request.data)
        if serializer.is_valid():
            if operation:
                serializer.update(operation, request.data)
            else:
                # 保存到数据库
                serializer.save()
            # 返回对象 Response 由 Django Rest Framework 实现
            return Response(serializer.data)
        return Response(serializer.errors, status=404)
```

最后运行 MyDjango，在浏览器上访问 127.0.0.1:8000，模型 Vocation 的每行数据嵌套了模型 PersonInfo 的某行数据，两个模型的数据嵌套主要由模型 Vocation 的外键字段 name 实现关联，如

图 12-6 所示。

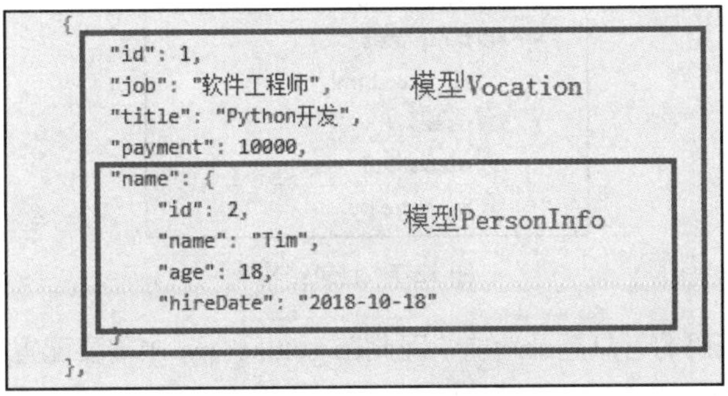

```
{
    "id": 1,
    "job": "软件工程师",      模型Vocation
    "title": "Python开发",
    "payment": 10000,
    "name": {
        "id": 2,
        "name": "Tim",        模型PersonInfo
        "age": 18,
        "hireDate": "2018-10-18"
    }
},
```

图 12-6　数据嵌套

12.2　验证码生成与使用

现在很多网站都采用验证码功能，这是反爬虫常用的策略之一。目前常用的验证码类型如下：

- 字符验证码：在图片上随机产生数字、英文字母或汉字，一般有 4 位或者 6 位验证码字符。
- 图片验证码：图片验证码采用字符验证码的技术，不再使用随机的字符，而是让用户识别图片，比如 12306 的验证码。
- GIF 动画验证码：由多张图片组合而成的动态验证码，使得识别器不容易辨识哪一张图片是真正的验证码图片。
- 极验验证码：在 2012 年推出的新型验证码，采用行为式验证技术，通过拖曳滑块完成拼图的形式实现验证，是目前比较有创意的验证码，安全性具有新的突破。
- 手机验证码：通过短信的形式发送到用户手机上面的验证码，一般为 6 位的数字。
- 语音验证码：属于手机端验证的一种方式。
- 视频验证码：视频验证码是验证码中的新秀，在视频验证码中，将随机数字、字母和中文组合而成的验证码动态嵌入 MP4、FLV 等格式的视频中，增大破解难度。

12.2.1　Django Simple Captcha 的安装与配置

如果想在 Django 中实现验证码功能，那么可以使用 PIL 模块生成图片验证码，但不建议使用这种实现方式。除此之外，还可以通过第三方应用 Django Simple Captcha 实现，验证码的生成过程由该应用自动执行，开发者只需考虑如何应用到 Django 项目中即可。Django Simple Captcha 使用 pip 安装，安装指令如下：

```
pip install django-simple-captcha
```

安装成功后，下一步讲述如何在 Django 中使用 Django Simple Captcha 生成网站验证码。以 MyDjango 项目为例，首先创建项目应用 user，并在项目应用 user 中创建 forms.py 文件；然后在 templates 文件夹中放置 user.html 文件，目录结构如图 12-7 所示。

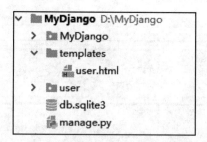

图 12-7 目录结构

本节将实现带验证码的用户登录功能，因此在 settings.py 中需要配置 INSTALLED_APPS、TEMPLATES 和 DATABASES，配置信息如下：

```
# MyDjango 的 settings.py
INSTALLED_APPS = [
    'django.contrib.admin',
    'django.contrib.auth',
    'django.contrib.contenttypes',
    'django.contrib.sessions',
    'django.contrib.messages',
    'django.contrib.staticfiles',
    'user',
    # 添加验证码功能
    'captcha'
]

TEMPLATES = [
{
'BACKEND':'django.template.backends.django.DjangoTemplates',
'DIRS': [BASE_DIR / 'templates',],
'APP_DIRS': True,
'OPTIONS': {
'context_processors': [
    'django.template.context_processors.debug',
    'django.template.context_processors.request',
    'django.contrib.auth.context_processors.auth',
    'django.contrib.messages.context_processors.messages',
],
},
},
]

DATABASES = {
    'default': {
        'ENGINE': 'django.db.backends.sqlite3',
        'NAME': BASE_DIR / 'db.sqlite3',
    }
}
```

配置属性 INSTALLED_APPS 添加了 captcha，这是将 Django Simple Captcha 的功能引入

MyDjango 项目。Django Simple Captcha 设有多种验证码的生成方式，如设置验证码的内容、图片噪点和图片大小等，这些功能设置可以在 Django Simple Captcha 的源码文件（site-packages\captcha\conf\settings.py）中查看。本节只说明验证码的常用功能设置，在 MyDjango 的 settings.py 中添加以下属性：

```python
# MyDjango 的 settings.py
# Django Simple Captcha 的基本配置
# 设置验证码的显示顺序
# 一个验证码识别包含文本输入框、隐藏域和验证码图片
# CAPTCHA_OUTPUT_FORMAT 是设置三者的显示顺序
CAPTCHA_OUTPUT_FORMAT='%(text_field)s %(hidden_field)s %(image)s'
# 设置图片噪点
CAPTCHA_NOISE_FUNCTIONS = ( # 设置样式
                    'captcha.helpers.noise_null',
                    # 设置干扰线
                    'captcha.helpers.noise_arcs',
                    # 设置干扰点
                    'captcha.helpers.noise_dots',
                    )
# 图片大小
CAPTCHA_IMAGE_SIZE = (100, 25)
# 设置图片背景颜色
CAPTCHA_BACKGROUND_COLOR = '#ffffff'
# 图片中的文字为随机英文字母
# CAPTCHA_CHALLENGE_FUNCT='captcha.helpers.random_char_challenge'
# 图片中的文字为英文单词
# CAPTCHA_CHALLENGE_FUNCT='captcha.helpers.word_challenge'
# 图片中的文字为数字表达式
CAPTCHA_CHALLENGE_FUNCT='captcha.helpers.math_challenge'
# 设置字符个数
CAPTCHA_LENGTH = 4
# 设置超时(minutes)
CAPTCHA_TIMEOUT = 1
```

上述配置主要设置验证码的显示顺序、图片噪点、图片大小、背景颜色和验证码内容，具体的配置以及配置说明可以查看源代码及注释。完成上述配置后，下一步执行数据迁移，因为验证码需要依赖数据表才能得以实现。

通过 python manage.py migrate 指令完成数据迁移，然后查看项目所生成的数据表，发现新增数据表 captcha_captchastore，如图 12-8 所示。

图 12-8　数据表 captcha_captchastore

12.2.2 使用验证码实现用户登录

完成Django Simple Captcha与MyDjango的功能搭建，下一步在用户登录页面实现验证码功能。我们将用户登录页面划分为多个不同的功能，详细说明如下：

- 用户登录页面：由表单生成，表单类在项目应用user的forms.py中定义。
- 登录验证：触发POST请求，用户信息以及验证功能由Django内置的Auth认证系统实现。
- 验证码动态刷新：由Ajax向Captcha功能应用发送GET请求完成动态刷新。
- 验证码动态验证：由Ajax向Django发送GET请求完成验证码验证。

根据上述功能进行分析，整个用户登录过程由MyDjango的urls.py和项目应用user的forms.py、urls.py、views.py和user.html共同实现。首先在项目应用user的forms.py中定义用户登录表单类，代码如下：

```python
# user 的 forms.py
# 定义用户登录表单类
from django import forms
from captcha.fields import CaptchaField
class CaptchaTestForm(forms.Form):
    username = forms.CharField(label='用户名')
    password=forms.CharField(label='密码',widget=forms.PasswordInput)
    captcha = CaptchaField()
```

从表单类CaptchaTestForm可以看到，字段captcha是由Django Simple Captcha定义的CaptchaField对象，该对象在生成HTML网页信息时，将自动生成文本输入框、隐藏控件和验证码图片。下一步在MyDjango的urls.py和项目应用user的urls.py中定义用户登录页面的路由信息，代码如下：

```python
# MyDjango 的 urls.py
from django.contrib import admin
from django.urls import path,include
urlpatterns = [
    path('',include(('user.urls', 'user'),namespace='user')),
    # 导入Django Simple Captcha的路由，生成图片地址
    path('captcha/', include('captcha.urls')),
]

# user 的 urls.py
from django.urls import path
from .views import *
urlpatterns = [
    # 用户登录界面
    path('', loginView, name='login'),
    # 验证码验证API接口
    path('ajax_val', ajax_val, name='ajax_val'),
]
```

MyDjango的urls.py中分别引入了Django Simple Captcha的urls.py和项目应用user的urls.py。

前者是为验证码图片提供路由地址以及为 Ajax 动态刷新验证码提供 API 接口；后者设置用户登录页面的路由地址以及为 Ajax 动态校对验证码提供 API 接口。项目应用 user 的路由 login 和 ajax_val 分别指向视图函数 loginView 和 ajax_val，因此在 user 的 views.py 中分别定义视图函数 loginView 和 ajax_val，代码如下：

```python
# user 的 views.py
from django.shortcuts import render
from django.contrib.auth.models import User
from django.contrib.auth import login, authenticate
from .forms import CaptchaTestForm
# 用户登录
def loginView(request):
    if request.method == 'POST':
        form = CaptchaTestForm(request.POST)
        # 验证表单数据
        if form.is_valid():
            u = form.cleaned_data['username']
            p = form.cleaned_data['password']
            if User.objects.filter(username=u):
                user = authenticate(username=u, password=p)
                if user:
                    if user.is_active:
                        login(request, user)
                        tips = '登录成功'
                    else:
                        tips = '账号密码错误，请重新输入'
            else:
                tips = '用户不存在，请注册'
    else:
        form = CaptchaTestForm()
    return render(request, 'user.html', locals())

# ajax 接口，实现动态验证验证码
from django.http import JsonResponse
from captcha.models import CaptchaStore
def ajax_val(request):
    if request.is_ajax():
        # 用户输入的验证码结果
        r = request.GET['response']
        # 隐藏域的 value 值
        h = request.GET['hashkey']
        cs=CaptchaStore.objects.filter(response=r,hashkey=h)
        # 若存在 cs，则验证成功，否则验证失败
        if cs:
            json_data = {'status':1}
        else:
            json_data = {'status':0}
        return JsonResponse(json_data)
    else:
        json_data = {'status':0}
```

```
        return JsonResponse(json_data)
```

视图函数 loginView 根据不同的请求方式执行不同的处理,如果用户发送 GET 请求,视图函数 loginView 就使用表单类 CaptchaTestForm 生成带验证码的用户登录页面;如果用户发送 POST 请求,视图函数 loginView 就将请求参数传递给表单类 CaptchaTestForm,通过表单的实例化对象调用 Auth 认证系统,完成用户登录过程。

视图函数 ajax_val 判断用户是否通过 AJAX 方式发送 HTTP 请求,判断方法由请求对象 request 调用函数 is_ajax。如果当前请求由 AJAX 发送,视图函数 ajax_val 就获取请求参数 response 和 hashkey,并将请求参数与 Django Simple Captcha 的模型 CaptchaStore 进行匹配,若匹配成功,则说明用户输入的验证码是正确的,否则是错误的。

最后在模板文件 user.html 中编写用户登录页面的 HTML 代码和 AJAX 的请求过程,AJAX 的请求过程分别实现验证码的动态刷新和动态验证。模板文件 user.html 的代码如下:

```html
# templates 的 user.html
<!DOCTYPE html>
<html lang="en">
<head>
<meta charset="UTF-8" />
<title>Django</title>
<script src="http://apps.bdimg.com/libs/jquery/
    2.1.1/jquery.min.js"></script>
<link rel="stylesheet"
    href="https://unpkg.com/mobi.css/dist/mobi.min.css">
</head>
<body>
<div class="flex-center">
<div class="container">
<div class="flex-center">
<div class="unit-1-2 unit-1-on-mobile">
    <h1>MyDjango Verification</h1>
        {% if tips %}
    <div>{{ tips }}</div>
        {% endif %}
    <form class="form" action="" method="post">
        {% csrf_token %}
        <div>用户名:{{ form.username }}</div>
        <div>密 码:{{ form.password }}</div>
        <div>验证码:{{ form.captcha }}</div>
        <button type="submit" class="btn
        btn-primary btn-block">确定</button>
    </form>
</div>
</div>
</div>
</div>
<script>
$(function(){
{# ajax 刷新验证码 #}
```

```
$('.captcha').click(function(){
console.log('click');
    $.getJSON("/captcha/refresh/",
function(result){
    $('.captcha').attr('src', result['image_url']);
    $('#id_captcha_0').val(result['key'])
});});
{# ajax动态验证验证码 #}
$('#id_captcha_1').blur(function(){
// #id_captcha_1 为输入框的id
// 该输入框失去焦点就会触发函数
json_data={
    // 获取输入框和隐藏字段id_captcha_0 的数值
    'response':$('#id_captcha_1').val(),
    'hashkey':$('#id_captcha_0').val()
}
$.getJSON('/ajax_val', json_data, function(data){
    $('#captcha_status').remove()
    // 若status返回1，则验证码正确
    // 若status返回0，则验证码错误
    if(data['status']){
        $('#id_captcha_1').after('<span
        id="captcha_status">*验证码正确</span>')
    }else{
        $('#id_captcha_1').after('<span
        id="captcha_status">*验证码错误</span>')
    }
});
});
})
</script>
</body>
</html>
```

至此，我们已完成网站验证码功能的开发。运行 MyDjango，访问 127.0.0.1:8000 即可看到带验证码的用户登录页面。单击图片验证码将触发 AJAX 请求，Django 动态刷新验证码图片，并在数据表 captcha_captchastore 中创建验证码信息，如图 12-9 所示。

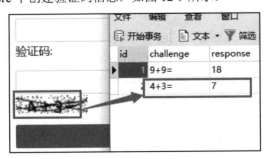

图 12-9　动态刷新验证码

在 PyCharm 里使用 createsuperuser 指令创建超级管理员账号（账号和密码皆为 admin），并在

用户登录页面完成用户登录，如果在验证码文本框输入正确的验证码，那么单击页面某空白处将触发 AJAX 请求，Django 动态验证验证码是否正确，如图 12-10 所示。

图 12-10　动态校对验证码

12.3　站内搜索引擎

站内搜索是网站常用的功能之一，其作用是方便用户快速查找站内数据以便查阅。对于一些初学者来说，站内搜索可以使用 SQL 模糊查询实现，从某个角度来说，这种实现方式只适用于个人小型网站，对于企业级的开发，站内搜索是由搜索引擎实现的。

Django Haystack 是一个专门提供搜索功能的 Django 第三方应用，它支持 Solr、Elasticsearch、Whoosh 和 Xapian 等多种搜索引擎，配合著名的中文自然语言处理库 jieba 分词可以实现全文搜索系统。

12.3.1　Django Haystack 的安装与配置

本节在 Whoosh 搜索引擎和 jieba 分词的基础上使用 Django Haystack 实现网站搜索引擎。因此，在安装 Django Haystack 的过程中，需要自行安装 Whoosh 搜索引擎和 jieba 分词，具体的 pip 安装指令如下：

```
pip install django-haystack
pip install whoosh
pip install jieba
```

完成上述模块的安装后，接着在 MyDjango 中搭建项目环境。在项目应用 index 中添加文件 search_indexes.py 和 whoosh_cn_backend.py，在项目的根目录创建文件夹 static 和 templates，static 存放 CSS 样式文件，templates 存放模板文件 search.html 和搜索引擎文件 product_text.txt，其中 product_text.txt 需要存放在特定的文件夹里。整个 MyDjango 的目录结构如图 12-11 所示。

图 12-11　MyDjango 的目录结构

MyDjango 的项目环境创建了多个文件和文件夹，每个文件与文件夹负责实现不同的功能，详细说明如下：

（1）search_indexes.py：定义模型的索引类，使模型的数据能被搜索引擎搜索。

（2）whoosh_cn_backend.py：自定义的 Whoosh 搜索引擎文件。由于 Whoosh 不支持中文搜索，因此重新定义 Whoosh 搜索引擎文件，将 jieba 分词器添加到搜索引擎中，使得它具有中文搜索功能。

（3）static：存放模板文件 search.html 的网页样式 common.css 和 search.css。

（4）search.html：搜索页面的模板文件，用于生成网站的搜索页面。

（5）product_text.txt：搜索引擎的索引模板文件，模板文件命名以及路径有固定格式，如 /templates/search/indexes/项目应用的名称/模型名称（小写）_text.txt。

完成 MyDjango 的环境搭建后，下一步在 settings.py 中配置站内搜索引擎 Django Haystack。在 INSTALLED_APPS 中引入 Django Haystack 以及设置该应用的功能配置，具体的配置信息如下：

```python
# MyDjango 的 settings.py
INSTALLED_APPS = [
    'django.contrib.admin',
    'django.contrib.auth',
    'django.contrib.contenttypes',
    'django.contrib.sessions',
    'django.contrib.messages',
    'django.contrib.staticfiles',
    'index',
    # 配置 haystack
    'haystack',
]
# 配置 haystack
HAYSTACK_CONNECTIONS = {
    'default': {
        # 设置搜索引擎，文件是 index 的 whoosh_cn_backend.py
        'ENGINE': 'index.whoosh_cn_backend.WhooshEngine',
        'PATH':str(BASE_DIR / 'whoosh_index'),
```

```
        'INCLUDE_SPELLING': True,
    },
}
# 设置每页显示的数据量
HAYSTACK_SEARCH_RESULTS_PER_PAGE = 4
# 当数据库改变时,会自动更新索引,非常方便
HAYSTACK_SIGNAL_PROCESSOR='haystack.signals.RealtimeSignalProcessor'
```

除了 Django Haystack 的功能配置之外,还需要配置项目的静态资源文件夹 static、模板文件夹 templates 和数据库连接方式,具体的配置过程不再详细讲述。

观察上述配置可以发现,配置属性 HAYSTACK_CONNECTIONS 的 ENGINE 指向项目应用 index 的 whoosh_cn_backend.py 文件的 WhooshEngine 类,该类的属性 backend 和 query 分别指向 WhooshSearchBackend 和 WhooshSearchQuery,这是 Whoosh 搜索引擎的定义过程。在 Python 的安装目录中可以找到 Whoosh 源码文件 whoosh_backend.py,如图 12-12 所示。

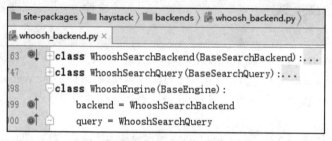

图 12-12 源码文件 whoosh_backend.py

我们在项目应用 index 的 whoosh_cn_backend.py 中重新定义 WhooshEngine,类属性 backend 指向自定义的 MyWhooshSearchBackend,然后重写 MyWhooshSearchBackend 的类方法 build_schema,在类方法 build_schema 的功能上加入 jieba 分词,使其支持中文搜索。因此,在 index 的 whoosh_cn_backend.py 中定义 MyWhooshSearchBackend 和 WhooshEngine,定义过程如下:

```
# index 的 whoosh_cn_backend.py
from haystack.backends.whoosh_backend import *
from jieba.analyse import ChineseAnalyzer
class MyWhooshSearchBackend(WhooshSearchBackend):
    def build_schema(self, fields):
        *********
            else:
                schema_fields[field_class.index_fieldname]=
                    TEXT(stored=True,analyzer=ChineseAnalyzer(),
                    field_boost=field_class.boost,sortable=True)
        *********
        return (content_field_name, Schema(**schema_fields))

# 重新定义搜索引擎
class WhooshEngine(BaseEngine):
    # 将搜索引擎指向自定义的 MyWhooshSearchBackend
    backend = MyWhooshSearchBackend
    query = WhooshSearchQuery
```

下一步在 index 的 models.py 中定义模型 Product，模型设有 4 个字段，主要记录产品的基本信息，如产品名称、重量和描述等。模型 Product 的定义过程如下：

```
# index 的 models.py
from django.db import models
# 创建产品信息表
class Product(models.Model):
    id = models.AutoField('序号', primary_key=True)
    name = models.CharField('名称',max_length=50)
    weight = models.CharField('重量',max_length=20)
    describe = models.CharField('描述',max_length=500)
    # 设置返回值
    def __str__(self):
        return self.name
```

然后在 PyCharm 的 Terminal 中为 MyDjango 项目执行数据迁移，使用 Navicat Premium 打开 MyDjango 的 db.sqlite3 数据库文件，在数据表 index_product 中添加产品信息，如图 12-13 所示。

id	name	weight	describe
1	荣耀V10	172g	华为荣耀V10是荣耀旗下一款智能手机，2017年11月
2	HUAWEI nova	169g	华为nova 2s，是华为手机旗下的一款智能手机。搭
3	荣耀Waterplay	465g	荣耀Waterplay是荣耀首款防水平板，注重创新和研
4	荣耀畅玩平板	460g	畅玩平板Note采用了较为洁净的白色面板，平板顶部
5	PORSCHE DESI	64g	Porsche Design集团(Porsche Lizenz- und Handel
6	华为运动手环	21g	华为手环B2，即TalkBand B2，是华为公司于2015年
7	荣耀移动电源10	210g	2016年6月16日，荣耀发布首款9V2A双向快充移动电
8	荣耀体脂秤	1850g	荣耀于2017年6月12日在上海东方体育中心正式发布
9	华为荣耀V90华	120g	荣耀V9采用的是 5.7英寸的 2K 分辨率屏幕，屏占比
10	我的iPhoneX	172g	iPhone X属于高端版机型，采用全新设计，搭载色彩

图 12-13　数据表 index_product

12.3.2　使用搜索引擎实现产品搜索

完成 settings.py、whoosh_cn_backend.py 和模型 Product 的配置和定义后，我们可以在 MyDjango 中实现站内搜索引擎的功能开发。首先创建搜索引擎的索引，创建索引主要能使搜索引擎快速找到符合条件的数据，索引就像是书本的目录，可以为读者快速地查找内容，在这里也是同样的道理。当数据量非常大的时候，要从这些数据中找出所有满足搜索条件的数据是不太可能的，并且会给服务器带来极大的负担，所以我们需要为指定的数据添加一个索引。

索引是在 search_indexes.py 中定义的，然后由指令执行创建过程。以模型 Product 为例，在 search_indexes.py 中定义该模型的索引类，代码如下：

```
# index 的 search_indexes.py
from haystack import indexes
from .models import Product
# 类名必须为模型名+Index
# 比如模型 Product，索引类为 ProductIndex
class ProductIndex(indexes.SearchIndex,indexes.Indexable):
    text=indexes.CharField(document=True,use_template=True)
    # 设置模型
```

```
    def get_model(self):
        return Product
    # 设置查询范围
    def index_queryset(self, using=None):
        return self.get_model().objects.all()
```

从上述代码来看，在定义模型的索引类 ProductIndex 时，类的定义要求以及定义说明如下：

（1）定义索引类的文件名必须为 search_indexes.py，不得修改文件名，否则程序无法创建索引。

（2）模型的索引类的类名格式必须为"模型名+Index"，每个模型对应一个索引类，如模型 Product 的索引类为 ProductIndex。

（3）字段 text 设置 document=True，代表搜索引擎使用此字段的内容作为索引。

（4）use_template=True 使用索引模板文件，可以理解为在索引中设置模型的查询字段，如设置 Product 的 describe 字段，这样可以通过 describe 的内容检索 Product 的数据。

（5）类函数 get_model 是将该索引类与模型 Product 进行绑定，类函数 index_queryset 用于设置索引的查询范围。

由上述分析得知，use_template=True 代表搜索引擎使用索引模板文件进行搜索，索引模板文件的路径是固定不变的，路径格式为/templates/search/indexes/项目应用名称/模型名称（小写）_text.txt，如 MyDjango 的 templates/search/indexes/index/product_text.txt。我们在索引模板文件 product_text.txt 中设置模型 Product 的字段 name 和 describe 作为索引的检索字段，因此在索引模板文件 product_text.txt 中编写以下代码：

```
# templates/search/indexes/index/product_text.txt
{{ object.name }}
{{ object.describe }}
```

上述设置是对模型 Product 的字段 name 和 describe 建立索引，当搜索引擎进行搜索时，Django 根据搜索条件对这两个字段进行全文检索匹配，然后将匹配结果排序并返回。

现在只是定义了搜索引擎的索引类和索引模板文件，下一步根据索引类和索引模板文件创建搜索引擎的索引文件。在 PyCharm 的 Terminal 中运行 python manage.py rebuild_index 指令即可完成索引文件的创建，MyDjango 的根目录自动创建 whoosh_index 文件夹，该文件夹中含有索引文件，如图 12-14 所示。

图 12-14 whoosh_index 文件夹

最后在 MyDjango 中实现模型 Product 的搜索功能，在 MyDjango 的 urls.py 和 index 的 urls.py 中定义路由 haystack，代码如下：

```python
# MyDjango 的 urls.py
from django.contrib import admin
from django.urls import path,include
urlpatterns = [
    path('',include(('index.urls','index'),namespace='index')),
]

# index 的 urls.py
from django.urls import path
from .views import MySearchView
urlpatterns = [
    # 搜索引擎
    path('', MySearchView(), name='haystack'),
]
```

路由 haystack 指向视图类 MySearchView，视图类 MySearchView 继承 Django Haystack 定义的视图类 SearchView，它与 Django 内置视图类的定义过程十分相似，本书就不再深入分析视图类 SearchView 的定义过程。我们在 index 的 views.py 中定义视图 MySearchView，并且重写父类的方法 get()，这是自定义视图类 MySearchView 接收 HTTP 的 GET 请求的响应内容，实现代码如下：

```python
# index 的 views.py
from django.core.paginator import *
from django.shortcuts import render
from django.conf import settings
from .models import *
from haystack.generic_views import SearchView
# 视图以通用视图实现
class MySearchView(SearchView):
    # 模板文件
    template_name = 'search.html'
    def get(self, request, *args, **kwargs):
        if not self.request.GET.get('q', ''):
            product = Product.objects.all().order_by('id')
            per = settings.HAYSTACK_SEARCH_RESULTS_PER_PAGE
            p = Paginator(product, per)
            try:
                num = int(self.request.GET.get('page', 1))
                page_obj = p.page(num)
            except PageNotAnInteger:
                # 如果参数 page 不是整型，则返回第 1 页数据
                page_obj = p.page(1)
            except EmptyPage:
                # 访问页数大于总页数，则返回最后 1 页的数据
                page_obj = p.page(p.num_pages)
            return render(request,self.template_name,locals())
        else:
            return super().get(*args, request, *args, **kwargs)
```

视图类 MySearchView 指定模板文件 search.html 作为 HTML 网页文件；并且自定义 GET 请求的处理函数 get()，通过判断当前请求是否存在请求参数 q，若不存在，则将模型 Product 的全部数据进行分页显示，否则使用搜索引擎全文搜索模型 Product 的数据。

模板文件 search.html 用于显示搜索结果的数据，网页实现的功能包括搜索文本框、产品信息列表和产品信息分页。模板文件 search.html 的代码如下：

```html
# templates 的 search.html
<!DOCTYPE html>
<html lang="en">
<head>
<meta charset="UTF-8">
<title>搜索引擎</title>
{# 导入 CSS 样式文件 #}
{% load staticfiles %}
<link rel="stylesheet" href="{% static "common.css" %}">
<link rel="stylesheet" href="{% static "search.css" %}">
</head>
<body>
<div class="header">
<div class="search-box">
<form action="" method="get">
<div class="search-keyword">
{# 搜索文本框必须命名为 q #}
<input name="q" type="text" class="keyword">
</div>
<input type="submit" class="search-button" value="搜 索">
</form>
</div>
</div><!--end header-->

<div class="wrapper clearfix">
<div class="listinfo">
<ul class="listheader">
    <li class="name">产品名称</li>
    <li class="weight">重量</li>
    <li class="describe">描述</li>
</ul>
<ul class="ullsit">
{# 列出当前分页所对应的数据内容 #}
{% if query %}
    {# 导入自带高亮功能 #}
    {% load highlight %}
    {% for item in page_obj.object_list %}
    <li>
    <div class="item">
    <div class="nameinfo">{% highlight
        item.object.name with query %}</div>
    <div class="weightinfo">{{item.object.weight}}</div>
    <div class="describeinfo">{% highlight
```

```
                item.object.describe with query %}</div>
        </div>
        </li>
    {% endfor %}
{% else %}
    {% for item in page_obj.object_list %}
        <li>
        <div class="item">
        <div class="nameinfo">{{ item.name }}</div>
        <div class="weightinfo">{{item.weight}}</div>
        <div class="describeinfo">{{ item.describe }}</div>
        </div>
        </li>
    {% endfor %}
{% endif %}
</ul>
{# 分页导航 #}
<div class="page-box">
<div class="pagebar" id="pageBar">
{# 上一页的路由地址 #}
{% if page_obj.has_previous %}
    {% if query %}
        <a href="{% url 'index:haystack'%}?q={{ query }}
        &page={{ page_obj.previous_page_number }}"
        class="prev">上一页</a>
    {% else %}
        <a href="{% url 'index:haystack'%}?page=
        {{ page_obj.previous_page_number }}"
        class="prev">上一页</a>
    {% endif %}
{% endif %}
{# 列出所有的路由地址 #}
{% for num in page_obj.paginator.page_range %}
    {% if num == page_obj.number %}
        <span class="sel">{{ page_obj.number }}</span>
    {% else %}
        {% if query %}
            <a href="{% url 'index:haystack' %}?
            q={{ query }}&page={{ num }}">{{num}}</a>
        {% else %}
            <a href="{% url 'index:haystack' %}?
            page={{ num }}">{{num}}</a>
        {% endif %}
    {% endif %}
{% endfor %}
{# 下一页的路由地址 #}
{% if page_obj.has_next %}
    {% if query %}
        <a href="{% url 'index:haystack' %}?
        q={{ query }}&page={{ page_obj.next_page_number }}"
```

```
                class="next">下一页</a>
        {% else %}
            <a href="{% url 'index:haystack' %}?
            page={{ page_obj.next_page_number }}"
                class="next">下一页</a>
        {% endif %}
    {% endif %}
    </div>
    </div>
    </div>
    </div>
    </body>
    </html>
```

模板文件 search.html 分别使用了模板上下文 page_obj、query 和模板标签 highlight，具体说明如下：

- page_obj 来自视图类 MySearchView，这是模型 Product 分页处理后的数据对象。
- query 来自 Django Haystack 定义的视图类 SearchView，它的值来自请求参数 q，即搜索文本框的内容。
- Highlight 是由 Django Haystack 定义的模板标签，它将用户输入的关键词进行高亮处理。

至此，我们已完成站内搜索引擎的功能开发。运行 MyDjango 并访问 127.0.0.1:8000，网页首先显示模型 Product 所有数据，当在搜索页面的文本框中输入"华为"，并单击"搜索"按钮即可实现模型 Product 的字段 name 和 describe 的全文搜索，如图 12-15 所示。

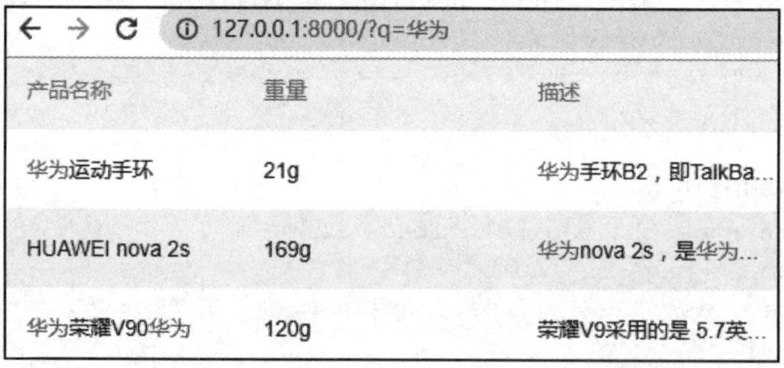

图 12-15　运行结果

12.4　第三方网站实现用户注册

用户注册与登录是网站必备的功能之一，Django 内置的 Auth 认证系统可以帮助开发人员快速实现用户管理功能。但很多网站为了加强社交功能，在用户管理功能上增设了第三方网站的用户注册与登录功能，这是通过 OAuth 2.0 认证与授权来实现的。

12.4.1　Social-Auth-App-Django 的安装与配置

OAuth 2.0 的实现过程相对烦琐，我们通过流程图来大致了解 OAuth 2.0 的实现过程，如图 12-16 所示。

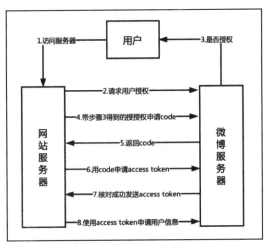

图 12-16　OAuth 2.0 的实现过程

分析图 12-16 的实现过程，我们可以简单理解 OAuth 2.0 认证与授权是两个网站的服务器后台进行通信交流。根据实现原理，可以使用 requests 或 urllib 模块实现 OAuth 2.0 认证与授权，从而实现第三方网站的用户注册与登录功能。但是一个网站可能同时使用多个第三方网站，这种实现方式就不太可取，而且代码会出现重复使用的情况。因此，我们可以使用 Django 第三方功能应用 Social-Auth-App-Django，它为我们提供了各大网站平台的认证与授权功能。

Social-Auth-App-Django 是在 Python Social Auth 的基础上进行封装而成的，而 Python Social Auth 支持多个 Python 的 Web 框架使用，如 Django、Flask、Pyramid、CherryPy 和 Webpy。除了安装 Social-Auth-App-Django 之外，还需要安装 Python Social Auth，我们通过 pip 方式进行安装，安装指令如下：

```
pip install python-social-auth
# 若 Django 使用关系式数据库，如 MySQL、Oracle 等
# 则安装 social-auth-app-django
pip install social-auth-app-django
# 若 Django 使用非关系式数据库，如 MongoDB
# 则安装 social-auth-app-django-mongoengine
pip install social-auth-app-django-mongoengine
```

功能模块安装成功后，以 MyDjango 为例，讲述如何使用 Social-Auth-App-Django 实现第三方网站的用户注册。在 MyDjango 中创建项目应用 user，模板文件夹 templates 创建模板文件 user.html，MyDjango 的目录结构如图 12-17 所示。

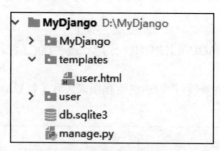

图 12-17　MyDjango 的目录结构

MyDjango 的目录结构较为简单，因为 Social-Auth-App-Django 的本质是一个 Django 的项目应用。我们可以在 Python 的安装目录下找到 Social-Auth-App-Django 的源代码文件，发现它具有 urls.py、views.py 和 models.py 等文件，这与 Django 的项目应用的文件架构是一样的，如图 12-18 所示。

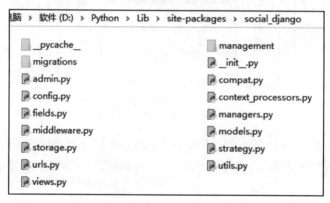

图 12-18　Social-Auth-App-Django 的源码文件

了解 Social-Auth-App-Django 的本质，在后续的使用中可以更加清晰地知道它的实现过程。Social-Auth-App-Django 支持国内外多个网站认证，可以在官方文档中查阅网站认证信息（python-social-auth-docs.readthedocs.io/en/latest/backends/index.html）。本节以微博为例，通过微博认证实现 MyDjango 的用户注册功能。

首先在浏览器中打开微博开放平台（http://open.weibo.com/），登录微博并新建网站接入应用，如图 12-19 所示。

图 12-19　新建网站接入应用

我们将网站接入应用命名为 MyDjango，在网站接入应用的页面中找到"应用信息"，从中获取网站接入应用的 App Key 和 App Secret，如图 12-20 所示。

图 12-20　应用信息

下一步设置网站接入应用的 OAuth 2.0 授权设置，在"应用信息"的标签里单击"高级信息"，编辑 OAuth 2.0 授权设置的授权回调页，如图 12-21 所示。

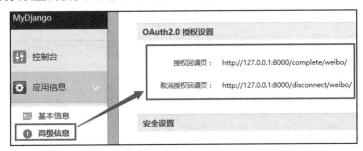

图 12-21　OAuth 2.0 授权设置

授权回调页和取消授权回调页的路由地址是有格式要求的，因为两者的执行过程是由 Social-Auth-App-Django 实现的，而 Social-Auth-App-Django 的源码文件 urls.py 已为授权回调页和取消授权回调页设置具体的路由地址。打开源码文件 urls.py，查看路由定义过程，如图 12-22 所示。

```
urlpatterns = [
    # authentication / association
    url(r'^login/(?P<backend>[^/]+){0}$'.format(extra),
        name='begin'),
    url(r'^complete/(?P<backend>[^/]+){0}$'.format(extra),
        name='complete'),
    # disconnection
    url(r'^disconnect/(?P<backend>[^/]+){0}$'.format(e
        name='disconnect'),
    url(r'^disconnect/(?P<backend>[^/]+)/(?P<associat
        .format(extra), views.disconnect, name='disconnect
```

图 12-22　源码文件 urls.py

源码文件 urls.py 的路由变量 backend 代表网站名称，如/complete/weibo/代表微博网站的 OAuth 2.0 授权设置。完成上述配置后，接着在 settings.py 中设置 Social-Auth-App-Django 的配置信息，主要在 INSTALLED_APPS 和 TEMPLATES 中引入功能模块以及设置功能配置，配置信息如下：

```python
# MyDjango的settings.py
INSTALLED_APPS = [
    'django.contrib.admin',
    'django.contrib.auth',
    'django.contrib.contenttypes',
    'django.contrib.sessions',
    'django.contrib.messages',
    'django.contrib.staticfiles',
    'user',
    # 添加第三方应用
    'social_django'
]

# 设置第三方的OAuth2.0
AUTHENTICATION_BACKENDS = (
    # 微博的功能
    'social.backends.weibo.WeiboOAuth2',
    # QQ的功能
    'social.backends.qq.QQOAuth2',
    # 微信的功能
    'social.backends.weixin.WeixinOAuth2',
    'django.contrib.auth.backends.ModelBackend',)
# 注册成功后跳转页面
SOCIAL_AUTH_LOGIN_REDIRECT_URL = 'user:success'
# 开放平台应用的APPID和SECRET
SOCIAL_AUTH_WEIBO_KEY = '692671009'
SOCIAL_AUTH_WEIBO_SECRET = 'd2c4440e1a6d7950b1585cc58334a527'
SOCIAL_AUTH_QQ_KEY = 'APPID'
SOCIAL_AUTH_QQ_SECRET = 'SECRET'
SOCIAL_AUTH_WEIXIN_KEY = 'APPID'
SOCIAL_AUTH_WEIXIN_SECRET = 'SECRET'
SOCIAL_AUTH_URL_NAMESPACE = 'social'

TEMPLATES = [
{
'BACKEND':'django.template.backends.django.DjangoTemplates',
'DIRS': [BASE_DIR / 'templates',],
'APP_DIRS': True,
'OPTIONS': {
    'context_processors': [
        'django.template.context_processors.debug',
        'django.template.context_processors.request',
        'django.contrib.auth.context_processors.auth',
        'django.contrib.messages.context_processors.messages',
        'social_django.context_processors.backends',
        'social_django.context_processors.login_redirect',
    ],
},
},
]
```

由于 Social-Auth-App-Django 的源码文件 models.py 中定义了多个模型，完成 MyDjango 的配置后，还需要使用 migrate 指令执行数据迁移，在 MyDjango 的数据库文件 db.sqlite3 中生成数据表。

12.4.2 微博账号实现用户注册

在 MyDjango 中完成 Social-Auth-App-Django 的环境搭建后，下一步在 MyDjango 中实现用户注册页面和 Social-Auth-App-Django 的回调页面。首先定义路由 login 和 success，并且引入 Social-Auth-App-Django 的路由文件，实现代码如下：

```python
# MyDjango 的 urls.py
from django.urls import path, include
urlpatterns = [
    path('',include(('user.urls','user'),namespace='user')),
    # 导入 social_django 的路由信息
    path('',include('social_django.urls',namespace='social'))
]

# user 的 urls.py
from django.urls import path
from .views import *
urlpatterns = [
    # 用户注册界面的路由地址，显示微博登录链接
    path('', loginView, name='login'),
    # 注册后回调的页面，成功注册后跳转回站内地址
    path('success', success, name='success')
]
```

路由 login 和 success 分别指向视图函数 loginView 和 success，视图函数无须实现任何功能，因为整个授权认证过程都是由 Social-Auth-App-Django 实现的。视图函数 loginView 和 success 的代码如下：

```python
# user 的 views.py
from django.shortcuts import render
from django.http import HttpResponse
# 用户注册页面
def loginView(request):
    title = '用户注册'
    return render(request,'user.html',locals())

# 注册后回调的页面
def success(request):
    return HttpResponse('注册成功')
```

视图函数 loginView 使用模板文件 user.html 作为网页内容，模板文件 user.html 将使用 Social-Auth-App-Django 定义的路由地址作为第三方网站的认证链接，具体代码如下：

```html
# templates 的 user.html
<!DOCTYPE html>
<html lang="zh-cn">
```

```html
<head>
    <meta charset="utf-8">
    <title>{{ title }}</title>
    <link rel="stylesheet"
     href="https://unpkg.com/mobi.css/dist/mobi.min.css">
</head>
<body>
<div class="flex-center">
<div class="container">
<div class="flex-center">
<div>
<h1>Social-Auth-App-Django</h1>
<div>
    {# 路由地址来自Social-Auth-App-Django的源码文件urls.py #}
    <a class="btn btn-primary btn-block"
     href="{% url "social:begin" "weibo" %}">微博注册</a>
</div>
</div>
</div>
</div>
</body>
</html>
```

至此，我们通过微博认证实现了MyDjango的用户注册功能。运行MyDjango，在浏览器上访问127.0.0.1:8000，在用户登录页面单击"微博注册"按钮，Django将触发Social-Auth-App-Django的路由begin，由路由begin向微博平台发送OAuth 2.0授权认证，如果认证成功，就访问Social-Auth-App-Django的路由complete完成认证过程，再由路由complete重定向路由success，从而完成整个用户注册过程。

微博授权成功后，打开数据表social_auth_usersocialauth和auth_user可以看到用户注册信息，如图12-23所示。

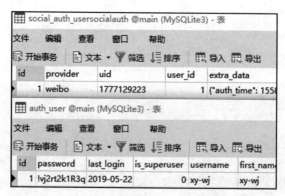

图12-23 数据表social_auth_usersocialauth和auth_user

12.5 异步任务和定时任务

网站的并发编程主要处理网站烦琐的业务流程，网站从收到 HTTP 请求到发送响应内容的过程中，Django 处理用户请求主要在视图中执行，视图是一个函数或类，而且是单线程执行的。在视图函数或视图类处理用户请求时，如果遇到烦琐的数据读写或高密度计算，往往会造成响应时间过长，在网页上容易出现卡死的情况，不利于用户体验。为了解决这种情况，我们可以在视图中加入异步任务，让它处理一些耗时的业务流程，从而缩短用户的响应时间。

12.5.1 Celery 的安装与配置

Django 的分布式主要由 Celery 框架实现，这是 Python 开发的异步任务队列。它支持使用任务队列的方式在分布的机器、进程和线程上执行任务调度。Celery 侧重于实时操作，每天处理数以百万计的任务。Celery 本身不提供消息存储服务，它使用第三方数据库来传递任务，目前第三方数据库支持 RabbitMQ、Redis 和 MongoDB 等。

本节使用第三方应用 Django Celery Results、Django Celery Beat、Celery 和 Redis 数据库实现 Django 的异步任务和定时任务开发。值得注意的是，定时任务是异步任务的一种特殊类型的任务。

首先需要安装 Redis 数据库，在 Windows 中安装 Redis 数据库有两种方式：在官网下载压缩包安装或者在 GitHub 下载 MSI 安装程序。前者的数据库版本是最新的，但需要通过指令安装并设置相关的环境配置；后者是旧版本，安装方法是傻瓜式安装，启动安装程序后按照安装提示即可完成安装。两者的下载地址如下：

```
# 官网下载地址
https://redis.io/download
# GitHub 下载地址
https://github.com/MicrosoftArchive/redis/releases
```

Redis 数据库的安装过程本书就不详细讲述了，读者可以自行查阅相关的资料。除了安装 Redis 数据库之外，还可以安装 Redis 数据库的可视化工具，可视化工具可以帮助初次接触 Redis 的读者了解数据库结构。本书使用 Redis Desktop Manager 作为 Redis 的可视化工具，如图 12-24 所示。

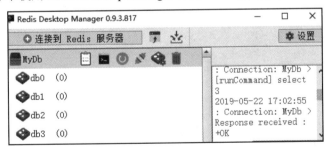

图 12-24　Redis Desktop Manager

接下来介绍安装异步任务所需要的功能模块，这些功能模块有 celery、redis、

django-celery-results、django-celery-beat 和 eventlet。它们都能使用 pip 指令实现安装，安装指令如下：

```
pip install celery
pip install redis==3.3.11
pip install django-celery-results
pip install django-celery-beat
pip install eventlet
```

每个功能模块负责实现不同的功能，在此简单讲解各个功能模块的具体作用，分别说明如下：

（1）celery：安装 Celery 框架，实现异步任务和定时任务的调度控制。
（2）redis：使 Python 与 Redis 数据库实现连接。
（3）django-celery-results：基于 Celery 封装的异步任务功能。
（4）django-celery-beat：基于 Celery 封装的定时任务功能。
（5）eventlet：Python 的协程并发库，这是 Celery 实现的异步并发运行模式之一。

完成功能模块的安装后，在 MyDjango 里创建项目应用 index，并且在 index 里创建文件 tasks.py，该文件用于定义异步任务；在 MyDjango 文件夹创建 celery.py，该文件用于将 Celery 框架引入 Django 框架。

然后在配置文件 settings.py 中配置异步任务和定时任务的功能模块和功能设置，配置代码如下：

```
# MyDjango 的 settings.py
INSTALLED_APPS = [
    'django.contrib.admin',
    'django.contrib.auth',
    'django.contrib.contenttypes',
    'django.contrib.sessions',
    'django.contrib.messages',
    'django.contrib.staticfiles',
    'index',
    # 添加异步任务功能
    'django_celery_results',
    # 添加定时任务功能
    'django_celery_beat'
]

# 设置存储 Celery 任务队列的 Redis 数据库
CELERY_BROKER_URL = 'redis://127.0.0.1:6379/0'
CELERY_ACCEPT_CONTENT = ['json']
CELERY_TASK_SERIALIZER = 'json'
# 设置存储 Celery 任务结果的数据库
CELERY_RESULT_BACKEND = 'django-db'

# 设置定时任务相关配置
CELERY_ENABLE_UTC = False
CELERY_BEAT_SCHEDULER='django_celery_beat.schedulers:DatabaseScheduler'
```

最后在 index 的 models.py 中定义模型 PersonInfo,利用异步任务实现模型 PersonInfo 的数据修改功能。模型 PersonInfo 的定义过程如下:

```python
# index 的 models.py
from django.db import models
class PersonInfo(models.Model):
    id = models.AutoField(primary_key=True)
    name = models.CharField(max_length=20)
    age = models.IntegerField()
    hireDate = models.DateField()
    def __str__(self):
        return self.name
    class Meta:
        verbose_name = '人员信息'
```

将整个项目执行数据迁移,因为异步任务和定时任务在运行过程中需要依赖数据表才能完成任务执行。数据迁移后,打开项目的 db.sqlite3 数据库文件,可以看到项目一共生成了 17 个数据表,然后在数据表 index_personinfo 中添加人员信息,如图 12-25 所示。

图 12-25　数据表 index_personinfo

12.5.2　异步任务

在 12.5.1 小节,我们已经完成了 MyDjango 的开发环境搭建,接下来在 MyDjango 中实现异步任务开发。首先在 MyDjango 的 celery.py 文件中实现 Celery 框架和 Django 框架组合使用,Celery 框架根据 Django 的运行环境进行实例化并生成 app 对象。celery.py 的代码如下:

```python
# MyDjango 的 celery.py
import os
from celery import Celery
# 获取 settings.py 的配置信息
os.environ.setdefault('DJANGO_SETTINGS_MODULE','MyDjango.settings')
# 定义 Celery 对象,并将项目配置信息加载到对象中
# Celery 的参数一般以项目名称命名
app = Celery('MyDjango')
app.config_from_object('django.conf:settings',namespace='CELERY')
app.autodiscover_tasks()
```

上述代码只是在 MyDjango 中创建 Celery 框架的实例化对象 app,我们还需要将实例化对象 app 与 MyDjango 进行绑定,使 Django 运行的时候能自动加载 Celery 框架的实例化对象 app。因此,

在 MyDjango 的初始化文件 __init__.py 中编写加载过程，代码如下：

```
# MyDjango 的 __init__.py
from .celery import app as celery_app
__all__ = ['celery_app']
```

现在已将 Celery 框架加载到 Django 框架，下一步讲述如何在 Django 中使用 Celery 框架实现异步任务开发，将 MyDjango 定义的函数与 Celery 框架的实例化对象 app 进行绑定，使该函数转变为异步任务。我们在 index 的 task.py 中定义函数 updateData，函数代码如下：

```
# index 的 task.py
from celery import shared_task
from .models import *
import time
# 带参数的异步任务
@shared_task
def updateData(id, info):
    try:
        PersonInfo.objects.filter(id=id).update(**info)
        return 'Done'
    except:
        return 'Fail'
```

函数 updateData 由装饰器 shared_task 转化成异步任务 updateData，它设有参数 id 和 info，分别代表模型 PersonInfo 的主键 id 和模型字段的修改内容。异步任务没有要求函数设置返回值，如果函数设有返回值，它就作为异步任务的执行结果，否则将执行结果设为 None，所有的执行结果都会记录在数据表 django_celery_results_taskresult 的 result 字段中。

最后在 MyDjango 中编写异步任务 updateData 的触发条件，换句话说，当用户访问特定的网址时，视图函数或视图类将调用异步任务 updateData，由 Celery 框架执行异步任务，视图函数或视图类只需返回响应内容即可，无须等待异步任务的执行过程。我们在 MyDjango 的 urls.py 和 index 的 urls.py 中定义路由 index 和 Admin 后台系统的路由，路由信息如下：

```
# MyDjango 的 urls.py
from django.contrib import admin
from django.urls import path, include
urlpatterns = [
    path('admin/', admin.site.urls),
    path('',include(('index.urls','index'),namespace='index'))
]

# index 的 urls.py
from django.urls import path
from .views import *
urlpatterns = [
    path('', index, name='index'),
]
```

上述代码中，Admin 后台系统的路由是为了设置定时任务，定时任务将在下一节详细讲述。路由 index 为异步任务 updateData 的触发条件提供路由地址，路由的请求处理由视图函数 index 执行，因此在 index 的 views.py 中定义视图函数 index，代码如下：

```
# index 的 views.py
from django.http import HttpResponse
from .tasks import updateData
def index(request):
    # 传递参数并执行异步任务
    id = request.GET.get('id', 1)
    info=dict(name='May',age=19,hireDate='2019-10-10')
    updateData.delay(id, info)
    return HttpResponse("Hello Celery")
```

视图函数 index 设置变量 id 和 info，异步任务 updateData 调用 delay 方法创建任务队列，由 Celery 框架完成执行过程，如果异步任务设有参数，那么可以在 delay 方法里添加异步任务的函数参数。

至此，我们已完成 Django 的异步任务开发。最后讲述如何启动异步任务的运行环境。因为异步任务由 Celery 框架执行，除了启动 MyDjango 之外，还需要启动 Celery 框架。首先运行 MyDjango，然后在 PyCharm 的 Terminal 中输入以下指令启动 Celery：

```
# 指令中的 MyDjango 是项目名称
# 启动 Celery
celery -A MyDjango worker -l info -P eventlet
```

上述指令是通过 eventlet 模块运行 Celery 框架的，Celery 框架有多种运行方式，读者可以自行在网上查阅相关资料。当 Celery 框架成功启动后，它会自动加载 MyDjango 定义的异步任务 updateData，并在 PyCharm 的 Terminal 中显示 Redis 数据库连接信息，如图 12-26 所示。

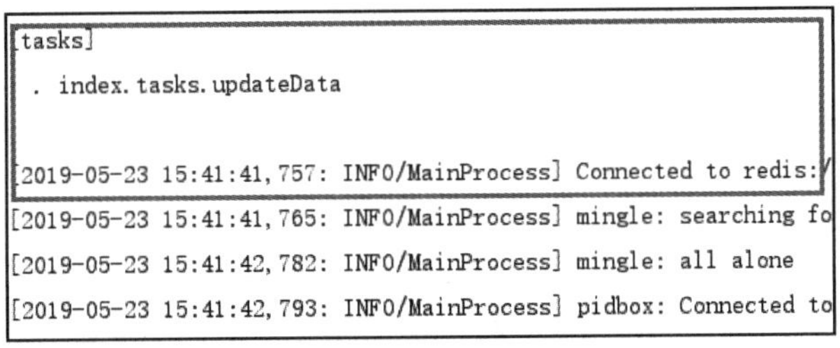

图 12-26　Celery 启动信息

在浏览器上输入 127.0.0.1:8000，视图函数 index 将触发异步任务 updateData，如果当前请求没有请求参数 id，就默认修改模型 PersonInfo 的主键 id 等于 1 的数据。当异步任务执行成功后，执行结果将会显示在 PyCharm 的 Terminal 界面，并且保存到数据表 django_celery_results_taskresult 中，如图 12-27 所示。

图 12-27　数据表 django_celery_results_taskresult

12.5.3 定时任务

定时任务是一种较为特殊的异步任务,它在特定的时间内触发并执行某个异步任务,换句话说,所有异步任务都可以设为定时任务。我们为了区分 12.5.2 小节的异步任务 updateData,在 index 的 tasks.py 中定义异步任务 timing,具体代码如下:

```
# index 的 tasks.py
@shared_task
def timing():
    now = time.strftime("%H:%M:%S")
    with open("d:\\output.txt", "a") as f:
        f.write("The time is " + now)
        f.write("\n")
        f.close()
```

下一步将异步任务 timing 设为定时任务,首先在 PyCharm 的 Terminal 中使用 Django 指令创建超级管理员账号(账号和密码皆为 admin)。然后运行 MyDjango,在浏览器上访问 Admin 后台系统并使用超级管理员登录。最后在 Admin 后台系统的主页面找到 Periodic Tasks,单击该链接进入 Periodic Tasks 页面,在 Periodic Tasks 页面单击 Add periodic task 链接,如图 12-28 所示。

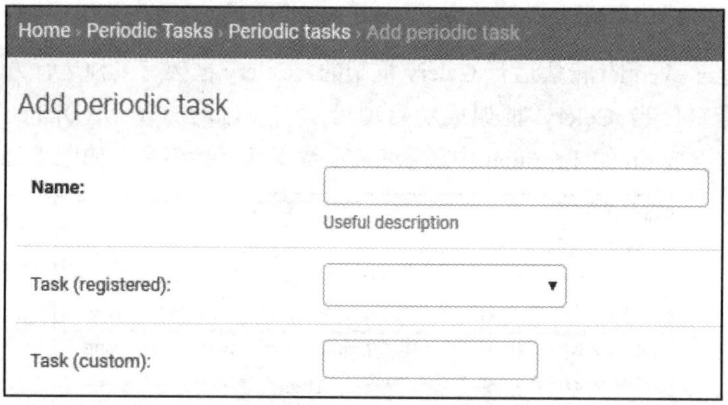

图 12-28 创建定时任务

在 Add periodic task 页面,我们将 name 设置为 Mytiming,Task 设置为异步任务 timing,Interval 设置为 5 秒,这是创建定时任务 Mytiming,每间隔 5 秒就会执行异步任务 timing。定时任务创建成功后,可以在数据表 django_celery_beat_periodictask 中查看任务信息,如图 12-29 所示。

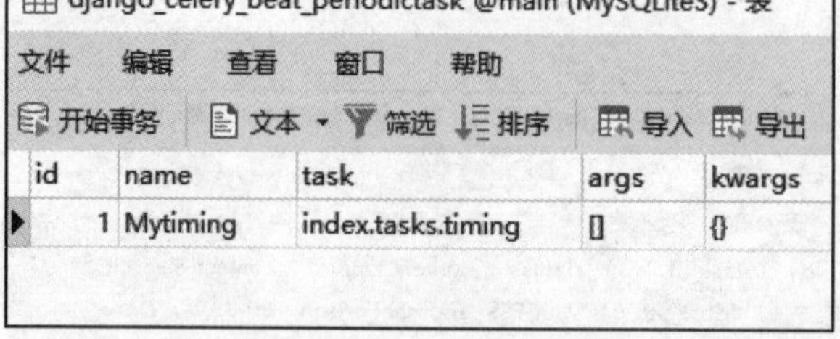

图 12-29 数据表 django_celery_beat_periodictask

如果异步任务设有参数，那么可以在 Add periodic task 页面设置 Arguments 或 Keyword arguments，参数以 JSON 格式表示，它们分别对应数据表字段 args 和 kwargs。

定时任务设置后，我们通过输入指令来启动定时任务。在输入指令之前，必须保证 MyDjango 和 Celery 处于运行状态。换句话说，如果使用 PyCharm 启动定时任务，就需要运行 MyDjango，启动 Celery 和 Celery 的定时任务。在 PyCharm 中创建两个 Terminal 界面，每个 Terminal 界面依次输入以下指令：

```
# 指令中的 MyDjango 是项目名称
# 启动 Celery
celery -A MyDjango worker -l info -P eventlet
# 启动定时任务
celery -A MyDjango beat -l info -S django
```

定时任务启动后，数据表 django_celery_beat_periodictask 所有的定时任务都会进入等待状态，只有 Django 的系统时间达到定时任务的触发时间，Celery 才会运行符合触发条件的定时任务。比如定时任务 Mytiming，它是每间隔 5 秒就会执行异步任务 timing，我们在 Terminal 或数据表 django_celery_results_taskresult 中都可以查看定时任务的执行情况，如图 12-30 所示。

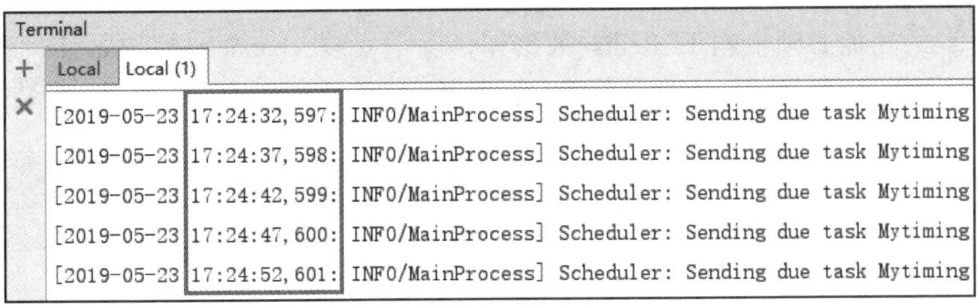

图 12-30　定时任务的执行情况

12.6　即时通信——在线聊天

Web 在线聊天室的实现方法有多种，每一种实现方法的基本原理各不相同，详细说明如下：

（1）使用 AJAX 技术：通过 AJAX 实现网页与服务器的无刷新交互，在网页上每隔一段时间就通过 AJAX 从服务器中获取数据，然后将数据更新并显示在网页上，这种方法简单明了，缺点是实时性不高。

（2）使用 Comet（Pushlet）技术：Comet 是一种 Web 应用架构，服务器以异步方式向浏览器推送数据，无须浏览器发送请求。Comet 架构非常适合事件驱动的 Web 应用，以及对交互性和实时性要求较高的应用，如股票交易行情分析、聊天室和 Web 版在线游戏等。

（3）使用 XMPP 协议：XMPP（可扩展消息处理现场协议）是基于 XML 的协议，这是专为即时通信系统设计的通信协议，用于即时消息以及在线现场探测，这个协议允许用户向其他用户发送即时消息。

（4）使用 Flash 的 XmlSocket：Flash Media Server 是一个强大的流媒体服务器，它基于 RTMP

协议，提供了稳定的流媒体交互功能，内置远程共享对象（Shared Object）的机制，是浏览器创建并连接服务器的远程共享对象。

（5）使用 WebSocket 协议：WebSocket 是通过单个 TCP 连接提供全双工（双向通信）通信信道的计算机通信协议，可在浏览器和服务器之间进行双向通信，允许多个用户连接到同一个实时服务器，并通过 API 进行通信并立即获得响应。WebSocket 不仅限于聊天/消息传递应用程序，还适用于实时更新和即时信息交换的应用程序，比如现场体育更新、股票行情、多人游戏、聊天应用、社交媒体等。

12.6.1 Channels 的安装与配置

如果想在 Django 里开发 Web 在线聊天功能，建议使用 WebSocket 协议实现。虽然 Django 3 版本新增了 ASGI 服务，但它对 WebSocket 的功能支持尚未完善，所以还需要借助第三方模块 Channels，通过 Channels 使用 WebSocket 协议实现浏览器和服务器的双向通信，它的实现原理是在 Django 里定义 Channels 的 API 接口，由网页的 JavaScript 与 API 接口构建通信连接，使浏览器和服务器之间相互传递数据。

Channels 的功能必须依赖于 Redis 数据库，除了安装 channels 模块之外，还需要安装 channels_redis 模块。我们使用 pip 指令分别安装 channels 和 channels_redis 模块，安装指令如下：

```
pip install channels
pip install channels_redis
#Channels 的功能依赖模块
pip install pypiwin32
```

完成第三方功能应用 Channels 的安装后，下一步在 Django 中配置 Channels。以 MyDjango 为例，首先创建项目应用 chat，并在项目应用 chat 里新建 urls.py 文件；然后在 MyDjango 文件夹里创建文件 consumers.py 和 routing.py，文件名称没有硬性要求，读者可以自行命名，在 templates 文件夹中创建模板文件 chat.html 和 room.html；最后执行整个项目的数据迁移，因为 Channels 需要使用 Django 内置的会话 Session 机制，用于区分和识别每个用户的身份信息。

打开 MyDjango 的 settings.py，将第三方功能应用 Channels 添加到 MyDjango。首先在配置属性 INSTALLED_APPS 中分别添加 channels 和 chat，前者是第三方功能应用 Channels，后者是项目应用 chat。其配置信息如下：

```
# MyDjango 的 settings.py
INSTALLED_APPS = [
    'django.contrib.admin',
    'django.contrib.auth',
    'django.contrib.contenttypes',
    'django.contrib.sessions',
    'django.contrib.messages',
    'django.contrib.staticfiles',
    # 添加 Channels 功能
    'channels',
    'chat',
]
```

第三方功能应用 Channels 以项目应用的形式添加到 MyDjango，由于 Channels 的功能依赖于 Redis 数据库，因此还需要在 settings.py 中设置 Channels 的功能配置，配置信息如下：

```python
#MyDjango 的 settings.py
ASGI_APPLICATION = 'MyDjango.routing.application'
CHANNEL_LAYERS = {
    'default': {
        'BACKEND':'channels_redis.core.RedisChannelLayer',
        'CONFIG': {
            "hosts": [('127.0.0.1', 6379)],
        },
    },
}
```

功能配置 CHANNEL_LAYERS 用于设置 Redis 数据库的连接方式，ASGI_APPLICATION 指向 MyDjango 的 routing.py 定义的 application 对象，该对象把 Django 与 Channels 建立连接，具体的定义过程如下：

```python
# MyDjango 的 routing.py
from channels.auth import AuthMiddlewareStack
from channels.routing import ProtocolTypeRouter
from channels.routing import URLRouter
from .urls import websocket_urlpatterns
application = ProtocolTypeRouter({
    # (http->django views is added by default)
    'websocket': AuthMiddlewareStack(
        URLRouter(
            websocket_urlpatterns
        )
    ),
})
```

上述代码的 application 对象由 ProtocolTypeRouter 实例化生成，在实例化过程中，需要传入参数 application_mapping，参数以字典格式表示，字典的 key 为 websocket，代表使用 WebSocket 协议；字典的 value 是 Channels 的路由对象 websocket_urlpatterns，它定义在 MyDjango 的 urls.py 中。因此，在 MyDjango 的 urls.py 中定义路由对象 urlpatterns 和 websocket_urlpatterns，代码如下：

```python
# MyDjango 的 urls.py
from django.urls import path, include
from .consumers import ChatConsumer
urlpatterns = [
    path('',include(('chat.urls','chat'),namespace='chat'))
]
websocket_urlpatterns = [
    # 使用同步方式实现
    # path('ws/chat/<room_name>/', ChatConsumer),
    # 如果使用异步方式实现，路由的视图必须调用 as_asgi()
    path('ws/chat/<room_name>/', ChatConsumer.as_asgi()),
]
```

路由对象 urlpatterns 用于定义项目应用 chat 的路由信息，websocket_urlpatterns 用于定义 Channels 的路由信息。上述代码只定义路由 ws/chat/<room_name>/，它是由视图类 ChatConsumer 处理和响应 HTTP 请求的，该路由作为 Channels 的 API 接口，由网页的 JavaScript 与该路由构建通信连接，使浏览器和服务器之间相互传递数据。在 MyDjango 的 consumers.py 中定义视图类 ChatConsumer，代码如下：

```python
# MyDjango 的 consumers.py
from channels.generic.websocket import AsyncWebsocketConsumer
import json
class ChatConsumer(AsyncWebsocketConsumer):
    async def connect(self):
        self.room_name=self.scope['url_route']['kwargs']['room_name']
        self.room_group_name = 'chat_%s' % self.room_name
        # Join room group
        await self.channel_layer.group_add(
            self.room_group_name,
            self.channel_name
        )
        await self.accept()

    async def disconnect(self, close_code):
        # Leave room group
        await self.channel_layer.group_discard(
            self.room_group_name,
            self.channel_name
        )

    # Receive message from WebSocket
    async def receive(self, text_data):
        text_data_json = json.loads(text_data)
        message = text_data_json['message']
        # Send message to room group
        await self.channel_layer.group_send(
            self.room_group_name,
            {
                'type': 'chat_message',
                'message': message
            }
        )

    # Receive message from room group
    async def chat_message(self, event):
        message = event['message']
        # Send message to WebSocket
        await self.send(text_data=json.dumps({
            'message': message
        }))
```

视图类 ChatConsumer 继承父类 AsyncWebsocketConsumer，父类定义 WebSocket 协议的异步

通信方式，从视图类 ChatConsumer 的类方法看到，每个类方法都使用 async 语法标识，async 语法从 Python 3.5 开始引入，该语法能将函数方法以异步方式运行，从而提高代码的运行速度和性能。

除此之外，Channels 还定义 WebsocketConsumer 类，它与 AsyncWebsocketConsumer 实现的功能一致，但是以同步方式运行，对比 AsyncWebsocketConsumer 而言，它的运行速度和性能较低。WebsocketConsumer 和 AsyncWebsocketConsumer 是通过字符串格式进行数据通信的，如果使用 JSON 格式进行数据通信，那么可以采用 Channels 定义的 JsonWebsocketConsumer 或 AsyncJsonWebsocketConsumer。

综上所述，在 Django 里配置第三方功能应用 Channels 的步骤如下：

（1）在 settings.py 的 INSTALLED_APPS 中添加 channels，第三方功能应用 Channels 以项目应用的形式添加到 Django 中；同时设置 Channels 的功能配置属性 ASGI_APPLICATION 和 CHANNEL_LAYERS。

（2）功能配置 ASGI_APPLICATION 设置了 Django 与 Channels 的连接方式，连接过程由 application 对象实现。application 对象是由 ProtocolTypeRouter 实例化生成的，在实例化过程中，需要传入 Channels 的路由对象 websocket_urlpatterns。

（3）路由对象 websocket_urlpatterns 定义在 MyDjango 的 urls.py 中，这是定义 Channels 的 API 接口，由网页的 JavaScript 与 API 接口构建通信连接，使浏览器和服务器之间相互传递数据。

（4）路由 ws/chat/<room_name>/由视图类 ChatConsumer 处理和响应 HTTP 请求，视图类 ChatConsumer 继承父类 AsyncWebsocketConsumer，这是使用 WebSocket 协议的异步通信方式实现浏览器和服务器之间的数据传递。

12.6.2 Web 在线聊天功能

在 12.6.1 小节实现了 Django 和 Channels 的异步通信连接，本节将讲述如何在 Django 中使用 Channels 实现 Web 在线聊天功能。我们在 MyDjango 的 urls.py 中定义了项目应用 chat 的路由空间，它指向项目应用 chat 的 urls.py，在项目应用 chat 的 urls.py 中分别定义路由 newChat 和 room，代码如下：

```
# chat 的 urls.py
from django.urls import path
from .views import *
urlpatterns = [
    # 用于开启新的聊天室
    path('', newChat, name='newChat'),
    # 创建聊天室
    path('<room_name>/', room, name='room'),
]
```

路由 newChat 供用户创建或进入某个聊天室，由视图函数 newChat 处理和响应 HTTP 请求。路由 room 是聊天室的聊天页面，路由地址设有路由变量 room_name，它代表聊天室名称，由视图函数 room 处理和响应 HTTP 请求。在 chat 的 views.py 中定义视图函数 newChat 和 room，视图函数的定义过程如下：

```python
# chat 的 views.py
from django.shortcuts import render
# 用于创建或进入聊天室
def newChat(request):
    return render(request, 'chat.html', locals())

# 创建聊天室
def room(request, room_name):
    return render(request, 'room.html', locals())
```

视图函数 newChat 和 room 分别使用模板文件 chat.html 和 room.html 生成网页内容。由于路由 newChat 供用户创建或进入某个聊天室，因此模板文件 chat.html 需要生成路由 room 的路由地址，实现代码如下：

```html
# templates 的 chat.html
<!DOCTYPE html>
<html>
<head>
    <meta charset="utf-8"/>
    <title>Chat Rooms</title>
</head>
<body>
<div>请输入聊天室名称</div>
<br/>
<input id="input" type="text" size="30"/>
<br/>
<input id="submit" type="button" value="进 入"/>

<script>
document.querySelector('#input').focus();
document.querySelector('#input').onkeyup = function(e) {
    if (e.keyCode === 13) {  // enter, return
        document.querySelector('#submit').click();
    }
};
document.querySelector('#submit').onclick = function(e) {
    var roomName = document.querySelector('#input').value;
    window.location.pathname = '/' + roomName + '/';
};
</script>
</body>
</html>
```

模板文件 chat.html 设有文本输入框和"进入"按钮，当用户在文本输入框输入聊天室名称后，单击"进入"按钮或按回车键将触发网页的 JavaScript 脚本，JavaScript 将用户输入的聊天室名称作为路由 room 的路由变量 room_name，控制浏览器访问路由 room。

我们在路由 newChat 的页面使用 JavaScript 脚本访问路由 room，此外还可以使用网页表单方式实现，由视图函数 newChat 重定向访问路由 room。

路由 room 使用模板文件 room.html 生成聊天室的聊天页面，因此模板文件 room.html 的代码如下：

```
# templates 的 room.html
<!DOCTYPE html>
<html>
<head>
    <meta charset="utf-8"/>
    <title>聊天室{{ room_name }}</title>
</head>
<body>
    <textarea id="chat-log" cols="50" rows="6"></textarea>
    <br/>
    <input id="input" type="text" size="50"/><br/>
    <input id="submit" type="button" value="发 送"/>
</body>

<script>
var roomName = '{{ room_name }}';
# 标注 ①
var chatSocket = new WebSocket(
    'ws://' + window.location.host +
    '/ws/chat/' + roomName + '/');

# 标注 ②
# 将 MyDjango 发送的数据显示在多行文本输入框中
chatSocket.onmessage = function(e) {
    var data = JSON.parse(e.data);
    var message = data['message'];
    document.querySelector('#chat-log').
    value += (message + '\n');
};

# 标注 ③
# 关闭网页与 MyDjango 的 Channels 连接
chatSocket.onclose = function(e) {
    console.error('Chat socket closed unexpectedly');
};

# 标注 ④
document.querySelector('#input').focus();
document.querySelector('#input').onkeyup = function(e) {
    if (e.keyCode === 13) {  // enter, return
        document.querySelector('#submit').click();
    }
};

# 标注 ⑤
# 网页向 MyDjango 的 Channels 发送数据
document.querySelector('#submit').onclick = function(e) {
    var messageInputDom = document.querySelector('#input');
```

```
        var message = messageInputDom.value;
        chatSocket.send(JSON.stringify({
            'message': message
        }));
        messageInputDom.value = '';
    };
</script>
</html>
```

聊天室的聊天页面设有多行文本输入框（<textarea>标签）、单行文本输入框（<input type="text">标签）和"发送"按钮。多行文本输入框用于显示用户之间的聊天记录；单行文本输入框供当前用户输入聊天内容；"发送"按钮可以将聊天内容发送给所有在线的用户，并且显示在多行文本输入框中。

聊天功能的实现过程由 JavaScript 脚本执行，上述的 JavaScript 代码设有 5 个标注，每个标注实现的功能说明如下：

（1）标注①创建 WebSocket 对象，对象命名为 chatSocket，它连接了 MyDjango 定义的路由 ws/chat/<room_name>/，使网页与 MyDjango 的 Channels 实现通信连接。

（2）标注②设置 chatSocket 对象的 onmessage 事件触发，该事件接收 MyDjango 发送的数据，并将数据显示在多行文本输入框中。

（3）标注③设置 chatSocket 对象的 onclose 事件触发，如果 JavaScript 与 MyDjango 的通信连接发生异常，就会触发此事件，该事件在浏览器的开发者工具中输出提示信息。

（4）标注④设置"发送"按钮的 onkeyup 事件触发，如果用户按回车键即可触发此事件，那么该事件将会触发"发送"按钮的 onclick 事件。

（5）标注⑤设置"发送"按钮的 onclick 事件触发，该事件将单行文本输入框的内容发送给 MyDjango 的 Channels。Channels 接收某用户的数据后，将数据发送给同一个聊天室的所有用户，此时就会触发 chatSocket 对象的 onmessage 事件，将数据显示在每个用户的多行文本输入框中，这样同一个聊天室的所有用户都能看到某个用户发送的信息。

最后运行 MyDjango，打开谷歌浏览器并访问 127.0.0.1:8000，在文本输入框中输入聊天室名称并单击"进入"按钮，如图 12-31 所示。

图 12-31 创建或进入聊天室

当成功创建聊天室 MyDjango 后，打开 IE 浏览器访问 127.0.0.1:8000/MyDjango。聊天室 MyDjango 已有两位在线用户，谷歌浏览器代表用户 A，IE 浏览器代表用户 B。我们使用用户 A 发送信息,在用户 B 的页面可以即时看到信息内容,如图 12-32 所示。

图 12-32　Web 在线聊天

12.7　本章小结

因为 Django 具有很强的可扩展性,从而延伸了第三方功能应用。通过本章的学习,读者能够在网站开发过程中快速实现 API 接口开发、验证码生成与使用、站内搜索引擎、第三方网站实现用户注册、异步任务和定时任务、即时通信等功能。

开发网站的 API 可以在视图函数中使用响应类 JsonResponse 实现,它将字典格式的数据作为响应内容。使用响应类 JsonResponse 开发 API 需要根据用户请求信息构建字典格式的数据内容,数据构建的过程可能涉及模型的数据查询、数据分页处理等业务逻辑,这种方式开发 API 很容易造成代码冗余,不利于功能的变更和维护。

为了简化 API 的开发过程,我们可以使用 Django Rest Framework 框架实现 API 开发。使用框架开发不仅能减少代码冗余,还可以规范代码的编写格式,这对企业级开发来说很有必要,毕竟每个开发人员的编程风格存在一定的差异,开发规范化可以方便其他开发人员查看和修改。

如果想在 Django 中实现验证码功能,那么可以使用 PIL 模块生成图片验证码,但不建议使用这种实现方式。除此之外,还可以通过第三方应用 Django Simple Captcha 实现,验证码的生成过程由该应用自动执行,开发者只需考虑如何应用到 Django 项目中即可。

站内搜索是网站常用的功能之一,其作用是方便用户快速查找站内数据以便查阅。对于一些初学者来说,站内搜索可以使用 SQL 模糊查询实现,从某个角度来说,这种实现方式只适用于个人小型网站,对于企业级的开发,站内搜索是由搜索引擎实现的。

Django Haystack 是一个专门提供搜索功能的 Django 第三方应用,它支持 Solr、Elasticsearch、Whoosh 和 Xapian 等多种搜索引擎,配合著名的中文自然语言处理库 jieba 分词可以实现全文搜索系统。

用户注册与登录是网站必备的功能之一,Django 内置的 Auth 认证系统可以帮助开发人员快速实现用户管理功能。但很多网站为了加强社交功能,在用户管理功能上增设了第三方网站的用户注册与登录功能,这是通过 OAuth 2.0 认证与授权来实现的。

Django 的异步主要由 Celery 框架实现,这是 Python 开发的异步任务队列,它支持使用任务队列的方式在分布的机器、进程和线程上执行任务调度。Celery 侧重于实时操作，每天处理数以百万计的任务。Celery 本身不提供消息存储服务，它使用第三方数据库来传递任务，目前第三方数据库支持 RabbitMQ、Redis 和 MongoDB 等。

  Channels 是使用 WebSocket 协议实现浏览器和服务器的双向通信的，它的实现原理是在 Django 中定义 Channels 的 API 接口，由网页的 JavaScript 与 API 接口构建通信连接，使浏览器和服务器之间相互传递数据。

第 13 章

信息反馈平台的设计与实现

本章以信息反馈平台为例,讲述如何使用 Django 开发完整的网站平台。信息反馈平台主要实现信息反馈页面、Admin 后台系统、自定义异常机制和单元测试。

13.1 项目设计与配置

信息反馈平台是为用户提供信息反馈的网站,比如产品使用反馈、民意征集或游戏体验反馈等。信息反馈平台的功能有:信息反馈页面、Admin 后台系统、自定义异常机制和单元测试,各个功能的说明如下:

- 信息反馈页面包括信息提交功能和信息展示。信息提交功能以表单的形式实现;信息展示以数据列表的形式呈现,每条信息包含序号、用户名、信息内容和提交日期,网页效果如图 13-1 所示。

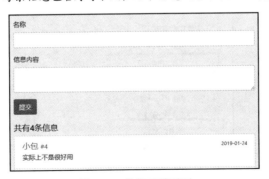

图 13-1　信息反馈页面

- Admin 后台系统主要管理信息反馈页面的数据内容,方便网站管理员维护和管理网站的数据内容。

- 自定义异常机制实现 404 和 500 的页面设置,使 404 和 500 页面与信息反馈页面的设计风格保持一致,如图 13-2 所示。

图 13-2 404 和 500 页面

- 单元测试用于测试信息反馈页面的功能,比如测试模型的读写操作、视图函数的业务逻辑。

13.1.1 项目架构设计

我们根据项目的功能进行后台设计,在 Windows 系统下打开命令提示符窗口,将命令提示符窗口的路径切换到 D 盘,输入 Django 的项目创建指令,项目名称为 messageBoard,然后在项目里创建项目应用 index,创建指令如图 13-3 所示。

图 13-3 创建项目

在 PyCharm 里打开 messageBoard,在项目的根目录下创建模板文件夹 templates,并分别创建模板文件 404.html、500.html 和 base.html;然后在 messageBoard 文件夹中新建 jinja2.py 文件。项目的目录结构如图 13-4 所示。

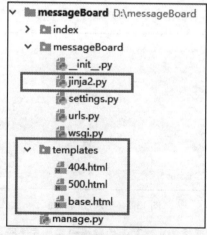

图 13-4 目录结构

项目应用index用于实现信息反馈页面,在index文件夹中新建templates和static文件夹,分别在templates和static文件夹中放置模板文件index.html和静态资源;然后创建urls.py和form.py文件。整个项目应用index的目录结构如图13-5所示。

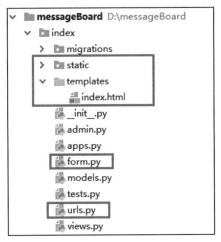

图13-5　index的目录结构

在整个项目中,我们创建了多个文件夹和文件,新建的文件夹和文件的作用说明如下:

(1)根目录的模板文件夹templates存放自定义404和500的模板文件和共用模板文件base.html。

(2)messageBoard的jinja2.py用于定义Jinja2的模板引擎对象,用于解析模板文件404.html、500.html、base.html和index.html。

(3)模板文件index.html用于生成信息反馈页面,它继承共用模板文件base.html。

(4)index的form.py用于定义表单类MessageModelForm,在模板文件index.html中使用表单类实现信息提交功能。

(5)index的urls.py用于定义信息反馈页面的路由信息。

(6)index的静态资源文件夹static存放模板文件index.html的静态资源,该文件夹的静态资源只能在Django的调试模式下使用。

每个开发者对网站后台的目录结构设计各有不同,目录结构设计与项目的功能、规模息息相关。上述设计方案是根据项目的功能而设的,如果项目实现的功能较多,那么上述的设计方案虽然能满足项目开发需求,但并不是最优方案。

13.1.2　MySQL搭建与配置

企业级的网站开发大多数采用MySQL、SQL Server或Oracle数据库实现数据存储,本项目的数据存储选择MySQL数据库。因此,我们在计算机上安装MySQL数据库,打开浏览器并访问https://dev.mysql.com/downloads/installer,下载MySQL 8.0安装包,如图13-6所示。

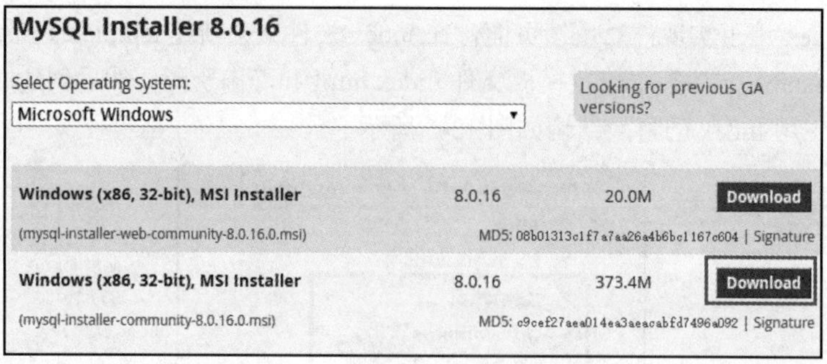

图 13-6 下载 MySQL 8.0 安装包

Windows 系统的 MySQL 8.0 安装包是可执行程序，只需双击运行安装包，根据安装提示完成安装即可。安装过程中需要设置数据库的用户信息，本书的数据库用户名为 root，密码为 1234。

完成 MySQL 的安装后，我们使用可视化工具 Navicat Premium 连接 MySQL 数据库，可视化工具 Navicat Premium 的安装过程不再讲述，读者可以自行在网上搜索安装教程。在 Navicat Premium 中单击"连接"按钮，选择并单击"MySQL"，如图 13-7 所示。

图 13-7 连接 MySQL

单击图 13-7 中的"MySQL"之后，Navicat Premium 将会出现 MySQL 的连接界面，我们只需输入连接名、数据库的用户名和密码即可，如图 13-8 所示。

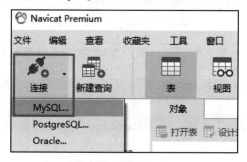

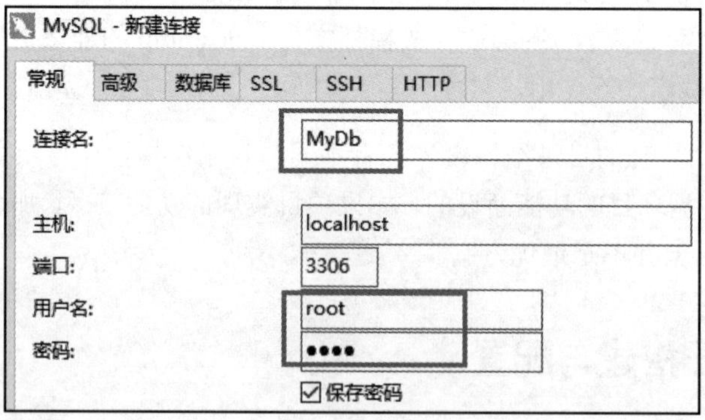

图 13-8 MySQL 的连接界面

在 Navicat Premium 左侧的列表栏双击"MyDb"即可连接 MySQL 数据库，将鼠标指向"MyDb"并右击，在弹出的菜单栏选择并单击"新建数据库"，如图 13-9 所示。

图 13-9　新建数据库

在"新建数据库"界面输入数据库名 messagedb 和选择字符集 utf8mb4，然后单击"确定"按钮即可创建数据库 messagedb，信息反馈平台将使用 messagedb 数据库进行数据存储。

13.1.3　功能配置

我们已完成 messageBoard 的结构设计和数据库的安装搭建，下一步在项目中配置功能应用、模板引擎和 MySQL 的连接方式。打开 messageBoard 的配置文件 settings.py，分别在 INSTALLED_APPS、MIDDLEWARE、TEMPLATES 和 DATABASES 中添加以下配置信息：

```python
# messageBoard 的 settings.py
INSTALLED_APPS = [
    'django.contrib.admin',
    'django.contrib.auth',
    'django.contrib.contenttypes',
    'django.contrib.sessions',
    'django.contrib.messages',
    'django.contrib.staticfiles',
    'index'
]

MIDDLEWARE = [
    'django.middleware.security.SecurityMiddleware',
    'django.contrib.sessions.middleware.SessionMiddleware',
    # 添加中间件 LocaleMiddleware
    'django.middleware.locale.LocaleMiddleware',
    'django.middleware.common.CommonMiddleware',
    'django.middleware.csrf.CsrfViewMiddleware',
    'django.contrib.auth.middleware.AuthenticationMiddleware',
    'django.contrib.messages.middleware.MessageMiddleware',
    'django.middleware.clickjacking.XFrameOptionsMiddleware',
]

TEMPLATES = [
    {
        'BACKEND': 'django.template.backends.jinja2.Jinja2',
        'DIRS': [
            BASE_DIR / 'index/templates',
```

```
            BASE_DIR / 'templates',
        ],
        'APP_DIRS': True,
        'OPTIONS': {
            'environment': 'messageBoard.jinja2.environment',
        },
    },
    {
    'BACKEND':'django.template.backends.django.DjangoTemplates',
    'DIRS': [],
    'APP_DIRS': True,
    'OPTIONS': {'context_processors': [
        'django.template.context_processors.debug',
        'django.template.context_processors.request',
        'django.contrib.auth.context_processors.auth',
        'django.contrib.messages.context_processors.messages',
    ], },
    },
]
DATABASES = {
    'default': {
        'ENGINE': 'django.db.backends.mysql',
        'NAME': 'messagedb',
        'USER': 'root',
        'PASSWORD': '1234',
        'HOST': '127.0.0.1',
        'PORT': '3306',
    },
}
```

配置属性 INSTALLED_APPS 添加了项目应用 index，当 Django 运行的时候能加载项目应用 index，在网站里生成相应的功能。

配置属性 MIDDLEWARE 添加了中间件 LocaleMiddleware，因为项目中需要使用内置 Admin 后台系统实现信息反馈页面的数据管理。

配置属性 TEMPLATES 使用了 Jinja2 模板引擎和 Django 的模板引擎，前者用于解析模板文件 index.html，后者用于解析 Admin 后台系统的模板文件。两者的设置顺序是固定的，必须将 Jinja2 模板引擎设为首位。因为解析模板文件 index.html 的时候，Django 根据模板引擎的设置顺序解析模板文件，如果将 Django 的模板引擎设为首位，就可能会无法解析模板文件 index.html 的 Jinja2 语法。

由于 Jinja2 模板引擎指向 jinja2.py 的模板引擎对象 environment，因此我们需要在 messageBoard 的 jinja2.py 中定义 environment，定义过程如下：

```
# messageBoard 的 jinja2.py
from django.contrib.staticfiles.storage import staticfiles_storage
from django.urls import reverse
from jinja2 import Environment
# 将 Jinja2 模板定义到 Django 环境中
```

```python
def environment(**options):
    env = Environment(**options)
    env.globals.update({
        'static': staticfiles_storage.url,
        'url': reverse,
    })
    return env
```

配置属性 DATABASES 是将项目和 MySQL 的 messagedb 数据库进行连接，整个项目的数据表都在 messagedb 数据库中创建。配置属性 HOST 是 MySQL 数据库的 IP 地址，如果使用本地数据库，那么 IP 地址设为 127.0.0.1 即可；配置属性 PORT 是数据库的端口，默认值为 3306。

13.1.4 数据库架构设计

从信息反馈页面的设计得知，用户提交的信息以列表形式展示，每条信息包含序号、用户名、信息内容和提交日期。因此，我们在项目应用 index 的 models.py 中定义信息反馈页面的模型 Message，详细的定义过程如下：

```python
# index 的 models.py
from django.db import models
class Message(models.Model):
    id = models.AutoField('序号', primary_key=True)
    name = models.CharField('名称', max_length=50)
    content = models.CharField('信息内容', max_length=200)
    timestamp = models.DateField('反馈时间', auto_now=True)

    def __str__(self):
        return self.name
    class Meta:
        verbose_name = '信息反馈表'
        verbose_name_plural = '信息反馈表'
```

模型 Message 定义了模型字段 id、name、content 和 timestamp。模型字段 id 是数据表主键，在新增数据时将自动设置字段数据；模型字段 timestamp 是日期字段，字段属性 auto_now 设为 True，在新增数据时将自动获取当前日期。

每个模型字段设置了 verbose_name 属性，即"序号""名称""信息内容"和"反馈时间"，这些属性值作为 Admin 后台系统的模型 Message 数据列表页的列名。而模型 Message 的属性 verbose_name 和 verbose_name_plural 用于设置模型 Message 在 Admin 后台系统的名称。下一步在 PyCharm 的 Terminal 窗口下执行整个项目的数据迁移，依次输入以下指令：

```
D:\messageBoard>python manage.py makemigrations
Migrations for 'index':
  index\migrations\0001_initial.py
    - Create model Message
D:\messageBoard>python manage.py migrate
```

使用可视化工具 Navicat Premium 打开数据库 messagedb，查看该数据库的数据表信息，如图

13-10 所示。

图 13-10 数据库 messagedb

13.2 程序功能开发

根据 13.1 节的开发需求实现了项目的目录设计、数据库搭建与配置、项目的功能配置、定义模型与数据迁移。这些是网站开发流程的第一步，也称为开发环境搭建。下一步在开发环境中实现功能开发，功能开发主要包括定义路由信息、编写视图函数和模板文件等。

13.2.1 路由与视图函数

项目主要实现信息反馈页面、Admin 后台系统、自定义 404 和 500 异常页面，因此在 messageBoard 的 urls.py 中为上述功能定义路由信息，路由的定义过程如下：

```python
# messageBoard 的 urls.py
from django.contrib import admin
from django.urls import path, include, re_path
from django.conf.urls import static
from django.conf import settings

urlpatterns = [
    path('admin/', admin.site.urls),
    path('', include('index.urls')),
]

# 设置 404、500 错误状态码
from index import views
handler404 = views.page_not_found
handler500 = views.page_error
```

上述代码将项目的首页地址指向项目应用 index 的 urls.py；路由 admin 用于定义 Admin 后台系统的路由信息；handler404 和 handler500 用于设置 404 和 500 的视图函数，视图函数 page_not_found 和 page_error 定义在 index 的 views.py 中。

从 handler404 和 handler500 的设置方式得知，这种设置方式不同于 4.1.3 小节。上述设置以函数调用的方式实现，而 4.1.3 小节以字符串的方式实现，尽管两者的设置方式各有不同，但它们指向同一个视图函数。我们在 index 的 views.py 中分别定义视图函数 page_not_found 和 page_error：

```python
# index 的 views.py
# 自定义 404 和 500 错误页面
def page_not_found(request, exception):
    return render(request, '404.html', status=404)

def page_error(request):
    return render(request, '500.html', status=500)
```

下一步在项目应用 index 的 urls.py 中定义信息反馈页面的路由，路由命名为 index，路由的 HTTP 请求处理由视图函数 index 执行，在 index 的 urls.py 和 views.py 中分别定义路由 index 和视图函数 index：

```python
# index 的 urls.py
from django.urls import path
from .views import *
urlpatterns = [
    path('', index, name='index'),
]


# index 的 views.py
from django.shortcuts import render, redirect
from .models import Message
from .form import MessageModelForm
def index(request):
    messages = Message.objects.all().order_by('-id')
    if request.method == 'POST':
        form = MessageModelForm(request.POST)
        if form.is_valid():
            form.save()
        return redirect('/')
    return render(request, 'index.html', locals())
```

视图函数 index 负责接收路由 index 的 HTTP 请求，并对 HTTP 请求进行处理和响应，处理过程如下：

（1）将模型 Message 的所有数据进行查询并生成 messages 对象，信息反馈页面将使用 messages 对象实现信息展示功能。

（2）如果当前请求是 POST 请求，就说明当前用户正在向网站提交信息，视图函数 index 使用表单类 MessageModelForm 接收请求参数，生成表单对象 form，并验证表单对象 form 的数据是否合理。

（3）若表单验证成功，则对表单对象的数据进行保存，在数据表 index_message 中新增一行数据，最后以重定向的方式跳转到信息反馈页面，通过 GET 请求方式访问信息反馈页面。

视图函数 index 使用表单类 MessageModelForm 接收 POST 请求的请求参数，表单类 MessageModelForm 继承模型表单 ModelForm，并且绑定了模型 Message。打开 index 的 form.py，

在此文件中定义表单类 MessageModelForm，代码如下：

```python
# index 的 form.py
from django import forms
from .models import *
# 定义模型表单
class MessageModelForm(forms.ModelForm):
    class Meta:
        # 绑定模型
        model = Message
        fields = '__all__'
```

综上所述，整个项目一共定义了 4 条路由信息，包括信息反馈页面的路由 index、Admin 后台系统的路由 admin、404 和 500 的路由 handler404 和 handler500。

视图函数 index 接收和处理信息反馈页面的 HTTP 请求，如果当前请求为 POST 请求，就使用表单类 MessageModelForm 接收请求参数并执行数据入库处理。

视图函数 page_not_found 和 page_error 负责 404 和 500 的异常处理，在 Django 的 2.2 版本以上，404 的视图函数必须设置函数参数 exception，否则 Django 在运行时将会提示异常信息，如图 13-11 所示。

```
ERRORS:
?: (urls.E007) The custom handler404 view 'index.

System check identified 1 issue (0 silenced).
```

图 13-11　异常信息

13.2.2　使用 Jinja2 编写模板文件

在配置文件 settings.py 的 TEMPLATES 中配置了 Jinja2 模板引擎，用于解析模板文件 404.html、500.html、base.html 和 index.html。

模板文件 base.html 是整个项目的共用模板文件，404.html、500.html 和 index.html 都要继承 base.html。共用模板文件必须具有所有模板文件的共性，如果某个模板文件不具有某些共性，那么可以通过重写的方式改变共用模板文件的内容。打开模板文件 base.html，使用 Jinja2 语法编写模板文件的 HTML 代码，代码如下：

```html
# templates 的 base.html
<!DOCTYPE html>
<html>
<head>
<title>{% block title %}信息反馈{% endblock %}</title>
<link rel="icon" href="{{ static('img/favicon.ico') }}">
<link rel="stylesheet" href="{{static('css/bootstrap.min.css')}}">
<link rel="stylesheet" href="{{ static('css/style.css') }}">
</head>
```

```
<body>
<main class="container">
<header>
<h1 class="text-center display-4">
    <a href="{{ url('index') }}" class="text-success">
        <strong>您的意见</strong>
    </a>
    <small class="text-muted sub-title">我们及时反馈！</small>
</h1>
</header>
{% block content %}{% endblock %}
</main>
<script src="{{static('js/jquery-3.2.1.slim.min.js')}}"></script>
<script src="{{ static('js/bootstrap.min.js') }}"></script>
<script src="{{ static('js/script.js') }}"></script>
</body>
</html>
```

分析模板文件 base.html 得知，它定义了 HTML 网页的基本框架，一个 HTML 网页框架必须包含<head>和<body>标签。在上述代码中，HTML 的<head>和<body>标签使用了 Jinja2 的 block 标签，这是为其他模板文件调用时提供内容重写的接口，两个接口分别命名为 title 和 content。

HTML 的<head>标签设置了 3 个<link>标签，其中 rel="icon"的<link>标签用于设置网站的 ICO 图标，如图 13-12 所示；其余的<link>标签用于调用 CSS 样式文件进行网页布局，通过设置<link>标签的 href 属性即可调用 CSS 样式文件，上述代码采用 Bootstrap 框架实现网站布局。

图 13-12　网站的 ICO 图标

HTML 的<body>标签用于编写网页内容和调用 JavaScript 脚本。网页内容编写在<main>标签中，其中<header>标签将会生成网页内容的标题，如图 13-13 所示。而调用 JavaScript 脚本是由<script>标签实现的，通过设置<script>标签的 src 属性即可调用 JavaScript 脚本文件。

图 13-13　<header>标签的网页内容

下一步是编写模板文件 404.html 和 500.html 的网页内容。404.html 和 500.html 继承模板文件 base.html，并且重写接口 title 和 content，详细的代码如下：

```
# templates 的 404.html
{% extends "base.html" %}
```

```
{% block title %}逃跑{% endblock %}
{% block content %}
    <h3 class="text-center">页面逃跑啦！</h3>
    <a href="{{ url('index') }}">&larr; 返回首页</a>
{% endblock %}

# templates 的 500.html
{% extends "base.html" %}
{% block title %}挂掉{% endblock %}
{% block content %}
    <p class="text-center">服务器挂掉了！</p>
    <a href="{{ url('index') }}">&larr; 返回首页</a>
{% endblock %}
```

模板文件 404.html 和 500.html 重写接口 title，因为 base.html 定义接口 title 的默认内容为 "信息反馈"，而 404.html 和 500.html 的网页内容不符合接口 title 的默认内容，这说明如果某个模板文件不具有某些共性，那么可以通过重写接口的方式改变共用模板文件的网页内容。

最后在 index 的模板文件 index.html 中编写信息反馈页面的网页内容，index.html 继承模板文件 base.html，并且重写接口 content，详细的代码如下：

```
# index 的 templates 的 index.html
{% extends 'base.html' %}
{% block content %}
<div class="hello-form">
<form action="" method="post" class="form" role="form">
<input name="csrfmiddlewaretoken" type="hidden" value="{{csrf_token}}">
<div class="form-group required">
    <label class="form-control-label" for="name">名称</label>
    <input class="form-control" name="name" type="text">
</div>
<div class="form-group required">
    <label class="form-control-label" for="body">信息内容</label>
    <textarea class="form-control" name="content" ></textarea>
</div>
<input class="btn btn-primary" type="submit" value="提交">
</form>
</div>

<h5>共有{{ messages|length }}条信息</h5>
<div class="list-group">
{% for message in messages %}
<a class="list-group-item list-group-item-action flex-column">
    <div class="d-flex w-100 justify-content-between">
        <h5 class="mb-1 text-success">{{ message.name }}
            <small class="text-muted"> #{{ message.id }}</small>
        </h5>
        <small data-toggle="tooltip" data-placement="top"
            data-timestamp="{{ message.timestamp}}"
            data-delay="500">{{ message.timestamp}}
        </small>
```

```
        </div>
        <p class="mb-1">{{ message.content }}</p>
    </a>
{% endfor %}
</div>
{% endblock %}
```

模板文件 index.html 重写了接口 content，在共用模板文件 base.html 的基础上增加了信息提交功能和信息展示。信息提交功能编写在 class="hello-form" 的 div 标签里，信息展示编写在 class="list-group" 的 div 标签里。

信息提交功能使用 HTML 语言编写网页表单，网页表单一共设置了 3 个 input 输入框，每个输入框的功能说明如下：

（1）name="name" 的 input 控件代表模型 Message 的字段 name。
（2）name="content" 的 input 控件代表模型 Message 的字段 content。
（3）name="csrfmiddlewaretoken" 的 input 控件代表 CSRF 防护机制的隐藏控件。

信息展示是遍历视图函数 index 的变量 messages，变量 messages 用于查询模型 Message 的所有数据，并且数据以主键 id 进行降序排列。

模板文件 index.html 不需要重写接口 title，因为接口 title 的默认内容为"信息反馈"，模板文件 index.html 使用接口 title 的默认内容即可。

13.2.3 Admin 后台系统

每个网站都必须具备 Admin 后台系统，这样便于网站的管理和维护，本节使用 Django 内置 Admin 后台系统创建信息反馈页面的数据管理功能。

我们在 messageBoard 的 urls.py 中已经定义了 Admin 后台系统的路由信息，模型 Message 设置了属性 verbose_name 和 verbose_name_plural，每个模型字段也设置了 verbose_name 属性，这些设置将会作用于 Admin 后台系统。

下一步在项目应用 index 的初始化文件 __init__.py 中设置项目应用 index 在 Admin 后台系统的名称；在项目应用 index 的 admin.py 中定义模型 Message 的 ModelAdmin。首先打开初始化文件 __init__.py 编写以下代码：

```
# index 的 __init__.py
from django.apps import AppConfig
import os
# 修改 App 在 Admin 后台显示的名称
# default_app_config 的值来自 apps.py 的类名
default_app_config = 'index.IndexConfig'

# 获取当前 App 的命名
def get_current_app_name(_file):
    return os.path.split(os.path.dirname(_file))[-1]

# 重写类 IndexConfig
```

```python
class IndexConfig(AppConfig):
    name = get_current_app_name(__file__)
    verbose_name = '信息管理'
```

初始化文件 __init__.py 是将项目应用 index 命名为"信息管理"，代码的实现过程不再详细讲述。最后在 index 的 admin.py 中设置 Admin 后台系统的名称和定义模型 Message 的 ModelAdmin，详细的代码如下：

```python
# index 的 admin.py
from django.contrib import admin
from .models import *
# 修改 title 和 header
admin.site.site_title = '信息反馈后台系统'
admin.site.site_header = '信息反馈平台'

@admin.register(Message)
class MessageAdmin(admin.ModelAdmin):
    list_display = ['id', 'name', 'content', 'timestamp']
    search_fields = ['name']
    list_filter = ['name']
    ordering = ['id']
    date_hierarchy = 'timestamp'
```

上述代码设置了 Admin 后台系统的属性 site_title 和 site_header，这是对 Admin 后台系统的网站标题和网页标题进行命名。MessageAdmin 类是模型 Message 的 ModelAdmin，它使用装饰器 register 绑定模型 Message。MessageAdmin 类重设了 5 个类属性，每个类属性实现的功能说明如下：

（1）list_display 用于在模型 Message 的数据列表页设置显示在页面的模型字段。
（2）search_fields 用于在数据列表页的搜索框设置允许搜索的模型字段。
（3）list_filter 用于在数据列表页的右侧添加过滤器，用于筛选和查找数据。
（4）ordering 用于设置数据的排序方式，比如以字段 id 排序，['id']为升序，['-id']为降序。
（5）date_hierarchy 用于在模型 Message 的数据列表页设置日期选择器，只能设置日期类型的模型字段。

13.3 测试与运行

我们已经完成了信息反馈平台的功能开发，本节将会针对信息反馈平台的功能进行单元测试和运行部署，这是网站开发的最后一个开发流程。

13.3.1 编写单元测试

从信息反馈平台实现的功能分析，我们根据功能的业务逻辑来决定是否需要编写单元测试，具体说明如下：

（1）信息反馈页面实现信息提交功能和信息展示。信息提交功能以表单的形式实现，表单的数据处理是由表单类 MessageModelForm 实现的；信息展示以列表形式呈现，每条信息包含序号、用户名、信息内容和提交日期。这些功能都是由开发者实现的，因此有必要对这些功能进行单元测试。

（2）Admin 后台系统是 Django 内置的功能，大多数情况下不会存在功能逻辑的问题，除非在定义 ModelAdmin 的时候重写了 ModelAdmin 的类方法，比如重写 get_queryset()，会改变模型的数据查询方式。只有改变了内置功能原有的业务逻辑，才需要编写单元测试。

（3）自定义 404 和 500 异常页面的视图函数 page_not_found 和 page_error 只返回模板文件 404.html 和 500.html，视图函数没有编写业务逻辑，因此无须进行单元测试。

我们在 index 的 tests.py 中编写单元测试类 MessageTest，测试用例为 test_Message 和 test_post，详细的代码如下：

```python
# index 的 tests.py
from django.test import TestCase
from django.test import Client
from .models import Message

class MessageTest(TestCase):
    # 添加数据
    def setUp(self):
        Message.objects.create(name='Lucy', content='Django 入门')
        Message.objects.create(name='May', content='入门到放弃')

    # 编写测试用例
    def test_Message(self):
        # 编写用例
        info = Message.objects.get(name='Lucy')
        # 判断测试用例的执行结果
        self.assertIsNotNone(info.timestamp)

    # 编写测试用例
    def test_post(self):
        # 编写用例
        c = Client()
        data = {
            'name': 'Tim',
            'content': '删库到跑路'
        }
        response = c.post('/', data=data)
        status_code = response.status_code
        info = Message.objects.get(name='Tim')
        # 判断测试用例的执行结果
        self.assertEqual(status_code, 302)
        self.assertEqual(info.content, '删库到跑路')
```

单元测试类 MessageTest 定义了类方法 setUp()、test_Message() 和 test_post()，每个类方法的说明如下：

（1）setUp()是在运行测试类的时候，为测试类提供数据支持。单元测试在运行过程中会创建一个虚拟的数据库，所有模型的数据操作都在虚拟数据库完成。通过重写 setup()可以为虚拟数据库添加数据，为测试用例提供数据支持。

（2）test_Message()是单元测试类 MessageTest 的测试用例，用于测试模型 Message 的读取操作，并判断模型字段 timestamp 是否存在。由于 setUp()新增的数据并没有设置模型字段 timestamp，如果检测到模型字段 timestamp 存在，就说明模型 Message 在新增数据的时候，模型字段 timestamp 的属性 auto_now 自动创建数据内容。

（3）test_post()是单元测试类 MessageTest 的测试用例，用于测试信息反馈页面的信息提交功能。它向信息反馈页面的路由 index 发送 POST 请求，并传递请求参数 data；然后判断响应状态码 status_code 是否为 302，若响应状态码为 302，则说明视图函数 index 已完成 POST 的请求处理；最后查询模型 Message 是否存在请求参数 data 的数据，若存在，则说明视图函数 index 使用表单类 MessageModelForm 实现数据入库处理。

我们在 PyCharm 的 Terminal 中的运行单元测试类 MessageTest，当输入并运行 test 指令后，Django 首先创建虚拟数据库，由于项目使用 MySQL 数据库，因此创建虚拟数据库的时间相对较长。虚拟数据库创建成功后，Django 将执行单元测试类 MessageTest 的测试用例，并将执行结果统计显示，最后销毁虚拟数据库，运行结果如图 13-14 所示。

```
D:\messageBoard>python manage.py test
Creating test database for alias 'default'...
System check identified no issues (0 silenced).
..
----------------------------------------------------------------------
Ran 2 tests in 0.340s

OK
Destroying test database for alias 'default'...
```

图 13-14　运行结果

13.3.2　运行与上线

在开发网站功能的时候，Django 的运行环境默认为调试模式，即配置属性 DEBUG=True 和 ALLOWED_HOSTS=[]。当网站开发完成后，我们需要将网站部署在服务器上，大多数服务器使用的都是 Linux 系统，网站的部署流程说明如下：

（1）在服务器上搭建项目的运行环境，比如安装 Python 开发环境、安装配置数据库、安装 Django 以及第三方的功能应用等。

（2）安装 Nginx 或 Apache 服务器，并在 Nginx 或 Apache 服务器上配置 Django 项目，使 Django 的运行环境依赖于 Nginx 或 Apache 服务器，最后将已备案的域名绑定在 Nginx 或 Apache 服务器上。

在部署网站之前，还要将项目设为上线模式，否则网站出现异常时，Django 会把异常信息显示在网页上，这样就泄露了网站的部分代码，很容易遭到网络攻击。因此，我们在项目的 settings.py 中设置配置属性 DEBUG 和 ALLOWED_HOSTS，同时添加配置属性 STATIC_ROOT，配置信息如下：

```
#messageBoard 的 settings.py
DEBUG = False
ALLOWED_HOSTS = ['*']
STATIC_ROOT = BASE_DIR / 'static'
```

配置属性 STATIC_ROOT 指向根目录的 static 文件夹，但创建项目的时候，我们并没有在根目录创建 static 文件夹。因为根目录的 static 文件夹可以使用 Django 指令创建，在 PyCharm 的 Terminal 中输入 collectstatic 指令，如图 13-15 所示。

```
D:\messageBoard>python manage.py collectstatic

143 static files copied to 'D:\messageBoard\static'.
```

图 13-15　创建 static 文件夹

在 PyCharm 中打开根目录的 static 文件夹，发现它复制了项目应用 index 的 static 文件夹里面所有静态资源，并且复制了 Admin 后台系统的静态资源，如图 13-16 所示。

图 13-16　static 文件夹目录

现在项目中存在两个 static 文件夹，第一个在项目的根目录，第二个在项目应用 index 中。Django 根据不同的运行模式读取不同的 static 文件夹，详细说明如下：

（1）如果将 Django 设为调试模式（DEBUG=True），那么项目运行时将读取项目应用 index 的 static 文件夹的静态资源。

（2）如果将 Django 设为上线模式（DEBUG=False），那么项目运行时将读取根目录的 static 文件夹的静态资源。

当 Django 设为上线模式时，它不再提供静态资源服务，该服务应交由服务器来完成，因此在项目的路由列表添加静态资源的路由信息，让 Django 知道如何找到静态资源文件，否则无法在浏览器上访问 static 文件夹的静态资源信息，路由信息如下：

```
# messageBoard 的 urls.py
from django.contrib import admin
from django.urls import path, include, re_path
```

```
from django.views.static import serve
from django.conf import settings
urlpatterns = [
    path('admin/', admin.site.urls),
    path('', include('index.urls')),
    # 设置静态资源的路由信息
    re_path('static/(?P<path>.*)', static.serve,
        {'document_root':settings.STATIC_ROOT},name='static')
]
# 设置 404、500 错误状态码
from index import views
handler404 = views.page_not_found
handler500 = views.page_error
```

在 13.1.1 小节提及过项目的目录结构设计，这种设计方案已兼顾 Django 的两种运行模式，每次切换运行模式只需改变配置属性 DEBUG 的值即可。比如使用 PyCharm 运行 Django 的上线模式，打开浏览器访问 127.0.0.1:8000，在信息反馈页面的网页表单中输入内容，单击"提交"按钮就能在数据表 index_message 中实现数据新增操作，并且浏览器重定向访问信息反馈页面，如图 13-17 所示。

图 13-17 信息反馈页面

在 PyCharm 的 Terminal 中输入 createsuperuser 指令，创建超级管理员账号（账号和密码皆为 admin），然后登录 Admin 后台系统，查看模型 Message 的数据列表页，如图 13-18 所示。

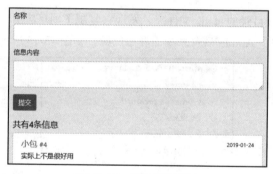

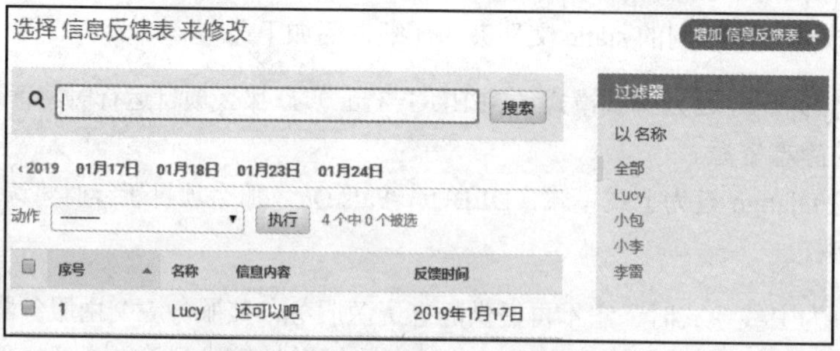

图 13-18 模型 Message 的数据列表页

最后在浏览器上访问 127.0.0.1:8000/11，该网址在项目里没有定义相关的路由信息，因此项目将显示 404 异常页面，如图 13-19 所示。

图 13-19　404 异常页面

13.4　本章小结

信息反馈平台是为用户提供信息反馈的网站，比如产品使用反馈、民意征集或游戏体验反馈等。信息反馈平台的功能有：信息反馈页面、Admin 后台系统、自定义异常机制和单元测试，各个功能说明如下：

（1）信息反馈页面包括信息提交功能和信息展示。信息提交功能以表单的形式实现；信息展示以数据列表的形式呈现，每条信息包含序号、用户名、信息内容和提交日期。

（2）Admin 后台系统主要管理信息反馈页面的数据内容，方便网站管理员维护和管理网站的数据内容。

（3）自定义异常机制实现 404 和 500 的页面设置，使 404 和 500 页面与信息反馈页面的设计风格保持一致。

（4）单元测试用于测试信息反馈页面的功能，比如测试模型的读写操作、视图函数的业务逻辑。

从信息反馈平台实现的功能分析，我们根据功能的业务逻辑来决定是否需要编写单元测试，具体说明如下：

（1）信息反馈页面实现信息提交功能和信息展示。信息提交功能以表单的形式实现，表单的数据处理是由表单类 MessageModelForm 实现的；信息展示以列表的形式呈现，每条信息包含序号、用户名、信息内容和提交日期。这些功能都是由开发者实现，因此有必要对这些功能进行单元测试。

（2）Admin 后台系统是 Django 内置的功能，大多数情况下不会存在功能逻辑的问题，除非在定义 ModelAdmin 的时候重写了 ModelAdmin 的类方法，比如重写 get_queryset()，会改变模型的数据查询方式。只有改变了内置功能原有的业务逻辑，才需要编写单元测试。

（3）自定义 404 和 500 异常页面的视图函数 page_not_found 和 page_error 只返回模板文件 404.html 和 500.html，视图函数没有编写业务逻辑，因此无须进行单元测试。

在开发网站功能的时候，Django 的运行环境默认为调试模式，即配置属性 DEBUG=True 和 ALLOWED_HOSTS=[]。当网站开发完成后，我们需要将网站部署在服务器上，大多数服务器使用的都是 Linux 系统，网站的部署流程说明如下：

（1）在服务器上搭建项目的运行环境，比如安装 Python 开发环境、安装配置数据库、安装 Django 以及第三方的功能应用等。

（2）安装 Nginx 或 Apache 服务器，并在 Nginx 或 Apache 服务器上配置 Django 项目，使 Django 的运行环境依赖于 Nginx 或 Apache 服务器，最后将已备案的域名绑定在 Nginx 或 Apache 服务器上。

项目中存在两个 static 文件夹，第一个在项目的根目录，第二个在项目应用 index 中。Django 根据不同的运行模式读取不同的 static 文件夹，详细说明如下：

（1）如果将 Django 设为调试模式（DEBUG=True），那么项目运行时将读取项目应用 index 的 static 文件夹。

（2）如果将 Django 设为上线模式（DEBUG=False），那么项目运行时将读取根目录的 static 文件夹。

第 14 章

个人博客系统的设计与实现

本章讲述如何使用 Django 开发个人博客系统，博客系统包括用户（博主）注册和登录、博主资料信息、图片墙功能、留言板功能、文章列表、文章正文内容和 Admin 后台系统。不同的用户（博主）只能编辑自己的博客内容，并且允许任何人访问，整个博客系统有点类似于 CSDN 博客系统。

14.1 项目设计与配置

博客系统包括用户（博主）注册和登录、博主资料信息、图片墙、留言板、文章列表、文章正文内容和 Admin 后台系统，详细说明如下。

用户（博主）注册和登录在同一页面实现两种功能，实现过程可以使用 JavaScript 或网页表单，网页效果如图 14-1 所示。

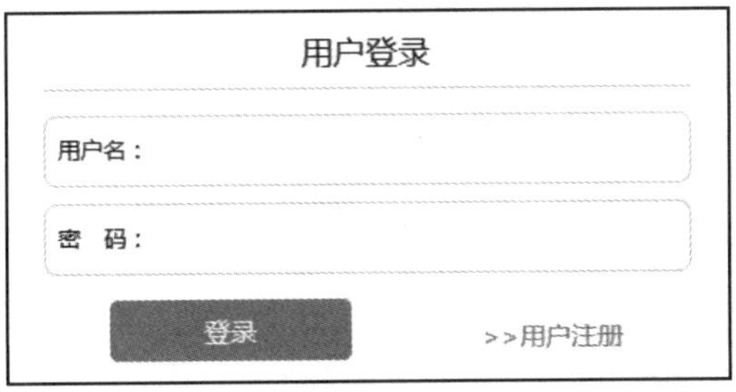

图 14-1 用户注册和登录

博主资料信息用于显示博主的个人简介、姓名和联系方式，联系方式主要有微博、微信和 QQ，网页效果如图 14-2 所示。

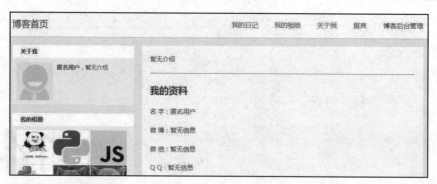

图 14-2　博主资料信息页

图片墙功能将用户（博主）上传的图片以列表形式展示，每张图片允许设置标题和图片描述。图片墙每页显示 8 张图片，每页设有两行图片，每行显示 4 张图片，网页效果如图 14-3 所示。

图 14-3　图片墙功能

留言板功能是供访客和博主进行交流互动的页面，访客在网页表单中填写姓名、邮箱和留言内容即可完成留言过程，并且所有留言信息都会显示在网页上，网页效果如图 14-4 所示。

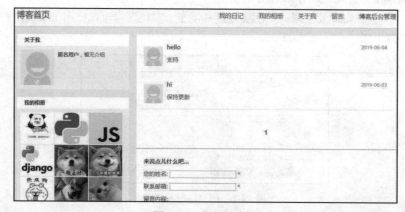

图 14-4　留言板功能

文章列表将每篇文章以列表形式展示，每篇文章显示文章图片、标题和部分内容，只要单击文章标题或图片即可查看文章正文内容，文章列表如图 14-5 所示。

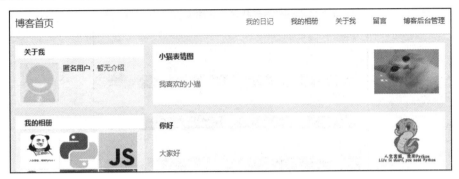

图 14-5　文章列表

文章正文内容用于显示文章的标签、阅读量、发布时间、作者、正文内容和评论内容，网页设计如图 14-6 所示。

图 14-6　文章正文内容

Admin 后台系统主要实现博客管理、图片墙管理、用户管理和留言管理，如图 14-7 所示，每个功能管理的说明如下：

（1）博客管理划分为 3 个数据表，分别是博文分类、博文管理和评论管理。博文分类设置文章的分类标签；博文管理供博主对每篇文章进行编辑、修改操作；评论管理存储每篇文章的评论内容。

（2）图片墙管理供博主管理自己上传的图片，并且对每张图片都具有修改和删除操作。

（3）用户管理只能看到自己的账号信息，如果博客系统注册多个用户（博主），那么用户之间的账号信息是无法查看的，用于保障用户账号的安全性。用户账号信息可显示在博主资料信息页，如图 14-2 所示。

（4）留言管理只能看到访客给自己留言的内容，并且具备所有操作权限，但无法查看和操作其他博主的博客留言内容。

Admin 后台系统使用 Django 内置的 Admin 后台系统，但 Admin 后台系统的登录页面改为用户（博主）注册和登录页面，如图 14-7 所示。

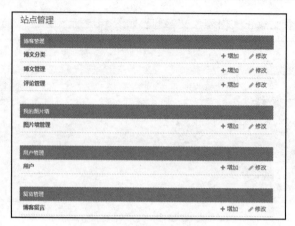

图 14-7 Admin 后台系统

14.1.1 项目架构设计

博客系统的网页数据是根据用户角色进行筛选和显示的，每个用户（博主）只能管理自己的博客内容，换句话说，博客系统所有的数据表必须关联到用户信息表。在设计项目架构的时候，必须围绕项目的核心功能进行设计，以核心功能为主体，向外延伸和完善其他功能，这是项目架构设计的思路之一。

在 Windows 系统下打开命令提示符窗口，将命令提示符窗口的路径切换到 D 盘，输入 Django 的项目创建指令，项目名称为 myblog；然后在项目中创建项目应用 account、album、article 和 interflow，并且在每个项目应用中创建路由文件 urls.py；最后在项目中创建文件夹 media、publicStatic 和 templates，新建的项目应用和文件夹说明如下：

（1）项目应用 account 实现用户注册、登录和用户（博主）资料信息页，自定义模型 MyUser 继承内置模型 User，在内置模型 User 的基础上添加新字段，可以完善用户信息。模型 MyUser 为博主资料信息页提供数据支持，而且模型 MyUser 需要关联其他模型。

（2）项目应用 album 实现图片墙功能，每个用户（博主）的图片墙只能显示自己上传的图片信息。模型 AlbumInfo 用于存储图片墙的图片信息，它设有外键字段关联模型 MyUser，与模型 MyUser 组成一对多的数据关系。

（3）项目应用 article 实现用户（博主）的文章管理，每篇文章设有分类标签、正文内容和评论信息，三者分别对应模型 ArticleTag、ArticleInfo 和 Comment，每个模型之间的数据关系说明如下：

- 模型 ArticleTag 设有外键字段关联模型 MyUser，与模型 MyUser 组成一对多的数据关系。
- 模型 ArticleInfo 不仅与模型 MyUser 组成一对多的数据关系，并且与模型 ArticleTag 组成多对多的数据关系。
- 模型 Comment 只对模型 ArticleInfo 组成一对多的数据关系。

（4）项目应用 interflow 实现博客的留言板功能，模型 Board 存储留言板信息，它设有外键字段关联模型 MyUser，与模型 MyUser 组成一对多的数据关系，从而区分每个用户（博主）的留言板内容。

（5）媒体资源文件夹 media 存放用户（博主）上传的文章图片、图片墙的图片、用户（博主）头像等资源文件，这类资源文件的变动频率较高，因此与静态资源区分不同的存储路径。

（6）静态资源文件夹 publicStatic 存放网页的 CSS 样式文件、JavaScript 脚本文件和网页图片等静态资源。如果项目中创建了多个项目应用，在每个项目应用中单独创建静态资源文件夹，那么当更新或修改网页布局时，不利于日后的维护和管理。

（7）模板文件夹 templates 存放模板文件，本项目一共使用 7 个模板文件，每个模板文件的说明如下：

- base.html 定义项目的共用模板文件。
- album.html 实现图片墙的网页内容。
- article.html 实现文章列表页。
- board.html 实现留言板的网页内容。
- detail.html 实现文章正文内容页。
- user.html 实现用户注册和登录页。
- about.html 实现用户（博主）资料信息页。

由于项目需要实现用户注册和登录功能，而 Admin 后台系统内置用户登录页面，如果一个网站设有两个不同的登录页面，就对用户体验极不友好。因此，我们将用户注册和登录页面作为 Admin 后台系统的登录页面，在 myblog 文件夹中添加 myadmin.py 和 myapps.py 文件，这两个文件用于自定义 Admin 后台系统，整个 myblog 的目录结构如图 14-8 所示。

图 14-8　目录结构

14.1.2　功能配置

从 myblog 的架构设计得知，项目中添加了多个项目应用：新建了媒体资源文件夹 media、静态资源文件夹 publicStatic 和模板文件夹 templates，并且在 myblog 文件夹创建了 myadmin.py 和

myapps.py 文件。下一步将上述设置写入 Django 的配置文件 settings.py，当 Django 运行的时候能自动加载相应的功能应用。

将项目应用 account、album、article 和 interflow 写入配置属性 INSTALLED_APPS，并在配置属性 MIDDLEWARE 中添加中间件 LocaleMiddleware，使 Admin 后台系统支持中文语言，配置代码如下：

```python
# myblog 的 settings.py
INSTALLED_APPS = [
    'django.contrib.admin',
    'django.contrib.auth',
    'django.contrib.contenttypes',
    'django.contrib.sessions',
    'django.contrib.messages',
    'django.contrib.staticfiles',
    'article',
    'album',
    'account',
    'interflow',
]

MIDDLEWARE = [
    'django.middleware.security.SecurityMiddleware',
    'django.contrib.sessions.middleware.SessionMiddleware',
    # 添加中间件 LocaleMiddleware
    'django.middleware.locale.LocaleMiddleware',
    'django.middleware.common.CommonMiddleware',
    'django.middleware.csrf.CsrfViewMiddleware',
    'django.contrib.auth.middleware.AuthenticationMiddleware',
    'django.contrib.messages.middleware.MessageMiddleware',
    'django.middleware.clickjacking.XFrameOptionsMiddleware',
]
```

然后在配置属性 TEMPLATES 中设置模板文件夹 templates，将模板文件夹 templates 引入 Django，项目的数据存储采用 MySQL 数据库，我们在 MySQL 中创建数据库 blogdb，并在配置属性 DATABASES 中设置数据库连接方式，配置代码如下：

```python
# myblog 的 settings.py
TEMPLATES = [
{
'BACKEND':'django.template.backends.django.DjangoTemplates',
# 将模板文件夹 templates 引入 Django
'DIRS': [BASE_DIR / 'templates', ],
'APP_DIRS': True,
'OPTIONS': {
    'context_processors': [
        'django.template.context_processors.debug',
        'django.template.context_processors.request',
        'django.contrib.auth.context_processors.auth',
        'django.contrib.messages.context_processors.messages',
```

```
        ],
    },
},
]

DATABASES = {
    'default': {
        'ENGINE': 'django.db.backends.mysql',
        'NAME': 'blogdb',
        'USER': 'root',
        'PASSWORD': '1234',
        'HOST': '127.0.0.1',
        'PORT': '3306',
    },
}
```

最后将静态资源文件夹 publicStatic 和媒体资源文件夹 media 引入 Django 的运行环境，同时将 Django 内置用户模型 User 改为项目应用 account 的自定义模型 MyUser，配置代码如下：

```
# myblog 的 settings.py
# 配置自定义用户模型 MyUser
AUTH_USER_MODEL = 'account.MyUser'

STATIC_URL = '/static/'
STATICFILES_DIRS = [BASE_DIR / 'publicStatic']

# 设置媒体资源的保存路径
MEDIA_URL = '/media/'
MEDIA_ROOT = BASE_DIR / 'media'
```

上述的功能配置只是项目的初步配置，在后续的开发中还会对功能配置进行添加和修改，比如添加博客文章的编辑器、自定义 Admin 后台系统和项目的上线运行等。

14.1.3 数据表架构设计

从项目的架构设计得知，项目应用 account 的模型 MyUser 是项目的核心数据，它与每个项目应用的模型都存在数据关联。模型 MyUser 继承内置模型 User，在内置模型 User 的基础上添加新字段，用于完善用户信息。打开项目应用 account 的 models.py 定义模型 MyUser，代码如下：

```
# account 的 models.py
from django.db import models
from django.contrib.auth.models import AbstractUser
class MyUser(AbstractUser):
    name=models.CharField('姓名',max_length=50,default='匿名用户')
    introduce = models.TextField('简介', default='暂无介绍')
    company=models.CharField('公司',max_length=100,default='暂无信息')
    profession=models.CharField('职业',max_length=100,default='暂无信息')
    address=models.CharField('住址',max_length=100,default='暂无信息')
    telephone=models.CharField('电话',max_length=11,default='暂无信息')
```

```python
    wx = models.CharField('微信', max_length=50, default='暂无信息')
    qq = models.CharField('QQ', max_length=50, default='暂无信息')
    wb = models.CharField('微博', max_length=100, default='暂无信息')
    photo=models.ImageField('头像',blank=True,upload_to='images/user/')
    # 设置返回值
    def __str__(self):
        return self.name
```

模型 MyUser 在模型 User 的基础上新增了上述的模型字段，它继承父类 AbstractUser，而 AbstractUser 是模型 User 的父类，因此模型 MyUser 具有模型 User 的全部字段。

项目应用 album 使用模型 AlbumInfo 存储图片墙的图片信息，它设有外键字段关联模型 MyUser，与模型 MyUser 组成一对多的数据关系，使每个用户（博主）的图片墙只能显示自己上传的图片信息。我们在项目应用 album 的 models.py 中定义模型 AlbumInfo，定义过程如下：

```python
# album 的 models.py
from django.db import models
from account.models import MyUser
class AlbumInfo(models.Model):
    id = models.AutoField(primary_key=True)
    user = models.ForeignKey(MyUser, on_delete=models.CASCADE,
            verbose_name='用户')
    title = models.CharField('标题', max_length=50, blank=True)
    introduce = models.CharField('描述', max_length=200, blank=True)
    photo=models.ImageField('图片',blank=True,upload_to='images/album/')

    def __str__(self):
        return str(self.id)
    class Meta:
        verbose_name = '图片墙管理'
        verbose_name_plural = '图片墙管理'
```

项目应用 article 实现用户（博主）的文章管理，每篇文章设有分类标签、正文内容和评论信息，三者分别对应模型 ArticleTag、ArticleInfo 和 Comment，每个模型之间的数据关系说明如下：

（1）模型 ArticleTag 设有外键字段关联模型 MyUser，与模型 MyUser 组成一对多的数据关系。

（2）模型 ArticleInfo 不仅与模型 MyUser 组成一对多的数据关系，并且与模型 ArticleTag 组成多对多的数据关系。

（3）模型 Comment 只对模型 ArticleInfo 组成一对多的数据关系。

根据上述模型的数据关系分别定义模型 ArticleTag、ArticleInfo 和 Comment，在项目应用 article 的 models.py 中实现模型的定义过程，代码如下：

```python
# article 的 models.py
from django.db import models
from django.utils import timezone
from account.models import MyUser
class ArticleTag(models.Model):
    id = models.AutoField(primary_key=True)
    tag = models.CharField('标签', max_length=500)
```

```python
    user = models.ForeignKey(MyUser,on_delete=models.CASCADE,
            verbose_name='用户')

    def __str__(self):
        return self.tag
    class Meta:
        verbose_name = '博文分类'
        verbose_name_plural = '博文分类'

class ArticleInfo(models.Model):
    author = models.ForeignKey(MyUser,on_delete=models.CASCADE,
            verbose_name='用户')
    title = models.CharField('标题', max_length=200)
    content = models.TextField('内容')
    articlephoto = models.ImageField('文章图片', blank=True,
            upload_to='images/article/')
    reading = models.IntegerField('阅读量', default=0)
    liking = models.IntegerField('点赞量', default=0)
    created = models.DateTimeField('创建时间',default=timezone.now)
    updated = models.DateTimeField('更新时间', auto_now=True)
    article_tag=models.ManyToManyField(ArticleTag, blank=True,
            verbose_name='文章标签')

    def __str__(self):
        return self.title
    class Meta:
        verbose_name = '博文管理'
        verbose_name_plural = '博文管理'

class Comment(models.Model):
    article=models.ForeignKey(ArticleInfo,on_delete=models.CASCADE,
            verbose_name='所属文章')
    commentator = models.CharField('评论用户', max_length=90)
    content = models.TextField('评论内容')
    created = models.DateTimeField('创建时间', auto_now_add=True)

    def __str__(self):
        return self.article.title
    class Meta:
        verbose_name = '评论管理'
        verbose_name_plural = '评论管理'
```

项目应用 interflow 使用模型 Board 存储留言板信息，它与模型 MyUser 组成一对多的数据关系，从而区分每个用户（博主）的留言板信息。在项目应用 interflow 的 models.py 中定义模型 Board，定义过程如下：

```python
# interflow 的 models.py
from django.db import models
from account.models import MyUser
from django.utils import timezone
```

```
class Board(models.Model):
    id = models.AutoField(primary_key=True)
    name = models.CharField('留言用户', max_length=50)
    email = models.CharField('邮箱地址', max_length=50)
    content = models.CharField('留言内容', max_length=500)
    created=models.DateTimeField('创建时间',default=timezone.now)
    user = models.ForeignKey(MyUser, on_delete=models.CASCADE,
            verbose_name='用户')

    def __str__(self):
        return self.email
    class Meta:
        verbose_name = '博客留言'
        verbose_name_plural = '博客留言'
```

综上所述，我们已定义了模型 MyUser、AlbumInfo、ArticleTag、ArticleInfo、Comment 和 Board。最后为上述模型执行数据迁移，在数据库 blogdb 中创建相应的数据表，并使用数据库可视化工具 Navicat Premium 打开数据库 blogdb 查看数据表之间的数据关系，如图 14-9 所示。

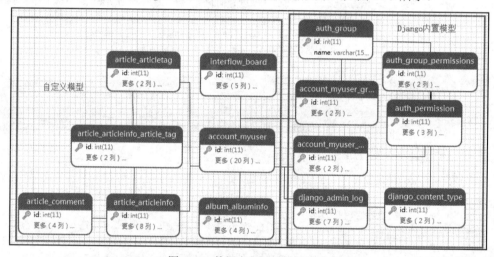

图 14-9　数据表之间的数据关系

14.1.4　定义路由列表

由于项目设置了多个项目应用，因此在 myblog 的 urls.py 中分别为每个项目应用定义路由空间，整个项目的路由列表代码如下：

```
# myblog 的 urls.py
from django.contrib import admin
from django.urls import path, include, re_path
from django.views.static import serve
from django.conf import settings
urlpatterns = [
    # Admin 后台系统
    path('admin/', admin.site.urls),
```

```
# 用户注册与登录
path('user/', include('account.urls')),
# 博客文章
path('', include('article.urls')),
# 图片墙
path('album/', include('album.urls')),
# 留言板
path('board/', include('interflow.urls')),
# 配置媒体资源的路由信息
re_path('media/(?P<path>.*)', serve,
        {'document_root':settings.MEDIA_ROOT},name='media'),
]
```

上述的路由空间以简单的方式定义，因为项目的网页数量不多，路由空间可以无须设置参数 namespace。由于项目的配置文件 settings.py 设置媒体资源文件夹 media，因此还需要在路由对象 urlpatterns 中设置媒体资源的路由信息。

14.1.5　编写共用模板

从项目设计得知，博主资料信息展示、图片墙功能、留言板功能和文章列表、文章正文内容的页面布局存在相同之处，因此可以将这些网页功能编写在共用模板文件中，如图 14-10 所示。

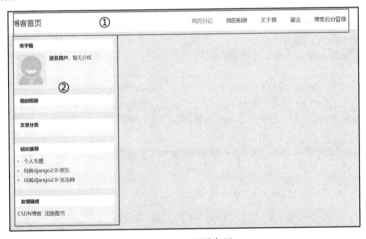

图 14-10　网页布局

图 14-10 标记了每个网页相同的网页内容，我们将这些网页内容编写在共用模板文件 base.html 中。在模板文件夹 templates 中找到模板文件 base.html，并编写以下代码：

```
# templates 的 base.html
<html>
<head>
{% load staticfiles %}················①
<title>{% block title %}我的博客{% endblock %}</title>
<link href="{% static "css/base.css" %}" rel="stylesheet">
<link href="{% static "css/index.css" %}" rel="stylesheet">
<link href="{% static "css/m.css" %}" rel="stylesheet">
```

```html
<link href="{% static "css/info.css" %}" rel="stylesheet">
<script src="{% static "js/jquery.min.js" %}"></script>
<script src="{% static "js/comm.js" %}"></script>
<script src="{% static "js/modernizr.js" %}"></script>
<script src="{% static "js/scrollReveal.js" %}"></script>
</head>
<body>
<header class="header-navigation" id="header">
  <nav>················②
    <div class="logo">
    <a href="javascript:;">博客首页</a>
    </div>
    <h2 id="mnavh"><span class="navicon"></span></h2>
    <ul id="starlist">
    <li><a href="{% url 'article' id 1%}">我的日记</a></li>
    <li><a href="{% url 'album' id 1 %}">我的相册</a></li>
    <li><a href="{% url 'about' id %}">关于我</a></li>
    <li><a href="{% url 'board' id 1 %}">留言</a></li>
    <li><a href="{% url 'admin:index' %}">博客后台管理</a></li>
    </ul>
  </nav>
</header>
{% block body %}················③
<article>
<aside class="l_box">
  <div class="about_me">
    <h2>关于我</h2>
    <ul>
      {% if user.photo %}
        <i><img src="{{ user.photo.url }}"></i>
      {% else %}
        <i>
        <img src="{% static 'images/user.jpg' %}">
        </i>
      {% endif %}
      <p>
      <b>{{ user.name }}</b>, {{ user.introduce }}
      </p>
    </ul>
  </div>
  <div class="wdxc">
    <h2>我的相册</h2>
    <ul>
      {% for a in album %}
      <li>
      <a href="javascript:;">
      <img src="{{ a.photo.url }}">
      </a>
      </li>
      {% endfor %}
```

```
        </ul>
      </div>
      <div class="fenlei">
        <h2>文章分类</h2>
        <ul>
          {% for t in tag %}
          <li><a href="/">{{ t.tag }}</a></li>
          {% endfor %}
        </ul>
      </div>
      <div class="tuijian">
        <h2>站长推荐</h2>
        <ul>
          <li>
            <a href="https://gitbook.cn/gitchat/author
            /5b28bff00ac95342c847f199" target="new">个人专题</a>
          </li>
          <li><a href="https://item.jd.com/12460562.html"
            target="new">玩转django2.0-京东</a></li>
          <li><a href="http://product.dangdang.com/25535043.html"
            target="new">玩转django2.0-当当网</a></li>
        </ul>
      </div>
      <div class="links">
        <h2>友情链接</h2>
        <ul>
          <a href="https://blog.csdn.net/HuangZhang_123"
          target="new">CSDN 博客</a>
          <a href="https://book.jd.com/writer/%E9%BB%84%E6%B0
          %B8%E7%A5%A5_1.html" target="new">出版图书</a>
        </ul>
      </div>
    </aside>
    {% endblock %}
    {% block content %}{% endblock %}·················④
  </article>
  <a href="#" class="cd-top">Top</a>·················⑤
  {% block script %}{% endblock %}
</body>
</html>
```

我们将模板文件 base.html 的代码分为 5 部分，在上述代码中设有标注①②③④⑤，每个标注实现的网页内容说明如下：

（1）标注①使用内置标签 block 编写模板继承接口，接口命名为 title，接口默认值为"我的博客"，并且由内置标签 static 引入静态文件夹 publicStatic 的 CSS 样式文件和 JavaScript 脚本文件，实现网页的样式布局和动态效果。

（2）标注②使用内置标签 url 设置各个页面的路由地址，网页效果如图 14-10 的标注①所示。

（3）标注③编写模板继承接口，接口命名为 body，接口默认值设有"关于我""我的相册"

"文章分类""站长推荐""友情链接"等网页功能,网页效果如图 14-10 的标注②所示。

(4)标注④编写模板继承接口,接口命名为 content,接口默认值为空,该接口实现各个页面特定的网页内容,比如图片墙的图片列表、文章列表等。

(5)标注⑤实现页面置顶回滚功能,如果页面篇幅较长,单击置顶回滚图标即可回到页面顶部的数据;此外还编写了模板继承接口,接口命名为 script,接口默认值为空,该接口为各个页面编写特定的 JavaScript 脚本。

14.2 注册与登录

模型 MyUser 是内置模型 User 的扩展模型,用于保存用户信息,若想通过模型 MyUser 实现用户注册和登录功能,则可以使用 Django 的 Auth 认证系统。

用户注册与登录是在项目应用 account 中实现的,由于 myblog 的 urls.py 中已定义了项目应用 account 的路由空间,本节只需在项目应用 account 的 urls.py 中定义用户注册与登录的路由信息,分别命名为路由 register 和 userLogin,两者的 HTTP 请求处理由视图函数 register 和 userLogin 执行,代码如下:

```python
# account 的 urls.py
from django.urls import path
from .views import *
urlpatterns = [
    # 用户注册
    path('register.html', register, name='register'),
    # 用户登录
    path('login.html', userLogin, name='userLogin'),
]
```

路由 register 是用户注册页面的网址,注册功能由视图函数 register 实现,打开项目应用 account 的 views.py 定义视图函数 register,功能代码如下:

```python
# account 的 views.py
from django.shortcuts import render, redirect
from .models import MyUser
from django.contrib.auth import login
from django.contrib.auth import logout
from django.contrib.auth import authenticate
from django.urls import reverse
def register(request):
    title = '注册博客'
    pageTitle = '用户注册'
    confirmPassword = True
    button = '注册'
    urlText = '用户登录'
    urlName = 'userLogin'
    if request.method == 'POST':
```

```python
        u = request.POST.get('username', '')
        p = request.POST.get('password', '')
        cp = request.POST.get('cp', '')
        if MyUser.objects.filter(username=u):
            tips = '用户已存在'
        elif cp != p:
            tips = '两次密码输入不一致'
        else:
            d = {
                'username': u, 'password': p,
                'is_superuser': 1, 'is_staff': 1
            }
            user = MyUser.objects.create_user(**d)
            user.save()
            tips = '注册成功,请登录'
            logout(request)
            return redirect(reverse('userLogin'))
    return render(request, 'user.html', locals())
```

视图函数 register 定义了 6 个变量（title、pageTitle、confirmPassword、button、urlText 和 urlName），这些变量作为模板文件 user.html 的模板上下文，用于控制注册页面的数据内容，由于注册和登录页面使用的都是模板文件 user.html，因此有必要在视图函数里设置变量（模板上下文）区分注册和登录页面。

如果用户在浏览器上访问路由 register，视图函数 register 收到用户的 GET 请求，那么它将定义 6 个变量并调用模板文件 user.html 生成用户注册页面，注册的表单功能由 HTML 语言编写。用户在注册页面输入账号和密码，然后单击"注册"按钮，将会触发 POST 请求，视图函数 register 接收 POST 请求后，将执行用户注册过程，执行过程说明如下：

（1）从网页表单的 input 控件获取用户输入的账号和密码，并且对这些数据进行判断处理。

（2）判断用户输入的账号是否已存在模型 MyUser，若存在，则说明当前账号已被注册，然后设置变量 tips，提示"当前用户已存在"，将提示内容显示在用户注册页面。

（3）若模型 MyUser 不存在当前账号信息，则判断用户两次输入的密码是否一致，若密码不一致，则设置变量 tips，提示"两次密码输入不一致"，并将提示内容显示在用户注册页面。

（4）若两次输入的密码一致，则执行用户注册，由模型 MyUser 调用内置方法 create_user 创建用户账号，将用户角色设为超级管理员身份（is_superuser=1）并激活用户状态（is_staff=1）。

（5）用户注册成功后，视图函数 register 将调用内置方法 logout 实现用户注销操作，使当前请求处于尚未登录的状态，最后重定向路由 userLogin。

当我们成功注册新用户，浏览器将会自动访问路由 userLogin，在用户登录页面，登录功能由视图函数 userLogin 实现，在项目应用 account 的 views.py 中定义视图函数 userLogin，代码如下：

```python
# account 的 views.py
def userLogin(request):
    title = '登录博客'
    pageTitle = '用户登录'
    button = '登录'
    urlText = '用户注册'
```

```
        urlName = 'register'
        if request.method == 'POST':
            u = request.POST.get('username', '')
            p = request.POST.get('password', '')
            if MyUser.objects.filter(username=u):
                user = authenticate(username=u, password=p)
                if user:
                    if user.is_active:
                        login(request, user)
                        kwargs = {'id': request.user.id, 'page': 1}
                        return redirect(reverse('article', kwargs=kwargs))
                    else:
                        tips = '账号密码错误，请重新输入'
            else:
                tips = '用户不存在，请注册'
        else:
            if request.user.username:
                kwargs = {'id': request.user.id, 'page': 1}
                return redirect(reverse('article', kwargs=kwargs))
        return render(request, 'user.html', locals())
```

视图函数 userLogin 定义了 5 个变量（title、pageTitle、button、urlText 和 urlName），这些变量作为模板文件 user.html 的模板上下文，用于控制登录页面的数据内容。对比视图函数 register，视图函数 userLogin 无须定义变量 confirmPassword，当模板引擎解析模板文件的时候，如果模板上下文在视图里找不到对应值，该模板上下文的值为 None 对象，登录页面就不会出现"确认密码"输入框。

当用户以 GET 请求访问登录页面的时候，如果当前用户处于已登录的状态，视图函数 userLogin 就将重定向访问文章列表的路由地址，用户无须重复登录。

如果用户处于尚未登录状态，当用户在登录页面的网页表单填写账号信息后，单击"登录"按钮，将会触发 POST 请求，视图函数 userLogin 接收 POST 请求后，将执行用户登录过程，执行过程说明如下：

（1）从网页表单的 input 控件获取用户输入的账号和密码，将账号和密码作为模型 MyUser 的查询条件。

（2）若在模型 MyUser 中无法查询当前的用户信息，则设置变量 tips，提示"用户不存在，请注册"，并且将提示内容显示在用户登录页面。

（3）若在模型 MyUser 中找到当前的用户信息，则调用内置方法 authenticate 对用户信息进行验证。

（4）若用户信息验证成功，则调用内置方法 login 实现用户登录，并重定向访问文章列表的路由地址。

（5）若用户信息验证失败，则设置变量 tips，提示"账号密码错误，请重新输入"，并将提示内容显示在用户登录页面。

我们知道，视图函数 register 和 userLogin 都是使用模板文件 user.html 生成不同的网页内容。打开模板文件夹 templates 的 user.html 并编写用户注册和登录的页面内容，代码如下：

```html
# templates 的 user.html
<!DOCTYPE html>
<html>
<head>……………①
    {% load staticfiles %}
    <title>{{ title }}</title>
    <link rel="stylesheet" href="{% static "css/reset.css" %}">
    <link rel="stylesheet" href="{% static "css/user.css" %}">
    <script src="{% static "js/jquery.min.js" %}"></script>
    <script src="{% static "js/user.js" %}"></script>
</head>
<body>
<div class="page">
<div class="loginwarrp">
<div class="logo">{{ pageTitle }}</div>
<div class="login_form">
<form name="Login" method="post" action="">……………②
{% csrf_token %}
<li class="login-item">
    <span>用户名：</span>
    <input type="text" name="username" class="login_input">
    <span id="count-msg" class="error"></span>
</li>
<li class="login-item">
    <span>密　码：</span>
    <input type="password" name="password" class="login_input">
    <span id="password-msg" class="error"></span>
</li>
{% if confirmPassword %}
    <li class="login-item">
        <span>确认密码：</span>
        <input type="password" name="cp" class="login_input">
        <span id="password-msg" class="error"></span>
    </li>
{% endif %}
<div>{{ tips }}</div>……………③
<li class="login-sub">
    <input type="submit" name="Submit" value="{{ button }}">
    <div class="turn-url">
        <a style="color: #45B572;"
        href="{% url urlName %}">>>{{ urlText }}</a>
    </div>
</li>
</form>
</div>
</div>
</div>
<script type="text/javascript">
    window.onload = function() {
        var config = {
```

```
                vx : 4,
                vy : 4,
                height : 2,
                width : 2,
                count : 100,
                color : "121, 162, 185",
                stroke : "100, 200, 180",
                dist : 6000,
                e_dist : 20000,
                max_conn : 10
            }
            CanvasParticle(config);
        }
    </script>
    <script src="{% static "js/canvas-particle.js" %}"></script>
</body>
</html>
```

模板文件 user.html 没有调用共用模板文件 base.html，因为注册（登录）页面与博客系统的其他页面没有共同功能。我们将模板文件 user.html 的代码划分为 3 部分，在上述代码中设有标注①、标注②和标注③，每个标注实现的网页内容说明如下：

（1）标注①使用内置标签 static 引入静态文件夹 publicStatic 的 CSS 样式文件和 JavaScript 脚本文件，实现网页的样式布局和动态效果；模板上下文 title 设置网页标题内容，便于区分当前页面是注册页面还是登录页面。

（2）标注②使用 HTML 语言编写网页表单，表单以 POST 请求方式发送给视图函数进行处理和响应。表单设有 3 个 input 控件，其中 name="username"的 input 控件用于填写用户账号；name="password"的 input 控件用于填写用户密码；name="cp"的 input 控件用于二次确认用户密码，只适用于用户注册页面，它由模板上下文 confirmPassword 控制是否显示在网页上。

（3）标注③使用模板上下文 tips、button、urlName 和 urlText 设置网页内容。若模板上下文 tips 在视图函数中找到对应值，则说明用户注册或登录操作异常，例如密码错误、用户不存在等；模板上下文 button 设置表单提交按钮的名称，区分当前操作是实现用户注册还是实现用户登录；模板上下文 urlName 和 urlText 设置路由地址，如果当前网页是用户注册，就设置用户登录的路由地址；如果当前网页是用户登录，就设置用户注册的路由地址，这样可以在两个页面之间相互切换。

14.3 博主资料信息

博主资料信息使用模板文件 about.html 生成网页内容，用户信息来自模型 MyUser，在项目应用 account 中实现博主资料信息的网页功能。

我们已在项目应用 account 的 urls.py 中定义了路由 register 和 userLogin，两者分别实现用户注册和用户登录功能。首先在项目应用 account 的 urls.py 中新增路由 about，代码如下：

```
# account 的 urls.py
```

```python
from django.urls import path
from .views import *
urlpatterns = [
    # 用户注册
    path('register.html', register, name='register'),
    # 用户登录
    path('login.html', userLogin, name='userLogin'),
    # 关于我
    path('about/<int:id>.html', about, name='about'),
]
```

路由 about 设有路由变量 id，它代表模型 MyUser 的主键 id，由于博客系统可以创建多个用户（博主），因此博客系统的所有页面（除了用户注册和登录页面之外）都需要设置路由变量 id，这样便于区分不同用户的博客网站。

视图函数 about 接收并处理路由 about 的 HTTP 请求，我们在 account 的 views.py 中定义视图函数 about，函数代码如下：

```python
# account 的 views.py
from album.models import AlbumInfo
from article.models import ArticleTag
from django.shortcuts import render
def about(request, id):
    album = AlbumInfo.objects.filter(user_id=id)
    tag = ArticleTag.objects.filter(user_id=id)
    user = MyUser.objects.filter(id=id).first()
    return render(request, 'about.html', locals())
```

上述代码中，函数参数 id 来自路由变量 id，视图函数 about 使用函数参数 id 分别查询模型 AlbumInfo、ArticleTag 和 MyUser 的数据信息，生成数据对象 album、tag 和 user，这些数据对象将作为共用模板文件 base.html 和模板文件 about.html 的模板上下文。

共用模板文件 base.html 设置了博客系统的网页架构，我们只需继承并重写模板文件 base.html 的接口即可实现博主资料信息页。博主资料信息页只重写模板文件 base.html 的 content 接口，其他的模板继承接口使用默认值即可，在模板文件 about.html 中编写以下代码：

```html
# templates 的 about.html
{% extends "base.html" %}
{% block content %}
  <main class="r_box">
    <div class="about">
        <div>{{ user.introduce }}</div>
        <br><hr><br>
        <h2>我的资料</h2>
        <br>
        <p>名 字：{{ user.name }}</p>
        <br />
        <p>微 博：{{ user.wb }}</p>
        <br />
        <p>微 信：{{ user.wx }}</p>
        <br />
```

```
            <p>Q Q: {{ user.qq }}</p>
        </div>
    </main>
{% endblock %}
```

模板文件 about.html 使用模板上下文 user 生成博主资料信息,但视图函数 about 设置了数据对象 album、tag 和 user,从共用模板文件 base.html 的标注③看到,网页功能"关于我""我的相册"和"文章分类"分别使用模板上下文 user、album 和 tag 生成网页内容。简单来说,共用模板文件 base.html 的 content 接口使用模板上下文 user、album 和 tag 生成网页内容,模板文件 about.html 是二次使用模板上下文 user 生成博主资料信息。

我们暂时无法访问博主资料信息页,因为共用模板文件 base.html 的标注②设置了各个页面的路由地址,而这些路由地址目前在项目中尚未定义,所以访问博主资料信息页(127.0.0.1:8000/user/about/1.html)将会提示异常信息,如图 14-11 所示。

> NoReverseMatch at /user/about/1.html
> Reverse for 'article' not found. 'article' is not a valid view function or pattern name.

图 14-11 异常信息

14.4 图片墙功能

图片墙功能将用户(博主)上传的图片显示在网页上,图片以分页方式显示,每一页分为两列,每列显示 4 张图片。

在 myblog 文件夹的 urls.py 中定义了图片墙的路由空间,本节只需在项目应用 album 的 urls.py 中定义图片墙的路由信息即可。打开 album 的 urls.py 定义路由 album,代码如下:

```
# album 的 urls.py
from django.urls import path
from .views import *
urlpatterns = [
    # 图片墙
    path('<int:id>/<int:page>.html', album, name='album'),
]
```

路由 album 设置路由变量 id 和 page,路由变量 id 代表模型 MyUser 的主键 id,它可获取某个用户(博主)的博客信息;路由变量 page 代表所有图片分页后的某一页的页数,它可获取不同页数的图片信息。

视图函数 album 接收并处理路由 album 的 HTTP 请求,我们在 album 的 views.py 中定义视图函数 album,函数代码如下:

```
# album 的 views.py
from django.shortcuts import render
from django.core.paginator import Paginator
from django.core.paginator import PageNotAnInteger
```

```
from django.core.paginator import EmptyPage
from .models import AlbumInfo
def album(request, id, page):
    albumList=AlbumInfo.objects.filter(user_id=id).order_by('id')
    paginator = Paginator(albumList, 8)
    try:
        pageInfo = paginator.page(page)
    except PageNotAnInteger:
        # 如果参数page 的数据类型不是整型，就返回第一页数据
        pageInfo = paginator.page(1)
    except EmptyPage:
        # 若用户访问的页数大于实际页数，则返回最后一页的数据
        pageInfo = paginator.page(paginator.num_pages)
    return render(request, 'album.html', locals())
```

视图函数album将函数参数id作为模型AlbumInfo的查询条件，并以模型主键id进行升序排列，生成数据对象albumList；然后对数据对象albumList进行分页处理，生成分页对象pageInfo；最后调用模板文件album.html生成网页内容。

模板文件album.html继承共用模板文件base.html，并且重写模板的继承接口body、content和script，代码如下：

```
# templates的album.html
{% extends "base.html" %}
<!--模板重写-->
{% block body %}{% endblock %}·············①
<!--模板重写-->
{% block content %}·················②
<article>
<div class="picbox">
{% for list in pageInfo.object_list %}
<div class="picvalue" data-scroll-reveal="enter bottom over 1s">
  <a href="javascript:;">
<!-- list.photo.url 是模型字段photo 的路径地址-->
  <i><img src="{{ list.photo.url }}"></i>
<div class="picinfo">
  {% if list.title %}
    <h3>{{ list.title }}</h3>
  {% else %}
    <h3>相册图片</h3>
  {% endif %}
  {% if list.introduce %}
    <span>{{ list.introduce }}</span>
  {% else %}
    <span>图片简介</span>
  {% endif %}
</div>
</a>
</div>
{% endfor %}
</div>
```

```html
<!--分页功能-->
<div class="pagelist">
{% if pageInfo.has_previous %}
  <a href="{% url 'album' id pageInfo.
  previous_page_number %}">上一页</a>
{% endif %}
{% for page in pageInfo.paginator.page_range %}
  {% if pageInfo.number == page %}
    <a href="javascript:;" class="curPage">{{ page }}</a>
  {% else %}
    <a href="{% url 'album' id page %}">{{ page }}</a>
  {% endif %}
{% endfor %}
{% if pageInfo.has_next %}
  <a href="{% url 'album' id pageInfo.
  next_page_number %}">下一页</a>
{% endif %}
</div>
</article>
{% endblock %}
<!--模板重写-->
{% block script %}················③
<script>
if (!(/msie [6|7|8|9]/i.test(navigator.userAgent))){
    (function(){
    window.scrollReveal=new scrollReveal({reset: true});
    })();
};
</script>
{% endblock %}
```

我们将模板文件 album.html 的代码分为 3 部分，在上述代码中分别设有标注①、标注②和标注③，每个标注实现的网页内容说明如下：

（1）标注①重写模板继承接口 body，将接口 body 的值设为空。按照项目设计来看，图片墙功能无须设置"关于我""我的相册""文章分类""站长推荐""友情链接"等网页功能，因此将接口 body 的值设为空即可。

（2）标注②重写模板继承接口 content，在接口 content 中实现图片展示和分页导航功能。图片展示与分页导航功能皆由模板上下文 pageInfo 实现，它来自视图函数 album 的 pageInfo 对象。

（3）标注③重写模板继承接口 script，该接口可在图片墙页面编写特定的 JavaScript 脚本。

14.5 留言板功能

留言板功能在项目应用 interflow 中实现，网页功能包括：留言信息展示和留言提交。我们在项目应用 interflow 的 urls.py 中定义留言板的路由信息。打开 interflow 的 urls.py 定义路由 board，代码如下：

```python
# interflow 的 urls.py
from django.urls import path
from .views import *
urlpatterns = [
    # 留言板
    path('<int:id>/<int:page>.html', board, name='board'),
]
```

路由 board 设置路由变量 id 和 page，路由变量的作用与路由 album 的路由变量相同，此处不再重复讲述。视图函数 board 接收并处理路由 board 的 HTTP 请求，在 interflow 的 views.py 中定义视图函数 board，代码如下：

```python
# interflow 的 views.py
from django.shortcuts import render, redirect
from django.core.paginator import Paginator
from django.core.paginator import PageNotAnInteger
from django.core.paginator import EmptyPage
from article.models import ArticleTag
from account.models import MyUser
from album.models import AlbumInfo
from .models import Board
from django.urls import reverse
def board(request, id, page):
    album = AlbumInfo.objects.filter(user_id=id)
    tag = ArticleTag.objects.filter(user_id=id)
    user = MyUser.objects.filter(id=id).first()
    if not user:
        return redirect(reverse('register'))
    if request.method == 'GET':
        boardList=Board.objects.filter(user_id=id).order_by('-created')
        paginator = Paginator(boardList, 10)
        try:
            pageInfo = paginator.page(page)
        except PageNotAnInteger:
            # 如果参数 page 的数据类型不是整型，就返回第一页数据
            pageInfo = paginator.page(1)
        except EmptyPage:
            # 若用户访问的页数大于实际页数，则返回最后一页的数据
            pageInfo = paginator.page(paginator.num_pages)
        return render(request, 'board.html', locals())
    else:
        name = request.POST.get('name')
        email = request.POST.get('email')
        content = request.POST.get('content')
        value = {'name': name, 'email': email,
                 'content': content, 'user_id': id}
        Board.objects.create(**value)
        kwargs = {'id': id, 'page': 1}
        return redirect(reverse('board', kwargs=kwargs))
```

视图函数 board 主要实现 4 个业务逻辑，每个业务逻辑的说明如下：

（1）将函数参数 id 作为模型 AlbumInfo、ArticleTag 和 MyUser 的查询条件，分别生成数据对象 album、tag 和 user，数据对象将作为共用模板文件 base.html 的模板上下文。

（2）判断数据对象 user 是否存在，若存在，则说明模型 MyUser 保存了当前用户信息，否则说明当前访问的用户不存在，程序将重定向访问路由 register。

（3）如果存在数据对象 user，用户就以 GET 请求方式访问路由 board，视图函数 board 将函数参数 id 作为模型 Board 的查询条件，以模型字段 created 降序排列，将最新日期的数据优先显示，并且将数据进行分页处理，生成分页对象 pageInfo。

（4）如果用户以 POST 请求方式访问路由 board，视图函数 board 将网页表单的数据添加到模型 Board 中，实现留言提交功能。数据新增后将以 GET 请求方式访问路由 board，模型 Board 重新获取数据，这样就能把新增的数据即时显示在网页上。

视图函数 board 使用模板文件 board.html 生成网页内容，模板文件 board.html 继承 base.html，并且重写模板继承接口 content 和 script，代码如下：

```html
# templates 的 board.html
{% extends "base.html" %}
{% load staticfiles %}
<!--模板重写-->
{% block content %}…………………①
<main class="r_box">
<!--留言列表-->
<div class="gbook">
{% for list in pageInfo.object_list %}
<div class="fb">
<ul style="background: url({% static "images/user.jpg" %})
    no-repeat top 20px left 10px;">
    <p class="fbtime">
    <span>{{ list.created|date:"Y-m-d" }}</span>
    {{ list.name }}
    </p>
<p class="fbinfo">{{ list.content }}</p>
</ul>
</div>
{% endfor %}
<!--分页功能-->
<div class="pagelist">
{% if pageInfo.has_previous %}
    <a href="{% url 'board' id pageInfo.
    previous_page_number %}">上一页</a>
{% endif %}
{% if pageInfo.object_list %}
{% for page in pageInfo.paginator.page_range %}
    {% if pageInfo.number == page %}
    <a href="javascript:;" class="curPage">{{ page }}</a>
    {% else %}
    <a href="{% url 'board' id page %}">{{ page }}</a>
```

```
            {% endif %}
    {% endfor %}
{% endif %}
{% if pageInfo.has_next %}
    <a href="{% url 'board' id pageInfo.
    next_page_number %}">下一页</a>
{% endif %}
</div>
<hr>
<!--网页表单-->   ……………②
<div class="gbox">
<form action="" method="post" name="saypl"
onsubmit="return CheckPl(document.saypl)">
    {% csrf_token %}
    <p> <strong>来说点儿什么吧...</strong></p>
    <p><span> 您的姓名:</span>
    <input name="name" type="text" id="name">
    *</p>
    <p><span>联系邮箱:</span>
    <input name="email" type="text" id="email">
    *</p>
    <p><span class="tnr">留言内容:</span>
    <textarea name="content" cols="60" rows="12" id="lytext">
    </textarea>
    </p>
    <p>
    <input type="submit" name="Submit3" value="提交">
    </p>
</form>
</div>
</div>
</main>
{% endblock %}
<!--模板重写-->
{% block script %}   ……………③
  <script>
    function CheckPl(obj)
    {
      if(obj.lytext.value=="")
    {
    alert("请写下您想说的话!");
    obj.lytext.focus();
    return false;
    }
      if(obj.name.value=="")
    {
    alert("请写下您的名字!");
    obj.name.focus();
    return false;
    }
```

```
        if(obj.email.value=="")
        {
        alert("请写下您的邮箱地址！");
        obj.email.focus();
        return false;
        }
        return true;
    }
    </script>
{% endblock %}
```

模板文件 board.html 实现留言信息的展示和留言提交功能，在上述代码中分别设有标注①、标注②和标注③，每个标注实现的功能说明如下：

（1）标注①是重写接口 content，使用视图函数 board 的分页对象 pageInfo 生成留言信息列表和分页导航功能。

（2）标注②在分页导航功能的正下方编写网页表单，用于提交留言信息，在模型 Board 中保存相应的留言数据。

（3）标注③重写接口 script，这是编写网页表单的数据验证脚本，在提交留言信息之前（发送 POST 请求之前），由 JavaScript 脚本验证文本输入框的数据是否为空。

14.6　文章列表

文章列表以模板文件 base.html 作为网页框架，它将当前用户（博主）的所有文章进行分页显示。我们在项目应用 article 中实现文章列表的功能开发，首先在 article 的 urls.py 中定义文章列表的路由 article，代码如下：

```
# article 的 urls.py
from django.urls import path
from django.views.generic import RedirectView
from .views import *
urlpatterns = [
    # 首页地址自动跳转到用户登录页面
    path('', RedirectView.as_view(url='user/login.html')),
    # 文章列表
    path('<int:id>/<int:page>.html', article, name='article'),
]
```

上述代码将网站首页重定向访问用户登录页面，因为路由 article 设有路由变量 id 和 page，分别代表模型 MyUser 的主键 id 和文章分页后的某一页页数，所以在访问博客系统的时候，必须保证当前用户处于已登录状态，否则无法访问网站首页。

从用户登录的视图函数 userLogin 看到，当用户登录后，视图函数将重定向路由 article。网站首页、用户登录和文章列表的重定向关系如图 14-12 所示。

图 14-12　重定向关系

路由 article 由视图函数 article 负责接收和处理 HTTP 请求，下一步在项目应用 article 的 views.py 中定义视图函数 article，代码如下：

```python
# article 的 views.py
from django.shortcuts import render, redirect
from account.models import MyUser
from album.models import AlbumInfo
from django.core.paginator import Paginator
from django.core.paginator import PageNotAnInteger
from django.core.paginator import EmptyPage
from .models import ArticleInfo, ArticleTag
from django.urls import reverse
def article(request, id, page):
    album = AlbumInfo.objects.filter(user_id=id)
    tag = ArticleTag.objects.filter(user_id=id)
    user = MyUser.objects.filter(id=id).first()
    if not user:
        return redirect(reverse('register'))
    ats=ArticleInfo.objects.filter(author_id=id).order_by('-created')
    paginator = Paginator(ats, 10)
    try:
        pageInfo = paginator.page(page)
    except PageNotAnInteger:
        # 如果参数 page 的数据类型不是整型，就返回第一页数据
        pageInfo = paginator.page(1)
    except EmptyPage:
        # 若用户访问的页数大于实际页数，则返回最后一页的数据
        pageInfo = paginator.page(paginator.num_pages)
    return render(request, 'article.html', locals())
```

视图函数 article 将函数参数 id 分别作为模型 AlbumInfo、ArticleTag、MyUser 和 ArticleInfo 的查询条件，生成数据对象 album、tag、user 和 ats。数据对象 ats 执行数据分页处理，生成分页对象 pageInfo，由 pageInfo 作为模板文件 article.html 的模板上下文，实现文章列表展示和分页导航功能。

视图函数 article 调用模板文件 article.html 生成网页内容，模板文件 article.html 只重写模板继承接口 content，详细的代码如下：

```html
# templates 的 article.html
{% extends "base.html" %}
{% load staticfiles %}
{% block content %}
<!--文章列表-->
<main class="r_box">
{% for list in pageInfo.object_list %}
<li>
```

```html
        <i><a href="{% url 'detail' id list.id %}">
        {% if list.articlephoto %}·················①
            <img src="{{ list.articlephoto.url }}">
        {% else %}
            <img src="{% static 'images/pic.png' %}">
        {% endif %}
        </a></i>
        <h3>
        <a href="{% url 'detail' id list.id %}">
        {{ list.title }}</a>
        </h3>
        <p>{{ list.content|safe }}</p>·················②
    </li>
    {% endfor %}
    <!--分页功能-->
    <div class="pagelist">·················③
    {% if pageInfo.has_previous %}
        <a href="{% url 'article' id pageInfo.
        previous_page_number %}">上一页</a>
    {% endif %}
    {% if pageInfo.object_list %}
    {% for page in pageInfo.paginator.page_range %}
    {% if pageInfo.number == page %}
        <a href="javascript:;" class="curPage">{{ page }}</a>
    {% else %}
        <a href="{% url 'article' id page %}">{{ page }}</a>
    {% endif %}
    {% endfor %}
    {% endif %}
    {% if pageInfo.has_next %}
        <a href="{% url 'article' id pageInfo.
        next_page_number %}">下一页</a>
    {% endif %}
    </div>
    </main>
{% endblock %}
```

模板文件 article.html 主要使用模板上下文 pageInfo 实现文章列表展示和分页导航功能，上述代码中设有标注①、标注②和标注③，每个标注实现的功能说明如下：

（1）标注①判断当前文章是否添加了文章图片，如果没有文章图片，就使用静态资源 pic.png 作为文章图片。

（2）标注②使用内置标签 safe 把当前文章的正文内容进行转义处理，正文内容允许使用 HTML 语言设置内容格式，例如字体加粗、颜色和大小等，转义处理可将正文内容的 HTML 代码转化成相应的网页效果。

（3）标注③通过模板上下文 pageInfo 实现分页导航功能，使用内置标签 url 调用路由 article 生成每页的路由地址，路由 article 的路由变量 id 来自视图函数 article 的函数参数 id，路由变量 page 由模板上下文 pageInfo 生成。

14.7 文章正文内容

文章正文内容显示文章的标签、阅读量、发布时间、作者、文章内容和评论内容，我们在项目应用 article 中实现文章正文内容的功能开发，在 article 的 urls.py 中定义添加路由 detail，代码如下：

```python
# article 的 urls.py
from django.urls import path
from django.views.generic import RedirectView
from .views import *
urlpatterns = [
    # 首页地址自动跳转到用户登录页面
    path('', RedirectView.as_view(url='user/login.html')),
    # 文章列表
    path('<int:id>/<int:page>.html', article, name='article'),
    # 文章正文内容
    path('detail/<int:id>/<int:aId>.html', detail, name='detail')
]
```

路由 detail 设置路由变量 id 和 aId，路由变量 id 代表模型 MyUser 的主键 id，路由变量 aId 代表模型 ArticleInfo 的主键 id，这样可以精准定位到某个用户（博主）的某一篇博客文章。路由 detail 由视图函数 detail 负责接收和处理 HTTP 请求，因此在项目应用 article 的 views.py 中定义视图函数 detail，代码如下：

```python
# article 的 views.py
from django.shortcuts import render, redirect
from account.models import MyUser
from album.models import AlbumInfo
from django.core.paginator import Paginator
from django.core.paginator import PageNotAnInteger
from django.core.paginator import EmptyPage
from .models import ArticleInfo, ArticleTag, Comment
from django.db.models import F
from django.urls import reverse
def detail(request, id, aId):
    album = AlbumInfo.objects.filter(user_id=id)
    tag = ArticleTag.objects.filter(user_id=id)
    user = MyUser.objects.filter(id=id).first()
    if request.method == 'GET':
        ats = ArticleInfo.objects.filter(id=aId).first()
        atags = ArticleInfo.objects.get(id=aId).article_tag.all()
        cms=Comment.objects.filter(article_id=aId).order_by('-created')
        # 添加阅读量
        if not request.session.get('reading' + str(id) + str(aId), ''):
            reading = ArticleInfo.objects.filter(id=aId)
            reading.update(reading=F('reading') + 1)
```

```
            request.session['reading' + str(id) + str(aId)] = True
        return render(request, 'detail.html', locals())
    else:
        commentator = request.POST.get('name')
        email = request.POST.get('email')
        content = request.POST.get('content')
        value = {'commentator': commentator,
                 'content': content, 'article_id': aId}
        Comment.objects.create(**value)
        kwargs = {'id': id, 'aId': aId}
        return redirect(reverse('detail', kwargs=kwargs))
```

视图函数 detail 按照业务逻辑可以分为 3 部分，每部分所实现的功能说明如下：

（1）使用函数参数 id 分别查询模型 AlbumInfo、ArticleTag 和 MyUser 的数据信息，生成数据对象 album、tag 和 user，并作为模板文件 base.html 的模板上下文。

（2）如果请求方式为 GET 请求，就使用函数参数 aId 查询模型 ArticleInfo 和 Comment 的数据，获取某一篇博客文章的所有信息（文章标签、阅读量、发布时间、作者、文章内容和评论内容）；然后使用会话 Session 对阅读量执行自增加 1 操作，确保每个访客在查看文章的时候只增加一次阅读量，这样防止同一个访客通过多次刷新页面来重复增加阅读量；最后将数据对象 album、tag、user、ats、atags 和 cms 传递给模板文件 detail.html 生成网页内容。

（3）如果请求方式为 POST 请求，就说明访客通过网页表单提交文章的评论内容，视图函数 detail 从网页表单获取表单数据并写入模型 Comment，然后以 GET 请求方式重定向路由 detail，浏览器重新访问路由 detail，将新增的评论内容显示在网页上。

视图函数 detail 调用模板文件 detail.html 生成网页内容，模板文件 detail.html 重写模板继承接口 content 和 script，详细的代码如下：

```
# templates 的 detail.html
{% extends "base.html" %}
{% load staticfiles %}
<!--模板重写-->
{% block content %}
<main>
<div class="infosbox">
<div class="newsview">……………①
<!--文章标题-->
<h3 class="news_title">{{ ats.title }}</h3>
<!--作者、发布时间、阅读量-->
<div class="bloginfo">
   <ul>
   <li class="author">作者：
       <a href="javascript:;">{{ user.name }}</a>
   </li>
   <li class="timer">
       时间：{{ ats.created|date:"Y-m-d" }}
   </li>
   <li class="view">
```

```
        阅读量：{{ ats.reading }}
      </li>
    </ul>
</div>
<!--文章标签-->
<div class="tags">
    {% for t in atags %}
         <a href="javascript:;">{{ t }}</a>
    {% endfor %}
</div>
<!--正文内容-->
<div class="news_con">
    {{ ats.content|safe }}
</div>
</div>
<div class="news_pl">
<h2>文章评论</h2>
<div class="gbko">
<!--评论展示-->…………②
{% for c in cms %}
    <div class="fb">
    <ul style="background: url({% static "images/user.jpg" %})
         no-repeat top 20px left 10px;">
    <p class="fbtime">
        <span>{{ c.created|date:"Y-m-d" }}</span>
        {{ c.commentator }}</p>
    <p class="fbinfo">{{ c.content }}</p>
    </ul>
    </div>
{% endfor %}
<!--提交评论的网页表单-->…………③
<form action="" method="post" name="saypl"
    onsubmit="return CheckPl(document.saypl)">
    <div id="plpost">
    {% csrf_token %}
    <p class="saying">
    <span>
    <a href="javascript:;">共有{{ cms|length }}条评论</a>
    </span>来说两句吧...</p>
    <p class="yname"><span>名称:</span>
    <input name="name" id="name" type="text"
        class="inputText" size="16">
    </p>
    <textarea name="content" rows="6" id="saytext"></textarea>
    <input name="submit" type="submit" value="提交">
    </div>
</form>
</div>
</div>
</div>
```

```
</main>
{% endblock %}
<!--模板重写-->
{% block script %}················④
 <script>
   function CheckPl(obj)
   {
     if(obj.saytext.value=="")
   {
     alert("请写下您想说的话！");
     obj.saytext.focus();
     return false;
   }
     if(obj.name.value=="")
   {
     alert("请写下您的名字！");
     obj.name.focus();
     return false;
   }
     return true;
  }
 </script>
{% endblock %}
```

模板文件 detail.html 使用模板上下文 ats、user、atags 和 cms 实现文章正文内容、评论信息列表和评论提交功能，上述代码中设有标注①、标注②、标注③和标注④，每个标注实现的功能说明如下：

（1）标注①使用模板上下文 ats、user、atags 生成文章的标题、标签、阅读量、发布时间、作者和文章内容。

（2）标注②使用模板上下文 cms 生成文章的评论列表，每条评论设置了头像、评论时间、评论者的名称和评论内容，其中评论者的头像默认使用静态文件 user.jpg，其他数据皆来自模板上下文 cms。

（3）标注③使用 HTML 语言编写网页表单，表单以 POST 请求方式发送给路由 detail。表单设置两个控件，其中 name="name"的 input 控件用于输入评论者的名称，name="content"的 textarea 控件用于填写评论内容。单击"提交"按钮，发送 POST 请求之前，表单将执行 JavaScript 脚本验证表单控件的数据是否存在。

（4）标注④重写模板继承接口 script，JavaScript 脚本验证表单控件的数据是否存在，若存在，则发送 POST 请求到路由 detail，由视图函数 detail 执行模型 Comment 的数据新增操作；否则在浏览器生成消息提示框，并且中断发送 POST 请求。

14.8 Admin 后台系统

我们在项目中定义了模型 MyUser、AlbumInfo、ArticleTag、ArticleInfo、Comment 和 Board，为了更好地管理各个模型的数据信息，本节将讲述如何在 Admin 后台系统实现模型的数据管理。

14.8.1 模型的数据管理

项目的模型存储了所有用户的数据信息，但每个用户登录 Admin 后台系统只能管理自己的数据信息，因此每个模型的 ModelAdmin 必须重写方法 formfield_for_foreignkey()和 get_queryset()。

每个模型的 ModelAdmin 定义过程较为相似，我们在每个项目应用的 admin.py 中定义每个模型的 ModelAdmin，定义过程如下：

```python
# account 的 admin.py
from django.contrib import admin
from .models import MyUser
from django.contrib.auth.admin import UserAdmin
from django.utils.translation import gettext_lazy as _
@admin.register(MyUser)
class MyUserAdmin(UserAdmin):
    list_display = ['username', 'email',
                    'name', 'introduce',
                    'company', 'profession',
                    'address', 'telephone',
                    'wx', 'qq', 'wb', 'photo']
    # 在修改界面添加'mobile','qq','weChat'的信息输入框
    # 将源码的 UserAdmin.fieldsets 转换成列表格式
    fieldsets = list(UserAdmin.fieldsets)
    # 重写 UserAdmin 的 fieldsets，添加模型字段信息录入
    fieldsets[1] = (_('Personal info'),
                    {'fields': ('name', 'introduce',
                                'email', 'company',
                                'profession', 'address',
                                'telephone', 'wx',
                                'qq', 'wb', 'photo')})
    # 根据当前用户名设置数据访问权限
    def get_queryset(self, request):
        qs = super().get_queryset(request)
        return qs.filter(id=request.user.id)

# album 的 admin.py
from django.contrib import admin
from .models import AlbumInfo
from account.models import MyUser
@admin.register(AlbumInfo)
```

```python
class AlbumInfoAdmin(admin.ModelAdmin):
    list_display = ['id', 'user', 'title', 'introduce', 'photo']
    # 根据当前用户名设置数据访问权限
    def get_queryset(self, request):
        qs = super().get_queryset(request)
        return qs.filter(user_id=request.user.id)
    # 新增或修改数据时，设置外键可选值
    def formfield_for_foreignkey(self,db_field,request,**kwargs):
        if db_field.name == 'user':
            id = request.user.id
            kwargs["queryset"] = MyUser.objects.filter(id=id)
        return super().formfield_for_foreignkey(db_field,request,**kwargs)


# article 的 admin.py
from django.contrib import admin
from .models import *
admin.site.site_title = '博客管理后台'
admin.site.site_header = '博客管理'
@admin.register(ArticleTag)
class ArticleTagAdmin(admin.ModelAdmin):
    list_display = ['id', 'tag', 'user']
    # 根据当前用户名设置数据访问权限
    def get_queryset(self, request):
        qs = super().get_queryset(request)
        return qs.filter(user_id=request.user.id)
    # 新增或修改数据时，设置外键可选值
    def formfield_for_foreignkey(self,db_field,request,**kwargs):
        if db_field.name == 'user':
            id = request.user.id
            kwargs["queryset"] = MyUser.objects.filter(id=id)
        return super().formfield_for_foreignkey(db_field,request,**kwargs)


@admin.register(ArticleInfo)
class ArticleInfoAdmin(admin.ModelAdmin):
    list_display = ['author', 'title', 'content',
                    'articlephoto', 'created', 'updated']
    # 根据当前用户名设置数据访问权限
    def get_queryset(self, request):
        qs = super().get_queryset(request)
        return qs.filter(author_id=request.user.id)
    # 新增或修改数据时，设置外键可选值
    def formfield_for_manytomany(self,db_field,request,**kwargs):
        if db_field.name == 'article_tag':
            id = request.user.id
            kwargs["queryset"]=ArticleTag.objects.filter(user_id=id)
        return super().formfield_for_manytomany(db_field,request,**kwargs)
    # 新增或修改数据时，设置外键可选值
    def formfield_for_foreignkey(self, db_field, request, **kwargs):
        if db_field.name == 'author':
            id = request.user.id
```

```python
            kwargs["queryset"] = MyUser.objects.filter(id=id)
        return super().formfield_for_foreignkey(db_field,request,**kwargs)

@admin.register(Comment)
class CommentAdmin(admin.ModelAdmin):
    list_display=['article','commentator','content','created']
    # 根据当前用户名设置数据访问权限
    def get_queryset(self, request):
        qs = super().get_queryset(request)
        return qs.filter(article__author__id=request.user.id)
    # 新增或修改数据时，设置外键可选值
    def formfield_for_foreignkey(self,db_field,request,**kwargs):
        if db_field.name == 'article':
            id = request.user.id
            kwargs["queryset"] = Comment.objects.filter(
                                article__author__id=id)
        return super().formfield_for_foreignkey(db_field,request,**kwargs)

# interflow 的 admin.py
from django.contrib import admin
from .models import Board
from account.models import MyUser
@admin.register(Board)
class BoardAdmin(admin.ModelAdmin):
    list_display = ['id', 'name', 'email',
                    'content', 'created', 'user']
    # 根据当前用户名设置数据访问权限
    def get_queryset(self, request):
        qs = super().get_queryset(request)
        return qs.filter(user_id=request.user.id)
    # 新增或修改数据时，设置外键可选值
    def formfield_for_foreignkey(self,db_field,request,**kwargs):
        if db_field.name == 'user':
            id = request.user.id
            kwargs["queryset"] = MyUser.objects.filter(id=id)
        return super().formfield_for_foreignkey(db_field,request,**kwargs)
```

每个模型的 ModelAdmin 设置了属性 list_display，并且重写类方法 get_queryset() 和 formfield_for_foreignkey()，具体说明如下：

（1）list_display：在模型的数据列表页设置显示的模型字段。

（2）get_queryset()：在模型的数据列表页过滤数据，只显示当前用户的数据。

（3）formfield_for_foreignkey()：在模型的数据修改页或数据新增页设置外键字段的值，确保新增或修改数据隶属于当前用户。

下一步在每个项目应用的初始化文件 __init__.py 中设置项目应用名称,项目应用名称将显示在 Admin 后台系统的首页，每个项目应用的代码如下：

```python
# account 的 __init__.py
from django.apps import AppConfig
```

```python
import os
# 修改 app 在 admin 后台显示的名称
# default_app_config 的值来自 apps.py 的类名
default_app_config = 'account.IndexConfig'
# 获取当前 app 的命名
def get_current_app_name(_file):
    return os.path.split(os.path.dirname(_file))[-1]
# 重写类 IndexConfig
class IndexConfig(AppConfig):
    name = get_current_app_name(__file__)
    verbose_name = '用户管理'


# album 的 __init__.py
from django.apps import import AppConfig
import os
# 修改 app 在 admin 后台显示的名称
# default_app_config 的值来自 apps.py 的类名
default_app_config = 'album.IndexConfig'
# 获取当前 app 的命名
def get_current_app_name(_file):
    return os.path.split(os.path.dirname(_file))[-1]
# 重写类 IndexConfig
class IndexConfig(AppConfig):
    name = get_current_app_name(__file__)
    verbose_name = '我的图片墙'


# article 的 __init__.py
from django.apps import import AppConfig
import os
# 修改 app 在 admin 后台显示的名称
# default_app_config 的值来自 apps.py 的类名
default_app_config = 'article.IndexConfig'
# 获取当前 app 的命名
def get_current_app_name(_file):
    return os.path.split(os.path.dirname(_file))[-1]
# 重写类 IndexConfig
class IndexConfig(AppConfig):
    name = get_current_app_name(__file__)
    verbose_name = '博客管理'


# interflow 的 __init__.py
from django.apps import import AppConfig
import os
# 修改 app 在 admin 后台显示的名称
# default_app_config 的值来自 apps.py 的类名
default_app_config = 'interflow.IndexConfig'
# 获取当前 app 的命名
def get_current_app_name(_file):
    return os.path.split(os.path.dirname(_file))[-1]
# 重写类 IndexConfig
```

```python
class IndexConfig(AppConfig):
    name = get_current_app_name(__file__)
    verbose_name = '留言管理'
```

综上所述，我们在每个项目应用的 admin.py 中定义了各个模型的 ModelAdmin，并且在每个项目应用的 __init__.py 中设置了项目应用名称。

14.8.2 自定义 Admin 的登录页面

我们在 14.2 节实现了用户注册和登录页面，而 Django 内置的 Admin 后台系统已有用户登录页面，这样与我们实现的用户登录页面相互冲突。一个网站系统存在两个不同的登录页面肯定不利于用户体验，因此将 Admin 后台系统的登录页面改为项目应用 account 实现的登录页面。

在 14.1.2 小节中，我们已在 myblog 文件夹中创建了 myadmin.py 和 myapps.py 文件，本节只需在 myadmin.py 和 myapps.py 文件中定义 Admin 后台系统的路由信息。首先在 myadmin.py 文件中定义 MyAdminSite 类，该类继承父类 AdminSite 并重写 admin_view()和 get_urls()方法，从而更改 Admin 后台系统的用户登录地址，实现代码如下：

```python
# myblog 的 myadmin.py
from django.contrib import admin
from functools import update_wrapper
from django.views.generic import RedirectView
from django.urls import reverse
from django.views.decorators.cache import never_cache
from django.views.decorators.csrf import csrf_protect
from django.http import HttpResponseRedirect
from django.urls import include, path, re_path
from django.contrib.contenttypes import views as contenttype_views
from django.contrib.auth.views import redirect_to_login
class MyAdminSite(admin.AdminSite):
    def admin_view(self, view, cacheable=False):
        def inner(request, *args, **kwargs):
            if not self.has_permission(request):
                if request.path == reverse('admin:logout',
                                           current_app=self.name):
                    index_path=reverse('admin:index',
                                       current_app=self.name)
                    return HttpResponseRedirect(index_path)
                # 修改注销后重新登录的路由地址
                return redirect_to_login(
                    request.get_full_path(),
                    '/user/login.html'
                )
            return view(request, *args, **kwargs)
        if not cacheable:
            inner = never_cache(inner)
        if not getattr(view, 'csrf_exempt', False):
            inner = csrf_protect(inner)
        return update_wrapper(inner, view)
```

```python
    def get_urls(self):
        def wrap(view, cacheable=False):
            def wrapper(*args, **kwargs):
                return self.admin_view(view,cacheable)(*args,**kwargs)
            wrapper.admin_site = self
            return update_wrapper(wrapper, view)
        urlpatterns = [
            path('', wrap(self.index), name='index'),
            # 修改登录页面的路由地址
            path('login/',RedirectView.as_view(url='/user/login.html')),
            path('logout/', wrap(self.logout), name='logout'),
            path('password_change/', wrap(self.password_change,
              cacheable=True), name='password_change'),
            path(
                'password_change/done/',
                wrap(self.password_change_done, cacheable=True),
                name='password_change_done',
            ),
            path('jsi18n/', wrap(self.i18n_javascript,
              cacheable=True), name='jsi18n'),
            path(
                'r/<int:content_type_id>/<path:object_id>/',
                wrap(contenttype_views.shortcut),
                name='view_on_site',
            ),
        ]
        valid_app_labels = []
        for model, model_admin in self._registry.items():
            urlpatterns += [
                path('%s/%s/' % (model._meta.app_label,
                   model._meta.model_name), include(model_admin.urls)),
            ]
            if model._meta.app_label not in valid_app_labels:
                valid_app_labels.append(model._meta.app_label)
        if valid_app_labels:
            regex=r'^(?P<app_label>'+'|'.join(valid_app_labels)+')/$'
            urlpatterns += [
                re_path(regex, wrap(self.app_index), name='app_list'),
            ]
        return urlpatterns
```

上述代码将父类 AdminSite 的方法 admin_view() 和 get_urls() 进行局部的修改，修改的代码已标有注释说明，其他代码无须修改。从修改的代码看到，Admin 后台系统的用户登录页面的路由地址设为/user/login.html，即 account 的 urls.py 定义的路由 userLogin。

下一步将自定义的 MyAdminSite 进行系统注册过程，由 MyAdminSite 实例化创建 Admin 后台系统。在 myblog 文件夹的 myapps.py 中定义系统注册类 MyAdminConfig，代码如下：

```python
# myblog的myapps.py
from django.contrib.admin.apps import AdminConfig
```

```python
class MyAdminConfig(AdminConfig):
    default_site = 'myblog.myadmin.MyAdminSite'
```

系统注册类 MyAdminConfig 继承父类 AdminConfig 并设置父类属性 default_site，使它指向 MyAdminSite，从而由 MyAdminSite 实例化创建 Admin 后台系统。最后在配置文件 settings.py 的 INSTALLED_APPS 中配置系统注册类 MyAdminConfig，代码如下：

```python
# myblog的settings.py
INSTALLED_APPS = [
    # 'django.contrib.admin',
    'myblog.myapps.MyAdminConfig',
    'django.contrib.auth',
    'django.contrib.contenttypes',
    'django.contrib.sessions',
    'django.contrib.messages',
    'django.contrib.staticfiles',
    'article',
    'album',
    'account',
    'interflow',
]
```

综上所述，我们已将 Admin 内置的登录页面改为 14.2 节实现的登录页面，这样使博客系统只保留一个用户登录页面，而且 14.2 节的登录页面设置了注册页面的路由地址，实现两个页面之间相互切换。

14.8.3　Django CKEditor 生成文章编辑器

Admin 后台系统能使用户（博主）方便管理自己博客的数据内容，此外还可以在 Admin 后台系统编写和发布博客文章。我们在 14.1.3 小节定义模型 ArticleInfo 的 content 字段为 TextField 类型，它对应的数据库字段为长文本类型，主要存储文章正文内容。

模型字段 content 只负责存储文章内容，它不会对文章内容进行排版布局，如果要编写排版整齐、布局精美的博客文章，就需要引入 Django 的第三方功能应用 Django CKEditor 生成文章编辑器。

首先使用 pip 指令安装第三方功能应用 Django CKEditor，在命令提示符窗口或者 PyCharm 的 Terminal 中输入安装指令：

```
# 安装Django CKEditor
pip install django-ckeditor
```

完成 Django CKEditor 安装后，在项目的配置文件 settings.py 中添加 Django CKEditor 功能应用，并且设置该应用的功能配置，配置过程如下：

```python
# myblog的settings.py
INSTALLED_APPS = [
    # 'django.contrib.admin',
    'myblog.myapps.MyAdminConfig',
```

```python
    'django.contrib.auth',
    'django.contrib.contenttypes',
    'django.contrib.sessions',
    'django.contrib.messages',
    'django.contrib.staticfiles',
    'article',
    'album',
    'account',
    'interflow',
    # 添加 Django CKEditor
    'ckeditor',
    'ckeditor_uploader',
]
# 编辑器的配置信息
CKEDITOR_UPLOAD_PATH = "article_images"
CKEDITOR_CONFIGS = {
    'default': {
        'toolbar': 'Full'
    }
}
CKEDITOR_ALLOW_NONIMAGE_FILES = False
CKEDITOR_BROWSE_SHOW_DIRS = True
```

如果需要在文章正文内容中添加图片，那么可以使用 Django CKEditor 上传的图片，并且上传的图片都会保存在配置属性 CKEDITOR_UPLOAD_PATH 设置的文件夹中，该文件夹必须在媒体资源文件夹（项目的 media 文件夹）的目录下，如图 14-13 所示。

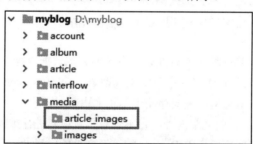

图 14-13　配置属性 CKEDITOR_UPLOAD_PATH

配置属性 CKEDITOR_CONFIGS 设置编辑器的工具栏，比如设置字体粗细、颜色、下画线等排版功能，如图 14-14 所示。

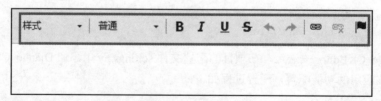

图 14-14　配置属性 CKEDITOR_CONFIGS

配置属性 CKEDITOR_ALLOW_NONIMAGE_FILES 设置上传功能是否限制为图片文件，默认情况下支持任何文件上传。配置属性 CKEDITOR_BROWSE_SHOW_DIRS 设置是否允许上传的文件显示在浏览器上。

上述配置是 Django CKEditor 的基本配置，如果读者想深入了解 Django CKEditor 的功能配置和使用方法，那么可以查阅官方文档（pypi.org/project/django-ckeditor/）。

下一步在项目中定义 Django CKEditor 的路由信息，打开 myblog 的 urls.py 并添加路由 ckeditor，路由信息如下：

```python
# myblog 的 urls.py
from django.contrib import admin
from django.urls import path, include
from django.conf import settings
from django.conf.urls.static import static
urlpatterns = [
    path('admin/', admin.site.urls),
    path('user/', include('account.urls')),
    path('', include('article.urls')),
    path('album/', include('album.urls')),
    path('board/', include('interflow.urls')),
    # 配置媒体资源的路由信息
    re_path('media/(?P<path>.*)', serve,
            {'document_root':settings.MEDIA_ROOT},name='media'),
    # 设置编辑器的路由信息
    path('ckeditor/', include('ckeditor_uploader.urls')),
]
```

最后将模型 ArticleInfo 的 content 字段重新定义，将字段改为 Django CKEditor 定义的字段类型，代码如下：

```python
# article 的 models.py
from django.db import models
from django.utils import timezone
from account.models import MyUser
# 导入编辑器定义的字段类型
from ckeditor_uploader.fields import RichTextUploadingField
class ArticleInfo(models.Model):
    author = models.ForeignKey(MyUser,on_delete=models.CASCADE,
            verbose_name='用户')
    title = models.CharField('标题', max_length=200)
    content = RichTextUploadingField('内容')
    articlephoto = models.ImageField('文章图片', blank=True,
            upload_to='images/article/')
    reading = models.IntegerField('阅读量', default=0)
    liking = models.IntegerField('点赞量', default=0)
    created = models.DateTimeField('创建时间',default=timezone.now)
    updated = models.DateTimeField('更新时间', auto_now=True)
    article_tag=models.ManyToManyField(ArticleTag, blank=True,
            verbose_name='文章标签')

    def __str__(self):
        return self.title
    class Meta:
```

```
            verbose_name = '博文管理'
            verbose_name_plural = '博文管理'
```

模型 ArticleInfo 重新定义后,我们还需要对模型 ArticleInfo 执行数据迁移,确保模型 ArticleInfo 与数据表 article_articleinfo 的字段类型一致,尽管字段类型改为 RichTextUploadingField,但它在数据表中仍然是长文本类型。

我们已为模型 ArticleInfo 的 content 字段添加了文章编辑器,在 Admin 后台系统查看模型 ArticleInfo 的数据新增页即可看到模型字段 content 的文章编辑器,如图 14-15 所示。

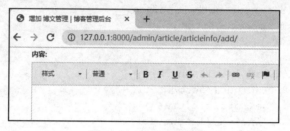

图 14-15　文章编辑器

14.9　测试与部署

我们已经完成博客系统的所有功能开发,接下来测试网站功能和业务逻辑是否合理。本节的测试方法是模拟用户在浏览器上操作博客系统,检测网页之间的业务衔接和网页内容是否符合开发要求。

14.9.1　测试业务逻辑

首先在浏览器上访问 127.0.0.1:8000,程序将重定向访问路由 userLogin,生成用户登录页面,由于是初次访问博客系统,我们在用户登录页面单击"用户注册",从用户登录页面跳转到用户注册页面,如图 14-16 所示。

图 14-16　用户注册页面

在用户注册页面输入用户注册信息(账号和密码皆为 admin),单击"注册"按钮即可完成用户注册过程,浏览器将重定向用户登录页面。在用户登录页面输入刚才注册的用户信息,单击"登录"按钮即可完成用户登录过程，如图 14-17 所示。

图 14-17　用户登录页面

用户成功登录后，程序重定向访问路由 article，浏览器显示当前用户的博客文章列表页，如图 14-18 所示。

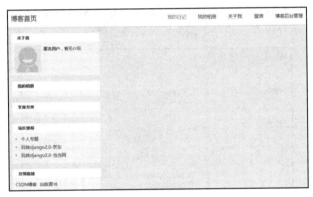

图 14-18　文章列表页

由于新注册的用户尚未有更多数据，因此"我的日记""我的相册""关于我"和"留言"都是空白页面。单击"博客后台系统"，进入 Admin 后台系统，首先编辑当前用户的信息，填写姓名、简介、电话、QQ 和头像等基本信息，如图 14-19 所示。

图 14-19　用户信息

然后依次进入"博文分类""图片墙管理"和"博文管理"，分别添加文章标签、图片信息和博客文章，如图 14-20 所示。

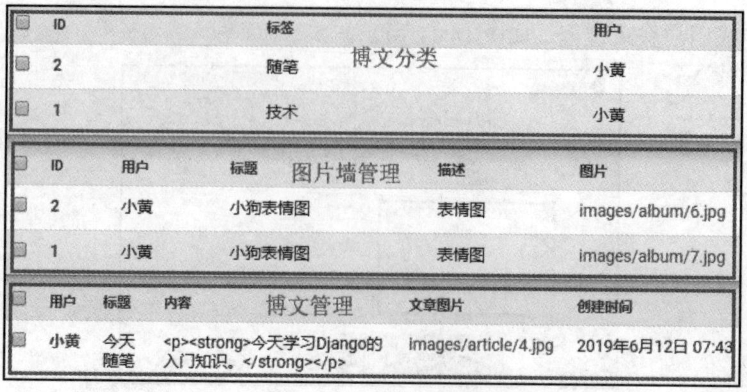

图 14-20 博文分类、图片墙管理和博文管理

从用户头像、图片墙图片和文章图片看到，这些图片的模型字段类型为 ImageField，该字段在网页中生成文件上传控件，该控件可以打开本地文件系统，便于用户选择和上传本地的图片文件，如图 14-21 所示。当图片上传成功后，图片的保存路径是根据字段类型 ImageField 的参数 upload_to 保存到相应的文件夹，图片保存的路径必须为媒体资源文件夹。

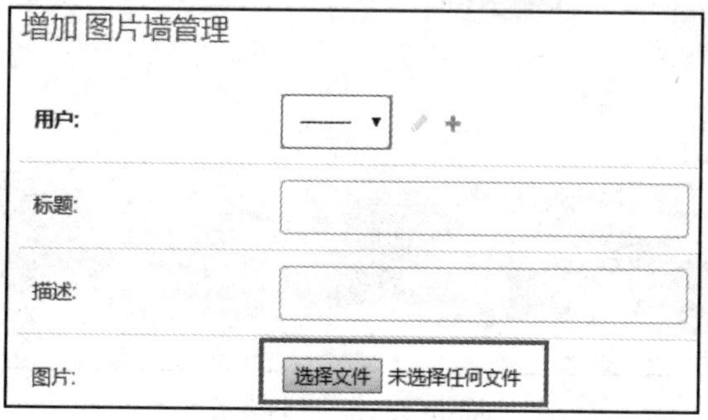

图 14-21 文件上传控件

在 Admin 后台系统完成"博文分类""图片墙管理"和"博文管理"的数据新增后，再次访问文章列表页，依次单击"我的日记""我的相册""关于我"和"留言"，发现新增的数据和用户信息皆能显示在网页上，如图 14-22 所示。

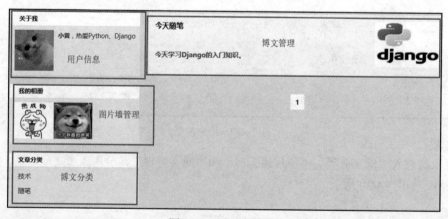

图 14-22 文章列表页

在文章列表页单击某篇文章即可查看文章正文内容，在网页表单中输入名称和评论内容，单击"提交"按钮，向 Django 发送 POST 请求，由视图函数 detail 调用模型 Comment 实现数据新增操作，并且重定向路由 detail，在浏览器中刷新文章正文内容，将新增的评论内容显示在网页上，如图 14-23 所示。

图 14-23　文章正文内容

最后单击网站顶部的导航栏的"留言"进入留言板页面，在留言表单里填写姓名、邮箱和留言内容并单击"提交"按钮即可新增留言信息。视图函数 board 接收和处理网页表单的 POST 请求，调用模型 Board 实现数据新增操作，并且重定向访问留言板页面，将新增的留言内容显示在网页上，如图 14-24 所示。

图 14-24　留言板页面

综上所述，整个网站业务流程的测试步骤如下：

（1）在浏览器上访问 127.0.0.1:8000，网站将重定向用户登录页面，然后从用户登录页面访问用户注册页面，并完成用户注册操作。

（2）用户注册成功后，网站重定向用户登录页面。当完成用户登录操作后，网站重定向用户（博主）的文章列表页。

（3）在网站顶部的导航栏找到并单击"博客后台管理"，进入 Admin 后台系统。从 Admin 后台系统单击"用户"，修改当前用户的基本信息；然后依次单击"博文分类""图片墙管理"和"博文管理"，分别添加网站数据。

（4）再次访问文章列表页，在网站顶部的导航栏依次单击"我的日记""我的相册""关于我"和"留言"，分别查看新增的数据和用户信息是否显示在网页上。

（5）最后在文章正文内容和留言板页面测试表单功能，分别提交文章评论和留言内容，查看浏览器是否能将提交的内容显示在网页上。

14.9.2 上线部署

如果网站系统在试运行阶段符合开发需求，并且没有检测出 BUG，我们就可以将网站系统设置为上线模式。首先在配置文件 settings.py 中设置 STATIC_ROOT，并修改运行模式，代码如下：

```
#myblog的settings.py
DEBUG = False
ALLOWED_HOSTS = ['*']
STATIC_ROOT = BASE_DIR / 'static'
```

配置属性 STATIC_ROOT 指向根目录的 static 文件夹，下一步使用 Django 指令创建 static 文件夹，在 PyCharm 的 Terminal 中输入 collectstatic 指令，如图 14-25 所示。

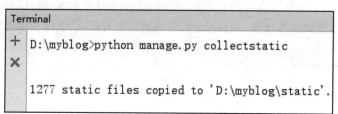

图 14-25 创建 static 文件夹

现在项目中存在两个静态资源文件夹 static 和 publicStatic，Django 根据不同的运行模式读取不同的静态资源文件夹，详细说明如下：

（1）如果将 Django 设为调试模式（DEBUG=True），那么项目运行时将读取 publicStatic 文件夹的静态资源。

（2）如果将 Django 设为上线模式（DEBUG=False），那么项目运行时将读取 static 文件夹的静态资源。

当 Django 设为上线模式时，它不再提供静态资源服务，该服务应交由 Nginx 或 Apache 服务器完成，因此在项目的路由列表添加静态资源的路由信息，让 Django 知道如何找到静态资源文件，否则无法在浏览器上访问 static 文件夹的静态资源文件，路由信息如下：

```
# myblog的urls.py
from django.contrib import admin
from django.urls import path, include, re_path
from django.views.static import serve
from django.conf import settings
```

```
urlpatterns = [
    path('admin/', admin.site.urls),
    path('user/', include('account.urls')),
    path('', include('article.urls')),
    path('album/', include('album.urls')),
    path('board/', include('interflow.urls')),
    # 定义媒体资源的路由信息
    re_path('media/(?P<path>.*)', serve,
            {'document_root':settings.MEDIA_ROOT},name='media'),
    # 定义静态资源的路由信息
    re_path('static/(?P<path>.*)', serve,
            {'document_root':settings.STATIC_ROOT},name='static'),
    # 设置编辑器的路由信息
    path('ckeditor/', include('ckeditor_uploader.urls')),
]
```

综上所述，设置 Django 项目上线模式的操作步骤如下：

（1）在项目的 settings.py 中设置配置属性 STATIC_ROOT，该配置指向整个项目的静态资源文件夹，然后修改配置属性 DEBUG 和 ALLOWED_HOSTS。

（2）使用 collectstatic 指令收集整个项目的静态资源，这些静态资源将存放在配置属性 STATIC_ROOT 设置的文件路径下。

（3）在项目的 urls.py 中添加静态资源的路由信息，让 Django 知道如何找到静态资源文件。

14.10 本章小结

博客系统包括用户（博主）注册和登录、博主资料信息、图片墙、留言板、文章列表、文章正文内容和 Admin 后台系统，详细说明如下：

（1）用户（博主）注册和登录在同一页面实现两种功能，实现过程可以使用 JavaScript 或网页表单。

（2）博主资料信息用于显示博主的个人简介、姓名和联系方式，联系方式主要有微博、微信和 QQ。

（3）图片墙功能将用户（博主）上传的图片以列表形式展示，每张图片允许设置标题和图片描述。图片墙每页显示 8 张图片，每页设有两行图片，每行显示 4 张图片。

（4）留言板功能是供访客和博主进行交流互动的页面，访客在网页表单中填写姓名、邮箱和留言内容即可完成留言过程，并且所有留言信息都会显示在网页上。

（5）文章列表将每篇文章以列表形式展示，每篇文章显示文章图片、标题和部分内容，只要单击文章标题或图片即可查看文章正文内容。

（6）文章正文内容用于显示文章的标签、阅读量、发布时间、作者、正文内容和评论内容。

（7）Admin 后台系统主要实现博客管理、图片墙管理、用户管理和留言管理。

整个网站业务流程的测试步骤如下：

（1）在浏览器上访问 127.0.0.1:8000，网站将重定向用户登录页面，然后从用户登录页面访问用户注册页面，并完成用户注册操作。

（2）用户注册成功后，网站重定向用户登录页面。当完成用户登录操作后，网站重定向用户（博主）的文章列表页。

（3）在网站顶部的导航栏找到并单击"博客后台管理"，进入 Admin 后台系统。从 Admin 后台系统单击"用户"，修改当前用户的基本信息；然后依次单击"博文分类""图片墙管理"和"博文管理"，分别添加网站数据。

（4）再次访问文章列表页，在网站顶部的导航栏依次单击"我的日记""我的相册""关于我"和"留言"，分别查看新增的数据和用户信息是否显示在网页上。

（5）最后在文章正文内容和留言板页面测试表单功能，分别提交文章评论和留言内容，查看浏览器是否能将提交的内容显示在网页上。

设置 Django 项目上线模式的操作步骤如下：

（1）在项目的 settings.py 中设置配置属性 STATIC_ROOT，该配置指向整个项目的静态资源文件夹，然后修改配置属性 DEBUG 和 ALLOWED_HOSTS。

（2）使用 collectstatic 指令收集整个项目的静态资源，这些静态资源将存放在配置属性 STATIC_ROOT 设置的文件路径下。

（3）在项目的 urls.py 中添加静态资源的路由信息，让 Django 知道如何找到静态资源文件。

第 15 章

音乐网站平台的设计与实现

本章以音乐网站项目为例,介绍 Django 在实际项目开发中的应用,音乐网站功能模块共有 6 个,分别是:网站首页、歌曲排行榜、歌曲播放、歌曲点评、歌曲搜索和用户管理。

15.1 项目设计与配置

当我们接到一个项目的时候,首先需要了解项目的具体需求,根据需求类型划分网站功能,并了解每个需求的业务流程。本节以音乐网站为例进行介绍,整个网站的功能分为:网站首页、歌曲排行榜、歌曲播放、歌曲搜索、歌曲点评和用户管理,各个功能说明如下:

(1)网站首页是整个网站的主页面,主要显示网站最新的动态信息以及网站的功能导航。网站动态信息以歌曲的动态为主,如热门下载、热门搜索和新歌推荐等;网站的功能导航是将其他页面的链接展示在首页上,方便用户访问浏览。

(2)歌曲排行榜按照歌曲的播放量进行排序,用户还可以根据歌曲类型进行自定义筛选。

(3)歌曲播放为用户提供在线试听功能,此外还提供歌曲下载、歌曲点评和相关歌曲推荐。

(4)歌曲点评通过歌曲播放页面进入,每条点评信息包含用户名、点评内容和点评时间。

(5)歌曲搜索根据用户提供的关键字进行歌曲或歌手的匹配查询,搜索结果以数据列表显示在网页上。

(6)用户管理分为用户注册、登录和用户中心。用户中心包含用户信息、用户注销和歌曲播放记录。

我们根据需求对网站的开发进行设计,首先由 UI 设计师设计网页效果图,然后由前端工程师根据网页效果图实现 HTML 静态页面,最后由后端工程师根据 HTML 静态页面实现数据库构建和网站后台开发。音乐网站一共设计了 6 个网站页面,网站首页如图 15-1 所示。

图 15-1 网站首页

从网站首页看到，整个页面可以划分为 7 个功能区，说明如下：

（1）歌曲搜索：位于网页顶端，由文本输入框和搜索按钮组成，文本输入框下面是热门搜索的歌曲。

（2）轮播图：以歌曲的封面进行轮播，单击图片可进入歌曲播放。

（3）音乐分类：位于轮播图的左边，按照歌曲的类型进行分类，单击某个分类即可查看该分类的歌曲排行榜。

（4）热门歌曲：位于轮播图的右边，按照歌曲的播放量进行排序。

（5）新歌推荐：按照歌曲的发行时间进行排序。

（6）热门搜索：按照歌曲的搜索量进行排序。

（7）热门下载：按照歌曲的下载量进行排序。

从歌曲排行榜的页面（见图 15-2）看到，整个页面分为两部分：歌曲分类和歌曲列表，说明如下：

（1）歌曲分类：根据歌曲类型进行歌曲筛选，筛选后的歌曲显示在歌曲列表中。

（2）歌曲列表：歌曲信息以播放次数进行降序显示，若对歌曲进行类型筛选，则对同一类型的歌曲以播放次数进行降序显示。

图 15-2 歌曲排行榜

从歌曲播放页（见图 15-3）看到，整个页面共有 4 大功能，各个功能说明如下：

（1）歌曲信息：包括歌名、歌手、所属专辑、语种、流派、发行时间、歌词、歌曲封面和歌曲文件等。

（2）下载与歌曲点评：实现歌曲下载，每下载一次就会对歌曲的下载次数累加一次。单击"歌曲点评"可进入歌曲点评页面。

（3）播放列表：记录当前用户的试听记录，每播放一次就会对歌曲的播放次数累加一次。

（4）相关歌曲：根据当前歌曲的类型筛选出同一类型的其他歌曲信息。

图 15-3　歌曲播放页

从歌曲点评页（见图 15-4）看到，主要分为两部分：歌曲点评和点评信息列表，两者说明如下：

（1）歌曲点评：由文本输入框和"发布"按钮组成的表单，以 POST 的请求形式实现内容提交。

（2）点评信息列表：列出当前歌曲的点评信息，并且点评信息设置了分页功能。

图 15-4　歌曲点评页

歌曲搜索页（见图 15-5）是根据文本框的内容对歌名或歌手进行匹配查询，然后将搜索结果返回到搜索页面上，说明如下：

（1）若文本框的内容为空，则默认返回前 50 首最新发行的歌曲。

（2）若文本框的内容不为空，则从全部歌曲的歌名或歌手进行匹配查询，查询结果以歌曲的发行时间进行排序。

（3）每次搜索时，若文本框的内容与歌名完全匹配，则将这些歌曲的搜索次数累加一次。

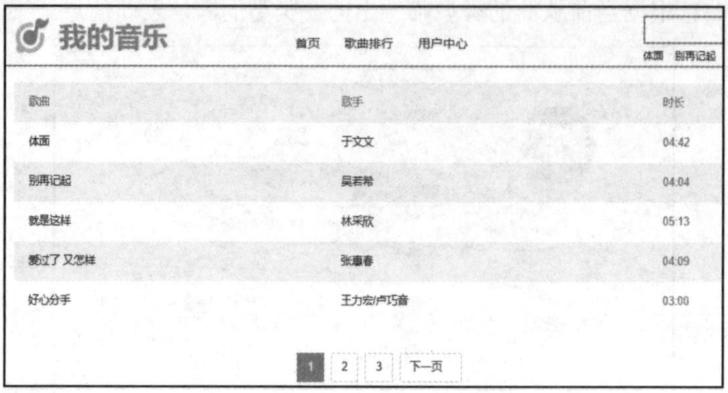

图 15-5　歌曲搜索页

用户中心（见图 15-6）需要用户登录后才能访问，该页面主要分为用户基本信息和歌曲播放记录，说明如下：

（1）用户基本信息：显示当前用户的用户头像和用户名，并设有用户注销链接。

（2）歌曲播放记录：播放记录来自于歌曲播放页面的播放列表，并对播放记录进行分页显示。

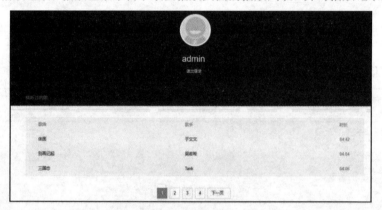

图 15-6　用户中心

用户注册和登录（见图 15-7）由同一个页面实现两个不同的功能，注册与登录的网页表单是通过 JavaScript 脚本相互切换的，说明如下：

（1）用户注册：填写用户名、手机号和用户密码，其中用户名和手机号码具有唯一性，而且不能为空。

（2）用户登录：根据用户注册时所填写的手机号码或用户名实现用户登录。

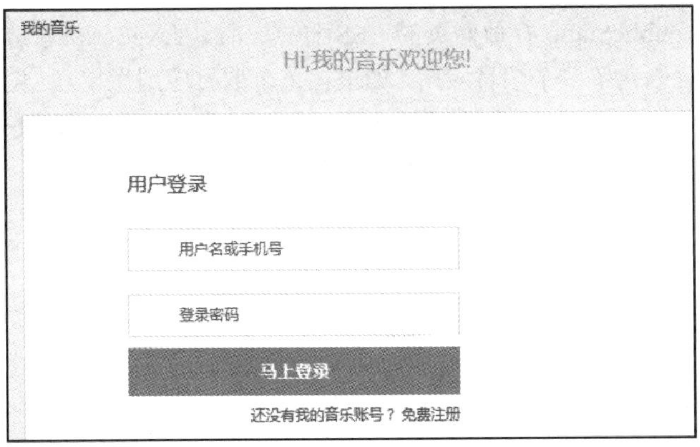

图 15-7　用户注册和登录

15.1.1　项目架构设计

我们对音乐网站的需求与设计有了大概了解，下一步根据需求搭建项目的目录结构。首先在命令提示符窗口或 PyCharm 中创建 Django 项目，项目命名为 music；然后在项目中分别创建项目应用 index、ranking、play、comment、search 和 user，并在每个项目应用中创建路由文件 urls.py；最后在项目的根目录中创建 media、publicStatic 和 templates 文件夹，整个项目的目录结构如图 15-8 所示。

图 15-8　目录结构

新建的项目应用和文件夹说明如下：

媒体资源文件夹 media 用于存放歌曲文件、歌曲图片和歌词文件等资源文件，这类资源文件的变动频率较高，因此与静态资源分开不同的存储路径。在 media 文件夹中分别创建 songFile、songLyric 和 songImg 文件夹，每个文件夹的说明如下：

- songFile 存放歌曲的文件。
- songLyric 存放歌词的文件。
- songImg 存放歌曲封面的文件。

静态资源文件夹 publicStatic 存放网页的 CSS 样式文件、JavaScript 脚本文件和网页图片文件等静态资源。由于项目创建了多个项目应用，如果在每个项目应用里单独创建静态资源文件夹，当更新或修改网页布局时，就不利于日后的维护和管理。在 publicStatic 文件夹中分别创建 css、font、image、js 文件夹和 favicon.ico 文件，详细说明如下：

- css 文件夹存放网站的 CSS 样式文件。
- js 文件夹存放网站的 JavaScript 脚本文件。
- font 文件夹存放网站字体的文件。
- image 文件夹存放网站设计的图片。
- favicon.ico 文件是网站的图标图片。

模板文件夹 templates 存放模板文件，本项目一共使用 9 个模板文件，每个模板文件的说明如下：

- base.html 定义项目的共用模板文件。
- index.html 实现音乐网站首页。
- ranking.html 实现榜单排行页面。
- play.html 实现歌曲播放页面。
- comment.html 实现歌曲点评页面。
- search.html 实现歌曲搜索页面。
- user.html 实现用户注册和登录页面。
- home.html 实现用户中心页面。
- 404.html 实现 404 和 500 异常页面。

15.1.2 功能配置

项目的目录结构设计并非一成不变，不同的需求与设计都会导致项目的目录结构有所不同。下一步对项目进行相关配置，配置信息主要在配置文件 settings.py 中完成。

首先将新建的项目应用 index、ranking、play、comment、search 和 user 写入配置属性 INSTALLED_APPS，并在配置属性 MIDDLEWARE 中添加中间件 LocaleMiddleware，使 Admin 后台系统支持中文语言，配置代码如下：

```
# music 的 settings.py
INSTALLED_APPS = [
    'django.contrib.admin',
    'django.contrib.auth',
    'django.contrib.contenttypes',
    'django.contrib.sessions',
    'django.contrib.messages',
    'django.contrib.staticfiles',
    'index',
    'ranking',
    'user',
    'play',
```

```
    'search',
    'comment',
]

MIDDLEWARE = [
    'django.middleware.security.SecurityMiddleware',
    'django.contrib.sessions.middleware.SessionMiddleware',
    # 添加中间件 LocaleMiddleware
    'django.middleware.locale.LocaleMiddleware',
    'django.middleware.common.CommonMiddleware',
    'django.middleware.csrf.CsrfViewMiddleware',
    'django.contrib.auth.middleware.AuthenticationMiddleware',
    'django.contrib.messages.middleware.MessageMiddleware',
    'django.middleware.clickjacking.XFrameOptionsMiddleware',
]
```

然后在配置属性 TEMPLATES 中设置模板文件夹 templates，将模板文件夹 templates 引入 Django，项目的数据存储采用 MySQL 数据库，我们在 MySQL 中创建数据库 music_db，并在配置属性 DATABASES 中设置 MySQL 的连接方式。TEMPLATES 和 DATABASES 的配置代码如下：

```
# music 的 settings.py
TEMPLATES = [
{
'BACKEND': 'django.template.backends.django.DjangoTemplates',
# 将模板文件夹 templates 引入 Django
'DIRS': [BASE_DIR / 'templates',],
'APP_DIRS': True,
'OPTIONS': {
    'context_processors': [
        'django.template.context_processors.debug',
        'django.template.context_processors.request',
        'django.contrib.auth.context_processors.auth',
        'django.contrib.messages.context_processors.messages',
    ],
},
},
]

DATABASES = {
    'default': {
        'ENGINE': 'django.db.backends.mysql',
        'NAME': 'music_db',
        'USER': 'root',
        'PASSWORD': '1234',
        'HOST': '127.0.0.1',
        'PORT': '3306',
    }
}
```

最后将静态资源文件夹 publicStatic 和媒体资源文件夹 media 引入 Django 的运行环境，同时将

Django 内置用户模型 User 改为项目应用 user 的自定义模型 MyUser，配置代码如下：

```
# music 的 settings.py
# 配置自定义用户表 MyUser
AUTH_USER_MODEL = 'user.MyUser'

STATIC_URL = '/static/'
STATICFILES_DIRS = [BASE_DIR / 'publicStatic']

# 设置媒体资源的保存路径
MEDIA_URL = '/media/'
MEDIA_ROOT = BASE_DIR / 'media'
```

至此，音乐网站的开发环境基本上已搭建完毕。在整个项目搭建过程中，可以总结出 Django 开发环境的搭建流程，说明如下：

（1）创建 Django 项目，并根据开发需求分别创建相应的项目应用、静态资源文件夹、媒体资源文件夹和模板文件夹。

（2）在项目的 settings.py 中设置功能配置，常用的配置属性有 INSTALLED_APPS、MIDDLEWARE、TEMPLATES、DATABASES、STATICFILES_DIRS、MEDIA_URL 和 MEDIA_ROOT 等。

15.1.3 数据表架构设计

从网站的开发需求与网站设计得知，歌曲信息是整个网站最为核心的数据。因此，设计网站的数据结构时，应以歌曲信息为核心数据，逐步向外扩展相关联的数据信息。我们将歌曲信息的数据表命名为 song，歌曲信息表的数据结构如表 15-1 所示。

表 15-1 歌曲信息表的数据结构

表字段	字段类型	含义
id	Int 类型，长度为 11	主键
name	Varchar 类型，长度为 50	歌曲名称
singer	Varchar 类型，长度为 50	歌曲的演唱歌手
time	Varchar 类型，长度为 10	歌曲的播放时长
album	Varchar 类型，长度为 50	歌曲所属专辑
languages	Varchar 类型，长度为 20	歌曲的语种
type	Varchar 类型，长度为 20	歌曲的风格类型
release	Date 类型	歌曲的发行时间
img	Varchar 类型，长度为 100	歌曲封面图片路径
lyrics	Varchar 类型，长度为 100	歌曲的歌词文件路径
file	Varchar 类型，长度为 100	歌曲的文件路径
label_id	Int 类型，长度为 11	外键，关联歌曲分类表

从表 15-1 看到，歌曲信息表记录了歌曲的基本信息，如歌名、歌手、时长、所属专辑、语种、流派、发行时间、歌词、歌曲封面和歌曲文件，其中歌曲封面、歌词和歌曲文件是以文件路径的形

式记录在数据库中的。一般来说，如果网站中涉及文件的存储和使用，那么数据库最好记录文件的路径地址。若将文件内容以二进制的数据格式写入数据库，则会对数据库造成一定的压力，从而降低网站的响应速度。

从歌曲信息表的字段 label_id 可以知道，歌曲信息表关联歌曲分类表，我们将歌曲分类表命名为 label，歌曲分类表主要实现排行榜的歌曲筛选功能，其数据结构如表 15-2 所示。

表 15-2 歌曲分类表的数据结构

表字段	字段类型	含义
id	Int 类型，长度为 11	主键
name	Varchar 类型，长度为 10	歌曲的分类标签

项目需求涉及歌曲的动态信息，因此延伸出了歌曲动态表。歌曲动态表用于记录歌曲的播放次数、搜索次数和下载次数，并且与歌曲信息表实现一对一的数据关系，也就是一首歌曲只有一条动态信息。将歌曲动态表命名为 dynamic，其数据结构如表 15-3 所示。

表 15-3 歌曲动态表的数据结构

表字段	字段类型	含义
id	Int 类型，长度为 11	主键
plays	Int 类型，长度为 11	歌曲的播放次数
search	Int 类型，长度为 11	歌曲的搜索次数
download	Int 类型，长度为 11	歌曲的下载次数
song_id	Int 类型，长度为 11	外键，关联歌曲信息表

还有与歌曲信息表相互关联的歌曲点评表，该表主要用于歌曲点评页面。从歌曲点评页面知道，一首歌可以有多条点评信息，说明歌曲信息表和歌曲点评表存在一对多的数据关系。将歌曲点评表命名为 comment，其数据结构如表 15-4 所示。

表 15-4 歌曲点评表的数据结构

表字段	字段类型	含义
id	Int 类型，长度为 11	主键
text	Varchar 类型，长度为 500	歌曲的点评内容
user	Varchar 类型，长度为 20	用户名
date	Date 类型	点评日期
song_id	Int 类型，长度为 11	外键，关联歌曲信息表

除此之外，还有网站的用户管理功能，该功能由用户表提供用户信息。用户表由 Django 内置模型 User 扩展而成，其数据结构如表 15-5 所示。

表 15-5 用户表的数据结构

表字段	字段类型	含义
id	Int 类型，长度为 11	主键
password	Varchar 类型，长度为 128	用户密码

（续表）

表字段	字段类型	含义
last_login	Datetime 类型，长度为 6	上次登录时间
is_superuser	Tinyint 类型，长度为 1	超级用户
username	Varchar 类型，长度为 150	用户名
first_name	Varchar 类型，长度为 30	用户的名字
last_name	Varchar 类型，长度为 150	用户的姓氏
email	Varchar 类型，长度为 254	邮箱地址
is_staff	Tinyint 类型，长度为 1	登录 Admin 权限
is_active	Tinyint 类型，长度为 1	用户的激活状态
date_joined	Datetime 类型，长度为 6	用户创建的时间
qq	Varchar 类型，长度为 20	用户的 QQ 号码
weChat	Varchar 类型，长度为 20	用户的微信号码
mobile	Varchar 类型，长度为 11	用户的手机号码

我们根据数据表的数据关系定义项目的模型对象，由于项目所有的项目应用都使用这些模型生成网页内容，而且模型之间存在外键关联，因此将所有关于歌曲信息的模型都定义在项目应用 index 中。打开项目应用 index 的 models.py，分别定义模型 Label、Song、Dynamic 和 Comment，定义过程如下：

```python
# index 的 models.py
from django.db import models
# 歌曲分类表
class Label(models.Model):
    id = models.AutoField('序号', primary_key=True)
    name = models.CharField('分类标签', max_length=10)

    def __str__(self):
        return self.name
    class Meta:
        # 设置 Admin 的显示内容
        verbose_name = '歌曲分类'
        verbose_name_plural = '歌曲分类'

# 歌曲信息表
class Song(models.Model):
    id = models.AutoField('序号', primary_key=True)
    name = models.CharField('歌名', max_length=50)
    singer = models.CharField('歌手', max_length=50)
    time = models.CharField('时长', max_length=10)
    album = models.CharField('专辑', max_length=50)
    languages = models.CharField('语种', max_length=20)
    type = models.CharField('类型', max_length=20)
    release = models.DateField('发行时间')
    img = models.FileField('歌曲图片', upload_to='songImg/')
    lyrics = models.FileField('歌词', upload_to='songLyric/',
```

```python
            default='暂无歌词', blank=True)
    file = models.FileField('歌曲文件', upload_to='songFile/')
    label = models.ForeignKey(Label, on_delete=models.CASCADE,
            verbose_name='歌名分类')

    def __str__(self):
        return self.name
    class Meta:
        # 设置Admin的显示内容
        verbose_name = '歌曲信息'
        verbose_name_plural = '歌曲信息'

# 歌曲动态表
class Dynamic(models.Model):
    id = models.AutoField('序号', primary_key=True)
    plays = models.IntegerField('播放次数', default=0)
    search = models.IntegerField('搜索次数', default=0)
    download = models.IntegerField('下载次数', default=0)
    song = models.ForeignKey(Song, on_delete=models.CASCADE,
        verbose_name='歌名')

    class Meta:
        # 设置Admin的显示内容
        verbose_name = '歌曲动态'
        verbose_name_plural = '歌曲动态'

# 歌曲点评表
class Comment(models.Model):
    id = models.AutoField('序号', primary_key=True)
    text = models.CharField('内容', max_length=500)
    user = models.CharField('用户', max_length=20)
    date = models.DateField('日期', auto_now=True)
    song = models.ForeignKey(Song, on_delete=models.CASCADE,
            verbose_name='歌名')

    class Meta:
        # 设置Admin的显示内容
        verbose_name = '歌曲评论'
        verbose_name_plural = '歌曲评论'
```

用户表由Django内置模型User扩展而成，它与歌曲信息表并无数据关联，因此将用户表的模型定义在项目应用user的models.py中，定义过程如下：

```python
# user的models.py
from django.db import models
from django.contrib.auth.models import AbstractUser
class MyUser(AbstractUser):
    qq = models.CharField('QQ号码', max_length=20)
    weChat = models.CharField('微信账号', max_length=20)
    mobile=models.CharField('手机号码',max_length=11,unique=True)
    # 设置返回值
```

```
        def __str__(self):
            return self.username
```

最后对定义好的模型执行数据迁移,在数据库 music_db 中创建数据表。我们使用数据库可视化工具 Navicat Premium 查看所有关于歌曲信息的数据表,数据表之间的数据关系如图 15-9 所示。

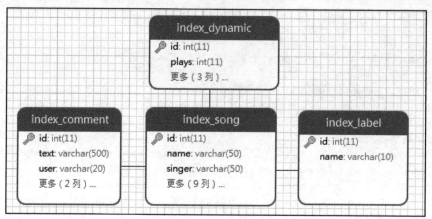

图 15-9　数据表关系

15.1.4　定义路由列表

项目中设置了 6 个项目应用,每个项目应用实现不同的网页功能,在开发网页功能之前,首先为各个项目应用设置路由空间,再由各个项目应用的 urls.py 定义具体的路由信息。打开 music 的 urls.py 定义项目的路由列表,在路由列表中定义各个项目应用的路由空间,定义过程如下:

```
# music 的 urls.py
from django.contrib import admin
from django.urls import path, re_path, include
from django.views.static import serve
from django.conf import settings
urlpatterns = [
    path('admin/', admin.site.urls),
    path('', include('index.urls')),
    path('ranking.html', include('ranking.urls')),
    path('play/', include('play.urls')),
    path('comment/', include('comment.urls')),
    path('search/', include('search.urls')),
    path('user/', include('user.urls')),
    # 定义媒体资源的路由信息
    re_path('media/(?P<path>.*)', serve, {'document_root':
            settings.MEDIA_ROOT}, name='media'),
]
```

上述的路由空间以最简单的方式定义,因为项目的网页数量不多,所以路由空间可以无须设置参数 namespace。由于项目的配置文件 settings.py 设置媒体资源文件夹 media,因此还需要在路由对象 urlpatterns 中设置媒体资源的路由信息。

15.1.5 编写共用模板

在模板文件夹 templates 中设有共用模板文件 base.html，该文件用于定义整个音乐网站平台的网页架构。打开共用模板文件 base.html，编写以下网页代码：

```
# templates 的 base.html
<!doctype html>
<html>
<head>
<meta charset="utf-8">
<meta http-equiv="X-UA-Compatible" content="IE=edge">
<meta name="renderer" content="webkit">
<meta name="keywords" content="">
<meta name="description" content="">
<title>我的音乐</title>
{% block link %}{% endblock %}
</head>
{% block body %}{% endblock %}
<div class="footer">
<div class="copyright">
    <p>网站数据信息来源于网络</p>
</div>
</div>
</html>
```

由于每个网页的布局设计都各不相同，因此无法将相同的网页内容写入共用模板文件。模板文件 base.html 定义了模板继承接口 link 和 body，每个接口负责实现不同的功能。接口 link 用于引入 CSS 样式文件、JavaScript 脚本文件等静态资源文件；接口 body 用于编写网页内容。

15.2 网站首页

网站首页是整个网站的主页面，从网站的需求设计来看，首页一共实现 7 个功能：歌曲搜索、轮播图、音乐分类、热门歌曲、新歌推荐、热门搜索和热门下载。网站首页在项目应用 index 中实现，首先在 index 的 urls.py 中定义路由 index，路由的 HTTP 请求由视图函数 indexView 接收和处理，路由 index 的定义过程如下：

```
# index 的 urls.py
from django.urls import path
from .views import *
urlpatterns = [
    path('', indexView, name='index'),
]
```

下一步在 index 的 views.py 中定义视图函数 indexView，视图函数 indexView 主要实现模型

Dynamic、Label 和 Song 的数据查询，实现代码如下：

```python
# index 的 views.py
from django.shortcuts import render
from .models import *
def indexView(request):
    songDynamic = Dynamic.objects.select_related('song')
    # 热搜歌曲
    searchs = songDynamic.order_by('-search').all()[:8]
    # 音乐分类
    labels = Label.objects.all()
    # 热门歌曲
    popular = songDynamic.order_by('-plays').all()[:10]
    # 新歌推荐
    recommend = Song.objects.order_by('-release').all()[:3]
    # 热门搜索、热门下载
    downloads = songDynamic.order_by('-download').all()[:6]
    tabs = [searchs[:6], downloads]
    return render(request, 'index.html', locals())
```

视图函数 indexView 执行了 6 次数据查询，一共生成 7 个变量，每次数据查询的说明如下：

（1）变量 songDynamic 使用 select_related 方法实现模型 Dynamic 和 Song 的数据查询，由模型 Dynamic 作为查询主体，通过外键字段 song 关联模型 Song 的数据。

（2）变量 searchs 用于对变量 songDynamic 的数据对象执行数据排序查询，以模型字段 search 进行降序排列，并且只获取前 8 行的数据信息。

（3）变量 labels 用于查询模型 Label 的全部数据。

（4）变量 popular 用于对变量 songDynamic 的数据对象执行数据排序查询，以模型字段 plays 进行降序排列，并且只获取前 10 行的数据信息。

（5）变量 recommend 用于查询模型 Song 的数据，以模型字段 release 进行降序排列，并且只获取前 3 行的数据信息。

（6）变量 downloads 用于对变量 songDynamic 的数据对象执行数据排序查询，以模型字段 download 进行降序排列，并且只获取前 6 行的数据信息。

（7）变量 tabs 将变量 searchs 的前 6 行数据和变量 downloads 的数据放置在同一个列表中。

模板文件 index.html 从视图函数 indexView 中获取变量 searchs、labels、popular、recommend 和 tabs，这些变量将作为模板上下文，并由模板引擎进行解析处理，最终在浏览器上生成网页内容。我们在模板文件 index.html 中编写以下代码：

```html
# templates 的 index.html
{% extends "base.html" %}
{% load staticfiles %}
{% block link %}················①
<link rel="shortcut icon" href="{% static "favicon.ico" %}">
<link rel="stylesheet" href="{% static "css/common.css" %}">
<link rel="stylesheet" href="{% static "css/index.css" %}">
{% endblock %}
{% block body  %}
```

```html
<body class="index">
<div class="header">
<a href="/" class="logo">············②
<img src="{% static "image/logo.png" %}">
</a>
<div class="search-box">
<form id="searchForm" action="{% url 'search' 1 %}"
    method="post">
    {% csrf_token %}
    <div class="search-keyword">
        <input name="kword" type="text"
        class="keyword" maxlength="120">
    </div>
    <input id="subSerch" type="submit"
    class="search-button" value="搜 索">
</form>
<div id="suggest" class="search-suggest"></div>
<div class="search-hot-words">
{% for s in searchs %}
    <a target="play" href="{% url 'play' s.song.id %}">
    {{ s.song.name }}</a>
{% endfor %}
</div>
</div>
</div>
<div class="nav-box">
<div class="nav-box-inner">
<ul class="nav clearfix">············③
<li><a href="{% url 'index' %}">首页</a></li>
<li>
<a href="{% url 'ranking' %}" target="_blank">歌曲排行</a>
</li>
<li>
<a href="{% url 'home' 1 %}" target="_blank">用户中心</a>
</li>
</ul>
<div class="category-nav">
<div class="category-nav-header">
    <strong>
    <a href="javascript:;" title="">音乐分类</a>
    </strong>
</div>
<div class="category-nav-body">
    <div id="J_CategoryItems" class="category-items">
    {% for l in labels %}
        <div class="item" data-index="1"><h3>
            <a href="{% url 'ranking' %}?type={{ l.id }}">
            {{ l.name }}</a></h3>
        </div>
    {% endfor %}
```

```html
        </div>
    </div>
</div>
<div class="wrapper clearfix">
<div class="main">
<div id="J_FocusSlider" class="focus">
<div id="bannerLeftBtn" class="banner_btn"></div>
<ul class="focus-list f_w">
<li class="f_s">
<a target="play" href="{% url 'play' 12 %}" class="layz_load">
    <img data-src="{% static '/image/datu-1.jpg' %}"
        width="750" height="275">
</a>
</li>
<li class="f_s">
<a target="play" href="{% url 'play' 13 %}" class="layz_load">
    <img data-src="{% static '/image/datu-2.jpg' %}"
        width="750" height="275">
</a>
</li>
</ul>
<div id="bannerRightBtn" class="banner_btn"></div>
</div>
</div>
<div class="aside">
<h2>热门歌曲</h2>……………④
<ul>
{% for p in popular %}
    <li><span>{{ forloop.counter }}</span>
        <a target="play" href="{% url 'play' p.song.id %}">
        {{ p.song.name }}
        </a>
    </li>
{% endfor %}
</ul>
</div>
</div>
<div class="today clearfix">
<div class="today-header">
<i></i>
<h2>新歌推荐</h2>……………⑤
</div>
<div class="today-list-box slide">
<div id="J_TodayRec" class="today-list">
<ul>
{% for r in recommend %}
    <li>
    <a class="pic layz_load pic_po" target="play"
        href="{% url 'play' r.id %}">
```

```
            <img data-src="{{ r.img.url }}"></a>
    <div class="name">
        <h3>
        <a target="play" href="{% url 'play' r.id %}">
        {{ r.name }}
        </a></h3>
        <div class="singer"><span>{{ r.singer }}</span></div>
        <div class="times">发行时间：<span>
        {{ r.release |date:"Y-m-d" }}
        </span></div>
    </div>
    <a target="play" href="{% url 'play' r.id %}"
        class="today-buy-button" >去听听</a>
    </li>
{% endfor %}
</ul>
</div>
</div>
</div><!--end today-->
<div class="section">
<ul id="J_Tab" class="tab-trigger">···············⑥
<li data-cur="0" class="current t_c">热门搜索</li>
<li data-cur="1" class="t_c">热门下载</li>
</ul>
<div class="tab-container">
<div id="J_Tab_Con" class="tab-container-cell">
{% for tab in tabs %}
{% if forloop.first %}
    <ul class="product-list clearfix t_s current">
{% else %}
    <ul class="product-list clearfix t_s" style="display:none;">
{% endif %}
    {% for item in tab %}
    <li>
        <a target="play" href="{% url 'play' item.song.id %}"
            class="pic layz_load pic_po">
            <img data-src="{{ item.song.img.url }}">
        </a>
        <h3>
        <a target="play" href="{% url 'play' item.song.id %}">
        {{ item.song.name }}
        </a></h3>
        <div class="singer">
        <span>{{ item.song.singer }}</span>
        </div>
        {% if tabs.0 == tab %}
        <div class="times">搜索次数：<span>
        {{ item.search }}</span>
        </div>
        {% else %}
```

```
                <div class="times">下载次数: <span>
                {{ item.download }}</span>
                </div>
                {% endif %}
            </li>
            {% endfor %}
            </ul>
    {% endfor %}
    </div>
    </div>
    </div><!--end section-->
    </div>
    <script data-main="{% static "js/index.js" %}"
        src="{% static "js/require.js" %}"></script>
    </body>
{% endblock %}
```

模板文件 index.html 实现首页的歌曲搜索、轮播图、音乐分类、热门歌曲、新歌推荐、热门搜索和热门下载，上述代码中设有标注①、标注②、标注③、标注④、标注⑤和标注⑥，每个标注实现的功能说明如下：

（1）标注①重写模板继承接口 link，引入网站首页所需的 CSS 样式文件，实现网页的功能布局。

（2）标注②一共实现了 3 个网页功能：调用静态资源文件 logo.png 生成网站 logo；使用 HTML 语言编写网页表单，生成歌曲搜索框，表单以 POST 请求方式提交到路由 search（歌曲搜索页）中；在歌曲搜索框下方使用模板上下文 searchs 生成热搜歌曲，每首歌曲可以跳转到歌曲播放页。

（3）标注③实现了导航栏、音乐分类和轮播图功能。导航栏设置了"首页""歌曲排行"和"用户中心"链接；音乐分类由模板上下文 labels 提供数据内容，单击某个音乐分类即可查看该分类的歌曲排行榜；轮播图调用静态资源文件 datu-1.jpg 和 datu-2.jpg，并且单击图片即可播放相应的歌曲。

（4）标注④遍历模板上下文 popular 生成热门歌曲，每次遍历的数据对象为 p，其中 forloop.counter 用于获取当前遍历的次数，从 1 开始计算；p.song.id 用于获取模型 Song 的字段 id；p.song.name 用于获取模型 Song 的字段 name。

（5）标注⑤遍历模板上下文 recommend 生成新歌推荐，每次遍历的数据对象为 r，从 r 对象中输出歌曲名称、发布时间、歌曲封面和歌手信息，每首歌曲设置了播放链接（歌曲播放页）。其中 r.img.url 用于获取模型 Song 的字段 img 的文件路径，模型字段 img 为 FileField 类型，该字段类型定义了 url 方法获取文件的路径地址。

（6）标注⑥遍历模板上下文 tabs 生成热门搜索和热门下载，模板上下文 tabs 通过嵌套循环可以生成不同的网页功能，这种代码编写方式在开发过程中较为常用。

15.3 歌曲排行榜

歌曲排行榜是按照歌曲的播放量进行排序的，用户还可以根据歌曲类型进行自定义筛选，整个页面分为两部分：歌曲分类和歌曲列表。歌曲排行榜在项目应用 ranking 中实现，首先在 ranking 的 urls.py 中分别定义路由 ranking 和 rankingList，路由的定义过程如下：

```python
# ranking 的 urls.py
from django.urls import path
from .views import *
urlpatterns = [
    path('', rankingView, name='ranking'),
    path('.list', RankingList.as_view(), name='rankingList'),
]
```

我们在 music 的 urls.py 中已为项目应用 ranking 定义了路由空间，因此路由 ranking 的路由地址为 127.0.0.1:8000/ranking.html，路由的 HTTP 请求由视图函数 rankingView 接收和处理；路由 rankingList 的路由地址为 127.0.0.1:8000/ranking.html.list，路由的 HTTP 请求由视图类 RankingList 接收和处理。打开项目应用 ranking 的 views.py，分别定义视图函数 rankingView 和视图类 RankingList，代码如下：

```python
# ranking 的 views.py
from django.shortcuts import render
from index.models import *
from django.views.generic import ListView
def rankingView(request):
    # 热搜歌曲
    searchs = Dynamic.objects.select_related('song').
        order_by('-search').all()[:4]
    # 歌曲分类列表
    labels = Label.objects.all()
    # 歌曲列表信息
    t = request.GET.get('type', '')
    if t:
        dynamics = Dynamic.objects.select_related('song').
            filter(song__label=t).order_by('-plays').all()[:10]
    else:
        dynamics = Dynamic.objects.select_related('song').
            order_by('-plays').all()[:10]
    return render(request, 'ranking.html', locals())

class RankingList(ListView):
    # context_object_name 设置模板的某个变量名称
    context_object_name = 'dynamics'
    # 设定模板文件
    template_name = 'ranking.html'
```

```python
    # 设置变量dynamics的数据
    def get_queryset(self):
        # 获取请求参数
        t = self.request.GET.get('type', '')
        if t:
            dynamics = Dynamic.objects.select_related('song').
                filter(song__label=t).order_by('-plays').all()[:10]
        else:
            dynamics = Dynamic.objects.select_related('song').
                order_by('-plays').all()[:10]
        return dynamics
    # 添加其他变量
    def get_context_data(self, **kwargs):
        context = super().get_context_data(**kwargs)
        # 搜索歌曲
        context['searchs'] = Dynamic.objects.select_related('song').
            order_by('-search').all()[:4]
        # 所有歌曲分类
        context['labels'] = Label.objects.all()
        return context
```

视图函数 rankingView 和视图类 RankingList 实现的功能一致，本节使用视图类处理 HTTP 请求是为了让读者深入了解视图类的使用方式。在上述代码中，视图类和视图函数设置了变量 searchs、labels 和 dynamics，它们将作为模板文件 ranking.html 的模板上下文，每个变量的说明如下：

（1）变量 searchs 通过歌曲的搜索次数进行降序查询，由内置的 select_related 方法中实现模型 Song 和 Dynamic 的数据查询，它与视图函数 index 的 searchs 是同一个变量。

（2）变量 labels 用于查询模型 Label 的全部数据。

（3）变量 dynamics 根据 GET 请求的请求参数进行数据查询。若请求参数为空，则对全部歌曲进行筛选，获取播放次数最多的前 10 首歌曲；若请求参数不为空，则根据参数内容进行歌曲筛选，获取播放次数最多的前 10 首歌曲。

根据视图函数 rankingView 所生成的变量在模板文件 ranking.html 中编写相关的模板语法，详细代码如下：

```
# templates 的 ranking.html
{% extends "base.html" %}
{% load staticfiles %}
{% block link %}················①
<link rel="shortcut icon" href="{% static "favicon.ico" %}">
<link rel="stylesheet" href="{% static "css/common.css" %}">
<link rel="stylesheet" href="{% static "css/ranking.css" %}">
{% endblock %}
{% block body %}
<body>
<div class="header">
<a href="/" class="logo">
<img src="{% static "image/logo.png" %}">
```

```html
</a>
<div class="search-box">
<form id="searchForm" action="{% url 'search' 1 %}" method="post">
{% csrf_token %}
    <div class="search-keyword">
        <input name="kword" type="text"
        class="keyword" maxlength="120">
    </div>
    <input id="subSerch" type="submit"
    class="search-button" value="搜 索" />
</form>
<div id="suggest" class="search-suggest"></div>
<div class="search-hot-words">
    {% for s in searchs %}
    <a target="play" href="{% url 'play' s.song.id %}">
    {{ s.song.name }}</a>
    {% endfor %}
</div>
</div>
</div><!--end header-->
<div class="nav-box">
<div class="nav-box-inner">
<ul class="nav clearfix">
    <li>
    <a href="{% url 'index' %}">首页</a>
    </li>
    <li>
    <a href="{% url 'ranking' %}">歌曲排行</a>
    </li>
    <li>
    <a href="{% url 'home' 1 %}" target="_blank">
    用户中心</a>
    </li>
</ul>
</div>
</div><!--end nav-box-->
<div class="wrapper clearfix">
<!-- 左侧列表 -->
<div class="side">
<!-- 子类分类排行导航 -->……………②
<div class="side-nav">
    <div class="nav-head">
        <a href="{% url 'ranking' %}">所有歌曲分类</a>
    </div>
    <ul id="sideNav" class="cate-item">
    {% for l in labels %}
        <li class="computer">
        <div class="main-cate">
            <a href="{% url 'ranking' %}?type={{ l.id }}"
            class="main-title">{{ l.name }}</a>
```

```html
            </div>
        </li>
    {% endfor %}
    </ul>
</div>
</div><!-- 左侧列表 end -->··················③
<div class="main">
<div class="main-head-box clearfix">
    <div class="main-head"><h1>歌曲排行榜</h1></div>
</div>
<table class="rank-list-table">
<tr>
    <th class="cell-1">排名</th>
    <th class="cell-2">封面</th>
    <th class="cell-3">歌名</th>
    <th class="cell-4">专辑</th>
    <th class="cell-5">类型</th>
    <th class="cell-6">下载量</th>
    <th class="cell-6">播放量</th>
</tr>
{% for d in dynamics %}
    <tr>
        {% if forloop.counter < 4 %}
        <td><span class="n1">{{forloop.counter}}</span></td>
        {% else %}
        <td><span class="n2">{{forloop.counter}}</span></td>
        {% endif %}
        <td>
        <a href="{% url 'play' d.song.id %}"
            class="pic" target="play">
            <img src="{{ d.song.img.url }}"
            width="80" height="80">
        </a>
        </td>
        <td class="name-cell">
        <h3><a href="{% url 'play' d.song.id %}"
            target="play">{{ d.song.name }}</a>
        </h3>
        <div class="desc">
        <a href="javascript:;" class="type">
        {{ d.song.singer }}
        </a>
        </div>
        </td>
        <td>
        <div style="text-align:center;">
        {{ d.song.album }}
        </div>
        </td>
        <td>
```

```
            <div style="text-align:center;">
                {{ d.song.label }}
            </div>
            </td>
            <td>
            <div style="text-align:center;">
                {{ d.download }}
            </div>
            </td>
            <td class="num-cell">{{ d.plays }}</td>
        </tr>
    {% endfor %}
    </table>
    </div>
</div>
<script data-main="{% static "js/ranking.js" %}"
    src="{% static "js/require.js" %}"></script>
</body>
{% endblock %}
```

模板文件 ranking.html 重写了模板继承接口 link 和 body，重写的网页内容已在上述代码中设置标注①、标注②和标注③，每个标注实现的功能说明如下：

（1）标注①一共实现了 4 个网页功能：CSS 样式文件引入、网站 LOGO、歌曲搜索框、热搜歌曲和网站导航栏功能。

（2）标注②遍历模板上下文 labels 生成歌曲分类列表，并且每个歌曲分类设置了相应的路由地址，单击某个分类即可查看该分类的歌曲排行信息。

（3）标注③遍历模板上下文 dynamics 生成歌曲列表，展示了每首歌曲的排名、歌曲、封面、专辑、类型、下载量和播放量，单击某一首歌曲的歌名即可进入歌曲播放页播放当前歌曲。

15.4 歌曲搜索

音乐平台的每个网页顶部都设置了歌曲搜索功能，歌曲搜索框以网页表单的形式展示，并且以 POST 请求方式实现歌曲搜索功能，搜索结果显示在歌曲搜索页。歌曲搜索页由项目应用 search 实现，首先在 search 的 urls.py 中定义路由 search，路由的定义过程如下：

```
# search 的 urls.py
from django.urls import path
from .views import *
urlpatterns = [
    path('<int:page>.html', searchView, name='search'),
]
```

路由 search 设置了路由变量 page，该变量代表某一页的页数，因为歌曲的搜索结果具有不确定性，通过对搜索结果进行分页处理可以美化和规范网页内容。路由的 HTTP 请求由视图函数

searchView 负责接收和处理,在 search 的 views.py 中定义视图函数 searchView,定义过程如下:

```python
# search 的 views.py
from django.shortcuts import render, redirect
from django.core.paginator import Paginator
from django.core.paginator import EmptyPage
from django.core.paginator import PageNotAnInteger
from django.shortcuts import reverse
from django.db.models import Q, F
from index.models import *
def searchView(request, page):
    if request.method == 'GET':
        # 热搜歌曲
        searchs = Dynamic.objects.select_related('song').\
                    order_by('-search').all()[:6]
        # 获取搜索内容,如果 kword 为空,就查询全部歌曲
        kword = request.session.get('kword', '')
        if kword:
            # Q 是 SQL 语句里的 or 语法
            songs = Song.objects.filter(Q(name__icontains=kword)|
                    Q(singer=kword)).order_by('-release').all()
        else:
            songs = Song.objects.order_by('-release').all()[:50]
        # 分页功能
        paginator = Paginator(songs, 5)
        try:
            pages = paginator.page(page)
        except PageNotAnInteger:
            pages = paginator.page(1)
        except EmptyPage:
            pages = paginator.page(paginator.num_pages)
        # 添加歌曲搜索次数
        if kword:
            idList = Song.objects.filter(name__icontains=kword)
            for i in idList:
                # 判断歌曲动态信息是否存在,若存在,则在原来的基础上加 1
                dynamics = Dynamic.objects.filter(song_id=i.id)
                if dynamics:
                    dynamics.update(search=F('search') + 1)
                # 若动态信息不存在,则创建新的动态信息
                else:
                    dynamic = Dynamic(plays=0, search=1,
                                    download=0, song_id=i.id)
                    dynamic.save()
        return render(request, 'search.html', locals())
    else:
        # 处理 POST 请求,并重定向搜索页面
        request.session['kword'] = request.POST.get('kword', '')
        return redirect(reverse('search', kwargs={'page': 1}))
```

当视图函数 searchView 接收到路由 search 的 POST 请求后,它将执行歌曲搜索过程,执行过

程说明如下：

（1）当用户在歌曲搜索框输入搜索内容并单击"搜索"按钮后，程序根据网页表单的属性 action 所指向的路由地址发送一个 POST 请求，Django 接收到请求后，将请求信息交给视图函数 searchView 进行处理。

（2）如果视图函数 searchView 收到一个 POST 请求，那么首先将请求参数 kword 写入会话 Session 进行存储，请求参数 kword 是歌曲搜索框的搜索内容，然后以重定向的方式访问歌曲搜索页。

（3）通过重定向访问歌曲搜索页，等同于向歌曲搜索页发送一个 GET 请求，视图函数 searchView 首先获取会话 Session 的数据，判断会话 Session 是否存在 kword。

（4）如果 kword 存在，就以 kword 作为查询条件，分别在模型 Song 的字段 name 和 singer 中进行模糊查询，查询结果根据模型字段 release 进行降序排列；如果 kword 不存在，就查询模型 Song 的所有歌曲，以模型字段 release 降序排列，并且只获取前 50 首的歌曲信息。

（5）将查询结果进行分页处理，以每 5 首歌为一页的方式进行分页。函数参数 page 代表某一页的页数，它也代表路由变量 page。

（6）根据搜索内容 kword 查找匹配的歌曲，将符合匹配条件的歌曲进行遍历和判断，如果歌曲的动态信息存在，就对该歌曲的搜索次数累加 1，否则为歌曲新建一条动态信息，并将搜索次数设为 1。

（7）最后将变量 searchs 和分页对象 pages 传递给模板文件 search.html，由模板引擎进行解析并生成相应的网页内容。

当模板文件 search.html 接收到变量 searchs 和分页对象 pages 后，模板引擎对模板语法进行解析并转换成网页内容。变量 searchs 实现歌曲搜索框下方的热搜歌曲，分页对象 pages 实现当前分页的歌曲列表和分页导航功能，详细的代码如下：

```
# templates 的 search.html
{% extends "base.html" %}
{% load staticfiles %}
{% block link %}………………①
<link rel="shortcut icon" href="{% static "favicon.ico" %}">
<link rel="stylesheet" href="{% static "css/common.css" %}">
<link rel="stylesheet" href="{% static "css/search.css" %}">
{% endblock %}
{% block body %}
<body>
<div class="header">
<a href="/" class="logo">
<img src="{% static "image/logo.png" %}">
</a>
<div class="search-box">
<form id="searchForm" action="{% url 'search' 1 %}" method="post">
    {% csrf_token %}
    <div class="search-keyword">
        <input id="kword" name="kword" type="text"
        class="keyword" maxlength="120"/>
```

```html
            </div>
            <input id="subSerch" type="submit"
                class="search-button" value="搜 索" />
        </form>
        <div id="suggest" class="search-suggest"></div>
        <div class="search-hot-words">
            {% for s in searchs %}
                <a target="play" href="{% url 'play' s.song.id %}">
                {{ s.song.name }}</a>
            {% endfor %}
        </div>
    </div>
</div><!--end header-->
<div class="nav-box">
<div class="nav-box-inner">
<ul class="nav clearfix">
<li>
<a href="{% url 'index' %}">首页</a>
</li>
<li>
<a href="{% url 'ranking' %}" target="_blank">歌曲排行</a>
</li>
<li>
<a href="{% url 'home' 1 %}" target="_blank">用户中心</a>
</li>
</ul>
</div>
</div><!--end nav-box-->
<!--wrapper-->
<div class="wrapper clearfix" id="wrapper">
<div class="mod_songlist">
<ul class="songlist__header">
    <li class="songlist__header_name">歌曲</li>
    <li class="songlist__header_author">歌手</li>
    <li class="songlist__header_time">时长</li>
</ul>
<ul class="songlist__list">
{% for p in pages.object_list %}·················②
<li class="js_songlist__child">
    <div class="songlist__item">
    <div class="songlist__songname">
        <span class="songlist__songname_txt">
            <a href="{% url 'play' p.id %}"
                class="js_song" target="play">{{ p.name }}</a>
        </span>
    </div>
    <div class="songlist__artist">
        <a href="javascript:;" class="singer_name">
        {{ p.singer }}</a>
    </div>
```

```
        <div class="songlist__time">{{ p.time }}</div>
    </div>
</li>
{% endfor %}
</ul>
<div class="page-box">
<div class="pagebar" id="pageBar">················③
    {% if pages.has_previous %}
    <a href="{% url 'search' pages.previous_page_number %}"
    class="prev" target="_self"><i></i>上一页</a>
    {% endif %}
    {% for p in pages.paginator.page_range %}
        {% if pages.number == p %}
            <span class="sel">{{ p }}</span>
        {% else %}
            <a href="{% url 'search' p %}"
            target="_self">{{ p }}</a>
        {% endif %}
    {% endfor %}
    {% if pages.has_next %}
    <a href="{% url 'search' pages.next_page_number %}"
    class="next" target="_self">下一页<i></i></a>
    {% endif %}
</div>
</div>
</div>
</div>
</body>
{% endblock %}
```

上述代码重写了模板继承接口 link 和 body，并且在代码中设置标注①、标注②和标注③，每个标注实现的功能说明如下：

（1）标注①一共实现了 4 个网页功能：CSS 样式文件引入、网站 LOGO、歌曲搜索框、热搜歌曲展示和网站导航栏功能。

（2）标注②使用模板上下文 pages 生成当前页数的歌曲列表，每首歌曲信息包含：歌名、歌手和时长，单击"歌名"即可进入歌曲播放页，播放当前歌曲。

（3）标注③使用模板上下文 pages 生成分页导航功能，分页导航功能的页数随着路由变量 page 的不同而不同。

15.5 歌曲播放与下载

从网站首页、歌曲排行榜和歌曲搜索得知，每个页面的歌曲信息都设置了歌曲播放的地址链接，只要在页面上单击歌名即可访问歌曲播放页。总的来说，歌曲播放页是音乐网站的核心页面，所有页面的歌曲信息都有播放链接，通过播放链接可以访问歌曲播放页。

歌曲播放由项目应用 play 实现，在 play 的 urls.py 中分别定义路由 play 和 download，路由的定义过程如下：

```python
# play 的 urls.py
from django.urls import path
from .views import *
urlpatterns = [
    # 歌曲播放页
    path('<int:id>.html', playView, name='play'),
    # 歌曲下载
    path('download/<int:id>.html', downloadView, name='download')
]
```

路由 play 和 download 设置路由变量 id，该变量是模型 Song 的主键 id，主要用于标记和区分当前播放的歌曲信息。路由 play 为用户提供在线试听、歌曲下载、歌曲点评链接和相关歌曲推荐，路由 download 用于实现歌曲下载功能。在 play 的 views.py 中分别定义视图函数 playView 和 downloadView，代码如下：

```python
# play 的 views.py
from django.shortcuts import render
from django.http import StreamingHttpResponse
from index.models import *
def playView(request, id):
    # 热搜歌曲
    searchs = Dynamic.objects.select_related('song').\
        order_by('-search').all()[:6]
    # 相关歌曲推荐
    type = Song.objects.values('type').get(id=id)['type']
    relevant = Dynamic.objects.select_related('song').\
        filter(song__type=type).order_by('-plays').all()[:6]
    # 歌曲信息
    songs = Song.objects.get(id=int(id))
    # 播放列表
    play_list = request.session.get('play_list', [])
    exist = False
    if play_list:
        for i in play_list:
            if int(id) == i['id']:
                exist = True
    if exist == False:
        play_list.append({'id': int(id), 'singer': songs.singer,
                          'name': songs.name, 'time': songs.time})
    request.session['play_list'] = play_list
    # 歌词
    if songs.lyrics != '暂无歌词':
        lyrics = str(songs.lyrics.url)[1::]
        with open(lyrics, 'r', encoding='utf-8') as f:
            lyrics = f.read()
    # 添加播放次数
    # 功能扩展：可使用 Session 实现每天只添加一次播放次数
```

```python
        p = Dynamic.objects.filter(song_id=int(id)).first()
        plays = p.plays + 1 if p else 1
        Dynamic.objects.update_or_create(
                song_id=id, defaults={'plays': plays})
        return render(request, 'play.html', locals())

    def downloadView(request, id):
        # 添加下载次数
        p = Dynamic.objects.filter(song_id=int(id)).first()
        download = p.download + 1 if p else 1
        Dynamic.objects.update_or_create(
                song_id=id, defaults={'download': download})
        # 读取文件内容
        # 根据 id 查找歌曲信息
        songs = Song.objects.get(id=int(id))
        file = songs.file.url[1::]
        def file_iterator(file, chunk_size=512):
            with open(file, 'rb') as f:
                while True:
                    c = f.read(chunk_size)
                    if c:
                        yield c
                    else:
                        break
        # 将文件内容写入 StreamingHttpResponse 对象
        # 并以字节流方式返回给用户，实现文件下载
        f = str(id) + '.m4a'
        response = StreamingHttpResponse(file_iterator(file))
        response['Content-Type'] = 'application/octet-stream'
        response['Content-Disposition']='attachment;filename="%s"'%(f)
        return response
```

视图函数 playView 分别实现 4 次数据查询、播放列表的设置、歌词的读取和播放次数的累加，功能的实现过程说明如下：

（1）变量 searchs 实现歌曲搜索框下方的热搜歌曲；变量 relevant 实现相关歌曲推荐功能，将同一类型的歌曲展示在歌曲播放页的最下方。

（2）播放列表由会话 Session 存储当前用户的播放记录。

（3）变量 songs 获取当前歌曲信息，如果当前歌曲存在歌词文件，就读取歌词文件的数据内容，并以变量 lyrics 表示。

（4）累加播放次数用于查询模型 Dynamic 是否存在歌曲的动态信息，若存在，则将播放次数累加 1，否则新增动态信息并将播放次数设为 1，最后调用内置方法 update_or_create 实现动态信息的更新或新增操作。如果模型 Dynamic 不存在当前歌曲的动态信息，那么内置方法 update_or_create 将执行数据新增操作，否则执行数据更新操作。

视图函数 downloadView 实现歌曲文件的下载功能，歌曲每下载一次，就对歌曲的下载次数累加 1。因此，视图函数 downloadView 实现两个功能：累计下载次数和文件下载，功能说明如下：

(1)累加下载次数与累加播放次数的功能相似,两者都是调用 Django 内置方法 update_or_create 实现动态信息的更新或新增操作,前者是操作模型字段 download,后者是操作模型字段 palys。

(2)文件下载使用 StreamingHttpResponse 实现,这是实现流式响应输出(流式响应输出是使用 Python 的迭代器将数据进行分段处理并传输),文件下载原理在 4.1.4 小节已详细讲述过了。

视图函数 playView 使用模板文件 play.html 生成歌曲播放页,我们在 PyCharm 里打开模板文件 play.html,并在该文件里编写以下代码:

```html
# templates 的 play.html
{% extends "base.html" %}
{% load staticfiles %}
{% block link %}·············①
<link rel="shortcut icon" href="{% static "favicon.ico" %}">
<link rel="stylesheet" href="{% static "css/common.css" %}">
<link rel="stylesheet" href="{% static "css/play.css" %}">
{% endblock %}
{% block body %}
<body>
<div class="header">
<a href="/" class="logo">
<img src="{% static "image/logo.png" %}">
</a>
<div class="search-box">
<!-- 歌曲搜索框 -->
<form id="searchForm" action="{% url 'search' 1 %}" method="post">
{% csrf_token %}
<div class="search-keyword">
  <input id="kword" name="kword"
  type="text" class="keyword" maxlength="120">
</div>
<input id="subSerch" type="submit"
class="search-button" value="搜 索"/>
</form>
<div id="suggest" class="search-suggest"></div>
<div class="search-hot-words">
    {% for s in searchs %}
    <a target="play" href="{% url 'play' s.song.id %}">
    {{ s.song.name }}
    </a>
    {% endfor %}
</div>
</div>
</div><!--end header-->
<div class="nav-box">
<div class="nav-box-inner">
<ul class="nav clearfix">
    <li><a href="{% url 'index' %}">首页</a></li>
    <li>
```

```html
            <a href="{% url 'ranking' %}" target="_blank">歌曲排行</a>
        </li>
        <li>
            <a href="{% url 'home' 1 %}" target="_blank">用户中心</a>
        </li>
</ul>
</div>
</div><!--end nav-box-->
<div class="wrapper clearfix">··············②
<div class="content">
<div class="product-detail-box clearfix">
<div class="product-pics">
<div class="music_box">
<div id="jquery_jplayer_1" class="jp-jplayer"
    data-url={{ songs.file.url }}></div>
<div class="jp_img layz_load pic_po" title="点击播放">
<img data-src={{ songs.img.url }}></div>
<div id="jp_container_1" class="jp-audio">
<div class="jp-gui jp-interface">
<div class="jp-time-holder clearfix">
<div class="jp-progress">
<div class="jp-seek-bar">
<div class="jp-play-bar"></div></div></div>
<div class="jp-time">
<span class="jp-current-time"></span> /
<span class="jp-duration"></span></div></div>
<div class="song_error_corr" id="songCorr">
<b class="err_btn">纠错</b>
<ul>
    <li><span>歌词文本错误</span></li>
    <li><span>歌词时间错误</span></li>
    <li><span>歌曲错误</span></li>
</ul>
</div>
<div class="jp-volume-bar">
<div class="jp-volume-bar-value"></div>
</div>
<ul class="jp-controls clearfix">
<li>
<a class="jp-play" tabindex="1" title="play"></a>
<a class="jp-pause" tabindex="1" title="pause"></a>
</li>
<li>
<a class="jp-stop" tabindex="1" title="stop"></a>
</li>
<li>
<a class="jp-repeat" tabindex="1" title="repeat"></a>
<a class="jp-repeat-off" tabindex="1" title="repeat off"></a>
</li>
<li class="sound">
```

```html
<a class="jp-mute" tabindex="1" title="mute"></a>
<a class="jp-unmute" tabindex="1" title="unmute"></a>
</li>
</ul></div></div>
<div class="jplayer_content">
    <ul id="lrc_list" class="lrc_list"></ul>
</div></div><!--end music_box-->
<textarea id="lrc_content" style="display: none;">
{{ lyrics }}
</textarea>
</div><!--end product-pics-->
<div class="product-detail-main">
<div class="product-price">
<h1 id="currentSong" >{{ songs.name }}</h1>
<div class="product-price-info">
    <span>歌手：{{ songs.singer }}</span>
</div>
<div class="product-price-info">
    <span>专辑：{{ songs.album }}</span>
    <span>语种：{{ songs.languages }}</span>
</div>
<div class="product-price-info">
    <span>流派：{{ songs.type }}</span>
    <span>发行时间：{{ songs.release }}</span>
</div>
</div><!--end product-price-->
<div class="product-comment">
<div class="links clearfix">
    <a class="minimum-link-A click_down"
    href="{% url 'download' songs.id %}">下载</a>
    <a class="minimum-link-A"
    href="{% url 'comment' songs.id %}" >歌曲点评</a>
</div><!-- end links-->
<h3 class="list_title">当前播放列表</h3>…………③
<ul class="playing-li" id="songlist">
    <!--播放列表-->
    {% for item in play_list %}
    {%if item.id == songs.id %}
    <li data-id="{{item.id}}" class="current">
    {%else %}
    <li data-id="{{item.id}}">
    {%endif %}
    <span class="num">{{forloop.counter}}</span>
    <a class="name" href="{% url 'play' item.id %}"
    target="play" >{{item.name}}</a>
    <a class="singer" href="javascript:;"
    target="_blank" >{{item.singer}}</a>
    </li>
    {% endfor %}
</ul>
```

```html
<div class="nplayL-btns" id="playleixin">
<ul>
<li class="order current" data-run="order">
<a class="icon" href="javascript:void(0)" title="顺序播放">
</a></li>
<li class="single" data-run="single">
<a class="icon" title="单曲循环" href="javascript:void(0)">
</a></li>
<li class="random" data-run="random">
<a class="icon" title="随机播放" href="javascript:void(0)">
</a></li>
<li class="next" data-run="next">
<a href="javascript:void(0)"><i></i>播放下一首</a></li>
</ul>
</div></div></div></div>
<div class="section">
<div class="section-header">
<h3>相关歌曲</h3>
</div>
<div class="section-content">
<div class="parts-box">
<a href="javascript:;" target="_self"
id="J_PartsPrev" class="prev-btn"><i></i></a>
<div class="parts-slider" id="J_PartsList">
<div class="parts-list-wrap f_w">
<ul id="" class="parts-list clearfix f_s">
{% for item in relevant %}
<li>
    {% if item.song.id != songs.id %}
    <a class="pic layz_load pic_po"
        href="{% url 'play' item.song.id %}" target="play">
        <img data-src="{{ item.song.img.url }}">
    </a>
    <h4><a href="{% url 'play' item.song.id %}"
    target="play" >{{ item.song.name}}</a>
    </h4>
    <a href="javascript:;" class="J_MoreParts accessories-more">
    {{ item.song.singer }}
    </a>
    {% endif %}
</li>
{% endfor %}
</ul>
</div></div>
<a href="javascript:;" target="_self" id="J_PartsNext"
class="next-btn"><i></i></a>
</div></div></div></div>
<script data-main="{% static "js/play.js" %}"
src="{% static "js/require.js" %}"></script>
</body>
```

```
{% endblock %}
```

我们将模板文件 play.html 实现的功能划分为 3 部分，在上述代码中已标注①、标注②和标注③，每个标注实现的功能说明如下：

（1）标注①与 15.4 节歌曲搜索的标注①实现的功能相同，本节就不再重复了。

（2）标注②实现了歌曲播放、歌曲信息、歌曲下载与歌曲点评。歌曲播放功能在 class="jp-jplayer"的 div 标签里实现，标签属性 data-url 设置歌曲文件的路径地址，由 JavaScript 播放歌曲文件；歌曲信息在 class="product-detail-main"的 div 标签里实现，而歌词动态效果在 textarea 文本框实现，歌曲的播放进度与歌词的滑动效果由 JavaScript 实现；歌曲下载与歌曲点评在 class="links clearfix"的 div 标签中分别设置路由 download 和 comment。

（3）标注③实现歌曲的播放列表和相关歌曲列表。歌曲的播放列表遍历模板上下文 play_list 生成数据列表，相关歌曲列表遍历模板上下文 relevant 生成相关歌曲列表。

15.6 歌曲点评

在歌曲播放页设置了歌曲点评的地址链接，单击"点评"按钮即可访问当前歌曲的点评页面。歌曲点评页实现两个功能：歌曲点评和歌曲点评信息列表，说明如下：

（1）歌曲点评是为用户提供歌曲点评功能，以表单的形式实现数据提交。

（2）歌曲点评信息列表是根据当前歌曲信息查找模型 Comment 的点评数据，并以数据列表的形式展示在网页上。

我们在项目应用 comment 中实现歌曲点评页，打开 comment 的 urls.py 定义歌曲点评页的路由信息，代码如下：

```
# comment 的 urls.py
from django.urls import path
from .views import *
urlpatterns = [
    path('<int:id>.html', commentView, name='comment'),
]
```

路由 comment 设置路由变量 id，它代表模型 Song 的主键 id，用于区分和识别当前歌曲的点评信息。路由的 HTTP 请求由视图函数 commentView 负责接收和处理，在 comment 的 views.py 中定义视图函数 commentView，代码如下：

```
# comment 的 views.py
from django.core.paginator import Paginator
from django.core.paginator import EmptyPage
from django.core.paginator import PageNotAnInteger
from django.shortcuts import render, redirect
from django.shortcuts import reverse
from django.http import Http404
from index.models import *
```

```python
import time
def commentView(request, id):
    # 热搜歌曲
    searchs = Dynamic.objects.select_related('song').
             order_by('-search').all()[:6]
    # 点评内容的提交功能
    if request.method == 'POST':
        text = request.POST.get('comment', '')
        # 如果用户处于登录状态，就使用用户名，否则使用匿名用户
        if request.user.username:
            user = request.user.username
        else:
            user = '匿名用户'
        now=time.strftime('%Y-%m-%d',time.localtime(time.time()))
        if text:
            comment = Comment()
            comment.text = text
            comment.user = user
            comment.date = now
            comment.song_id = id
            comment.save()
        return redirect(reverse('comment',kwargs={'id':str(id)}))
    else:
        songs = Song.objects.filter(id=id).first()
        # 歌曲不存在，抛出404异常
        if not songs:
            raise Http404('歌曲不存在')
        c = Comment.objects.filter(song_id=id).order_by('date')
        page = int(request.GET.get('page', 1))
        paginator = Paginator(c, 2)
        try:
            pages = paginator.page(page)
        except PageNotAnInteger:
            pages = paginator.page(1)
        except EmptyPage:
            pages = paginator.page(paginator.num_pages)
        return render(request, 'comment.html', locals())
```

视图函数 commentView 分别对 GET 请求和 POST 请求执行不同的处理，并且将路由变量 id 作为函数参数 id。当我们从歌曲播放页进入歌曲点评页，浏览器访问歌曲点评页，相当于向网站发送 GET 请求，视图函数 commentView 执行以下处理：

（1）视图函数 commentView 将函数参数 id 作为模型 Song 的查询条件，如果模型 Song 没有记录当前歌曲，就抛出 404 异常并提示歌曲不存在。

（2）如果模型 Song 存在当前歌曲，就将函数参数 id 作为模型 Comment 的查询条件，查询当前歌曲的点评信息，查询结果命名为 c。然后从 GET 请求中获取请求参数 page，并且生成变量 page，如果请求参数 page 不存在，变量 page 的值就设为 1。

（3）最后将变量 page 和查询结果 c 进行分页处理，生成分页对象 pages，并调用模板文件

comment.html 生成歌曲点评页。

如果我们在歌曲点评页填写点评内容并单击"发布"按钮,浏览器就向网站发送 POST 请求,视图函数 commentView 将会接收一个 POST 请求,并执行以下处理:

(1) 从网页表单中获取点评内容,并将点评内容命名为变量 text。然后获取当前用户名,如果当前用户处于未登录状态,那么用户名设为匿名用户,并且以变量 user 表示。

(2) 如果变量 text 不为空,就在模型 Comment 中新增一条点评信息,分别记录点评内容、用户名和点评日期,模型 Comment 的外键字段 song 设为函数参数 id,这是为当前歌曲新增一条点评信息。

(3) 最后重定向歌曲点评页,以 GET 请求方式访问歌曲点评页,将新增的点评信息显示在歌曲点评页,网站的重定向可以防止表单多次提交,解决同一条点评信息重复创建的问题。

下一步在模板文件 comment.html 中编写相应的网页内容,模板文件 comment.html 实现 5 个功能:歌曲搜索框、网站导航栏功能、歌曲点评框、歌曲点评信息列表和分页导航功能。歌曲搜索框和网站导航栏功能在前面的章节已详细讲述过了,此处不再重复。模板文件 comment.html 的代码如下:

```html
# templates 的 comment.html
{% extends "base.html" %}
{% load staticfiles %}
{% block link %}
<link rel="shortcut icon" href="{% static "favicon.ico" %}">
<link rel="stylesheet" href="{% static "css/common.css" %}">
<link rel="stylesheet" href="{% static "css/comment.css" %}">
{% endblock %}
{% block body %}
<body class="review">
<div class="header">
<a href="/" class="logo">
<img src="{% static "image/logo.png" %}">
</a>
<div class="search-box">
<form id="searchForm" action="{% url 'search' 1 %}" method="post">
    {% csrf_token %}
    <div class="search-keyword">
        <input id="kword" name="kword" type="text"
        class="keyword" maxlength="120">
    </div>
    <input id="subSerch" type="submit"
    class="search-button" value="搜 索"/>
</form>
<div id="suggest" class="search-suggest"></div>
<div class="search-hot-words">
{% for s in searchs %}
    <a target="play" href="{% url 'play' s.song.id %}">
    {{ s.song.name }}</a>
{% endfor %}
```

```
</div></div>
</div><!--end header-->
<div class="nav-box">
<div class="nav-box-inner">
<ul class="nav clearfix">
<li><a href="{% url 'index' %}">首页</a></li>
<li>
<a href="{% url 'ranking' %}" target="_blank">歌曲排行</a>
</li>
<li>
<a href="{% url 'home' 1 %}" target="_blank">用户中心</a>
</li></ul></div>
</div><!--end nav-box-->
<div class="wrapper">
<div class="breadcrumb">
<a href="/">首页</a> &gt;
    <a href="{% url 'play' id %}" target="_self">
    {{songs.name}}</a> &gt;
<span>点评</span>
</div>
<div class="page-title" id="currentSong"></div>
</div>
<div class="wrapper">
<div class="section">
<div class="section-header"><h3 class="section-title">
网友点评</h3></div>
<div class="section-content comments-score-new
review-comments-score clearfix">
<div class="clearfix">
<!--点评框-->…………①
<div class="comments-box">
<div class="comments-box-title">
我要点评<<{{ songs.name }}>></div>
<div class="comments-default-score clearfix"></div>
<form action="" method="post" id="usrform">
{% csrf_token %}
<div class="writebox">
    <textarea name="comment" form="usrform"></textarea>
</div>
<div class="comments-box-button clearfix">
<input type="submit" value="发布"
class="_j_cc_post_entry cc-post-entry" id="scoreBtn">
<div data-role="user-login" class="_j_cc_post_login"></div>
</div>
<div id="scoreTips2" style="padding-top:10px;"></div>
</form>
</div></div></div></div>
<!--点评列表-->…………②
<div class="wrapper clearfix">
<div class="content">
```

```html
<div id="J_CommentList">
<ul class="comment-list">
{% for item in pages.object_list %}
<li class="comment-item ">
<div class="comments-user">
<span class="face">
<img src="{% static "image/user.jpg" %}" width="60" height="60">
</span>
</div>
<div class="comments-list-content">
<div class="single-score clearfix">
    <span class="date">{{ item.date }}</span>
    <div><span class="score">{{ item.user }}</span></div>
</div>
<!--comments-content-->
<div class="comments-content">
<div class="J_CommentContent comment-height-limit">
<div class="content-inner">
<div class="comments-words">
    <p>{{ item.text }}</p>
</div></div></div></div></div>
</li>
{% endfor %}
</ul>
<!--点评列表的分页导航-->..................③
<div class="page-box">
<div class="pagebar" id="pageBar">
{% if pages.has_previous %}
    <a href="{% url 'comment' id %}?page=
    {{ pages.previous_page_number }}"
    class="prev" target="_self">
    <i></i>上一页</a>
{% endif %}
{% for page in pages.paginator.page_range %}
    {% if pages.number == page %}
        <span class="sel">{{ page }}</span>
    {% else %}
        <a href="{% url 'comment' id %}?
        page={{ page }}" target="_self">{{ page }}</a>
    {% endif %}
{% endfor %}
{% if pages.has_next %}
    <a href="{% url 'comment' id %}?page=
    {{ pages.next_page_number }}" class="next" target="_self">
    <i></i>下一页</a>
{% endif %}
</div></div></div></div>
</body>
{% endblock %}
```

上述代码中，除了歌曲搜索框和网站导航栏功能之外，我们将歌曲点评框、歌曲点评信息列表和分页导航功能分别标注①、标注②和标注③，每个标注实现的功能说明如下：

（1）标注①实现歌曲点评框，网页表单由 HTML 语言编写，表单设置了 textarea 控件，用于给用户填写点评内容。

（2）标注②调用分页对象 pages 的 object_list 方法获取当前分页的数据列表，每条点评信息包含用户头像、点评时间、用户名和点评内容。其中用户头像统一使用静态资源文件 user.jpg。

（3）标注③使用分页对象 pages 实现分页导航功能，在歌曲点评信息列表的下方生成各个页面的地址链接，通过单击某个页面的地址链接可以访问对应页面的歌曲点评信息。

15.7　注册与登录

用户注册与登录是用户管理的必备功能之一，没有用户的注册与登录，就没有用户管理的存在。只要涉及用户方面的功能，我们都可以使用 Django 内置的 Auth 认证系统实现。

用户管理由项目应用 user 实现，在项目应用 user 中创建文件 form.py，该文件用于定义表单类 MyUserCreationForm，由表单类实现用户注册功能。打开 user 的 form.py 文件，并且定义表单类 MyUserCreationForm，代码如下：

```python
# user 的 form.py
from django.contrib.auth.forms import UserCreationForm
from .models import MyUser
from django import forms
# 定义模型 MyUser 的数据表单
class MyUserCreationForm(UserCreationForm):
    # 重写初始化方法
    # 设置自定义字段 password1 和 password2 的样式和属性
    def __init__(self, *args, **kwargs):
        super().__init__(*args, **kwargs)
        self.fields['password1'].widget = forms.PasswordInput(
            attrs={'class': 'txt tabInput',
                'placeholder':'密码,4-16位数字/字母/符号(空格除外)'})
        self.fields['password2'].widget = forms.PasswordInput(
            attrs={'class':'txt tabInput','placeholder':'重复密码'})

    class Meta(UserCreationForm.Meta):
        model = MyUser
        # 在注册界面添加模型字段：手机号码和密码
        fields = UserCreationForm.Meta.fields + ('mobile',)
        # 设置模型字段的样式和属性
        widgets = {
            'mobile': forms.widgets.TextInput(
              attrs={'class':'txt tabInput','placeholder':'手机号'}),
            'username': forms.widgets.TextInput(
              attrs={'class':'txt tabInput','placeholder':'用户名'}),
```

        }

表单类 MyUserCreationForm 在父类 UserCreationForm 的基础上实现两个功能：添加模型 MyUser 的新增字段和设置表单字段的 CSS 样式，功能说明如下：

（1）添加模型 MyUser 的新增字段：在嵌套类 Meta 的 fields 属性中设置新增字段即可，添加的字段必须是模型字段并且以元组或列表的形式表示。

（2）设置表单字段的 CSS 样式：设置表单字段 mobile、username、password1 和 password2 的 attrs 属性。表单字段 mobile 和 username 是模型 MyUser 的字段，在嵌套类 Meta 中重写 widgets 属性即可；而 password1 和 password2 是父类 UserCreationForm 自定义的表单字段，必须重写初始化方法 __init__ 设置字段的 CSS 样式。

完成表单类 MyUserCreationForm 的定义，下一步在 user 的 urls.py 中定义用户注册与登录的路由信息，我们将用户注册与登录定义在同一个路由信息中，定义过程如下：

```python
# user 的 urls.py
from django.urls import path
from .views import *
urlpatterns = [
    # 用户注册和登录
    path('login.html', loginView, name='login'),
]
```

路由 login 将实现用户注册与登录功能，路由的 HTTP 请求由视图函数 loginView 负责接收和处理，在 user 的 views.py 中定义视图函数 loginView，代码如下：

```python
# user 的 views.py
from django.shortcuts import render, redirect
from django.shortcuts import reverse
from user.models import *
from .form import MyUserCreationForm
from django.db.models import Q
from django.contrib.auth import login
from django.contrib.auth.hashers import check_password
# 用户注册与登录
def loginView(request):
    user = MyUserCreationForm()
    # 提交表单
    if request.method == 'POST':
        # 判断表单提交是用户登录还是用户注册
        # 用户登录
        if request.POST.get('loginUser', ''):
            u = request.POST.get('loginUser', '')
            p = request.POST.get('password', '')
            if MyUser.objects.filter(Q(mobile=u)|Q(username=u)):
                u1 = MyUser.objects.filter(Q(mobile=u)|
                    Q(username=u)).first()
                if check_password(p, u1.password):
                    login(request, u1)
                    return redirect(reverse(
```

```python
                            'comment', kwargs={'page': 1})))
            else:
                tips = '密码错误'
        else:
            tips = '用户不存在'
    # 用户注册
    else:
        u = MyUserCreationForm(request.POST)
        if u.is_valid():
            u.save()
            tips = '注册成功'
        else:
            if u.errors.get('username', ''):
                tips=u.errors.get('username','注册失败')
            else:
                tips=u.errors.get('mobile','注册失败')
return render(request, 'user.html', locals())
```

视图函数 loginView 分别对 GET 和 POST 请求执行不同的处理。如果当前请求为 GET 请求，就实例化表单类 MyUserCreationForm，生成表单对象 user，由模板文件 user.html 使用表单对象 user 生成注册表单，而登录表单则由 HTML 语言实现。

当用户在注册表单（登录表单）填写账号信息并提交表单后，视图函数 loginView 将接收到一个 POST 请求，然后判断当前用户提交的表单数据，根据判断结果执行相应的操作，具体说明如下：

（1）视图函数 loginView 判断请求参数 loginUser 是否存在，若存在，则说明当前用户正在执行用户登录操作，因为登录表单设置了 name="loginUser"的文本输入框，否则说明当前操作为用户注册。

（2）若当前用户执行用户登录操作，视图函数 loginView 获取请求参数 loginUser 和 password，然后在模型 MyUser 中查找相关的用户信息并进行验证处理。若验证成功，则重定向访问用户中心页面，否则提示相应的错误信息。

（3）若当前用户执行用户注册操作，视图函数 loginView 将请求参数加载到表单类 MyUserCreationForm，生成表单对象 u，然后由表单对象 u 调用 is_valid 方法验证表单数据。若验证成功，则在模型 MyUser 中创建用户信息，否则提示相应的错误信息。

视图函数 loginView 通过判断请求参数 loginUser 区分注册与登录功能，模板文件 user.html 需要定义用户注册表单和用户登录表单，然后通过 JavaScript 脚本控制两个表单的相互切换，实现的代码如下：

```
# templates 的 user.html
{% extends "base.html" %}
{% load staticfiles %}
{% block link %}
<link rel="shortcut icon" href="{% static "favicon.ico" %}">
<link rel="stylesheet" href="{% static "css/common.css" %}">
<link rel="stylesheet" href="{% static "css/register.css" %}">
{% endblock %}
{% block body %}
```

```html
<body class="review">
<div class="wrapper">
<div class="header clearfix">
<a href="/" class="logo">我的音乐</a>
<span class="logo-tip">Hi,我的音乐欢迎您!</span>
</div>
<div class="content clearfix">
<!-- 登录注册板块 -->················①
<div id="unauth_main" class="login-regist">
<div class="login-box switch_box" style="display:block;">
<div class="title">用户登录</div>
<form id="loginForm" class="formBox" action="" method="post">
    {% csrf_token %}
    <div class="itembox user-name">
    <div class="item">
        <input type="text" name="loginUser"
        placeholder="用户名或手机号" class="txt tabInput">
    </div></div>
    <div class="itembox user-pwd">
    <div class="item">
        <input type="password" name="password"
        placeholder="登录密码" class="txt tabInput">
    </div></div>
    {% if tips %}
        <div>提示:<span>{{ tips }}</span></div>
    {% endif %}
    <div id="loginBtnBox" class="login-btn">
        <input id="J_LoginButton" type="submit"
        value="马上登录" class="tabInput pass-btn" />
    </div>
    <div class="pass-reglink">
        还没有我的音乐账号?
        <a class="switch" href="javascript:;">免费注册</a>
    </div>
</form>
</div>
<!-- //登录版块 end -->················②
<div class="regist-box switch_box" style="display:none;">
<div class="title">用户注册</div>
<form id="registerForm" class="formBox" method="post" action="">
    {% csrf_token %}
    <div id="registForm" class="formBox">
    <div class="itembox user-name">
    <div class="item">
        {{ user.username }}
    </div></div>
    <div class="itembox user-name">
    <div class="item">
        {{ user.mobile }}
    </div></div>
```

```html
        <div class="itembox user-pwd">
        <div class="item">
            {{ user.password1 }}
        </div></div>
        <div class="itembox user-pwd">
        <div class="item">
            {{ user.password2 }}
        </div></div>
        {% if tips %}
            <div>提示:<span>{{ tips }}</span></div>
        {% endif %}
        <div class="member-pass clearfix">
            <input id="agree" name="agree"
            checked="checked" type="checkbox" value="1">
            <label for="agree" class="autologon">
            已阅读并同意用户注册协议</label>
        </div>
            <input type="submit" value="免费注册"
                id="J_RegButton" class="pass-btn tabInput"/>
            <div class="pass-reglink">
                已有我的音乐账号
                <a class="switch" href="javascript:;">立即登录</a>
            </div>
        </div>
</form>
</div><!-- //注册版块 end -->
</div></div></div>
<script data-main="{% static "js/register.js" %}"
    src="{% static "js/require.js" %}"></script>
</body>
{% endblock %}
```

模板文件 user.html 重写模板继承接口 body，该接口分别定义了用户登录表单和用户注册表单，在上述代码中设有标注①、标注②，详细的说明如下：

（1）标注①使用 HTML 语言编写用户登录表单，表单设置了两个文本输入框，分别命名为 loginUser 和 password。视图函数 loginView 通过判断 loginUser 文本输入框的数据来识别当前操作。

（2）标注②使用表单对象 user 生成用户注册表单，将表单类 MyUserCreationForm 的表单字段生成相应的文本输入框。

15.8 用户中心

当用户成功登录后，浏览器将重定向访问用户中心，该页面分为用户基本信息和歌曲播放记录，说明如下：

（1）用户基本信息：显示当前用户的用户头像和用户名，并设有用户注销链接。

（2）歌曲播放记录：播放记录来自于歌曲播放页面的播放列表，并对播放记录进行分页显示。

我们在项目应用 user 中实现用户中心，首先在 user 的 urls.py 中分别定义路由 home 和 logout，代码如下：

```
# user 的 urls.py
from django.urls import path
from .views import *
urlpatterns = [
    # 用户注册和登录
    path('login.html', loginView, name='login'),
    # 用户中心
    path('home/<int:page>.html', homeView, name='home'),
    # 退出用户登录
    path('logout.html', logoutView, name='logout'),
]
```

路由 home 设置路由变量 page，该变量是歌曲播放记录经过分页处理后的某一页页数，视图函数 homeView 负责接收和处理路由 home 的 HTTP 请求。路由 logout 实现用户注销功能，该路由的请求处理和响应过程由视图函数 logoutView 完成。在 user 的 views.py 中分别定义视图函数 homeView 和 logoutView，代码如下：

```
# user 的 views.py
from django.shortcuts import render, redirect
from index.models import *
from django.contrib.auth import logout
from django.contrib.auth.decorators import login_required
from django.core.paginator import Paginator
from django.core.paginator import EmptyPage
from django.core.paginator import PageNotAnInteger
# 用户中心
# 设置用户登录限制
@login_required(login_url='/user/login.html')
def homeView(request, page):
    # 热搜歌曲
    searchs = Dynamic.objects.select_related('song').\
              order_by('-search').all()[:4]
    # 分页功能
    songs = request.session.get('play_list', [])
    paginator = Paginator(songs, 3)
    try:
        pages = paginator.page(page)
    except PageNotAnInteger:
        pages = paginator.page(1)
    except EmptyPage:
        pages = paginator.page(paginator.num_pages)
    return render(request, 'home.html', locals())

# 退出登录
def logoutView(request):
```

```
    logout(request)
    return redirect('/')
```

视图函数 logoutView 调用内置方法 logout 实现用户注销功能，并重定向访问网站首页。视图函数 homeView 使用装饰器 login_required 限制用户访问权限，只有当前用户成功登录后才能访问用户中心。

从视图函数 homeView 的执行过程中看到，它实现了热搜歌曲的数据查询和歌曲播放记录的分页处理，但用户中心需要展示用户基本信息。回顾 10.6 节可知，在 settings.py 的配置属性 TEMPLATES 中定义了处理器集合 context_processors，在解析模板文件之前，Django 依次运行处理器集合的程序。当运行到处理器 auth 时，程序会生成变量 user 和 perms，并且将变量传入模板上下文 TemplateContext 中，因此用户中心的用户基本信息可以使用模板上下文 user 实现数据展示，无须在视图函数 homeView 中重复定义。

最后打开模板文件 home.html，在模板文件里编写用户中心的网页内容，代码如下：

```
# templates 的 home.html
{% extends "base.html" %}
{% load staticfiles %}
{% block link %}
<link rel="shortcut icon" href="{% static "favicon.ico" %}">
<link rel="stylesheet" href="{% static "css/common.css" %}">
<link rel="stylesheet" href="{% static "css/user.css" %}">
{% endblock %}
{% block body %}
<body class="member">
<div class="header">
<a href="/" class="logo">
<img src="{% static "image/logo.png" %}">
</a>
<div class="search-box">
<form id="searchForm" action="{% url 'search' 1 %}" method="post">
{% csrf_token %}
    <div class="search-keyword">
    <input id="kword" name="kword" type="text"
    class="keyword" maxlength="120">
    </div>
    <input id="subSerch" type="submit"
    class="search-button" value="搜 索">
</form>
<div id="suggest" class="search-suggest"></div>
<div class="search-hot-words">
    {% for s in searchs %}
        <a target="play" href="{% url 'play' s.song.id %}">
        {{ s.song.name }}</a>
    {% endfor %}
</div></div></div><!--end header-->
<div class="nav-box">
<div class="nav-box-inner">
<ul class="nav clearfix">
```

```html
<li><a href="{% url 'index' %}">首页</a></li>
<li>
<a href="{% url 'ranking' %}" target="_blank">歌曲排行</a>
</li>
<li>
<a href="{% url 'home' 1 %}" target="_blank">用户中心</a>
</li>
</ul>
</div></div><!--end nav-box-->
<div class="mod_profile js_user_data" style="">
<div class="section_inner">·················①
<div class="profile__cover_link">
<img src="{% static "image/user.jpg" %}" class="profile__cover">
</div>
<h1 class="profile__tit">
<span class="profile__name">{{ user.username }}</span>
</h1>
<a href="{% url 'logout' %}" style="color:white;">退出登录</a>
</div></div>
<!--歌曲播放记录-->·················②
<div class="main main--profile" style="">
<div class="mod_tab profile_nav" role="nav" id="nav">
    <span class="mod_tab__item mod_tab__current"
    id="hear_tab">我听过的歌</span>
</div>
<div class="js_box" style="display: block;">
<div class="profile_cont">
<div class="js_sub" style="display: block;">
<div class="mod_songlist">
<ul class="songlist__header">
    <li class="songlist__header_name">歌曲</li>
    <li class="songlist__header_author">歌手</li>
    <li class="songlist__header_time">时长</li>
</ul>
<ul class="songlist__list">
{% for item in pages.object_list %}
<li>
    <div class="songlist__item songlist__item--even">
    <div class="songlist__songname">
        <a href="{% url 'play' item.id %}"
        class="js_song songlist__songname_txt" >
        {{ item.name }}</a>
    </div>
    <div class="songlist__artist">
        <a href="javascript:;" class="singer_name">
        {{ item.singer }}</a>
    </div>
    <div class="songlist__time">{{ item.time }}</div>
    </div>
</li>
```

```
{% endfor %}
</ul></div><!--end mod_songlist-->
<!--分页-->
<div class="page-box">
<div class="pagebar" id="pageBar">
{% if pages.has_previous %}
    <a href="{% url 'home' pages.previous_page_number %}"
    class="prev" target="_self"><i></i>上一页</a>
{% endif %}
{% for page in pages.paginator.page_range %}
{% if pages.number == page %}
    <span class="sel">{{ page }}</span>
{% else %}
    <a href="{% url 'home' page %}" target="_self">{{ page }}</a>
{% endif %}
{% endfor %}
{% if pages.has_next %}
    <a href="{% url 'home' pages.next_page_number %}"
    class="next" target="_self">下一页<i></i></a>
{% endif %}
</div></div></div></div></div></div></body>
{% endblock %}
```

模板文件 home.html 实现了 CSS 样式文件引入、网站 LOGO、歌曲搜索框、热搜歌曲、网站导航栏功能、用户基本信息和歌曲播放记录。其中 CSS 样式文件引入、网站 LOGO、歌曲搜索框、热搜歌曲和网站导航栏功能在前面的章节已详细讲述过了，上述代码中设置标注①、标注②，分别对应用户基本信息和歌曲播放记录，详细的实现过程如下：

（1）标注①使用静态资源文件 user.jpg 作为用户头像，并在用户头像下方设置了用户名和用户注销链接。用户名由模板上下文 user 生成，用户注销链接由路由 logout 生成路由地址。

（2）标注②使用分页对象 pages 生成当前页数的歌曲播放记录和分页导航功能。

15.9　Admin 后台系统

在前面的章节中，我们已经完成网站页面的基本开发，接下来讲述网站的 Admin 后台系统开发。Admin 后台系统主要方便网站管理员管理网站的数据和网站用户。由于项目应用 index 和 user 分别定义了模型 Label、Song、Dynamic、Comment 和 MyUser，并且 index 和 user 是两个独立的项目应用，因此在 Admin 后台系统中需要区分两个功能模块。

首先实现项目应用 index 和 user 在 Admin 后台系统的名称，分别在 index 和 user 的初始化文件 __init__.py 中编写以下代码：

```
# index 的 __init__.py
from django.apps import AppConfig
import os
# 修改 app 在 Admin 后台显示的名称
```

```python
# default_app_config 的值来自 apps.py 的类名
default_app_config = 'index.IndexConfig'
# 获取当前 app 的命名
def get_current_app_name(_file):
    return os.path.split(os.path.dirname(_file))[-1]
# 重写类 IndexConfig
class IndexConfig(AppConfig):
    name = get_current_app_name(__file__)
    verbose_name = '网站首页'


# user 的 __init__.py
from django.apps import AppConfig
import os
# 修改 app 在 admin 后台显示的名称
# default_app_config 的值来自 apps.py 的类名
default_app_config = 'user.IndexConfig'
# 获取当前 app 的命名
def get_current_app_name(_file):
    return os.path.split(os.path.dirname(_file))[-1]
# 重写类 IndexConfig
class IndexConfig(AppConfig):
    name = get_current_app_name(__file__)
    verbose_name = '用户管理'
```

下一步为每个模型设置相应的 ModelAdmin，在 Admin 后台系统中设置每个模型的数据操作功能，分别在 index 和 user 的 admin.py 中编写以下代码：

```python
# index 的 admin.py
from django.contrib import admin
from .models import *
# 修改 title 和 header
admin.site.site_title = '我的音乐后台管理系统'
admin.site.site_header = '我的音乐'

@admin.register(Label)
class LabelAdmin(admin.ModelAdmin):
    # 设置模型字段，用于 Admin 后台数据的列名设置
    list_display = ['id', 'name']
    # 设置可搜索的字段并在 Admin 后台数据生成搜索框
    # 若有外键，则应使用双下画线连接两个模型的字段
    search_fields = ['name']
    # 设置排序方式
    ordering = ['id']

@admin.register(Song)
class SongAdmin(admin.ModelAdmin):
    # 设置模型字段，用于 Admin 后台数据的列名设置
    list_display = ['id', 'name', 'singer',
                    'album', 'languages',
                    'release', 'img', 'lyrics', 'file']
    # 设置可搜索的字段并在 Admin 后台数据生成搜索框
```

```python
        # 若有外键, 则应使用双下画线连接两个模型的字段
        search_fields = ['name', 'singer',
                         'album', 'languages']
        # 设置过滤器, 在后台数据的右侧生成导航栏
        # 若有外键, 则应使用双下画线连接两个模型的字段
        list_filter = ['singer', 'album', 'languages']
        # 设置排序方式
        ordering = ['id']

@admin.register(Dynamic)
class DynamicAdmin(admin.ModelAdmin):
    # 设置模型字段, 用于 Admin 后台数据的列名设置
    list_display = ['id', 'song', 'plays',
                    'search', 'download']
    # 设置可搜索的字段并在 Admin 后台数据生成搜索框
    # 若有外键, 则应使用双下画线连接两个模型的字段
    search_fields = ['song']
    # 设置过滤器, 在后台数据的右侧生成导航栏
    # 若有外键, 则应使用双下画线连接两个模型的字段
    list_filter = ['plays', 'search', 'download']
    # 设置排序方式
    ordering = ['id']

@admin.register(Comment)
class CommentAdmin(admin.ModelAdmin):
    # 设置模型字段, 用于 Admin 后台数据的列名设置
    list_display = ['id', 'text', 'user',
                    'song', 'date']
    # 设置可搜索的字段并在 Admin 后台数据生成搜索框
    # 若有外键, 则应使用双下画线连接两个模型的字段
    search_fields = ['user', 'song', 'date']
    # 设置过滤器, 在后台数据的右侧生成导航栏
    # 若有外键, 则应使用双下画线连接两个模型的字段
    list_filter = ['song', 'date']
    # 设置排序方式
    ordering = ['id']

# user 的 admin.py
from django.contrib import admin
from .models import MyUser
from django.contrib.auth.admin import UserAdmin
from django.utils.translation import gettext_lazy as _
@admin.register(MyUser)
class MyUserAdmin(UserAdmin):
    list_display = ['username', 'email',
                    'mobile', 'qq', 'weChat']
    # 在用户修改页面添加'mobile','qq','weChat'
    # 将源码的 UserAdmin.fieldsets 转换成列表格式
    fieldsets = list(UserAdmin.fieldsets)
    # 重写 UserAdmin 的 fieldsets, 添加'mobile','qq','weChat'
```

```
fieldsets[1] = (_('Personal info'),{'fields':
                ('first_name', 'last_name',
                 'email', 'mobile',
                 'qq', 'weChat')})
```

在上述代码中，LabelAdmin、SongAdmin、DynamicAdmin 和 CommentAdmin 设置了属性 list_display、search_fields、list_filter 和 ordering；而 MyUserAdmin 设置了属性 list_display 和 fieldsets，并且重写 fieldsets。

由于模型 MyUser 继承内置模型 User，因此将 MyUserAdmin 继承 UserAdmin 即可使用内置模型 User 在 Admin 后台系统的功能，并且通过重写方式将模型 MyUser 的新增字段添加到 Admin 后台系统中，如图 15-10 所示。

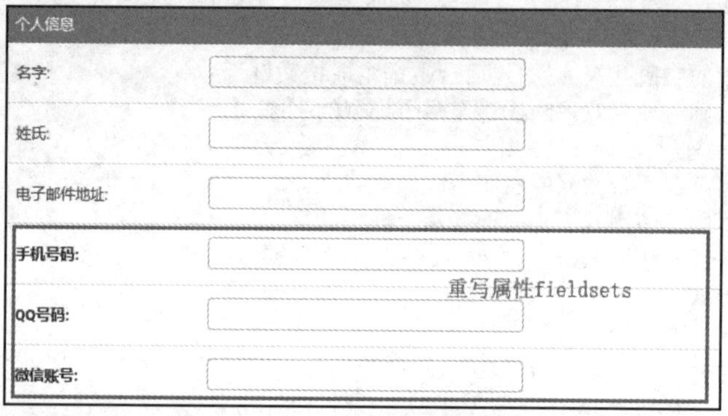

图 15-10 MyUserAdmin 功能页面

15.10 自定义异常页面

网站异常是一个普遍存在的问题，常见的异常以 404 或 500 为主。出现异常主要是网站自身的数据缺陷或者不合理的非法访问所导致的。比如音乐网站平台的地址链接为 127.0.0.1:8000/play/6.html，地址链接的 6 代表模型 Song 的主键 id，如果模型 Song 不存在主键 id 等于 6 的数据，那么音乐网站应抛出 404 异常。

项目的模板文件夹 templates 已放置模板文件 404.html，我们将模板文件 404.html 作为 404 或 500 的异常页面。首先在 music 的 urls.py 中定义 404 或 500 的路由信息，代码如下：

```
# music 的 urls.py
# 设置 404 和 500
from index import views
handler404 = views.page_not_found
handler500 = views.page_error
```

从 404 或 500 的路由信息看到，路由的 HTTP 请求分别由视图函数 page_not_found 和 page_error 负责接收和处理。我们在 index 的 views.py 中定义 404 和 500 的视图函数，代码如下：

```
# index 的 views.py
# 定义 404 和 500 的视图函数
```

```python
def page_not_found(request, exception):
    return render(request, '404.html', status=404)

def page_error(request):
    return render(request, '404.html', status=500)
```

视图函数 page_not_found 和 page_error 使用模板文件 404.html 生成异常页面，我们在模板文件 404.html 中编写异常页面的 HTML 代码，代码如下：

```html
# templates 的 404.html
<!doctype html>
<html>
<head>
<meta charset="utf-8">
<meta http-equiv="X-UA-Compatible" content="IE=edge">
<title>页面没找到</title>
{% load staticfiles %}
<link rel="stylesheet" href="{% static "css/common.css" %}">
<link rel="stylesheet" href="{% static "css/error.css" %}">
</head>
<body>
<img src="{% static "image/error_404.png" %}">
<div class="error_main">
    <a href='/' class="index">回到首页</a>
</div>
</body>
</html>
```

模板文件 404.html 引入 CSS 样式文件 common.css 和 error.css，然后使用静态资源文件 error_404.png 作为页面内容，网页效果如图 15-11 所示。

图 15-11　异常页面

15.11　部署与运行

我们已完成音乐网站平台的所有功能开发，接下来运行整个项目，测试每个页面的功能是否符合开发需求。由于项目定义了 404 或 500 异常页面，因此将项目设为上线模式再执行功能测试。

15.11.1 上线部署

在试运行项目之前，还需要设置项目的上线模式，因为自定义异常页面只能在上线模式测试。首先打开配置文件 settings.py，在该文件中设置以下配置属性：

```
# music 的 settings.py
DEBUG = False
ALLOWED_HOSTS = ['*']
STATIC_ROOT = BASE_DIR / 'static'
```

配置属性 STATIC_ROOT 指向根目录下的 static 文件夹。下一步使用 Django 指令创建 static 文件夹，在 PyCharm 的 Terminal 中输入 collectstatic 指令，如图 15-12 所示。

```
D:\music>python manage.py collectstatic

155 static files copied to 'D:\music\static'.
```

图 15-12　创建 static 文件夹

现在项目中存在两个静态资源文件夹，即 static 和 publicStatic，Django 根据不同的运行模式读取不同的静态资源文件夹，详细说明如下：

（1）如果将 Django 设为调试模式（DEBUG=True），那么项目运行时将读取 publicStatic 文件夹。

（2）如果将 Django 设为上线模式（DEBUG=False），那么项目运行时将读取 static 文件夹。

当 Django 设为上线模式时，它不再提供静态资源服务，该服务应交由 Nginx 或 Apache 服务器完成，因此在项目的路由列表添加静态资源的路由信息，让 Django 知道如何找到静态资源文件，否则无法在浏览器上访问 static 文件夹的静态资源文件，路由信息如下：

```
# music 的 urls.py
from django.contrib import admin
from django.urls import path, re_path, include
from django.views.static import serve
from django.conf import settings
urlpatterns = [
    path('admin/', admin.site.urls),
    path('', include('index.urls')),
    path('ranking.html', include('ranking.urls')),
    path('play/', include('play.urls')),
    path('comment/', include('comment.urls')),
    path('search/', include('search.urls')),
    path('user/', include('user.urls')),
    # 定义静态资源的路由信息
    re_path('static/(?P<path>.*)', serve,
            {'document_root':settings.STATIC_ROOT},name='static'),
    # 定义媒体资源的路由信息
```

```
    re_path('media/(?P<path>.*)', serve,
           {'document_root':settings.MEDIA_ROOT},name='media'),
]
from index import views
handler404 = views.page_not_found
handler500 = views.page_error
```

综上所述，设置 Django 项目上线模式的操作步骤如下：

（1）在项目的 settings.py 中设置配置属性 STATIC_ROOT，该配置指向整个项目的静态资源文件夹，然后修改配置属性 DEBUG 和 ALLOWED_HOSTS。

（2）使用 collectstatic 指令收集整个项目的静态资源，这些静态资源将存放在配置属性 STATIC_ROOT 设置的文件路径中。

（3）在项目的 urls.py 中添加静态资源的路由信息，让 Django 知道如何找到静态资源文件。

15.11.2 网站试运行

我们将项目以上线模式运行，首先在 PyCharm 的 Terminal 中输入 createsuperuser 指令，创建超级管理员账号（账号和密码皆为 admin），然后在浏览器上访问 Admin 后台系统，在"歌曲分类"中添加歌曲的分类标签，如图 15-13 所示。

序号	分类标签
1	情感天地
2	摇滚金属
3	经典流行
4	环境心情
5	午后场景
6	岁月流金
7	青春校园

图 15-13　分类标签

从 Admin 后台系统的主页进入"歌曲信息"，然后添加每一首歌曲的基本信息，歌曲信息对应模型 Song，除了模型字段 lyrics 为可选字段之外，其他的模型字段必须填写数据内容。我们一共填写了 13 首歌曲信息，歌曲文件、歌词文件和歌曲封面图片都存储在媒体资源文件夹 media 中，如图 15-14 所示。

网站数据添加成功后，我们可以访问音乐网站平台的各个功能页面。由于网站首页和歌曲排行榜需要查询模型 Dynamic 的歌曲动态信息，而模型 Dynamic 没有填写数据内容，因此网站首页和歌曲排行榜不会显示相应的歌曲信息。

为了填充模型 Dynamic 的数据内容，我们在歌曲播放页播放每一首歌曲，按照路由变量 id 从 1 到 13 依次访问路由 play，模型 Dynamic 将记录每首歌曲的动态信息。在 Admin 后台系统的"歌曲动态"中可查看每首歌曲的动态信息，如图 15-15 所示。

序号	歌名	歌手	专辑	语种	发行时间	歌曲图片	歌词	歌曲文件
1	爱 都是对的	胡夏	胡 爱夏	国语	2010年12月8日	songImg/1.jpg	暂无歌词	songFile/1.m4a
2	体面	于文文	《前任3：再见前任》电影插曲	国语	2017年12月25日	songImg/2.jpg	暂无歌词	songFile/2.m4a
3	三国恋	Tank	Fighting！生存之道	国语	2006年4月15日	songImg/3.jpg	暂无歌词	songFile/3.m4a
4	会长大的幸福	Tank	第三回合	国语	2009年5月29日	songImg/4.jpg	暂无歌词	songFile/4.m4a
5	满满	梁文音/王铮亮	爱，一直存在	国语	2009年11月20日	songImg/5.jpg	暂无歌词	songFile/5.m4a
6	别再记起	吴若希	别再记起	粤语	2017年12月7日	songImg/6.jpg	暂无歌词	songFile/6.m4a
7	爱的魔法	金莎	他不爱我	国语	2012年3月19日	songImg/7.jpg	暂无歌词	songFile/7.m4a
8	演员	薛之谦	演员	国语	2015年6月5日	songImg/8.jpg	暂无歌词	songFile/8.m4a
9	放爱情一个假	许慧欣	谜	国语	2006年10月1日	songImg/9.jpg	暂无歌词	songFile/9.m4a
10	Volar	侧田	No Protection	粤语	2006年7月5日	songImg/10.jpg	暂无歌词	songFile/10.m4a
11	好心分手	王力宏/卢巧音	2 Love 致情挚爱	国语	2015年7月24日	songImg/11.jpg	songLyric/11.txt	songFile/11.m4a
12	就是这样	林采欣	单曲	国语	2016年10月10日	songImg/12.jpg	暂无歌词	songFile/12.m4a
13	爱过了 又怎样	张惠春	单曲	国语	2016年9月7日	songImg/13.jpg	暂无歌词	songFile/13.m4a

图 15-14　歌曲信息

序号	歌名	播放次数	搜索次数	下载次数
1	爱 都是对的	1	0	0
2	体面	1	0	0
3	三国恋	1	0	0
4	会长大的幸福	1	0	0
5	满满	1	0	0
6	别再记起	1	0	0
7	爱的魔法	1	0	0
8	演员	1	0	0
9	放爱情一个假	1	0	0
10	Volar	1	0	0
11	好心分手	1	0	0
12	就是这样	1	0	0
13	爱过了 又怎样	1	0	0

图 15-15　歌曲的动态信息

综上所述，音乐网站平台首次试运行的操作流程如下：

（1）首先在 Admin 后台系统中分别添加"歌曲分类"和"歌曲信息"的数据内容，而且添加数据有固定的顺序，因为"歌曲信息"的外键字段 label 关联"歌曲分类"。

（2）在浏览器上访问歌曲播放页，按照路由变量 id 从 1 到 13 依次播放每一首歌曲，模型 Dynamic 将记录每首歌曲的动态信息。

15.12　本章小结

整个网站的功能分为：网站首页、歌曲排行榜、歌曲播放、歌曲搜索、歌曲点评和用户管理 6 个功能，各个功能说明如下：

（1）网站首页是整个网站的主页面，主要显示网站最新的动态信息以及网站的功能导航。网站动态信息以歌曲的动态为主，如热门下载、热门搜索和新歌推荐等；网站的功能导航是将其他页面的链接展示在首页上，方便用户访问浏览。

（2）歌曲排行榜按照歌曲的播放量进行排序，用户还可以根据歌曲类型进行自定义筛选。

（3）歌曲播放为用户提供在线试听功能，此外还提供歌曲下载、歌曲点评和相关歌曲推荐。

（4）歌曲点评通过歌曲播放页面进入，每条点评信息包含用户名、点评内容和点评时间。

（5）歌曲搜索根据用户提供的关键字进行歌曲或歌手的匹配查询，搜索结果以数据列表显示在网页上。

（6）用户管理分为用户注册、登录和用户中心。用户中心包含用户信息、用户注销和歌曲播放记录。

音乐网站平台首次试运行的操作流程如下：

（1）在 Admin 后台系统分别添加"歌曲分类"和"歌曲信息"的数据内容，而且添加数据有固定的顺序，因为"歌曲信息"的外键字段 label 关联"歌曲分类"。

（2）在浏览器上访问歌曲播放页，按照路由变量 id 从 1 到 13 依次播放每一首歌曲，模型 Dynamic 将记录每首歌曲的动态信息。

第 16 章

基于前后端分离与微服务架构的网站开发

随着前端技术的发展，三大主流框架（Vue、React 和 Angular）成为网站开发的首选框架，前后端分离已成为互联网项目开发的业界标准。在前后端分离的基础上，后端系统的架构设计也随之改变，微服务架构应运而生。

16.1 Vue 框架

按照以往的开发模式，前端人员只需负责编写网站的静态页面，后端人员在静态页面编写模板语法，由后端系统实现网页的数据渲染（模板引擎解析模板文件）。简单来说，网页的路由地址、业务逻辑和网页的数据渲染都由后端开发人员实现。

前后端分离可以将网页的路由地址、业务逻辑和网页的数据渲染交给前端开发人员实现，后端人员只需提供 API 接口即可。在整个网站开发的过程中，后端人员提供的 API 接口主要实现数据库的数据操作（增、删、改、查），并将操作结果传递给前端；前端人员负责网页的样式设计、定义网页的路由地址、访问 API 接口获取数据、数据的业务逻辑处理和数据渲染操作等。

16.1.1 Vue 开发产品信息页

Vue 是一套用于构建用户界面的渐进式框架，它被设计为可以自底向上逐层应用。Vue 的核心库只关注视图层，不仅易于上手，还便于与第三方库或已有的项目整合。另一方面，当 Vue 与现代化的工具链以及各种类库结合使用时，Vue 完全能够为复杂的单页应用提供驱动。

本节将讲述如何使用 Vue 框架开发产品信息页，网页的样式布局采用 Bootstrap 框架实现。首先在 D 盘创建 Vue 文件夹，在该文件夹中创建 lib 文件夹和 index.html 文件。lib 文件夹存放 Vue 框架和 Bootstrap 框架的源码文件；index.html 文件用于编写产品信息页的网页内容，目录结构如图

16-1 所示。

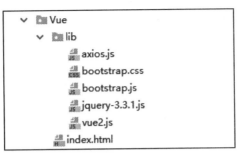

图 16-1　目录结构

我们在 lib 文件夹存放了 4 个 JavaScript 脚本文件和 1 个 CSS 样式文件，每个文件实现的功能说明如下：

（1）axios.js 是一个 HTTP 库，用于实现前端的 AJAX 异步请求。从 Vue 2.0 版本开始，官方推荐使用 axios 发送 AJAX 异步请求。

（2）bootstrap.css 和 bootstrap.js 是 Bootstrap 框架的源码文件，两者都必须依赖 jQuery 插件。

（3）jquery-3.3.1.js 是一个快速简洁的 JavaScript 框架，它简化了 JavaScript 编程方式，并封装 JavaScript 常用的功能代码，提供一种简便的 JavaScript 设计模式，优化 HTML 文档操作、事件处理、动画设计和 AJAX 交互。

（4）vue2.js 是 Vue 框架的源码文件，在 HTML 文件中引入该文件即可使用 Vue 框架开发网站。

上述的架构设计只适用于前端初学者，因为在实际开发中都采用 Vue 脚手架搭建项目的目录架构。下一步在 index.html 文件中引入 lib 的 CSS 样式文件和 JavaScript 脚本文件，并使用 Vue 框架和 Bootstrap 框架实现网页开发，详细代码如下：

```
# index.html
<!DOCTYPE html>
<html>
<head>
<link rel="stylesheet" href="lib/bootstrap.css">
<script src="lib/vue2.js"></script>
<script src="lib/axios.js"></script>
<script src="lib/jquery-3.3.1.js"></script>
<script src="lib/bootstrap.js"></script>
<script>
window.onload = function () {
vm = new Vue({
    el: '#box',   ·················①
    data: {   ·················②
        myData: [],
        username: '',
        nowIndex: -100,
        message: ''
    },
```

```
        // 定义 js 脚本 ·············③
        methods: {
            // 定义 add 函数
            // 访问后台获取数据并写入 myData
            add: function () {
                });
            },
            // 定义 deleteMsg 函数
            // 单击"删除"按钮即可删除当前数据
            // 由 nowIndex 确认当前数据的行数
            deleteMsg: function (n) {
                if (n == -2) {
                    this.myData = [];
                } else {
                    this.myData.splice(n, 1);
                }
            }
        }
});
};
</script>
</head>
<body>
<div class="container" id="box">
<form role="form">
<div class="form-group">
    <label for="username">用户名</label>·············④
    <!-- v-model 是创建双向数据绑定-->
    <input type="text" id="username" class="form-control"
        placeholder="输入用户名" v-model="username">
</div>
<div>
    <!--v-on 指定触发的函数，即绑定事件-->·············⑤
    <input type="button" value="查询"
        class="btn btn-primary" v-on:click="add()">
</div>
</form>
<hr>
<table class="table table-bordered table-hover">
<div class="text-info text-center">
<h2>产品信息表</h2></div>
<tr class="text-danger text-center">
    <th>序号</th>
    <th>用户</th>
    <th>产品</th>
    <th>类型</th>
    <th>操作</th>
</tr>
<!--遍历输出 vue 定义的数组-->·············⑥
<tr class="text-center" v-for="(item,index) in myData">
```

```html
<th>{{index+1}}</th>
<th>{{item.username}}</th>
<th>{{item.name}}</th>
<th>{{item.type}}</th>
<th>
    <!--data-target 指向模态框-->
    <!--为每个按钮设置变量 nowIndex, 用于识别行数-->
    <button data-toggle="modal" class="btn btn-primary btn-sm"
    @click="nowIndex=index,message=0" data-target="#layer">删除
    </button>
</th>
</tr>
<tr v-show="myData.length!=0">················⑦
<td colspan="5" class="text-right">
    <!--变量 nowIndex 设为-2, 在 deleteMsg 函数清空数组 myData-->
    <button data-toggle="modal" class="btn btn-danger btn-sm"
    @click="nowIndex=-2,message=-1" data-target="#layer">
    删除全部
    </button>
</td>
</tr>
<tr v-show="myData.length==0">
    <td colspan="5" class="text-center text-muted">
        <p>暂无数据....</p>
    </td>
</tr>
</table>
<!--模态框（提示框）-->
<div role="dialog" class="modal fade
    bs-example-modal-sm" id="layer">
<div class="modal-dialog">
<div class="modal-content">
<div class="modal-header">
<!--判断 message, 选择删除提示语-->
    <h4 class="modal-title" v-if="message==0">删除吗</h4>
    <h4 class="modal-title" v-else>删除全部吗</h4>
    <button type="button" class="close" data-dismiss="modal">
        <span>&times;</span>
    </button>
</div>
<div class="modal-body text-right">
<!--触发删除函数 deleteMsg-->
    <button data-dismiss="modal" class="btn
    btn-primary btn-sm">取消</button>
    <button data-dismiss="modal" class="btn btn-danger btn-sm"
    v-on:click="deleteMsg(nowIndex)">确认
</button></div></div></div></div>
</body>
</html>
```

上述代码中，<head>标签引入了 CSS 样式文件和 JavaScript 脚本文件，并且在网页加载过程中创建 Vue 对象（window.onload 是网页加载事件）；<body>标签使用 Vue 对象的属性和方法实现网页功能开发。在上述代码中分别标注了①、②、③、④、⑤、⑥、⑦，每个标注实现的功能说明如下：

（1）标注①设置 Vue 对象的挂载目标，可以理解为 Vue 对象的作用域，属性 el 的值为#box，它代表 Vue 对象的挂载目标为 id="box"的 div 标签。

（2）标注②定义 Vue 对象的变量，属性 data 以 JSON 格式表示，每个键值对代表一个变量，上述代码定义了变量 myData、username、nowIndex 和 message。

（3）标注③定义 Vue 对象的函数方法，属性 methods 以 JSON 格式表示，每个键值对代表一个函数方法，上述代码定义了函数方法 add()和 deleteMsg()。

（4）标注④使用 v-model 创建双向数据绑定，如 v-model="username"，当用户在文本框输入数据时，Vue 自动把数据赋值给变量 username，或者当变量 username 的值发生变化时，文本框的数据也会随之变化，只要有一方的数据发生变化，另一方的数据也会随之变化。

（5）标注⑤使用 v-on 设置事件触发的函数方法，如 v-on:click="add()"，click 代表鼠标单击事件，add()代表 Vue 对象定义的函数方法。当用户单击按钮时，网页将触发函数方法 add()。

（6）标注⑥使用 v-for 遍历输出变量 myData 的数据，其中 item 代表每次遍历的数据内容，index 代表当前遍历的次数。@click 是 v-on:click 的简易写法，当单击"删除"按钮时，Vue 将重新设置变量 nowIndex 和 message 的值。

（7）标注⑦使用 v-show 控制网页控件是否隐藏或显示，如果 myData.length!=0 的判断结果为 True，就显示 tr 标签，否则隐藏 tr 标签。v-if 是 Vue 的条件控制语法，通过判断条件是否成立而隐藏或显示网页控件，比如 v-if="message==0"，如果变量 message 等于 0，就提示"删除吗"，否则提示"删除全部吗"。

上述代码中，Vue 通过内置指令（如 v-if、v-model 或@click 等）设置变量值和使用函数方法，从而实现网页的功能开发。我们在浏览器中打开 index.html 文件，网页效果如图 16-2 所示。

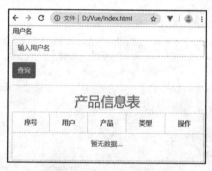

图 16-2　产品信息页

16.1.2　Vue 发送 AJAX 请求

从图 16-2 看到，产品信息页分为产品查询和产品信息表，产品查询使用 HTML 语言编写网页表单，输入用户名并单击"查询"按钮即可向 Django 发送 HTTP 请求，从 HTTP 请求的响应内容中获取数据，并将数据展示在产品信息表。

分析产品信息页的代码可知，"查询"按钮的鼠标单击事件绑定了函数方法 add()，因此函数方法 add()需要使用 AJAX 向 Django 发送 HTTP 请求，并且从响应内容里获取产品信息。我们在 index.html 里重新定义函数方法 add()，代码如下：

```
# index.html
// 定义 add 函数，访问后台获取数据并写入数组 myData
add: function () {
    axios.get('http://127.0.0.1:8000/',
    {params:{username:this.username}})
    .then(response => {this.myData = response.data;})
    .catch(function (error) {
            console.log(error);
    });
},
```

Vue 官方推荐使用 axios 发送 AJAX 异步请求，上述代码向 127.0.0.1:8000 发送 GET 请求，请求参数为 username，参数值为变量 username 的值（文本框的数据内容）。如果 HTTP 请求发送成功，就将响应内容写入变量 myData，否则输出异常信息。

综上所述，我们使用 Vue 框架完成了产品信息页的功能开发，整个网页实现的功能说明如下：

（1）产品查询功能：使用变量 username 双向绑定文本框，"查询"按钮的鼠标单击事件绑定了函数方法 add()。函数方法 add()将变量 username 的值作为请求参数，向 Django 发送 GET 请求，然后将响应内容写入变量 myData。

（2）产品信息表：遍历输出变量 myData 的数据，将产品信息以列表形式展示在网页上，并且每行数据设有"删除"按钮，该按钮只能删除当前数据。

（3）数据删除功能：控制变量 message 和 nowIndex 的值实现变量 myData 的数据删除操作，数据删除由函数方法 deleteMsg()实现。

16.2 Django 开发 API 接口

我们知道产品信息页使用 axios 发送 AJAX 异步请求，API 接口为 127.0.0.1:8000，请求参数为 username，因此本节将在 Django 中开发 API 接口功能。

16.2.1 简化 Django 内置功能

Django 内置了 Admin 后台系统、静态资源、模板和消息框架等功能，如果采用前后端分离模式开发网站，Django 就无须生成网页内容，因此可以简化这些内置功能。在 D 盘创建 MyDjango 项目，然后创建项目应用 index，并将 16.1 节的 Vue 文件夹（产品信息页）放在项目的根目录，整个项目的目录结构如图 16-3 所示。

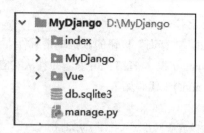

图 16-3 目录结构

项目搭建成功后，我们在配置文件 settings.py 中简化 Django 的内置功能，将配置属性 INSTALLED_APPS 和 MIDDLEWARE 的部分功能去除，简化后的配置信息如下：

```python
# MyDjango的settings.py
INSTALLED_APPS = [
    # 'django.contrib.admin',
    'django.contrib.auth',
    'django.contrib.contenttypes',
    'django.contrib.sessions',
    # 'django.contrib.messages',
    # 'django.contrib.staticfiles',
    'index',
]

MIDDLEWARE = [
    'django.middleware.security.SecurityMiddleware',
    'django.contrib.sessions.middleware.SessionMiddleware',
    'django.middleware.common.CommonMiddleware',
    'django.middleware.csrf.CsrfViewMiddleware',
    'django.contrib.auth.middleware.AuthenticationMiddleware',
    # 'django.contrib.messages.middleware.MessageMiddleware',
    'django.middleware.clickjacking.XFrameOptionsMiddleware',
]
```

上述配置中保留了 Auth 认证系统和会话 Session 功能，当 Django 运行的时候只会加载 Auth 认证系统和会话 Session 功能，这样能减少 Django 占用服务器的系统资源。除此之外，还需要注释配置属性 TEMPLATES 和 STATIC_URL，因为 API 接口无须使用模板功能和静态资源。

下一步在配置属性 DATABASES 中设置数据库的连接方式，我们选择根目录的 db.sqlite3 作为数据库文件，配置信息如下：

```python
# MyDjango的settings.py
DATABASES = {
    'default': {
        'ENGINE': 'django.db.backends.sqlite3',
        'NAME': BASE_DIR / 'db.sqlite3',
    }
}
```

综上所述，若选择 Django 作为前后端分离的后端服务器系统，其功能配置方法如下：

（1）将配置属性 INSTALLED_APPS 和 MIDDLEWARE 的部分功能去除，如 Admin 后台系

统、静态资源和消息框架等功能。

（2）注释配置属性 TEMPLATES 和 STATIC_URL，移除模板功能和静态资源的路由设置。

（3）将新建的项目应用添加到配置属性 INSTALLED_APPS 中，并在配置属性 DATABASES 中设置数据库的连接方式。

16.2.2 设置跨域访问

从传统的开发模式来看，我们知道 Django 通过模板功能生成网页信息，网页的静态资源也是由 Django 配置和读取的。如果静态资源的 JavaScript 脚本文件使用 AJAX 异步请求 API 接口，那么当前请求可以从 API 接口中获取数据内容。因为当前发送请求的域与 API 接口在同一个域，域可以理解为：协议+域名+端口号，如果 AJAX 异步请求来自 Django 的静态资源文件，API 接口也是 Django 定义的，那么两者的协议+域名+端口号相同，所以可以获取 API 接口的数据内容。

从前后端分离的开发模式来看，Vue 的 AJAX 异步请求脱离了 Django 的静态资源，并且项目上线部署的时候，Vue 和 Django 各自部署在不同的服务器，两者的协议+域名+端口号各不相同，因此 Vue 的 AJAX 异步请求无法访问 Django 的 API 接口。为了实现两者之间的数据传输，后端服务器系统必须设置跨域访问。

在 Django 中设置跨域访问，可以通过第三方功能应用 DjangoCors Headers 实现。打开 PyCharm 的 Terminal，使用 pip 指令安装 DjangoCors Headers，指令如下：

```
pip install django-cors-headers
```

下一步在 MyDjango 的配置文件 settings.py 中添加第三方功能应用 DjangoCors Headers。首先在配置属性 INSTALLED_APPS 中添加 DjangoCors Headers，然后在配置属性 MIDDLEWARE 中添加中间件 CorsMiddleware，最后设置 DjangoCors Headers 的功能配置，整个配置过程如下：

```
# MyDjango 的 settings.py
INSTALLED_APPS = [
    # 'django.contrib.admin',
    'django.contrib.auth',
    'django.contrib.contenttypes',
    'django.contrib.sessions',
    # 'django.contrib.messages',
    # 'django.contrib.staticfiles',
    'index',
    'corsheaders'
]

MIDDLEWARE = [
    'django.middleware.security.SecurityMiddleware',
    'django.contrib.sessions.middleware.SessionMiddleware',
    # 跨域访问
    'corsheaders.middleware.CorsMiddleware',
    'django.middleware.common.CommonMiddleware',
    'django.middleware.csrf.CsrfViewMiddleware',
    'django.contrib.auth.middleware.AuthenticationMiddleware',
```

```python
    # 'django.contrib.messages.middleware.MessageMiddleware',
    'django.middleware.clickjacking.XFrameOptionsMiddleware',
]

CORS_ALLOW_CREDENTIALS = True
CORS_ORIGIN_ALLOW_ALL = True
CORS_ORIGIN_WHITELIST = ()
CORS_ALLOW_METHODS = (
    'DELETE',
    'GET',
    'OPTIONS',
    'PATCH',
    'POST',
    'PUT',
    'VIEW',
)
CORS_ALLOW_HEADERS = (
    'XMLHttpRequest',
    'X_FILENAME',
    'accept-encoding',
    'authorization',
    'content-type',
    'dnt',
    'origin',
    'user-agent',
    'x-csrftoken',
    'x-requested-with',
)
```

在上述的配置信息中，DjangoCors Headers 的功能配置说明如下：

（1）CORS_ALLOW_CREDENTIALS：设置 HTTP 请求是否允许携带 Cookies 信息，默认值为 False。

（2）CORS_ORIGIN_ALLOW_ALL：默认值为 False，只允许 CORS_ORIGIN_WHITELIST 设置的域名列表发送 HTTP 请求；若为 True，则允许所有域名发送 HTTP 请求。

（3）CORS_ORIGIN_WHITELIST：默认值为空列表，设置允许发送 HTTP 请求的域名，即部署 Vue 的服务器 IP 地址或域名。

（4）CORS_ALLOW_METHODS：设置 HTTP 的请求方式，如 POST、GET 或 PATCH 等。

（5）CORS_ALLOW_HEADERS：设置非标准的 HTTP 请求头。

16.2.3　使用路由视图开发 API 接口

我们在 MyDjango 中简化了不必要的内置功能以及使用第三方功能应用 DjangoCors Headers 设置跨域访问。本节将使用 Django 的路由视图开发产品信息页的 API 接口，实现 Vue 和 Django 的数据传递。

在开发 API 接口之前，我们需要定义产品信息的数据模型，产品信息设有用户、产品名称和类型。因此，将模型定义在 index 的 models.py 文件中，模型名称为 Product，定义过程如下：

```
# index 的 models.py
from django.db import models
from django.contrib.auth.models import User
class Product(models.Model):
    id = models.AutoField(primary_key=True)
    name = models.CharField(max_length=50)
    type = models.CharField(max_length=20)
    user = models.ForeignKey(User, blank=True,
        null=True, on_delete=models.CASCADE)
    def __str__(self):
        return self.name
```

模型 Product 的字段无须设置属性 verbose_name，因为 Django 已移除 Admin 后台系统。模型 Product 设有外键字段 user，它与内置模型 User 组成一对多的数据关系。

将定义好的模型执行数据迁移，在数据库文件 db.sqlite3 中生成相应的数据表，然后使用可视化工具 Navicat Premium 打开数据库 db.sqlite3，查看所有数据表信息，如图 16-4 所示。

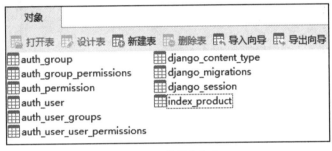

图 16-4　数据表信息

下一步使用 createsuperuser 指令创建超级管理员（账号和密码皆为 admin），确保数据表 auth_user 存在用户数据，该数据用于关联数据表 index_product 的数据；然后在数据表 index_product 中添加产品信息，如图 16-5 所示。

id	name	type	user_id
1	荣耀V10	手机	1
2	HUAWEI nova	手机	1
3	荣耀畅玩平板	平板	1
4	PORSCHE DESI	智能设备	1
5	华为运动手环	智能设备	1
6	华为荣耀V9	手机	1

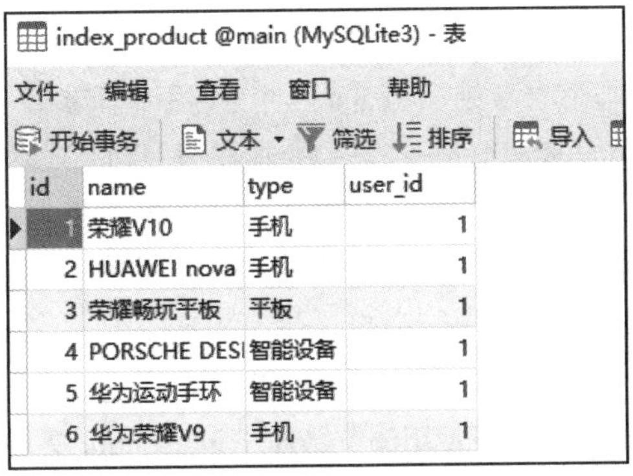

图 16-5　数据表 index_product

完成 MyDjango 的数据搭建，接下来开发产品信息页的 API 接口。首先在 MyDjango 中的 urls.py 定义项目应用 index 的路由空间，然后在项目应用 index 中创建 urls.py 文件，并在该文件中定义路由 index。路由的定义过程如下：

```python
# MyDjango 的 urls.py
from django.urls import path, include
urlpatterns = [
    path('',include('index.urls'))
]

# index 的 urls.py
from django.urls import path
from .views import *
urlpatterns = [
    path('', index, name='index'),
]
```

路由 index 的 HTTP 请求由视图函数 index 负责接收和处理，因此在 index 的 views.py 中定义视图函数 index，代码如下：

```python
# index 的 index.py
from django.http import JsonResponse
from .models import Product
def index(request):
    if request.method == 'GET':
        u = request.GET.get('username', '')
        if u:
            infos = Product.objects.filter(user__username=u)
        else:
            infos = Product.objects.all()
        result = []
        for i in infos:
            value = {'username': i.user.username,
                     'name': i.name, 'type': i.type}
            result.append(value)
        return JsonResponse(result, safe=False)
```

视图函数 index 主要接收和处理 GET 请求，详细的处理过程说明如下：

（1）从 GET 请求中获取请求参数 username，并且判断请求参数 username 是否存在。

（2）如果请求参数 username 的值不为空，就说明当前 HTTP 请求正在查询某个用户的产品信息，请求参数 username 作为模型 Product 的查询条件；否则查询模型 Product 的所有数据。

（3）遍历输出模型 Product 的查询结果，将每次遍历的数据写入列表 result。最后将列表 result 转换成 JSON 格式，作为 API 接口的响应内容。

我们根据开发需求完成产品信息页的 API 接口开发，为了验证 API 接口的功能是否正确，首先在 PyCharm 里启动 MyDjango，然后使用浏览器打开 index.html 文件，在产品信息页的网页表单中输入用户名 admin 并单击"查询"按钮，在浏览器的开发者工具中即可看到相关的 HTTP 请求，如图 16-6 所示。

图 16-6　产品信息页

16.2.4　DRF 框架开发 API 接口

我们知道第三方框架 Django Rest Framework 主要开发 API 接口功能，从企业级开发角度看，API 接口都会采用框架实现，因为框架式开发可以规范开发者的编码习惯和简化代码量。

本节将使用 Django Rest Framework 框架实现产品信息页的 API 接口开发。以 16.2.3 小节的 MyDjango 为例，在项目应用 index 中添加 serializers.py 文件，该文件用于定义模型序列化类 ModelSerializer。

首先在 MyDjango 的配置文件 settings.py 中添加 Django Rest Framework 框架，在配置属性 INSTALLED_APPS 中添加 rest_framework。然后在 index 的 serializers.py 中定义模型 Product 的序列化类 ModelSerializer，代码如下：

```python
# index 的 serializers.py
from rest_framework import serializers
from .models import Product
# 定义 ModelSerializer 类
class ProductSerializer(serializers.ModelSerializer):
    username = serializers.CharField(source='user.username')
    class Meta:
        model = Product
        fields = ('username', 'name', 'type')
```

由于模型 Product 的外键字段 user 默认返回内置模型 User 的对象信息（模型的 __str__ 方法），而产品信息页需要获取用户名称，因此在序列化类 ProductSerializer 中自定义序列化字段 username，该字段的数据来自内置模型 User 的字段 username。

下一步在 index 的 urls.py 中重新定义路由 index，路由的 HTTP 请求由视图类 index 负责接收和处理，定义过程如下：

```python
# index 的 urls.py
from django.urls import path
from .views import *
urlpatterns = [
```

```
        path('', index.as_view(), name='index'),
]
```

视图类 index 主要继承 Django Rest Framework 定义的 APIView 类，整个视图的业务逻辑都经过 Django Rest Framework 的封装和处理。我们在 index 的 views.py 中定义视图类 index，代码如下：

```
# index 的 views.py
from .models import Product
from .serializers import ProductSerializer
from rest_framework.views import APIView
from rest_framework.response import Response
class index(APIView):
    # GET 请求
    def get(self, request):
        u = request.GET.get('username', '')
        if u:
            q = Product.objects.filter(user__username=u).order_by('id')
        else:
            q = Product.objects.order_by('id')
        serializer = ProductSerializer(instance=q, many=True)
        return Response(serializer.data)
```

上述代码只定义了 GET 请求的处理过程，处理过程与 16.2.3 小节的视图函数 index 大致相同，只不过视图类 index 将模型 Product 的查询结果交由序列化类 ProductSerializer 执行数据序列化处理，生成序列化对象 serializer，由序列化对象 serializer 调用 data 方法生成数据内容，并将数据内容作为 HTTP 请求的响应内容。

如果模型 Product 的数据量较多，那么在视图类 index 中可以将模型 Product 的查询结果进行分页处理，将分页后的对象传入序列化类 ProductSerializer 执行数据序列化处理，从而完成整个 HTTP 请求的响应过程。

16.3　微服务架构

微服务（Microservice Architecture）是一种架构概念，它将功能分解成不同的服务，降低系统的耦合性，提供更加灵活的服务支持，各个服务之间通过 API 接口进行通信。从微服务架构的设计模式来看，它包含开发、测试、部署和运维等多方面因素，本节从开发角度讲述如何搭建微服务架构。

16.3.1　微服务实现原理

传统的开发模式使用单体式开发，即所有网页功能在一个 Web 应用中实现，然后在某个服务器部署上线。当网站的访问量或数据量过大时，将导致单体式系统的某个功能出现异常，整个网站也随之瘫痪。

对于大型网站来说，微服务架构可以将网站功能拆分为多个不同的服务，每个服务部署在不同的服务器，每个服务之间通过 API 接口实现数据通信，从而构建网站功能。服务之间的通信需要考虑服务的部署方式，比如重试机制、限流、熔断机制、负载均衡和缓存机制等因素，这样能保证每个服务之间的稳健性。微服务架构一共有 6 种设计模式，每种模式的设计说明如下：

（1）聚合器微服务设计模式：聚合器调用多个微服务实现应用程序或网页所需的功能，每个微服务都有自己的缓存和数据库，这是一种常见的、简单的设计模式，其设计原理如图 16-7 所示。

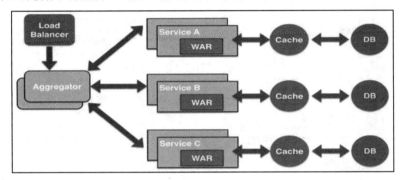

图 16-7　聚合器微服务设计模式

（2）代理微服务设计模式：这是聚合器微服务设计模式的演变模式，应用程序或网页根据业务需求的差异而调用不同的微服务，代理可以委派 HTTP 请求，也可以进行数据转换工作，其设计原理如图 16-8 所示。

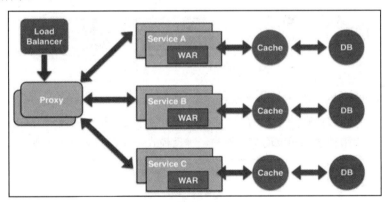

图 16-8　代理微服务设计模式

（3）链式微服务设计模式：每个微服务之间通过链式方式进行调用，比如微服务 A 接收到请求后会与微服务 B 进行通信，类似地，微服务 B 会同微服务 C 进行通信，所有微服务都使用同步消息传递。在整个链式调用完成之前，浏览器会一直处于等待状态，其设计原理如图 16-9 所示。

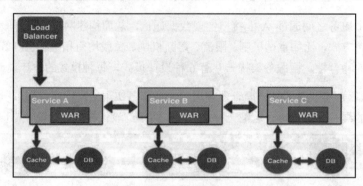

图 16-9 链式微服务设计模式

（4）分支微服务设计模式：这是聚合器微服务设计模式的扩展模式，允许微服务之间相互调用，其设计原理如图 16-10 所示。

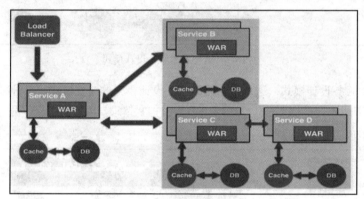

图 16-10 分支微服务设计模式

（5）数据共享微服务设计模式：部分微服务可能会共享缓存和数据库，即两个或两个以上的微服务共用一个缓存和数据库。这种情况只有在两个微服务之间存在强耦合关系时才能使用，对于使用微服务实现的应用程序或网页而言，这是一种反模式设计，其设计原理如图 16-11 所示。

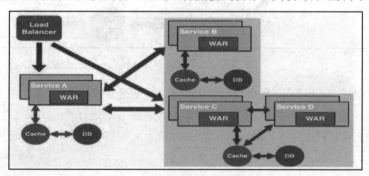

图 16-11 数据共享微服务设计模式

（6）异步消息传递微服务设计模式：由于 API 接口使用同步模式，如果 API 接口执行的程序耗时过长，就会增加用户的等待时间，因此某些微服务可以选择使用消息队列（异步请求）代替 API 接口的请求和响应，其设计原理如图 16-12 所示。

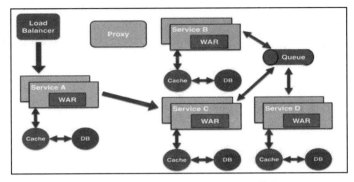

图 16-12　异步消息传递微服务设计模式

微服务设计模式不是唯一的，具体还需要根据项目需求、功能和应用场景等多方面综合考虑。对于微服务架构，架构的设计意识比技术开发更为重要，整个架构设计需要考虑多个微服务的运维难度、系统部署依赖、微服务之间的通信成本、数据一致性、系统集成测试和性能监控等。

16.3.2　功能拆分

分析 16.2 节实现的产品信息页得知，产品信息包含用户信息和产品信息，分别对应模型 User 和 Product，并且两个模型之间构成一对多的数据关系。本节将使用聚合器微服务设计模式开发产品信息页。

产品信息页需要模型 User 和 Product 提供数据支持，模型 User 存在用户信息，可以实现用户管理，模型 Product 存储产品信息，可以实现产品管理，因此我们将两个模型划分为两个不同的微服务，其设计原理如图 16-13 所示。

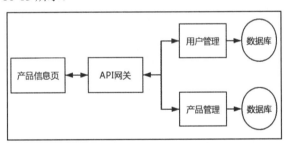

图 16-13　微服务设计模式

图 16-13 的微服务设计模式采用聚合器微服务设计模式，聚合器也称为 API 网关，这是统一管理和调度微服务的 API 接口，从而实现网页功能或应用程序开发。根据上述的设计模式，我们在 D 盘分别创建项目 MyDjango_User 和 MyDjango_Index，分别实现用户管理和产品管理。

首先实现用户管理的微服务开发，在 MyDjango_User 中创建项目应用 user，并在项目应用 user 中创建 urls.py 文件。打开配置文件 settings.py 设置项目的功能配置，注释配置属性 TEMPLATES 和 STATIC_URL，然后简化 INSTALLED_APPS 和 MIDDLEWARE 的功能配置，代码如下：

```
# MyDjango_User 的 settings.py
INSTALLED_APPS = [
    # 'django.contrib.admin',
```

```python
    'django.contrib.auth',
    'django.contrib.contenttypes',
    'django.contrib.sessions',
    # 'django.contrib.messages',
    # 'django.contrib.staticfiles',
    'user'
]

MIDDLEWARE = [
    # 'django.middleware.security.SecurityMiddleware',
    'django.contrib.sessions.middleware.SessionMiddleware',
    'django.middleware.common.CommonMiddleware',
    'django.middleware.csrf.CsrfViewMiddleware',
    'django.contrib.auth.middleware.AuthenticationMiddleware',
    # 'django.contrib.messages.middleware.MessageMiddleware',
    # 'django.middleware.clickjacking.XFrameOptionsMiddleware',
]
```

MyDjango_User 的 db.sqlite3 文件作为项目的数据库文件，因此项目的数据库连接方式如下：

```python
# MyDjango_User 的 settings.py
DATABASES = {
    'default': {
        'ENGINE': 'django.db.backends.sqlite3',
        'NAME': BASE_DIR / 'db.sqlite3',
    }
}
```

完成 MyDjango_User 的功能搭建后，接着在 MyDjango_User 中开发用户管理功能。分别在 MyDjango_User 的 urls.py 和 user 的 urls.py 中定义 API 接口的路由 user，然后在 user 的 views.py 中定义视图函数 userView，代码如下：

```python
# MyDjango_User 的 urls.py
from django.urls import path, include
urlpatterns = [
    path('', include('user.urls')),
]

# user 的 urls.py
from django.urls import path
from .views import *
urlpatterns = [
    path('', userView, name='user'),
]

# user 的 views.py
from django.http import JsonResponse
from django.contrib.auth.models import User
def userView(request):
    if request.method == 'GET':
        u = request.GET.get('username', '')
```

```
        user = User.objects.filter(username=u).first()
        result = {'id': user.id}
        return JsonResponse(result, safe=False)
```

视图函数 userView 根据请求参数 username 查询内置模型 User 的用户信息，将用户信息的主键 id 转化成 JSON 格式，作为 HTTP 请求的响应内容。最后在 PyCharm 的 Terminal 中执行 migrate 指令，在数据库创建数表 auth_user，并且使用 createsuperuser 指令创建超级管理员 admin 和 root。

下一步在 MyDjango_Index 中实现产品管理的微服务开发，实现过程与 MyDjango_User 大致相同。在 MyDjango_Index 中创建项目应用 index，并在项目应用 index 中创建 urls.py 文件。打开配置文件 settings.py 注释配置属性 TEMPLATES、AUTH_PASSWORD_VALIDATORS 和 STATIC_URL，同时简化 INSTALLED_APPS 和 MIDDLEWARE 的功能配置，配置信息如下：

```
# MyDjango_Index 的 settings.py
INSTALLED_APPS = [
    # 'django.contrib.admin',
    # 'django.contrib.auth',
    'django.contrib.contenttypes',
    # 'django.contrib.sessions',
    # 'django.contrib.messages',
    # 'django.contrib.staticfiles',
    'index',
]

MIDDLEWARE = [
    'django.middleware.security.SecurityMiddleware',
    # 'django.contrib.sessions.middleware.SessionMiddleware',
    'django.middleware.common.CommonMiddleware',
    'django.middleware.csrf.CsrfViewMiddleware',
    # 'django.contrib.auth.middleware.AuthenticationMiddleware',
    # 'django.contrib.messages.middleware.MessageMiddleware',
    # 'django.middleware.clickjacking.XFrameOptionsMiddleware',
]
```

我们选择 MyDjango_Index 的 db.sqlite3 文件作为项目的数据库文件，数据库连接方式与 MyDjango_User 相同，此处不再重复。我们在项目应用 index 的 models.py 中定义模型 Product，定义过程如下：

```
# index 的 models.py
from django.db import models
class Product(models.Model):
    id = models.AutoField(primary_key=True)
    name = models.CharField(max_length=50)
    type = models.CharField(max_length=20)
    user = models.IntegerField()

    def __str__(self):
        return self.name
```

模型字段 user 设为整数类型，它不再与内置模型 User 构成外键约束，从而实现两个模型之间的数据解耦。然后分别在MyDjango_Index的urls.py和index的urls.py中定义API接口的路由index，并且在index的views.py中定义视图函数indexView，代码如下：

```python
# MyDjango_Index 的 urls.py
from django.urls import path, include
urlpatterns = [
    path('', include('index.urls'))
]

# index 的 urls.py
from django.urls import path
from .views import *
urlpatterns = [
    path('', indexView, name='index'),
]

# index 的 views.py
from django.http import JsonResponse
from .models import Product
def indexView(request):
    if request.method == 'GET':
        u = request.GET.get('username', '')
        if u:
            p = Product.objects.filter(user=u)
        else:
            p = Product.objects.all()
        result = []
        for i in p:
            value = {'username': i.user,
                     'name': i.name, 'type': i.type}
            result.append(value)
        return JsonResponse(result, safe=False)
```

视图函数indexView从HTTP请求中获取请求参数username，如果请求参数username的值不为空，就在模型Product中查询某个用户的产品信息，否则查询模型Product的所有产品信息，将查询结果转化为JSON格式并作为HTTP请求的响应内容。

最后在PyCharm的Terminal中执行模型Product的数据迁移，在数据库中生成相应的数据表，并在数据表index_product中添加数据内容，如图16-14所示。

图16-14　数据表index_product

综上所述，我们已完成用户管理和产品管理的微服务开发，实质上是把网页功能拆分为多个服务，通过服务的不同组合实现某个功能或应用程序。功能的拆分方式并非固定不变，一般遵从以下原则：

（1）单一职责、高内聚低耦合。
（2）服务粒度适中。
（3）考虑团队结构。
（4）以业务模型切入。
（5）演进式拆分。
（6）避免环形依赖与双向依赖。

16.3.3　设计 API 网关

产品信息页采用聚合器微服务设计模式，为了更好地管理和调度用户管理和产品管理的微服务功能，本节将实现聚合器（API 网关）功能开发，由产品信息页的 AJAX 异步请求直接访问聚合器（API 网关）获取产品信息。

我们在 D 盘创建项目 MyDjango_Api，然后在 MyDjango_Api 中创建项目应用 Api，并且在项目应用 Api 中创建 urls.py 文件，最后将 16.1 节的 Vue 文件夹（产品信息页）放在项目 MyDjango_Api 的根目录。

打开 MyDjango_Api 的配置文件 settings.py，注释大部分的配置属性，只保留基础的配置属性，整个文件的配置属性如下：

```python
# MyDjango_Api 的 settings.py
from pathlib import Path
BASE_DIR = Path(__file__).resolve().parent.parent
SECRET_KEY='-jpzu6!fogvoiz9(=iys+9tg89ffe%pcdu008io_*u@m0lr$i&'
DEBUG = True
ALLOWED_HOSTS = []

INSTALLED_APPS = [
    'Api',
    'corsheaders',
]

MIDDLEWARE = [
    # 跨域访问
    'corsheaders.middleware.CorsMiddleware',
]

ROOT_URLCONF = 'MyDjango_Api.urls'
WSGI_APPLICATION = 'MyDjango_Api.wsgi.application'

CORS_ALLOW_CREDENTIALS = True
CORS_ORIGIN_ALLOW_ALL = True
CORS_ORIGIN_WHITELIST = ()
```

```python
CORS_ALLOW_METHODS = (
    'DELETE',
    'GET',
    'OPTIONS',
    'PATCH',
    'POST',
    'PUT',
    'VIEW',
)
CORS_ALLOW_HEADERS = (
    'XMLHttpRequest',
    'X_FILENAME',
    'accept-encoding',
    'authorization',
    'content-type',
    'dnt',
    'origin',
    'user-agent',
    'x-csrftoken',
    'x-requested-with',
)
```

由于 API 网关接收前端的 AJAX 异步请求和管理调度微服务的 API 接口,因此项目的配置文件 settings.py 只添加了项目应用 Api 和第三方功能应用 DjangoCors Headers。下一步在项目应用 Api 中开发 API 网关接口,该接口负责接收产品信息页的 AJAX 异步请求,并且访问用户管理和产品管理的 API 接口,将 API 接口返回的数据作为 AJAX 异步请求的响应内容。

在 MyDjango_Api 的 urls.py 和 Api 的 urls.py 中定义路由 api,路由的 HTTP 请求由视图函数 apiView 接收和处理,实现的代码如下:

```python
# MyDjango_Api 的 urls.py
from django.urls import path, include
urlpatterns = [
    path('', include('Api.urls'))
]

# Api 的 urls.py
from django.urls import path
from .views import *
urlpatterns = [
    path('', apiView, name='api'),
]

# Api 的 views.py
from django.http import JsonResponse
# 第三方模块 requests, pip install requests 安装即可
import requests
def apiView(request):
    if request.method == 'GET':
        u = request.GET.get('username', '')
```

```
        url = 'http://127.0.0.1:%s/?username=%s'
        result = []
        # 从 MyDjango_User 获取用户信息
        if u:
            user = requests.get(url %('8081', u))
            # 获取用户信息，从 MyDjango_Index 获取对应的产品信息
            id = user.json().get('id')
            products = requests.get(url %('8082', id))
            temp = products.json()
        # 若请求参数为空，则从 MyDjango_Index 获取所有产品信息
        else:
            products = requests.get(url % ('8082', ''))
            temp = products.json()
        for i in temp:
            value = {'username': i['username'],
                     'name': i['name'], 'type': i['type']}
            result.append(value)
        return JsonResponse(result, safe=False)
```

视图函数 apiView 从产品信息页的 AJAX 异步请求获取请求参数 username，请求参数 username 的值会影响视图函数 apiView 的处理过程，具体说明如下：

（1）如果请求参数 username 的值不为空，就访问 MyDjango_User 的 API 接口获取用户信息，再从用户信息获取主键 id，然后使用主键 id 访问 MyDjango_Index 的 API 接口获取用户的产品信息，生成变量 temp。

（2）如果请求参数 username 的值为空，就直接访问 MyDjango_Index 的 API 接口获取所有产品信息，生成变量 temp。

（3）遍历输出变量 temp，将产品信息转化成 JSON 格式，并作为产品信息页的 AJAX 异步请求的响应内容。

综上所述，我们已经完成微服务架构设计的服务开发阶段，此外还包含微服务的测试、部署和运维监控阶段。微服务架构设计常用于大型网站系统，因此微服务的每个阶段实现的功能如下：

（1）开发阶段是根据微服务架构设计模式进行功能拆分，将功能拆分成多个微服务，并且统一规范设计每个微服务的 API 接口，每个 API 接口符合 RESTful 设计规范。如果服务之间部署不同的服务器，就需要考虑跨域访问。

（2）测试阶段用于验证各个服务之间的 API 接口的输入输出是否符合开发需求，还需要验证各个 API 接口之间的调用逻辑是否合理。

（3）部署阶段根据部署方案执行，部署方案需要考虑服务的重试机制、缓存机制、负载均衡和集群等部署方式。

（4）运维监控阶段需要对网站系统实时监控，监控内容包括：日志收集、事故预警、故障定位和系统性能跟踪等，并且还要根据监测结果适当调整部署方式。

16.3.4 调试与运行

在前面的章节中，我们已完成 MyDjango_User、MyDjango_Index 和 MyDjango_Api 的开发，分别对应用户管理、产品管理和 API 网关。产品信息页向 API 网关发送 AJAX 请求，当 API 网关接收到 HTTP 请求时，将分别向用户管理和产品管理发送 HTTP 请求，从用户管理和产品管理获取产品信息，并显示在产品信息页。

从 MyDjango_Api 的视图函数 apiView 看到，用户管理和产品管理的端口设为 8081 和 8082，可以在同一台计算机分别使用不同端口启动 MyDjango_User 和 MyDjango_Index。在桌面上打开两个命令提示符窗口，将命令提示符窗口的路径切换到 MyDjango_User 和 MyDjango_Index，然后依次输入 Django 的运行指令，如图 16-15 所示。

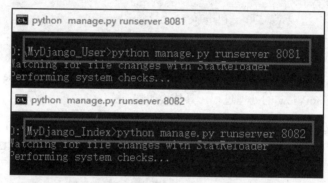

图 16-15　启动 MyDjango_User 和 MyDjango_Index

下一步在 PyCharm 里启动 API 网关，MyDjango_Api 的端口设为 8000 即可，它必须与产品信息页的 AJAX 异步请求的端口号一致。

API 网关成功启动后，在浏览器打开产品信息页（MyDjango_Api 的 Vue 文件夹的 index.html 文件），只需在产品信息页输入"admin"并单击"查询"按钮即可获取某用户的产品信息，如图 16-16 所示。

图 16-16　产品信息页

最后分别查看 API 网关、用户管理和产品管理的后台运行信息，了解三者之间的 HTTP 请求信息，如图 16-17 所示。

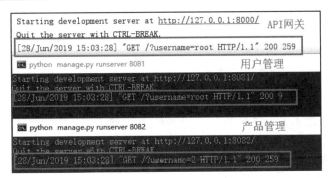

图 16-17　HTTP 请求信息

16.4　JWT 认证

Json Web Token（JWT）是在网络应用环境传递的一种基于 JSON 的开放标准，它的设计是紧凑且安全的，用于各个系统之间安全传输 JSON 数据，并且经过数字签名，可以被验证和信任，特别适用于分布式的单点登录场景。

16.4.1　认识 JWT

如果网站架构采用前后端分离，当执行用户登录的时候，Django 只需提供用户认证的 API 接口，前端向 API 接口发送 AJAX 请求即可完成用户认证。

当前端发送 AJAX 请求进行用户认证的时候，如果使用 Django 内置用户认证功能，每执行一次用户认证，Django 就会在数据表 django_session 中存储用户登录信息并生成一个 SessionID，前端只要获取到 SessionID，在下一次发送请求的时候，将 SessionID 以请求参数形式传入请求中，Django 就能识别出当前请求是来自哪一个用户。

如果使用 Session 认证，随着用户的增加，数据表 django_session 会产生大量的用户登录信息，使得服务器无法承载更多的用户。为了减轻服务器对用户认证的负担，可以改用 JWT 认证，它不需要在服务器保存用户认证信息或者会话信息。

JWT 的声明一般在客户端和服务端之间传递的信息中，其目的是便于从服务器获取数据，当然也可以对一些业务逻辑进行声明，JWT 不仅能直接被用于认证，也可对数据进行加密处理。JWT 的认证过程如下：

（1）用户在网页上输入用户名和密码并单击"登录"按钮，此时前端向后端发送 HTTP 请求。
（2）后端收到前端的请求后，从请求参数中获取用户名和密码，并进行用户登录验证。
（3）后端验证成功后，将生成一个 token 并返回给前端。
（4）前端收到 token 之后保存在 cookie 中，每次发送请求都将 cookie 一并传递给后端。
（5）后端收到前端的请求后，通过 cookie 获取 token，从 token 获取信息就能识别出当前请求是来自哪一个用户。

JWT 由三部分数据构成,第一部分称为头部(header),第二部分称为载荷(payload),第三部分称为签证(signature),各个部分的说明如下:

(1)头部(header)存储两部分信息,这两部分信息包括类型和加密算法,加密算法通常使用 HMAC SHA256,将类型和加密算法进行 base64 编码,即完成第一部分的构建。

(2)载荷(payload)存放有效数据,比如用户信息等,然后将数据进行 base64 编码,完成第二部分的构建。

(3)签名(signature)是拼接已编码的 header、payload 和一个公钥,使用 header 中指定的签名算法进行加密,保证 JWT 没有被窜改。

16.4.2 DRF 的 JWT

JWT 认证常用于前后端分离的系统架构,如果使用 Django REST framework 框架编写 API 接口,可以使用 Django REST Framework-JWT 模块实现 JWT 认证,它是 Django REST Framework 框架的功能扩展模块。

打开 CMD 窗口,分别安装 Django REST framework、Django REST Framework-JWT 和 Django-Cors-Headers,指令如下:

```
pip install djangorestframework
pip install djangorestframework-jwt
pip install django-cors-headers
```

下一步讲述如何在 MyDjango 中使用 Django REST Framework-JWT 实现 JWT 认证。首先在 MyDjango 中创建项目应用 users,并在项目应用 users 中创建 serializers.py 和 urls.py,然后打开配置文件 settings.py,分别修改配置属性 INSTALLED_APPS、MIDDLEWARE 和 Django REST framework 的配置属性,代码如下:

```
# MyDjango 的 settings.py
INSTALLED_APPS = [
    'django.contrib.admin',
    'django.contrib.auth',
    'django.contrib.contenttypes',
    'django.contrib.sessions',
    'django.contrib.messages',
    'django.contrib.staticfiles',
    'users',
    # 添加 Django Rest Framework 框架
    'rest_framework',
    # 设置跨域访问
    'corsheaders'
]
MIDDLEWARE = [
    'django.middleware.security.SecurityMiddleware',
    'django.contrib.sessions.middleware.SessionMiddleware',
    # 跨域访问中间件
    'corsheaders.middleware.CorsMiddleware',
```

```python
    # 使用中文
    'django.middleware.locale.LocaleMiddleware',
    'django.middleware.common.CommonMiddleware',
    'django.middleware.csrf.CsrfViewMiddleware',
    'django.contrib.auth.middleware.AuthenticationMiddleware',
    'django.contrib.messages.middleware.MessageMiddleware',
    'django.middleware.clickjacking.XFrameOptionsMiddleware',
]
REST_FRAMEWORK = {
    'DEFAULT_AUTHENTICATION_CLASSES': (
        # JWT 认证
        'rest_framework_jwt.authentication.JSONWebTokenAuthentication',
        # Session 认证
        'rest_framework.authentication.SessionAuthentication',
        # 基本认证
        'rest_framework.authentication.BasicAuthentication',
    ),
}
import datetime
JWT_AUTH = {
    # 过期时间
    'JWT_EXPIRATION_DELTA': datetime.timedelta(days=3),
}
CORS_ALLOW_CREDENTIALS = True
CORS_ORIGIN_ALLOW_ALL = True
CORS_ORIGIN_WHITELIST = ()
CORS_ALLOW_METHODS = (
    'DELETE',
    'GET',
    'OPTIONS',
    'PATCH',
    'POST',
    'PUT',
    'VIEW',
)
CORS_ALLOW_HEADERS = (
    'XMLHttpRequest',
    'X_FILENAME',
    'accept-encoding',
    'authorization',
    'content-type',
    'dnt',
    'origin',
    'user-agent',
    'x-csrftoken',
    'x-requested-with',
)
```

在项目应用 users 的 serializers.py 中定义内置模型 User 的序列化对象，并重写序列化对象的 create()方法，详细代码如下：

```python
# users 的 serializers.py
from rest_framework import serializers
from django.contrib.auth.models import User
from rest_framework_jwt.settings import api_settings
# 定义 ModelSerializer 类
class UserSerializer(serializers.ModelSerializer):
    token = serializers.CharField(label='用户凭证', read_only=True)
    class Meta:
        model = User
        fields = ('username', 'password', 'token')

    def create(self, validated_data):
        # 在 Serializer 类中重写 create 方法
        user = super().create(validated_data=validated_data)
        # 密码加密
        user.set_password(validated_data['password'])
        user.save()
        # 根据用户创建 token
        jwt_payload_handler = api_settings.JWT_PAYLOAD_HANDLER
        jwt_encode_handler = api_settings.JWT_ENCODE_HANDLER
        payload = jwt_payload_handler(user)
        token = jwt_encode_handler(payload)
        # 在用户对象 user 添加 token 属性
        user.token = token
        return user
```

使用 Django REST framework 定义序列化对象，当重写序列化对象的 create() 方法的时候，通过调用 Django REST Framework-JWT 的 api_settings 对当前用户进行 token 签发，并把 token 保存在序列化字段 token。

我们打开并查看 api_settings 所在的源码文件 settings.py，JWT 认证的配置属性均在变量 DEFAULTS 中设置，如图 16-18 所示。如需修改 JWT 认证方式，可以对源码文件 settings.py 进行重新定义。

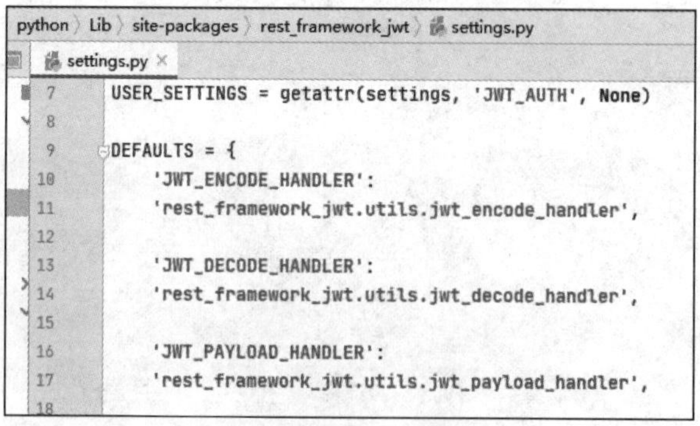

图 16-18　源码文件 settings.py

最后在 MyDjango 的 urls.py、users 的 urls.py 中定义路由 users 和 getUser；users 的 views.py 定义视图函数 userView()、getView() 和用户登录函数 login()，详细定义过程如下：

```python
# MyDjango 的 urls.py
```

```python
from django.urls import path, include
urlpatterns = [
    path('',include(('users.urls','users'),namespace='users')),
]

# users 的 urls.py
from django.urls import path
from .views import userView, getView
urlpatterns = [
    path('users/', userView, name='users'),
    path('userInfo/', getView, name='getUser'),
]

# users 的 views.py
from django.http import JsonResponse
from django.contrib.auth.models import User
from django.views.decorators.csrf import csrf_exempt
from .serializers import UserSerializer
from rest_framework_jwt.utils import jwt_decode_handler
from django.forms.models import model_to_dict
from rest_framework_jwt.settings import api_settings
from django.contrib.auth import authenticate

def login(username, password):
    data = {'code': '400'}
    # 验证用户的账号密码是否正确
    vu = authenticate(username=username, password=password)
    if vu:
        user = User.objects.filter(username=username).first()
        # 根据用户创建对应的 token
        jwt_payload_handler = api_settings.JWT_PAYLOAD_HANDLER
        jwt_encode_handler = api_settings.JWT_ENCODE_HANDLER
        payload = jwt_payload_handler(user)
        token = jwt_encode_handler(payload)
        data = {
            'username': user.username,
            'password': user.password,
            'token': token,
            'code': '200'
        }
    return data

# code=100 代表是 GET 请求
# code=200 代表登录成功
# code=400 代表登录失败，密码不正确
# code=201 代表用户注册成功
@csrf_exempt
def userView(request):
    data = {'code': '100'}
    if request.method == 'POST':
```

```python
        serializer = UserSerializer(data=request.POST)
        # serializer.is_valid()验证成功说明用户尚未创建
        # 使用UserSerializer创建用户，触发自定义函数create()
        if serializer.is_valid():
            serializer.save()
            datas = serializer.data
            data['code'] = '201'
        # serializer.is_valid()验证失败说明用户存在，调用函数login登录用户
        else:
            datas = login(request.POST['username'],
                          request.POST['password'])
        data.update(datas)
        print(data)
        return JsonResponse(data)

# code=200 代表用户信息获取成功
# code=400 代表用户信息获取失败，即jwt_decode_handler 验证失败
def getView(request):
    data = {'code': '400'}
    username = ''
    token = request.GET.get('token')
    # 接收token解析后的值，即通过token获取用户信息
    try:
        toke_user = jwt_decode_handler(token)
        username = toke_user['username']
    except: pass
    if username:
        getUser = User.objects.filter(username=username).first()
        if getUser:
            # model_to_dict将模型字段转换为字典格式表示
            exclude = ['date_joined', 'last_login']
            getUser = model_to_dict(getUser, exclude=exclude)
            data['code'] = '200'
            data.update(getUser)
    return JsonResponse(data)
```

在上述代码中，视图函数 userView()、getView()和用户登录函数 login()实现的功能说明如下：

（1）userView()收到 POST 请求之后，使用序列化类 UserSerializer 接收请求参数，并与内置模型 User 的用户信息进行匹配，如果匹配成功，则调用 login()函数执行用户登录。

（2）getView()获取当前用户信息，从请求参数中获取 token 并对 token 进行解密，从解密结果中获取用户账号，并在内置模型 User 查找该用户信息，如果用户存在，则返回用户信息。

（3）login()实现用户登录过程，使用 Django 内置认证功能 authenticate()验证用户账号和密码，如果验证成功，则使用 Django REST Framework-JWT 的 api_settings 对当前用户进行 token 签发。

上述代码只是讲述了 Django 如何实现 JWT 的认证功能，为了更好地演示认证过程，我们在 MyDjango 中创建 temp 文件夹，在该文件夹中创建 css、js 文件夹和 users.html 文件。

在 users.html 文件中编写用户注册与登录页面，css、js 文件夹存放网页的 CSS 样式和 JS 脚本

文件。users.html 编写的代码如下：

```html
# temp 的 users.html
<!DOCTYPE html>
<html>
<head>
<title>用户注册登录</title>
<link rel="stylesheet" href="css/reset.css" />
<link rel="stylesheet" href="css/user.css" />
<script src="js/jquery.min.js"></script>
<script src="js/user.js"></script>
</head>
<body>
<div class="page">
<div class="loginwarrp">
<div class="logo">用户注册登录</div>
<div class="login_form">
<div>
<li class="login-item">
    <span>用户名：</span>
    <input type="text" id="username" class="login_input">
    <span id="count-msg" class="error"></span>
</li>
<li class="login-item">
    <span>密　码：</span>
    <input type="password" id="password" class="login_input">
    <span id="password-msg" class="error"></span>
</li>
<li class="login-item">
    <span>新密码：</span>
    <input type="password" id="password2" class="login_input">
    <span id="password-msg" class="error"></span>
</li>

<li class="login-sub">
    <input type="submit" id="submits" value="注册/登录">
</li>
</div>
<br>
<li class="login-sub">
    <a id="getUser" href="javascript:;"
       target="_blank">查看用户信息</a>
</li>
</div>
</div>
</div>
<script type="text/javascript">
$("#submits").on('click',function(){
var datas = {
    "username": $("#username").val(),
```

```
        "password": $("#password").val(),
    };
    var password2 = $("#password2").val();
    if (datas.password==password2){
        $.post("http://127.0.0.1:8000/users/",datas,
            function(data,status){
                if (status=="success") {
                    console.log(data);
                    $("#getUser").attr("href","http://127.0.0.1:8000"+
                        "/userInfo/?token="+ data.token );
                }
        });
    }else{
        alert("输入的密码不一致")
    }
});
</script>
<script type="text/javascript">
    window.onload = function() {
        var config = {
            vx : 4,
            vy : 4,
            height : 2,
            width : 2,
            count : 100,
            color : "121, 162, 185",
            stroke : "100, 200, 180",
            dist : 6000,
            e_dist : 20000,
            max_conn : 10
        };
        CanvasParticle(config);
    }
</script>
<script src="js/canvas-particle.js"></script>
</body>
</html>
```

users.html 与 Django 是独立运行，users.html 使用 JavaScript 的 AJAX 与 Django 的 API 接口（即路由 users 和 getUser）进行数据传输，从而实现了简单的前后端分离开发场景。运行 MyDjango，使用浏览器打开 users.html 文件，网页如图 16-19 所示。

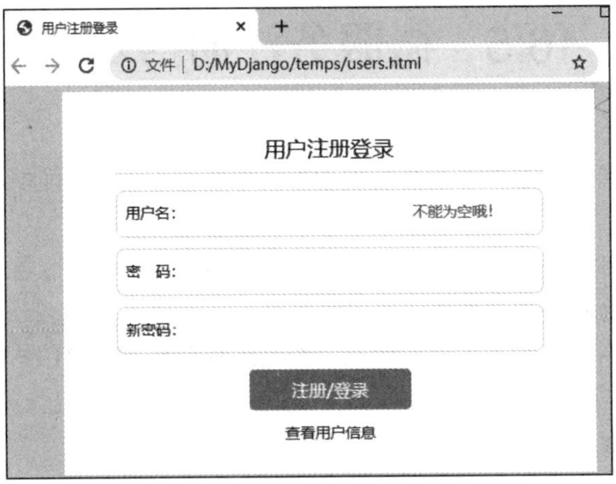

第 16 章 基于前后端分离与微服务架构的网站开发 | 581

图 16-19 网页界面

在网页上输入用户账号和密码，单击"注册/登录"按钮，Django 接收到 POST 请求，该请求由视图函数 userView()处理，PyChram 的 Run 窗口可以看到相应的请求信息，打开 MyDjango 的 Sqlite3 数据库文件，查看数据表 auth_user 新建的用户信息，如图 16-20 所示。

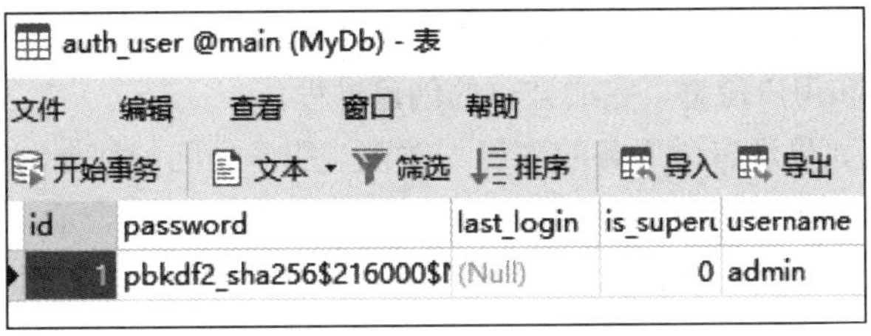

图 16-20 数据表 auth_user

单击网页上的"查看用户信息"，浏览器向 Django 发送 GET 请求，请求参数 token 是由 Django 的 JWT 认证生成，当前请求交由视图函数 getView()处理，它对请求参数 token 进行解密处理，从 token 中获取用户信息并返回给浏览器，如图 16-21 所示。

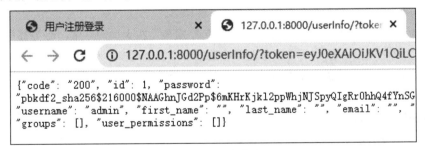

图 16-21 用户信息

如果后台系统不是使用 DRF 框架开发，而是使用传统的路由-视图模式开发，JWT 认证可以使用 Python 的第三方模块 python_jwt 实现。

16.5 微服务注册与发现

服务注册与发现主要由微服务注册与发现的中间件实现，常见中间件分别有 Zookeeper、Ectd、Consul 和 Eureka。

服务注册是将自身服务信息注册到中间件，这部分服务信息包括服务所在的主机 IP 和提供服务的端口，以及暴露服务自身状态和访问协议等信息。

服务发现是从中间件获取服务实例的信息，通过这些信息发送 HTTP 请求并获取服务支持。

微服务注册与发现应部署在 API 网关与各个微服务之间，不仅能负责各个微服务的管理，而且为 API 网关提供统一的 API 接口。

16.5.1 常用的服务注册与发现框架

微服务架构是将系统所有应用拆解成多个独立自治的服务，每个服务仅实现某个单一的功能，比如电商平台的订单系统，一张订单信息包含了商品信息和用户信息，在创建订单的时候，商品信息和用户信息分别来自商品服务和用户服务，通过 API 接口为订单提供数据支持，从商品服务和用户服务获取商品信息和用户信息，完成订单的创建过程。

在微服务架构中，如果没有微服务的注册与发现，服务之间的数据通信只能在代码中实现。服务之间是通过 API 接口实现通信，API 接口通常以主机 IP 和端口表示，当服务所在的服务器发生改变，我们就要频繁改动代码中的 API 接口，并且每次改动都要重启服务，这样大大降低了系统的灵活性和扩展性。

在微服务架构中，每个服务应该是可以随时开启和关闭的，比如商品秒杀，它只在某个时间内才开放给用户使用，其余时间处于空闲状态。为节省服务器成本，商品秒杀所在的服务器应该在开放时间内开启，其余时间应处于关闭状态，这样能减少服务器和网络带宽的成本开支。每次开启或关闭某个服务，我们必须使用微服务注册与发现，确保服务的开启或关闭不会影响系统运行，并且能灵活地为系统实现功能扩展。

微服务注册与发现还能帮助我们更好地管理每个服务。在大型网站中，服务都是以集群方式运行，从而支撑整个网站，网站所有服务器可能数以百计甚至更多，为保障系统正常运行，必须有一个中心化的组件完成各个服务的整合，即将分散在各处的服务进行汇总，汇总信息可以是服务器的名称、地址、数量等。

微服务注册与发现的常用中间件分别有 Zookeeper、Ectd、Consul 和 Eureka，每个中间件的功能对比如表 16-1 所示。

表 16-1 微服务注册与发现的常用中间件的功能

功能	Zookeeper	Etcd	Consul	Eureka
服务健康检查	长连接 keepalive	连接心跳	服务状态 内存和硬盘等	可配支持
多数据中心	—	—	支持	—
KV 存储服务	支持	支持	支持	—

（续表）

功能	Zookeeper	Etcd	Consul	Eureka
一致性	Paxos	Raft	Raft	—
CAP 定理	CP	CP	CP	AP
使用接口 （多语言能力）	客户端	HTTP GRPC	支持 HTTP 和 DNS	HTTP
Watch 支持	支持	支持 long polling	全量 支持 long polling	支持 long polling 大部分增量
自身监控	—	Metrics	Metrics	Metrics
安全	Acl	HTTPS	Acl/HTTPS	Acl

在上述指标中，CAP 定理又称 CAP 原则，它是形容分布式系统的一致性（Consistency）、可用性（Availability）和分区容错性（Partition tolerance），这三个要素最多只能同时实现两点，不可能三者兼顾。

总的来说，系统的微服务架构是将系统各个功能划分为一个个独立的服务，并且这些服务是部署在不同的服务器上的，微服务注册与发现是将分散在各处的服务进行汇总和管理。

16.5.2 Consul 的安装与接口

Consul 是 Google 开源的一个服务发现、配置管理中心服务的中间件，内置了服务注册与发现框架、分布一致性协议实现、健康检查、Key/Value 存储和多数据中心方案等功能。它是使用 Go 语言开发，整个中间件以二进制文件运行，所以它都能在 MacOS、Linux 和 Windows 等系统上运行。

我们以 Windows 为例，打开 Consul 官方网站（www.consul.io/downloads.html），根据操作系统下载相应的 Consul 版本，如图 16-22 所示。

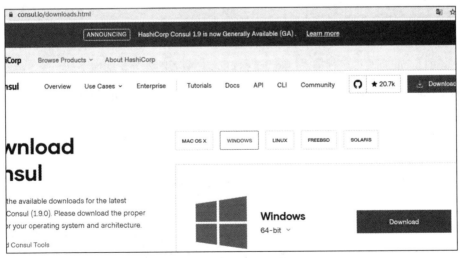

图 16-22　Consul 官方网站

在 Windows 系统中，Consul 是一个可执行的 EXE 文件，在启动 Consul 的时候，需要根据实际需求设置参数类型。打开 CMD 窗口，将 CMD 窗口当前路径切换到 Consul 所在的文件夹，输入 consul --help 并按回车键，CMD 窗口将显示 Consul 的所有功能，如图 16-23 所示。

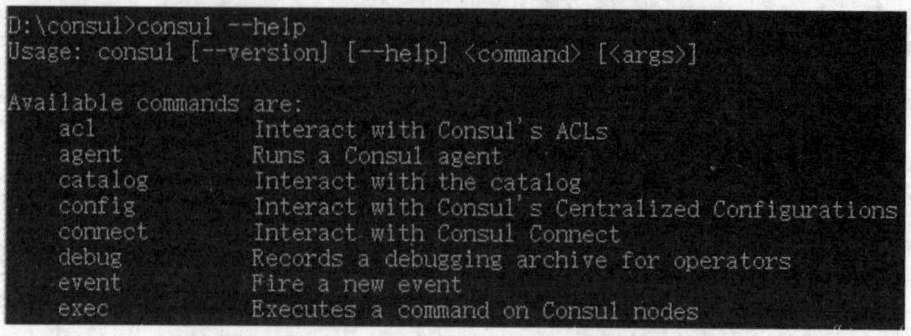

图 16-23 Consul 功能信息

Consul 的每个功能都有不同的启动参数，以 agent 为例，在 CMD 窗口下输入 consul agent --help 并按回车键，CMD 窗口将显示 agent 的启动参数，每个参数已有英文注释，本书不再讲述参数的具体作用，如图 16-24 所示。

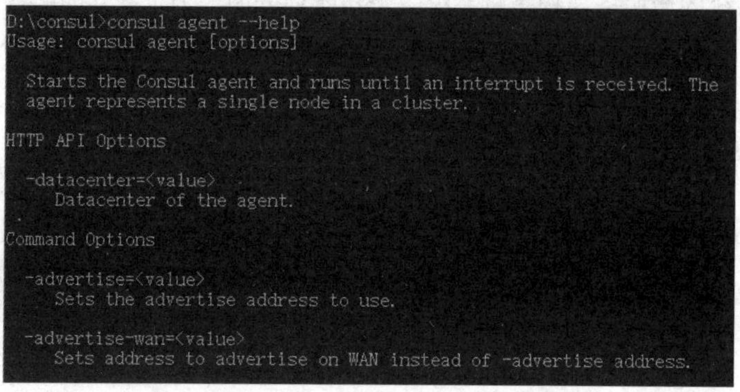

图 16-24 agent 的启动参数

agent 是在 Consul 集群中启动某个节点成员，它能在 client 或者 server 模式下运行，只需指定节点作为 client 或者 server 即可，所有 agent 节点支持 DNS 或 HTTP 接口，并负责运行时的心跳检查和保持服务同步。

Consul 的 agent 有两种运行模式：server 和 client，两者的差异说明如下：

（1）client 模式是客户端模式，这是 Consul 节点的一种模式，所有注册到当前节点的服务会被转发到 server，数据不做持久化保存。

（2）server 模式的功能与 client 一样，两者唯一不同的是，server 模式会把所有数据持久化，当遇到故障时，数据可以被保留。

可在 Consul 官网中找到 Consul 架构图，如图 16-25 所示。

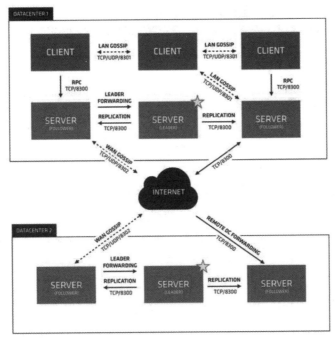

图 16-25　Consul 架构图

在 Consul 架构图中分别搭建了数据中心 DATACENTER1 和 DATACENTER2，并且数据中心以集群方式搭建，数据中心的 server 模式的 agent 节点数应在 1 到 5 之间较为合适，server 模式的 agent 节点数越多，Consul 的整体性能越低；对于 client 模式的 agent 节点数没有限制，根据实际需求设置即可。

总的来说，使用 Consul 作为微服务注册与发现的中间件说明如下：

（1）一个系统的服务注册与发现通常以数据中心表示，数据中心以集群方式表示。

（2）数据中心可设置 1 个或以上的 agent 节点。

（3）数据中心至少有 1 个 server 模式的 agent 节点，client 模式的 agent 节点数没有限制。

如果系统处于开发阶段中，可以使用 consul agent -dev 启动 Consul，如图 16-26 所示。

```
D:\consul>consul agent -dev
==> Starting Consul agent...
           Version: '1.9.0'
           Node ID: '23e24585-3515-e7cd-8525-e8f7c78b7747'
         Node name: 'DESKTOP-RLSUAOM'
        Datacenter: 'dc1' (Segment: '<all>')
            Server: true (Bootstrap: false)
       Client Addr: [127.0.0.1] (HTTP: 8500, HTTPS: -1, gRPC: 8502, DNS: 8600)
      Cluster Addr: 127.0.0.1 (LAN: 8301, WAN: 8302)
           Encrypt: Gossip: false, TLS-Outgoing: false, TLS-Incoming: false, Au

==> Log data will now stream in as it occurs:
```

图 16-26　启动 Consul

从图 16-26 找到 Client Addr 属性，这是 Consul 提供的接口信息，我们打开浏览器并访问 http://127.0.0.1:8500/就能查看当前 Consul 的运行状态，如图 16-27 所示。

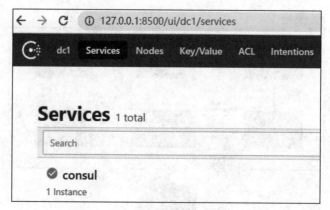

图 16-27　Consul 运行状态

如果项目处于上线阶段，Consul 需要启动上线模式，需要根据实际情况设置启动参数，常用的启动指令如下：

```
consul agent -server -ui -bootstrap-expect=1 -data-dir=D:\consul
-node=agent-one -advertise=192.168.10.213 -bind=0.0.0.0 -client=0.0.0.0
```

启动指令的参数说明如下：

（1）server：定义 agent 运行模式为 server，每个数据中心至少有一个 server，每个数据中心的 server 数量建议不要超过 5 个。

（2）ui：是否支持使用 Web 页面查看。

（3）bootstrap-expect：设置数据中心的 server 模式的节点数，如果设置了该参数，当 server 模式的节点数等于参数值，Consul 才会引导整个数据中心，否则 Consul 处于等待状态。

（4）data-dir：指定 agent 储存状态的文件目录，对 server 模式的 agent 尤其重要，这是保存数据持久化的文件目录。

（5）node：设置 agent 节点在数据中心的名称，该名称必须是唯一的，也可以采用服务器 IP 命名。

（6）advertise：设置可使用的 IP 地址，通常代表本地 IP 地址，并且是以 IP 地址格式表示，不能使用 localhost。

（7）bind：在数据中心内部的通讯 IP 地址，数据中心的所有节点到 IP 地址必须是可达的，默认值是 0.0.0.0。

（8）client：绑定 client 模式的节点，这是提供 HTTP、DNS、RPC 等服务，默认值是 127.0.0.1。

我们在 CMD 窗口下执行上线模式指令启动 Consul 服务，执行结果如图 16-28 所示。

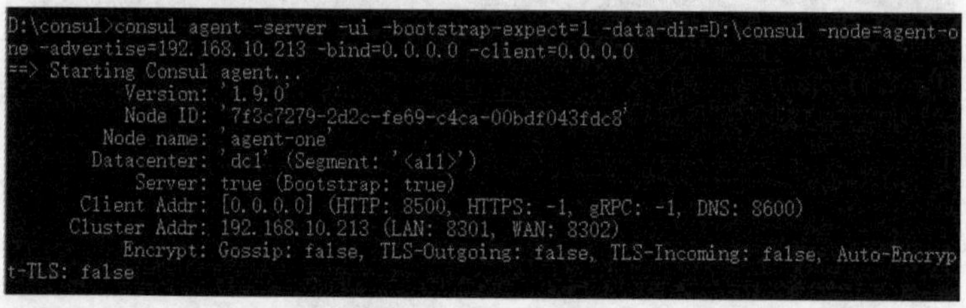

图 16-28　启动 Consul

16.5.3　Django 与 Consul 的交互

介绍了 Consul 的系统架构和使用方法之后，下一步将讲述如何在 Django 中使用 Consul 实现微服务注册与发现。

第一步安装第三方功能模块 consulate 和 python-consul，它们是通过 HTTP 方式操作 Consul。至目前为止，consulate 在 2015 年停止了更新；python-consul 在 2018 年停止了更新，因此建议读者使用 python-consul 模块。

打开 CMD 窗口并输入 python-consul 的安装指令（pip install python-consul），等待指令执行完毕即可。

在 MyDjango 中，创建项目应用 index 和 microservice 文件夹，并在 microservice 中创建 client.py、consulclient.py、startServer.py 和 startServer2.py 文件，目录结构如图 16-29 所示。

图 16-29　目录结构

microservice 的 client.py、consulclient.py、startServer.py 和 startServer2.py 实现的功能说明如下：

（1）client.py：定义 HttpClient 类，从数据中心获取已注册的服务实例，得到服务实例的 API 接口后，再向 API 接口发送 HTTP 请求，获取服务的响应内容。

（2）consulclient.py：定义 ConsulClient 类，由 python-consul 模块实现 Consul 操作。

（3）startServer.py：定义 DjangoServer 类和 HttpServer 类。DjangoServer 是自定义 Django 的启动方式；HttpServer 使用 ConsulClient 的 register()方法将 Django 注册到数据中心，生成服务实例。

（4）startServer2.py：与 startServer.py 实现的功能相同，但两者运行的端口不同。

为了深刻理解 MyDjango 的架构设计，我们将 client.py、consulclient.py、startServer.py 和 startServer2.py 实现的功能使用流程图表示，如图 16-30 所示。

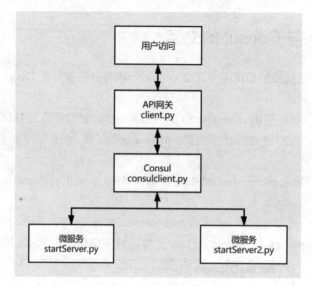

图 16-30 流程图

我们打开 consulclient.py 文件,在该文件中定义 ConsulClient 类,代码如下:

```python
# microservice 的 consulclient.py
import consul
from random import randint
import requests
import json

class ConsulClient():
    '''定义 consul 操作类'''
    def __init__(self, host=None, port=None, token=None):
        '''初始化,指定 consul 主机、端口和 token'''
        self.host = host    # consul 主机
        self.port = port    # consul 端口
        self.token = token
        self.consul = consul.Consul(host=host, port=port)

    def register(self,name,service_id,address,port,tags,interval,url):
        # 设置检测模式:http 和 tcp
        # tcp 模式
        # check=consul.Check().tcp(self.host, self.port,
        # "5s", "30s", "30s")
        # http 模式
        check = consul.Check().http(url, interval,
                            timeout=None,
                            deregister=None,
                            header=None)
        self.consul.agent.service.register(name,
                            service_id=service_id,
                            address=address,
                            port=port,
                            tags=tags,
```

```python
                        interval=interval,
                        check=check)

def getService(self, name):
    '''通过负载均衡获取服务实例'''
    # 获取相应服务下的 DataCenter
    url = 'http://' + self.host + ':' + str(self.port) + \
          '/v1/catalog/service/' + name
    dataCenterResp = requests.get(url)
    if dataCenterResp.status_code != 200:
        raise Exception('can not connect to consul ')
    listData = json.loads(dataCenterResp.text)
    # 初始化 DataCenter
    dcset = set()
    for service in listData:
        dcset.add(service.get('Datacenter'))
    # 服务列表初始化
    serviceList = []
    for dc in dcset:
        if self.token:
            url = f'http://{self.host}:{self.port}/v1/ \
            health/service/{name}?dc={dc}&token={self.token}'
        else:
            url = f'http://{self.host}:{self.port}/v1/ \
            health/service/{name}?dc={dc}&token='
        resp = requests.get(url)
        if resp.status_code != 200:
            raise Exception('can not connect to consul ')
        text = resp.text
        serviceListData = json.loads(text)
        for serv in serviceListData:
            status = serv.get('Checks')[1].get('Status')
            # 选取成功的节点
            if status == 'passing':
                address = serv.get('Service').get('Address')
                port = serv.get('Service').get('Port')
                serviceList.append({'port':port,'address':address})
    if len(serviceList) == 0:
        raise Exception('no serveice can be used')
    else:
        # 随机获取一个可用的服务实例
        print('当前服务列表: ', serviceList)
        service = serviceList[randint(0, len(serviceList) - 1)]
        return service['address'], int(service['port'])
```

ConsulClient 类定义了初始化函数 __init__()、实例方法 register() 和 getService()，每个方法的说明如下：

（1）初始化函数 __init__() 将实例化参数 host、port 和 token 设为类属性，并将 python-consul 模块的 Consul 类实例化。

（2）实例方法 register()是将 Django 注册到 Consul 的数据中心，生成服务实例，主要被 startServer.py 调用。

（3）实例方法 getService()从 Consul 数据中心获取服务实例，主要被 client.py 调用。如果同一个功能在数据中心有两个或以上的微服务，则使用随机函数 randint()选取某个服务实例，从而实现了简单的负载均衡。

下一步在 startServer.py 中定义 DjangoServer 和 HttpServer 类，代码如下所示：

```python
# microservice 的 startServer.py
from microservice.consulclient import ConsulClient
import os

class DjangoServer():
    '''自定义 Django 的启动方式'''
    def __init__(self, host, port):
        self.host = host
        self.port = port
        # appname 代表微服务的 API 地址
        self.appname = ['index', 'user']

    def run(self):
        os.environ.setdefault('DJANGO_SETTINGS_MODULE',
                              'MyDjango.settings')
        try:
            from django.core.management
                import execute_from_command_line
        except ImportError as exc:
            raise ImportError(
            "Couldn't import Django."
            "Are you sure it's installed and "
            "available on your PYTHONPATH"
            "environment variable? Did you "
            "forget to activate a virtual environment?"
            ) from exc
        filePath = os.getcwd() + '\\' + os.path.basename(__file__)
        hostAndPort = f'{self.host}:{self.port}'
        execute_from_command_line([filePath,'runserver',hostAndPort])

class HttpServer():
    '''定义服务注册与发现，将Django服务注册到Consul中'''
    def __init__(self,host,port,consulhost,consulport,appClass):
        self.port = port
        self.host = host
        self.app = appClass(host=host, port=port)
        self.appname = self.app.appname
        self.consulhost = consulhost
        self.consulport = consulport

    def startServer(self):
```

```
            client=ConsulClient(host=self.consulhost,port=self.consulport)
            # 注册服务，将路由 index 和 user 依次注册
            for aps in self.appname:
                service_id = aps + self.host + ':' + str(self.port)
                url = f'http://{self.host}:{str(self.port)}/check'
                client.register(aps, service_id=service_id,
                            address=self.host,
                            port=self.port,
                            tags=['master'],
                            interval='30s', url=url)
            # 启动 Django
            self.app.run()
if __name__ == '__main__':
    server=HttpServer('127.0.0.1',8000,'127.0.0.1',8500,DjangoServer)
    server.startServer()
```

DjangoServer 类定义了初始化函数__init__()和实例方法 run()，每个方法的功能说明如下：

（1）初始化函数__init__()将实例化参数 host 和 port 设为类属性，分别代表 Django 运行的 IP 地址和端口，类属性 appname 代表 Django 的 API 接口名称，Consul 根据 API 接口名称找到对应 API 地址。

（2）实例方法 run()根据类属性 host 和 port 设置 Django 的启动方式。

HttpServer 类定义了初始化函数__init__()和实例方法 startServer()，每个方法的功能说明如下：

（1）初始化函数__init__()将实例化参数 host、port、consulhost、consulport 和 appClass 设为类属性，其中 host 和 port 是 Django 运行的 IP 地址和端口；appClass 代表 DjangoServer 类；consulhost 和 consulport 是 Consul 的运行 agent 的 IP 地址和端口。

（2）实例方法 startServer()将 Django 注册到 Consul 的数据中心，首先实例化 ConsulClient 生成 client 对象，由 client 调用 register()完成注册过程；最后使用 DjangoServer 的实例化对象 app 调用 run()运行 Django。

在 startServer.py 程序入口（即 if __name__ == '__main__'）的代码中，将 HttpServer 类实例化生成 server 对象，调用实例方法 startServer()连接 Consul 的 agent 和启动 Django。Consul 的 agent 连接地址为 127.0.0.1:8500；Django 的运行 IP 地址和端口设为 127.0.0.1 和 8000。

打开 startServer2.py 文件，导入 startServer.py 所有代码，并在 startServer2.py 程序入口（即 if __name__ == '__main__'）的代码中，实例化 HttpServer 并调用实例方法 startServer()连接 Consul 的 agent 和启动 Django，代码如下：

```
# microservice 的 startServer2.py
from microservice.startServer import *
if __name__ == '__main__':
    server=HttpServer('127.0.0.1',8001,'127.0.0.1',8500,DjangoServer)
    server.startServer()
```

最后打开 client.py 文件，在该文件中定义 HttpClient 类，定义过程如下：

```
# microservice 的 client.py
```

```python
from microservice.consulclient import ConsulClient
import requests

class HttpClient():
    '''
    从 Consul 获取服务的响应内容
    首先从数据中心获取已注册的服务实例,
    得到服务实例的 API 接口,
    再向 API 接口发送 HTTP 请求,获取服务的响应内容。
    '''
    def __init__(self, consulhost, consulport, appname):
        self.appname = appname
        self.cc = ConsulClient(host=consulhost, port=consulport)

    def request(self):
        '''
        向 Consul 发送 HTTP 请求,获取服务实例
        再向服务实例发送 HTTP 请求,获取响应内容
        '''
        # 调用getService()方法从数据中心随机获取服务实例
        host, port = self.cc.getService(self.appname)
        print('选中的服务实例为: ', host, port)
        # 向服务实例发送 HTTP 请求
        url = f'http://{host}:{port}/{self.appname}'
        scrapyMessage = requests.get(url).text
        print(scrapyMessage)

if __name__ == '__main__':
    client = HttpClient('127.0.0.1', '8500', 'index')
    client.request()
    client = HttpClient('127.0.0.1', '8500', 'user')
    client.request()
```

HttpClient 类定义了初始化函数__init__()和实例方法 request(),每个方法的功能说明如下:

(1)初始化函数__init__()将实例化参数 consulhost 和 consulport 传入 ConsulClient 类进行实例化,生成实例化对象 cc;实例化参数 appname 代表 Django 的 API 接口名称。

(2)实例方法 request()使用实例化对象 cc 调用 getService(),从 Consul 的数据中心获取符合类属性 appname 的服务实例,再根据服务实例的 IP 地址和端口构建 API 接口,向 API 接口发送 HTTP 请求,获取 API 接口的响应内容。

综合上述,我们在 Django 中完成了 Consul 的微服务注册与发现的功能开发,整个过程一共涉及了 4 个文件: client.py、consulclient.py、startServer.py 和 startServer2.py,文件之间存在调用关系和参数传递,在阅读理解代码的时候,必须梳理清楚对象之间的调用关系和参数传递。

16.5.4 服务的运行与部署

为了更好地验证 Consul 的微服务注册与发现,我们在 MyDjango 中分别定义路由 check、index、

user 以及相应的视图函数，代码如下：

```python
# MyDjango 的 urls.py
from django.urls import path, include
urlpatterns = [
    path('', include('index.urls')),
]

# index 的 urls.py
from django.urls import path
from .views import *
urlpatterns = [
    path('check/', checkView, name='check'),
    path('index/', indexView, name='index'),
    path('user/', userView, name='user'),
]

# index 的 views.py
from django.http import HttpResponse

def checkView(request):
    return HttpResponse('success')

def indexView(request):
    return HttpResponse('This is Index')

def userView(request):
    return HttpResponse('This is User')
```

路由 check、index 和 user 在 startServer.py 文件中已被使用，详细说明如下：

（1）路由 check 在 HttpServer 的 startServer()方法中作为参数传入 ConsulClient 的 register()，主要实现 Consul 的心跳检测，确保服务处于活跃状态，如图 16-31 所示。

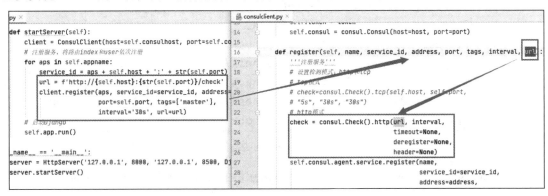

图 16-31　路由 check 的应用

（2）路由 index 和 user 作为 DjangoServer 的类属性 appname，初次应用在 HttpServer 的 startServer()，然后以参数形式传入 ConsulClient 的 register()，如图 16-32 所示。

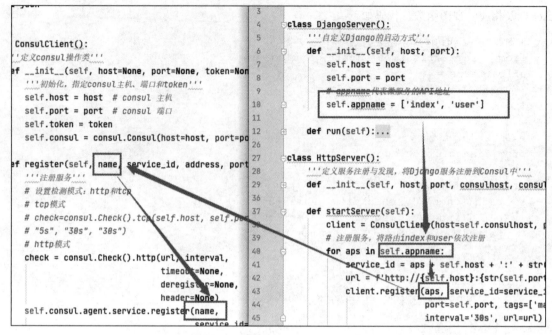

图 16-32 路由 index 和 user 的应用

在运行 MyDjango 之前，我们需要提前启动 Consul 服务，打开 CMD 窗口并将当前路径切换到 consul.exe 的文件路径，然后输入以下指令启动 Consul：

```
consul agent -server -ui -bootstrap-expect=1 -data-dir=D:\consul
-node=agent-one -advertise=192.168.10.213 -bind=0.0.0.0 -client=0.0.0.0
```

下一步使用 Python 指令分别运行 startServer.py 和 startServer2.py 文件，两个文件分别启动两个 Django 服务，并把服务注册到 Consul 的数据中心，在文件的运行窗口中看到 Consul 的心跳检测信息，如图 16-33 所示。

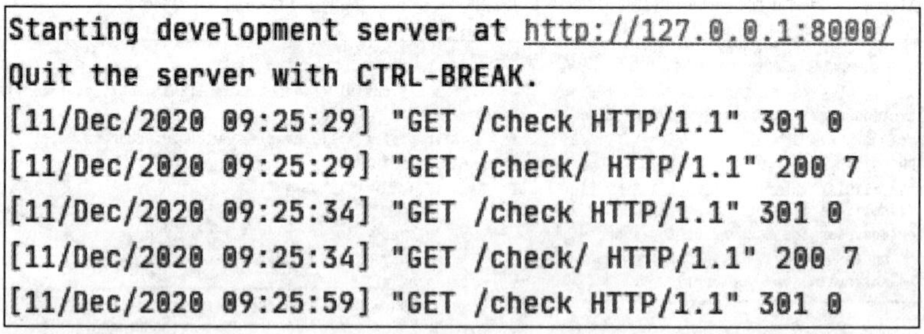

```
Starting development server at http://127.0.0.1:8000/
Quit the server with CTRL-BREAK.
[11/Dec/2020 09:25:29] "GET /check HTTP/1.1" 301 0
[11/Dec/2020 09:25:29] "GET /check/ HTTP/1.1" 200 7
[11/Dec/2020 09:25:34] "GET /check HTTP/1.1" 301 0
[11/Dec/2020 09:25:34] "GET /check/ HTTP/1.1" 200 7
[11/Dec/2020 09:25:59] "GET /check HTTP/1.1" 301 0
```

图 16-33 Consul 的心跳检测

在 Consul 服务的运行窗口也能看到两个 Django 服务的心跳检测信息，如图 16-34 所示。

图 16-34 Consul 的心跳检测

在浏览器中打开 http://127.0.0.1:8500/，可以看到 Consul 当前已注册的服务实例，如图 16-35 所示。

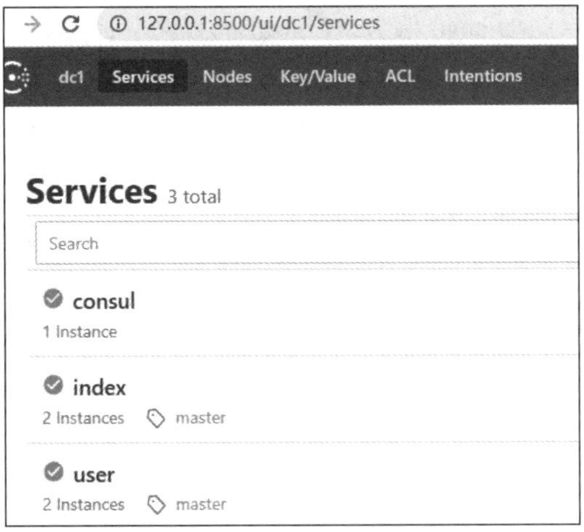

图 16-35 Consul 的服务实例

从图 16-35 看到，Consul 的数据中心已注册了两个服务，分别为 index 和 user，每个服务有两个服务实例，比如点击"index"就能看到每个服务实例的详细信息，如图 16-36 所示。

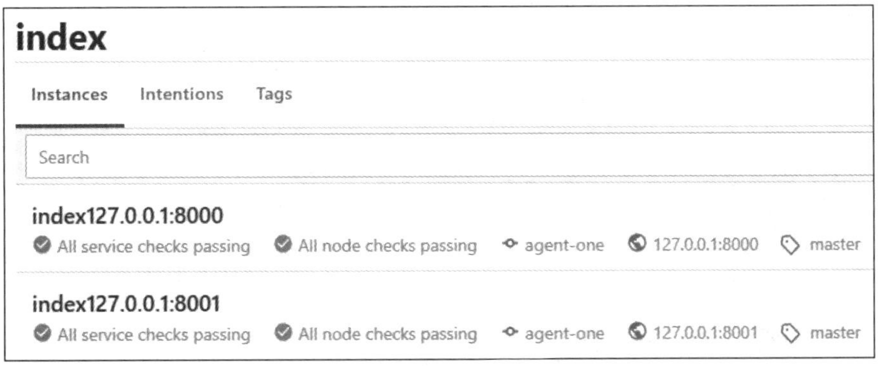

图 16-36 服务实例的详细信息

当停止运行 startServer2.py 文件时，如 Consul 的心跳检测无法检测 startServer2.py 的 Django 服务，说明当前服务已终止，它自动停止数据中心所对应的服务实例，如图 16-37 所示。

index
Instances
Intentions
Tags
Search
index127.0.0.1:8001
All service checks failing
All node checks passing
agent-one
127.0.0.1:8001
master
index127.0.0.1:8000
All service checks passing
All node checks passing
agent-one
127.0.0.1:8000
master

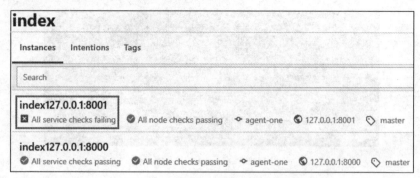

图 16-37 Consul 的服务实例

再次运行 startServer2.py 文件，startServer2.py 的 HttpServer 类将 Django 的 API 接口注册到 Consul 的数据中心，然后启动 Django 服务。Consul 的数据中心获取注册信息后就对 Django 发送心跳检测，确保当前服务能正常运行。

在实际开发中，Django 应部署在 uwsgi 和 Nginx 服务器，而 DjangoServer 类的 run()方法是使用 Django 内置指令启动，这种方式只适合开发阶段使用，如果项目处于上线阶段，应重写 run()方法，使其能适应 uwsgi 和 Nginx 服务器。

16.5.5 服务的负载均衡

当服务成功运行后，我们使用 Python 指令运行 client.py 文件，该文件的主要作用在 API 网关，只要收到用户发送的 HTTP 请求，API 网关根据业务逻辑向 Consul 的数据中心发送 HTTP 请求，从 Consul 的数据中心获取服务实例，再向服务实例发送 HTTP 请求，将服务实例的响应内容进行加工处理，最后将处理结果返回给用户，从而完成整个响应过程。

client.py 文件中定义了 HttpClient 类，通过实例化 ConsulClient 类生成实例化对象 cc，该对象是实现 Consul 的连接过程，再由实例化对象 cc 调用实例方法 getService()向 Consul 的数据中心获取服务实例的 IP 地址和端口，最后向服务实例的 IP 地址和端口发送 HTTP 请求，获取微服务的响应内容。

实例方法 getService()使用随机函数 randint()选取某个服务实例，从而实现了简单的负载均衡。

在 PyChram 中运行 client.py 文件，查看 Run 窗口的运行信息，如图 16-38 所示。

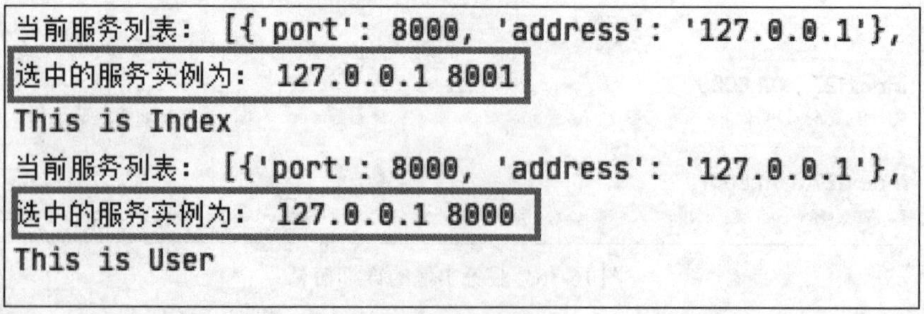

当前服务列表： [{'port': 8000, 'address': '127.0.0.1'},
选中的服务实例为： 127.0.0.1 8001
This is Index
当前服务列表： [{'port': 8000, 'address': '127.0.0.1'},
选中的服务实例为： 127.0.0.1 8000
This is User

图 16-38 运行信息

在实际开发中，应根据业务场景和开发需求设置合理的负载均衡策略，确保每个服务实例的负载数量在合理范围内。

16.6　本章小结

随着前端技术的发展，三大主流框架（Vue、React 和 Angular）成为网站开发的首选框架，前后端分离已成为互联网项目开发的业界标准使用方式。在前后端分离的基础上，后端系统的架构设计也随之改变，微服务架构应运而生。

前后端分离可以将网页的路由地址、业务逻辑和网页的数据渲染交给前端开发人员实现，后端人员只需提供 API 接口即可。在整个网站开发过程中，后端人员提供的 API 接口主要实现数据库的数据操作（增、删、改、查），并将操作结果传递给前端；前端人员负责网页的样式设计、定义网页的路由地址、访问 API 接口获取数据、数据的业务逻辑处理和数据渲染操作等。

若选择 Django 作为前后端分离的后端服务器系统，则功能配置方法如下：

（1）将配置属性 INSTALLED_APPS 和 MIDDLEWARE 的部分功能去除，如 Admin 后台系统、静态资源和消息框架等功能。

（2）注释配置属性 TEMPLATES 和 STATIC_URL，移除模板功能和静态资源的路由设置。

（3）将新建的项目应用添加到配置属性 INSTALLED_APPS，并在配置属性 DATABASES 中设置数据库的连接方式。

微服务（Microservice Architecture）是一种架构概念，它将功能分解成不同的服务，降低系统的耦合性，提供更加灵活的服务支持，各个服务之间通过 API 接口进行通信。从微服务架构的设计模式来看，它包含开发、测试、部署和运维等多方面因素。

微服务架构可以将网站功能拆分为多个不同的服务，每个服务部署在不同的服务器，每个服务之间通过 API 接口实现数据通信，从而构建网站功能。服务之间的通信需要考虑服务的部署方式，比如重试机制、限流、熔断机制、负载均衡和缓存机制等因素，这样能保证每个服务之间的稳健性。微服务架构一共有 6 种设计模式，每种模式的设计说明如下：

（1）聚合器微服务设计模式：聚合器调用多个微服务实现应用程序或网页所需的功能，每个微服务都有自己的缓存和数据库，这是一种常见的、简单的设计模式。

（2）代理微服务设计模式：这是聚合器微服务设计模式的演变模式，应用程序或网页根据业务需求的差异而调用不同的微服务，代理可以委派 HTTP 请求，也可以进行数据转换工作。

（3）链式微服务设计模式：每个微服务之间通过链式方式进行调用，比如微服务 A 接收到请求后会与微服务 B 进行通信，类似的，微服务 B 会同微服务 C 进行通信，所有微服务都使用同步消息传递。在整个链式调用完成之前，浏览器会一直处于等待状态。

（4）分支微服务设计模式：这是聚合器微服务设计模式的扩展模式，允许微服务之间相互调用。

（5）数据共享微服务设计模式：部分微服务可能会共享缓存和数据库，即两个或两个以上的微服务共用一个缓存和数据库。这种情况只有在两个微服务之间存在强耦合关系才能使用，对于使用微服务实现的应用程序或网页而言，这是一种反模式设计。

（6）异步消息传递微服务设计模式：由于 API 接口使用同步模式，如果 API 接口执行的程序耗时过长，就会增加用户的等待时间，因此某些微服务可以选择使用消息队列（异步请求）代替 API 接口的请求和响应。

微服务设计模式不是唯一的，具体还需要根据项目需求、功能和应用场景等多方面综合考虑。对于微服务架构，架构的设计意识比技术开发更为重要，整个架构设计需要考虑多个微服务的运维难度、系统部署依赖、微服务之间的通信成本、数据一致性、系统集成测试和性能监控等。

功能的拆分方式并非固定不变，一般遵从以下原则：

(1) 单一职责、高内聚低耦合。
(2) 服务粒度适中。
(3) 考虑团队结构。
(4) 以业务模型切入。
(5) 演进式拆分。
(6) 避免环形依赖与双向依赖。

微服务架构设计常用于大型网站系统，因此微服务的每个阶段实现的功能如下：

(1) 开发阶段根据微服务架构设计模式进行功能拆分，将功能拆分成多个微服务，并且统一规范设计每个微服务的 API 接口，每个 API 接口符合 RESTful 设计规范。如果服务之间部署不同的服务器，就需要考虑跨域访问。

(2) 测试阶段用于验证各个服务之间的 API 接口的输入输出是否符合开发需求，还需要验证各个 API 接口之间的调用逻辑是否合理。

(3) 部署阶段根据部署方案执行，部署方案需要考虑服务的重试机制、缓存机制、负载均衡和集群等部署方式。

(4) 运维监控阶段需要对网站系统实时监控，监控内容包括：日志收集、事故预警、故障定位和系统性能跟踪等，并且还要根据监测结果适当调整部署方式。

第 17 章

Django 项目上线部署

目前,部署 Django 项目有两种主流方案:Nginx+uWSGI+Django 或者 Apache+ uWSGI+Django。Nginx 或 Apache 作为服务器最前端,负责接收浏览器所有的 HTTP 请求并统一管理。静态资源的 HTTP 请求由 Nginx 或 Apache 自己处理;非静态资源的 HTTP 请求则由 Nginx 或 Apache 传递给 uWSGI 服务器,然后传递给 Django 应用,最后由 Django 进行处理并做出响应,从而完成一次 Web 请求。不同的计算机操作系统,Django 的部署方法有所不同。本章分别讲述 Django 如何部署在 Windows 和 Linux 系统中。

17.1 基于 Windows 部署 Django

Windows 系统内置 IIS 服务器,我们可以将 Django 项目部署在 IIS 服务器,因此无须下载安装 Nginx 或 Apache 服务器,从而简化了项目的部署过程。本节讲述的项目部署的系统及软件版本如下:

- Windows 10 操作系统。
- IIS 服务器为 6.0 版本或以上。
- Python 3.7 版本或以上。
- Django 2.2 版本或以上。

17.1.1 安装 IIS 服务器

默认情况下,Windows 10 操作系统没有开启 IIS 服务器,由于每个人的计算机系统设置不同,如果计算机上已开启 IIS 服务器,那么可以跳过本小节的内容,直接阅读下一小节。如果尚未开启 IIS 服务器,那么可以在计算机的"控制面板"找到"程序和功能",如图 17-1 所示。

图 17-1 控制面板

在"程序和功能"界面中找到并单击"启用或关闭 Windows 功能",如图 17-2 所示。进入"启用或关闭 Windows 功能"界面,只需勾选"Internet Information Services"的部分功能选项,然后单击"确定"按钮即可安装和开启 IIS 服务器,如图 17-3 所示。

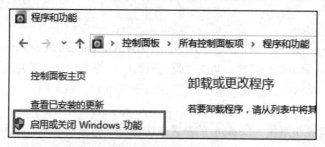

图 17-2 程序和功能

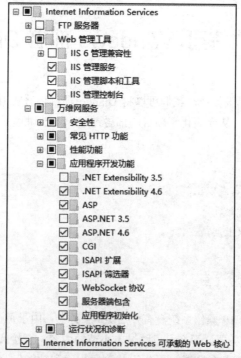

图 17-3 启用或关闭 Windows 功能

当 IIS 服务器安装成功后，打开 Windows 的"开始菜单"，在"Windows 管理工具"中找到并单击"Internet Information Services (IIS)管理器"，如图 17-4 所示。Windows 系统将运行 IIS 服务器，服务器界面如图 17-5 所示。

图 17-4　Windows 管理工具

图 17-5　IIS 服务器

17.1.2　创建项目站点

本节讲述如何在 IIS 服务器中部署 Django 项目，以音乐网站平台为例，在部署项目之前必须确保音乐网站平台已设为上线模式。首先安装 wfastcgi 模块，在命令提示符窗口输入"pip install wfastcgi"指令即可完成模块的安装过程。该模块在 Python 与 IIS 服务器之间搭建桥梁，使两者之间实现有效连接。

下一步在 IIS 服务器配置项目站点，右击 IIS 服务器界面左侧的"网站"，选中并单击"添加网站"，在"添加网站"界面输入项目站点信息，如图 17-6 所示。

图 17-6　添加网站

从图 17-6 看到，网站名称改为 music；物理路径是音乐网站平台的项目文件夹；端口号改为 8000，默认值为 80。一般情况下，默认端口号 80 会被其他应用程序占用，因此改为 8000 可以防止端口重用的情况。

网站添加成功后，在 IIS 服务器界面看到新增网站 music。单击新增网站 music，在 IIS 服务器界面的正中间就能看到网站的配置信息，双击"处理程序映射"进入相应界面，如图 17-7 所示。然后在"处理程序映射"界面中，右击并选择"添加模块映射"，如图 17-8 所示。

图 17-7 处理程序映射

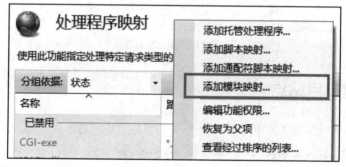

图 17-8 添加模块映射

在"添加模块映射"界面中分别输入请求路径、模块、可执行文件和名称等相关信息，并单击"请求限制"，取消勾选"仅当请求映射至以下内容时才调用处理程序"复选框。其中请求路径和模块是固定内容；可执行文件由"|"分为两部分，D:\Python\python.exe 代表 Python 解释器，D:\Python\Lib\site-packages\wfastcgi.py 代表 wfastcgi 模块。整个模块映射的配置如图 17-9 所示。

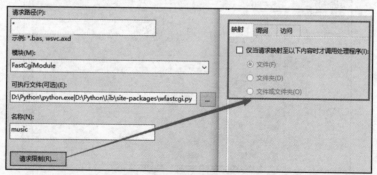

图 17-9 设置添加模块映射

模块映射添加成功后，在 IIS 服务器的主页看到新增的"FastCGI 设置"，如图 17-10 所示。双击"FastCGI 设置"进入相应界面，然后在"FastCGI 设置"界面中双击打开当前路径信息，在"编辑 FastCGI 应用程序"界面中设置环境变量，如图 17-11 所示。

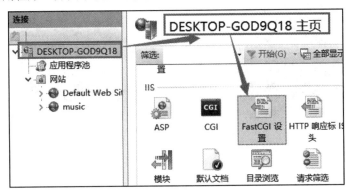

图 17-10　FastCGI 设置

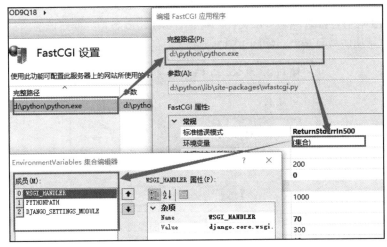

图 17-11　设置环境变量

从图 17-11 看到，"编辑 FastCGI 应用程序"界面的完整路径 D:\Python\python.exe 来自图 17-9 新增的模块映射，我们需要对该路径添加 3 个环境变量，每个环境变量以键值对表示，具体设置如下：

- Name: WSGI_HANDLER、Value: django.core.wsgi.get_wsgi_application()
- Name: PYTHONPATH、Value: D:\music（项目路径）
- Name: DJANGO_SETTINGS_MODULE、Value: music.settings（项目的配置文件）

当环境变量设置成功后，在浏览器上访问 http://localhost:8000/ 即可看到音乐网站平台首页，如图 17-12 所示。

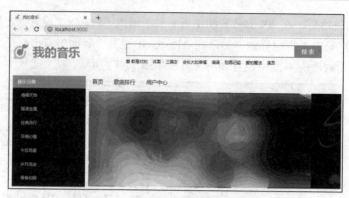

图 17-12　音乐网站平台

17.1.3　配置静态资源

现在音乐网站平台已部署在 IIS 服务器,但是网站的静态资源文件尚未部署在 IIS 服务器,本节讲述如何在 IIS 服务器部署静态资源文件。首先右击 IIS 服务器界面左侧的项目站点 music,然后选中并单击"添加虚拟目录",如图 17-13 所示。

图 17-13　添加虚拟目录

在"添加虚拟目录"界面中输入别名和物理路径。一般情况下,静态资源文件的别名改为"static",物理路径指向音乐网站平台的静态资源文件夹 static,如图 17-14 所示。

当静态资源的虚拟目录添加成功后，项目站点 music 将会显示网站的目录结构，并且为静态资源文件夹 static 设置虚拟目录，如图 17-15 所示。

综上所述，我们在 Windows 的 IIS 服务器已完成 Django 项目的上线部署，回顾整个部署过程，可以总结出以下的操作步骤：

（1）从计算机的"控制面板"找到"程序和功能"，由"程序和功能"界面进入"启用或关闭 Windows 功能"，勾选"Internet Information Services"的部分功能选项并单击"确定"按钮即可安装和开启 IIS 服务器。

（2）使用 pip 指令安装 wfastcgi 模块，然后右击 IIS 服务器界面左侧的"网站"，选中并单击"添加网站"，在"添加网站"界面中输入网站信息即可创建项目站点。

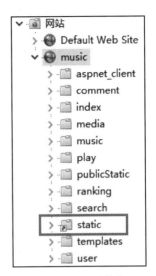

图 17-15　目录结构

（3）在项目站点的"处理程序映射"界面中，右击并选择"添加模块映射"。在"添加模块映射"界面分别输入请求路径、模块、可执行文件和名称等相关信息，并单击"请求限制"，取消勾选"仅当请求映射至以下内容时才调用处理程序"复选框。

（4）在 IIS 服务器的主页看到新增的"FastCGI 设置"，进入"FastCGI 设置"界面，找到路径信息为 D:\Python\python.exe，然后对该路径分别添加 3 个环境变量即可完成网站部署。

（5）在项目站点添加虚拟目录，虚拟目录实现网站的静态资源部署，只需在"添加虚拟目录"界面中输入别名和静态资源的物理路径即可。

17.2　基于 Linux 部署 Django

Linux 操作系统没有内置服务器功能，若想将 Django 项目部署在 Linux 系统，则可以选择安装 Nginx 或 Apache 服务器。本节以 Nginx 服务器为例，讲述如何将 Django 项目部署在 Linux 系统中。

17.2.1　安装 Linux 虚拟机

大多数开发者都是使用 Windows 操作系统进行项目开发的，而项目的部署以选择 Linux 操作系统为主。因此，我们在 Windows 上安装虚拟机 VirtualBox（全称为 Oracle VM VirtualBox）。读者可以在 https://www.virtualbox.org/wiki/Downloads 下载软件安装包或者在网上搜索相关资源下载安装。

虚拟机 VirtualBox 安装成功后，运行虚拟机 VirtualBox，主界面如图 17-16 所示。

在图 17-16 中单击"新建"按钮，在虚拟机中创建一个虚拟计算机，然后在"新建虚拟电脑"界面中选择"专家模式"，分别输入虚拟电脑的名称、选择计算机系统的类型和设置内存大小，如图 17-17 所示。

图 17-16 虚拟机 VirtualBox

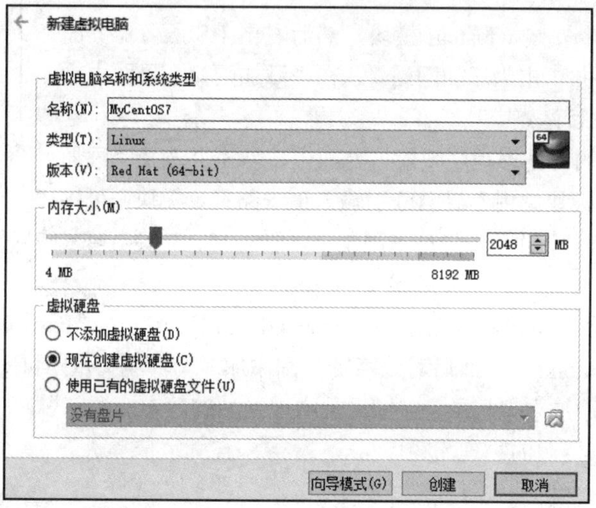

图 17-17 新建虚拟计算机

完成虚拟计算机的基本配置后,单击图 17-17 中的"创建"按钮,虚拟机 VirtualBox 生成"创建虚拟硬盘"界面,如图 17-18 所示。在"创建虚拟硬盘"界面中单击"创建"按钮即可完成虚拟计算机的创建。在虚拟机 VirtualBox 的主界面可以看到新建的虚拟计算机,如图 17-19 所示。

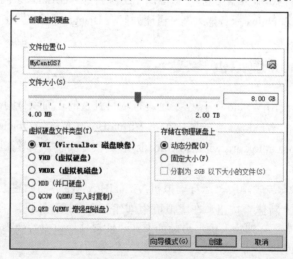

图 17-18 创建虚拟硬盘

图 17-19　新建的虚拟计算机

虚拟计算机 MyCentOS7 还没有安装相应的操作系统，相当于一台硬件已组装好的计算机。接下来，我们会为虚拟计算机 MyCentOS7 安装相应的操作系统。安装操作系统之前，首先设置虚拟计算机 MyCentOS7 的网络设置。选中虚拟计算机 MyCentOS7 并单击"设置"按钮，进入 MyCentOS7 的设置界面，单击"网络"并设置网卡 1 的网络连接方式，将网络连接方式设为"桥接网卡"，混杂模式改为"全部允许"，如图 17-20 所示。

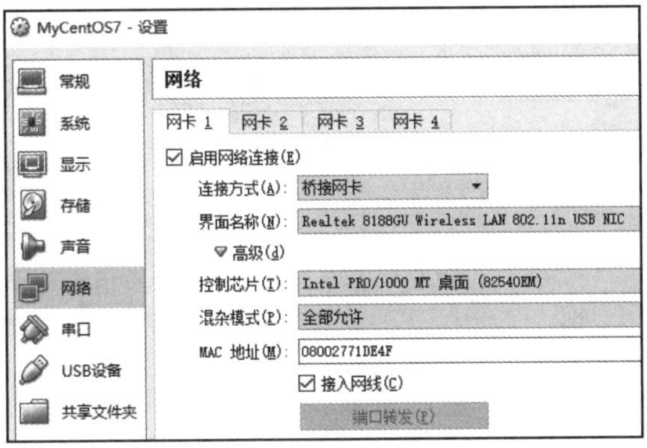

图 17-20　网络连接方式

虚拟计算机 MyCentOS7 的网络连接方式改为桥接网卡，可以在虚拟计算机中使用本地系统的网络服务，实现虚拟计算机和本地系统的网络通信。完成网络设置后，回到虚拟机 VirtualBox 的主界面，然后单击"启动"按钮，启动虚拟计算机 MyCentOS7，首次启动虚拟计算机会提示"选择启动盘"，如图 17-21 所示。

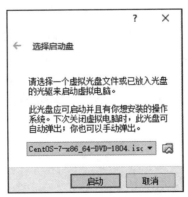

图 17-21　选择启动盘

选择镜像文件 CentOS-7-x86_64-DVD-1804.iso，镜像文件可在 CentOS 的官方网站下载（www.centos.org/download/）。单击"启动"按钮，虚拟计算机 MyCentOS 7 进入 CentOS 7 的安装界面，如图 17-22 所示。

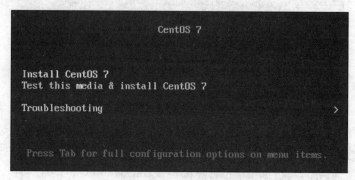

图 17-22 CentOS 7 的安装界面

选择"Install CentOS 7"并按回车键，等待系统运行完成后即可进入 CentOS 7 的安装主界面。在安装主界面选择语言类型，如图 17-23 所示。

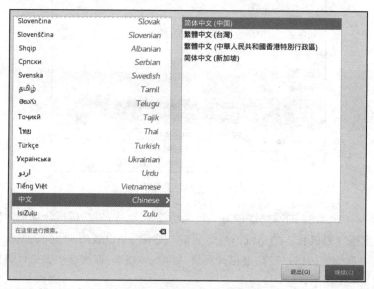

图 17-23 选择语言类型

单击图 17-23 中的"继续"按钮进入系统安装的配置界面，在此界面只需简单设置安装位置，其他选项使用默认配置即可，如图 17-24 所示。

在图 17-24 中单击"开始安装"按钮，虚拟计算机 MyCentOS7 会自动安装 CentOS 7 系统，在安装过程中需要设置 ROOT 密码。当系统安装完成后，单击"重启"按钮即可进入 CentOS 7 系统，如图 17-25 所示。

第 17 章　Django 项目上线部署

图 17-24　配置界面

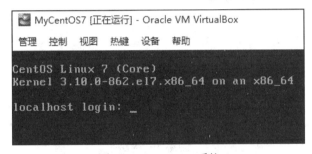

图 17-25　CentOS 7 系统

输入用户密码之后即可登录 CentOS 7 系统，首次登录 CentOS 7 系统需要设置虚拟机系统与本地系统的通信连接。首先修改 CentOS 7 系统的网络配置，将系统路径切换到 network-scripts，并且打开 ifcfg-enp0s3 文件，每个 Linux 系统的 ifcfg-eth0s3 文件可能有细微差异，但格式以"ifcfg-enpXXX"表示，如图 17-26 所示。

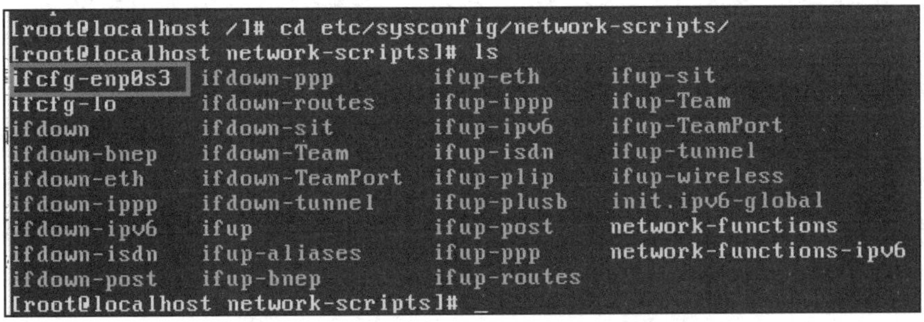

图 17-26　网络配置

使用 vi 指令打开 ifcfg-enp0s3 文件，并将 ONBOOT=no 改为 ONBOOT=yes，如图 17-27 所示，当文件修改完成后，输入"service network restart"指令重启网络配置即可。

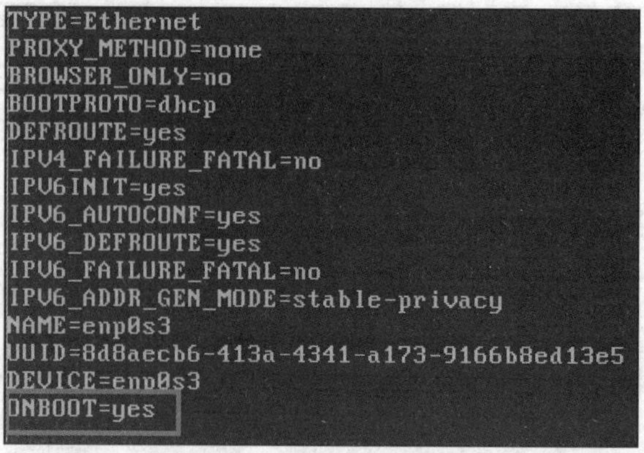

图 17-27　修改 ifcfg-enp0s3

当 CentOS 7 系统的网络重启后，虚拟机系统与本地系统已实现通信连接。然后安装网络功能 net-tools，在 CentOS 7 系统界面上输入安装指令 yum install net-tools，等待安装完成即可。然后关闭 CentOS 7 系统的防火墙，可以依次输入以下指令：

```
sudosystemctl stop firewalld.service
sudosystemctl disable firewalld.service
```

关闭防火墙后，在 CentOS 7 系统中输入 ifconfig，查询 CentOS 7 系统的 IP 地址，如图 17-28 所示。

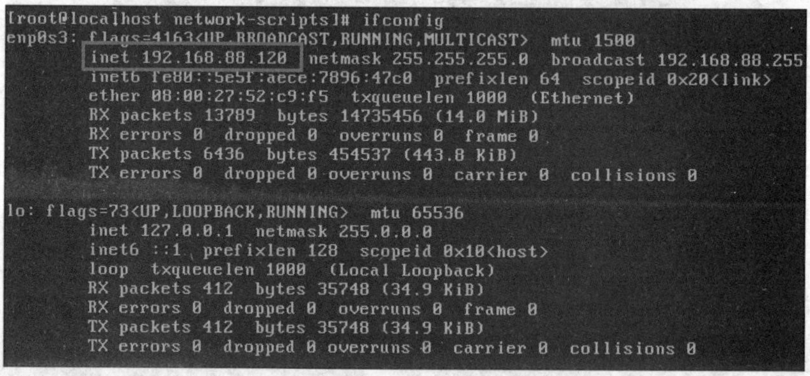

图 17-28　查询 CentOS 7 系统的 IP 地址

最后在本地系统使用 FileZilla 软件连接虚拟机 CentOS 7 系统，在 FileZilla 的站点管理输入虚拟机 CentOS 7 系统的 IP 地址、用户账号和密码即可实现连接。使用 FileZilla 软件实现本地系统与虚拟机系统间的 FTP 通信，这样方便两个系统之间的文件传输，利于项目的维护和更新，如图 17-29 所示。

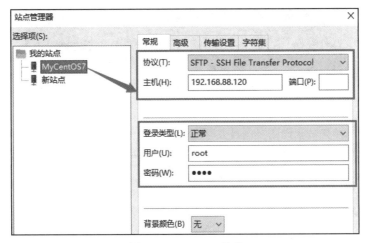

图 17-29 FileZilla 软件

17.2.2 安装 Python 3

CentOS 7 系统默认安装 Python 2.7 版本，但 Django 2.0 不再支持 Python 2.7 版本，因此我们需要在 CentOS 7 系统中安装 Python 3 版本。本节主要讲述如何在 CentOS 7 系统中安装 Python 3.7。

在安装 Python 3.7 之前，我们分别需要安装 Linux 的 wget 工具、GCC 编译器环境以及 Python 3 使用的依赖组件，相关的安装指令如下：

```
# 安装Linux的wget工具，用于在网上下载文件
yum -y install wget
# GCC编译器环境，安装Python 3时所需的编译环境
yum -y install gcc
# Python 3使用的依赖组件
yum install openssl-devel bzip2-devel expat-develgdbm-devel
yum install readline-develsqlite*-develmysql-devellibffi-devel
```

完成依赖组件的安装后，使用 wget 指令在 Python 官网下载 Python 3.7 压缩包，在 CentOS 7 系统输入下载指令 wget "https://www.python.org/ftp/python/3.7.3/Python-3.7.3.tgz"。下载完成后，可以在当前路径查看下载的内容，如图 17-30 所示。

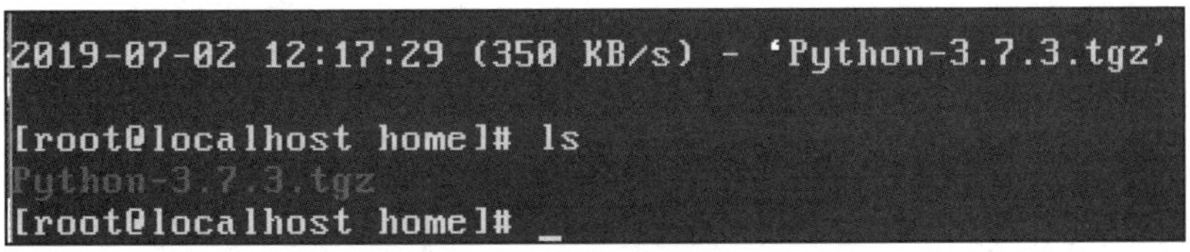

图 17-30　下载 Python 3.7 压缩包

下一步对压缩包进行解压，在当前路径下输入解压指令 tar -zxvf Python-3.7.3.tgz。当解压完成后，在当前路径下会出现 Python-3.7.3 文件夹，如图 17-31 所示。

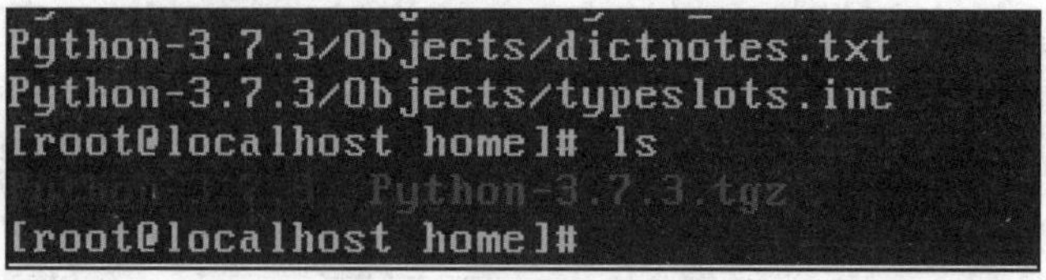

图 17-31 解压 Python-3.7.3.tgz

Python-3.7.3 文件夹是我们需要的开发环境，里面包含 Python 3.7 版本所需的组件。最后将 Python-3.7.3 编译到 CentOS 7 系统，编译指令如下：

```
# 进入 Python-3.7.3 文件夹
cd Python-3.7.3
# 依次输入编译指令
sudo ./configure
sudomake
sudomake install
```

编译完成后，我们在 CentOS 7 系统中输入指令 python3，即可进入 Python 交互模式，如图 17-32 所示。

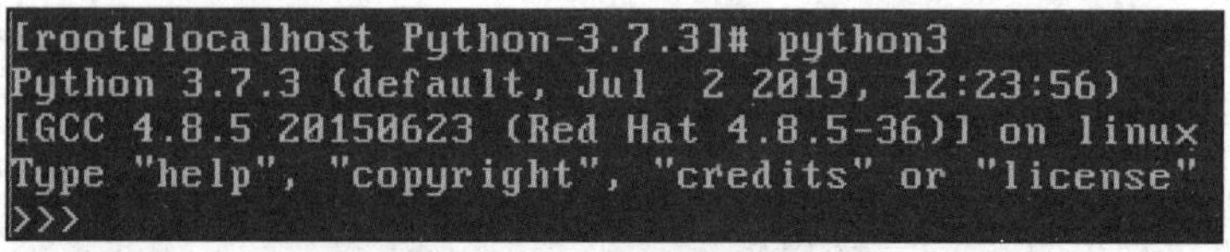

图 17-32 Python 交互模式

17.2.3 部署 uWSGI 服务器

uWSGI 是一个 Web 服务器，它实现 WSGI、uWSGI 和 HTTP 等网络协议，而且 Nginx 的 HttpUwsgiModule 能与 uWSGI 服务器进行交互。WSGI 是一种 Web 服务器网关接口，它是 Web 服务器（如 Nginx 服务器）与 Web 应用（如 Django 框架实现的应用）通信的一种规范。

在部署 uWSGI 服务器之前，需要在 Python 3 中安装相应的模块，我们使用 pip3 安装即可，安装指令如下：

```
pip3 install mysqlclient
pip3 install django
pip3 install uwsgi
```

模块安装成功后，打开本地系统的项目 music，修改项目的配置文件 settings.py，主要修改数据库连接信息，修改代码如下：

```
# 数据库连接本地的数据库系统
DATABASES = {
    'default': {
        'ENGINE': 'django.db.backends.mysql',
        'NAME': 'music_db',
        'USER':'root',
        'PASSWORD':'1234',
```

```
            # 改为本地系统的 IP 地址
            'HOST':'192.168.88.178',
            'PORT':'3306',
        }
    }
```

由于项目 music 的数据库是连接本地系统的 MySQL 数据库，因此还需要设置本地系统的 MySQL 数据库的用户权限。我们使用 Navicat Premium 修改 MySQL 数据库的用户权限，首先连接本地的 MySQL 数据库，打开用户列表并编辑用户 root，将主机改为"%"并保存，如图 17-33 所示。

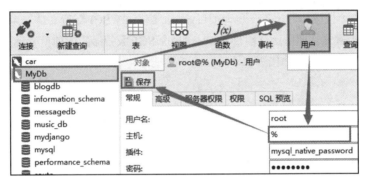

图 17-33　修改用户权限

下一步使用 FileZilla 工具软件将本地系统的项目 music 转移到虚拟系统 CentOS 7，项目 music 存放在虚拟系统的 home 文件夹中，如图 17-34 所示。

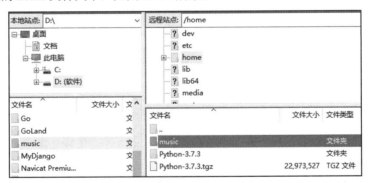

图 17-34　home 文件夹

完成上述配置后，在 CentOS 7 系统中输入 uwsgi 指令，测试 uWSGI 服务器能否正常运行，指令如下：

```
# /home/music 是项目 music 的绝对路径
# music.wsgi 是项目 music 的 wsgi.py 文件
uwsgi --http :8080 --chdir /home/music -w music.wsgi
```

指令运行后，可以在本地系统的浏览器中输入虚拟系统的 IP 地址+8080 端口查看测试结果。在浏览器上访问 http://192.168.88.120:8080/，我们可以看到项目 music 的首页信息，如图 17-35 所示。

图 17-35 测试 uWSGI 服务器

uWSGI 服务器测试成功后，下一步为项目 music 编写 uWSGI 配置文件。当项目运行上线时，只需执行 uWSGI 配置文件即可运行项目 music 的 uWSGI 服务器。在项目 music 的根目录下创建 music_uwsgi.ini 配置文件，文件代码如下：

```
[uwsgi]
# Django-related settings
socket= :8080

# the base directory (full path)
chdir=/home/music

# Django s wsgi file
module=music.wsgi

# process-related settings
# master
master=true

# maximum number of worker processes
processes=4

# ... with appropriate permissions - may be needed
# chmod-socket    = 664
# clear environment on exit
vacuum=true
```

我们在虚拟系统 CentOS 7 中查看项目 music 的目录结构，确保项目 music 的根目录已存放配置文件 music_uwsgi.ini，然后输入 uwsgi（uwsgi --ini music_uwsgi.ini）指令，通过配置文件启动 uWSGI 服务器，如图 17-36 所示。

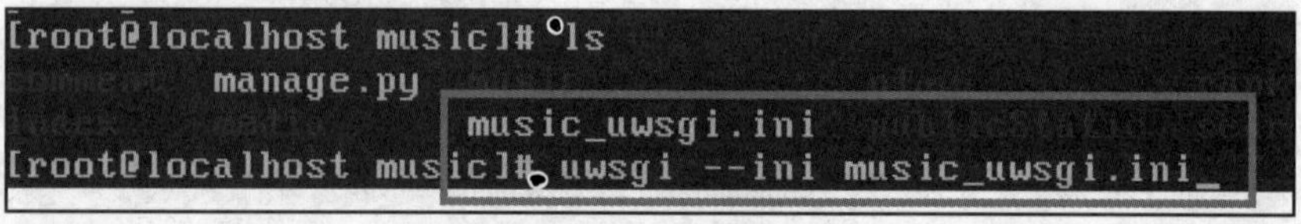

图 17-36 运行 uwsgi 配置文件

> **注意**
>
> 因为配置文件设置 socket= :8080，所以通过配置文件 music_uwsgi.ini 启动 uWSGI 服务器时，本地系统不能使用浏览器访问项目 music，因为配置属性 socket= :8080 只能用于 uWSGI 服务器和 Nginx 服务器的通信连接。

17.2.4　安装 Nginx 部署项目

项目的上线部署最后一个环节是部署 Nginx 服务器。由于虚拟系统 CentOS 7 的 yum 没有 Nginx 的安装源，因此将 Nginx 的安装源添加到 yum 中，然后使用 yum 安装 Nginx 服务器，指令如下：

```
# 添加 Nginx 的安装源
rpm -ivh http://nginx.org/packages/centos/7/noarch/RPMS/nginx-release-centos-7-0.el7.ngx.noarch.rpm
# 使用 yum 安装 Nginx
yum install nginx
```

Nginx 安装成功后，在虚拟系统 CentOS 7 上输入 Nginx 启动指令 systemctl start nginx，然后在本地系统的浏览器中输入虚拟系统 CentOS 7 的 IP 地址，可以看到 Nginx 启动成功，如图 17-37 所示。

图 17-37　启动 Nginx

下一步设置 Nginx 的配置文件，将 Nginx 服务器与 uWSGI 服务器实现通信连接。将虚拟系统 CentOS 7 的路径切换到/etc/nginx/conf.d，在当前路径中创建并编辑 music.conf 文件，在 music.conf 文件中编写项目 music 的配置信息，代码如下：

```
# 设置项目 music 的 Nginx 服务器配置
server {
    listen       8090;
    server_name 127.0.0.1;
    charset      utf-8;

    client_max_body_size 75M;
    # 配置媒体资源文件
    location /media {
        expires 30d;
        autoindex on;
        add_header Cache-Control private;
        alias /home/music/media/;
    }
```

```
# 配置静态资源文件
location /static {
    expires 30d;
    autoindex on;
    add_header Cache-Control private;
    alias /home/music/static/;
}
# 配置 uWSGI 服务器
location / {
    include uwsgi_params;
    uwsgi_pass 127.0.0.1:8080;
    uwsgi_read_timeout 2;
}
}
```

完成 Nginx 的相关配置后，在虚拟系统 CentOS 7 中结束 Nginx 的进程或重启系统，确保当前系统没有运行 Nginx。然后输入 Nginx 指令，重新启动 Nginx 服务器，当 Nginx 启动后，进入项目 music，使用 uwsgi 指令运行 music_uwsgi.ini，启动 uWSGI 服务器，输入的指令如下：

```
# 重新读取配置文件
cd etc/nginx/
sudonginx-cnginx.conf
sudonginx -s reload
# 启动 uWSGI 服务器
cd /home/music/
uwsgi --inimusic_uwsgi.ini
```

当 Nginx 服务器和 uWSGI 服务器启动后，项目 music 就已运行上线。在本地系统的浏览器上访问 http://192.168.88.120:8090/ 可以看到项目 music 的首页信息，地址端口 8090 由 Nginx 的配置文件 music.conf 设置，运行结果如图 17-38 所示。

图 17-38 项目部署上线

17.3 本章小结

目前部署 Django 项目有两种主流方案：Nginx+uWSGI+Django 或者 Apache+ uWSGI+Django。Nginx 或 Apache 作为服务器最前端，负责接收浏览器所有的 HTTP 请求并统一管理。静态资源的 HTTP 请求由 Nginx 或 Apache 自己处理；非静态资源的 HTTP 请求则由 Nginx 或 Apache 传递给

uWSGI 服务器，然后传递给 Django 应用，最后由 Django 进行处理并做出响应，从而完成一次 Web 请求。不同的计算机操作系统，Django 的部署方法有所不同，本章分别讲述 Django 如何部署在 Windows 和 Linux 系统中。

在 Windows 的 IIS 服务器中部署 Django 项目的操作步骤如下：

（1）从计算机的"控制面板"找到"程序和功能"，由"程序和功能"界面进入"启用或关闭 Windows 功能"，勾选"Internet Information Services"的部分功能选项并单击"确定"按钮即可安装和开启 IIS 服务器。

（2）使用 pip 指令安装 wfastcgi 模块，然后右击 IIS 服务器界面左侧的"网站"，选中并单击"添加网站"，在"添加网站"界面中输入网站信息即可创建项目站点。

（3）在项目站点的"处理程序映射"界面中，右击并选择"添加模块映射"。在"添加模块映射"界面分别输入请求路径、模块、可执行文件和名称等相关信息，并单击"请求限制"，取消勾选"仅当请求映射至以下内容时才调用处理程序"。

（4）在 IIS 服务器的主页看到新增的"FastCGI 设置"，进入"FastCGI 设置"界面，找到路径信息为 D:\Python\python.exe，然后对该路径分别添加 3 个环境变量即可完成网站部署。

（5）在项目站点添加虚拟目录，虚拟目录实现网站的静态资源部署，只需在"添加虚拟目录"界面中输入别名和静态资源的物理路径即可。

在虚拟机中安装 Linux 系统需要设置虚拟机和本地系统之间的网络通信、Linux 辅助工具的安装和本地系统与虚拟系统的文件传输。这部分知识属于 Linux 的基本知识，如果读者在实施过程中遇到其他问题，那么可以自行在网上搜索相关解决方案。

在不删除旧版本 Python 2 的基础上安装 Python 3 版本，实现一个系统共存两个 Python 版本。安装 Python 3 之前必须安装 Linux 的 wget 工具、GCC 编译器环境以及 Python 3 使用的依赖组件，否则会导致安装失败。

uWSGI 服务器是由 Python 编写的服务器，由 uwsgi 模块实现。uWSGI 服务器的启动是由配置文件 music_uwsgi.ini 执行的，其作用是将 uWSGI 服务器与 Django 应用进行绑定。

Nginx 服务器负责接收浏览器的请求并将请求传递给 uWSGI 服务器。Nginx 的配置文件 music.conf 用于实现 Nginx 服务器和 uWSGI 服务器的通信连接。

附录 A

Django 面试题

1. Python 解释器有哪些类型，有什么特点？

CPython：由 C 语言开发，而且使用范围最为广泛。
IPython：基于 CPython 的一个交互式计时器。
PyPy：提高执行效率，采用 JIT 技术。对 Python 代码进行动态编译。
JPython：运行在 Java 上的解释器，直接把 Python 代码编译成 Java 字节码执行。
IronPython：运行在微软.NET 平台上的解释器，把 Python 编译成.NET 的字节码。

2. 什么是 PEP 8？

《Python Enhancement Proposal #8》（8 号 Python 增强提案）又叫 PEP 8，它是针对 Python 代码格式而编订的编写规范指南，可以在 PyCharm 配置 Autopep8 模块，将代码自动调整为 PEP 8 风格。

3. 什么是 Python 之禅？

在 Python 的交互模式下，输入 import this 语句可以获取其具体的内容，它告诉大家如何写出高效整洁的代码。

4. 使用 json 模块将字典转化为 JSON 格式，默认将中文转换成 unicode，如何将中文保持不变？

通过 json.dumps 的参数 ensure_ascii 解决，代码如下：

```
import json
a = json.dumps({"name": "张三"}, ensure_ascii=False)
print(a)
```

5. 如何输出 1~100 的所有偶数？

可以通过列表推导式，然后判断能否被 2 整除；或者使用 range 函数实现，示例如下：

```
# 方法1
print([i for i in range(1, 101) if i % 2 == 0])
# 方法2
print(list(range(2, 101, 2)))
```

6．Python 的数据类型如何相互转换？

数据类型可以使用 str、list、tuple、dict 和 eval 实现转换，但转换的数据格式必须符合数据格式要求，比如字符串"{'a': b}"只能转化为字典类型，不能转化为元组或列表。

7．数据库 Redis 有哪些基本类型？

Redis 支持五种数据类型：string（字符串）、hash（哈希）、list（列表）、set（集合）及 zset（sorted set，有序集合）。

8．数据库事务是什么？

数据库事务指作为单个逻辑工作单元执行的一系列操作，要么完全执行，要么完全不执行。简单地说，事务就是并发控制的单位，是用户定义的一个操作序列。而一个逻辑工作单元要成为事务，就必须满足 ACID 属性。

A：原子性（Atomicity），事务中的操作要么都不做，要么就全做。

C：一致性（Consistency），事务执行的结果必须使数据库从一个一致性状态转换到另一个一致性状态。

I：隔离性（Isolation），一个事务的执行不能被其他事务干扰。

D：持久性（Durability），一个事务一旦提交，它对数据库中数据的改变就应该是永久性的（详情参考 7.3.7 小节）。

9．函数装饰器有什么作用？请举例说明。

装饰器就是一个函数，它可以在不需要做任何代码变动的前提下给一个函数增加额外功能，启动装饰的效果。它经常用于有切面需求的场景，比如插入日志、性能测试、事务处理、缓存、权限校验等场景。

10．什么是 metaclass？它有什么应用场景？

metaclass 即元类，它是创建类的类，所有的类都是由元类调用 new 方法创建的，重写元类可以自由控制创建类的过程，比如使用元类创建单例模式或 ORM 框架，Django 的 ORM 框架实现原理是通过重写元类实现的（详情参考 7.1.2 小节）。

11．列举 Django 中间件常用的钩子函数以及中间件的应用场景。

__init__()：初始化函数，运行 Django 将自动执行该函数。

process_request()：完成请求对象的创建，但用户访问的网址尚未与网站的路由地址匹配。

process_view()：完成用户访问的网址与路由地址的匹配，但尚未执行视图函数。

process_exception()：在执行视图函数的期间发生异常，比如代码异常、主动抛出 404 异常等。

process_response()：完成视图函数的执行，但尚未将响应内容返回浏览器。

中间件不仅能满足复杂的开发需求，还能减少视图函数或视图类的代码量，比如编写 Cookie 内容实现反爬虫机制、微信公众号开发商城等（详情参考 2.5 节与 11.8 节）。

12. 简述 Django 的生命周期。

生命周期是从用户发送 HTTP 请求到网站响应的过程，整个过程包含：发送 HTTP 请求-->Nginx-->uwsgi-->中间件-->路由-->视图-->ORM-->从 ORM 获取数据返回视图-->视图将数据传递给模板文件-->中间件-->uwsgi-->Nginx-->生成响应内容。

13. 简述什么是 FBV 和 CBV。

使用视图函数处理 HTTP 请求，即在视图里定义 def 函数，这种方式称为 FBV（Function Base Views）。在无须编写大量代码的情况下，快速完成数据视图的开发，这种以类的形式实现响应与请求处理称为 CBV（Class Base Views）（详情参考第 4 章和第 5 章）。

14. select_related 和 prefetch_related 的区别是什么？

select_related 通过多数据表关联查询，一次性获得所有数据，只执行一次 SQL 查询；prefetch_related 分别查询每个表，然后根据它们之间的关系进行处理，执行了两次查询（详情参考 7.3.5 小节）。

15. 列举 Django 编写 SQL 语句的方法。

Django 提供 3 种方法执行 SQL 语句：extra、raw、execute，每种方法的实现原理各有不同（详情参考 7.3.6 小节）。

16. 模型的外键字段的参数 on_delete 有什么作用？

用于设置数据的删除模式，删除模型包括：CASCADE、PROTECT、SET_NULL、SET_DEFAULT、SET 和 DO_NOTHING（详情参考 7.2 节）。

17. ORM 框架的 only 和 defer 的区别是什么？

only 只查询部分的模型字段，defer 查询指定字段之外的字段。示例如下：
User.objects.all().only("id", "name", "age")只查询字段"id"、"name"、"age"。
User.objects.all().defer("name")除了字段 name 之外，查询模型 User 的所有字段。

18. 简述 ORM 框架的 values 和 values_list 的区别。

values 将查询结果以列表表示，列表的每个元素以字典格式表示，每个键值对代表一个模型字段；values_list 以列表表示，列表的每个元素以元组表示，元组的每个元素代表模型字段的值。

19. 简述 Django 中的 db first 和 code first。

db first 根据现有数据库的数据表结构生成相应的模型对象，使用 python manage.py inspectdb 指令即可生成模型对象的定义过程。

code first 是编写模型对象的定义过程，由模型对象创建相应的数据表，依次执行 makemigrations 和 migrate 指令即可。

20. 简述 Django 中 CSRF 的实现原理。

（1）在用户访问网站时，Django 在网页表单中生成一个隐藏控件 csrfmiddlewaretoken，控件属性 value 的值是由 Django 随机生成的。

（2）当用户提交表单时，Django 校验表单的 csrfmiddlewaretoken 是否与自己保存的

csrfmiddlewaretoken 一致，用来判断当前请求是否合法。

（3）如果用户被 CSRF 攻击并从其他地方发送攻击请求，由于其他地方不可能知道隐藏控件 csrfmiddlewaretoken 的值，因此导致网站后台校验 csrfmiddlewaretoken 失败，攻击就被成功防御（详情参考 11.3 节）。

21．Django 有哪些缓存方式？

Django 提供 5 种不同的缓存方式：Memcached、数据库缓存、文件系统缓存、本地内存缓存和虚拟缓存（详情参考 11.2 节）。

22．Django 如何实现 WebSocket？

Django 实现 WebSocket 官方推荐使用 Channels。Channels 通过将 HTTP 协议升级到 WebSocket 协议，保证实时通信。也就是说，我们完全可以用 Channels 实现即时通信，而不是使用长轮询和计时器方式来保证伪实时通信。Channels 通过改造 Django 框架，使 Django 既支持 HTTP 协议又支持 WebSocket 协议（详情参考 12.6 节）。

23．简述 Cookie 和 Session 的区别。

Cookie 是从浏览器向服务器数据，让服务器能够识别当前用户，而服务器对 Cookie 的识别机制是通过 Session 实现的，Session 存储了当前用户的基本信息，如姓名、年龄和性别等，由于 Cookie 是存在于浏览器中的，而且 Cookie 的数据是由服务器提供的，如果服务器将用户信息直接保存在浏览器中，就很容易泄露用户信息，并且 Cookie 大小不能超过 4kB，不能支持中文，因此需要一种机制在服务器的某个域中存储用户数据，这个域就是 Session（详情参考 4.2.3 小节）。

24．Django 本身提供了 runserver，为什么不能用来部署（runserver 与 uWSGI 的区别）？

runserver 是调试 Django 时经常用到的运行方式，它使用 Django 自带的 WSGI Server 运行，主要在测试和开发中使用，并且 runserver 开启的方式也是单进程。

uWSGI 是一个 Web 服务器，它实现了 WSGI、uWSGI、HTTP 等协议。uWSGI 是一种通信协议，而 uWSGI 是实现 uwsgi 协议和 WSGI 协议的 Web 服务器。uWSGI 具有超快的性能、低内存占用等优点，并且搭配着 Nginx 组成项目的生产环境，能够将用户访问请求与项目应用隔离，实现真正的网站部署。相对来说，这种方式支持的并发量更高，方便管理多进程，发挥多核的优势，提升性能。

25．什么是跨域访问？Django 如何解决跨域访问？

跨域访问指的是浏览器不能执行其他网站的 JavaScript 脚本，它是由浏览器的同源策略造成的，这是浏览器对 JavaScript 施加的安全限制。

解决跨域访问有多种方式，目前最佳的解决方案是使用第三方功能应用 Django Cors Headers（详情参考 16.2.2 小节）。

附录 B

Django 资源列表

1. Admin 后台管理界面
   - djamin：基于 Google 项目风格设计的 Admin 后台管理界面，GitHub 已有 232 颗星，地址为 https://github.com/hersonls/djamin/。
   - django-admin-bootstrap：响应式的 Admin 后台管理界面，GitHub 已有 678 颗星，地址为 https://github.com/douglasmiranda/django-admin-bootstrap。
   - django-admin-bootstrapped：基于 Twitter-Bootstrap 的 Admin 后台管理界面，GitHub 已有 1482 颗星，地址为 https://github.com/django-admin-bootstrapped/django-admin-bootstrapped/。
   - django-admin-easy：易于管理界面数据和装饰器的 Admin 后台管理界面，GitHub 已有 188 颗星，地址为 https://github.com/ebertti/django-admin-easy。
   - django-admin-interface：响应式平面管理界面，可自行定制界面风格，GitHub 已有 311 颗星，地址为 https://github.com/fabiocaccamo/django-admin-interface。
   - django-admin-tools：设有扩展工具的 Admin 后台管理界面，GitHub 已有 410 颗星，地址为 https://github.com/django-admin-tools/django-admin-tools。
   - django-admin2：使用视图类重写内置 Admin 后台系统，使其具有扩展性，GitHub 已有 1032 颗星，地址为 https://github.com/jazzband/django-admin2。
   - simpleui：由国人开发的 Admin 后台管理界面，GitHub 已有 497 颗星，地址为 https://github.com/newpanjing/simpleui。

2. 第三方认证
   - django-allauth：解决认证、注册、账户管理及第三方（社交）账户认证，GitHub 已有 4695 颗星，地址为 https://github.com/pennersr/django-allauth/。
   - django-userena：设有完整的账户管理，它是一个完全可定制的应用程序，提供注册、激活和消息传递等功能。GitHub 已有 1272 颗星，地址为 https://github.com/bread-and-pepper/django-userena/。

- python-social-auth：设置的社交认证和注册机制，支持多个 Web 框架和第三方（社交）账户认证的程序，GitHub 已有 2777 颗星，地址为 https://github.com/omab/python-social-auth/。
- django-rest-auth：通过 API 接口实现第三方账号的用户注册和认证功能，GitHub 已有 1701 颗星，地址为 https://github.com/Tivix/django-rest-auth。

3. 授权

- django-guardian：重写内置用户管理的权限设置，GitHub 已有 2292 颗星，地址为 https://github.com/django-guardian/django-guardian。
- django-oauth-toolkit：使用 OAuth 2 创建授权功能，为其他网站提供第三方账号认证功能，GitHub 已有 1634 颗星，地址为 https://github.com/jazzband/django-oauth-toolkit。

4. 其他功能应用

- django-wiki：具有复杂功能的 Wiki 系统，可实现简单集成和卓越的界面，GitHub 已有 1144 颗星，地址为 https://github.com/django-wiki/django-wiki。
- django-cms：开源企业内容管理系统，GitHub 已有 6872 颗星，地址为 https://github.com/divio/django-cms/。
- django-angular：使 AngularJS 与 Django 整合，GitHub 已有 1212 颗星，地址为 https://github.com/jrief/django-angular/。
- sorl-thumbnail：设置网页的缩略图，GitHub 已有 1298 颗星，地址为 https://github.com/jazzband/sorl-thumbnail。
- django-cors-headers：设置 Django 的跨域访问，GitHub 已有 3058 颗星，地址为 https://github.com/ottoyiu/django-cors-headers。
- django-haystack：实现站内搜索引擎功能，GitHub 已有 2766 颗星，地址为 https://github.com/django-haystack/django-haystack。
- django-celery：实现任务队列，如异步任务和定时任务，GitHub 已有 1297 颗星，地址为 https://github.com/celery/django-celery。
- django-report-builder：实现报表功能，构建自定义的查询并显示结果，GitHub 已有 620 颗星，地址为 https://github.com/burke-software/django-report-builder/。
- django-sendfile：实现文件下载功能，GitHub 已有 416 颗星，地址为 https://github.com/johnsensible/django-sendfile。

除了上述的资源列表之外，Django 还有许多实用的第三方功能应用，本书就不再一一讲述了，有兴趣的读者可以参考 https://github.com/haiiiiiyun/awesome-django-cn。